Rolf Isermann

Mechatronische Systeme

T0155778

Rolf Isermann

Mechatronische Systeme

Grundlagen

2. vollständig neu bearbeitete Auflage

Mit 327 Abbildungen und 103 Tabellen

 Springer

Professor Dr.-Ing. Dr. h.c. Rolf Isermann
TU Darmstadt
Institut für Automatisierungstechnik
Landgraf-Georg-Str. 4
D-64283 Darmstadt

Bibliografische Information der Deutschen Bibliothek
Die Deutsche Bibliothek verzeichnet diese Publikation in der Deutschen Nationalbibliografie;
detaillierte bibliografische Daten sind im Internet über http://dnb.d-nb.de abrufbar.

ISBN 978-3-540-32336-5 2. Aufl. Springer Berlin Heidelberg New York
ISBN 3-540-43129-2 1. Aufl. Springer Berlin Heidelberg New York

ISBN 978-3-540-32512-3 (eBook)
DOI 10.1007/978-3-540-32512-3

Dieses Werk ist urheberrechtlich geschützt. Die dadurch begründeten Rechte, insbesondere die der Übersetzung, des Nachdrucks, des Vortrags, der Entnahme von Abbildungen und Tabellen, der Funksendung, der Mikroverfilmung oder der Vervielfältigung auf anderen Wegen und der Speicherung in Datenverarbeitungsanlagen, bleiben, auch bei nur auszugsweiser Verwertung, vorbehalten. Eine Vervielfältigung dieses Werkes oder von Teilen dieses Werkes ist auch im Einzelfall nur in den Grenzen der gesetzlichen Bestimmungen des Urheberrechtsgesetzes der Bundesrepublik Deutschland vom 9. September 1965 in der jeweils geltenden Fassung zulässig. Sie ist grundsätzlich vergütungspflichtig. Zuwiderhandlungen unterliegen den Strafbestimmungen des Urheberrechtsgesetzes.

Springer ist ein Unternehmen von Springer Science+Business Media

springer.de

© Springer-Verlag Berlin Heidelberg 1999, 2002, 2008

Die Wiedergabe von Gebrauchsnamen, Handelsnamen, Warenbezeichnungen usw. in diesem Werk berechtigt auch ohne besondere Kennzeichnung nicht zu der Annahme, dass solche Namen im Sinne der Warenzeichen- und Markenschutz-Gesetzgebung als frei zu betrachten wären und daher von jedermann benutzt werden dürften. Text und Abbildungen wurden mit größter Sorgfalt erarbeitet. Verlag und Autor können jedoch für eventuell verbliebene fehlerhafte Angaben und deren Folgen weder eine juristische Verantwortung noch irgendeine Haftung übernehmen.

Satz: Digitale Druckvorlage des Autors
Herstellung: LE-TeX Jelonek, Schmidt & Vöckler GbR, Leipzig
Einbandgestaltung: eStudioCalamar S.L., F. Steinen-Broo, Girona, Spanien

SPIN 10817865   7/3180/YL – 5 4 3 2 1 0   Gedruckt auf säurefreiem Papier

Vorwort

Mechatronische Systeme entstehen durch Integration von vorwiegend mechanischen Systemen, elektronischen Systemen und zugehöriger Informationsverarbeitung. Wesentlich sind dabei die Integration der einzelnen mechanischen und elektronischen Elemente, die dadurch mögliche Erweiterung von Funktionen und die Erzielung synergetischer Effekte. Die Integration kann örtlich durch den Aufbau und funktionell durch die digitale Elektronik erfolgen. Die örtliche Integration erfolgt dabei im Wesentlichen durch die konstruktive Verschmelzung von Aktoren, Sensoren und der Mikroelektronik mit dem Prozess, also durch die Hardware. Die funktionelle Integration wird jedoch entscheidend durch die Informationsverarbeitung und damit durch die Gestaltung der Software geprägt. Hierbei werden gemessene Signale und Bedienereingaben verarbeitet und es werden Stellelemente so angesteuert, dass Gesamtsysteme mit einer gewissen künstlichen Intelligenz entstehen. Diese Entwicklung zu mechatronischen Gesamtsystemen beeinflusst die Gestaltung moderner elektro-mechanischer Komponenten, Maschinen, Fahrzeuge und feinmechanischer Geräte.

Das vorliegende Buch gibt eine Einführung in

- Entwurf und Aufbau mechatronischer Systeme
- Methodik der theoretischen Modellbildung technischer Systeme
- Mathematische Modelle mechanischer Bauelemente, elektrischer Antriebe und Maschinen
- Methoden der experimentellen Modellbildung dynamischer Prozesse und Signale
- Übersicht verschiedener Sensoren
- Übersicht verschiedener Aktoren, Modelle von elektrischen, pneumatischen und hydraulischen Aktoren
- Übersicht zu Mikrorechnern und Bussystemen

Im einführenden ersten Kapitel wird zunächst der prinzipielle *Aufbau integrierter mechanisch-elektronischer Systeme* betrachtet. Dann wird der Einfluss der Mechatronik auf die Entwicklung verschiedener Produkte aus den Bereichen mechanischer Komponenten, Kraft- und Arbeitsmaschinen, Fahrzeuge, Feinmechanik und Mikromechanik gezeigt. Es folgt eine Übersicht der verschiedenen Funktionen und der

Integrationsarten bei mechatronischen Systemen. Von großem Einfluss auf die Gestaltung ist eine *systematische Entwurfsmethodik* mit einem Zweig Systementwurf und einem Zweig Systemintegration, den zugehörigen Werkzeugen, Prototypstadien und Versuchsaufbauten. Da die Realisierung der integrierten Informationsverarbeitung im Allgemeinen eine genaue Kenntnis der statischen und dynamischen Zusammenhänge von Ein- und Ausgangsgrößen voraussetzt, sind zum Entwurf mathematische Modelle, verschiedene Simulationsverfahren, rechnergestützte Entwurfsmethoden und experimentelle Versuchstechniken erforderlich.

Im Teil I des Buches werden zuerst die *Grundlagen der Modellbildung* für das statische und dynamische Verhalten in allgemeiner Form nach einer einheitlichen Methodik beschrieben. Dann wird im Teil II die *Modellbildung für mechanische Systeme* mit bewegten Massen für eine Auswahl mechanischer Bauelemente und Mehrmassensysteme behandelt. Es schließt sich die *Modellbildung elektrischer Antriebe* in Form von Elektromagneten und verschiedener Elektromotoren an. Aufgrund der Modelle dieser Komponenten können dann mathematische Modelle für *Maschinen* gebildet und ihr statisches und dynamisches Verhalten analysiert werden. Der Teil III behandelt Methoden der *experimentellen Modellbildung*. Die Identifikation und Parameterschätzung mathematischer Modelle aufgrund gemessener Signale und die Erfassung von Schwingungen dienen zur Online-Informationsgewinnung über den Prozess.

Im Teil IV werden die *Komponenten der Online-Informationsverarbeitung* in Form wichtiger Sensoren und elektrischer, hydraulischer und pneumatischer Aktoren systematisch beschrieben und ihre Eigenschaften und Leistungsbereiche angegeben. Es folgt ein Kapitel über den grundsätzlichen Aufbau von Mikrorechnern, speziellen Mikroprozessoren und Bussystemen. Die angegebenen technischen Daten sollen auch hier einen Überblick für die Leistung der jeweiligen Komponenten geben. Schließlich werden noch fehlertolerante mechatronische Systeme betrachtet, die durch entsprechende Redundanz trotz auftretender Fehler oder Störungen einen weiteren Betrieb ermöglichen.

Mit Hilfe dieser Grundlagen zur Modellierung und Übersicht der Komponenten mechatronischer Systeme kann die Informationsverarbeitung durch digitale Steuerungen, Regelungen, Überwachung mit Fehlerdiagnose und Optimierung realisiert werden (welche in anderen Büchern beschrieben werden). Dabei werden erste Schritte in Richtung intelligenter Systeme möglich, wie z.B. bei Aktoren, Robotern, aktiven Dämpfersystemen, Magnetlagern, Werkzeugmaschinen, Verbrennungsmotoren und Kraftfahrzeugen zu beobachten.

Das vorliegende Buch ist aufgrund von mehreren Forschungsarbeiten entstanden und entspricht einer Vorlesung „Mechatronische Systeme", die ab dem Sommersemester 1992 an der Technischen Universität Darmstadt gehalten wurde. Einige Teile stammen auch aus Ergebnissen des DFG-Sonderforschungsbereiches „Neue integrierte mechanisch-elektronische Systeme (IMES)", in dem von 1988 bis 2001 an der TU Darmstadt mehrere Institute der Elektrotechnik und des Maschinenbaus zusammenarbeiteten. Das Buch richtet sich an Studenten der Elektrotechnik, des Maschinenbaus und der Informatik und an Ingenieure in Forschung und Praxis.

Der Verfasser dankt besonders seinen Mitarbeitern, die in mehrjähriger Zusammenarbeit an dem Zustandekommen mehrerer Kapitel der ersten Auflage 1998 (und Studienausgabe 2002) beteiligt sind. Hierbei möchte ich besonders erwähnen: Dr.-Ing. Mihiar Ayoubi, Dr.-Ing. Jochen Bußhardt, Dr.-Ing. Susanne Töpfer, Dr.-Ing. Christoph Halfmann, Dr.-Ing. Henning Holzmann, Dr.-Ing. Jens Achim Kessel, Dr.-Ing. Oliver Nelles, Dipl.-Ing. Dieter Neumann, Dr.-Ing. Martin Schmidt, Dr.-Ing. Matthias Schüler, Dr.-Ing. Ralf Schwarz, Dipl.-Ing. Thomas Weispfenning.

2003 erschien eine englische Ausgabe (2005 als Softbound) mit wesentlichen Erweiterungen mit Bezug auf die Entwicklungsmethodik, verschiedene mechanische Komponenten, Drehstrommotoren, Modellbildung von Maschinen, Sensoren, hydraulische und pneumatische Aktoren, fehlertolerante Systeme und Aufgabensammlungen zu den Kapiteln.

Diese 2. deutsche Ausgabe ist eine vollständige Überarbeitung der 1. Auflage und berücksichtigt die wichtigsten Ergänzungen der englischen Version und weitere Entwicklungen des Gebietes. Für die Unterstützung bei einzelnen Abschnitten danke ich mehreren Mitarbeitern sehr, wie Dr.-Ing. Armin Wolfram für Abschnitt 5.4 über Drehstrommotoren und für 5.6 über Leistungselektronik; Dr.-Ing. Jochen Schaffnit für 6.7 über Kraftfahrzeug-Antriebsstrang; Dr.-Ing. Frank Kimmich für 8.2.7 über Drehzahlanalyse; Dr.-Ing. Karsten Spreitzer für Teile von Kapitel 9 über Sensoren und Dr.-Ing. Marco Münchhof für Teile von Kapitel 10 über Aktoren. Herrn Dr.-Ing. Thomas Hollstein vom Fachgebiet Mikroelektronische Systeme (TUD) danke ich für die Durchsicht des Kapitels 11 über Mikrorechner.

Für die arbeitsintensive, sorgfältige Gestaltung des Textes, der Bilder und Tabellen danke ich sehr Frau Brigitte Hoppe.

Sommer 2007

Rolf Isermann

Inhaltsverzeichnis

Teil II Modelle mechanischer und elektrischer Komponenten und Maschinen

List of symbols

Es werden nur häufig vorkommende Abkürzungen und Symbole angegeben.

Buchstaben-Symbole

a	Parameter von Differential- oder Differenzengleichungen
b	Parameter von Differential- oder Differenzengleichungen
c	Federkonstante, Konstante, Konzentration, Steifigkeit
d	Dämpfungskoeffizient, Durchmesser
e	Gleichungsfehler, Potentialdifferenz, Regeldifferenz $e = w - y$, Zahl $e = 2,71828\ldots$
f	Frequenz ($f = 1/T_p$, T_p Schwingungsdauer), Funktion $f(\ldots)$, Strom (flow)
g	Erdbeschleunigung, Funktion $g(\ldots)$, Gewichtsfunktion
h	Höhe, Nachgiebigkeit, spezielle Enthalpie
i	ganze Zahl, Getriebeübersetzungsverhältnis, Index, $\sqrt{-1}$ (imaginäre Einheit)
j	ganze Zahl, Index
k	diskrete Zahl, diskrete Zeit $k = t/T_0 = 0,1,2,\ldots$
l	Index, Länge
m	Masse, Ordnungszahl
n	Drehzahl, Ordnungszahl, Störsignal
p	Druck, Index
q	verallgemeinerte Koordinaten, Wärmemenge (bezogen)
r	Index, Radius
s	Dicke, Laplace-Variable $s = \delta + i\omega$, Schlupf, spezielle Entropie, Umfang
t	kontinuierliche Zeit
u	Eingangssignaländerung ΔU, innere Energie
v	Geschwindigkeit, spezifisches Volumen
w	Führungsgröße, Geschwindigkeit
x	Raumkoordinate, Zustandsvariable

y	Ausgangsgrößenänderung ΔY, Raumkoordinate, Regelgrößenänderung ΔY, Signal
z	Raumkoordinate, Störgrößenänderung ΔZ, Variable der z-Transformation
A	Fläche
B	magnetische Flussdichte
C	Kapazität
D	Dämpfungsgrad, Durchmesser
E	Elastizitätsmodul, Energie, Potential
F	Filterübertragungsfunktion, Kraft
G	Gewicht, Schubmodul, Übertragungsfunktion
H	Enthalpie, magnetische Feldstärke
I	elektrischer Strom, mechanischer Impuls, Torsionsflächenmoment
J	Trägheitsmoment
K	Konstante, Verstärkungsfaktor
L	Induktivität, Lagrangesche Funktion, mechanische Arbeit
M	Drehmoment
N	diskrete Zahl, Windungszahl
P	Druck, Leistung
Q	verallgemeinerte Kraft, Wärmemenge
R	elektrischer Widerstand, Korrelationsfunktion
S	Leistungsdichte
T	Temperatur, Zeitkonstante
U	Eingangsgröße, elektrische Spannung, Stellgröße
V	Volumen
W	Führungsgröße, mechanische Arbeit
X	Raumkoordinate
Y	Ausgangsgröße, Raumkoordinate, Regelgröße
Z	Raumkoordinate, Störgröße
α	Koeffizient, Wärmeübergangzahl, Winkel
β	Koeffizient, Winkel
γ	spezifisches Gewicht
δ	Abklingkonstante, Deltaimpuls
ϵ	Dehnung
ζ	Widerstandsziffer (Rohrleitung)
η	Wirkungsgrad
ϑ	Temperatur
κ	elektronisches Leitvermögen
λ	Wärmeleitzahl
μ	magnetische Flussdichte, Reibbeiwert
ν	kinematische Zähigkeit
π	Zahl $= 3{,}14159\ldots$

ρ	Dichte
σ	Standardabweichung, Zugspannung
τ	Zeit
φ	Winkel
ω	Kreisfrequenz
Δ	Änderung
Θ	magnetische Durchflutung, Parameter
Π	Produkt
Σ	Summe
Φ	magnetischer Fluss
Ψ	verketteter magnetischer Fluss

Mathematische Abkürzungen

$\exp(x) = e^x$

$E\{\}$	Erwartungswert einer regellosen Größe
dim	Dimension
det	Determinante
Re	Realteil
Im	Imaginärteil
$\dot{Q}$	$dQ(t)/dt$ (erste Ableitung)

1

Integrierte mechanisch-elektronische Systeme

Integrierte mechanisch-elektronische Systeme entstehen durch eine geeignete Kombination von Mechanik, Elektronik und Informationsverarbeitung. Dabei beeinflussen sich diese Bereiche wechselseitig. Man beobachtet zunächst eine Verlagerung von Funktionen der Mechanik zur Elektronik, dann die Hinzunahme von erweiterten und neuen Funktionen. Schließlich entwickeln sich Systeme mit gewissen intelligenten bzw. autonomen Eigenschaften. Für dieses Gebiet der integrierten mechanisch-elektronischen Systeme wird seit einigen Jahren der Begriff „Mechatronik" verwendet.

Im Folgenden wird zunächst die Entwicklung vom mechanischen zum mechatronischen System beschrieben, und es werden die betroffenen Systeme im Maschinenbau, in der Fahrzeug- und Feinwerktechnik betrachtet. Hierbei ergeben sich mehrere Aufgabenstellungen und verschiedene Integrationsformen von Mechanik und Elektronik. Die Integration kann z.B. durch die Komponenten (Hardware) und durch die datengetriebenen Funktionen (Software) erfolgen. Dabei zeichnet sich eine Entwicklung zu einer Funktionsvielfalt mit adaptiven bzw. intelligenten Eigenschaften ab. Eine Betrachtung der Schritte beim Entwurf mechatronischer Systeme schließt das einführende Kapitel ab.

1.1 Vom mechanischen zum mechatronischen System

Mechanische Systeme erzeugen bestimmte Bewegungen oder übertragen Kräfte oder Drehmomente. Zur gezielten Beeinflussung von z.B. Wegen, Geschwindigkeiten oder Kräften werden bei mechanischen Komponenten und Maschinen seit vielen Jahrzehnten Steuerungen und Regelungen eingesetzt. Sie arbeiten entweder ohne Hilfsenergie (z.B. Fliehkraft-Drehzahlregler) oder mit elektrischer, hydraulischer oder pneumatischer Hilfsenergie, um die zu beeinflussenden Größen direkt oder über einen Leistungsverstärker zu stellen. Bei einer Realisierung mit festverdrahteter (analoger) Gerätetechnik ist die Informationsübertragung in den Steuerungen und Regelungen relativ einfach und stößt schnell an Grenzen. Ersetzt man diese additiv angebrachten Geräte durch Digitalrechner in Form von z.B. online gekoppelten Mikrorechnern, dann kann die Informationsverarbeitung wesentlich flexibler und umfangreicher gestaltet werden.

Bild 1.1 fasst verschiedene Entwicklungsphasen zusammen, beginnend mit den rein mechanischen Systemen des 19. Jahrhunderts bis zu ersten mechatronischen Systemen um 1985. Die ersten digital gesteuerten Maschinen waren z.B. Werkzeugmaschinen, bei denen ab 1973 die festverdrahteten Steuerungen auf Transistor-Basis von digitalen speicherprogrammierbaren Steuerungen abgelöst wurden. Parallel hierzu erfolgte die Einführung digitaler Regelungen z.B. bei elektrischen Antrieben, Robotern und Dampfturbinen und bei Kraftfahrzeug-Komponenten. Um 1979 erschienen die ersten mechanischen Systeme mit integrierten Sensoren, Aktoren und Mikrorechnern, z.B. als Antiblockier-Bremssysteme (ABS), Magnetlager oder im Bereich der Feingerätetechnik als Kameras, Videorekorder, Drucker und Magnetplattenspeicher und bildeten somit die ersten mechatronischen Systeme.

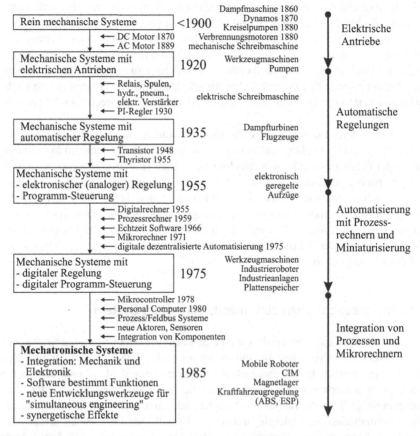

Bild 1.1. Historische Entwicklung mechanischer, elektronischer und mechatronischer Systeme

Bild 1.2 zeigt am Beispiel einer mit einer Kraftmaschine (Gleichstrommotor) angetriebenen Arbeitsmaschine (Pumpe) a) ein Schema (gerätetechnische Anordnung), b) ein daraus hervorgehendes grobes Blockschaltbild für den Signalfluss (in Vierpoldarstellung) und in c) den gesteuerten Prozess mit einer oder mehreren Stellgrößen als Eingangsgrößen und verschiedenen Messgrößen als Ausgangsgrößen. Dieser Prozess ist durch steuerbare Energieströme geprägt. Die Ströme können über Aktoren mit einem Stellsignal kleiner Leistung (Hilfsenergie) gestellt werden. Sensoren erfassen einige messbare Größen. Bei einem *mechanisch-elektronischen* System wird der mechanische Prozess durch ein elektronisches System ergänzt. Dieses elektronische System wirkt aufgrund der Messgrößen oder von außen kommenden Führungsgrößen in steuerndem oder regelndem Sinne auf den mechanischen Prozess ein, Bild 1.3. Wenn dann das elektronische und mechanische System zu einem untrennbaren Gesamtsystem verschmilzt, entsteht ein *integriertes mechanisch-elektronisches* System. Die Elektronik verarbeitet hierbei Prozessinformation. Ein solches System ist deshalb zumindest durch einen *mechanischen Energiestrom* und einen *Informationsstrom* gekennzeichnet.

Integrierte mechanisch-elektronische Systeme werden als „mechatronische Systeme" bezeichnet. Hierbei wird die Verbindung von MECHAnik und ElekTRONIK zum Ausdruck gebracht. Das Wort „Mechatronics" wurde vermutlich durch einen japanischen Ingenieur 1969 geprägt und durch eine japanische Firma als Warenzeichen bis 1972 gehalten, Kyura und Oho (1996). Siehe auch Buß und Hashimoto (1993) und Harashima und Tomizuka (1996). Verschiedene Definitionen sind zunächst in der Literatur bei z.B. Schweitzer (1989), MacConaill et al. (1991), Ovaska (1992), Weißmantel (1992) zu finden.

In der englischen Zeitschrift Mechatronics (1991) wird folgende Beschreibung angegeben: „Mechatronics in its fundamental form can be regarded as the fusion of mechanical and electrical disciplines in modern engineering processes. It is a relatively new concept to the design of systems, devices and products aimed at achieving an optimal balance between basic mechanical structures and its overall control".

In der IEEE/ASME (1996) wird Mechatronik z.B. wie folgt vorläufig definiert: „Mechatronics is the synergetic integration of mechanical engineering with electronic and intelligent computer control in the design and manufacturing of industrial products and processes", Harashima und Tomizuka (1996).

Das IFAC Technical Committee on Mechatronic Systems, gegründet im Jahre 2000, verwendet folgende Definition: „Many technical processes and products in the area of mechanical and electrical engineering show an increasing integration of mechanics with electronics and information processing. This integration is between the components (hardware) and the information-driven function (software), resulting in integrated systems called mechatronic systems. Their development involves finding an optimal balance between the basic mechanical structure, sensor and actuator implementation, automatic digital information processing and overall control, and this synergy results in innovative solutions."

Allen bisherigen Definitionen ist zu entnehmen, dass *Mechatronik* (im engeren Sinne) ein interdisziplinäres Gebiet ist, bei dem folgende Disziplinen zusammenwirken; vgl. Bild 1.4:

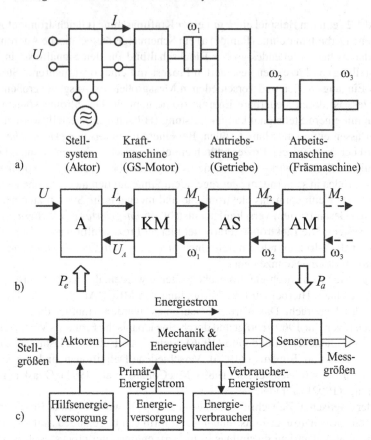

Bild 1.2. Schematische Darstellung einer Maschine a) Schema der Komponenten (Geräte-schaltbild); b) Blockschaltbild (Vierpoldarstellung); c) Blockschaltbild mit Signalfluss und Energieströmen (Gesteuerter Prozess). U Stellgröße; U_A Ankerspannung; I_A Ankerstrom; M Drehmoment; ω Drehzahl; P_e Antriebsleistung; P_a Verbraucherleistung

- *Mechanische Systeme* (Maschinenelemente, Maschinen, Feingerätetechnik);
- *Elektronische Systeme* (Mikroelektronik, Leistungselektronik, Messtechnik, Aktorik);
- *Informationstechnik* (Systemtheorie, Regelungs- und Automatisierungstechnik, Software-Gestaltung, künstliche Intelligenz).

(Eine etwas erweiterte Definition wird in Abschnitt 1.2.4 gegeben).

Bei mechatronischen Systemen erfolgt die *Lösung einer Aufgabe* sowohl auf mechanischem als auch digital-elektronischem Wege. Hierbei spielen die *Wechselbeziehungen bei der Konstruktion* eine Rolle. Während bei einem konventionellen System sowohl der Entwurf als auch die räumliche Unterbringung der mechanischen und elektronischen Komponenten getrennt sind, zeichnet sich ein mechatronisches System dadurch aus, dass das mechanische und elektronische System von Anfang an als

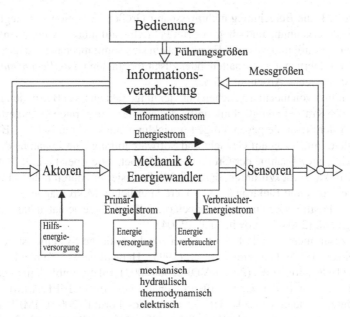

Bild 1.3. Mechanisch-elektronisches System

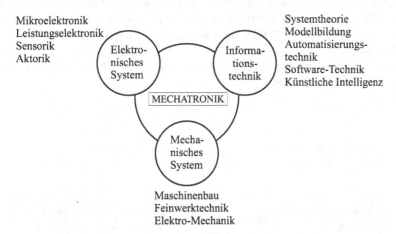

Bild 1.4. Mechatronik: Integration verschiedener Disziplinen

räumlich und funktionell *integriertes Gesamtsystem* zu betrachten ist. Dann wird die Gestaltung des mechanischen Systems schon beim Entwurf auch vom elektronischen System her beeinflusst, Bild 1.5. Dies bedeutet, dass ein „simultaneous engineering" stattfinden muss, auch mit dem Ziel *synergetische Effekte* zu erzielen.

Ein weiteres Merkmal mechatronischer Systeme ist die *integrierte digitale Informationsverarbeitung*. Hierbei werden aufgrund gemessener Größen außer den grundlegenden Steuerungs- und Regelungsfunktionen höherwertige Funktionen rea-

lisiert, wie z.B. die Berechnung nichtmessbarer Größen, Adaption von Reglerparametern, Fehlererkennung und -diagnose, im Fehlerfall auf intakte Komponenten umgeschaltet (Rekonfiguration) usw. Es entwickeln sich somit mechatronische Systeme
mit adaptivem, lernendem Verhalten, oder zusammenfassend, *intelligente mechatronische Systeme*, siehe Abschnitt 1.5.6.

Der Einfluss von mechatronischen Entwicklungen sei an zwei Beispielen gezeigt,
eines aus der Kraftfahrzeugtechnik und eines aus der Feingeräte/Computertechnik.
In Bild 1.6 sieht man die gegenläufige Entwicklung eines hydraulischen ABS/ESP-
Bremssystem mit Bezug auf Gewicht und Softwareumfang. Die Zunahme der Speicherkapazität bei Abnahme der Größe ist bei Magnetplattenspeichern, Bild 1.7, auf
mehrere Effekte zurückzuführen, darunter Miniaturisierung durch höhere Integration von Mechanik und Elektronik und höhere Spurdichte, Mikromagnetisierung und
hochpräzise Positionsregelung mit Doppelarmen (Dual-stage actuated hard disk drives), Peng et al. (2004), Horowitz et al. (2004).

Erste zusammenfassende Literatur über mechatronische Systeme ist zu finden
in Schweitzer (1992), Gausemeier et al. (1995), Harashima und Tomizuka (1996),
Isermann (1996), Tomizuka (2000), VDI 2206 (2004). Einen Einblick in allgemeine
Aspekte findet man in den Zeitschriften Mechatronics (1991), IEEE/ASME (1996),
den Konferenzbänden von z.B. UK Mechatronics Forum (2002), IMES (1993),
DUIS (1993), Kaynak et al. (1995), AIM (1999)-(2007), IFAC (2000)-(2006), den
Zeitschriftenbeiträgen von Hiller (1995), Lückel (1995), und den Büchern von Ki-
taura (1986), Bradley et al. (1991), McConaill et al. (1991), Heimann et al. (2001),
Isermann (2003), Bishop (2002), Isermann (2005), van Brussel (2005), VDI-Ber.
1892 (2004).

Eine Zusammenfassung von Forschungsarbeiten an der TU Darmstadt ist in Isermann et al. (2002) zu finden.

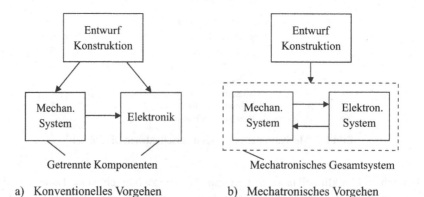

a) Konventionelles Vorgehen   b) Mechatronisches Vorgehen

Bild 1.5. Wechselbeziehungen bei Entwurf und Konstruktion mechatronischer Systeme

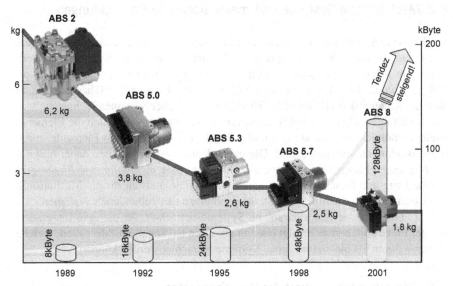

Bild 1.6. Entwicklungen des ABS/ESP-Bremssystems: Abnehmendes Gewicht durch Integration und Miniaturisierung und zunehmende software-basierte Funktionen, Quelle: Robert Bosch GmbH: Bosch-Innovationen für unbeschwerten Fahrspaß 1 987 356-ZVW2-0901-D

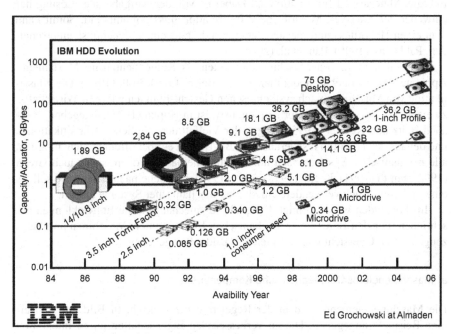

Bild 1.7. Entwicklung der Magnetplattenspeicher (HDD: High Density Disk Drives); IBM, White (2002) : Abnehmende Größe und zunehmende Kapazität durch Miniaturisierung, kleinere Spurabstände und hochpräzise Armpositions-Regelung

1.2 Mechanische Systeme und mechatronische Entwicklungen

Mechanische Systeme sind dem großen Bereich des Maschinenwesens zuzuordnen. Ihrem *Aufbau* und *Einsatz* entsprechend können mechanische Systeme unterteilt werden in *mechanische Komponenten, Maschinen, Fahrzeuge, Feinmechanik* und *Mikromechanik*, Bild 1.8, siehe auch Koller (1985). Eine andere Gliederung kann nach der Kinematik im Rahmen der Theorie mechanischer Systeme (Technische Mechanik) erfolgen. Hier unterscheidet man *freie Systeme*, bei denen sich die Elemente uneingeschränkt bewegen können und gebundene Systeme, deren Elemente durch starre Bindungen verbunden sind. Die gebundenen Systeme können dabei *holonome Bindungen* haben, die die Lage einschränken, oder *nichtholonome Bindungen*, die die Lage und Geschwindigkeit einschränken. Die meisten für die Mechatronik interessierenden mechanischen Systeme gehören zu den gebundenen Systemen.

Im Folgenden werden kurz solche Systeme betrachtet, für die eine Integration mit der Elektronik bereits erfolgt oder zu erwarten ist. Dann wird diskutiert, welche Systeme davon als mechatronischen Systeme betrachtet werden können.

1.2.1 Mechatronische Systeme des Maschinenwesens

Bei der Gestaltung mechanischer Produkte kommt es auf das Zusammenspiel von Energie, Materie und Information an. Dabei ist von der Aufgabe oder Lösung her entweder der Energie-, Materie- oder Informationsfluss dominierend. Somit kann man einen Hauptfluss und meistens noch mindestens einen Nebenfluss unterscheiden, Pahl et al. (1996), Pahl et al. (2005).

Eine Gliederung von Maschinenelementen als Komponenten im Maschinen-, Apparate- und Gerätebau findet man z.B. in Beitz (1989), Roth (1982). Die Klassifikation von Maschinen nach systematischen Gesichtspunkten wie z.B. Wirtschaftszweigen, Funktionen, Arbeitsprinzipien, usw. ist in Hupka (1973) angegeben, siehe auch Beitz und Küttner (1995). Wegen der Vielfalt der möglichen Klassifikationen und der aus der Tradition fest verankerten Begriffe ist es aber offenbar nicht möglich, alle mechanischen Systeme nach nur einem Schema zu ordnen, siehe auch Green (1992), Smith (1994), Kreith (1998), Kutz (1998). Das Schema nach Bild 1.8 soll als eine in diesem Buch verwendete Gliederung mechanischer Systeme dienen.

Im Folgenden werden einige Beispiele für mechatronische Entwicklungen beschrieben. Für den Bereich der mechanischen Komponenten, Maschinen und Fahrzeuge ist eine Übersicht von Beispielen in Bild 1.9 angegeben.

a) Maschinenelemente, mechanische Komponenten

Die Maschinenelemente sind in der Regel rein mechanisch. In Bild 1.9 sind einige Beispiele angegeben. Die zu verbessernden Eigenschaften durch Integration mit Elektronik sind beispielsweise: selbsteinstellende Steifigkeit und Dämpfung, selbsteinstellendes Spiel oder selbsteinstellende Vorspannung, automatisch ablaufende Teilfunktionen (Kuppeln, Schalten), Überwachungsfunktionen. Beispiele für

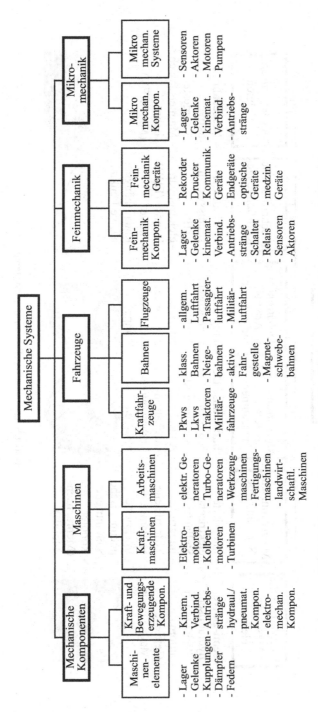

Bild 1.8. Mechanische Systeme und ihre Gliederung im Maschinenwesen, mit Beispielen

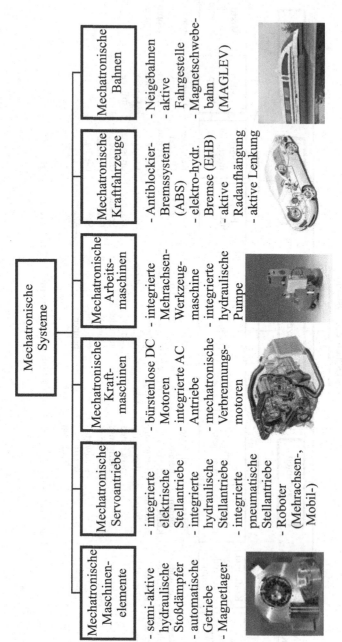

Bild 1.9. Beispiele mechatronischer Systeme

Mechatronische Systeme

Mechatronische Maschinen-elemente
- semi-aktive hydraulische Stoßdämpfer
- automatische Getriebe
- Magnetlager

Mechatronische Servoantriebe
- integrierte elektrische Stellantriebe
- integrierte hydraulische Stellantriebe
- integrierte pneumatische Stellantriebe
- Roboter (Mehrachsen-, Mobil-)

Mechatronische Kraft-maschinen
- bürstenlose DC Motoren
- integrierte AC Antriebe
- mechatronische Verbrennungs-motoren

Mechatronische Arbeits-maschinen
- integrierte Mehrachsen-Werkzeug-maschine
- integrierte hydraulische Pumpe

Mechatronische Kraftfahrzeuge
- Antiblockier-Bremssystem (ABS)
- elektro-hydr. Bremse (EHB)
- aktive Radaufhängung
- aktive Lenkung

Mechatronische Bahnen
- Neigebahnen
- aktive Fahrgestelle
- Magnetschwebe-bahn (MAGLEV)

mechatronische Ansätze sind: Hydrolager für Verbrennungskraftmaschinen mit elektronischer Steuerung der Dämpfung, Weltin (1993), elektromagnetische Tilger für Motorschwingungen, Svaricek et al. (2005). Selbstoptimierende mechanische Kupplung mit Piezoaktoren, Habedank und Pahl (1996), Magnetlager, Schweitzer (1988), Laier und Markert (1998), Nordmann et al. (2000), Binder et al. (2007), elektronisch gesteuerte automatische Drehmomentwandler, Dach und Köpf (1994), Runge (2000), Ingenbleek et al. (2005), adaptive Stoßdämpfer bei Radaufhängungen, Kallenbach et al. (1988), Bußhardt und Isermann (1996), Causemann (1999). Bild 1.10 zeigt einige Beispiele mechatronischer Komponenten.

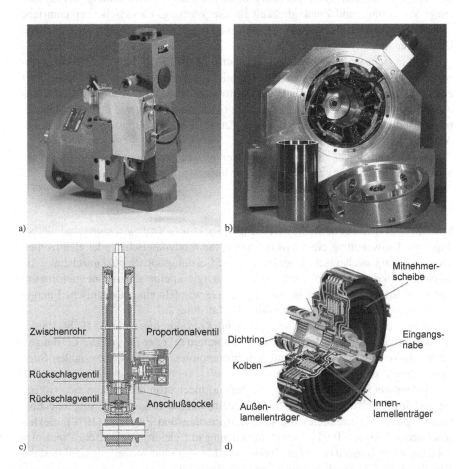

a)   b)

c)   d)

Zwischenrohr   Proportionalventil

Rückschlagventil

Rückschlagventil   Anschlußsockel

Mitnehmer-scheibe

Dichtring   Eingangs-nabe

Kolben

Außen-lamellenträger   Innen-lamellenträger

Bild 1.10. Mechanische Komponenten im Maschinenbau: a) Hydraulische Axialkolbenpumpe mit integrierter Elektronik zur Regelung von Förderstrom oder Druck, Feuser (2002), Bosch-Rexroth AG, Lohr; b) Magnetlager (Markert, TU Darmstadt), Isermann et al. (2002); c) Hydrolager mit elektronisch steuerbarer Dämpfung, Causemann (1999); d) Elektronisch steuerbare Doppelkupplung, Schreiber et al. (2003)

b) Elektrische Antriebe und Servoantriebe

Elektrische Antriebe mit Gleichstrom-, Universal-, Asynchron- und Synchronmotoren zeigen schon seit vielen Jahren eine Integration mit Getrieben, Drehzahl- oder Positionssensorik und Leistungsstellern. Besonders die Entwicklung von transistorisierten Spannungsstellern und preiswerter Leistungselektronik auf Transistor- und Thyristorbasis mit frequenzvariablem Drehstrom ermöglichte drehzahlgeregelte Antriebe auch für kleinere Leistungen. Dabei zeigt sich ein Trend zu dezentralen Antrieben mit motornaher, angebauter oder integrierter Elektronik, Desch (2001). Die Art der baulichen Integration hängt dabei z.B. ab von Platzbedarf, Kühlung, Verschmutzung, Vibrationen und Zugänglichkeit für die Wartung. Elektrische Servoantriebe erfordern besondere Bauformen für die Positionieraufgaben, zeigen aber ähnliche Entwicklungen.

Hydraulische und *pneumatische Servoantriebe* sowohl für lineare als auch rotatorische Positionierung werden zunehmend mit integrierter Sensorik und Steuerungselektronik geliefert. Beweggründe sind hierbei die Anwenderforderungen nach einbaufertigen Antrieben, kleinerem Bauraum (Miniaturisierung), schnelle Austauschbarkeit und erweiterte Funktionen, Feuser (2002). Einige Beispiele mechatronischer Antriebe und Aktoren zeigt Bild 1.11.

Mehrachsenroboter und *mobile Roboter* weisen schon von Anfang ihrer Entwicklung an mechatronische Eigenschaften auf.

c) Kraftmaschinen

Maschinen zeigen ein besonders vielfältiges Spektrum. *Kraftmaschinen* sind hierbei durch die Umwandlung einer hydraulischen, thermodynamischen oder elektrischen Energie in eine mechanische Energie und eine Leistungsabgabe gekennzeichnet. *Arbeitsmaschinen* wandeln eine mechanische Energie in eine andere Energieform um und nehmen dabei eine Leistung auf. *Fahrzeuge* wandeln eine mechanische Energie in Bewegung um und nehmen ebenfalls eine Leistung auf.

Beispiele für mechatronische *elektrische Kraftmaschinen* sind z.B. bürstenlose Gleichstrommotoren (elektronische Kommutierung) oder für größere Leistungen drehzahlgeregelte Asynchron- und Synchronmotoren mit frequenzvariablen Stromumrichtern (siehe b).

Verbrennungsmotoren erhalten zunehmend mechatronische Komponenten, besonders im Bereich der Stellsysteme. Benzinmotoren zeigten z.B. folgende Entwicklungsschritte: mikroelektronische Einspritzung und Zündung (1979), elektrische Drosselklappe (1991), Direkteinspritzung mit elektromechanischen und piezoelektrischen Einspritzventilen (2003), variable Ventilhubverstellung (2003), siehe z.B. Bosch (2003), van Basshuysen und Schäfer (2004).

Dieselmotoren hatten zunächst rein mechanische Einspritzpumpen (Reiheneinspritzpumpe 1927), dann analog-elektronisch gesteuerte Axial-Kolbenpumpen (1986) und digital-elektronisch gesteuerte Hochdruckpumpen, ab 1997 mit Common Rail System, Bosch (2004). Weitere wichtige Entwicklungen waren die Abgas-Turbolader mit Wastegate-Steller oder verstellbaren Leitschaufeln (VTG), etwa ab (1993). In Bild 1.12 sind einige Beispiele dargestellt.

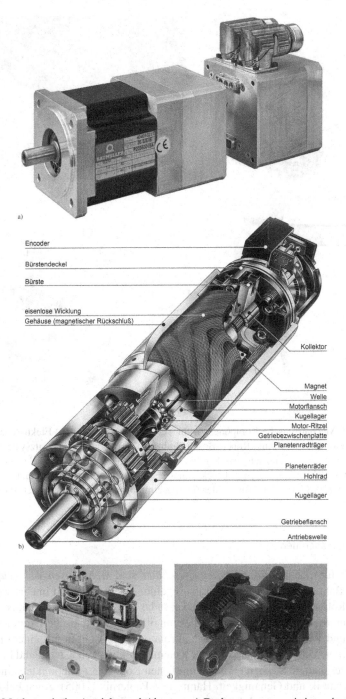

Bild 1.11. Mechatronische Antriebe und Aktoren: a) Drehstrommotor mit integrierter Leistungselektronik und Regelung, Baumüller, Nürnberg; b) Elektronisch kommutierter bürstenloser Gleichstrommotor, Maxon Motor, Schweiz; c)) Pneumatisches Proportionalventil mit integrierter Regelungselektronik, Feuser (2002). Bosch-Rexroth AG, Lohr; d) Fehlertoleranter elektro-hydraulischer Ruderaktor, mit fehlertolerantem Steuerschieber und Zylinder, Liebherr, VDMA (2002)

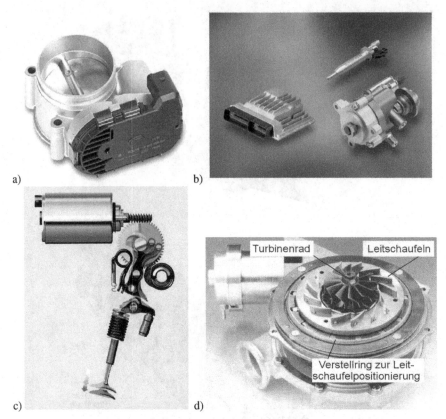

Bild 1.12. Mechatronische Komponenten für Verbrennungsmotoren: a) Elektrischer Drossel-klappenaktor mit Elektronik, Robert Bosch GmbH; b) Commonrail-Einspritzsystem mit elektromagnetischen oder piezoelektrischen Injektoren und Motor-Steuerungselektronik, Siemens VDO; c) Variabler Ventiltrieb mit elektromotorischer Verstellung von Spreizung und Hub, Flierl et al. (2001); d) VTG-Turbolader für Dieselmotor mit elektrischem Stellmotor, Schaffnit (2002)

d) Arbeitsmaschinen

Beispiele für mechatronische *Arbeitsmaschinen* sind *Mehrachsen-Werkzeugmaschinen* mit Bahnregelungen, Schnittkraft-Regelung, Werkzeuge mit integrierter Sensorik und Robotertransport der Werkstücke, siehe z.B. Kief (2003). Ergänzend zu den bisher eingesetzten Werkzeugmaschinen mit offenen kinematischen Ketten zwischen Gestell und Werkzeug und linearen und rotatorischen Achsen mit einem Freiheitsgrad werden Maschinen mit paralleler Kinematik entwickelt, Chang und Lee (2002). Parallelgeschaltete Streben erlauben mit festen Kopf- oder Fußpunkten eine verbesserte Dynamik und Genauigkeit, Hamm und Papiernik (2005). Auch bei *hydraulischen Kolbenpumpen* wird die Steuerungselektronik in das Gehäuse integriert. Weitere Beispiele sind *Verpackungsmaschinen* mit dezentralen Antrieben und Bahnführung oder *Offset-Druckmaschinen* mit einem Ersatz der mechanischen Synchronisationswelle durch dezentrale Antriebe mit digital elektronischer Synchronisierung sehr hoher Präzision.

e) Kraftfahrzeuge

Im Bereich der *Kraftfahrzeuge* sind besonders viele mechatronische Komponenten in Serie oder in Entwicklung: Automatische Blockierverhinderung (ABS) (erste Realisierung 1967, in Serie seit 1978), Antriebsschlupf-Regelung (ASR), Mitschke und Wallentowitz (2004), in Abhängigkeit vom Fahrzustand gesteuerte Stoßdämpfer, Kallenbach et al. (1988), Causemann (1999), geregelte adaptive Stoßdämpfer und Federungen, Bußhardt und Isermann (1993), aktive Fahrwerke, Lückel (2001), Metz und Maddock (1986), Schramm et al. (1992), Fahrdynamische Regelung durch differentielles Bremsen (ESP), van Zanten et al. (1994), Rieth et al. (2001), Breuer und Bill (2003), elektrohydraulische Bremse (2001) und Überlagerungslenkung (2003), siehe auch Bild 1.13. 80–90 % der zurzeit entstehenden Innovationen für Kraftfahrzeuge werden der Elektronik/Mechatronik zugeordnet. Dabei steigt der Wertanteil der Elektronik/Elektrik eines Fahrzeuges auf über 30 %, Dais (2004).

f) Bahnen

Eisenbahnen mit Dampf-, Diesel- oder Elektrolokomotiven folgen einer sehr langen Entwicklung. Für die Wagen ist die mit zwei Drehgestellen und jeweils zwei Achsen versehene Anordnung eine Standardlösung. Eine ABS-Antriebsschlupfregelung kann als erster mechatronischer Ansatz angesehen werden, Buscher et al. (1993). Die Hochgeschwindigkeitszüge (TGV, ICE) enthalten moderne mit Leistungselektronik ausgestattete Drehstrommotoren. Die Stromabnehmer sind mit einer elektronischen Kraft- und Positionsregelung versehen. Mechatronische Entwicklungen sind die Neigebahnen (1997) und aktiv gedämpfte und lenkbare Fahrgestelle, Goodall und Kortüm (2000), Pearson et al. (2004). Ferner sind Magnetschwebebahnen nach mechatronischen Gesichtspunkten aufgebaut, siehe z.B. Goodall und Kortüm (2000).

1.2.2 Mechatronische Systeme in der Feingerätetechnik

Die Feingerätetechnik (Feinwerktechnik) ist durch das Zusammenwirken von z.B. Feinmechanik, Elektromechanik, Elektronik und Optik gekennzeichnet, siehe z.B. Weißmantel (1992). Im Vordergrund stehen *Geräte*, die mehr der Informationsübertragung als der Energieübertragung dienen, Davidson (1970), Koller (1985), Walsh (1999). Bild 1.8 zeigt einige Beispiele. Hierzu zählen auch die kleineren Aktoren der Automatisierungstechnik. Beispiele für mechatronische Systeme sind: Bürstenlose Gleichstrommotoren mit elektronischer Kommutierung, Dote und Kinoshita (1990), Elektromagnete mit nichtlinearer, selbsteinstellender Regelung und Fehlererkennung, Raab (1993), Plattenspeicher mit Positionsregelungen höchster Präzision, Drucker, Kameras usw.

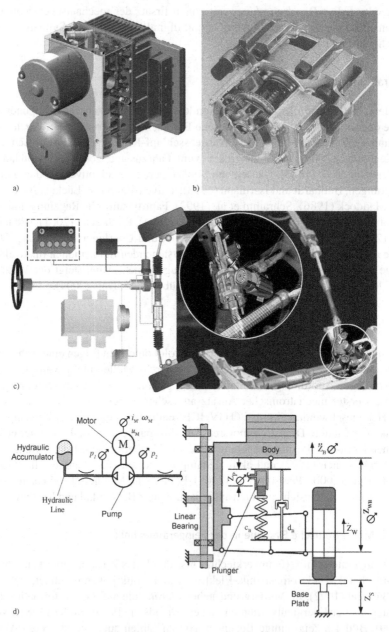

Bild 1.13. Mechatronische Komponenten für Kraftfahrzeuge: a) Mechatronik-Modul einer elektrohydraulischen Bremse (EHB), Robert Bosch GmbH; b) Elektromechanische Bremse (EMB), Prototyp Continental Teves AG (2003); c) Schema einer elektromotorischen Überlagerungslenkung, BMW, Köhn et al. (2003); d) Schema einer aktiven elektro-hydraulischen Radaufhängung (entsprechend ABC, DaimlerChrysler), Fischer (2006)

Die Integration von Feinmechanik und Mikroelektronik bietet viele Möglichkeiten bei der grundsätzlichen Konstruktion und bei der Gestaltung erweiterter und neuer Funktionen. Außer der Hinzunahme von mehr Sensoren und Aktoren und von mehreren dezentralen Antrieben hat die digitale Steuerung und Regelung in vielen Geräten einen wesentlichen Einfluss, siehe z.B. VDI-VDE-RL 2422 (1994). Auch die Bedientechnik hat sich durch Tastaturen und Displays stark verändert.

1.2.3 Mechanische Systeme des Apparatebaus (Anlagentechnik)

Apparate sind technische Systeme, deren primärer Zweck es ist, Stoffe umzusetzen und/oder einen Stofffluss zu möglichen, Koller (1985). Hierzu gehören z.b. thermische Apparate (Wärmeaustauscher, Heiz- und Klimaanlagen, Feuerungen), chemische Apparate (Strömungs- und Rührkessel-Reaktoren) und mechanische Apparate (Rohrleitungen mit Stellventilen, Zerkleinerungsmaschinen).

Auch bei diesen Apparaten ist eine *zunehmende Integration mit der Elektronik* zu beobachten. So kann man z.b. durch eine günstige dynamische Auslegung relativ schnell veränderbare Energie- und Stoffströme erhalten und dadurch nicht nur schnellen Laständerungen folgen, sondern auch größere Speicher einsparen. Das zum Teil sehr ausgeprägte nichtlineare Verhalten kann durch digitale adaptive Regelungen berücksichtigt werden, so dass ein großer Betriebsbereich bei hohen Güteanforderungen an die Produkte erreicht werden kann. Aber auch die genau auf die Apparate angepasste Automatisierung in den höheren Ebenen erlaubt viele Fortschritte im Rahmen der Überwachung, Optimierung und Bedienung. Jedoch werden im Allgemeinen nur einzelne Komponenten aber nicht die Apparate als Ganzes zu den mechatronischen Systemen gezählt.

1.2.4 Mikromechatronische Systeme

Auf der Basis einer kontinuierlichen Miniaturisierung konnte sich das Gebiet der Mikrosysteme entwickeln. Diese lassen sich unterteilen in mikroelektrische, mikroelektromechanische (MEMS) und mikromechanische Systeme. Die Miniaturisierung begann mit der Mikroelektronik. Wichtige Meilensteine waren dabei der erste Transistor (1947), der erste integrierte Schaltkreis (1958) und der erste Mikroprozessor (1971). Beispiele für mikroelektromagnetische Systeme sind Magnetplattenspeicher und seit etwa 1970 Beschleunigungssensoren.

Bei der Auslegung und Konstruktion von Mikrosystemen ist zu beachten, dass sich z.b. magnetische oder elektrostatische Gesetze anders als bei Makrosystemen auswirken (Skalierungsgesetze), dass andere Werkstoffe und Formgebungsverfahren verwendet werden und andere Konstruktionsregeln gelten, z.B. Kallenbach (2005). So nehmen beim Herunterskalieren um den Faktor m die elektromagnetischen Kräfte mit m^4 ab, die elektrostatischen Kräfte nur mit m^2 bzw m, Janocha (2004).

Die Mikrosystemtechnologie ist ferner besonders gekennzeichnet durch die Herstellverfahren, wie z.B. lithographische und anisotrope Ätzverfahren. Die Mikrosysteme schließen auch die Mikrooptik, Mikrofluidik, Mikro-Wärmeaustauscher und

Mikroreaktoren ein. *Mikromechatronische Systeme* können aus elektrischen Mikro-motoren, Mikrogetrieben und Mikropumpen aufgebaut werden, Ehrfeld et al. (2000). Hier ist die Entwicklung erst am Anfang. Erste Produkte sind Gierraten- und Durch-fluss-Sensoren, mikroelektronische Kreisel, Tintenstrahl-Druckköpfe, piezokerami-sche Aktoren, Mikromotoren mit 2 mm Durchmesser, Planetengetriebe mit 55 μm Durchmesser, spielfreie Micro-Harmonic-Drive hoher Untersetzung, Slatter und De-gen (2004), Mikroscanner, Mikrospiegel und Mikropumpen, Janocha (2000). Weite-re Übersichten sind z.b. zu finden in Gad-el-Hak (2000), Madon (2001), Lyshevski (2001).

1.2.5 Eingrenzung und Definition mechatronischer Systeme

Die vorausgegangenen Aufstellungen zeigen, dass die Integration von Elektronik im Sinne der Mechatronik viele Bereiche der Technik umfasst. Außer dem rein mecha-nischen Prozess tritt jedoch in vielen Fällen zusätzlich noch ein elektrischer, ther-modynamischer, chemischer oder informationstragender Teilprozess auf. Dies hängt damit zusammen, dass Maschinen und zum Teil auch Geräte und Apparate Energie-wandler sind, bei denen außer der mechanischen Energie noch andere Energieformen auftreten.

Die nichtmechanischen Teilprozesse sind dann in Bezug auf ihre Funktion und den Signalfluss nicht vom mechanischen Teilprozess zu trennen. Deshalb können mechatronische Systeme auch z.B. elektrische, thermische, thermodynamische, che-mische und informationsübertragende Teilprozesse mit einschließen. Dies führt in Ergänzung zu Abschnitt 1.1 zu einer etwas erweiterten Festlegung:

Definition mechatronischer Systeme
„Mechatronische Systeme entstehen durch simultanes Entwerfen und die Integration von folgenden Komponenten oder Prozessen

- *Mechanische und mit ihr gekoppelte Komponenten/Prozesse*
- *Elektronische Komponenten/Prozesse*
- *Informationstechnik (einschließlich Automatisierungstechnik)*

Die Integration erfolgt durch die Komponenten (Hardware) und durch die infor-mationsverarbeitenden Funktionen (Software). Ziel ist dabei, eine optimale Lösung zu finden zwischen der mechanischen Struktur, Sensor- und Aktor-Implementierung, automatischer digitaler Informationsverarbeitung und Regelung. Zusätzlich werden synergetische Effekte geschaffen, die erweiterte Funktionen und innovative Lösun-gen ergeben".

Diese Definition lehnt sich an das IFAC-T.C 4.2. (2000) an. Das Gebiet der Mechatronik umfasst somit außer den rein mechanischen Maschinenelementen, die Maschinen (Kraftmaschinen, Arbeitsmaschinen, Fahrzeuge), Geräte der Feingeräte-technik (z.B. Schreib- und Videogeräte, Nähmaschinen, Aktoren) und einen kleinen Teil der Apparate (z.B. Fördersysteme, Mühlen, Ölzerstäubungsbrenner). Die Gren-ze zwischen mechatronischen Systemen und anderen mit der Elektronik integrierten

Systemen (für die noch keine besonderen Begriffe existieren) ist jedoch nicht scharf, sondern fließend.

In den folgenden Abschnitten wird zunächst auf die im Vergleich zu mechanischen Systemen erweiterten und neuen *Funktionen*, die *Integrationsformen* und die Arten der *Informationsverarbeitung* eingegangen, bevor die einzelnen *Entwurfsschritte* zusammenfassend betrachtet werden.

1.3 Funktionen mechatronischer Systeme

Mechatronische Systeme erlauben nach Integration von mechanischen und elektronischen Systemen viele verbesserte und auch gänzlich neue Funktionen. Dies soll im Folgenden anhand von Beispielen erläutert werden.

1.3.1 Mechanischer Grundaufbau

Die *mechanische Grundkonstruktion* hat zunächst die Aufgabe zu erfüllen, Kraft- bzw. Drehmomentfluss oder den mechanischen Energiestrom zu übertragen, bestimmte Bewegungen oder Bewegungsvorgänge zu erzeugen usw. Hierzu wird nach bekannten Methoden in Abhängigkeit der Werkstoffeigenschaften, den Festigkeitsberechnungen und den fertigungstechnischen Möglichkeiten, Herstellkosten usw. die grundsätzliche Bauteilbemessung und -auslegung vorgenommen, siehe z.B. Pahl et al. (2005), VDI-RL 2221 (1993), VDI-VDE-RL 2422 (1994). Durch Anbringung von Messfühlern, Stellgliedern und analog arbeitenden mechanischen Steuerungen und Regelungen hat man in früheren Jahren auch einen einfachen informationsverarbeitenden Teil mechanisch oder fluidisch realisiert (z.B. Fliehkraft-Drehzahlregler, Membran-Druck- oder Durchfluss-Regler). Dann setzte sich allmählich der Einsatz elektrischer bzw. analoger Regelungen mit elektrischen Sensoren und Aktoren durch. Durch das Aufkommen von digitalen Steuerungen und Regelungen konnte der informationsverarbeitende Teil wesentlich flexibler und anpassungsfähiger gemacht werden, besonders durch die Mikroelektronik ab etwa 1975. Die Grenzen der Anwendbarkeit dieser zu den mechanischen Grundkonstruktionen additiv hinzugefügten elektronischen Komponenten war dabei zunächst gegeben durch die jeweiligen Eigenschaften der Sensoren, Aktoren und Elektronik, der oft nicht ausreichenden Zuverlässigkeit und Lebensdauer unter den meist rauen Umgebungsbedingungen (Temperatur, Vibrationen, Verschmutzung), einen noch großen Raumbedarf, die erforderlichen Kabel- und Steckverbindungen.

Mit den zunehmenden Verbesserungen, der Miniaturisierung, Robustheit und Leistung elektronischer Komponenten ab etwa 1980 konnte man ein größeres Gewicht auf die elektronische Seite legen und die mechanische Konstruktion von Anfang an im Hinblick auf ein mechanisch-elektronisches Gesamtsystem auslegen. Dabei war auch anzustreben, zu einer größeren *Modularisierung* zu kommen, z.B. durch dezentrale Regelungen, geeignete Schnittstellen, Buskommunikation, montage- und steckfertige Lösungen und eine geeignete Energieversorgung, so dass selbständig arbeitende Einheiten (Moduls) entstehen konnten. Bei *mechatronischen Systemen* wird nun der mechanische Grundaufbau durch die Integration von Aktoren, Sensorik und die Automatisierungselektronik wesentlich beeinflusst und ist im Hinblick auf das Gesamtsystem zu optimieren, was im Allgemeinen ein iteratives Vorgehen erfordert.

1.3.2 Funktionsaufteilung Mechanik - Elektronik

Wie bereits im Abschnitt 1.1 erläutert, spielt bei mechatronischen Systemen das Wechselspiel zwischen der Aufteilung von Funktionen im mechanischen und elektronischen Teil eine wesentliche Rolle. Im Vergleich zu rein mechanischen Lösungen führte bereits die Einführung von Verstärkern und Aktoren mit elektrischer Hilfsenergie zu wesentlichen Vereinfachungen des konstruktiven Aufbaus, wie man z.b. bei Uhren, elektrischen Schreibmaschinen und Kameras beobachten konnte. Eine wesentliche *Vereinfachung des mechanischen Aufbaus* ergab sich durch den Einsatz von Mikrorechnern in Verbindung mit dezentralen elektrischen Antrieben, z.B. bei elektronischen Schreibmaschinen, Nähmaschinen, Mehrachsen-Handhabungsgeräten und automatischen Schaltgetrieben. Zum Teil konnten die ursprünglich mechanisch gelösten Funktionen ganz erheblich vereinfacht werden.

Im Zuge des *Leichtbaus* entstehen relativ elastische und durch den Werkstoff schwach gedämpfte Systeme, die somit zu Schwingungen neigen. Hier kann man nun durch elektronische Rückführung über eine geeignete Sensorik, Elektronik und Aktorik eine *elektronische Dämpfung* verwirklichen und sie auch noch einstellbar machen. Beispiele sind elastische Roboter, elastische Antriebsstränge, Dieselmotoren mit Antiruckeldämpfung, hydraulische Systeme, Hebebühnen und weitauskragende Kräne oder Leitern und Konstruktionen im Weltraum.

Durch den Einbau von *Regelungen* z.B. für Position, Geschwindigkeit oder Kraft kann nicht nur eine vorgegebene Führungsgröße relativ genau eingehalten werden, sondern es kann auch ein näherungsweises *lineares Gesamtverhalten* erzeugt werden, obwohl das ungeregelte mechanische System nichtlineares Verhalten besitzt. Durch den *wegfallenden Zwang der Linearisierung* des mechanischen Teils kann der konstruktive und fertigungstechnische Aufwand kleiner gehalten werden. Beispiele sind mechanisch einfach aufgebaute pneumatische oder elektromagnetische Aktoren mit ihren nichtlinearen Kennlinien oder Durchflussventile.

Mit Hilfe von frei *programmierbaren Führungsgrößengebern* kann die Anpassung eines nichtlinearen mechanischen Systems an die Bedienung durch den Menschen verbessert werden. Hiervon wird z.B. beim elektronischen Gaspedal (Fahrregler) von Verbrennungsmotoren, beim Bremspedal, bei hydraulischen Aggregaten (Bagger, Schwerlastfahrzeuge), Chang und Lee (2002), und bei ferngesteuerten Manipulatoren und Flugzeugen Gebrauch gemacht.

Mit zunehmender Anzahl von Sensoren, Aktoren, Schaltern und Steuerungen oder Regelungen wächst jedoch die Zahl der erforderlichen Kabelverbindungen beträchtlich an, so dass nicht nur hohe Kosten, zusätzliches Gewicht und viele Kontaktstellen entstehen, sondern auch der erforderliche Bauraum knapp wird (z.B. Roboter, Kraftfahrzeuge). Hier schafft die Verwendung von digitalen Bussystemen eine Abhilfe. Wegen der größeren Zahl an Komponenten, die im Vergleich zum rein mechanischen System ein anderes, meist ungünstigeres Ausfallverhalten haben, wird die *Zuverlässigkeitsanalyse* ein wichtiger Teil des Entwurfs.

1.3.3 Betriebseigenschaften

Bei Verwendung von Regelungen wird die *Präzision* einer Positionierung durch einen Vergleich von Soll- und Istwert über eine Rückführung erreicht und nicht alleine durch eine hohe mechanische Präzision eines nur gesteuerten mechanischen Elements. Dadurch kann unter Umständen die Präzision in der Fertigung etwas reduziert werden oder es können einfachere mechanische Bauformen (Lager, Führungen) verwendet werden (mechanische Entfeinerung). Eine größere und veränderliche Reibung lässt sich dabei durch eine *adaptive Regelung* mit Reibungskompensation zumindest teilweise kompensieren. Dann kann auch eine größere Reibung anstelle von Lose toleriert werden (z.B. verspannte Getriebe). Modellbasierte und adaptive Regelungen erlauben ferner einen Betrieb in mehreren Arbeitspunkten, in denen bei konstanten Regelungen mit instabilem oder zu trägem dynamischen Verhalten gerechnet werden muss. Dadurch wird ein Betrieb in größeren Bereichen möglich (z.B. Durchfluss-, Kraft-, Drehzahl-Regelungen, Fahrzeuge und Flugzeuge). Eine bessere Regelgüte erlaubt es in vielen Fällen, die Sollwerte *näher an Grenzwerte* mit besseren Wirkungsgraden oder Ausbeuten zu legen (z.B. höhere Temperaturen, Verdichter an der Pumpgrenze, größerer Bandzug und größere Geschwindigkeiten bei Papiermaschinen und Walzwerken).

1.3.4 Neue Funktionen

Nach mechatronischen Gesichtspunkten ausgelegte Systeme ermöglichen eine Reihe von Funktionen, die vorher nicht realisierbar waren.

Zunächst können über einige messbare Größen und analytische Beziehungen oder dynamische Zustandsbeobachter *nichtmessbare Größen* bestimmt und durch Steuerungen und Regelungen gezielt beeinflusst werden. Beispiele sind zeitabhängige Variable wie Reifen/Straße-Schlupf, Grundgeschwindigkeit und Schwimmwinkel bei Fahrzeugen, innere Spannungen und Temperaturen oder Parameter wie Dämpfungen, Steifigkeiten oder Widerstände.

Die selbsttätige *Adaption von Parametern* wie z.B. Dämpfungen und Steifigkeiten bei schwingenden Systemen aufgrund einfacher gemessener Größen wie Schwingungswegen oder -beschleunigungen ist ebenfalls eine neue Möglichkeit. Eine weitere Verbesserung kann durch eine automatische *Online-Optimierung* in Bezug auf Wirkungsgrade, Ausbeuten oder Verbräuche erreicht werden. Dies betrifft z.B. Schaltvorgänge bei Verbrennungsmotoren oder Hybrid-Antrieben bei Kraftfahrzeugen.

Eine integrierte *Überwachung mit Fehlerdiagnose* wird bei zunehmender Komplexität und hohen Anforderungen an Zuverlässigkeit und Sicherheit immer wichtiger. Dies ermöglicht über die Berechnung von analytischen Symptomen eine Fehlerfrüherkennung mit einem Hinweis auf Wartung oder Reparatur z.B. auch mit Teleservice über bestehende Kommunikationskanäle. Eine weitere Möglichkeit ist der

Aufbau von *fehlertoleranten Systemen*, die im Fehlerfall durch eine Rekonfiguration auf redundante Einheiten automatisch umschalten, um so einen Betrieb aufrecht zu erhalten.

1.3.5 Sonstige Entwicklungen

Mechatronisch gestaltete Systeme erlauben häufig eine *flexible Anpassung* an Randbedingungen. Ein Teil der Funktionen und auch der Präzision wird *programmierbar* und daher schneller änderbar. Dies ermöglicht nicht nur die simultane Entwicklung von Hardware und Software, sondern gestattet laufende Änderungen während der Entwicklung und der Inbetriebnahme (Feldtests) und spätere Software-Updates. Voraussimulationen erlauben die Reduktion von experimentellen Untersuchungen mit vielen Parametervariationen. Insgesamt scheint eine *schnellere Markteinführung* möglich zu sein, wenn die Grundelemente parallel entwickelt werden und die funktionelle Integration besonders durch Software erfolgt.

Die weitgehende Integration von Prozess und Elektronik ist einfacher, wenn der Kunde das funktionsfähige System *von einem Hersteller* bezieht. In der Regel ist das der Hersteller der Maschine, des Gerätes oder Apparates. Dieser muss sich deshalb intensiv mit der Elektronik und der Informationsverarbeitung auseinandersetzen und bekommt die Chance, das Produkt aufzuwerten. Bei kleineren Geräten und Maschinen mit relativ großen Stückzahlen ist diese Entwicklung selbstverständlich. Für größere Maschinen und Apparate kommen der Prozess und die Automatisierung oft von verschiedenen Herstellern. Dann bedarf es besonderer Anstrengungen, zu einer integrierten Lösung zu kommen.

Tabelle 1.1 fasst einige Eigenschaften mechatronischer Systeme im Vergleich zu konventionellen elektromechanischen Systemen zusammen. In Tabelle 1.2 werden Ausführungsbeispiele zu den jeweiligen Zeilen der Tabelle 1.1 angegeben.

1.4 Integrationsformen von Prozess und Elektronik

Für die Entwicklung mechatronischer Systeme ist die Betrachtung als integriertes Gesamtsystem wesentlich. Bild 1.14a) zeigt als Ausgangsbasis ein prinzipielles Schema für klassisch angeordnete mechanisch-elektronische Systeme mit additiv zusammengefügten Komponenten. Hiervon ausgehend, können zwei Formen der Integration, die Integration durch die Komponenten und die Integration durch die Informationsverarbeitung unterschieden werden (siehe auch Tabelle 1.1).

Bei der *Integration durch die Komponenten* (Hardwareseitige Integration) erfolgt die Integration durch einen „organischen" Einbau der Sensoren, Aktoren und Mikrorechner in den mechanischen Prozess, siehe Bild 1.14b). Diese örtliche oder bauliche Integration kann zunächst auf den Prozess und Sensor oder den Prozess und Aktor beschränkt sein. Der Mikrorechner kann mit dem Aktor, Prozess oder Sensor integriert werden und mehrfach vorkommen. (Dies wird auch mit „embedded systems" bezeichnet). Integrierte Sensoren und Mikrorechner entwickeln sich zu intelligenten

Tabelle 1.1. Einige Eigenschaften konventionell und mechatronisch entworfener Systeme

	Konventionell	Mechatronisch
	• **Koppelung von Komponenten**	• **Integration von Komponenten (Hardware)**
1	Umfänglich	Kompakt
2	Komplexe Mechanik	Einfache Mechanik
3	Kabelprobleme	Bus oder drahtlose Kommunikation
4	Verbundene Komponenten	Autonome Einheiten (Moduls)
	• **Einfache Steuerung/Regelung**	• **Integration durch Informationsverarbeitung (Software)**
5	Steifer Aufbau	Elastischer Leichtbau mit elektronischer Dämpfung
6	Steuerung oder analoge lineare Regelung	Programmierbare, digitale (nichtlineare) Regelung
7	Präzision durch enge Toleranzen	Präzision durch Messung und Rückführung
8	Nichtmessbare Größen ändern sich beliebig	Regelung nichtmessbarer, berechneter Größen
9	Einfach Grenzwertüberwachung	Überwachung mit Fehlerdiagnose
10	Konstante Eigenschaften	Adaptive und lernende Eigenschaften

Tabelle 1.2. Ausführungsbeispiele zu Tabelle 1.1

	Konventionell	Mechatronisch
	• **Koppelung von Komponenten**	• **Integration von Komponenten (Hardware)**
1	Elektromechanische Schreibmaschine	Elektronische Schreibmaschine oder Drucker
2	Mechanisch gesteuerte Einspritzpumpe mit Drehkolben und Nuten	Hochdruckpumpe mit magnetischen Einspritzventilen (common rail)
3	Viele Kabelbäume im Fahrzeug	Wenige Buskabel im Fahrzeug
4	Riemengetriebene Hilfsaggregate	Dezentral angetriebene Hilfsaggregate
	• **Einfache Steuerung/Regelung**	• **Integration durch Informationsverarbeitung (Software)**
5	Steifer Antriebsstrang für Fahrzeuge	Elastischer Antriebsstrang mit elektronischer Dämpfung über Antriebsmotor
6	Gesteuerter Greifer bei Robotern	Kraft- und schlupfgeregelter Greifer
7	Gesteuerte Aktoren	Geregelte Aktoren mit Reibungskompensation
8	Fahrergelenktes Fahrzeug im Schleuderzustand	Geregelter Gier- und Schwimmwinkel in Fahrzeugen durch Einzelrad-Bremsen
9	Stromüberwachung bei Werkzeugmaschinenantrieben	Schneidenbruch- und Verschleißerkennung aus Motorsignalen
10	Bahngeführtes Transportfahrzeug	Mobiles Transportfahrzeug mit automatischer Navigation

Sensoren (smart sensors), integrierte Aktoren und Mikrorechner zu intelligenten Aktoren (smart actuators). Dadurch steigen die Anforderungen an die mikroelektronischen Komponenten wegen der erhöhten Umgebungsanforderungen (Temperaturen, Beschleunigungen, Verschmutzung) stark an.

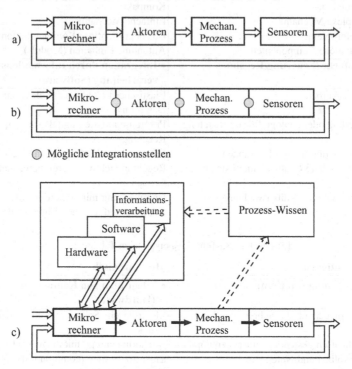

Bild 1.14. Zur Integration bei mechatronischen Systemen a) Allgemeines Schema für (klassische) mechanisch-elektronische Systeme; b) Integration durch Komponenten (Hardware-Integration), c) Integration durch Funktionen (Software-Integration) (mit erfolgter Integration der Komponenten)

Die *Integration durch die Funktionen* (Softwareseitige Integration, algorithmische Integration, funktionelle Integration durch Informationsverarbeitung), beruht hauptsächlich auf modernen Methoden der Mess-, Regelungs- und Automatisierungstechnik. Neben einer Grundrückführung wie in Bild 1.14b) ist häufig eine zusätzliche Einflussnahme über eine entsprechende höhere Informationsverarbeitung mit speziellem Prozess-Wissen erforderlich, Bild 1.14c). Dies bedeutet eine Verarbeitung der vorliegenden Signale in höheren Ebenen. Hierbei sind Aufgaben der Überwachung (ohne und mit Fehlerdiagnose) und Aufgaben des Prozessmanagements (z.B. Optimierung, Koordinierung) durchzuführen. Die entsprechenden Problemlösungen sind in einer *Online-Informationsverarbeitung* als Echtzeit-Algorithmen realisiert und müssen an die Eigenschaften des mechanischen Prozesses und die zur Verfügung stehende Basis-Software angepasst werden. Zum Entwurf dieser

Algorithmen, zur Informationsgewinnung über den Prozess und zur Einhaltung von Gütekriterien wird eine mehr oder weniger ausgeprägte Wissensbasis benötigt. Somit ergibt sich eine prozessgekoppelte Informationsverarbeitung mit eventuell intelligenten Eigenschaften, und damit eine funktionelle Integration aller Komponenten über die Software, wie in Bild 1.15 zusammenfassend dargestellt.

1.5 Arten der Informationsverarbeitung

Die verschiedenen Arten der Informationsverarbeitung bei mechatronischen Systemen lassen sich gliedern nach den Teilaufgaben der Prozessautomatisierung, speziellen Signalverarbeitungsmethoden, Methoden zur Informationsgewinnung über den Prozess, modellgestützte und intelligente Methoden.

1.5.1 Mehr-Ebenen-System

Die Informationsverarbeitung der direkt messbaren Signale kann in mehrere Ebenen aufgeteilt werden, Bild 1.16:

Ebene 1a: Steuerungen und Regelungen der unteren Ebene

- Rückführung zur Dämpfung, Stabilisierung, Linearisierung, Regelung
- Störgrößenaufschaltung.

Ebene 1b: Regelungen der höheren Ebenen (höherwertige Regelungskonzepte)

Ebene 2: Überwachung

- Grenzwertkontrolle, Alarmmeldung
- Automatischer Schutz
- Fehlerdiagnose

Ebene 3 und höher: Management

- Optimierung (Wirkungsgrad, Verschleiß, Geräusch, Emissionen)
- Koordinierung von Subsystemen
- Allgemeines Prozessmanagement (Anpassung an Umwelt, Planung, Aufträge)

Im Allgemeinen gilt hierbei

- untere Ebenen: reagieren schnell, wirken lokal
- obere Ebenen: reagieren langsamer, wirken global

Die meisten bisherigen Ansätze für mechatronische Systeme verfolgen die Signalverarbeitung der unteren Ebenen, also z.B. Regelung oder Dämpfung von Bewegungen oder einfache Überwachungen. Die digitale Informationsverarbeitung erlaubt aber die Lösung von wesentlich mehr Aufgaben, z.B. Überwachung mit Fehlerdiagnose, Entscheidungen für Redundanzmaßnahmen, Optimierung und Koordinierung. Die Aufgaben der oberen Ebene werden auch als „Prozessmanagement" zusammengefasst. Die Informationsverarbeitung in mehreren Ebenen unter Echtzeitbedingungen ist Kennzeichen einer umfassenden „Prozessautomatisierung".

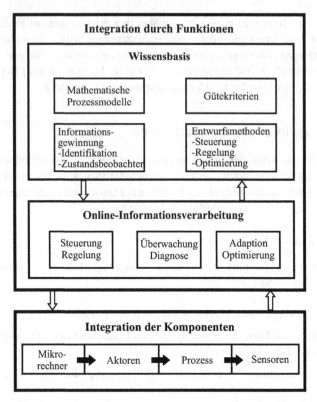

Bild 1.15. Integration mechatronischer Systeme: Integration durch Komponenten (Hardware), Integration durch Funktionen (Software)

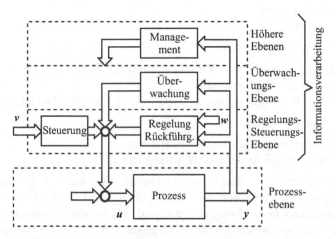

Bild 1.16. Verschiedene Ebenen der Informationsverarbeitung für die Automatisierung. u: Stellgrößen, y: Messgrößen, v: messbare Eingangsgrößen, w: Führungsgrößen

1.5.2 Signalvorverarbeitung

Gelegentlich sind auch *nicht direkt messbare Größen* zu steuern, zu regeln oder zu überwachen. Dies trifft z.B. beim automatischen Auswuchten, bei selbsteinstellenden Dämpfungen, geregeltem Schlupf oder zu überwachenden Wärmespannungen oder Temperaturen zu. In diesen Fällen müssen die zu beeinflussenden Größen erst durch eine Vorverarbeitung messbarer Signale gewonnen werden. Diese Signalvorverarbeitung besteht z.B. aus

- Filtern zur Bestimmung von Amplituden und Frequenzen
- Filtern zur Bestimmung von differenzierten oder integrierten Größen
- Zustandsgrößen-Beobachter
- Analytischen Funktionen

vgl. Bild 1.17. Diese nicht direkt messbaren Größen werden durch Mikrorechner, spezielle analoge oder integrierte digitale Schaltungen erzeugt und dann den verschiedenen Ebenen der Informationsverarbeitung zur Verfügung gestellt.

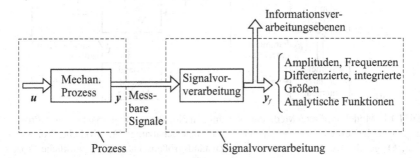

Bild 1.17. Informationsverarbeitung zur Gewinnung nichtmessbarer Größen (Signalvorverarbeitung)

1.5.3 Informationsgewinnung

Voraussetzung für genau angepasste Algorithmen zur Steuerung, Regelung, Rückführung zur Dämpfung, Fehlererkennung usw. ist die Kenntnis *mathematischer Prozessmodelle* für das statische und dynamische Verhalten. Bei mechanischen Prozessen können die Modellstruktur und einige Parameter häufig auf dem Wege einer theoretischen Modellbildung erhalten werden.

Aufgrund dieser Modellstruktur in Form von linearen oder nichtlinearen Differentialgleichungen kann man nun die gemessenen Ein- und Ausgangssignale in ihren kausalen Zusammenhang bringen und Informationen über das *interne Prozessverhalten* erhalten. Hierzu bieten sich zwei verschiedene Methoden an, die Parameterschätzung und die Zustandsgrößenschätzung.

Parameterschätzung

Es wird der Fehler $e(t)$ zwischen gemessenem Ausgangssignal $y(t)$ und dem Ausgangssignal $y_M(t)$ eines gedachten, parallel geschalteten Modells (oder Gleichungsfehler) gebildet, Bild 1.18a). Die Parameter $\hat{\Theta}$ des Modells werden dann durch Minimieren der Fehlerquadratsumme über z.B. die Methode der kleinsten Quadrate gebildet. Hierzu existieren erprobte Algorithmen bzw. Softwaremodulen in nichtrekursiver oder rekursiver Form für Modelle mit zeitkontinuierlichen und zeitdiskreten Signalen, auch für langsam veränderliche Parameter und bestimmte Klassen nichtlinearer Modelle, siehe Kapitel 7.

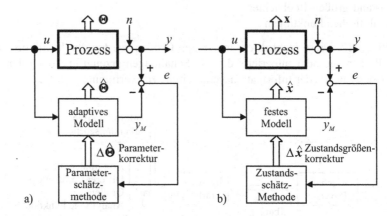

Bild 1.18. Modellgestützte Methoden der Informationsgewinnung dynamischer Prozesse. Ausgangsfehler: $e(t) = y(t) - y_M(t)$: a) Parameterschätzung: Θ: wirkliche Prozessparameter, $\hat{\Theta}$: geschätzte Prozessparameter; b) Zustandsgrößenschätzung; x: wirkliche Prozesszustandsgrößen, $\hat{x}$: geschätzte Prozesszustandsgrößen

Zustandsgrößenschätzung

Wenn die Parameter Θ, bzw. **A**, **b**, **c** eines Zustandsgrößenmodells (siehe z.B. Kapitel 7) bekannt sind, können über die Bildung des Ausgangsfehlers $e(t)$ durch eine entsprechende Rückführung bzw. Korrektur $\Delta x(t)$ die zeitveränderlichen Zustandsgrößen $\mathbf{x}(t)$ ermittelt werden, Bild 1.18b). Bei der Auslegung für deterministische Signale erhält man so eine Zustandsgrößenbeobachtung und für stochastische Signale eine Zustandsgrößenschätzung (Kalman-Filter). Hiermit lassen sich nichtmessbare, prozessinterne Variablen ermitteln, Föllinger (1992), Ogata (1997), Franklin et al. (1998), Dorf und Bishop (2001).

Die Ergebnisse der Parameterschätzung können z.B. für selbsteinstellende Regelungen, Dämpfungen oder zur modellgestützten Fehlererkennung eingesetzt werden. Geschätzte Zustandsgrößen sind die Basis für Zustandsrückführungen zur Stabilisierung des Systems oder zur Regelung nichtmessbarer Größen und für die modellgestützte Fehlererkennung mit Zustandsgrößen.

1.5.4 Modellgestützte Methoden der Regelung

Die Informationsverarbeitung wird im Allgemeinen in Form von einfachen Algorithmen oder Softwaremodulen im Mikrorechner unter Echtzeitbedingungen durchgeführt. Diese Algorithmen enthalten frei einstellbare Parameter, die an das statische und dynamische Verhalten des Prozesses anzupassen sind. Diese *Parameteranpassung* folgt bisher meist durch manuelle Eingabe aufgrund von Probierversuchen oder Erfahrungswerten. Da diese Parameteranpassung sehr langwierig werden kann, versucht man, sie zu automatisieren. Hierzu ist eine zusätzliche Informationsgewinnung in Form eines *mathematischen Prozessmodells* erforderlich. Durch eine geeignete Methode der Prozessidentifikation können aus gemessenen Ein- und Ausgangssignalen die Parameter eines dynamischen Prozessmodells gewonnen werden. Eine einmalige Identifikation führt dann zu *selbsteinstellenden Systemen* und eine fortwährende Identifikation zu *adaptiven Systemen*, Isermann et al. (1992), Åström und Wittenmark (1995). In Bild 1.19 ist dies am Beispiel einer adaptiven Regelung dargestellt. Die gewonnenen Prozessparameter können auch zur Fehlererkennung und Überwachung verwendet werden, Isermann et al. (1992).

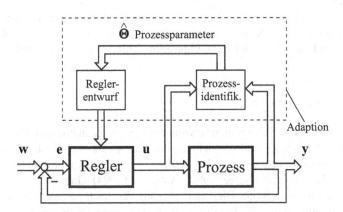

Bild 1.19. Adaptive Regelung über ein durch Prozessidentifikation gewonnenes Prozessmodell mit fortlaufendem Reglerentwurf

1.5.5 Überwachung und Fehlerdiagnose

Wegen der zunehmenden Zahl von automatisierten Funktionen, elektronischen Komponenten, Sensoren, Aktoren und der größeren Komplexität wird die Analyse der Zuverlässigkeit und Sicherheit und eine integrierte Überwachung mit Fehlerdiagnose zunehmend wichtiger. Die zugehörigen Funktionen sind daher Eigenschaften eines intelligenten mechatronischen Systems. Bild 1.20 zeigt ein zugehöriges Schema. Intern oder extern entstehende Fehler des Prozesses, den Sensoren und Aktoren erzeugen nicht erlaubte Abweichungen vom normalen Zustand. Die klassischen

Methoden der Überwachung sind die Grenzwertkontrolle oder Plausibilitätstests. Jedoch können mit diesen Methoden keine kleinen oder sporadisch auftretenden Fehler erkannt und diagnostiziert werden. Deshalb wurden in den letzten Jahren modellbasierte Fehlererkennungs- und Diagnosemethoden entwickelt, die mit den normal gemessenen Signalen auskommen und auch im geschlossenen Regelkreis arbeiten, siehe z.B. Isermann (1997), Isermann (2006), Gertler (1998), Chen und Patton (1999). Durch Einsatz von statischen und dynamischen Prozessmodellen, gemessenen Ein- und Ausgangssignalen werden Merkmale durch Parameterschätzung, Zustandsbeobachter oder Paritätsgleichungen erzeugt, siehe Bild 1.20. Diese Merkmale werden dann mit den Merkmalen für normales Verhalten verglichen. Mit Methoden des Erkennens von Änderungen erreicht man analytische Symptome. Dann wird eine Fehlerdiagnose mittels Klassifikations- oder Inferenzmethoden durchgeführt.

Ein beachtlicher Vorteil ist, dass dieselben Prozessmodelle sowohl für (adaptiven) Reglerentwurf als auch Fehlererkennung verwendet werden können. Im Allgemeinen werden zeitkontinuierliche Modelle bevorzugt, wenn die Fehlerdiagnose auf Parameterschätzung oder Paritätsgleichungen basiert. Für Fehlerdiagnose mit Parameterschätzung und auch Paritätsgleichungen können auch zeitdiskrete Modelle verwendet werden.

Eine gute funktionierende Überwachung und Fehlerdiagnose ist grundlegend für Zuverlässigkeit und Sicherheit, zustandsabhängige Instandhaltung und für das Auslösen von Redundanz und Rekonfiguration fehlertoleranter Systeme, Isermann (2000).

1.5.6 Intelligente Systeme

Durch eine verbesserte Informationsgewinnung können mechatronische Systeme mit „intelligenten" Eigenschaften entstehen. Für intelligente Regelsysteme existieren verschiedene Definitionen, siehe z.B. Saridis (1977), Saridis und Valavanis (1988), Åström (1991), White und Sofge (1992), Antsaklis (1994), Gupta und Sinha (1996), Harris (1994), Ruano (2005). Hier wird aber im Vergleich zu einem menschlichen Bediener vorläufig nur eine „Intelligenz niederen Grades" möglich sein. Dabei ist unter Intelligenz die Fähigkeit zu verstehen, „den Prozess und seine Automatisierung innerhalb eines gegebenen Rahmens zu modellieren, zu erlernen, Folgerungen zu ziehen (schließen) und zielorientiert zu beeinflussen", Isermann (1993). Ein intelligentes Regelsystem kann auch als ein Online-Expertensystem betrachtet werden, siehe Bild 1.21, und besteht aus:

1. Automatisierung in mehreren Ebenen
2. Wissensbasis
   - quantitatives Wissen
   - qualitatives Wissen
3. Inferenzstrategien
   - quantitatives Schließen
   - qualitatives Schließen
4. Kommunikation

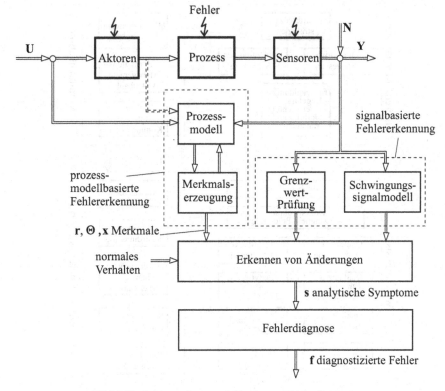

Bild 1.20. Schema einer modellbasierten Fehlerdiagnose

- Intern: mit inneren Modulen
- Extern: mit anderen mechatronischen Komponenten und zentralen Rechnern

Bei *einfachen intelligenten Systemen* werden dann z.B. folgende Funktionen realisiert. Die Regelungen (und Steuerungen) passen sich an das meist nichtlineare Verhalten an (Adaption), ihre Reglerparameter werden in Abhängigkeit vom Arbeitspunkt und dem Erfolg gespeichert und abgerufen (Lernen), alle wesentliche Elemente werden überwacht und Fehler diagnostiziert (Überwachung), um eine Wartung anzufordern oder redundante Maßnahmen zu ergreifen (fail safe, Rekonfiguration). Somit können *zielgerichtete mechatronische Systeme* entstehen, die sich selbsttätig an verändernde Aufgabenstellungen oder Umweltsituationen oder Strategien anpassen und lernen können.

In Bild 1.21 sind noch Funktionen eines *weiter entwickelten intelligenten Systems* zu sehen, Isermann (1995). Die Automatisierungsebenen sind mehr aufgeteilt und umfassen auch Aufgaben eines allgemeinen Prozessmanagements. Die Wissensbasis enthält die auszuführenden Aufgaben und Pläne, eine Dokumentation der Vergangenheit (Prozessgeschichte) und Methoden der Vorhersage für prädiktive Strategien. Neben den quantitativen Entwurfs- und Optimierungsmethoden mit analytischen Prozessmodellen treten qualitative Entwurfsmethoden mit qualitativen Prozessmo-

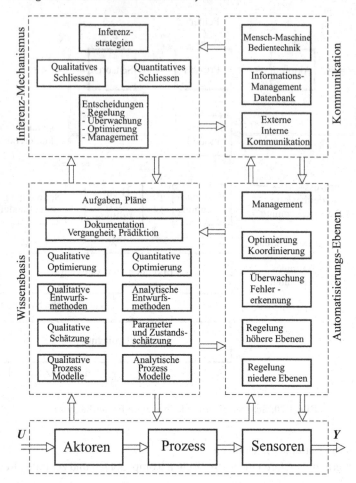

Bild 1.21. Intelligentes System mit Automatisierungsebenen, Inferenzmechanismus und Kommunikations-Schnittstellen (Online-Expertensystem)

dellen für diejenigen Teilprozesse oder Teilaufgaben, die sich einer genaueren analytischen Beschreibung entziehen. Hierzu zählen z.B. Methoden des Softcomputing (Fuzzy Logik, Neuronale Netze, Evolutionäre Optimierungsverfahren). Schließlich sind bei den Inferenzstrategien Methoden des analytischen Schließens (z.B. binäre Logik) und des qualitativen, approximativen Schließens (z.B. unscharfe (Fuzzy-) Logik) vorzusehen mit entsprechenden Entscheidungen für die einzelnen Automatisierungsaufgaben. Solch umfangreiche intelligente Automatisierungssysteme werden z.B. für selbstnavigierende Fahrzeuge und mobile Roboter benötigt.

Somit entwickeln sich aus den ersten mechatronischen Systemen durch die Hinzunahme einer höheren Informationsverarbeitung und entsprechender Eingriffsmöglichkeiten im Laufe der Zeit *intelligente Geräte* und *intelligente Maschinen*.

1.6 Entwurfsmethodik für mechatronische Systeme

Der Entwurf von mechatronischen Systemen erfordert eine systematische Entwicklung möglichst mit Rechnerunterstützung und Softwaretools. Das Vorgehen ist, wie bei fast allen Entwürfen, iterativ mit mehreren Durchläufen (Zyklen). Es ist jedoch wegen der unterschiedlichen Schnittstellen, verschiedenen physikalischen Domänen, Komplexität und Integrationsforderungen wesentlich aufwändiger als für rein mechanische oder elektrische Systeme.

Somit erfordert das mechatronische Gestalten ein simultanes Vorgehen in breit angelegten Ingenieurbereichen. Bild 1.22 zeigt dies in einem Schema. Beim traditionellen Entwurf wurden Mechanik, Elektrik und Elektronik, Regelungstechnik und Bedientechnik in verschiedenen Abteilungen durchgeführt mit nur gelegentlichen Abstimmungen und oft hintereinander (Bottom-up-design). Durch die Integrations- und Funktionsforderungen der Mechatronik müssen diese Bereiche zusammengeführt und das Produkt mehr oder weniger gleichzeitig zu einem Gesamtoptimum gebracht werden (concurrent engineering, top-down-design). Dazu müssen in der Regel geeignet zusammengesetzte Teams gebildet werden.

Das prinzipielle Vorgehen beim Entwurf mechatronischer Systeme wird z.B. in VDI-RL 2206 (2003) beschrieben. Dabei wird ein *flexibles Vorgehensmodell* angegeben, das aus folgenden Elementen besteht:

1. *Problemlösungszyklen als Mikrozyklus*
   - Lösungssuche durch Analyse und Synthese für Teilschritte
   - Vergleich von Ist- und Sollzustand
   - Bewertung, Entscheidung
   - Planung
2. *Makrozyklus in Form eines V-Modells*
   - Logische Abfolge von Teilschritten
   - Anforderungen
   - Systementwurf
   - Domänenspezifischer Entwurf
   - Systemintegration
   - Eigenschaftsabsicherung (Verifikation, Valdierung)
   - Modellbildung (flankierend)
   - Produkte: Labormuster, Funktionsmuster, Vorserienprodukt
3. *Prozessbausteine für wiederkehrende Arbeitsschritte*
   - Wiederkehrende Prozessbaustein
   - Systementwurf, Modellbildung, Bauelemente-Entwurf, Integration, ...

Beim V-Modell nach VDI 2206 (2004) wird nach Systementwurf und Systemintegration mit jeweils domänenspezifischem Entwurf in Maschinenbau, Elektrotechnik und Informationstechnik als verbindenden Zwischenschritt unterschieden. Dabei sind in der Regel mehrere Durchläufe erforderlich, um z.B. folgende Zwischenprodukte zu erzeugen:

- *Labormuster*: erste Wirkprinzipien und Lösungselemente, Grobdimensionierung, erste Funktionsuntersuchungen

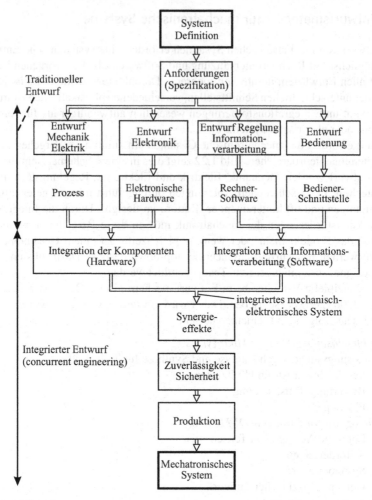

Bild 1.22. Entwurf mechatronischer Systeme in verschiedenen Disziplinen

- *Funktionsmuster*: Weiterentwicklung, Feindimensionierung, Integration verteilter Komponenten, Leistungsmessungen, Standard-Schnittstellen
- *Vorserienprodukt*: Berücksichtigung der Fertigungstechnik, Standardisierung, weitere, modulare Integrationsstufen, Kapselung, Feldtests

Die V-Modell-Darstellung geht vermutlich auf die Software-Entwicklung zurück, STARTS Guide (1989), Bröhl (1995). Einige wichtige Entwurfsschritte für mechatronische Systeme sind in Bild 1.23 in Form eines erweiterten V-Modells dargestellt. Es unterscheidet zwischen *Systementwurf* bis zu einem Labormuster, der *Systemintegration* bis zu einem Funktionsmuster und *Systemtests* bis zum Vorserienprodukt.

Beim Durchschreiten der einzelnen Stufen des V-Modells nimmt der Reifegrad des Produkts allmählich zu. Die einzelnen Schritte sind jedoch um viele Iterationen zu ergänzen, die in dem Bild nicht eingezeichnet sind.
Die einzelnen Schritte sind im Folgenden noch etwas detaillierter aufgestellt.

1. Anforderungen an die Entwicklung
   - Definition der allgemeinen Funktionen und Daten des Endproduktes oder Prozesses oder Systems
   - Traditionelle Lösungen gegenüber neuen Ansätzen
   - Anforderungen an Zuverlässigkeit und Sicherheit
   - Anforderungen an die Entwicklung und Herstellungskosten
   - Kontinuierliche Aktualisierung während des Entwicklungsprozesses
   - Ergebnis (deliverable): Anforderungsdokument
2. Spezifikation
   - Definition des entwickelten Produktes oder Prozesses oder Systems, welches die Voraussetzungen erfüllt
   - Erste Aufteilung in handhabbare Module
   - Spezifikation der Module
   - Maßnahmen, um die nötigen Funktionen, technischen Daten und Leistungen zu erfüllen
   - Maßnahmen, um die Zuverlässigkeits- und Sicherheitsanforderungen zu erfüllen
   - Betrachtung der Bezugsquellen und der Grenzen für die Entwicklung und Produktion des Endproduktes
   - Ergebnis: Anforderungsdokument
3. Systementwurf
   - Detaillierte Unterteilung in entwickelte oder Standardmodule:
     - mechanische, hydraulische, pneumatische, elektrische, thermische, ... Komponenten
     - elektronische Komponenten (integrierte Schaltungen, Mikrocomputer, Interfaces, Verstärker, Filter, ...)
     - Sensoren, Aktoren
     - Automatisierung, Regelung und informationsverarbeitende Software
     - Bediener-Konsole und Mensch-Maschine-Schnittstelle (HMI)
   - Aufgabenverteilung zwischen mechanischen, elektrischen und elektronischen Modulen
   - Neuer Entwurf von traditionellen Lösungen:
     - Vereinfachung des mechanischen und elektrischen Entwurfs
     - Erzeugung von speziellen kinematischen Funktionen durch Servoantriebe und Algorithmen
     - Ersatz der Linearisierung durch mechanischen und elektrischen Entwurf mit Hilfe von nichtlinearen Algorithmen
     - Leichtbauweise mit elektronischer Dämpfung
   - Umsetzung der leistungsbezogenen Funktionen durch mechanische, pneumatische, hydraulische oder elektrische Komponenten

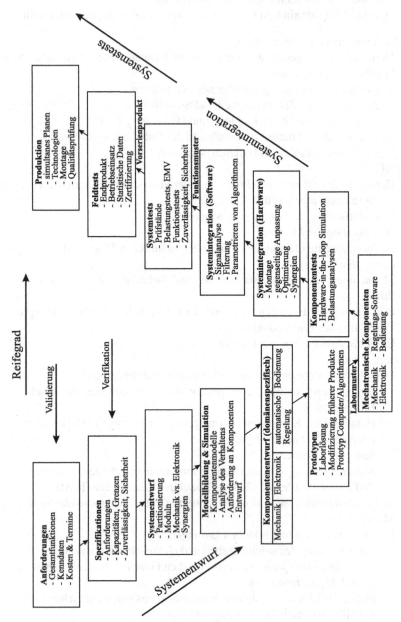

Bild 1.23. Entwurfsschritte für mechatronische Systeme in V-Modell-Darstellung

- Umsetzung der informations- und steuerungsbezogenen Funktionen durch mechanische, pneumatische, hydraulische oder elektronische (analoge oder digitale) Komponenten
- Hinzufügung von Sensoren, Aktoren und informationstragende Bussysteme (im Vergleich mit traditionellen Lösungen)
- elektronische Hardware-Architektur, Mikroprozessoren, Bus-Systeme, Kabel, Kabelbäume, Stecker
- Software-Architektur (Struktur, Sprache, Compiler, Echtzeitlösungen)
- Regelungstechnischer Entwurf (Steuerung und Regelung, klassische oder modellbasierte Regler, Beobachter, Parameterschätzung, Reglerabstimmung und -anpassung)
- Realisierung von Synergien (Lösungen, die beim integrierten Ansatz möglich sind)
- FMEA-Untersuchung: Verhalten im Fehlerfall und Konsequenzen für einen fehlertoleranten Entwurf
- Ergebnis: Systementwicklungsdokumente

4. Modellbildung und Simulation
- Modellbasierte Entwicklung ist für die Simulation der Komponenten im Hinblick auf das Gesamtverhalten erforderlich
- Mathematische Modelle der Komponenten (theoretisch entworfene oder experimentell gewonnene Modelle, Feinheiten und Vereinfachungsgrad hängen von der Anwendung ab)
- Verwendung von Modellierungs-Werkzeugen wie MODELICA, VHDL-AMS, ...
- Simulation von Komponenten und Systemverhalten in Hinblick auf Materialfestigkeit, Kompatibilität der Komponenten, nötiger Leistung, erreichbare Regelgüte etc.
- Einsatz von Simulations-Werkzeugen wie MATLAB/SIMULINK
- Software-in-the-loop Simulation (SiL): Komponenten und Algorithmen werden auf einem beliebigen Computer ohne Echtzeit-Voraussetzungen simuliert
- Fehlersensitivität: Verhalten im Falle von Fehlern und Ausfälle
- Ergebnis: Entwurfsdaten, mathematische Modelle, dynamische Anforderungen, Platzierung und Typ der Aktoren und Sensoren, Betriebsdaten für Mikrocomputer, Anschlussgeräte, Busse

5. Komponentenentwurf
- Domänenspezifischer Entwurf mit Integration
- Einsatz von vorhandenen CASE-Werkzeugen (nur Beispiele aufgeführt)
  - Mechanik: CAD/CAE: 2D-, 3D-Entwurf (z.B. AutoCAD)
  - Strömungen: CFD-Werkzeuge
  - Elektronik: Platinen-Layout (PADS), mikroelektronische Schaltungen (VHDL)
  - Regelung: CADCS-Werkzeuge (MATLAB)
- Mensch-Maschine-Schnittstelle:
  - Elektronische Tasten, Pedale, Steuerhebel oder Räder

- Haptische Rückführung
- Grafische Darstellungen, Instrumente, Bildschirme
- Überwachung durch den Bediener und Notfall-Unterstützung
- Tele-Operation mit visueller oder taktiler Rückführung
- Entwurf von Zuverlässigkeit und Sicherheit:
  - fail-operational, fail-safe, fail-silent Eigenschaften
  - Fehlererkennung und Rekonfiguration
  - Fehlertoleranz mittels Hardware oder analytischer Redundanz
- Ergebnis: Komponenten, die zur Integration bereit stehen

6. Prototypen
   - Konstruktion von Labor-Prototypen (Labormuster)
   - Modifikation früherer Produkte
   - Einsatz von Standard-Komponenten
   - Einsatz von by-pass Rechnern mit Hochsprachen-Software zusätzlich zu serien-elektronischen Steuergeräten für Rapid Prototyping von Regelungsfunktionen
   - Ergebnis: Prototypkomponenten, die zur Integration geeignet sind

7. Mechatronische Komponenten
   - Zur Integration bereite Komponenten: Mechanik, Elektronik, Steuergerät, HMI
   - Elektronisches Steuergerät (ECU) mit implementierter Software

8. Komponentenprüfung
   - Belastungs- und Beanspruchungstest der Hardware-Komponenten
   - Hardware-in-the-loop Simulation (HiL): bestimmte reale Komponenten werden mit ihrer simulierten Umgebung in Echtzeit überprüft. (Spart Entwicklungszeit und Prüfstände und kann gefährliche Bedienungszustände berücksichtigen)
   - Ergebnis: Hinweise für die Entwicklung und Neukonstruktion

9. Systemintegration (Hardware)
   - Räumliche Integration mechanischer Komponenten und der Elektronik (Einbettung in Mechanik)
   - Integration der Sensoren, Aktoren, Kabel, Stecker
   - Wechselseitige Feinanpassung
   - Bildung von synergetischen Effekten:
     - Verwendung derselben Komponente für verschiedene Aufgaben
     - Verbesserung der Genauigkeit durch Regelung
     - Verwendung von Modulmassen für Schwingungsdämpfung
     - Verwendung von Aktoren als Sensoren für angetriebene Mechanik
     - Verwendung von mathematischen Modellen zur Regelung und Fehlererkennung
   - Ergebnis: Hardware integriertes mechatronisches Produkt oder System

10. Systemintegration (Software)
    - Modellbasierte Berechnung von nichtmessbaren Variablen
    - Kompensation von Nichtlinearitäten durch Algorithmen
    - Schwingungsdämpfung durch geeignete Rückführungs-Algorithmen

- Weite Betriebsgrenzen durch adaptive Regelalgorithmen und Beobachter
- Spezielle Regelalgorithmen für Inbetriebnahme, Warmlauf, normaler Betrieb und Abschaltung
- Automatische Fehlererkennung und -diagnose
- Fehlertoleranz durch analytische Redundanz (siehe 5.)
- Lernverhalten
- Fehlererkennung und Wartung nach Bedarf
- Ergebnis: Hardware und Software integriertes mechatronisches Produkt oder System (Funktionsmuster)

11. Systemtest
    - Test aller Funktionen auf Prüfständen oder in der endgültigen Umgebung (extreme Last und Klimabedingungen)
    - elektromagnetische Kompatibilität (EMR)
    - Zuverlässigkeits- und Sicherheitstests
    - Verifikation: Nachweis, dass das Produkt seinen Spezifikationen (siehe 2.) entspricht
    - Ergebnis: neuer Entwurf von Komponenten, falls erforderlich, Modifikationen

12. Feldtests
    - Test des Endproduktes für alle Funktionen unter Kundenanforderungen
    - Statistik der Leistungsdaten, Fehler, Ausfälle
    - Mensch-Maschine Schnittstelle
    - Zertifizierung durch Behörden
    - Validierung: Nachweis, dass das Endprodukt im Hinblick auf die Anforderungen seinem Zweck angemessen ist (siehe 1.)
    - Ergebnis: Neuentwurf, Modifikationen, falls erforderlich

13. Produktion
    - Ein ähnliches V-Modul gibt es für die Herstellung von mechatronischen Produkten, VDI-RL 2206 (2003)
    - Planung der Herstellung sollte parallel und zeitgleich mit Entwurf und Entwicklung sein
    - Einschluss der zur Verfügung stehenden Technologien für Herstellung, Montage bis hin zur Qualitätskontrolle

Abhängig vom Typ des Produkts ist der *Grad der mechatronischen Durchdringung* unterschiedlich. Für feinmechanische *Geräte* ist die Integration bereits weit fortgeschritten. Bei *mechanischen Komponenten* kann man auf bewährte Grundkonstruktionen aufbauen und durch Ergänzungen und Umwandlungen Sensoren, Aktoren und die Elektronik integrieren, wie z.B. bei adaptiven Fahrzeugstoßdämpfern, hydraulischen Bremsen, fluidischen Aktoren. Bei *Maschinen* und *Fahrzeugen* ist zu beobachten, dass die mechanische Grundkonstruktion (zunächst) im Prinzip erhalten bleibt, aber durch mechatronische Komponenten ergänzt wird, wie z.B. bei Werkzeugmaschinen, Verbrennungsmotoren und Kraftfahrzeugen.

1.7 Rechnergestützter Entwurf mechatronischer Systeme

Beim Entwurf von mechatronischen Systemen ist ein allgemeines Ziel, rechnergestützte Werkzeuge aus verschiedenen Bereichen zusammenzuführen. Eine Übersicht gibt VDI 2206 (2004). Das KOMFORCE-Modell, Gausemeier et al. (1999), unterscheidet folgende Integrationsebenen:

- *Verfahrenstechnische Ebene*: spezifische Produktentwicklung, CAE-Werkzeuge
- *Prozesstechnische Ebene*: Aufgabenpakete, Status, Prozessmanagement, Datenfluss
- *Modelltechnische Ebene*: Gemeinsames Produktmodell für den Datenaustausch (STEP), STEP (2005)
- *Systemtechnische Ebene*: Kopplung der IT-Werkzeuge mit z.b: CORBA, DCOM, JAVA.

Zum *domänenspezifischen Entwurf* dienen die allgemeinen CASE-tools, wie z.b. CAD/CAE für die Mechanik, 2D, 3D-Entwurf mit AutoCAD, CFD-tools für Fluidik, Elektronik und Platinen-Layout (PADS), Mikroelektronik (VHDL) und CAD-CS-tools für den Regelungsentwurf, siehe z.B. James et al. (1995).

Für die domänenübergreifende Modellbildung ist besonders eine *objektorientierte Software* unter Verwendung allgemeiner Modellbildungsgesetze von Interesse. Die Modelle verschiedener Elemente werden zunächst nichtkausal mit den grundlegenden Gesetzen formuliert in Bibliotheken abgelegt, dann mit graphischer Unterstützung (Objektdiagramme) gekoppelt und als Ein-Ausgangsmodell dargestellt, wobei Methoden der Vererbung zur Wiederverwendbarkeit eingesetzt werden.

Beispiele hierzu sind MODELICA (Weiterentwicklung von DYMOLA), MOBILE, VHDL-AMS, 20 SIM, siehe z.B. Otter und Cellier (1996), Elmqvist (1993), Hiller (1995), Otter und Elmqvist (2000), Otter und Schweiger (2004), van Amerongen (2004). Ein weit verbreitetes Simulations- und Dynamik-Entwurfstool ist MATLAB/SIMULINK.

Für die Entwicklung mechatronischer Systeme sind verschiedene *Simulationsumgebungen* von Bedeutung, wie aus dem V-Modell, Bild 1.23, hervorgeht. Bei der *Software-in-the-Loop* (SiL) Simulation werden z.B. der Prozess und seine Regelung in einer höheren Sprache simuliert, um grundsätzliche Untersuchungen zu machen, siehe Bild 1.24. Dies erfolgt nicht in Echtzeit und dient z.B. dazu, sowohl im Prozessverhalten als auch in der Regelungsstruktur noch frühzeitig Änderungen vorzunehmen, ohne Prototypen zu bauen. Wenn erste mechatronische Prototypen existieren, aber noch Zielhardware der Steuerung oder Regelung fehlt, dann kann das Rapid-control-prototyping (RCP) eingesetzt werden. Hierbei arbeitet der Mechatronik-Prototyp als Echtteil mit der simulierten Regelung auf einem Prüfstand zusammen, um z.B. Regelalgorithmen unter realen Bedingungen zu testen. Der Prototyping-Rechner ist ein leistungsfähiger Echtzeit-Rechner mit einer höheren Sprache.

Die *Hardware-in-the-Loop* (HiL) Simulation wird eingesetzt, um mit der Zielhardware (ECU) und der Zielsoftware verschiedene Tests im Labor mit dem in Echtzeit auf einem leistungsfähigen Rechner simulierten Prozess durchzuführen. Hier können dann auch extreme Betriebs- und Umgebungssituationen, auch mit Fehlern,

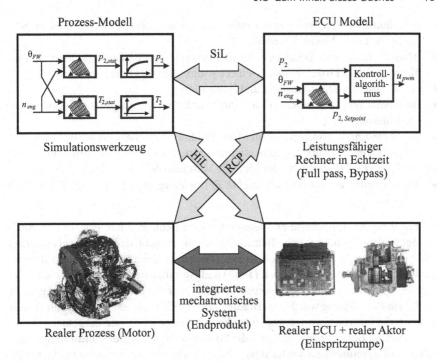

Bild 1.24. Verschiedene Kopplungen von Prozess und Elektronik zum mechatronischen Entwurf. SiL: Software-in-the-Loop; RCP: Rapid control prototyping; HiL: Hardware-in-the-Loop (ECU: Electronic Control Unit)

untersucht werden, die mit dem echten Prozess am Prüfstand oder als Fahrzeug zu gefährlich oder zu aufwändig sind. Diese HiL Simulation erfordert spezielle Elektronik zur Nachbildung der Sensorsignale und schließt oft die echten Aktoren (z.B. Hydraulik, Pneumatik oder Einspritzpumpen) mit ein. Durch diese Simulationsmethoden kann auch bei zeitlich nicht synchroner Entwicklung auf der Prozess-, Elektronik- oder Softwareseite weiter gearbeitet werden.

Der derzeitige Stand dieser Entwicklungs- und Testumgebungen ist z.B. in VDI-Ber. 1842 (2005) mit Beiträgen von Göbel (2004), Otterbach (2004), Mehl (2004) beschrieben, siehe auch Schäuffele und Zurawka (2003).

1.8 Zum Inhalt dieses Buches

Aus diesen allgemeinen Betrachtungen über mechatronische Systeme folgt nun, dass zum Entwurf, zur Inbetriebnahme und zum Betrieb mechatronischer Systeme folgende Aspekte von Bedeutung sind:

- *Systematische Beschreibung der Prozesse, bestehend z.B. aus den Teilprozessen*: mechanische Prozesse, elektrische und thermodynamische Prozesse;

- *Systematische Beschreibung der informationsübertragenden Komponenten*: Sensoren, Aktoren, Mikroelektronik;
- *Modellbildung und Simulation* für das statische und dynamische Verhalten der Komponenten, Prozesse, und des mechatronischen Gesamtsystems;
- *Architektur* der Digitalrechner und Bussysteme;
- *Methoden der Informationsverarbeitung* zur Steuerung, Regelung, Überwachung, Optimierung usw.;
- *Software-Entwurfswerkzeuge* für Modellbildung, Simulation, Konstruktion, rechnergestützter Entwurf, Implementierung, experimentelle Versuchstechnik, usw.;
- *Bedientechnik* (Gestaltung der Mensch-Maschine-Schnittstelle);
- *Gesamtheitliche und vereinheitlichte Betrachtung* in allen Entwicklungsschritten.

Für viele der Teilgebiete existieren einzelne Literaturstellen, Bücher und Nachschlagewerke. Gesamtheitliche Betrachtungen, die sowohl die Funktion als auch den prinzipiellen Aufbau der Komponenten umfassen, erschienen zunächst im Rahmen der Regelungstechnik, z.B. Oppelt (1953) und Automatisierungstechnik, Töpfer und Kriesel (1977). Ein erstes, umfassenderes Buch über Mechatronik mit einer gesamtheitlichen Betrachtung wurde von Bradley et al. (1991) verfasst. Es betrachtet hauptsächlich die informationsübertragenden Komponenten und Systemaspekte.

In diesem Buch werden im Teil I die **Grundlagen der Modellbildung des statischen und dynamischen Verhaltens** behandelt. Dies erfolgt zunächst in einer allgemeinen Form für *Prozesse, die Massen, Energien oder Impulse speichern*. Dabei werden feste Körper und Fluide berücksichtigt, Kapitel 2. Die vorzugsweise betrachteten Energien sind mechanisch, thermisch und elektrisch. Es werden dabei im wesentlichen Teilprozesse mit konzentrierten Parametern, die auf gewöhnliche Differentialgleichungen führen, betrachtet. Dabei wird die Aufstellung von Bilanzgleichungen, konstitutiven Gleichungen und phänomenologischen Gleichungen für die Prozesselemente ausführlich behandelt. Die Kopplung der Prozesselemente erfolgt durch die Schaltungsgleichungen. Wenn die Zahl der Prozesselemente groß wird, steigt der Aufwand über die elementare Modellbildung stark an. Für mechanische Systeme erlaubt dann die Anwendung von *Prinzipien der Mechanik* eine wesentliche Vereinfachung, Kapitel 3. Mit Hilfe dieser *Systematik der Modellbildung* gelangt man zu einer einheitlichen Darstellung der unterschiedlichen mechanischen, thermischen und elektrischen Systeme, z.B. in Form von Differentialgleichungen, Zustandsgleichungen, welche Voraussetzungen für eine objektorientierte Modellbildung sind und in der besonders anschaulichen Form von Signalflussbildern.

Der Teil II behandelt **mathematische Modelle von mechatronische Systemen**. Zunächst werden häufig vorkommende *Modelle für mechanische Bauelemente*, wie z.B. Verbindungselemente und verschiedene Maschinenelemente (Lager, Getriebe) einschließlich Ein- und Mehrmassenschwinger aufgestellt, Kapitel 4. Es folgt eine kurze Übersicht der wichtigsten *elektrischen Antriebe* wie Elektromagnete und Elektromotoren in Form von Gleichstrom-, Drehstrom- und Wechselstrommotoren, Kapitel 5. Für Gleichstrom-Magnete und diese Motoren werden die grundlegenden

Modelle angegeben und für mehrere andere Bauarten von Elektromotoren werden die prinzipiellen Kennlinien-Verläufe für das statische Verhalten gezeigt.

Zur *Modellbildung von Maschinen* lassen sich aus den elementaren Modellen Gleichungssysteme aufstellen, vorzugsweise in Zustandsgrößendarstellung, Kapitel 6. Dann wird das prinzipielle Verhalten von Maschinen über das Zusammenwirken der Kennlinien von Kraft- und Arbeitsmaschinen betrachtet. Dabei interessieren insbesondere die Stabilität, die resultierende Dynamik und die Abhängigkeit des Verhaltens vom Betriebspunkt.

In Ergänzung zur theoretischen Modellbildung erfolgt dann in Teil III eine Übersicht der wichtigsten **Methoden einer experimentellen Modellbildung**. Die *Identifikation dynamischer Prozesse* wird sowohl für zeitdiskrete als auch zeitkontinuierliche Signale kurz beschrieben, Kapitel 7. Dabei interessieren insbesondere Online-Methoden zur Parameterschätzung, künstliche neuronale Netze und die Kennfeld-Ermittlung. Wesentlich sind dabei Identifikationsmethoden für nichtlineare Prozesse. Dann werden *Modelle für harmonische Schwingungen* und ihre Analyse (Identifikation) beschrieben. Hier sind im Hinblick auf mechatronische Systeme besonders die Algorithmen zur Fourieranalyse und Spektralschätzung von Interesse, Kapitel 8.

Die **Komponenten der Online-Informationsverarbeitung** in mechatronischen Systemen werden in Teil IV beschrieben. Hierbei wird zunächst eine Übersicht der wichtigsten *Sensoren* und *Messsysteme* für mechanische Größen gegeben, Kapitel 9. Dabei wird nach einer Betrachtung verschiedener Eigenschaften, Signalformen und Messumformen auf verschiedene Messprinzipien für Wege, Geschwindigkeiten, Schwingungen, Kräfte, Druck, Durchfluss usw. kurz eingegangen. Dann folgt eine Betrachtung von *Aktoren* mit *elektrischer, pneumatischer* oder *hydraulischer Hilfsenergie*, Kapitel 10. Es werden die Grundstrukturen gesteuerter und geregelter Aktoren, bestehend aus Stellantrieb und Stellglied angegeben. Dann schließt sich eine systematische Übersicht der wichtigsten elektromagnetischen, fluidtechnischen und unkonventionellen Stellantriebe an. In Ergänzung zu den bereits im Kapitel 6 beschriebenen Modellen elektromechanischer Antriebe, werden die mathematischen Modelle hydraulischer und pneumatischer Stellantriebe abgeleitet. Außer den jeweiligen Vor- und Nachteilen werden jeweils die Anwendungsbereiche der verschiedenen Aktoren umrissen und ihre Eigenschaften als Systemkomponenten betrachtet. Kapitel 11 gibt eine anwendungsorientierte kurze Übersicht zu *Mikrorechnern* als Systemkomponenten in mechatronischen Systemen. Es werden Standardprozessoren, Mikrocontroller, Signalprozessoren und Bussysteme einschließlich ihrer technischer Daten betrachtet. Dann folgt ein Kapitel 12 über *fehlertolerante mechatronische Systeme*.

Ziele des Buches sind eine einheitliche Systematik der Modellbildung darzustellen, die einzelnen Komponenten mechatronischer Systeme nach einheitlichen Gesichtspunkten zu beschreiben und teilweise in mathematischen Modellen zu beschreiben, so dass die Integration zu einem Gesamtsystem erleichtert wird. Wegen der Vielfältigkeit mechatronischer Systeme musste ein Kompromiss zwischen den Einzelheiten und der Länge der einzelnen Kapitel getroffen werden. Deshalb kann die Beschreibung der Komponenten und ihrer Modelle nicht immer detailliert erfolgen. Der Schwerpunkt liegt vielmehr auf einer systematischen Darstellung und Beschreibung des prinzipiellen Verhaltens im Hinblick auf die spätere Gesamtfunktion. Die Modellbildung von Komponenten wird deshalb exemplarisch durchgeführt und beschränkt sich deshalb auf ausgewählte Fallbeispiele. Um die Übersicht und Anwendung zu erleichtern, wurden viele Tabellen mit verfügbaren technischen Daten und Grafiken aufgenommen.

Bei der Gestaltung mechatronischer Systeme müssen die traditionellen Fachbereichsgrenzen überschritten werden. Für den traditionellen *Maschinenbau-Ingenieur* bedeutet dies, dass meistens die Kenntnisse über die elektronischen Komponenten, die Informationsverarbeitung und Systemtheorie vertieft werden müssen, für den traditionellen *Elektrotechnik-Ingenieur* die Kenntnisse über Thermodynamik, Strömungslehre und Technische Mechanik und für beide das Wissen über die modernen Methoden der Regelungstechnik, Software-Technik und Informationstechnik. Das Buch wendet sich an Studenten der Elektrotechnik, des Maschinenbaus und Informatik und an Ingenieure in der Praxis und versucht, den jeweiligen Kenntnisstand zu ergänzen.

Grundlagen der Modellbildung

Grundlagen der theoretischen Modellbildung technischer Prozesse

Das zeitliche Verhalten von technischen Systemen kann mit Hilfe der Systemtheorie nach einheitlichen Methoden beschrieben werden. Hierzu müssen jedoch mathematische Modelle für das statische und dynamische Verhalten der Systemkomponenten oder Prozesse bekannt sein.

Nach DIN 66201 wird unter einem *System* eine abgegrenzte Anordnung von aufeinander einwirkenden Gebilden verstanden. Diese Gebilde sind hier technische Prozesse. Ein *Prozess* ist gekennzeichnet durch die Umformung und/oder den Transport von Materie, Energie und/oder Information. Im Folgenden wird zwischen Gesamtprozessen, Teilprozessen und Prozesselementen unterschieden.

Die Gewinnung von mathematischen Modellen kann auf theoretischem oder experimentellem Wege erfolgen. Man spricht dann von theoretischer oder experimenteller Analyse bzw. Modellbildung.

Bei *mechatronischen Systemen* müssen mathematische Modelle von Prozessen aus unterschiedlichen technischen Bereichen, wie z.B. Mechanik, Elektrotechnik und Thermodynamik aufgestellt und zusammengefügt werden. Das prinzipielle Vorgehen bei der theoretischen Modellbildung ist für die einzelnen Bereiche bekannt, und es existieren auch Analogien für Modelle zwischen verschiedenen Bereichen. Im Folgenden wird eine grundsätzliche Vorgehensweise bei der theoretischen Modellbildung behandelt. Dabei wird eine einheitliche Systematik und Darstellung für die verschiedenen Bereiche angestrebt.

2.1 Theoretische und experimentelle Modellbildung

Bei der *theoretischen Modellbildung*, auch theoretische Analyse genannt, wird das Modell auf der Grundlage von mathematisch formulierten Naturgesetzen aufgestellt. Hierzu werden zunächst die *Prozesselemente* betrachtet. Fügt man deren Modelle zusammen, dann kommt man zu *Teilprozessen* und *Gesamtprozessen*. Die theoretische Modellbildung beginnt stets mit vereinfachenden Annahmen über den Prozess, die die Berechnung erleichtern oder überhaupt erst mit erträglichem Aufwand ermöglichen. Dabei kann man folgende Arten von Grundgleichungen unterscheiden:

1. *Bilanzgleichungen* für die gespeicherten Massen, Energien und Impulse
2. *Konstitutive Gleichungen (Physikalisch-chemische Zustandsgleichungen)*, die spezielle Gesetze der Bauelemente beschreiben
3. *Phänomenologische Gleichungen*, wenn irreversible Vorgänge (Ausgleichsprozesse) stattfinden (z.B. Gleichungen für Wärmeleitung, Diffusion oder chemische Reaktion)
4. *Entropiebilanzgleichungen*, wenn mehrere irreversible Vorgänge stattfinden (falls nicht bereits durch (3) berücksichtigt)
5. *Schaltungsgleichungen*, die die Verschaltung der Prozesselemente beschreiben

Bei Systemen mit *verteilten Parametern* muss man die Abhängigkeit vom Ort und von der Zeit berücksichtigen. Dies führt in der Regel auf partielle Differentialgleichungen. Wenn die Ortsabhängigkeit vernachlässigbar ist, kann man die Systeme mit *konzentrierten Parametern* betrachten. Sie werden durch gewöhnliche Differentialgleichungen in Abhängigkeit von der Zeit beschrieben.

Durch Zusammenfassen der Grundgleichungen aller Prozesselemente erhält man ein System gewöhnlicher und/oder partieller Differentialgleichungen des Prozesses. Dies führt auf ein *theoretisches Prozessmodell* mit bestimmter Struktur und bestimmten Parametern, wenn es sich explizit lösen lässt. Häufig ist dieses Modell umfangreich und kompliziert, so dass es für weitere Anwendungen vereinfacht werden muss.

Die Vereinfachungen erfolgen dabei durch Linearisieren, Reduktion der Modellordnung oder Approximation der Systeme mit verteilten durch solche mit konzentrierten Parametern bei Beschränkung auf feste Orte, siehe Bild 2.1. Die ersten Schritte dieser Vereinfachungen können auch bereits durch vereinfachende Annahmen bei der Aufstellung der Grundgleichungen gemacht werden.

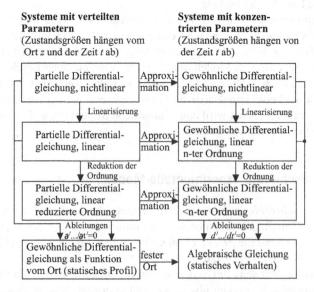

Bild 2.1. Zusammenhänge bei Modellen mit verteilten und konzentrierten Parametern

Aber auch dann, wenn das Gleichungssystem nicht explizit gelöst werden kann, liefern die einzelnen Gleichungen wichtige Hinweise über die *Modellstruktur*. So sind z.B. Bilanzgleichungen stets linear und einige phänomenologische Gleichungen in weiten Bereichen linear. Die konstitutiven Gleichungen führen oft nichtlineare Beziehungen ein.

Bei der *experimentellen Modellbildung*, die *Identifikation* genannt wird, erhält man das mathematische Modell eines Prozesses aus Messungen. Man geht hierbei stets von Apriori-Kenntnissen aus, die z.B. aus der theoretischen Analyse oder aus vorausgegangenen Messungen gewonnen wurden. Dann werden Ein- und Ausgangssignale gemessen und mittels einer Identifikationsmethode so ausgewertet, dass der Zusammenhang zwischen Ein- und Ausgangssignal in einem mathematischen Modell ausgedrückt wird. Die Eingangssignale können die natürlichen im System auftretenden Betriebssignale oder künstlich eingeführte Testsignale sein. Je nach Anwendungszweck kann man Identifikationsmethoden für parametrische oder nichtparametrische Modelle verwenden. Das Ergebnis der Identifikation ist dann ein *experimentelles Modell*. Eine eingehende Beschreibung der verschiedenen Verfahren ist z.B. in Eykhoff (1974), Isermann (1992), Ljung (1987) zu finden.

Das theoretische und das experimentelle Modell können, sofern sich beide Arten der Modellbildung durchführen lassen, verglichen werden. Stimmen beide Modelle nicht überein, dann kann man aus der Art und Größe der Differenzen schließen, welche einzelnen Schritte der theoretischen oder der experimentellen Modellbildung zu korrigieren sind.

Theoretische und experimentelle Modellbildung ergänzen sich also gegenseitig. Das theoretische Modell enthält den funktionalen Zusammenhang zwischen den physikalischen Daten des Prozesses und seinen Parametern. Man wird dieses Modell deshalb z.B. dann verwenden, wenn der Prozess schon beim Entwurf bezüglich seines dynamischen Verhaltens günstig ausgelegt oder sein Verhalten simuliert werden soll.

Das experimentelle Modell dagegen enthält als Parameter nur Zahlenwerte, deren funktionaler Zusammenhang mit den physikalischen Grunddaten des Prozesses unbekannt bleibt. In vielen Fällen lässt sich mit experimentell gewonnenen Modellen das wirkliche dynamische Verhalten genauer beschreiben oder es kann mit geringerem Aufwand zu ermitteln sein, was z.B. für die Anpassung einer Regelung, zur Vorhersage von Signalverläufen oder zur Fehlererkennung besser ist. Die experimentelle Modellbildung wird in Kapitel 7 beschrieben.

Zwischen dem theoretischen Modell (*white-box model*) und dem aus gemessenen Ein- und Ausgangssignalen identifizierten experimentellen Modell (*black-box model*) existieren noch Zwischenstufen, die je nach dem Verhältnis von theoretischer zu experimenteller Information verschiedene Grade von „*grey-box models*" bilden, siehe Bild 2.2, Isermann et al. (1997). Wenn man die Modellstruktur aus physikalischen Gesetzen kennt, die Parameter aber experimentell durch Parameteridentifikation, dann kann man dies als „*bright grey-box model*" nennen. Dies wird auch als *semiphysikalisches* Modell bezeichnet. Bei physikalisch nicht gut beschreibbaren Prozessen sind manchmal zumindest Wenn-Dann-Regeln angebbar. Daraus kennt man dann grobe Zusammenhänge, um eine bestimmte Klasse aus mehreren Modellstrukturen festzulegen (z.B. lineare Differentialgleichung mit nichtlinearer Eingangskennlinie, also eine Hammersteinstruktur oder ein fuzzy-logisches Modell). Eine grobe Modellstruktur führt dann zusammen mit Identifikationsmethoden auf *„dark grey-box models"*.

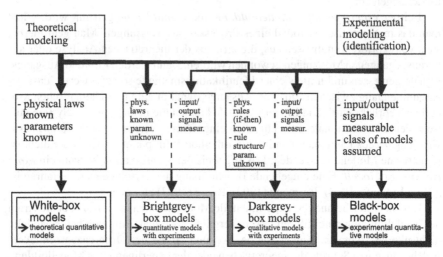

Bild 2.2. Schema der verschiedenen Methoden zur theoretischen und experimentellen Modellbildung von dynamischen Prozessen

Im Folgenden wird das Vorgehen bei der *theoretischen Modellbildung* technischer Prozesse behandelt. Dabei ist es wünschenswert, trotz der großen Vielfalt der vorkommenden Prozesselemente zu einer gewissen Systematik zu kommen. Hierbei helfen die vielen Ähnlichkeiten und Analogien zwischen den mechanischen und elektrischen, aber auch thermischen, thermodynamischen und chemischen Prozessen. Die Aufstellung von Modellen verschiedener Prozesselemente wird z.B. in Campbell (1958), Profos (1962), Shearer et al. (1967), Isermann (1971) beschrieben. Über Analogien zwischen mechanischen und elektrischen Systemen gibt es mehrere Bücher, z.B. Firestone (1957), Olsen (1958), Crandall et al. (1968). Eine Systematik zur Modellbildung einer größeren Vielfalt technischer Prozesse werden von MacFarlane (1964, 1967, 1970) angegeben. Dabei wurden z.B. Begriffe wie „effort" und „flow" oder „across-variable" und „through-variable" eingeführt. Eine Weiterführung dieser Konzepte und insbesondere Betrachtung mechanischer, elektrischer und thermischer Prozesse und der Energie als zentrale Größe beschreiben Karnopp und Rosenberg (1975) und Wellstead (1979), siehe auch Gawthrop und Smith (1996). Die so gewonnenen allgemeinen Ansätze zur Modellbildung von Prozessen mit Energieströmen sind auch Grundlage der „Bond-Graph-Modelle", die von Paynter (1961) eingeführt und von Karnopp und Rosenberg (1975), Wellstead (1979), Karnopp et al. (1990), Thoma (1990), Cellier (1991) und Gawthrop und Smith (1996) weiterentwickelt wurden.

Die folgende *systematische Darstellung der Modellbildung technischer Prozesse* führt in eine Vorgehensweise ein, die bei den meisten technischen Systemen angewandt werden kann. Sie orientiert sich primär an mechanischen, elektrischen, hydraulischen, thermischen und zum Teil auch thermodynamischen Prozessen.

Eine erste Vorgehensweise besteht darin, die Elemente dieser Prozesse zu betrachten und die zugehörigen Gleichungen anzugeben. Man wird dann die vielen *Analogien* erkennen und zu gemeinsamen Modellstrukturen kommen. Es ist jedoch zweckmäßiger, nach einer Klassifikation der elementaren Komponenten die typischen physikalischen Grundgleichungen zu betrachten und die Ähnlichkeiten und Analogien bereits in diesem Stadium der Modellbildung, nämlich während der Aufstellung der Gleichungen, zu berücksichtigen. Dies hat mehrere Vorteile. Zunächst ergibt sich ein *übergeordnetes Schema* bei der Aufstellung der Grundgleichungen. Dann folgt aus der gemeinsamen Form der Grundgleichungen die Struktur der Modelle und damit unmittelbar z.B. der Aufbau von Signalflussbildern in besonders anschaulicher Weise. Hieraus lassen sich dann frühzeitig Gemeinsamkeiten erkennen und eine vereinheitlichte Darstellung des dynamischen Verhaltens technischer Prozesse erreichen. Dies ist dann auch die Grundlage zur Gestaltung von Software-Tools für die *rechnerunterstützte Modellbildung*, besonders in *objektorientierter Form*.

Die nächsten Schritte sind deshalb wie folgt:

- Klassifikation der Prozesselemente (2.2)
- Aufstellen der Grundgleichungen nach physikalischen Prinzipien (2.3, 2.4)
- Zusammenschaltung der Prozesselemente zu Prozessen (2.5)

Dabei werden im Wesentlichen *Prozesse mit konzentrierten Parametern* betrachtet.

2.2 Klassifikation von Prozesselementen

2.2.1 Materieformen

Um zu einer gewissen Systematik bei der Modellbildung technischer Prozesse zu kommen, kann man zunächst von den verschiedenen makroskopischen Erscheinungsformen der *Materie* ausgehen, Bild 2.3.

Es werden zunächst ruhende und bewegte Materie und als Untergruppen jeweils Fluide (Flüssigkeiten, Gase und Dämpfe) und feste Körper unterschieden. Die in diesen verschiedenen Formen der Materie transportierten und/oder gespeicherten Energiearten sind:

- Mechanische Energie
- Thermische Energie
- Elektrische Energie
- Chemische Energie
- Kernenergie

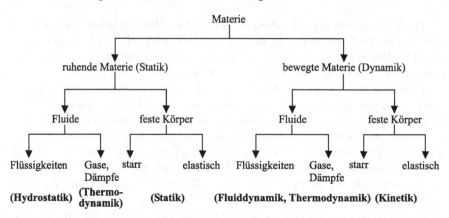

Bild 2.3. Verschiedene makroskopische Formen von Materie und zugehörige Disziplinen

Bei *mechatronischen Systemen* treten vorwiegend mechanische, thermische und elektrische Energie auf, gelegentlich auch chemische Energie wie beim Verbrennungsmotor.

Eine weitere Unterteilung der technischen Prozesse ergibt sich durch die räumliche Verteilung der Prozesselemente. Prozesse mit örtlich *verteilten Parametern* haben Zustandsgrößen, die sowohl von der Zeit als auch vom Ort abhängig sind. Sie werden durch partielle Differentialgleichungen beschrieben (Beispiel: Wärmeleiter). Bei Prozessen mit *konzentrierten Parametern* wird angenommen, dass die Zustandsgrößen zur mathematischen Behandlung als in einem Punkt konzentriert betrachtet werden dürfen. Sie werden deshalb durch gewöhnliche Differentialgleichungen beschrieben, (Beispiel: Gas- Druckbehälter).

Zur theoretischen Modellbildung werden die Prozesse in einzelne Elemente zerlegt, so dass sie sich nach physikalischen Gesetzen in Form von Gleichungen beschreiben lassen.

2.2.2 Hauptstrom und Nebenströme

Bei vielen technischen Prozessen kommt es auf ein Zusammenwirken von *Energie*, *Materie* und *Information* an, Pahl et al. (2005). Dabei ist von der Aufgabe oder Lösung her häufig einer der Ströme, der Energie-, Materie- oder Informationsstrom dominierend. Somit können ein *Hauptstrom* und in der Regel entweder keine, ein oder mehrere *Nebenströme* unterschieden werden, Bild 2.4. Bei Prozessen, die den Energiestrom als Hauptstrom haben, gibt es Arten ohne Materiestrom und Informationsstrom, wie z.B. bei vielen mechanischen, thermischen oder elektrischen Prozessen, oder mit Materiestrom, wie bei thermodynamischen, energietechnischen und hydraulischen Prozessen.

Prozesse mit Materiestrom (z.B. Fördereinrichtungen und verfahrenstechnische Prozesse) und auch Prozesse mit Informationsstrom (z.B. Feingerätetechnik und Kommunikationstechnik) haben jedoch stets einen Energiestrom als Nebenstrom. Deshalb ist ein Energiestrom in der Regel immer beteiligt.

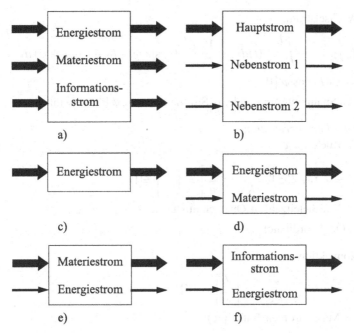

Bild 2.4. Zusammenwirken von Energie, Materie und Information: a) Verschiedene Ströme (Flüsse); b) Haupt- und Nebenströme; c) Prozesse mit Energiestrom ohne Materiestrom (Mechanik, Elektrotechnik, Wärmetechnik); d) Prozesse mit Energiestrom und Materiestrom (Energietechnik, Hydraulik, Thermodynamik); e) Prozesse mit Materiestrom und Energiestrom (Fördertechnik, Verfahrenstechnik); f) Prozesse mit Informationsstrom und Energiestrom (Feingerätetechnik, Kommunikationtechnik)

Beispiele für diese Ströme sind:

- *Mechanischer Energiestrom*
  - Bewegte Kolbenstange:

$$\dot{E} = Fw \left[N\frac{m}{s} \right] \hat{=} [W]$$

  (F Kraft, w Geschwindigkeit)

  - Rotierende Welle:

$$\dot{E} = M\omega \left[Nm\frac{1}{s} \right] \hat{=} [W]$$

  (M Drehmoment, ω Winkelgeschwindigkeit)

- *Elektrischer Energiestrom*
  - Gleichstrom:

$$\dot{E} = UI \, [VA] \hat{=} [W]$$

  (U Spannung, I Strom)

- Wechselstrom:

$$\dot{E}_{eff} = \frac{1}{T} \int_0^T \dot{E}(t)dt = \frac{1}{T} \int_0^T U_0 \sin \omega t \cdot I_0 \sin (\omega t + \varphi) dt$$
$$= U_0 I_0 \cos \varphi \ [W]$$

(U_0 Spannungsamplitude, I_0 Stromamplitude, φ Phasenwinkel)

- *Thermischer Energiestrom*
  - Wärmeleitung

$$\dot{E} = \lambda A \partial T / \partial z \left[\frac{J}{mKs} m^2 \frac{K}{m} \right] = \left[\frac{J}{s} \right] \hat{=} [W]$$

(λ Wärmeleitzahl, A Querschnittsfläche, T Temperatur,

z Ortskoordinate)

- Konvektion

$$\dot{E} = \dot{m} h \left[\frac{kg}{s} \frac{J}{kg} \right] = \left[\frac{J}{s} \right] \hat{=} [W]$$

($\dot{m}$ Massestrom, h Enthalpie)

- *Materiestrom*
  - Fluidmassestrom

$$\dot{m} = \frac{dm}{dt} = A\rho w \left[m^2 \frac{kg}{m^3} \frac{m}{s} \right] \hat{=} \left[\frac{kg}{s} \right]$$

(dm Massenelement, dt Zeitintervall, A Querschnittsfläche,

ρ Dichte, w Geschwindigkeit)

- *Informationsstrom*
  - Druckzeichenrate

$$\dot{i} = \frac{\Delta I}{\Delta t} \left[\text{Zeichen} \ \frac{1}{s} \right]$$

- Bustransferrate

$$\dot{i} = \frac{\Delta I}{\Delta t} \left[\text{Bit} \ \frac{1}{s} \right] = [\text{Baud}]$$

2.2.3 Prozesselemente für konzentrierte Parameter

Im Folgenden werden die Größen Energie, Materie und Information als Quantität bezeichnet. Betrachtet man nun *Prozesse mit konzentrierten Parametern*, dann können die Elemente technischer Prozesse in idealisierter Form nach folgenden Arten unterteilt werden, vgl. Karnopp et al. (1990), MacFarlane (1967, 1970):

Quellen, Speicher, Übertrager, Wandler, Senken.

Diese Elemente sind schematisiert in Bild 2.5 und 2.6 dargestellt. Die Verbindungslinien stellen dabei die zwischen den Elementen fließenden Ströme in der Form [Quantität/Zeit] dar. Die Pfeile geben die Richtung der Ströme (oder Flüsse) an.

Quellen geben eine Ausgangsquantität aus einem großen Vorrat ab. Es lassen sich unterscheiden:

* *Ideale Quellen*: Die Ausgangsquantität entsteht ohne Verluste
* *Reale Quellen*: Die Ausgangsquantität entsteht mit (meist geringen) Verlusten. (Ideale Quellen mit Senke)

Speicher nehmen eine Quantität auf und geben sie in derselben Art wieder ab. Die Differenz zwischen aufgenommener und abgegebener Quantität wird intern angesammelt, also gespeichert. Dabei kann man unterteilen:

* *Ideale Speicher*: Die Quantität wird ohne Verluste gespeichert
* *Reale Speicher*: Die Speicherung erfolgt mit Verlusten. (Ideale Speicher mit Senke)

Übertrager nehmen eine Quantität auf und geben sie in derselben Art wieder ab, ohne sie zu speichern. Übertrager kann man auch als Koppler bezeichnen. Es lassen sich unterscheiden:

* *Ideale Übertrager*: Die Eingangsquantität wird ohne Verluste als Ausgangsquantität wieder abgegeben
* *Reale Übertrager*: Die Eingangsquantität wird mit (meist geringen) Verlusten als Ausgangsquantität wieder abgegeben. (Ideale Übertrager mit Senke)

Wandler nehmen eine Quantität in einer bestimmten Art auf und geben sie nach einer Umwandlung in einer anderen Art wieder ab, ohne sie zu speichern. Wandler sind also Umformer einer Eingangsquantität in eine andere Ausgangsquantität. Hierbei lassen sich im Allgemeinen folgende Arten unterscheiden:

* *Ideale Wandler*: Die Eingangsquantität wird vollständig in eine Ausgangsquantität umgewandelt. Da keine Verluste entstehen, handelt es sich um *konservative Prozesse*
* *Reale Wandler*: Die Eingangsquantität wird nicht vollständig in die Ausgangsquantität umgewandelt, da Verluste entstehen. (Ideale Wandler mit Senke)

Senken nehmen eine Eingangsquantität auf und verbrauchen sie in derselben oder einer anderen Art vollständig oder zu einem wesentlichen Teil. Da hauptsächlich Verluste entstehen, handelt es sich um *dissipative Prozesse*. Man kann unterscheiden:

* *Ideale Senken*: Die Eingangsquantität wird vollständig verbraucht
* *Reale Senken*: Die Eingangsquantität wird nicht vollständig verbraucht

Eine weitere Unterscheidung der Prozesselemente kann bezüglich ihrer Steuerbarkeit mit einer *zusätzlichen Hilfsenergie* gemacht werden:

- *Passive Elemente*: Die übertragene Quantität ist nicht über eine zusätzliche Hilfsenergie steuerbar. Beispiele sind passive Speicher, wie z.B. Kondensatoren, passive Übertrager wie z.B. Getriebe mit fester Übersetzung, oder passive Wandler, wie z.B. Ventilatoren mit konstanter Drehzahl
- *Aktive Elemente*: Es wird eine Quantität durch einen Aktor gesteuert. Für den Aktor ist dabei in der Regel eine elektrische oder mechanische Hilfsenergie erforderlich. Beispiele sind steuerbare Quellen, wie z.B. Spannungsquellen, steuerbare Übertrager, wie z.B. elektrische Verstärker, und steuerbare Wandler, wie z.B. Elektromagnete

Mit diesen Festlegungen ergeben sich die in den Bildern 2.5 und 2.6 dargestellten Prozesselemente.

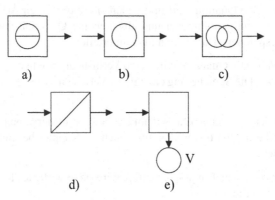

a)   b)   c)

d)   e)

Bild 2.5. Symbole von passiven Prozesselementen: a) Quelle (source); b) Speicher (storage); c) Übertrager (transformer); d) Wandler (converter); e) Senke (sink) (V: Verluste)
→ Energie-, Materie- oder Informationsstrom

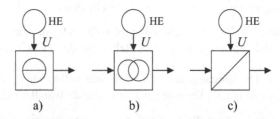

a)   b)   c)

Bild 2.6. Symbole von aktiven Prozesselementen (Die Steuerung des Prozesselementes erfolgt über ein Stellglied, das von einer Hilfsenergie angetrieben wird. HE: Hilfsenergie; U: Stellgröße): a) Quelle mit Hilfsenergie; b) Übertrager mit Hilfsenergie; c) Wandler mit Hilfsenergie

Die Speicher weisen grundsätzlich ein dynamisches, in der Regel integrales Verhalten auf. Quellen, Übertrager, Wandler und Senken können sowohl ein hauptsächlich statisches als auch ausgeprägtes dynamisches Übertragungsverhalten haben.

Der grundsätzliche Aufbau technischer Prozesse (Prozessschema) ergibt sich durch die *Verschaltung der Prozesselemente* wie Quellen, Speicher, Übertrager, Wandler und Senken. Einige einfache Beispiele von Schaltungen zeigt Bild 2.7.

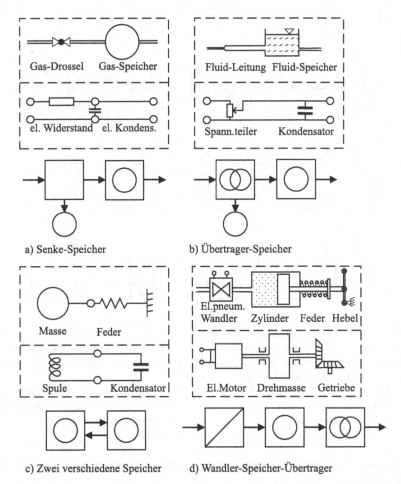

Bild 2.7. Beispiele für die Schaltung von Prozesselementen. Oberes Bild: Schematische Darstellung des Prozesses, Prozessschema; Unteres Bild: Vereinheitlichte Prozesselemente mit Strömen, Flussschema

In Bild 2.8a) ist als Beispiel eine Pumpanlage dargestellt, die Flüssigkeit in einen Hochbehälter fördert. Dabei lassen sich folgende Prozesselemente unterscheiden, Bild 2.8b):

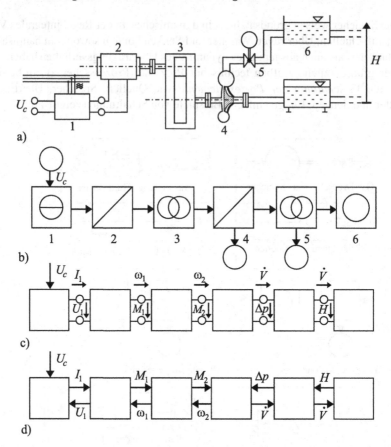

Bild 2.8. Schematische Darstellung einer Pumpanlage mit Hochbehälter: a) Prozessschema: Schemabild der baulichen Anordnung; b) Flussschema: Prozesselemente mit Energieströmen; c) Mehrpolschema: Zweipole und Vierpole (mit Strömen und Potentialen); d) Mehrpol-Signalflussbild: Signalflussbild mit Zwei- und Vierpolen

1	Stromrichter (Steuerbare Quelle)	4	Kreiselpumpe (Wandler mit Verlusten)
2	Elektromotor (steuerbarer Wandler)	5	Rohrleitung (Übertrager mit Verlusten)
3	Getriebe (Übertrager)	6	Hochbehälter (Speicher)

1. Stromrichter: Entnimmt elektrische Energie dem elektrischen Netz (steuerbare Quelle),
2. Gleichstrom- oder Asynchronmotor (elektromechanischer Wandler),
3. Getriebe (Übertrager, mit geringen Verlusten),
4. Kreiselpumpe (Wandler von mechanischer Wellenenergie in mechanische Strömungsenergie, mit Verlusten),
5. Rohrleitung (Übertrager von Flüssigkeit zu anderem Ort, mit Energieverlusten),
6. Hochbehälter (Speicher potentieller Energie).

Die Prozesselemente können dann als Zweipole und Vierpole dargestellt werden, Bild 2.8c) und dem zugehörigen Signalflussbild Bild 2.8d). Dies wird in Abschnitt 2.3 behandelt.

Aufgrund der festgelegten Bezeichnungen der verschiedenen Prozesse bzw. Prozesselemente sind in Tabelle 2.1 Beispiele von Speichern, Übertragern, Wandlern, Quellen und Senken für verschiedene *Energieformen* angegeben. Dabei wird der Energiestrom (in Bezug auf die Aufgabe) im Wesentlichen als Hauptstrom und ein eventueller Materie- oder Informationsstrom als Nebenstrom betrachtet.

Eine entsprechende Darstellung für verschiedene *Materieformen* als Hauptstrom zeigt Tabelle 2.2. Auch hier kann man nach Speichern, Übertragern, Wandlern usw. unterscheiden.

2.2.4 Prozesselemente für verteilte Parameter

Bei *Prozessen mit verteilten Parametern* sind die Prozesselemente wie z.B. Speicher, Übertrager, Wandler und Senken über den Raum verteilt. Durch eine Aufteilung in infinitesimal kleine Elemente kann man dann Prozesselemente mit konzentrierten Parametern festlegen, deren Zustandsgrößen von Element zu Element ortsabhängig sind, siehe z.B. Gilles (1973), Franke (1987), Curtain und Zwart (1995).

Die Aufteilung der Prozesse nach verschiedenen Materieformen, verschiedenen Strömen und zugehörigen Prozesselementen gibt nun die Möglichkeit, die Grundgleichungen der Prozesselemente nach bestimmten Prinzipien aufzustellen und übergeordnete Gesetzmäßigkeiten, Ähnlichkeiten und Analogien transparent zu machen.

2.3 Grundgleichungen für Prozesselemente mit Energie- und Materieströmen

Zur Aufstellung der Grundgleichungen wird der betrachtete Prozess nach Festlegung geeigneter Schnittstellen in die Elemente Quellen, Speicher, Übertrager, Wandler und Senken für Energien und Materien unterteilt. Dann lassen sich für Prozesse mit konzentrierten Parametern die im Folgenden beschriebenen Arten von *Grundgleichungen* unterscheiden. Dabei wird nach den verschiedenen Arten von Gleichungen vorgegangen, die bestimmte physikalische Gesetzmäßigkeiten beschreiben:

- *Bilanzgleichungen* (Allgemeine Speicher, Verbindungsstellen),
- *Konstitutive Gleichungen*, physikalische Zustandsgleichungen (Quellen, Übertrager, Wandler, spezielle Speicher),
- *Phänomenologische Gleichungen* (Senken, dissipative Elemente).

Diese Unterteilung gilt dann sowohl für Prozesse mit Energieströmen als auch Materieströmen.

Tabelle 2.1. Prozesse mit verschiedenen *Energieformen*, bei denen der Energiestrom den Hauptstrom bildet (Beispiele)

Energieform	mechanisch		thermisch	thermodynamisch	elektrisch		chemisch
	potentiell	kinetisch			elektrostatisch	elektromagnetisch	
Materieform	fest flüssig	fest flüssig gasförmig	fest flüssig	gasförmig dampfförmig	fest	fest	fest flüssig gasförmig
Energiespeicher	Masse im Gravitationsfeld Elastizität	bewegte Masse	Wärmekapazität	Gasvolumen Dampfvolumen	Kondensator	Induktivität	Akkumulator
Energieübertrager	Hebel Gelenk	Getriebe Fluidstrom	Wärmeleitung Wärmestrahlung Fluidstrom	Verdampfung Kondensation	Elektrische Leitung	Elektrische Leitung Transformator	Materiestrom
Energiewandler	Strömung Kolben im Zylinder Tragflügel-Profil		Peltrierelement	Verdichtung Expansion	Elektrostatischer Motor Piezoaktor	Elektromagnet Elektromotor Generator	Chemische Reaktion
Energiequelle	Staubecken Wind		Sonnenstrahlung Erdwärme Verbrennung Chemische exotherme Reaktion		Akkumulator Elektrische Netze	Sender	Exotherme Reaktion Verbrennung
Energiesenke	Reibung		kältere Umgebung	Drosselung	Widerstand	Widerstand Wirbelstrom Empfänger	Endotherme Reaktionen

Tabelle 2.2. Prozesse mit verschiedenen Materieformen, bei denen der Materiestrom den Hauptstrom bildet (Beispiele)

Materieformen	Feste Körper	Flüssigkeiten	Gase	Dämpfe
Materiespeicher	Behälter	Tank	Speicher	Kessel
Materieübertrager	Förderanlage Aufzug	Kanal Rohrleitung	Rohrleitung Flaschen	Rohrleitung
Materiewandler	Umformung Trennung Zerkleinerung Schmelze Chem. Reaktion Verbrennung	Verdampfung Rektifikation Kristallisation Chem. Reaktion Verbrennung	Verflüssigung Diffusion Chem. Reaktion Verbrennung	Kondensation Diffusion Chem. Reaktion Verbrennung
Materiequellen	Erde (Bergbau)	Erde Meer	Erde Atmosphäre	Erde Meer
Materiesenken	Behälter Erde Entsorgung	Tank Umgebung Entsorgung	Speicher Atmosphäre Entsorgung	Behälter Atmosphäre Entsorgung

2.3.1 Bilanzgleichungen

Da die *Gesetze zur Erhaltung der Masse, der Energie und des Impulses* fundamental sind, werden sie als erste Gleichungsart betrachtet. Die aus diesen Erhaltungssätzen folgenden *Bilanzgleichungen* gelten grundsätzlich, unabhängig von der Bauform der Prozesse. Sie beschreiben das globale Verhalten. Die Massenbilanz gilt für Prozesse mit bewegter Materie, die Energiebilanz für Prozesse mit allen Energiearten und die Impulsbilanz für Prozesse mit bewegten Massen.

a) Massenbilanz

Für ein abgeschlossenes Gebiet, aus dem keine Masse ein- oder austritt, gilt der Satz von der *Erhaltung der Masse*

$$\sum_{i=1}^{n} m_i = \text{const,} \tag{2.3.1}$$

wobei n verschiedene Materien mit der Masse m_i sind, Bild 2.9a).

Tritt durch die Grenzen eines beliebig festgelegten Kontrollgebietes pro Zeitintervall Δt eine Masse $\Delta m_e(t)$ ein und eine Masse $\Delta m_a(t)$ aus, dann folgt aus dem Massenerhaltungssatz

$$\Delta m_e(t) - \Delta m_a(t) = \Delta m_s(t), \tag{2.3.2}$$

vgl. 2.9b). Hierbei ist $\Delta m_s(t)$ eine in dem Kontrollgebiet verbleibende Masse, die gespeicherte Masse pro Δt. Die Kontrolloberfläche umschließt somit einen *Massenspeicher*. Aus (2.3.2) folgt

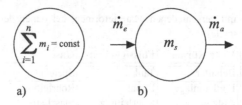

Bild 2.9. Massenbilanz: a) abgeschlossenes Gebiet; b) Massenspeicher

$$\frac{\Delta m_e(t)}{\Delta t} - \frac{\Delta m_a(t)}{\Delta t} = \frac{\Delta m_s(t)}{\Delta t}. \qquad (2.3.3)$$

Mit dem Grenzübergang $\Delta t \to 0$ folgt

$$\lim_{\Delta t \to 0} \frac{\Delta m}{\Delta t} = \frac{dm}{dt} = \dot{m}$$

und somit

$$\frac{dm_e(t)}{dt} - \frac{dm_a(t)}{dt} = \frac{dm_s(t)}{dt} \qquad (2.3.4)$$

und es gilt für die *Massenstrombilanz* eines Massenspeichers, Bild 2.9b),

$$\underset{\substack{\text{Massen-} \\ \text{zustrom}}}{\dot{m}_e(t)} - \underset{\substack{\text{Massen-} \\ \text{abstrom}}}{\dot{m}_a(t)} = \underset{\substack{\text{gespeicherter} \\ \text{Massenstrom}}}{\frac{d}{dt} m_s(t)} \qquad (2.3.5)$$

Nun werden kleine Änderungen um den Gleichgewichtszustand $\bar{\dot{m}}$ eingeführt

$$\dot{m}(t) = \bar{\dot{m}} + \Delta \dot{m}(t).$$

Dann gilt

$$\frac{d\dot{m}}{dt} = \frac{d\Delta\dot{m}}{dt}; \quad \frac{d\bar{\dot{m}}}{dt} = 0 \qquad (2.3.6)$$

und es folgt

$$\bar{\dot{m}}_e + \Delta\dot{m}_e(t) - \bar{\dot{m}}_a - \Delta\dot{m}_a(t) = \frac{dm_s(t)}{dt}.$$

Im Gleichgewichtszustand (GZ) gilt $d(..)/dt = 0$ und es folgt

$$\bar{\dot{m}}_e = \bar{\dot{m}}_a.$$

Somit lautet die *Massenstrombilanzgleichung für kleine Änderungen*

$$\Delta\dot{m}_e(t) - \Delta\dot{m}_a(t) = \frac{d}{dt} m_s(t). \qquad (2.3.7)$$

Bild 2.10 zeigt das hieraus entstehende Signalfluss- oder Blockschaltbild, wobei die einzelnen Größen Signale darstellen.

Die Massenstrombilanz wird durch die Summationsstelle dargestellt. Ein Integrator (Speicher) ermittelt die im Prozess verbleibende gespeicherte Masse.

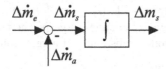

Bild 2.10. Blockschaltbild der Massenstrombilanz

b) Energiebilanz in allgemeiner Form

Für ein abgeschlossenes Gebiet, aus dem keine Energie ein- oder austritt, gilt der *Satz von der Erhaltung der Energie*

$$\sum_{i=1}^{n} E_i = \text{const}, \tag{2.3.8}$$

wobei n verschiedene Energiearten E_i vorhanden sein können, siehe Abschnitt 2.2 und Bild 2.11. Hier interessieren insbesondere die mechanische, thermische und elektrische Energie.

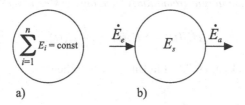

a)   b)

Bild 2.11. Energiebilanz: a) Abgeschlossenes Gebiet; b) Energiespeicher

Wenn durch die Grenzen eines beliebig festgelegten Kontrollgebietes pro Zeitintervall Δt eine Energie $\Delta E_e(t)$ eintritt und eine Energie $\Delta E_a(t)$ austritt, dann folgt aus dem Energieerhaltungssatz

$$\Delta E_e(t) - \Delta E_a(t) = \Delta E_s(t). \tag{2.3.9}$$

Hierbei ist $\Delta E_s(t)$ die in dem Kontrollgebiet verbleibende Energie, die in einem *Energiespeicher gespeicherte Energie* pro Δt.

Dann gilt

$$\frac{\Delta E_e(t)}{\Delta t} - \frac{\Delta E_a(t)}{\Delta t} = \frac{\Delta E_s(t)}{\Delta t} \tag{2.3.10}$$

und mit dem Grenzübergang $\Delta t \to 0$ folgt

$$\frac{dE_e(t)}{dt} - \frac{dE_a(t)}{dt} = \frac{d}{dt}E_s(t) \tag{2.3.11}$$

und somit die *Energiestrombilanz*, Bild 2.11b)

$$\dot{E}_e(t) \;-\; \dot{E}_a(t) \;=\; \tfrac{d}{dt}E_s(t).$$

Energie-   Energie-   gespeicherter   (2.3.12)
zustrom   abstrom   Energiestrom

Hieraus folgen die Sonderfälle:

a) Nur ein Energiezu- oder Energieabstrom

$$\dot{E}(t) = \frac{d}{dt}E_s(t).$$

b) Die Energiespeicherkapazität ist Null

$$\dot{E}_e(t) = \dot{E}_a(t).$$

Nach Einführen kleiner Änderungen

$$\dot{E}(t) = \overline{\dot{E}} + \Delta\dot{E}(t)$$
$$\overline{\dot{E}_e} = \overline{\dot{E}_a} \qquad\qquad (2.3.13)$$

folgt aus (2.3.12) die *Energiestrombilanzgleichung für kleine Änderungen*

$$\Delta\dot{E}_e(t) - \Delta\dot{E}_a(t) = \frac{d}{dt}E_s(t).$$

Das zugehörige Blockschaltbild ist in Bild 2.12 zu sehen.

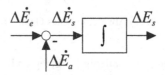

Bild 2.12. Blockschaltbild der Energiestrombilanz

Die Energiestrombilanzgleichung gilt in dieser Form für alle Energiearten. Häufig setzen sich die Energiezu- und -abströme und die gespeicherte Energie aus verschiedenen, speziellen Energiearten zusammen. Hieraus ergeben sich dann besondere Formen von Energiestrombilanzgleichungen, siehe Abschnitt 2.4.

Da die Massenstrom- und Energiestrombilanz im Prinzip die gleiche Form haben, kann eine *verallgemeinerte Bilanzgleichung*

$$\dot{Q}_e(t) \;-\; \dot{Q}_a(t) \;=\; \tfrac{d}{dt}Q_s(t)$$

eintretender   austretender   gespeicherter   (2.3.14)
Strom   Strom   Strom

angegeben werden, Bild 2.13. Eine entsprechende vektorielle Form existiert für bewegte Massen in Gestalt der Impulsbilanz, siehe (2.4.12).

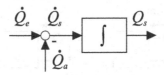

Bild 2.13. Blockschaltbild eines Speichers für Energie oder Masse (Bilanzgleichung)

Bilanzgleichungen für Speicher führen also auf ein integrierend wirkendes Übertragungsglied und verursachen für die gespeicherte Größe ein dynamisch verzögertes Verhalten. Für jeden Speicher ist eine Bilanzgleichung aufzustellen. Bei Prozessen mit verteilten Parametern legt man die Kontrolloberfläche um ein infinitesimal kleines Element. Die Bilanzgleichungen werden im Abschnitt 2.4 noch ausführlicher betrachtet, da für einige Prozessarten besondere Formen zu beachten sind.

Die Bilanzgleichungen beschreiben auch die Ströme an Verbindungsstellen von Prozesselementen, wenn der Speicherstrom zu Null gesetzt wird. Sie werden auch als *Kontinuitätsgleichungen* bezeichnet, siehe Abschnitt 2.5.

2.3.2 Konstitutive Gleichungen

Der Zusammenhang zwischen Ein- und Ausgangsgrößen der Prozesselemente in der Gestalt von Quellen, Übertragern, Wandlern und Senken und Speicherelementen kann häufig durch spezielle physikalische Gesetze in analytischer Form oder durch Kennlinien aus Experimenten angegeben werden. Die betreffenden Gleichungen werden *konstitutive Gleichungen* oder *physikalische Zustandsgleichungen* genannt.

Für die einzelnen Prozesselemente gelten nun viele verschiedene Gesetzmäßigkeiten. Bei der Betrachtung der verschiedenen Prozesse fällt jedoch auf, dass mehrere Ähnlichkeiten existieren, wenn man das Ein-Ausgangsverhalten oder Klemmenverhalten betrachtet.

a) Prozesse mit Energieströmen

Bei technischen Prozessen, die an ihren Verbindungsstellen primär eine Energie übertragen, folgt aus der Energiestrombilanzgleichung (2.3.12) ohne Speicher, dass die übertragene Energie pro Zeitintervall oder die Leistung an der Verbindungsstelle

$$P(t) = \frac{dE(t)}{dt} \tag{2.3.15}$$

zwischen den Prozesselementen zu jedem Zeitpunkt gleich sein muss. Deshalb ist es zweckmäßig, die Zustandsgrößen an den Schnittstellen zwischen Prozesselementen oder Teilprozessen so festzulegen, dass sie eine Leistung beschreiben, beispielsweise wie im Bild 2.8c). Legt man die Schnittstellen wie bei elektrischen Übertragungsgliedern als Klemmenpaar fest, dann lassen sich die verschiedenen Prozesselemente als *Zweipole* (Eintore), *Vierpole* (Zweitore) oder allgemein *Mehrpole* (Multitore) darstellen, siehe Bild 2.14.

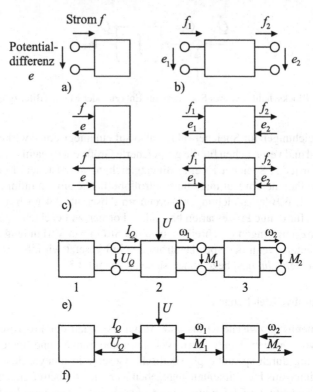

Bild 2.14. Zweipol- und Vierpol-Darstellung für Prozesselemente mit Leistungsvariablen:
a) Zweipol (oder Eintor) in Klemmen-Darstellung; b) Vierpol (oder Zweitor) in Klemmen-Darstellung; c) Zweipol mit Ein- und Ausgangssignalen; d) Vierpol mit Ein- und Ausgangssignalen (2 von 4 Möglichkeiten); e) Beispiel eines aktiven Wandlers mit Übertrager : 1 Quelle; 2 Aktor (Wandler: Gleichstrommotor und Spannungssteller) 3 Übertrager (Getriebe); f) Ein- und Ausgangssignale für das Beispiel e)

Bei den Übertragungsgliedern kann man für ein Klemmenpaar stets zwei Größen unterscheiden, Karnopp und Rosenberg (1975), Karnopp et al. (1990), Takahashi et al. (1972). Diese sind in der *Potential-Strom-Darstellung*:

1. *Potentialdifferenz $e(t)$*: Größen wie elektrische Spannung, Kraft, Druckdifferenz treten als Differenz zwischen zwei Klemmen auf. Sie werden im Englischen „effort" genannt.
2. *Strom $f(t)$*: Größen wie elektrischer Strom, Geschwindigkeit, Volumenstrom fließen an einer der Klemmen hinein. Sie werden im Englischen „flow" genannt.

Das Produkt der beiden Größen ist die übertragene Leistung

$$P(t) \;=\; f(t) \cdot \qquad e(t).$$
$$\text{Leistung} = \text{Strom} \cdot \text{Potentialdifferenz}$$

$$(2.3.16)$$

Hierbei sind $f(t)$ und $e(t)$ einander zugeordnete Kovariable, die auch als *verallge-meinerte Leistungsvariable* bezeichnet werden. In Tabelle 2.3a) sind diese Variable für wichtige technische Systeme mit Energieströmen nach der Potential-Strom-Klas-sifikation dargestellt.

Tabelle 2.3. Leistungsvariable bei Systemen mit Energieströmen. Hierbei ist $P = fe$ eine Leistung

a) Potential-Strom-Darstellung

System	Strom f		Potentialdifferenz e	
Elektrisch	Elektrischer Strom	I $\mid$ A	Elektrische Spannung	U $\mid$ V
Mechanisch (Translation)	Geschwindigkeit	w $\mid$ $\frac{m}{s}$	Kraft	F $\mid$ N
Mechanisch (Rotation)	Winkelgeschwindigkeit ω	$\frac{1}{s}$	Drehmoment	M $\mid$ Nm
Hydraulisch	Volumenstrom	$\dot{V}$ $\mid$ $\frac{m^3}{s}$	Druckdifferenz	p $\mid$ $Pa = \frac{N}{m^2}$
Thermodynamisch	Entropiestrom	$\dot{s}$ $\mid$ $\frac{W}{K}$	Temperatur	T, ϑ $\mid$ K

b) Quer-Durch-Darstellung

System	Durchgröße f		Quergröße e	
Elektrisch	Elektrischer Strom	I $\mid$ A	Elektrische Spannung	U $\mid$ V
Mechanisch (Translation)	Kraft	F $\mid$ N	Geschwindigkeit	w $\mid$ $\frac{m}{s}$
Mechanisch (Rotation)	Drehmoment	M $\mid$ Nm	Winkelgeschwindigkeit	ω $\mid$ $\frac{1}{s}$
Hydraulisch	Volumenstrom	$\dot{V}$ $\mid$ $\frac{m^3}{s}$	Druckdifferenz	p $\mid$ $Pa = \frac{N}{m^2}$
Thermodynamisch	Entropiestrom	$\dot{s}$ $\mid$ $\frac{W}{K}$	Temperatur	T, ϑ $\mid$ K

Die Festlegung der Pfeilrichtung bei Zweipolen bedarf einer besonderen Erörte-rung. Die Richtungen der Pfeile sind zunächst willkürlich. Sie sollten so festgelegt werden, dass die an den Klemmen übertragene Leistung P die wirkliche Richtung angibt. Nimmt der Zweipol nach Bild 2.14a) eine Leistung auf und ist somit die Leistungsaufnahme positiv, dann fließt der Strom f in das System hinein. Damit muss das Potential an der oberen Klemme größer als an der unteren Klemme sein. Der Pfeil für die Potentialdifferenz e wird nun so festgelegt, dass er vom höheren Potential zum niedrigeren Potential gerichtet ist, wie dies in der Elektrotechnik im Allgemeinen üblich ist (sogenannte Verbraucherpfeilsystem), siehe Bild 2.14a). Bei Verbrauchern zeigen dann Potentialpfeil und Strompfeil in die gleiche Richtung, bei Quellen sind sie entgegengesetzt. Bei Vierpolen sind am Ausgang die Pfeilrichtun-gen bezüglich der Ausgangsklemmen entsprechend festgelegt: der Strom f_2 fließt aus dem Prozesselement heraus und auf die Klemme zu, Bild 2.14b).

Bei einem Zweipol mit einem Klemmenpaar, das die einfachste Form eines Pro-zesselementes darstellt, Bild 2.14a), kann immer nur eine der Variablen unabhängig von außen beeinflusst werden, also e oder f. Die andere Leistungsvariable ist dann eine abhängige Variable.

Diese Potential-Strom-Darstellung kann auch auf chemische Prozesse angewandt werden mit dem chemischen Potential $e = \mu$ [J/mol] und dem Stoffmengenstrom $f = \dot{N}$ [mol/s], siehe Borutzki (2000).

Die Variablen werden nun als *Signale* dargestellt, die eine Information liefern. (Hierzu kann man sich vorstellen, dass die Variablen an den Verbindungsstellen mit entsprechenden fehlerfreien Messeinrichtungen gemessen werden. Die Anzeigen der Messgeräte sind dann die Signale.) Für einen Zweipol ergeben sich die beiden in Bild 2.14c) zu sehenden Möglichkeiten, wobei die unabhängige Variable das Eingangssignal und die abhängige Variable das zugehörige Ausgangssignal ist. Entsprechende Signalflussbilder gelten für Vierpole, Bild 2.14d). Ein Beispiel für die Verschaltung verschiedener Prozesselemente ist in Bildern 2.14e) und f) zu sehen.

Bei manchen Darstellungen ist es zweckmäßig nicht nur mit den Leistungen, sondern auch mit den Energien zu rechnen. Dies bietet sich z.B. bei der Zustandsraumdarstellung an, siehe Karnopp et al. (1990). Hierzu werden folgende *verallgemeinerte Energievariable* definiert

$$\text{Verschiebung} : q(t) = \int_0^t f(\tau)d\tau \qquad (2.3.17)$$

$$\text{Impuls} : p(t) = \int_0^t e(\tau)d\tau. \qquad (2.3.18)$$

Diese Bezeichnungen folgen in Anlehnung an mechanische Systeme mit (translatorisch) bewegten Massen:

$$q = \int w(\tau)d\tau = \int dz = z \quad \text{(Weg)} \qquad (2.3.19)$$

$$I = \int F(\tau)d\tau = m \int \frac{dw(\tau)}{d\tau}d\tau = mw \quad \text{(Impuls)}, \qquad (2.3.20)$$

wenn man

$$w(\tau) = f(\tau), F(\tau) = e(\tau)$$

setzt. Für die in der Zeit t übertragene Energie gilt mit (2.3.16)

$$E(t) = \int_0^t P(\tau)d\tau = \int_0^t f(\tau)e(\tau)d\tau \qquad (2.3.21)$$

und mit

$$\frac{dq(\tau)}{d\tau} = f(\tau); \ dq(\tau) = f(\tau)d\tau$$
$$\frac{dp(\tau)}{d\tau} = e(\tau); \ dp(\tau) = e(\tau)d\tau$$

ergeben sich

$$E(t) = \int_0^t e(\tau)dq(\tau) \tag{2.3.22}$$

$$E(t) = \int_0^t f(\tau)dp(\tau). \tag{2.3.23}$$

Bei einigen Systemen ist nun e direkt von q und f von p abhängig (wie z.B. bei Speichern), siehe Beispiel 2.1. Dann folgen

$$E(q_1) = \int_0^{q_1} e(q)dq \tag{2.3.24}$$

$$E(p_1) = \int_0^{p_1} f(p)dp. \tag{2.3.25}$$

Die übertragene Energie ist dann jeweils eine Funktion der verallgemeinerten Energievariablen. In Tabelle 2.4 sind Energievariable für verschiedene Systeme zusammengestellt. Bild 2.15 zeigt entsprechende Zwei- und Vierpole, und in Bild 2.16 ist der Zusammenhang zwischen den Leistungs- und Energie-Kovariablen graphisch dargestellt.

Tabelle 2.4. Verallgemeinerte Energievariable bei Systemen mit Energieübertragung

System	Verschiebung $q(t)$		Impuls $p(t)$		
Elektrisch	Ladung	q	As	Flussdichte	Φ	Vs
Mechanisch (Translation)	Weg	z	m	Impuls	I	$\frac{kg\,m}{s}$
Mechanisch (Rotation)	Winkel	φ	rad	Drehimpuls	L	$\frac{kg\,m^2}{s}$
Hydraulisch	Volumen	V	m^3	Druckimpuls	Γ	$\frac{kg}{m\,s}$

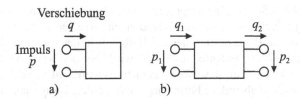

Bild 2.15. Zweipol- und Vierpoldarstellung für Prozesselemente mit Energievariablen

Eine andere Möglichkeit der Festlegung von Leistung-Kovariablen folgt aus der Unterscheidung von Quergrößen und Durchgrößen nach der räumlichen Ausdehnung und dem daraus folgenden Messprinzip:

1. *Quergrößen*: Größen wie elektrische Spannung, Geschwindigkeit und Druckdifferenz können zwischen zwei Klemmen gemessen werden. Sie werden deshalb auch als Zwei-Punkt-Größen oder Trans-Größen und im Englischen als „across variables" bezeichnet.

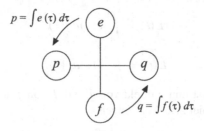

Bild 2.16. Zusammenhang zwischen den Leistungs-Kovariablen (e, f) und den Energie-Kovariablen (p, q)

2. *Durchgrößen*: Größen wie elektrischer Strom, Kraft und Volumenstrom können an einer Klemme gemessen werden. Sie werden deshalb auch als Durchgangsgrößen oder Ein-Punkt-Größen oder Per-Größen und im Englischen als „through-variables" bezeichnet.

Die Zuordnung bei dieser *Quer-Durch-Darstellung* stimmt mit der Zuordnung bei der Potential-Strom-Darstellung zum Teil überein, wie z.B. bei den elektrischen und fluidischen Variablen. Bei den mechanischen Variablen ergibt sich jedoch eine umgekehrte (duale) Zugehörigkeit, siehe Tabelle 2.3b).

Die Festlegung dieser verschiedenen Variablen wird in Firestone (1957), Crandall et al. (1968), MacFarlane (1964, 1967, 1970) behandelt, auch mit Hinweisen, dass die Festlegungen nicht immer durchgängig konsistent für alle Systeme sind. Die Potential-Strom-Darstellung ist zunächst physikalisch gesehen die intuitiv nahe liegende Wahl. Jedoch ist es im Zusammenhang mit den Verschaltungsgleichungen zweckmäßig, die Quer-Durch-Darstellung zu verwenden, wie in Abschnitt 2.5 gezeigt wird.

Für Prozesse mit Energieströmen in Zweipol-, Vierpol- und Mehrpol-Darstellung wurde die *Bond-Graph-Methode* entwickelt, siehe z.B. Paynter (1961), Karnopp et al. (1990). Sie ist eine graphische Darstellung von Mehrpolen mit Energieübertragung. Hierbei werden die Verbindungen zwischen Zwei- und Vierpolen durch einen Energie-Bond ersetzt, der ein Halbpfeil in der Richtung des Energiestroms ist, Bild 2.17. Die Potentialdifferenz e wird über den Bond, der Strom unter den Bond geschrieben. Auf diese Weise können Systeme mit verschiedenen Energiearten einheitlich in abstrakter Form dargestellt werden. Zusammen mit Signalen (aktive Bonds), Kopplungsstellen und einigen Regeln gelingt es dann, die Modellbildung von verschiedenen wie z.B. elektrischen, mechanischen und hydraulischen Prozessen systematisch durchzuführen. Probleme ergeben sich jedoch bei thermischen und thermodynamischen Prozessen und wenn Energieströme mit Massenströmen gekoppelt sind, Karnopp et al. (1990).

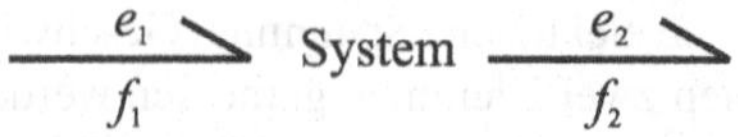

$$\xrightarrow{\quad e_1 \quad} \text{System} \xrightarrow{\quad e_2 \quad}$$
$$f_1 \qquad\qquad\qquad f_2$$

Bild 2.17. Darstellung eines Vierpols als Energie-Bondgraph

So würde man aufgrund der üblichen Analogien und der allgemeinen Praxis zwischen elektrischen und thermischen Systemen mit Wärmeleitung für die Potentialdifferenz e die Temperaturdifferenz T und für den Strom f den Wärmestrom $\dot{Q}$ nehmen. Da der Wärmestrom selbst aber eine Leistung darstellt, ist das Produkt $\dot{Q}T$ keine Leistung. Aus der Thermodynamik folgt, dass die Leistung das Produkt aus Entropiestrom $\dot{s}$ und Temperaturdifferenz T ist, Tabelle 2.3. Man müsste also auch bei thermischen Systemen mit thermodynamischen Gesetzen arbeiten, was komplizierter ist als die Anwendung von Gesetzen der Wärmeübertragung. Man hilft sich daher durch die Einführung von Pseudo-Bond-Graphen, bei denen e und f keine Leistungsvariablen sind. Diese kann man aber nicht direkt an normale Bond-Graphen koppeln.

b) Prozesse mit verschiedenen Strömen

Die bisherigen Betrachtungen waren auf Prozesse beschränkt, die ausschließlich Energieströme übertragen, also Prozesse nach Bild 2.3c). Bei *Materieströmen* (feste Stoffe, Flüssigkeiten, Dämpfe, Gase) ist es zweckmäßig als Strom $f(t)$ den Massenstrom $\dot{m}(t)$ zu verwenden, da die Massenbilanzgleichung eine wesentliche Grundgleichung ist. Verwendet man dann die in Tabelle 2.5 angegebenen üblichen Variablen für die Potentialdifferenz $e(t)$, dann ist das Produkt $e(t)\,f(t)$ nicht immer eine Leistung $P(t)$ nach (2.3.16).

Tabelle 2.5. Variable für Strom und Potentialdifferenz mit Materieströmen und Wärmeströmen

System	Strom f	Potentialdifferenz e		ef	Leistung
Hydraulisch	Massenstrom $\dot{m}$ $\frac{kg}{s}$	Druckdifferenz	p	$\dot{m}p$	$\frac{1}{\rho}\dot{m}p = \dot{V}p$
Thermisch Konvektion durch Flüssigkeit	Massenstrom $\dot{m}$ $\frac{kg}{s}$	Temperaturdifferenz T	K	$\dot{m}T$	$\dot{m}c_pT$
Konvektion durch Gas, Dampf	Massenstrom $\dot{m}$ $\frac{kg}{s}$	Enthalpiedifferenz h	$\frac{J}{kg}$	$\dot{m}h$	$\dot{m}h$
Chemisch	Massenstrom $\dot{m}_i$ $\frac{kg}{s}$	Konzentration c_i	$\frac{mol}{kg}$	$\dot{m}_i c_i$	—
Thermisch - Wärmeleitung	Wärmestrom $\dot{q}$ W	Temperaturdifferenz T	K	$\dot{q}T$	$\dot{q}$

An den Verbindungsstellen zwischen Prozesselementen muss außer der Leistung $P(t)$, (2.3.15), nach der Massenstrombilanzgleichung (2.3.5) auch die durchströmte Masse pro Zeitintervall oder der *Massenstrom*

$$\dot{m}(t) = \frac{dm(t)}{dt} \qquad (2.3.26)$$

zwischen den Prozesselementen zu jedem Zeitpunkt gleich sein. Deshalb verwendet man als weitere Zustandsgröße an den Schnittstellen den Massenstrom. Nur bei inkompressiblen Materien kann man auch den *Volumenstrom* nehmen

$$\dot{V}(t) = \frac{1}{\rho}\dot{m}(t),$$

da dann die Dichte ρ konstant ist.

Bei *Wärmeströmen*, die durch Konvektion übertragen werden und daher an eine Masse mit Wärmekapazität gebunden sind, ist das Produkt nach Tabelle 2.5 eine Leistung (im Fall der Konvektion durch Flüssigkeit ist dabei mit der spezifischen Wärme zu multiplizieren). Für die Wärmeleitung durch Körper trifft dies jedoch nicht zu, wenn man den Wärmestrom als Strom f wählt, da der Wärmestrom selbst eine Leistung darstellt, Tabelle 2.5, letzte Zeile.

Bei den Leistungen ist zu unterscheiden, ob es die zu dem Transport des Massenstroms benötigte z.B. hydraulische Leistung ist oder der durch den Massenstrom transportierte z.B. thermische Energiestrom.

Im Folgenden werden nun Beispiele für die konstitutiven Gleichungen von verschiedenen Prozesselementen, unterteilt nach Speichern, Quellen, Übertragern, Wandlern und Senken betrachtet. Die Beispiele berücksichtigen dabei sowohl Prozesselemente mit Energieströmen als auch Massenströmen. Dabei wird auch die *Kausalität der Elemente* betrachtet. Eine eindeutige Kausalität liegt dann vor, wenn eine eindeutige Ursache-Wirkungs-Beziehungen besteht. Dann ist eine Ausgangsgröße $x_a = f(x_e)$ eine eindeutige Funktion der Eingangsgröße x_e. Wenn jedoch auch die Umkehrung gilt, also $x_e = f(x_a)$, dann liegt keine eindeutige Kausalität vor, siehe Abschnitt 2.5.2.

c) Quellen

Die konstitutiven Gleichungen einiger *Quellen* sind in Tabelle 2.6 zusammengestellt. Hierbei lassen sich unterscheiden:

1. *Potentialquelle.* Das von einer idealen Potentialquelle gelieferte Potential ist unabhängig vom Strom

$$e = e_0 \qquad (2.3.27)$$

   (Beispiel:Akkumulator)
2. *Stromquelle.* Der von einer idealen Stromquelle gelieferte Strom ist unabhängig vom Potential

$$f = f_0 \qquad (2.3.28)$$

   (Beispiel:Gleichspannungs-Ladegerät)

Die Kennlinien dieser idealen Quellen sind dann vertikale oder horizontale Linien im $f - e$-Diagramm, da sie jeweils unabhängig von der anderen Größe sind. Für die abgegebene Leistung gilt

$$P(t) = e_0 f(t) \text{ oder } P(t) = f_0 e(t). \qquad (2.3.29)$$

Da die Quellen entweder ein Potential oder einen Strom in die nachfolgenden Komponenten einprägen, haben Quellen in der Regel eine eindeutige Kausalität.

Tabelle 2.6. Quellen: Beispiele und konstitutive Gleichungen

Wandlerelement	Elektrisch-elektrisch	Chemisch-elektrisch	Chemisch-thermisch	Mechanisch
	Spannungsquelle	Stromquelle	Feuerung	Wasserkraftwerk
Art der Quelle	Akkumulator	Gleichspannungs-Ladegerät	Öl-, Gas-Verbrennung	Wasserspeicher mit Fallrohr
Konstitutive Gleichungen	$U = U_0 - RI$	$I = I_0 - \frac{1}{R}U$	$\dot{Q} = \dot{m}c_p T$ $T = T_0$	$p_s = \rho g H$ $\dot{m} = A\rho\sqrt{2gH} = A\sqrt{2\rho p_s}$
Kennlinie	Spannungsquelle	Stromquelle	Temperaturquelle Stromquelle	Potentialquelle Stromquelle

Das Potential oder der Strom können häufig durch eine Steuergröße über einen Steller gestellt werden, siehe Bild 2.5a). Wegen interner Verluste oder Verluste des Stellers fallen die Kennlinien realer Quellen im Vergleich zur idealen Kennlinie ab, wie einige Beispiele in Tabelle 2.6 zeigen.

d) Speicher

Tabelle 2.7 zeigt zunächst einige Beispiele für die konstitutiven Gleichungen von *Speicherelementen*. Aufgrund der von den Bauelementen der Speicher abhängigen Gesetzmäßigkeiten ergeben sich für die Speicherelemente besondere Gleichungen. Durch entsprechende Umformungen können die elementaren Zustandsgleichungen zum Teil auf die *verallgemeinerte Bilanzgleichung* (2.3.14) gebracht werden. Dies wird für mechanische, thermische und elektrische Speicher in Abschnitt 2.4 behandelt.

Bei *Energiespeichern* gilt dann für die gespeicherte Energie in der Zeit dt

$$dQ_s(t) = dE_s(t) = P(t)dt = f(t)e(t)dt. \tag{2.3.30}$$

Aufgrund der physikalischen Gesetze der elektrischen und mechanischen Speicher-Bauelemente hängen die Größen Strom $f(t)$ und Potentialdifferenz $e(t)$ voneinander ab, siehe Tabelle 2.7. Dann lassen sich unterscheiden:

1. *Potentialspeicher*. Die gespeicherte Größe ist proportional zum angesammelten Strom

$$e(t) = \frac{1}{C} \int f(t)dt \text{ oder } C\frac{de(t)}{dt} = f(t). \tag{2.3.31}$$

Dann folgt mit (2.3.30)

$$dQ_s = C\frac{de(t)}{dt}e(t)dt = Cede, \tag{2.3.32}$$

und die gespeicherte Energie wird

$$Q_s = C \int_0^{e_0} ede = \frac{1}{2}Ce_0^2. \tag{2.3.33}$$

Die gespeicherte Energie ist also nur vom Potential abhängig. Deshalb wird dieser Speicher Potentialspeicher genannt. Die gespeicherte Energie ist potentielle Energie.

2. *Stromspeicher*. Der Strom ist proportional zum angesammelten Potential

$$f(t) = \frac{1}{L} \int e(t)dt \text{ oder } L\frac{df(t)}{dt} = e(t). \tag{2.3.34}$$

Dann gilt

$$dQ_s(t) = L\frac{df(t)}{dt}f(t)dt = Lfdf, \tag{2.3.35}$$

Tabelle 2.7. Speicherelemente: Beispiele für konstitutive Gleichungen von Energie- und Massenspeichern

Prozessart	Mechanisch	Elektrisch	Thermisch	Hydraulisch
Speicher-Element	Feder	Kondensator	Wärmespeicher	Flüssigkeitsspeicher
Gespeicherte Größe	potentielle mechanische Energie	elektrische Energie	Wärmemenge	Flüssigkeitsmasse
Konstitutive Gleichungen	$f = cz$ $F = c\int w\,dt$	$I = C\dfrac{dU}{dt}$ $U = \dfrac{1}{C}\int I\,dt$	$\dot{Q} = mc_p\dfrac{dT}{dt}$ $T = \dfrac{1}{mc_p}\int \dot{Q}\,dt$	$\dot{m} = A\rho\dfrac{dH}{dt}$ $H = \dfrac{1}{A\rho}\int \dot{m}\,dt$
Gespeicherte Energie	$\frac{1}{2}cz_0^2$	$\frac{1}{2}CU_0^2$	mc_pT_0	$\frac{1}{2}A\rho g H^2$
Speicher-Element	bewegte Masse	Induktivität		
Gespeicherte Größe	kinetische Energie	magnetische Energie		
Konstitutive Gleichungen	$F = m\dfrac{dw}{dt}$ $w = \dfrac{1}{m}\int F\,dt$	$U = L\dfrac{dI}{dt}$ $I = \dfrac{1}{L}\int U\,dt$		
Gespeicherte Energie	$\frac{1}{2}mw_0^2$	$\frac{1}{2}LI_0^2$		

und die gespeicherte Energie wird

$$Q_s(t) = L \int_0^{f_0} f \, df = \frac{1}{2} L f_0^2. \tag{2.3.36}$$

Die gespeicherte Energie ist nur vom Strom abhängig. Der Speicher wird deshalb Stromspeicher genannt. Die gespeicherte Energie ist kinetische Energie.

Einige Beispiele sollen dies erläutern:

Beispiel 2.1: Elektrische und mechanische Speicher

a) *Elektrische Bauelemente*
Für die gespeicherte Energie pro Zeitintervall dt gilt mit dem Strom $f = I$ und der Spannung $e = U$

$$dQ_s(t) = U(t)I(t)dt. \tag{2.3.37}$$

Ein *Kondensator* folgt dem Ladungsgesetz

$$I(t) = C\frac{dU(t)}{dt} \text{ bzw. } U(t) = \frac{1}{C} \int I(t)dt. \tag{2.3.38}$$

Für die gespeicherte Energie gilt

$$dQ_s = C U \, dU. \tag{2.3.39}$$

Die gespeicherte Energie hängt also nur von der Spannung und der Kapazität ab, und es ist

$$Q_s = C \int_0^{U_0} U \, dU = \frac{1}{2} C U_0^2. \tag{2.3.40}$$

Der Kondensator ist also ein Potentialspeicher.
    Bei einer *Induktivität* gilt für die induzierte Spannung

$$U(t) = L\frac{dI(t)}{dt} \text{ bzw. } I(t) = \frac{1}{L} \int U(t)dt. \tag{2.3.41}$$

Für die gespeicherte Energie gilt

$$dQ_s = L I \, dI \tag{2.3.42}$$

$$Q_s = L \int_0^{I_0} I \, dI = \frac{1}{2} L I_0^2. \tag{2.3.43}$$

Die Induktivität ist also ein Stromspeicher.

b) *Mechanische Bauelemente*
Die gespeicherte Energie pro dt ist bei mechanischen Systemen mit der Kraft $e = F$ und der Geschwindigkeit $f = w$

$$dQ_s(t) = F(t)w(t)dt. \tag{2.3.44}$$

Bei einer linearen *Feder* folgt

$$F(t) = c\, z(t) = c \int w(t)dt. \tag{2.3.45}$$

Für die gespeicherte Energie gilt

$$dQ_s = c\, z\, dz \tag{2.3.46}$$

$$Q_s = c \int_0^{z_0} z\, dz = \frac{1}{2}c\, z_0^2. \tag{2.3.47}$$

Die Feder ist also ein Potentialspeicher und speichert potentielle Energie.
Für die *bewegte Masse* gilt entsprechend

$$F(t) = m\frac{dw(t)}{dt} \quad \text{bzw.} \quad w(t) = \frac{1}{m} \int F(t)dt. \tag{2.3.48}$$

Die gespeicherte Energie wird

$$dQ_s = m\, w\, dw \tag{2.3.49}$$

$$Q_s = m \int_0^{w_0} w\, dw = \frac{1}{2}mw_0^2. \tag{2.3.50}$$

Die bewegte Masse ist ein Stromspeicher und speichert kinetische Energie

□

Speicher sind im Allgemeinen nichtkausale Übertragungsglieder, da bestimmte Eingangsgrößen nicht festgelegt sind. Bei Vorgabe des Stromes $f(t)$ ergibt sich das Potential $e(t)$ und bei Vorgabe des Potentials $e(t)$ ergibt sich der Strom $f(t)$.

e) Übertrager

Eine Auswahl von konstitutiven Gleichungen für *Übertrager* (engl. transformer) ist in Tabelle 2.8 zu sehen. Stellt man die Übertrager wie in Bild 2.14b) als Vierpol dar, dann gilt für die Leistungsbilanz eines verlustlosen Übertragers für das statische Verhalten

$$P_1 - P_2 = 0 \tag{2.3.51}$$

und mit (2.3.16) folgt

$$f_1 e_1 - f_2 e_2 = 0, \tag{2.3.52}$$

d.h. die Leistung $f_1 e_1$, die an den Eingangsklemmen in den Übertrager strömt, verlässt ihn als Leistung $f_2 e_2$ wieder an den Ausgangsklemmen.

Tabelle 2.8 zeigt nun für den Fall des statischen Verhaltens von mechanischen und elektrischen Übertragern, dass die Potentialdifferenzen der Übertrager zueinander proportional sind

Tabelle 2.8. Übertrager: Beispiele und konstitutive Gleichungen

Prozessart	Mechanisch	Elektrisch	Thermisch	Hydraulisch
Übertrager-Element	Getriebe	Transformator	Wärmeübertrager	Druckübersetzer
Art der Übertragung	Drehmoment-Übertragung	Magnetische Übertragung	Wärmedurchgang	Druckübersetzung
Konstitutive Gleichungen	$M_2 = i M_1$ $\omega_2 = \frac{1}{i}\omega_1$	$U_2 = i U_1$ $I_2 = -\frac{1}{i} I_1$	$\Delta T_{12} = \frac{c_{p2}\dot{m}_2}{c_{p1}\dot{m}_1}\,\Delta T_{21}$ $= i\,\Delta T_{21}$	$p_2 = i p_1;\; i = \frac{A_1}{A_2}$ $\dot{V}_2 = \frac{1}{i}\dot{V}_1$
Kennlinien				Nur eine Potentialübertragung betrachtet von 10 möglichen Fällen

$$e_2 = i e_1, \qquad (2.3.53)$$

wobei i der Übertragungsfaktor ist. Durch Einsetzen in (2.3.52) folgt für die Ströme

$$f_2 = \frac{1}{i} f_1. \qquad (2.3.54)$$

Der Ausgangsstrom f_2 ist also umgekehrt proportional zum Übertragungsfaktor i. (Berücksichtigt man das dynamische Verhalten, sind wegen interner Speichervorgänge auch die Potentialdifferenzen und Ströme miteinander gekoppelt, siehe die Beispiele für die Getriebe in Abschnitt 4.6). Mit idealisierenden Annahmen erhält man somit lineare Beziehungen. Durch Verluste ergeben sich in Abhängigkeit der übertragenen Leistung zunehmende Abweichungen von den idealisierten Kennlinien.

In Bild 2.18a)b) sind die entstehenden Signalflussbilder für das statische Verhalten einiger idealisierter Übertrager zu sehen. Hierbei sind die jeweiligen Eingangsgrößen (eingeprägte oder unabhängige Variable) e_1, f_2 oder e_2, f_1.

Die Übertrager sind in der Regel als isoliert betrachtete Elemente *nichtkausale Übertragungsglieder*, d.h. die Eingangsgröße als Ursache und die Ausgangsgröße als Wirkung sind nicht festgelegt. So kann z.B. ein Getriebe mit Energiefluss von Eingangsseite 1 nach Ausgangsseite 2 mit *eingeprägtem Drehmoment M_1* betrieben werden. Dann folgt hieraus das Drehmoment M_2, das auf eine angeschlossene Last einwirkt, z.B. Bild 2.18a). Die Drehzahl ω_2 wird darum aus dem Verhalten der nachgeschalteten Last bestimmt und damit ω_1. Wird das Getriebe jedoch mit *eingeprägter Drehzahl ω_1* betrieben (z.B. durch einen drehzahlgeregelten Antriebsmotor), dann ergibt sich hieraus die Drehzahl ω_2 und über eine angeschlossene Last rückwirkend das Drehmoment M_2 und auch M_1, siehe Bild 2.18b). Entsprechende Zusammenhänge gelten für andere Übertrager. Dies bedeutet, dass die Kausalität eines Übertragers von den vor- oder nachgeschalteten Komponenten abhängt, die die eingeprägte Größe liefern.

Es ergeben sich somit zwei Betriebsfälle für das statische Verhalten:

Betriebsfälle von mechanischen und elektrischen Übertragern:

- Fall 1: *Eingeprägtes Eingangspotential e_1*
  Wird das Eingangspotential e_1 eingeprägt, dann folgt hieraus das Ausgangspotential e_2. Am Ausgang muss dann der Ausgangsstrom f_2 Eingangsgröße sein, aus der sich der Eingangsstrom f_1 ergibt, Bild 2.18a).
- Fall 2: *Eingeprägter Eingangsstrom f_1*
  Wird der Eingangsstrom f_1 eingeprägt, dann folgt hieraus der Ausgangsstrom f_2. Am Ausgang muss dann das Ausgangspotential e_2 Eingangsgröße sein, aus der sich das Eingangspotential e_1 ergibt, Bild 2.18b).

Dies bedeutet, dass von den vor- und nachgeschalteten Komponenten immer nur eine der Leistungsvariablen, e oder f, vorzugeben ist. Diese müssen auf der Eingangs- und Ausgangsseite verschiedene Leistungsvariablen, e_1 und f_2, oder f_1 und e_2 sein.

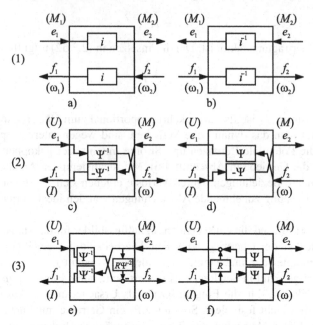

Bild 2.18. Signalflussbilder für das statische Verhalten einiger Vierpol-Prozesse mit verschiedenen Eingangsgrößen. Die Variablen in Klammern gelten für das jeweilige Beispiel, die Variablen ohne Klammer für den verallgemeinerten Fall:
(1) *Übertrager*: Getriebe mit Übersetzung i: a) eingeprägtes Drehmoment M_1, b) eingeprägte Drehzahl ω_1;
(2) *Wandler*: Gleichstromgenerator (Gyrator-Struktur): c) eingeprägtes Drehmoment M, d) eingeprägte Drehzahl ω;
(3) *Wandler*: Gleichstrommotor (Ψ Magnetflussverkettung, R Ankerwiderstand): e) eingeprägte Ankerspannung U, f) eingeprägter Strom I

f) Wandler

Tabelle 2.9 zeigt einige Beispiele von Wandlern. Die konstitutiven Gleichungen weisen eine große Vielfalt auf.

Eine einfache Struktur ergibt sich bei der idealisierten Betrachtung des statischen Verhaltens einiger spezieller Wandler: je eine Ausgangs-Potentialdifferenz ist mit einem Eingangsstrom gekoppelt oder umgekehrt, Bild 2.18d),

$$e_2 = g_1(f_1); e_1 = h_1(f_2). \qquad (2.3.55)$$

Es gilt aber auch

$$f_1 = g_1^{-1}(e_2); f_1 = h_1^{-1}(e_1),$$

siehe Bild 2.18c).

Für den Gleichstromgenerator gilt z.B.

$$e_2 = g_1 f_1; e_1 = g_1 f_2 \text{ bzw. } U_i = -\Psi\omega; \ M = \Psi I. \qquad (2.3.56)$$

Tabelle 2.9. Wandler: Beispiele und konstitutive Gleichungen

Prozessart	Elektrisch-mechanisch	Mechanisch-elektrisch	Mechanisch-hydraulisch	Mechanisch-pneumatisch
Wandler-Element	Bewegter Stromleiter im Magnetfeld	Generator	Kreiselpumpe	Ventilator
Art der Wandlung	Lorentz-Kraft	Induktionsspannung für bewegten Stromleiter	mechanische Wellenenergie in Strömungsenergie	mechanische Wellenenergie in Strömungsenergie
Konstitutive Gleichungen	$F = BlI$ $U_i = Blw$ $RI = U - U_i = U - Blw$	$U_1 = -\Psi\omega$ $M = \Psi I$	$p = c_1\omega^2 - c_2\omega\dot{m}$ $-c_3\dot{m}^2$	$M(\omega, \dot{m})$ $p(\dot{m}, \omega)$
Kennlinien				
Symbole	l Leiterlänge B Magnetflussdichte R Widerstand I Strom U Spannung w Geschwindigkeit	U_i Induzierte Spannung Ψ Verketteter Fluss ω Drehzahl M Drehmoment	p Förderdruck ω Drehzahl $\dot{m}$ Massenstrom M Drehmoment	p Förderdruck ω Drehzahl $\dot{m}$ Massenstrom M Drehmoment

Tabelle 2.10. Aktive Wandler (Wandler mit Stellglied): Beispiele und konstitutive Gleichungen

Prozessart	Elektrisch-mechanisch	Elektrisch-mechanisch	Hydraulisch-mechanisch	Thermodyn.-mech.
Wandler-Element	Gleichstrommotor	Elektromagnet	Hydr. Kolben-Zylinder	Verbrennungsmotor
Art der Wandlung	Magnetische Kraft auf Stromleiter im Magnetfeld	Magnetische Kraft auf Anker im Magnetfeld	Mechanische Kraft auf Kolben durch Fluiddruck	Kraftstoffverbrennung im Zylinder
Konstitutive Gleichungen	$M = \Psi I_A$ $I = (U_A - \Psi\omega)/R_A$	$U_M = RI$ $F = F(I,Y)$	$F = Ap_i$ $\dot{z} = \dot{m}/A\rho$	$\dot{Q}_B = \dot{m}_B(U)H_u$ $M = M(U,\omega)$
Kennlinien				
Symbole	M Drehmoment ω Drehzahl U_A Ankerspannung I_A Ankerstrom U Stellgröße	U_M Spannung I Strom F Kraft Y Weg U Stellgröße	F Kraft z Weg $\dot{m}$ Fluidstrom p_V Vordruck p_i Innendruck A Kolbenfläche U Stellgröße	$\dot{m}_B$ Brennstoffstrom H_u Heizwert Brennstoff M Drehmoment ω Drehzahl U v Stellgröße $\dot{Q}_B$ Brennstoff Energiestrom

Diese Beziehungen zeigen im Vergleich zu den entsprechenden Beziehungen (2.3.53), (2.3.54) des Übertragers, dass Potential e_1 und Strom f_1 vertauscht sind. Die zugehörigen Wandler werden im Englischen *gyrator* genannt, da ein einseitig gelagerter Kreisel näherungsweise diesen Gleichungen folgt, siehe z.B. Karnopp et al. (1990). Ein Gleichstrommotor führt auf die in Bild 2.18e),f) gezeigten Strukturen. Durch den Ankerwiderstand kommt eine direkte Kopplung der Variablen f_2, e_2 oder e_1, f_1 hinzu. Vernächlässigt man den Ankerwiderstand, erhält man die Gyrator-Struktur.

Im Allgemeinen sind jedoch bei Wandlern Ströme und Potentialdifferenzen in unterschiedlicher Weise voneinander abhängig, so dass es normalerweise ratsam ist, den speziellen Fall zu betrachten. Zur Darstellung der Kennlinien der einzelnen Prozesselemente gibt es bei Vierpolen meist mehrere Möglichkeiten. Es empfiehlt sich jedoch, die Kennlinien für die Ströme und Potentialdifferenzen am Eingang in der Form $e_1(f_1)$ und am Ausgang in der Form $e_2(f_2)$ darzustellen, da in dieser Darstellung bei der Verschaltung mit den benachbarten Prozesselementen die sich einstellenden Betriebspunkte über die jeweiligen Kennlinienschnittpunkte direkt abgelesen werden können, siehe Beispiel 2.4.

Auch die Wandler sind in der Regel *nichtkausale Übertragungsglieder*. So kann ein Gleichstrommotor zunächst mit *eingeprägter Ankerspannung U_A* betrieben werden, Bild 2.18e). Dann fließt zunächst ein relativ großer Ankerstrom I_A, der ein Drehmoment M zur Folge hat und den Motor und eine angeschlossene Last mit zunehmender Drehzahl ω beschleunigt. Der Strom I_A wird dann wegen der von ω abhängigen induzierten Gegenspannung $U_i = -\Psi\omega$ kleiner. Entsprechend der Drehmoment-Kennlinie $M(\omega)$ der Last stellt sich dann im Gleichgewichtszustand ein gleich großes Lastmoment und Motormoment ein. Damit ergibt sich die Größe des Ankerstroms I_A. (Die zugehörigen Gleichungen werden in Abschnitt 5.3 behandelt).

Wird der Gleichstrommotor mit *eingeprägtem Ankerstrom I_A* betrieben, Bild 2.18f), dann ergibt sich dadurch unmittelbar das Drehmoment M. Dieses wirkt auf den Rotor und die angeschlossene Last und lässt die Drehzahl ω zunehmen bis das Lastmoment entsprechend der Lastkennlinie $M(\omega)$ gleich dem Motormoment ist. Dadurch ergibt sich die Ankerspannung U_A.

Auch bei Wandlern gilt, dass die Kausalität durch die vor- oder nachgeschalteten Komponenten bestimmt wird.

Somit ergeben sich zwei Betriebsfälle für das statische Verhalten.

Betriebsfälle von mechanischen und elektrischen Wandlern:

- Fall 1: *Eingeprägtes Eingangspotential e_1:*
  Wird das Eingangspotential e_1 eingeprägt, dann folgt hieraus der Ausgangsstrom f_2. Am Ausgang muss dann das Ausgangspotential e_2 Eingangsgröße sein, aus der sich der Eingangsstrom f_1 ergibt, Bild 2.18c).
- Fall 2: *Eingeprägter Eingangsstrom f_1*
  Wird der Eingangsstrom f_1 eingeprägt, dann folgt hieraus das Ausgangspotential e_2. Am Ausgang muss dann der Ausgangsstrom f_2 Eingangsgröße sein, aus der sich das Eingangspotential e_1 ergibt, Bild 2.18d).

Dies bedeutet, dass von den vor- und nachgeschalteten Komponenten immer nur eine der Leistungsvariablen, e oder f, vorzugeben ist und dass diese auf der Eingangs- und Ausgangsseite derselbe Variablentyp, e_1 und e_2, oder f_1 und f_2 ist, im Unterschied zu Übertragern, vgl. Bild 2.18a) und b) mit c) und d).

Aktive Wandler erlauben die Steuerung des Wandlungsprozesses von der Eingangsquantität in die Ausgangsquantität durch ein Stellglied bzw. einen Aktor, der mit einer Hilfsquantität gesteuert wird, siehe Bild 2.14e). Durch einen Aktor werden z.B. eine elektrische Spannung (Fluiddruck, Kraft) oder ein elektrischer Strom (Fluidstrom, Wärmestrom) gesteuert. Dabei ist die für die Steuerung benötigte Stellenergie meist klein gegenüber dem Energiestrom des Wandlungsprozesses. Die sich einstellende Kennlinie des aktiven Wandlers hängt dann vom Zusammenwirken von Stellglied und Wandler ab. Die durch den Aktor gesteuerte Größe wirkt dann als eingeprägte Größe auf den Wandler und bestimmt dessen Kausalität durch Festlegung der Eingangsgröße.

2.3.3 Phänomenologische Gleichungen

Bei Senken und bei Verlusten in einigen Wandlern und Übertragern läuft der interne Vorgang nur in einer Richtung ab und ist (ohne zusätzliche Energiezufuhr) nicht umkehrbar. Beispiele sind die Wärmeleitung, Diffusion oder chemische Reaktion. Die entsprechenden Prozesse sind durch irreversible Ausgleichsvorgänge gekennzeichnet, bei denen die Entropie zunimmt. Die Gründe für die Entropiezunahme sind die Dissipation mechanischer und elektrischer Leistung, der Wärme- und Stoffaustausch und chemische Reaktionen, Ahrendts (1989). Dissipative Systeme können somit als Senken dargestellt werden, Tabelle 2.11. Die irreversiblen Ausgleichsvorgänge lassen sich durch *phänomenologische Gleichungen* beschreiben. Einige Beispiele sind:

a) *Fouriersches Gesetz für die Wärmeleitung*

$$\dot{q}_z = -\lambda \frac{\partial T}{\partial z} = -\lambda \ \text{grad}_z \ T \qquad (2.3.57)$$

($\dot{q}$ Wärmestromdichte, λ Wärmeleitzahl, T Temperatur, z Ortskoordinate)

b) *Ficksches Gesetz für die Diffusion*

$$\dot{m}_z = -D \frac{\partial c}{\partial z} = -D \ \text{grad}_z \ c \qquad (2.3.58)$$

($\dot{m}$ Massenstromdichte, D Diffusionskoeffizient, c Konzentration)

c) *Chemisches Reaktionsgesetz*
Für eine Reaktion 1. Ordnung $A_i \rightarrow B_i$ mit den Konzentrationen c_{Ai} und c_{Bi} gilt:

$$r_z = -k \ c_{Ai} \left[\frac{kmol}{m^3 s} \right] \qquad (2.3.59)$$

Tabelle 2.11. Dissipative Wandler (Senken): Beispiele und phänomenologische Gleichungen

Wandler-Element	Mechanisch	Mechanisch	Elektrisch	Hydraulisch	Thermisch
	Dämpfer	Reibung	Widerstand	Drossel	Wärmeleiter
Bezeichnung	Viskose Dämpfung	Coulombsche Reibung	Ohmsches Gesetz	Drosselung	Fouriersches Gesetz
Phänomenologische Gleichungen	$F = d\dot{z}$ $\dot{z} = F/d$	$F = \mu F_n \operatorname{sign} \dot{z}$	$U = RI$ $I = U/R$	$\Delta p = c_{Dr}\dot{m}^2$ $\dot{m} = \sqrt{\Delta p / c_{Dr}}$	$\dot{Q} = \Delta T / R$
	F Dämpfungskraft d Dämpfungskonstante $\dot{z}$ Geschwindigkeit	F Reibungskraft μ Reibungskoeff. F_n Normalkraft	U Spannung I Strom R Widerstand	Δp Druckabfall $\dot{m}$ Massestrom c_{Dr} Drosselwiderstand	$\dot{Q}$ Wärmestrom ΔT Temperaturdifferenz R Wärmewiderstand
Anteil der Wandlung in Wärme	vollständig	vollständig	RI^2	groß	–

$$k = k_\infty e^{-\frac{E}{RT}} \quad \text{(Arrhenius-Gesetz)} \tag{2.3.60}$$

(r Reaktionsgeschwindigkeit, k Reaktionskoeffizient, c_{Ai} Konzentration der Komponente A_i, E Aktivierungsenergie, k_∞ Häufigkeitsfaktor)

d) *Ohmsches Gesetz für den elektrischen Strom*

$$i_z = -\kappa \frac{\partial u}{\partial z} = -\kappa \ \text{grad}_z \ u \tag{2.3.61}$$

(i Stromdichte, κ Leitvermögen $= 1/\rho$, ρ spezifischer Widerstand $[\Omega/\text{m}]$, $\text{grad}_z \ u \ [\text{V/m}]$)

e) *Widerstandsgesetze für die Strömung von Fluiden*
Für den Druckverlust von Strömungen, z.B. in Rohren, gilt bei laminarer Strömung (Reynoldszahl $Re = w \, Dv < 2320$)

$$\Delta p = -c_{Rl} w \quad \text{bzw.} \quad w = \frac{1}{c_{Rl}} \Delta p$$

$$c_{Rl} = 32 \rho v \frac{l}{D^2} \tag{2.3.62}$$

und bei turbulenter Strömung ($Re > 2320$)

$$\Delta p = -c_{Rt} w^2 \quad \text{bzw.} \quad w = \frac{1}{\sqrt{c_{Rt}}} \sqrt{\Delta p}$$

$$c_{Rt} = 0,1582 \rho \frac{l}{D} Re^{-0,25} \tag{2.3.63}$$

(Δp Druckverlust, w Geschwindigkeit, ρ Dichte, v kinematische Zähigkeit, l Länge, D Durchmesser). c_R ist ein Widerstandskoeffizient.

Einige phänomenologische Gleichungen (a, b, d, e (laminar)), sind wie folgt aufgebaut:

$$\text{Stromdichte} = -\frac{1}{\text{spezifischer Widerstand}} \text{Potentialgradient.} \tag{2.3.64}$$

Sie sind in relativ weiten Bereichen linear.

f) *Allgemeine Senken, dissipative Wandler*
Wie aus diesen Betrachtungen folgt, zeigen die phänomenologischen Gleichungen zum Teil lineares Verhalten wie z.B. bei viskosen Dämpfern oder Ohmschen Widerständen, zum Teil aber auch stark nichtlineares Verhalten wie bei Drosseln oder Reibungen, Tabelle 2.11. In den linearen Fällen gilt bei Zweipoldarstellung z.B. die Widerstandsgleichung

$$f_1 = \frac{1}{R} e_1, \tag{2.3.65}$$

wobei R der Widerstandskoeffizient ist. (Das negative Vorzeichen in (2.3.64) ist erforderlich, weil der Gradient bezüglich des Ortes verwendet wird. Mit der Festlegung der Vorzeichen für die Potentialdifferenzen an den Klemmen eines Zweipols, Bild 2.14, ist in (2.3.65) das positive Vorzeichen zu verwenden, da f_1 in das Prozesselement hineinströmt, wenn e_1 positiv ist).

Senken sind im Allgemeinen nichtkausale Übertragungsglieder, da auch die Umkehrung von (2.3.65) gilt

$$e_1 = R f_1.$$

Deshalb können Senken entweder mit eingeprägtem Potential e_1 oder mit eingeprägtem Strom f_1 betrieben werden.

Eine besondere Senke ist die trockene Reibung. Sie hat eine richtungsabhängige unstetige Kennlinie

$$F = F_{G0} \text{ sign } \dot{z}$$

also $F = F_{G0}$ für $\dot{z} > 0$; $F = -F_{G0}$ für $\dot{z} < 0$.   (2.3.66)

Ermittelt man hieraus die Kraft-Weg-Kennlinie, so ergeben sich rechteckige Hysterese-Kennlinien, deren Ausdehnung vom Weg z_0 abhängt, Bild 2.19.

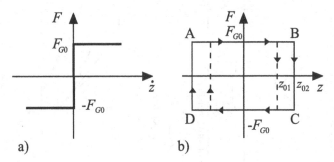

Bild 2.19. Unstetige Reibkraft-Kennlinien: a) Kennlinien $F(\dot{z})$ der trockenen Reibung; b) Hysterese-Kennlinie $F(z)$

Die während eines Umlaufs verbrauchte Energie ist mit $z_0 = 2z_{02}$

$$E = \oint F \, dz = \int_A^B F_{G0} \, dz + \int_C^D (-F_{G0}) dz$$
$$= 2 \, F_{G0} z_0.$$ (2.3.67)

Diese dissipative Energie wird vollständig in Wärme umgewandelt.

In Tabelle 2.12 sind in einer Übersicht die typischen Eigenschaften für alle fünf Typen von Prozesselementen noch einmal zusammengestellt. Es werden dabei die einfachsten Prozesselemente mit ausschließlich Energieströmen betrachtet. Mit Hilfe dieser Darstellung in Form von Symbolen, Mehrpolen, Grundgleichungen und zugehörigen Kennlinien ist es möglich, einen Gesamtprozess zu partitionieren und die Modellbildung systematisch unter Nutzung der behandelten Gesetzmäßigkeiten durchzuführen.

Tabelle 2.12. Prozesselemente mit Energieströmen in Zweipol- und Vierpol-Darstellung. (Konstitutive Gleichungen und eine phänomenologische Gleichung für einfache Fälle) e: Potentialdifferenz; f: Strom

Prozesselement	Quelle	Speicher	Übertrager	Wandler	Senke
Symbolische Darstellung (Energieströme)					
Mehrpol-Darstellung					
Grundgleichungen (idealisiert)	Potentialquelle $e = e_0$ Stromquelle $f = f_0$	Potentialspeicher $e_1(t) = c_P \int (f_1(t) - f_2(t))dt$ $e_1(t) = e_2(t)$ Stromspeicher $f_1(t) = c_S \int (e_1(t) - e_2(t))dt$ $f_1(t) = f_2(t)$	Potentialübertrager $e_2 = i e_1$ Stromübertrager $f_2 = \frac{1}{i} f_1$	$e_2 = g f_1$ $e_1 = g f_2$	$f = \frac{1}{R} e$
Kennlinien —— idealisiert - - - - real					

2.4 Energiebilanzgleichungen für Prozesse mit konzentrierten Parametern

Die in Abschnitt 2.3.1 angegebenen Bilanzgleichungen folgen aus den Erhaltungssätzen der Physik und haben im Prinzip die allgemeine Form nach (2.3.14). Im Folgenden werden die *Energiebilanzgleichungen* für *mechanische, thermodynamische* und *elektrische Prozesse* ausführlich betrachtet und jeweils so dargestellt, wie es für eine systematische Modellbildung zweckmäßig ist. Dabei sind einige Besonderheiten zu beachten.

2.4.1 Energiebilanz bei mechanischen Systemen

Die Modellbildung komplizierter mechanischer Systeme wird in Kapitel 3 nach den Prinzipien der Mechanik eingehender behandelt. Hier werden im Zusammenhang mit den Bilanzgleichungen die beiden Energieformen mechanischer Systeme, die potentielle und kinetische Energie betrachtet, um eine Einordnung in die allgemeine Vorgehensweise bei der Modellbildung zu erhalten. Zusätzlich wird ihr Zusammenwirken in zwei häufig vorkommenden gekoppelten Speichern betrachtet.

a) Potentielle Energie für Translation

Es werde angenommen, dass auf einen Körper eine eingeprägte Kraft $\mathbf{F}^{(e)}$ wirkt, die ein Potential E_p besitzt, Bild 2.20a). Für diese Kraft im Koordinatensystem x, y, z gelte (3.1.6). Sie greife am Ortsvektor $\mathbf{r}$, (3.1.7), an. Dann gilt für die zu leistende Arbeit zwischen Punkt A und Punkt B

$$
\begin{aligned}
W &= \int_A^B \mathbf{F}^{(e)^T} \, d\,\mathbf{r} \\
&= \int_A^B F_x \, dx + F_y \, dy + F_z \, dz.
\end{aligned}
\tag{2.4.1}
$$

Wenn nun für das Potential $E_p(x, y, z)$ gilt

$$
-dE_p = F_x dx + F_y dy + F_z dz,
\tag{2.4.2}
$$

dann ist die Arbeit

$$
W = \int_A^B -dE_p = -(E_{pB} - E_{pA})
\tag{2.4.3}
$$

unabhängig vom Weg zwischen den Punkten A und B. Die eingeprägte Kraft $\mathbf{F}^{(e)}$ wird dann *konservativ* genannt und $E_p(x, y, z)$ ist das Potential der Kraft oder die *potentielle Energie*.

Mit dem vollständigen Differential des Potentials

$$
dE_p = \frac{\partial E_p}{\partial x} dx + \frac{\partial E_p}{\partial y} dy + \frac{\partial E_p}{\partial z} dz
\tag{2.4.4}
$$

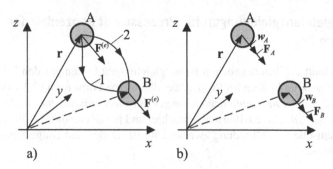

Bild 2.20. Zum Energieerhaltungssatz von mechanischen Systemen: a) Eingeprägte Kraft eines Körpers mit Potential E_p; b) Kraft auf Masse m mit kinetischer Energie E_k

folgt aus (2.4.2)

$$F_x = -\frac{\partial E_p}{\partial x} \quad F_y = -\frac{\partial E_p}{\partial y} \quad F_z = -\frac{\partial E_p}{\partial z}. \tag{2.4.5}$$

Führt man den Gradienten

$$\text{grad}\ E_p = \frac{\partial E_p}{\partial x}\mathbf{e}_x + \frac{\partial E_p}{\partial y}\mathbf{e}_y + \frac{\partial E_p}{\partial z}\mathbf{e}_z \tag{2.4.6}$$

mit den Einheitsvektoren nach (3.1.6) ein, dann gilt in vektorieller Schreibweise für (2.4.5)

$$\mathbf{F}^{(e)} = -\text{grad}\ E_p. \tag{2.4.7}$$

Die eingeprägte Kraft in einem konservativen System ist also gleich dem negativen Gradienten des Potentials.

Betrachtet man einen geschlossenen Umlauf im Potential, dann gilt für die zu leistende Arbeit nach (2.4.1)

$$\begin{aligned} W &= \oint \mathbf{F}^{(e)T}\,d\mathbf{r} = \int_A^B \mathbf{F}^{(e)T}\,d\mathbf{r} + \int_B^A \mathbf{F}^{(e)T}\,d\mathbf{r} \\ &= 0. \end{aligned} \tag{2.4.8}$$

Dann braucht also weder Energie zugeführt noch abgeführt werden, die potentielle Energie bleibt erhalten.

Ein erstes Beispiel für das Potential ist das Gravitationspotential der Erde

$$E_p = G z = m g z \rightarrow \quad \text{grad}\ E_p = mg,$$

ein zweites eine Federkraft

$$E_p = \int_0^z c z\,dz = \frac{c}{2} z^2 \rightarrow \quad \text{grad}\ E_p = c z.$$

b) Kinetische Energie für Translation

Wenn auf einen Körper der Masse m mit dem Impuls

$$\mathbf{I} = m\mathbf{w} \tag{2.4.9}$$

eine äußere Kraft $\mathbf{F}$ wirkt, gilt nach dem *Impulssatz*, siehe Abschnitt 2.3.1, und Bild 2.20b), für eine *Translation*

$$\frac{d\mathbf{I}(t)}{dt} = \frac{d}{dt}[m(t)\mathbf{w}(t)] = \mathbf{F}(t) \tag{2.4.10}$$

und für $m = \text{const}$

$$\frac{d\mathbf{I}(t)}{dt} = m\frac{d\mathbf{w}(t)}{dt} = \mathbf{F}(t). \tag{2.4.11}$$

Wirken z.B. eine Antriebskraft $F_1(t)$ und eine Widerstandskraft $F_2(t)$ in Bewegungsrichtung (skalarer, eindimensionaler Fall), dann ist

$$F_1(t) - F_2(t) = \frac{dI(t)}{dt} = m\frac{dw(t)}{dt}. \tag{2.4.12}$$

(2.4.10) wird auch als *Impulsbilanzgleichung* bezeichnet und ist eine vektorielle Form der verallgemeinerten Bilanzgleichung (2.3.14).

Die den Impuls verändernde Kraft $\mathbf{F}$ in (2.4.10) leistet die Arbeit

$$dW = \mathbf{F}^T(t)d\mathbf{r} = m\frac{d\mathbf{w}^T(t)}{dt}d\mathbf{r}. \tag{2.4.13}$$

Setzt man nun $d\mathbf{r}(t) = \mathbf{w}(t)dt$ ein, dann gilt

$$\begin{aligned}
dW &= m\,d\mathbf{w}^T\mathbf{w}(t) = m\mathbf{w}^T(t)d\mathbf{w}(t) \\
&= m\left(w_x(t)dw_x + w_y(t)\,dw_y + w_z(t)\,dw_z\right)
\end{aligned} \tag{2.4.14}$$

und somit für die zu leistende Arbeit zwischen zwei Bahnpunkten A und B

$$\begin{aligned}
W &= \int_A^B m\,\mathbf{w}^T(t)d\mathbf{w} = m\left[\frac{w_x^2}{2} + \frac{w_y^2}{2} + \frac{w_z^2}{2}\right]\Bigg|_A^B \\
&= \frac{m}{2}\left[(w_{xB}^2 - w_{xA})^2 + (w_{yB}^2 - w_{yA}^2) + (w_{zB}^2 - w_{zA}^2)\right].
\end{aligned} \tag{2.4.15}$$

Hierbei ist

$$E_k = \frac{m}{2}w^2 = \frac{m}{2}\left[w_x^2 + w_y^2 + w_z^2\right] \tag{2.4.16}$$

die *kinetische Energie* der bewegten Masse, und es folgt

$$W = E_{kB} - E_{kA}. \tag{2.4.17}$$

Es gilt somit der *Arbeitssatz*: Die zwischen zwei Bahnpunkten einer bewegten Masse zu leistende Arbeit ist gleich der Änderung der kinetischen Energie.

Wenn die einwirkende Kraft eine eingeprägte konservative Kraft $\mathbf{F}^{(e)}$ ist, folgt aus (2.4.3) und (2.4.14)

$$-(E_{pB} - E_{pA}) = E_{kB} - E_{kA}$$

oder

$$E_{pA} + E_{kA} = E_{pB} + E_{kB} = \text{const.} \qquad (2.4.18)$$

Hieraus folgt der *Energieerhaltungssatz für konservative mechanische Systeme*:

Wenn die eingeprägten Kräfte ein Potential besitzen, dann bleibt bei einer Bewegung der Masse die Summe aus potentieller Energie und kinetischer Energie konstant

$$\underset{\substack{\text{potentielle} \\ \text{Energie}}}{E_p} + \underset{\substack{\text{kinetische} \\ \text{Energie}}}{E_k} = \sum_{i=p}^{k} E_i(t) = E_0 = \text{const.} \qquad (2.4.19)$$

Hieraus folgt durch Differentiation die *Energiestrombilanzgleichung* für konservative mechanische Systeme

$$\underset{\substack{\text{potentieller} \\ \text{Energiestrom}}}{\frac{dE_p(t)}{dt}} + \underset{\substack{\text{kinetischer} \\ \text{Energiestrom}}}{\frac{dE_k(t)}{dt}} = 0. \qquad (2.4.20)$$

Wenn Reibungskräfte auftreten, dann wirken nicht konservative sonder *dissipative Kräfte*, deren Arbeit in Wärme umgewandelt wird. Der Energieerhaltungssatz gilt dann in der Form (2.4.19) nicht.

Beispiel 2.2: Feder-Masse System

Es wird nun als Beispiel das Feder-Masse-System nach Bild 2.21 betrachtet, also ein System mit zwei Speichern. Für den in der Masse und Feder gespeicherten Energiestrom mit der Kraft $e = F$ und der Geschwindigkeit $f = w$ gilt nach (2.3.30)

$$\frac{dQ_s(t)}{dt} = F(t)w(t).$$

In Abschnitt 2.3 wurde bereits gezeigt, dass die Größen Kraft (Potentialdifferenz) und Geschwindigkeit (Strom) für diese Speicher nicht unabhängig sind, sondern voneinander abhängen.

Betrachtet man nun die Energieströme, gilt für die Feder nach (2.3.44)

$$\frac{dQ_{sF}(t)}{dt} = c\, z(t)\frac{dz(t)}{dt}$$

und für die Masse nach (2.3.49)

$$\frac{dQ_{sm}(t)}{dt} = m\, w(t)\frac{dw(t)}{dt}.$$

Hieraus folgt mit der Energiestrombilanzgleichung (2.4.20)

$$c\,z(t)\frac{dz(t)}{dt} + m\frac{dw(t)}{dt}\frac{dz(t)}{dt} = 0$$

und falls $dz(t)dt \neq 0$

$$c\,z(t) = -m\frac{dw(t)}{dt}$$

oder

$$m\ddot{z}(t) + c\,z(t) = 0.$$

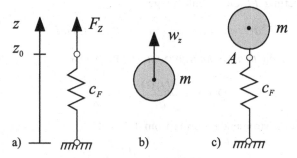

Bild 2.21. Mechanische Energiespeicher (Beispiele): a) Feder als Speicher für potentielle Energie; b) Masse als Speicher für kinetische Energie; c) Feder-Masse-System: Speicher für potentielle und kinetische Energie

Diese Gleichung kann aber unmittelbar aus den konstitutiven Gleichungen der Speicher und der Kräftebilanz (Knotengleichung) als Kopplungsbedingung aus Punkt A, Bild 2.21c), erhalten werden. Also ist dieser Weg bei solchen einfachen Systemen mit einer oder mit nur wenigen Massen einfacher als über die Energiestrombilanzgleichung.

□

c) Kinetische Energie für Rotation

Für den Fall der Rotation gilt der *Drallsatz* oder die *Drehimpulsbilanzgleichung*

$$\frac{d\mathbf{L}_{s(t)}}{dt} = \frac{d}{dt}[\mathbf{J}(t)\omega(t)] = \mathbf{M}(t) \qquad (2.4.21)$$

mit dem Drehimpuls oder Drall

$$\mathbf{L}_s = \mathbf{J}\omega \qquad (2.4.22)$$

dem Trägheitstensor $\mathbf{J}$ und dem Momentenvektor $\mathbf{M}$. Im skalaren Fall ist mit $J = $ const

$$M_1(t) - M_2(t) = J \frac{d\omega(t)}{dt}. \tag{2.4.23}$$

Das axiale Trägheitsmoment einer Scheibe der Dicke b und mit dem Radius R berechnet sich hierbei aus

$$J = \int_m r^2 dm = b \int_0^R 2\pi \rho r^3 \, dr = \frac{\pi}{2} \rho b \, R^4 = m \frac{R^2}{2}. \tag{2.4.24}$$

2.4.2 Energiebilanz bei thermischen Systemen (feste Körper, Flüssigkeiten)

Es wird nun als thermischer Energiespeicher ein *fester Körper* betrachtet. Dieser speichert für eine konstante Masse m und konstante spezifische Wärme c_p bei einer Temperaturänderung dT die Wärmemenge

$$dQ_s(t) = dE_s(t) = m \, c_p \, dT = C_T dT, \tag{2.4.25}$$

wobei $C_T = mc_p$ die *thermische Kapazität* ist. Hierbei ist

$$\dot{Q}_s(t) = \frac{dQ_s(t)}{dt} = C_T \frac{dT}{dt} \tag{2.4.26}$$

der in den Speicher strömende Wärmestrom. Es folgt

$$dQ_s(t) = C_T \frac{dT}{dt} \, dt \tag{2.4.27}$$

und aus Vergleich mit (2.3.16) ist ersichtlich, dass hier keine Größen $f(t)e(t)$ festgelegt werden können. Dies hängt damit zusammen, dass der Wärmestrom $\dot{Q}$ gleichzeitig ein Energiestrom ist und dass es nur einen Potentialspeicher, aber keinen Stromspeicher gibt. Der Unterschied zu mechanischen und elektrischen Speichern wird auch dadurch deutlich, dass bei thermischen Speichern die gespeicherte Energie proportional zur Temperatur T ist

$$Q_s = C_T \int_{T_1}^{T_2} dT = C_T(T_2 - T_1) \tag{2.4.28}$$

und nicht proportional zu z_0^2, w_0^2, U_0^2, I_0^2, siehe Tabelle 2.7.

(Eine Darstellung $f(t)e(t)$ für den Energiestrom erhält man jedoch über den Entropiestrom $\dot{s}(t)$ und die absolute Temperatur $T(t)$, Ahrendts (1989)).

Die Temperatur breitet sich im Inneren nach den Gesetzen der Wärmeleitung aus. Nimmt man nun an, dass diese Wärmeleitung unendlich schnell folgt, oder ohne thermischen Widerstand, dann hat die Masse an jeder Stelle die gleiche Temperatur T. Dies darf man z.B. annehmen, wenn der feste Körper eine dünne Schicht ist. Dann gilt als Wärmestrombilanz, Bild 2.22a)

$$\underset{\substack{\text{Wärme-} \\ \text{zustrom}}}{\dot{Q}_e(t)} - \underset{\substack{\text{Wärme-} \\ \text{abstrom}}}{\dot{Q}_a(t)} = \underset{\substack{\text{gespeicherter} \\ \text{Wärmestrom}}}{\tfrac{d}{dt} Q_s(t)} \tag{2.4.29}$$

mit

$$\dot{Q}_s(t) = m\,c_p\,\frac{dT(t)}{dt}.$$

Dieselbe Beziehung gilt auch dann, wenn der Wärmespeicher eine *ruhende inkompressible Flüssigkeit* ist, die ideal durchmischt wird, Bild 2.22b). Wenn der Wärmespeicher von einer Flüssigkeit durchströmt wird mit dem Wärmezu- und Wärmeabströmen

$$\dot{Q}_e(t) = \dot{m}_e(t)c_p\,T_e(t)$$

$$\dot{Q}_a(t) = \dot{m}_a(t)c_p\,T_a(t)$$

vgl. Bild 2.22c), dann gilt bei idealer Durchmischung im Speicher ebenfalls (2.4.29) und es folgt für $\dot{m}_e = \dot{m}_a = \dot{m}$

$$T_e(t) - T_a(t) = \frac{m}{\dot{m}}\frac{dT(t)}{dt}. \qquad (2.4.30)$$

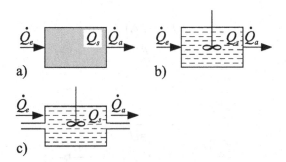

Bild 2.22. Zur Energiebilanz bei thermischen Systemen: a) fester Körper; b) ruhende inkompressible Flüssigkeit; c) strömende Flüssigkeit

2.4.3 Energiebilanz für Gase und Dämpfe

Da Gase und Dämpfe kompressibel sind, wird im Zusammenhang mit der Kompressibilität stets eine mechanische Arbeit auftreten. Dies führt zur Einführung der *Enthalpie* als besonderes Energiemaß.

- *Abgeschlossene ruhende Gasmenge*

Mit U werde die innere Energie eines ruhenden Körpers bezeichnet. Sie ist die Summe aller Energien in der abgeschlossenen Gasmenge

$$U(t) = E_s(t). \qquad (2.4.31)$$

Die Energiebilanz pro Zeitintervall Δt ist dann in allgemeiner Form

$$\Delta E_e(t) - \Delta E_a(t) = \Delta E_s(t). \tag{2.4.32}$$

Für eine abgeschlossene Gasmenge nach Bild 2.23 folgt aus dem 1. Hauptsatz der Wärmelehre mit $\Delta t \to dt$

$$dQ(t) - dL(t) = dU(t). \tag{2.4.33}$$

Hierbei ist dQ die zugeführte Wärme und dL die abgeführte mechanische Arbeit.

Für die bei der Ausdehnung des Gases abgeführte mechanische Arbeit gilt für $p = \overline{p} = \text{const}$, vgl. Bild 2.23,

$$\begin{array}{cc} \text{Kraft} & \text{Weg} \\ dL = \overline{p}A & \cdot \ dz \\ = \overline{p} & \cdot \ dV. \end{array} \tag{2.4.34}$$

Hieraus folgt

$$L = \int_{V_1}^{V_2} p\,dV = \overline{p} \int_{V_1}^{V_2} dV = \overline{p}\,[V_2 - V_1] \tag{2.4.35}$$

bzw.

$$L = \overline{p}\Delta V$$
$$dL = p\,dV.$$

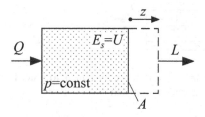

Bild 2.23. Zur Energiebilanz einer abgeschlossenen Gasmenge, die sich ausdehnt

Somit lautet die Energiebilanz nach (2.4.33) für die abgeschlossene Gasmenge bei einer Ausdehnung mit konstantem Druck

$$dQ(t) - p\,dV(t) = dU(t). \tag{2.4.36}$$

$dL(t)$ ist die sogenannte Verdrängungsarbeit.

• *Strömende Gasmenge* (techn. thermodynamischer Prozess)

Für technische Prozesse sind im Allgemeinen keine abgeschlossenen, sondern strömende Gasmengen von Interesse. Bild 2.24 zeigt die schematische Darstellung eines thermodynamischen Prozesses. Links ströme ein Gas mit der inneren Energie U_e ein und rechts ströme es mit der inneren Energie U_a aus.

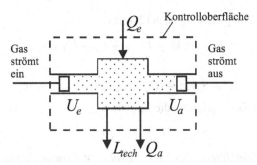

Bild 2.24. Zur Energiebilanz einer strömenden Gasmenge für einen thermodynamischen Prozess (z.B. Kraftmaschine)

- Stationärer Zustand

Im stationären Zustand gilt

$$\frac{d}{dt}(\ldots) = 0$$

(keine Energiespeicherung), also nach der allgemeinen Energiebilanzgleichung (2.3.14)

$$\Delta E_e(t) - \Delta E_a(t) = 0.$$

Aus dem 1. Hauptsatz (2.4.33) folgt entsprechend:

$$dQ - dL - dU = 0.$$

Bei Annahme von konzentrierten Parametern gilt dann pro Δt die *Energiebilanzgleichung*

$$(Q_e - Q_a) + (L_e - L_a) + (U_e - U_a) = 0.$$

| Wärme-zufuhr | zugeführte äußere Arbeiten | Änderung der inneren Energie | (2.4.37) |

Wenn nun *keine Wärmezufuhr* erfolgt, ist

$$(Q_e - Q_a) = 0$$

und

$$(L_e - L_a) + (U_e - U_a) = 0. \tag{2.4.38}$$

Hierbei gilt für die äußeren Arbeiten mit (2.4.35)

$$(L_e - L_a) = -L_{tech} + p_e V_e - p_a V_a.$$

| abgeführte nutzbare Arbeit | zugeführte Verdrängungsarbeit | abgeführte | (2.4.39) |

Damit lautet die Bilanzgleichung nach (2.4.38)

$$p_e V_e - p_a V_a - L_{tech} + U_e - U_a = 0$$

bzw.

$$(U_e + p_e V_e) - (U_a + p_a V_a) - L_{tech} = 0. \tag{2.4.40}$$

Führt man als neue Zustandsgröße die Enthalpie

$$H = U + pV \tag{2.4.41}$$

ein, dann gilt die *Enthalpiebilanzgleichung (ohne Wärmezufuhr)* im stationären Zustand

$$H_e - H_a - L_{tech} = 0. \tag{2.4.42}$$

Die Enthalpie H berücksichtigt die innere Energie U und die Verdrängungsarbeit pV, die zur Aufrechterhaltung eines Dauerbetriebes erforderlich ist.

Nun wird die *nutzbare Arbeit* (auch technische Arbeit genannt) näher betrachtet. Es folgt aus (2.4.41)

$$dH = dU + pdV + Vdp.$$

Nach dem ersten Hauptsatz, (2.4.36), gilt

$$dU = dQ - pdV$$

und somit

$$dH = dQ - pdV + pdV + Vdp$$

bzw.

$$dH = \underset{\substack{\text{Wärme-}\\\text{zufuhr}}}{dQ} + \underset{\substack{\text{techn. nutzbare}\\\text{Arbeit}}}{Vdp} \tag{2.4.43}$$

mit $dQ = 0$ folgt hieraus:

$$dH = Vdp.$$

Aus (2.4.42) folgt die Enthalpiebilanzgleichung

$$dH - dL_{tech} = 0.$$

Somit gilt ohne Wärmezufuhr

$$dL_{tech} = Vdp \text{ bzw. } L_{tech} = \int_{p_a}^{p_e} Vdp. \tag{2.4.44}$$

Für $V = \text{const}$ gilt dann für die nutzbare Arbeit

$$L_{tech} = V \int_{p_a}^{p_e} dp = V(p_e - p_a). \tag{2.4.45}$$

Die *Enthalpiebilanzgleichung* mit Wärmezufuhr im stationären Zustand folgt aus (2.4.37) und (2.4.39)

$$(H_e - H_a) - L_{tech} + (Q_e - Q_a) = 0. \tag{2.4.46}$$

- Dynamischer Zustand

Im dynamischen Zustand werden die Größen von (2.4.46) zeitabhängig und es ist gemäß (2.4.29) eine Speicherung von Energie zu berücksichtigen.

Die Energiebilanzgleichung pro Δt lautet somit

$$\frac{\Delta H_e(t)}{\Delta t} - \frac{\Delta H_a(t)}{\Delta t} - \frac{\Delta L_{tech}(t)}{\Delta t} + \frac{\Delta Q_e(t)}{\Delta t} - \frac{\Delta Q_a(t)}{\Delta t}$$
$$= \frac{\Delta U(t)}{\Delta t} = \frac{\Delta E_s(t)}{\Delta t}. \tag{2.4.47}$$

Mit dem Grenzübergang

$$\lim_{\Delta t \to dt} (\ldots)$$

gilt

$$\frac{dH_e(t)}{dt} = \dot{H}_e(t) \quad \text{(Enthalpiestrom)}$$

und somit

$$\dot{H}_e(t) - \dot{H}_a t) - \dot{L}_{tech}(t) + \dot{Q}_e(t) - \dot{Q}_a(t) = \frac{d}{dt} U(t). \tag{2.4.48}$$

Nun werden spezifische Größen eingeführt

$$\dot{H}(t) = \frac{dH(t)}{dt} = \frac{dH(t)}{dm}\frac{dm}{dt} = h(t)\dot{m}(t) \tag{2.4.49}$$

$$dU = \frac{dU}{dm}dm = u\, dm, \tag{2.4.50}$$

wobei $h(t)$: spezifische Enthalpie [J/kg], $u(t)$: spezifische innere Energie [J/kg].

Hiermit folgt nach Einsetzen in (2.4.48) die Enthalpiebilanzgleichung für strömende Gase und Dämpfe

$$\dot{m}_e(t)h_e(t) - \dot{m}_a(t)h_a(t) - \dot{L}_{tech}(t) + \dot{Q}_e(t) - \dot{Q}_a(t) = \frac{d}{dt}[u(t)\, m_s(t)] \tag{2.4.51}$$

$+\dot{m}_e h_e$:   durch Strömung zugeführter thermischer Energiestrom
$-\dot{m}_a h_a$:   durch Strömung abgeführter thermischer Energiestrom
$-\dot{L}_{tech}$:   abgeführte technische Leistung
$+\dot{Q}_e$:   zugeführter Wärmestrom
$-\dot{Q}_a$:   abgeführter Wärmestrom
$\frac{d}{dt}(u\, m_s)$: gespeicherter Energiestrom

Anmerkungen:

• Die potentielle und die kinetische Energie sind im Term für die technische Arbeit (2.4.44) enthalten. Sie bewirken eine Druckdifferenz dp:
  (i) hydrostatische Druckdifferenz $\to dp$
  (ii) Beschleunigungsdifferenz $\to dp$

- Für die technische Arbeit durch Reibung und/oder Drosselung gilt

$$L_{tech} = \underset{\text{abgeführt}}{\int_{p_e}^{p_a} V dp} + \underset{\text{zugeführt}}{Q_e}. \tag{2.4.52}$$

L_{tech} ist die technische Arbeit, die vom System abgeführt wird, aber wieder in Form von (zusätzlicher) Wärme Q_e zugeführt wird. Dies muss in der Bilanzgleichung berücksichtigt werden.

2.4.4 Energiebilanz bei elektrischen Systemen

Die beiden Energieformen elektrischer Systeme, die elektrische und die magnetische Energie, treten in Zusammenhang mit den Speicherelementen Kondensator und Induktivität auf.

Für den in diesen Komponenten gespeicherten Energiestrom gilt

$$\frac{dQ_s(t)}{dt} = U(t)I(t). \tag{2.4.53}$$

In Abschnitt 2.3 wurde gezeigt, dass die Größen Spannung (Potentialdifferenz) und Strom für diese Speicher nicht unabhängig voneinander sind, sondern über die konstitutiven Gleichungen der Speicher voneinander abhängen.

Beispiel 2.3: Elektrischer Schwingkreis

Es wird nun als Beispiel ein idealer Schwingkreis, Bild 2.25, betrachtet. Für den Energiestrom in der Kapazität gilt dann

$$\frac{dQ_{sC}(t)}{dt} = U(t)I(t) = C\,U(t)\frac{dU(t)}{dt}$$

und die Induktivität

$$\frac{dQ_{sL}(t)}{dt} = U(t)I(t) = L\,I(t)\frac{dI(t)}{dt}.$$

Für die Energiebilanz gilt

$$Q_{sC}(t) + Q_{sL}(t) = Q_0 = \text{const}$$

und für die Energiestrombilanz folgt hieraus

$$\frac{dQ_{sC}(t)}{dt} + \frac{dQ_{sL}(t)}{dt} = 0.$$

Damit ergibt sich

$$C\,U(t)\frac{dU(t)}{dt} + L\,I(t)\frac{dI(t)}{dt} = 0.$$

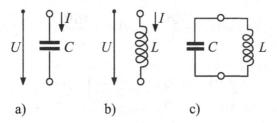

a)   b)   c)

Bild 2.25. Zur Energiebilanz bei elektrischen Systemen: a) Kondensator: elektrische (elektrostatische) Energie; b) Spule: magnetische (elektromagnetische) Energie; c) Elektrischer Schwingkreis

Da die Spannung an der Kapazität gleich der Spannung an der Induktivität ist, kann $U(t)$ ersetzt werden durch

$$U(t) = L \frac{dI(t)}{dt}$$

und es folgt

$$L^2 C \frac{dI(t)}{dt} \frac{d^2 I(t)}{dt^2} + L I(t) \frac{dI(t)}{dt} = 0$$

und mit $dI(t)/dt \neq 0$ ist

$$L C \ddot{I}(t) + I(t) = 0.$$

Diese Gleichung kann auch direkt aus den konstitutiven Gleichungen beider Speicher und der Spannungsbilanz (Umlaufgleichung) als Kopplungsbedingung erhalten werden. Da dies einfacher ist als der Weg über die Energiestrombilanzgleichung, ist dieser Weg (bei wenigen Komponenten) vorzuziehen. Man beachte die Analogie zum Feder-Masse-System in Abschnitt 2.4.1 (Beispiel 2.2).

□

2.4.5 Gemeinsame Eigenschaften der Bilanzgleichungen

Die in Abschnitt 2.3 eingeführte verallgemeinerte Strombilanzgleichung

$$\dot{Q}_e(t) - \dot{Q}_a(t) = \frac{dQ_s(t)}{dt} \tag{2.4.54}$$

gilt für die Speicher von Masse, Energie (in verschiedenen Formen) und auch, in vektorieller Form, für den Impuls, (2.4.12). Hierbei ist $\dot{Q}(t)$ ein verallgemeinerter Strom, wobei sich entsprechen $\dot{Q} \triangleq \dot{M}$, $\dot{Q} \triangleq \dot{E}$, $\dot{Q} \triangleq K$. (In der Strömungslehre wird $\dot{Q}$ auch „Impulsstrom" genannt).

Die Bilanzgleichungen sind grundsätzlich linear und stellen sich im Blockschaltbild als Additionsglied dar. Wenn die gespeicherte Größe $Q_s(t)$ als Ausgang interessiert, folgt der Additionsstelle ein Integrator, Bild 2.13. Ohne Rückwirkungen ergibt sich somit ein *integralwirkendes Verhalten*.

Führt man bezogene Größen ein und bezieht die Größen auf den Gleichgewichtszustand (GZ), gekennzeichnet durch $\overline{Q}_s$ und $\overline{\dot{Q}}_s$

$$\dot{q}(t) = \frac{\Delta \dot{Q}(t)}{\overline{\dot{Q}}}; \quad q_s(t) = \frac{\Delta Q_s(t)}{\overline{Q}_s},$$ (2.4.55)

dann folgt

$$\frac{\Delta \dot{Q}_e(t)}{\overline{\dot{Q}}} - \frac{\Delta \dot{Q}_a(t)}{\overline{\dot{Q}}} = \frac{\overline{Q}_s}{\overline{\dot{Q}}} \frac{d}{dt} \left[\frac{\Delta Q_s(t)}{\overline{Q}_s} \right]$$

bzw.

$$\dot{q}_e(t) - \dot{q}_a(t) = T_q \frac{dq_s(t)}{dt}$$ (2.4.56)

mit der Integrierzeit

$$T_q = \frac{\overline{Q}_s}{\overline{\dot{Q}}} = \frac{\text{gespeicherte Größe im GZ}}{\text{Strom im GZ}},$$ (2.4.57)

vgl. Bild 2.26. (T_q ist nicht zu verwechseln mit der Zeitkonstante bei Verzögerungsgliedern erster Ordnung). Anstelle der Bezugsgrößen im GZ könnte man auch andere Größen wählen.

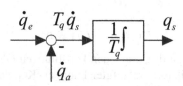

Bild 2.26. Signalflussbild für die Bilanzgleichung eines Prozesses mit konzentrierten Parametern und bezogenen Größen

Häufig wirkt jedoch die gespeicherte Größe Q_s auf den Ausgangsstrom $\dot{Q}_a$ (oder Eingangsstrom $\dot{Q}_e$) zurück, entweder direkt oder über andere Prozesselemente. Beispiele sind (linearisiert):

- Flüssigkeitsbehälter: $\Delta \dot{M}_a(t) = c \Delta M_s(t)$
- Drossel in Fluidstrom: $\Delta \dot{M}_a(t) = c \Delta p(t)$
- Viskose Reibung: $\Delta F_2(t) = c \Delta w(t)$
- Elektrischer Widerstand: $\Delta U(t) = c \Delta I(t)$

Die Rückwirkung über die Konstante c lautet dann für kleine Änderungen in allgemeiner Form, vgl. Bild 2.27,

$$\Delta \dot{Q}_a(t) = c \Delta Q_s(t)$$ (2.4.58)

und aus der Bilanzgleichung für kleine Änderungen

$$\Delta \dot{Q}_e(t) - \Delta \dot{Q}_a(t) = \frac{dQ_s(t)}{dt}$$ (2.4.59)

folgt

$$T\Delta\dot{Q}_s(t) + \Delta Q_s(t) = K\Delta\dot{Q}_e(t). \qquad (2.4.60)$$

Es entsteht somit ein *proportional wirkendes Verzögerungsglied* erster Ordnung mit der *Zeitkonstante*

$$T = \frac{1}{c} = \frac{\Delta Q_s(t)}{\Delta\dot{Q}_a(t)}$$

$$= \frac{\text{Änderung der gespeicherten Größe}}{\text{Änderung des Abstroms}} \qquad (2.4.61)$$

und dem Verstärkungsfaktor

$$K = \frac{1}{c}. \qquad (2.4.62)$$

Nach Ablauf eines transienten Zustands (z.B. Übergangsfunktion) aus einem Gleichgewichtszustand für $t = 0$ heraus, mit $\Delta\dot{Q}_e(0^-) = 0;\ \Delta\dot{Q}_a(0^-) = 0;\ \Delta Q_s(0^-) = 0$, gilt für $t \to \infty$

$$T = \frac{1}{c} = \frac{\Delta Q_s(\infty)}{\Delta\dot{Q}_a(\infty)} = \frac{\Delta Q_s(\infty)}{\Delta\dot{Q}_e(\infty)}. \qquad (2.4.63)$$

Sowohl Zeitkonstante als auch Verstärkungsfaktor sind nur von der Rückführung abhängig.

Die Interpretation von (2.4.61) gilt aber nur bei einem Zustrom oder Abstrom. Für Prozesse mit mehreren Rückführungen muss die Interpretation der Zeitkonstante modifiziert werden. Hierauf wird in Kapitel 6 noch einmal eingegangen.

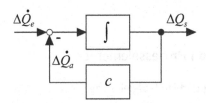

Bild 2.27. Speicher mit proportional wirkender Rückführung

Führt man *bezogenen Größen* ein

$$q_s(t) = \frac{\Delta Q_s(t)}{\overline{Q}_s};\ \dot{q}(t) = \frac{\Delta\dot{Q}(t)}{\overline{\dot{Q}}}$$

dann folgt

$$\frac{1}{c}\frac{dq_s(t)}{dt} + q_s(t) = \frac{1}{c}\frac{\overline{\dot{Q}}}{\overline{Q}_s}\Delta\dot{q}_e(t) \qquad (2.4.64)$$

$$T = \frac{1}{c} \qquad K = \frac{1}{c}\frac{\overline{\dot{Q}}}{\overline{Q}_s}$$

Der Verstärkungsfaktor ändert sich durch die Einführung der Bezugsgrößen, die Zeitkonstante jedoch nicht.

Da die Bilanzgleichungen grundsätzlich linear sind, entstehen *nichtlineare Übertragungsglieder* durch nichtlineare Beziehungen entweder im Vorwärtszweig zwischen der gespeicherten Größe und der interessierenden Ausgangsgröße $Y(t)$

$$Y(t) = f_{NL}(Q_s(t)),$$

siehe Bild 2.28a), oder durch nichtlineare Beziehungen im Rückführzweig zwischen der Ausgangsgröße $Y(t)$ und dem Ausgangsstrom

$$\dot{Q}_a(t) = f_{NL}(Y(t)),$$

siehe Bild 2.28b). Beispiele sind eine Rohrleitung mit Kreiselpumpe, Abschnitt 6.2, oder das Verhalten von Aktoren, Kapitel 10.

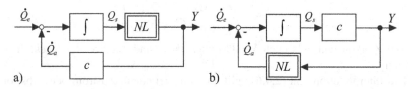

Bild 2.28. Speicher mit Rückführung: a) Nichtlinearität im Vorwärtszweig; b) Nichtlinearität im Rückwärtszweig

2.5 Verschaltung von Prozesselementen

2.5.1 Knotengleichung und Umlaufgleichung

Bisher wurden die Prozesselemente einzeln betrachtet. Durch ihre Zusammenschaltung bzw. Kopplung entstehen zusätzliche Bedingungen, die von der Art der Schaltung abhängen. Die beiden wesentlichen Grundschaltungen sind die Parallelschaltung und die Serienschaltung.

Es werden nun Prozesselemente betrachtet, durch deren Verbindungsstellen eine *Energie* strömt mit dem Energiestrom $P = ef$. Eine Verbindungsstelle von zwei oder mehr Anschlüssen (Polen) wird als *Knoten* bezeichnet. Die Verbindungen zwischen zwei Knoten bilden einen *Zweig*.

Für die *Parallelschaltung* zweier durchströmter Elemente ohne Speicherung nach Bild 2.29a) gilt dann

$$e = e_1 = e_2 \quad \text{(zwischen Knoten A und B)}$$
$$f_3 - f_1 - f_2 = 0 \quad \text{(am Knoten A)} \tag{2.5.1}$$
$$-f_3 + f_1 + f_2 = 0 \quad \text{(am Knoten B)}$$

Der Gesamtstrom f_3 vor oder nach dem Knoten besteht also aus der Summe der einzelnen Ab- und Zuströme oder die Summe aller Ströme an jeweils einem Knoten ist Null

$$\sum_{i=1}^{n} f_i(t) = 0. \qquad (2.5.2)$$

Diese Gleichung ist somit eine *Kontinuitätsgleichung* und wird auch *Knotengleichung* genannt. Sie ist eine Strombilanzgleichung für jeweils einen Knoten, der keinen Strom speichert. Diese Bilanzgleichung unterscheidet sich von den Strombilanzgleichungen in Abschnitt 2.3.1 dadurch, dass dort Prozesselemente (mit konzentrierten Parametern) betrachtet werden, die den Strom speichern können.

Bei der *Serienschaltung* entsprechend Bild 2.29b) ist

$$f = f_1 \quad \text{(am Knoten A)}$$
$$f = f_3 \quad \text{(am Knoten B)} \qquad (2.5.3)$$
$$e_3 = e_1 + e_2 \quad \text{(zwischen Knoten A und B)}$$

Der Strom durch beide Elemente ist also gleich groß und die Gesamtpotentialdifferenz ist die Summe der hintereinander geschalteten Potentialdifferenzen. Betrachtet man die Potentialdifferenzen entlang eines geschlossenen Umlaufes (einer Masche), dann ist die Summe der Potentialdifferenzen Null

$$\sum_{i=1}^{n} e_i(t) = 0. \qquad (2.5.4)$$

Diese Gleichung ist eine *Kompatibilitätsgleichung* und wird auch als *Umlaufgleichung* bezeichnet. Bei elektrischen Prozesselementen werden (2.5.2) und (2.5.4) als *erste* und *zweite Kirchhoffsche Gleichung* bezeichnet.

Bild 2.30 zeigt dieselben Schaltungen wie in Bild 2.29 als Zweipoldarstellung. In Bild 2.31 sind mehrere Elemente als durchströmte Blöcke dargestellt. Sie verdeutlichen noch einmal die Knotengleichung (2.5.2) für den Knoten B und die Umlaufgleichung (2.5.4).

In Tabelle 2.13 sind die entsprechenden Gleichungen für verschiedene physikalische Systeme mit Energieströmen und auch Massenströmen zusammengestellt. Es ergibt sich eine einheitliche Form als Superposition der Ströme oder Potentialdifferenzen. Die Verschaltungsgleichungen sind somit linear.

Die betreffenden *Knotengleichungen* folgen aus den allgemeinen Bilanzgleichungen für Prozesselemente mit konzentrierten Parametern, wenn die Speicherkapazität zu Null gesetzt wird, also keine Speicherung stattfindet. So geht die Knotengleichung für mechanische Systeme aus der Impulsbilanz hervor, wenn die Masse zu Null wird. Dies folgt auch aus dem Prinzip von d'Alembert, (3.2.3).

Für hydraulische Systeme ist der mechanische Energiestrom nach Tabelle 2.3 das Produkt aus Volumenstrom $\dot{V}$ und Druckdifferenz p. Die Knotengleichung verwendet deshalb bei inkompressiblen Fluiden die Volumenströme. Bei kompressiblen flüssigen oder gasförmigen Medien folgt die Knotengleichung jedoch aus der Massenstrombilanz. Die Knotengleichung bei thermischen Systemen lässt sich aus der

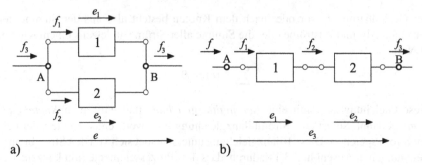

Bild 2.29. Schaltungen von zwei Prozesselementen mit Energieströmen $P = ef$ als durchströmte Blöcke (Prozessschaltbild): a) Parallelschaltung; b) Serienschaltung

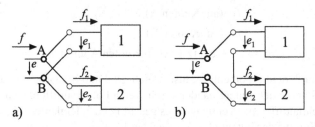

Bild 2.30. Schaltung von zwei Prozesselementen in Zweipol-Darstellung: a) Parallelschaltung; b) Serienschaltung

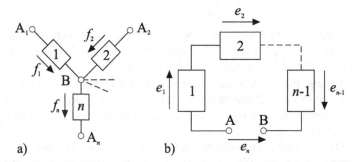

Bild 2.31. Prozesselemente-Anordnung für die Kontinuitäts- und Kompatibilitätsgleichung: a) Knoten: $\sum$ Ströme = 0; b) Umlauf (Masche) A-B-A: $\sum$ Potentialdifferenzen = 0

Wärmestrombilanz (2.4.29) ohne Speicher ableiten. Bei chemischen Prozessen mit verschiedenen Phasenmassenströmen gilt die Massenstrombilanz.

Die *Umlaufgleichungen* folgen zum größten Teil daraus, dass die Potentiale entsprechend (2.5.4) entlang eines geschlossenen Umlaufs aus Gründen der Kompatibilität zu Null werden. Bei mechanischen Systemen wird diese Kompatibilität über die geometrische oder kinematische Größe Geschwindigkeit bzw. ihr Integral, den Weg erreicht.

Tabelle 2.13. Knoten- und Umlaufgleichungen für verschiedene Systeme

	System	Knotengleichung	Umlaufgleichung
a	Elektrisch	$\sum I = 0$ 1. Kirchhoffsche Gleichung	$\sum U = 0$ 2. Kirchhoffsche Gleichung
b	Magnetisch	$\sum \Theta = 0$ Magnetflussbilanz-Gleichung	$\sum \theta = 0$ Durchflutungs-Kompabilität
c	Mechanisch (Translation)	$\sum \mathbf{F} = \mathbf{0}$ Kräftebilanz-Gleichung	$\sum \mathbf{w} = \mathbf{0}$ Kinematische Gleichung
d	Mechanisch (Rotation)	$\sum \mathbf{M} = \mathbf{0}$ Momentenbilanz-Gleichung	$\sum \omega = \mathbf{0}$ Kinematische Gleichung
e	Hydraulisch - inkompressibel - kompressibel	$\sum \dot{V} = 0$ Volumenstrombilanz-Gl. $\sum \dot{m} = 0$ Massenstrombilanz-Gl.	$\sum p = 0$ $\sum p = 0$ Druck-Kompatibilität
f	Thermisch - Konvektion Flüssigkeit - Wärmeleitung	$\sum \dot{Q} = 0$ Wärmestrombilanz-Gl.	$\sum T = 0$ Temperatur-Kompatibilität
g	Chemisch	$\sum \dot{m}_i = 0$ Massenstrombilanz-Gl.	

Ein Vergleich der verschiedenen Knoten- und Umlaufgleichungen für Energieströme, die aufgrund physikalischer Kontinuitäts- und Kompatibilitätsbeziehungen an den Verbindungsstellen folgen, mit den Leistungsvariablen f und e entsprechend der Potential-Strom-Darstellung nach Tabelle 2.3a) zeigt Folgendes. Die Knoten- und Umlaufgleichungen nach (2.5.2) und (2.5.4) werden mit den nach Tabelle 2.3a) definierten Strömen und Potentialdifferenzen für die elektrischen, magnetischen und hydraulischen (inkompressiblen) Systeme erfüllt. Für die mechanischen (translatorischen und rotatorischen) Systeme sind jedoch als Schaltungsgleichungen die umgekehrten (dualen) Leistungsvariablen zu verwenden, die der Quer-Durch-Darstellung entsprechen, siehe Tabelle 2.3b). Hieraus folgt:

Verwendet man die Quer-Durch-Darstellung für die Leistungsvariablen, dann enthalten die Knoten- und Umlaufgleichungen dieselben Variablen.

Dies wird in Abschnitt 2.6 noch einmal betrachtet. Durch die Knoten und Umlaufgleichungen aus den Verschaltungsbedingungen der Prozesselemente entsteht die Verknüpfung der Variablen zu Gesamtsystemen. Nach Festlegung der unabhängigen Eingangsgrößen, der interessierenden Ausgangsgrößen wird so die Kompatibilität der gekoppelten Prozesselemente hergestellt und es ergeben sich die jeweils eingeprägten Größen der aufeinander folgenden Prozesselemente.

2.5.2 Zur Kausalität von Prozesselementen

Bei einem physikalischen Element ist eine eindeutige *Kausalität vorhanden*, wenn eine Ursache als Folge eine bestimmte Wirkung hat, wenn also die Regel gilt:

Wenn < Ursache > Dann <Wirkung>

Betrachtet man als Ursache Potentiale oder Ströme, dann können sie als *eingeprägte Eingangsgrößen* aufgefasst und als Signale dargestellt werden. Eine bestimmte Ausgangsgröße ist bei einem kausalen Element die Funktion einer bestimmten Eingangsgröße

$$x_a = f(x_e)$$

und die Umkehrung gilt dann nicht

$$x_e \neq f^{-1}(x_a).$$

Wenn jedoch auch die Umkehrung gilt, ist eine *eindeutige Kausalität nicht vorhanden*. Ursache und Wirkung können dann nicht angegeben werden.

Bei den verschiedenen Prozesselementen beobachtet man zusammenfassend folgendes Verhalten, wie bereits in den vorausgegangenen Abschnitten diskutiert.

Bei idealen *Quellen* kann man Quellen mit *eingeprägtem Strom* $f = f_0$ (Stromquellen) oder mit eingeprägtem Potential $e = e_0$ (Potentialquellen) unterscheiden. Im ersten Fall ist der Strom f die Ursache und unabhängig vom Potential e und im zweiten Fall ist das Potential e die Ursache und unabhängig vom Strom f. Die sich im Betrieb einstellende Wirkung der jeweils dualen Variablen, das Potential e oder der Strom f, hängen von den angeschlossenen Elementen ab. Da die *eingeprägten Größen* stets die Ursache sind und die Art der Wirkungen bekannt sind, sind Quellen Zweipole mit *eindeutiger Kausalität*. Dies gilt auch für nicht ideale Quellen und steuerbare Quellen.

Bei idealen elektrischen und mechanischen *Energiespeichern* unterscheidet man Potentialspeicher, bei denen das Potential aus der Integration des Stromes folgt, siehe (2.3.31), und Stromspeicher, bei denen der Strom aus der Integration des Potentials folgt, siehe (2.3.34). Bei *Massenspeichern* ergibt sich die gespeicherte Masse aus der Integration des Speicherstroms, (2.3.7), Bild 2.10 und Tabelle 2.7. Bei *Wärmespeichern* (feste Körper und Flüssigkeiten) existiert nur ein Potentialspeicher, bei dem das Potential (Temperatur) durch Integration des gespeicherten Wärmestroms folgt, siehe (2.4.29). Diese Speicher stellen somit Integratoren mit einer eindeutigen Kausalität dar. Die jeweilige Umkehrung würde eine ideale Differentation der gespeicherten Größe als Eingangsgröße voraussetzen, was nicht realisierbar ist.

Bei idealen *Energie-Übertragern* stehen Eingangsstrom f_1 oder Eingangspotential e_1 in einem bestimmten Verhältnis (Übersetzung) zum Ausgangsstrom f_2 oder Ausgangspotential e_2. Diese Beziehungen gelten oft auch umgekehrt. Deshalb sind Energie-Übertrager meist Prozesselemente ohne eindeutige Kausalität.

Bei *Energie-Wandlern* sind die Potentiale und Ströme in unterschiedlicher Form voneinander abhängig. Wenn die Beziehungen auch umgekehrt gelten, sind Energie-Wandler Vierpole ohne eindeutige Kausalität.

Senken sind gekennzeichnet durch eine Abhängigkeit des Stromes f von der Potentialdifferenz e. Da aber auch die Umkehrung gilt, sind Senken in der Regel Zweipole ohne eindeutige Kausalität.

Aus diesen Betrachtungen folgt, dass die Kausalität des Gesamtsystems durch das *Zusammenschalten aller Prozesselemente mit der Quelle* festgelegt wird. Dadurch ergibt sich dann der Signalfluss im Gesamtsystem. Enthalten die Übertragungsglieder *Stellglieder* zur Steuerung eines Potentials oder eines Stromes (wie z.B. bei aktiven Wandlern), dann wird die Kausalität durch die gesteuerte Größe als variable, eingeprägte Größe festgelegt. Dies wird an einem einfachen Beispiel gezeigt.

Beispiel 2.4: Zusammenschaltung einer Quelle mit einer Senke

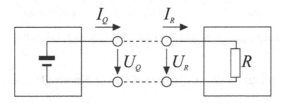

Bild 2.32. Schaltung aus Quelle und Senke

Eine Spannungs- oder Stromquelle wird mit einem Widerstand in Reihe geschaltet. Für den Widerstand gilt dann nach dem Ohmschen Gesetz entweder

$$U_R = R I_R$$

oder

$$I_R = \frac{1}{R} U_R,$$

also keine eindeutige Kausalität.

Für eine *ideale Spannungsquelle* gilt

$$U_Q = U_{Q0} \text{ für alle } I_Q.$$

Die Schaltungsgleichungen lauten

$$U_Q - U_R = 0 \rightarrow U_R = U_Q \text{ (Umlaufgleichung)}$$
$$I_Q - I_R = 0 \rightarrow I_Q = I_R \text{ (Knotengleichung)}.$$

Es folgt für den Strom durch den Widerstand mit der Umlaufgleichung

$$I_{R1} = \frac{1}{R} U_{Q0}.$$

Im Falle der *idealen Stromquelle* gilt

$$I_Q = I_{Q0} \text{ für alle } U_Q$$

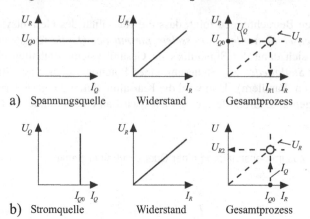

Bild 2.33. Kennlinien der Schaltung nach Bild 2.32: a) Spannungsquelle; b) Stromquelle

und für den Spannungsabfall am Widerstand mit der Knotengleichung

$$U_{R2} = R I_{Q0}.$$

Diese Zusammenhänge sind mit Kennlinien in Bild 2.33 dargestellt.

□

Dieses einfache Beispiel zeigt:

a) Die isoliert betrachtete Senke hat keine eindeutige Kausalität. Es gilt entweder $U_R = f(I_R)$ oder $I_R = f^{-1}(U_R)$.

b) Die Quellen geben durch ihre Eigenschaften als Quellen mit eingeprägter Spannung oder eingeprägtem Strom die Ursache vor. Die Wirkung ist dann entweder ein Strom oder eine Spannung an ihren Klemmen, wenn eine Senke angeschlossen wird. Es liegt also eine eindeutige Kausalität der Quelle vor. Eine Klemmengröße ist aber ohne Kenntnis der Senke in ihrer Größe noch unbekannt.

c) Durch die Verschaltung der Quelle mit der Senke werden die Kausalität der Senke und die unbekannte Klemmengröße der Quelle festgelegt.

d) Die Verschaltung von Quelle und Senke bewirkt somit innerhalb des Gesamtsystems einen eindeutigen Ursache-Wirkungs-Ablauf. Verstellt man z.B. bei einer steuerbaren Spannungsquelle die Spannung um ΔU_{Q0}, dann folgt aus dieser Ursache eine Änderung des Stromes im Stromkreis um $\Delta I_{R1} = \frac{1}{R}\Delta U_{Q0}$ und damit eine eindeutige Signalflussrichtung.

2.6 Analogien zwischen mechanischen und elektrischen Systemen

Die Betrachtung der konstitutiven Gleichungen mit Energieströmen in Abschnitt 2.3.2 hat gezeigt, dass viele Ähnlichkeiten für Quellen, Speicher, Übertrager und Senken existieren, diese jedoch für Wandler weniger stark ausgeprägt sind. Dies trifft besonders für die mechanischen und elektrischen Speicher und Senken zu, die zu den bekannten direkten Analogien zwischen den Signalen und Parameter führt, siehe z.B. Olsen (1958).

Tabelle 2.14 fasst diese mechanisch-elektrischen Analogien zusammen. Ausgehend von den elektrischen Bauelementen, können zwei Fälle von Analogien in Abhängigkeit der gewählten Leistungsvariablen der Zweipole unterschieden werden, entsprechend Tabelle 2.3a) und b).

Tabelle 2.14. Analogien zwischen den mechanischen und elektrischen Bauelementen „Speicher" und „Senken"

Elektrische Bauelemente	Widerstand	Induktivität	Kapazität
	R	L	C
a) Potential-Strom-Darstellung			
$U \mathrel{\hat{=}} F; I \mathrel{\hat{=}} w$	d	m	c
Analogien der Signale	$U_R \mathrel{\hat{=}} F_d$ $I_R \mathrel{\hat{=}} w_d$	$U_L \mathrel{\hat{=}} F_m$ $I_L \mathrel{\hat{=}} w_m$	$U_C \mathrel{\hat{=}} F_c$ $I_C \mathrel{\hat{=}} w_c$
Analogien der Parameter	$R \mathrel{\hat{=}} d$	$m \mathrel{\hat{=}} L$	$C \mathrel{\hat{=}} \frac{1}{c}$
b) Quer-Durch-Darstellung			
$U \mathrel{\hat{=}} w; I \mathrel{\hat{=}} F$	d	c	m
Analogien der Signale	$U_R \mathrel{\hat{=}} w_d$ $I_R \mathrel{\hat{=}} F_d$	$U_L \mathrel{\hat{=}} w_c$ $I_L \mathrel{\hat{=}} F_c$	$U_C \mathrel{\hat{=}} w_m$ $I_C \mathrel{\hat{=}} F_m$
Analogien der Parameter	$R \mathrel{\hat{=}} 1/d$	$L \mathrel{\hat{=}} 1/c$	$C \mathrel{\hat{=}} m$

Die *Potential-Strom-Darstellung* führt zu

- Analogien der Signale: $U \mathrel{\hat{=}} F; I \mathrel{\hat{=}} w$
- Analogien der Parameter: $R \mathrel{\hat{=}} d; L \mathrel{\hat{=}} m; C \mathrel{\hat{=}} 1/c$

Wenn jedoch die *Quer-Durch-Darstellung* verwendet wird, folgen

- Analogien der Signale: $U \mathrel{\hat{=}} w; I \mathrel{\hat{=}} F$
- Analogien der Parameter: $R \mathrel{\hat{=}} 1/d; L \mathrel{\hat{=}} 1/c; C \mathrel{\hat{=}} m$

Somit sind die Analogien zwischen den mechanischen und elektrischen Bauelementen also nicht eindeutig.

Die *Verschaltung* der Elemente führt zu folgenden Übereinstimmungen, siehe Tabelle 2.13

- Parallelschaltung (Knotengleichung)

$$\sum_{i=1}^{n} f_i = 0 \quad \rightarrow \quad \sum_{i=1}^{n} I_i = 0 \quad \hat{=} \quad \sum_{i=1}^{n} F_i = 0$$

- Serienschaltung (Umlaufgleichung)

$$\sum_{i=1}^{n} e_i = 0 \quad \rightarrow \quad \sum_{i=1}^{n} U_i = 0 \quad \hat{=} \quad \sum_{i=1}^{n} w_i = 0.$$

Dies bedeutet:

Es ist die *Quer-Durch-Darstellung zu verwenden, wenn die Parallel- und Serienschaltung für das elektrische und mechanische System dieselbe Topologie haben soll* (Erhaltung der Schaltungsart).

Tabelle 2.15 illustriert dies für ein Feder-Masse-Dämpfer-System mit einer seriellen und parallelen Anordnung von Feder (c) und Dämpfer (d) mit Fußpunktanregung und je einer elektrischen Anordnung mit der entsprechenden Differentialgleichung, einmal mit den Leistungsvariablen nach der Quer-Durch- und einmal nach der Potential-Strom-Darstellung. Hieraus ist zu entnehmen, dass die Quer-Durch-Darstellung bei der seriellen Schaltung von c und d zu einer seriellen Schaltung von L und R führt und bei der parallelen Schaltung von c und d auf eine parallele Schaltung von L und R. Dies bedeutet, dass dann die Schaltungsart dieselbe ist. Im Fall der Potential-Strom-Darstellung führt die serielle Anordnung von c und d zu einer parallelen Struktur von C und R und die parallelen c und d zu seriellen C und R, also zu einer anderen Schaltungsart.

Da die Analogien zwischen mechanischen und elektrischen (und anderen) Systemen nicht eindeutig sind, ist in Bezug auf eine allgemeine Verwendung Vorsicht geboten. Es wird vielmehr empfohlen, die einzelnen Elemente in ihrer physikalischen Originalform zu behandeln.

Da mechatronische Systeme sich im Allgemeinen aus Elementen mehrerer physikalischer Domänen zusammensetzen, ist es wichtig, die Schnittstellen in einer konsistenten Form zu wählen. Deshalb ist die Mehrpol-Darstellung von Abschnitt 2.3.2, zusammengefasst in Tabellen 2.12, in Verbindung mit der Quer-Durch-Darstellung nach Tabelle 2.3b) und den Schaltungsgleichungen nach Tabelle 2.13 eine zweckmäßige Vorgehensweise als Zwischenschritte bei der Modellbildung zusammengesetzter Systeme mit Energieströmen.

2.7 Zusammenfassung

Durch die in diesem Kapitel beschriebene Systematisierung lässt sich eine einheitliche Vorgehensweise bei der Modellbildung von Prozessen mit Energie- und Ma-

Tabelle 2.15. Analogien zwischen mechanischen und elektrischen Bauelementen für Feder-Masse-Dämpfer-Systeme und Induktivität-Kondensator-Widerstand-Systeme (Beispiele)

Mechanische Bauelemente	Elektrische Bauelemente	Analogie der Signale	Analogie der Parameter
$\Delta F_i \rightarrow$ FMD $\Delta F_o = 0$; w_i, w_o	I_i, I_o RLC U_i, U_o		
z_o ; z_i ΔF_i $\frac{m}{c}\ddot{w}_o + \frac{d}{c}\dot{w}_o + w_o = w_i$ $mw_o + d\dot{w}_o = \Delta F_i$ → serielle Verschaltung von c und d	**Quer-Durch-Darstellung** L, $I_o = 0$, U_i, C, R, U_o $LC\ddot{U}_o + \frac{1}{R}\dot{U}_o + U_o = U_i$ $C\dot{U}_o + \frac{1}{R}U_o = I_i$ → L und R seriell	$w \stackrel{\wedge}{=} U$ $F \stackrel{\wedge}{=} I$	$R \stackrel{\wedge}{=} \frac{1}{d}$ $C \stackrel{\wedge}{=} m$ $L \stackrel{\wedge}{=} \frac{1}{c}$
	Potential-Strom-Darstellung I_i, L, R, I_o, U_i, $U_o = 0$, I_i $LC\ddot{I}_o + CR\dot{I}_o + I_o = I_i$ $L\dot{I}_o + RI_o = U_i$ → C und R parallel	$w \stackrel{\wedge}{=} I$ $F \stackrel{\wedge}{=} U$	$R \stackrel{\wedge}{=} d$ $C \stackrel{\wedge}{=} \frac{1}{c}$ $L \stackrel{\wedge}{=} m$
z_o ; z_i ΔF_i $\frac{m}{c}\ddot{w}_o + \frac{d}{c}\dot{w}_o + w_o = \frac{d}{c}\dot{w}_i + w_i$ $m\dot{w}_o = \Delta F_i$ → parallele Verschaltung von c und d	**Quer-Durch-Darstellung** I_i, U_i, R, L, $I_i = 0$, C, U_o $LC\ddot{U}_o + \frac{C}{R}\dot{U}_o + U_o = \frac{C}{R}\dot{U}_i + U_i$ $C\dot{U}_o = I_i$ → L und R parallel	$w \stackrel{\wedge}{=} U$ $F \stackrel{\wedge}{=} I$	$R \stackrel{\wedge}{=} \frac{1}{d}$ $C \stackrel{\wedge}{=} m$ $L \stackrel{\wedge}{=} \frac{1}{c}$
	Potential-Strom-Darstellung I_i, L, I_o, V_i, R, $V_o = 0$, C $LC\ddot{I}_o + RC\dot{I}_o + I_o = RC\dot{I}_i + I_i$ $L\dot{I}_o = U_i$ → C und R seriell	$w \stackrel{\wedge}{=} I$ $F \stackrel{\wedge}{=} U$	$R \stackrel{\wedge}{=} d$ $C \stackrel{\wedge}{=} \frac{1}{c}$ $L \stackrel{\wedge}{=} m$

terieströmen erreichen. Die einzelnen Schritte sind in Tabelle 2.16 zusammengestellt. Zunächst sind die einzelnen Prozesselemente und ihre Schnittstellen festzulegen. Quellen, Senken und Speicher sind in der Regel Zweipole, Übertrager und
Wandler Mehrpole. Dann werden für diese Prozesselemente die Grundgleichungen
aufgestellt. Dabei kann man folgende Gleichungsarten unterscheiden:

- Bilanzgleichungen,
- Konstitutive Gleichungen,
- Phänomenologische Gleichungen.

Die *Bilanzgleichungen* können für Masse und Energie in einer einheitlichen
Form angegeben werden. Besondere Formen ergeben sich für die potentielle und
kinetische mechanische Energie, wenn die entsprechenden Speicher zusammen geschaltet werden, und für die Energiebilanz von Gasen und Dämpfen. Die Bilanzgleichungen sind grundsätzlich linear, liefern im Blockschaltbild eine Additionsstelle
und einen Integrator, Bild 2.13, und sind eine Ursache für das dynamische Verhalten
von Prozessen. Bei mechanischen Systemen mit kinetischer Energie ist es bei einfachen Anordnungen mit wenigen Massenpunkten meist einfacher, nicht die Energiebilanz zu verwenden sondern die daraus durch Differentiation entstehende Impulsbilanz. Bei Mehrmassensystemen mit Zwangskräften durch z.B. Führungen sind jedoch besser die Prinzipien der Mechanik anzuwenden, z.B. die Lagrangeschen Gleichungen 2. Art, siehe Kapitel 3 (welche mit Energien und verallgemeinerten Koordinaten arbeiten). Auch bei einfachen elektrischen Systemen ist es einfacher, anstelle
der Energiebilanzen die speziellen Zustandsgleichungen der Speicher zu nehmen.
Deshalb werden die Bilanzgleichungen in der Regel für folgende Prozesse aufgestellt:

- Materiespeicher
- Thermische Speicher (feste Körper, Flüssigkeiten)
- Thermodynamische Speicher (Gase, Dämpfe)

Die *konstitutiven Gleichungen* der Quellen, Speicher, Übertrager, passiven und aktiven Wandler sind sehr verschieden. Sie können statisches oder dynamisches Verhalten haben und weisen sowohl lineares als auch nichtlineares Verhalten auf. Für die
einzelnen Bauelemente-Klassen können jedoch eine Reihe von allgemeinen Gesetzmäßigkeiten aufgestellt werden, besonders in Form einer Mehrpoldarstellung.

Die *phänomenologischen Gleichungen* für irreversible Prozesse und damit dissipative Vorgänge beschreiben das Verhalten von Senken. Sie können linear oder
nichtlinear sein.

Zu diesen verschiedenen Arten der Grundgleichungen der einzelnen Prozesselemente kommen dann zusätzliche Gleichungen durch die *Verschaltung* bzw. Kopplung. Aufgrund der Kontinuitäts- und Kompatibilitätsbedingungen ergeben sich bei
Parallelschaltungen die Knotengleichungen und bei Serienschaltungen die Umlaufgleichungen für die jeweiligen verschiedenen physikalischen Systeme in einheitli-
cher Form. Sie stellen Superpositionen dar und sind linear. Durch die Verschaltung
der Prozesselemente entsteht in Verbindung mit der Kausalität der Quelle und der
Speicher (und eventuell anderen Komponenten) die Kausalität des Gesamtsystems.

Tabelle 2.16. Prinzipielles Vorgehen bei der Modellbildung von Prozessen mit konzentrierten Parametern

	Schritte der Modellbildung	Ausführung
1	Festlegen der Haupt- und Nebenströme	- Energiestrom
		- Materiestrom
2	Festlegen der Prozesselemente	- Quellen
	Flussschema	- Speicher
	Mehrpolschema	- Übertrager
		- Wandler
		- Senken
3	Grundgleichungen der Prozesselemente	
3.1a	Bilanzgleichungen Speicher	- Massenstrombilanz
	(allgemein)	- Energiestrombilanz
		- Impulsbilanz
3.1b	Bilanzgleichungen Energiespeicher	- Potentielle, kinet. mech. Energie
	(spezielle Energie)	- Prinzipien der Mechanik
		- Elektrische, magnetische Energie
		- Energienbilanz für Gase und Dämpfe
3.2a	Konstitutive Gleichungen bei	- Ströme
	Energieströmen	- Potentialdifferenzen für:
3.2b	Konstitutive Gleichungen für	- Quellen
	Energie- und Materieströme:	- Speicher
	Spezielle Zustandsgleichungen	- Übertrager
		- Wandler (passiv, aktiv)
3.3	Phänomenologische Gleichungen	- Senken (allgemein)
	für irreversible Prozesse	- Mechanische Dissipation
		- Elektrische Dissipation
		- Wärmeaustausch
		- Stoffaustausch
		- Chemische Reaktion
4	Schaltungsgleichungen	- Knotengleichung
		(Kontinuitätsgleichung)
		- Umlaufgleichung
		(Kompatibilitätsgleichung)
5	Festlegen der Eingangs- und Ausgangs-	- Unabhängige Größen (z.B. Stellgrößen)
	größen	- Abhängige Größen
6	Gesamtmodell	- Signalflussbild
		- Ein/Ausgangs-Modell
		- Zustandsgrößen-Modell
		- Linearisierung

Aufgrund dieser einzelnen Gleichungen folgt dann ein Gleichungssystem für den betreffenden Prozess. Hieraus kann dann das Signalflussbild systematisch aufgebaut und es können Zustandsdifferentialgleichungen und Differentialgleichungen für die Ein- und Ausgangsgrößen angegeben werden. Eventuell kann dann eine Linearisierung um den Arbeitspunkt durchgeführt werden. Beispiele hierzu sind in den folgenden Kapiteln zu finden.

Die behandelte Systematisierung und einheitliche Vorgehensweise erlaubt nicht nur die Erkennung vieler Gemeinsamkeiten, sondern ist eine Voraussetzung zur rechnergestützten Modellbildung besonders in objektorientierter Form, mit modernen Softwaretools.

2.8 Aufgaben

1) Entwerfen Sie eine schematische Darstellung eines Fahrzeuges einschließlich Energiestromschema, Mehrpolschema und Mehrpol-Signalflussbild, entsprechend Bild 2.8.

2) Welche Haupt- und Nebenströme gibt es in einem Verbrennungsmotor?

3) Geben Sie die Bilanzgleichungen und konstitutiven Gleichungen an für einen zylindrischen Wassertank in horizontaler Lage, mit Querschnitt $A = 1\,\mathrm{m}^2$ und Flüssigkeitshöhe $h = 2\,\mathrm{m}$, einem Zustromventil über der Flüssigkeitsoberfläche und Ausfluss am Boden. Leiten Sie die Übertragungsfunktion für die Flüssigkeitshöhe als Ausgang und der Position des Einlassventils als Eingang für einen Strom von $0{,}1\,\mathrm{m}^3/\mathrm{s}$ ab.

4) Entwickeln Sie das dynamische Verhalten eines elektrisch betriebenen Fahrzeuges. Die Komponenten sind Batterie, Gleichstrommotor, Getriebe, Achsen, Räder. Folgen Sie den Schritten von den Mehrpol-Schaltbildern über die Grundgleichungen und Eigenschaften entsprechend der Tabellen 2.6 bis 2.12.

5) Welches sind die Unterschiede zwischen konstitutiven und phänomenologischen Gleichungen? Zu welcher Art gehören: Ohmsches Gesetz, Induktionsgesetz, Wärmeleitung, Newtonsche Gesetze?

6) Erstellen Sie mathematische Modelle für das dynamische Verhalten der Temperatur in einem Warmwassertank mit Rührwerk und kaltem Wasserzufluss ($\vartheta_{KW} = 20°\,\mathrm{C}$) von $\dot{m}_{KW} = 0{,}1\,\mathrm{m}^3/\mathrm{s}$, Warmwasserzufluss ($\vartheta_{WW} = 60°\,\mathrm{C}$) von $\dot{m}_{WW} = 0{,}2\,\mathrm{m}^3/\mathrm{s}$, Volumen $V = 1\,\mathrm{m}^3$ für eine Veränderung von $\Delta\dot{m}_{WW} = 0{,}01\,\mathrm{m}^3/\mathrm{s}$. Zeigen Sie die Abhängigkeit von Verstärkung und Zeitkonstante für den Durchfluss. Berücksichtigen Sie alle Schritte vom Multipolschema bis zur Differentialgleichung entsprechend der Tabellen 2.14 bis 2.16.

7) Stellen Sie die Grundgleichungen einer rotierenden Masse mit $m = 5\,\mathrm{kg}$ und $R = 0{,}1\,\mathrm{m}$ auf. Das Antriebsmoment ist $M_1 = 1\,\mathrm{Nm}$ und unabhängig von der Winkelgeschwindigkeit. Das Drehmoment des Widerstandes ist $M_2 = (k_1 + k_2\omega^2)$ mit $k_1 = 0{,}5\,\mathrm{Nm}$ und $k_2 = 0{,}5 \cdot 10^{-4}\,\mathrm{Nms}^2$. Berechnen Sie die linearisierte Differentialgleichung für ΔM_1 als Eingang und $\Delta\omega$ als Ausgang für den Arbeitspunkt und berechnen Sie Verstärkungsfaktor und Zeitkonstante.

8) Ein ungedämpftes Feder-Masse-System schwingt mit 1 kHz. Die Masse beträgt 0,1 g. Berechnen Sie die Federkonstante c. Entwerfen Sie ein elektrisches Spule-Kondensator-System mit derselben Frequenz, indem Sie die Spule eines Lautsprechers mit $L = 3$ mHenry verwenden.

9) Geben Sie die Analogien zwischen einem elektrischen RLC Element und einem mechanischen MDF Element (Masse-Dämpfer-Feder) für die Signale und die Parameter in der Quer-Durch-Darstellung an.

10) Ein hydraulisches System besteht aus einem Ventil mit der Eingangsstellung U_1, Eingangsdruck p_1, einem elastischen Verbindungsrohr mit der Steifigkeit c_2 und dem Druck p_2, einem angeschlossenen Zylinder mit einem Kolben der Oberfläche A_3 und dem Druck $p_3 = p_2$, der auf eine Feder mit der Steifigkeit c_4 wirkt und die am anderen Ende fest eingespannt ist.

Entwickeln Sie ein Schemabild, ein Energiefluss-Schema, ein Mehrpol-Schema, auch mit den Signalflüssen entsprechend Bild 2.8, und leiten Sie die Gleichungen und das Blockschaltbild für das dynamische Verhalten des Systems mit U_1 als Eingangsgröße und der Position der Kolbenstange Z_3 als Ausgang her.

3

Grundgleichungen für die Dynamik mechanischer Systeme mit bewegten Massen

Die Bildung von mathematischen Modellen für mechanische Systeme ist Gegenstand der Mechanik. Ihre Aufstellung im Hinblick auf technische Anwendungen wird in der Technischen Mechanik und Maschinendynamik gelehrt. Dabei kann man das Gebiet wie in Bild 3.1 unterteilen.

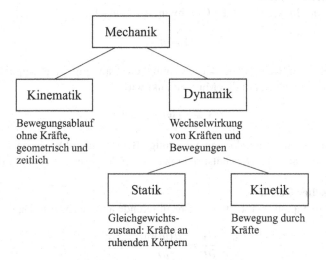

Bild 3.1. Unterteilung der Mechanik

Da die Modellbildung für das dynamische Verhalten bewegter Massen, also die *Kinetik*, für mechatronische Systeme eine zentrale Rolle spielt, wird im Folgenden eine Zusammenfassung der wichtigsten Grundgleichungen gegeben.

Für eine vertiefende Betrachtung sei auf die einschlägigen Lehrbücher der Technischen Mechanik verwiesen, z.B. Hagedorn (1990), Hauger et al. (1989), Pfeiffer (1989), Schiehlen (1986).

Im Folgenden werden zunächst die *Newtonschen Grundgesetze der Kinetik* für den dreidimensionalen Fall angegeben. Sie beschreiben experimentelle Beobachtungen und sind Axiome, da man sie nicht beweisen kann. Andere Formulierungen, den Newtonschen Axiomen aber gleichwertig, sind die *Prinzipien der Mechanik*, von denen das Prinzip von d'Alembert und die Lagrangeschen Gleichungen 2. Art beschrieben werden.

3.1 Newtonsche Grundgesetze der Kinetik

3.1.1 Translation

Es wird nun die translatorische Bewegung eines Massenpunktes betrachtet. Dabei wird angenommen, dass die in Wirklichkeit vorhandene geometrische Ausdehnung eines Körpers keinen Einfluss auf die Bewegung hat, d.h. die Masse m wird in den Massenpunkt konzentriert. Die drei Newtonschen Gesetze (1687) können dann wie folgt aufgrund von Erfahrungen formuliert werden:

1. Newtonsches Gesetz
Der Impuls der Masse m mit der Geschwindigkeit w ist

$$\mathbf{I} = m\,\mathbf{w}, \tag{3.1.1}$$

also ein Vektor in Richtung der Geschwindigkeit. Dann gilt: „Der Impuls $\mathbf{I}$ ist konstant, wenn keine Kraft auf den Massenpunkt wirkt"

$$\mathbf{I} = m\,\mathbf{w} = \text{const.} \tag{3.1.2}$$

Damit führt ein Massenpunkt eine geradlinige Bewegung mit $\mathbf{w} = \text{const}$ aus, solange keine Kraft einwirkt. Dies entspricht dem Trägheitsgesetz von Galilei (1638).

2. Newtonsches Gesetz
Auf den Massenpunkt wirke nun eine resultierende äußere Kraft $\mathbf{F}$. Dann gilt

$$\frac{d\mathbf{I}}{dt} = \frac{d(m\mathbf{w})}{dt} = \mathbf{F}. \tag{3.1.3}$$

„Die zeitliche Ableitung des Impulses ist gleich der auf den Massenpunkt wirkenden Kraft".
Für konstante Masse gilt

$$m\frac{d\mathbf{w}}{dt} = m\,\mathbf{a} = \mathbf{F}. \tag{3.1.4}$$

Die Beschleunigung $\mathbf{a}$ hat dieselbe Richtung wie die Kraft $\mathbf{F}$. Für $\mathbf{F} = \mathbf{0}$ folgt aus (3.1.4) die (3.1.2). Das heißt, das 1. Grundgesetz ist ein Sonderfall des 2. Grundgesetzes.

Das 1. und 2. Grundgesetz gilt für ein ruhendes oder gleichförmig bewegtes Bezugssystem (Inertialsystem). Für viele technische Anwendungen kann die Erde näherungsweise als ruhendes Bezugssystem angenommen werden. (3.1.4) wird auch „Kräftesatz" oder „Impulssatz" genannt.

3. Newtonsches Gesetz

Das Wechselwirkungsgesetz drückt aus, dass es zu jeder Kraft eine entgegengesetzte, gleich große Gegenkraft gibt: „actio = reactio". Dies ermöglicht den Übergang von einem Massenpunkt zu mehreren Massenpunkten, also zu ausgedehnten Körpern.

Wenn die Bewegung des Massenpunktes im Raum nicht behindert wird, wie z.B. bei einer freien Bewegung in Form eines Wurfes, dann hat der Massenpunkt wegen der drei Koordinaten des Raumes *drei Freiheitsgrade*. Wird der Körper gezwungen, sich auf einer bestimmten Fläche oder Kurve zu bewegen, dann hat er noch zwei oder einen Freiheitsgrad. Neben der von der Führung unabhängigen (eingeprägten) Kraft $\mathbf{F}^{(e)}$ treten dann Führungskräfte oder Zwangskräfte $\mathbf{F}^{(z)}$ auf. Diese *Zwangskräfte* sind Reaktionskräfte und *wirken senkrecht zur Bahn*. Das 2. Newtonsche Grundgesetz lautet dann

$$m\,\mathbf{a} = \underset{\substack{\text{eingeprägte} \\ \text{Kräfte}}}{\mathbf{F}^{(e)}} + \underset{\substack{\text{Zwangs-} \\ \text{kräfte}}}{\mathbf{F}^{(z)}}. \tag{3.1.5}$$

3.1.2 Rotation

Für *rotatorische Bewegungen* gelten folgende Grundgleichungen. In einem Koordinatensystem x, y, z mit den Einheitsvektoren $\mathbf{e}_x$, $\mathbf{e}_y$, $\mathbf{e}_z$ greife eine Kraft

$$\mathbf{F} = F_x\,\mathbf{e}_x + F_y\,\mathbf{e}_y + F_z\,\mathbf{e}_z \tag{3.1.6}$$

am Ortsvektor

$$\mathbf{r} = r_x\,\mathbf{e}_x + r_y\,\mathbf{e}_y + r_z\,\mathbf{e}_z \tag{3.1.7}$$

an. Dann wird bezüglich des Koordinatenursprungs der *Momentenvektor*

$$\mathbf{M} = \mathbf{r} \times \mathbf{F} \tag{3.1.8}$$

gebildet, der als *äußeres Produkt* oder *Vektorprodukt* definiert ist. $\mathbf{M}$ steht senkrecht auf der Ebene, die von $\mathbf{r}$ und $\mathbf{F}$ gebildet wird, Bild 3.2. Sein Betrag entspricht der von $\mathbf{r}$ und $\mathbf{F}$ aufgespannten Parallelogrammfläche

$$|\mathbf{M}| = |\mathbf{F}|\,|\mathbf{r}|\sin\varphi \text{ bzw. } M = F\,r\,\sin\varphi. \tag{3.1.9}$$

Für zwei parallele Vektoren ($\varphi = 0$) verschwindet das Vektorprodukt. Für senkrecht aufeinander stehende Vektoren ist $\sin\varphi = 1$. Deshalb gilt für die Einheitsvektoren

$$\begin{aligned}
\mathbf{e}_x \times \mathbf{e}_x &= 0 & \mathbf{e}_x \times \mathbf{e}_y &= \mathbf{e}_z & \mathbf{e}_x \times \mathbf{e}_z &= -\mathbf{e}_y \\
\mathbf{e}_y \times \mathbf{e}_x &= -\mathbf{e}_z & \mathbf{e}_y \times \mathbf{e}_y &= 0 & \mathbf{e}_y \times \mathbf{e}_z &= \mathbf{e}_x \\
\mathbf{e}_z \times \mathbf{e}_x &= \mathbf{e}_y & \mathbf{e}_z \times \mathbf{e}_y &= -\mathbf{e}_x & \mathbf{e}_z \times \mathbf{e}_z &= 0.
\end{aligned} \tag{3.1.10}$$

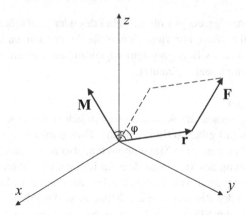

Bild 3.2. Zur Bildung des Momentenvektors

Hiermit folgt

$$\mathbf{M} = \mathbf{r} \times \mathbf{F} = \left(r_y F_z - r_z F_y\right) \mathbf{e}_x + (r_z F_x - r_x F_z) \mathbf{e}_y$$
$$+ \left(r_x F_y - r_y F_x\right) \mathbf{e}_z \qquad (3.1.11)$$
$$= \mathbf{M}_x \mathbf{e}_x + \mathbf{M}_y \mathbf{e}_y + \mathbf{M}_z \mathbf{e}_z.$$

Das Vektorprodukt kann auch in Form einer Determinante angegeben werden

$$\mathbf{M} = \mathbf{r} \times \mathbf{F} = \begin{vmatrix} \mathbf{e}_x & \mathbf{e}_y & \mathbf{e}_z \\ r_x & r_y & r_z \\ F_x & F_y & F_z \end{vmatrix}. \qquad (3.1.12)$$

Bewegt sich ein Massenpunkt auf einer Bahn mit der Geschwindigkeit $\mathbf{w}$ und beschreibt der Ortsvektor $\mathbf{r}$ die Lage zum Koordinatenursprung, siehe Bild 3.3, dann folgt aus (3.1.8) und (3.1.1) das Impulsmoment, das durch das Vektorprodukt

$$\mathbf{L} = \mathbf{r} \times \mathbf{I} = \mathbf{r} \times m\,\mathbf{w} \qquad (3.1.13)$$

beschrieben wird.

Aus dem 2. Newtonschen Gesetz (3.1.3) folgt dann nach Multiplikation mit $\mathbf{r}$ und (3.2.12)

$$\mathbf{r} \times m\frac{d\mathbf{w}}{dt} = \mathbf{r} \times \mathbf{F} = \mathbf{M}. \qquad (3.1.14)$$

Nun gilt nach (3.1.13)

$$\frac{d\mathbf{L}}{dt} = \frac{d}{dt}\,(\mathbf{r} \times m\,\mathbf{w}) = \frac{d\mathbf{r}}{dt} \times m\,\mathbf{w} + \mathbf{r} \times m\frac{d\mathbf{w}}{dt}.$$

Der erste Summand ist Null, da $\mathbf{w} = d\mathbf{r}/dt$ und somit folgt der Momentensatz (Drehimpulssatz, Drallsatz)

$$\frac{d\mathbf{L}}{dt} = \mathbf{M}. \qquad (3.1.15)$$

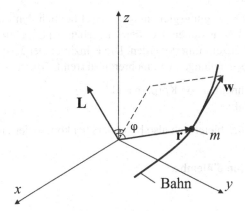

Bild 3.3. Zur Bildung des Impulsmoments

„Die zeitliche Ableitung des Drehimpulses in Bezug auf den raumfesten Koordinatenursprung ist gleich dem Moment der am Massenpunkt angreifenden Kraft". Die aus diesen Grundgesetzen folgenden Beziehungen für einen starren Körper (unendlich viele Massenpunkte) und Translation in einer Richtung und Rotation um eine Achse sind in Tabelle 3.1 zusammengestellt.

Tabelle 3.1. Grundgleichungen für Translation und Rotation

Translation in eine Richtung		Rotation um eine Achse	
s	Weg	φ	Winkel
$w = \dot{s}$	Geschwindigkeit	$\omega = \dot{\varphi}$	Winkelgeschwindigkeit
$a = \dot{w} = \ddot{s}$	Beschleunigung	$\dot{\omega} = \ddot{\varphi}$	Winkelbeschleunigung
m	Masse	Θ	Trägheitsmoment
F	Kraft (in Wegrichtung)	M	Moment um Achse
$I = m\,w$	Impuls	$L = \Theta\omega$	Drehimpuls
$F = m\,a$	Kräftesatz	$M = \Theta\,\dot{\omega}$	Momentensatz
$E_k = m\,w^2/2$	kinetische Energie	$E_k = \Theta\,w^2/2$	kinetische Energie
$W = \int F\,ds$	Arbeit	$W = \int M\,d\varphi$	Arbeit
$P = F\,w$	Leistung	$P = M\omega$	Leistung

3.2 Prinzipien der Mechanik

Bei mechanischen Systemen, die sich aus *mehreren starren Körpern* zusammensetzen, muss man nach den Newtonschen Gesetzen die einzelnen Körper freischneiden und die jeweiligen Bewegungsgleichungen einschließlich den eingeprägten Kräften und Zwangskräften aufstellen. Aus dem entstehenden Gleichungssystem müssen dann die Zwangskräfte eliminiert werden. Die Prinzipien der Mechanik gestatten es nun, die Bewegungsgleichungen von mehreren starren Körpern

- ohne das Freischneiden von Körpern und
- ohne Zwangskräfte

direkt abzuleiten. Dies bietet sich also besonders bei komplizierten Fällen an.

3.2.1 Das Prinzip von d'Alembert

a) Eine Masse

Schreibt man das 2. Newtonsche Gesetz für konstante Masse nach (3.1.4) in der Form

$$\mathbf{F} - m\,\mathbf{a} = \mathbf{0} \tag{3.2.1}$$

an, dann ist

$$\mathbf{F}_T = -m\,\mathbf{a} \tag{3.2.2}$$

eine durch die Beschleunigung entstehende Kraft, die *d'Alembertsche Trägheitskraft* genannt wird. Diese Kraft ist keine Newtonsche Kraft, da keine Gegenkraft vorhanden ist. Deshalb ist sie eine *Scheinkraft*. Damit gilt

$$\mathbf{F} + \mathbf{F}_T = \mathbf{0}. \tag{3.2.3}$$

„Die Summe der angreifenden Kräfte $\mathbf{F}$ und der d'Alembertschen Trägheitskraft $\mathbf{F}_T$ ist somit Null (dynamisches Gleichgewicht)". Beim Freischneiden der Kräfte muss man also die Trägheitskraft $\mathbf{F}_T$ ebenfalls ansetzen.

Beim Aufstellen von Bewegungsgleichungen nach den Newtonschen Gesetzen oder nach d'Alembert muss man stets alle angreifenden Kräfte berücksichtigen. Dies schließt auch die Zwangskräfte ein, die als Führungskräfte bei gebundenen Bewegungen auftreten. Dies wird besonders bei mehreren Massenpunkten umfangreich. d'Alembert hat nun eine Methode angegeben, die die Zwangskräfte nicht enthält.

b) Bahnbewegung mit Zwangskräften

Betrachtet man die gebundene Bewegung *eines Massenpunktes* auf einer vorgegebenen Bahn, dann gilt nach dem Newtonschen Grundgesetz

$$m\,\mathbf{a} = \mathbf{F}^{(e)} + \mathbf{F}^{(z)}.$$
$$\mathbf{F}^{(e)} : \text{eingeprägte Kräfte} \tag{3.2.4}$$
$$\mathbf{F}^{(z)} : \text{Zwangskräfte}$$

Da die Zwangskräfte normal zur Bahn stehen, gilt mit *virtuellen Verschiebungen* δr entlang der Bahn für die *virtuelle Arbeit*

$$\delta W = \left(\mathbf{F}^{(z)}\right)^T \delta \mathbf{r} = 0. \tag{3.2.5}$$

vgl. Bild 3.4. Hierbei sind $\delta \mathbf{r}$ *infinitesimal kleine Verschiebungen, die mit der Bindung des Massenpunktes verträglich sind.* Dabei sei vorausgesetzt, dass keine trockene Reibung auftritt.

Hieraus folgt das *Prinzip von d'Alembert*: „Ein Massenpunkt bewegt sich so, dass die virtuelle Arbeit der Zwangskräfte verschwindet".

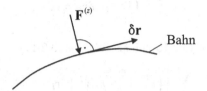

Bild 3.4. Zwangskräfte und virtuelle Verschiebung entlang einer vorgegebenen Bahn

Im zweidimensionalen Fall gilt zum Beispiel

$$\mathbf{F}^T \delta \mathbf{r} = \begin{bmatrix} F_x & F_y \end{bmatrix} \begin{bmatrix} \delta_x \\ \delta_y \end{bmatrix} = F_x \delta_x + F_y \delta_y$$
$$= |\mathbf{F}| \, |\delta \mathbf{r}| \cos \varphi, \tag{3.2.6}$$

wobei φ der Winkel zwischen den Vektoren $\mathbf{F}$ und $\delta \mathbf{r}$ ist. Dies wird auch *Skalarprodukt* oder *inneres Produkt* genannt.

Setzt man (3.2.4) in (3.2.5) ein, so gilt für die Summe der virtuellen Arbeiten eines Massenpunktes nach Multiplikation mit (-1)

$$\left[\left(\mathbf{F}^{(e)}\right)^T - m \, \mathbf{a}^T \right] \delta \mathbf{r} = 0. \tag{3.2.7}$$

Hierbei können die virtuellen Arbeiten durch eingeprägte Kräfte und Trägheitskräfte

$$\left. \begin{aligned} \delta W &= \left(\mathbf{F}^{(e)}\right)^T \delta \mathbf{r} \\ \delta W_T &= \mathbf{F}_T^T \delta \mathbf{r} = -m \, \mathbf{a}^T \delta \mathbf{r} \end{aligned} \right\} \tag{3.2.8}$$

eingeführt werden. Dann gilt

$$\delta W + \delta W_T = 0. \tag{3.2.9}$$

Damit lautet das *Prinzip der virtuellen Arbeit*: „Ein Massenpunkt bewegt sich so, dass bei einer virtuellen Verschiebung die Summe der virtuellen Arbeiten der eingeprägten Kräfte und der d'Alembertschen Trägheitskraft zu jedem Zeitpunkt verschwindet".

Man beachte, dass in (3.2.9) die Zwangskräfte nicht mehr enthalten sind.

c) Mehrere Massen mit starrer Bindung und Zwangskräften

Bei einem System von *mehreren Massenpunkten* mit starren Bindungen gilt, vgl. Bild 3.5

$$m_i \ddot{\mathbf{r}}_i = \mathbf{F}_i^{(e)} + \mathbf{F}_i^{(z)} \qquad i = 1, \dots, n. \tag{3.2.10}$$

Bei einer virtuellen Verschiebung verschwindet wiederum die virtuelle Arbeit der Zwangskräfte, vgl. (3.2.5),

$$\sum_i \left(\mathbf{F}_i^{(z)} \right)^T \delta \mathbf{r}_i = 0. \tag{3.2.11}$$

Nach Multiplikation von (3.2.10) mit $\delta \mathbf{r}_i$ folgt mit (3.2.11)

$$\sum_i \left[\left(\mathbf{F}_i^{(z)} \right)^T - m_i \ddot{\mathbf{r}}_i^T \right] \delta \mathbf{r}_i = 0$$

$$\underbrace{\sum_i \left(\mathbf{F}_i^{(z)} \right)^T \delta \mathbf{r}_i}_{\delta W} + \underbrace{\sum_i m_i \ddot{\mathbf{r}}_i^T \delta \mathbf{r}_i}_{\delta W_T} = 0 \tag{3.2.12}$$

$$\delta W \quad + \quad \delta W_T \quad = 0.$$

Das Prinzip der virtuellen Arbeiten nach (3.2.9) gilt somit auch für ein *System von Massenpunkten mit starren Bindungen*, also für *starre Körper*. Die Zahl der virtuellen Verschiebungen ist dabei gleich der Zahl der Freiheitsgrade und gleich der Zahl der entstehenden Bewegungsgleichungen.

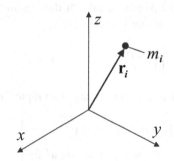

Bild 3.5. Masse m_i mit Ortsvektor $\mathbf{r}_i$

3.2.2 Lagrangesche Gleichungen 2. Art

a) Mehrere Massen mit starrer Bindung

Bei *Massenpunktsystemen* wird der Umfang der nach den Newtonschen Gesetzen aufgestellten Gleichungen groß. Durch die Wahl von

- besonderen Koordinaten und
- Umformungen des Prinzips der virtuellen Arbeiten

kann das Aufstellen der Bewegungsgleichungen dann vereinfacht werden. Hierzu sei im Folgenden angenommen, dass die *Bindungen der Massenpunkte starr* sind.

Die Lage der n Massen eines *Systems von Massenpunkten* kann durch die Ortsvektoren $\mathbf{r}_i$, $i = 1, \ldots, n$ beschrieben werden. Nun werden f *verallgemeinerte Koordinaten* q_j, $j = 1, \ldots, f$ eingeführt mit der Beziehung

$$\mathbf{r}_i = \mathbf{r}_i\,(q_1, \ldots, q_j, \ldots, q_f). \tag{3.2.13}$$

Wie beim Prinzip von d'Alembert werden virtuelle Verschiebungen $\delta\mathbf{r}_i$ der Ortsvektoren und δq_j der verallgemeinerten Koordinaten angenommen. Dann folgt für den virtuellen Verschiebevektor das totale Differential

$$\delta\mathbf{r}_i = \frac{\partial \mathbf{r}_i}{\partial q_1}\delta q_1 + \ldots + \frac{\partial \mathbf{r}_i}{\partial q_f}\delta q_f = \sum_j \frac{\partial \mathbf{r}_i}{\partial q_j}\delta q_j. \tag{3.2.14}$$

Setzt man dies in (3.2.12) für die virtuellen Arbeiten (nach Wegfall der Zwangskräfte) ein, gilt für die n Massenpunkte mit starren Bindungen

$$\sum_i \left[\left(\left(\mathbf{F}_i^{(e)}\right)^T m_i\,\ddot{\mathbf{r}}_i^T \right) \left(\sum_j \frac{\partial \mathbf{r}_i}{\partial q_j}\delta q_j \right) \right] = 0. \tag{3.2.15}$$

Dies ist also die Summe der virtuellen Arbeiten für n Massenpunkte in Abhängigkeit der Verschiebung mit verallgemeinerten Koordinaten q_j. Ausmultiplizieren liefert

$$\sum_i \left(\mathbf{F}_i^{(e)}\right)^T \left(\sum_j \frac{\partial \mathbf{r}_i}{\partial q_j}\delta q_j \right) - \sum_i m_i\,\ddot{\mathbf{r}}_i^T \left(\sum_j \frac{\partial \mathbf{r}_i}{\partial q_j}\delta q_j \right) = 0. \tag{3.2.16}$$

Nach Vertauschen der Reihenfolge der Summation gilt für die Summe der virtuellen Arbeiten

$$\sum_j \sum_i \left(\mathbf{F}_i^{(e)}\right)^T \frac{\partial \mathbf{r}_i}{\partial q_j}\delta q_j - \sum_j \sum_i m_i\,\ddot{\mathbf{r}}_i^T \frac{\partial \mathbf{r}_i}{\partial q_j}\delta q_j = 0. \tag{3.2.17}$$

Nun gilt

$$\frac{d}{dt}\left[m_i\,\dot{\mathbf{r}}_i^T \frac{\partial \mathbf{r}_i}{\partial q_j} \right] = m_i\,\ddot{\mathbf{r}}_i^T \frac{\partial \mathbf{r}_i}{\partial q_j} + m_i\,\dot{\mathbf{r}}_i^T \frac{\partial \dot{\mathbf{r}}_i}{\partial q_j}.$$

Durch Umstellen folgt hieraus für den zweiten Term in (3.2.17)

$$m_i\,\ddot{\mathbf{r}}_i^T \frac{\partial \mathbf{r}_i}{\partial q_j} = \frac{d}{dt}\left[m_i\,\dot{\mathbf{r}}_i^T \frac{\partial \mathbf{r}_i}{\partial q_j} \right] - m_i\,\dot{\mathbf{r}}_i^T \frac{\partial \dot{\mathbf{r}}_i}{\partial q_j}. \tag{3.2.18}$$

Aus (3.1.13), (3.1.14) folgt

$$\dot{\mathbf{r}}_i = \frac{\delta \mathbf{r}_i}{dt} = \sum_j \frac{\partial \mathbf{r}_i}{\partial q_j} \frac{\partial q_j}{\partial t} = \sum_j \frac{\partial \mathbf{r}_i}{\partial q_j} \dot{q}_j. \tag{3.2.19}$$

Differenziert man dies nach $\dot{q}_j$, dann ergibt sich nur ein Term der Summe

$$\frac{\partial \dot{\mathbf{r}}_i}{\partial \dot{q}_j} = \frac{\partial \mathbf{r}_i}{\partial q_j}. \tag{3.2.20}$$

Aus (3.2.18) wird dann für eine Masse

$$m_i \ddot{\mathbf{r}}_i^T \frac{\partial \mathbf{r}_i}{\partial q_j} = \frac{d}{dt} \left[m_i \dot{\mathbf{r}}_i^T \frac{\partial \mathbf{r}_i}{\partial q_j} \right] - m_i \dot{\mathbf{r}}_i^T \frac{\partial \dot{\mathbf{r}}_i}{\partial q_j}$$

$$= \frac{d}{dt} \left[\frac{\partial}{\partial \dot{q}_j} \left(\frac{1}{2} m_i \dot{\mathbf{r}}_i^T \dot{\mathbf{r}}_i \right) \right] - \frac{\partial}{\partial q_j} \left(\frac{1}{2} m_i \dot{\mathbf{r}}_i^T \dot{\mathbf{r}}_i \right), \tag{3.2.21}$$

da z.B. mit

$$r_i^T = [r_{i1}, r_{i2} \ldots]$$

für den ersten Term gilt:

$$\frac{\partial}{\partial \dot{q}_j} \left(\frac{1}{2} m_i \dot{\mathbf{r}}_i^T \dot{\mathbf{r}}_i \right) = \frac{\partial}{\partial \dot{q}_j} \left(\frac{1}{2} m_i \left(\dot{r}_{i1}^2 + \dot{r}_{i2}^2 + \ldots \right) \right)$$

$$= m_i \left(\dot{r}_{i1} \frac{\partial \dot{r}_{i1}}{\partial \dot{q}_j} + \dot{r}_{i2} \frac{\partial \dot{r}_{i2}}{\partial \dot{q}_j} + \ldots \right)$$

$$= m_i \dot{\mathbf{r}}_i^T \frac{\partial \dot{\mathbf{r}}_i}{\partial \dot{q}_j}$$

und entsprechend für den zweiten Term.

Für die kinetische Energie gilt bei n Massen m_i

$$E_k = \sum_i \left(\frac{1}{2} m_i \dot{\mathbf{r}}_i^T \dot{\mathbf{r}}_i \right). \tag{3.2.22}$$

Hiermit folgt für (3.2.21)

$$\sum_i m_i \ddot{\mathbf{r}}_i^T \frac{\partial \mathbf{r}_i}{\partial q_j} = \frac{d}{dt} \frac{\partial E_k}{\partial \dot{q}_j} - \frac{\partial E_k}{\partial q_j}. \tag{3.2.23}$$

Führt man die *verallgemeinerten eingeprägten Kräfte* in j-Richtung

$$Q_i = \sum_i \left(\mathbf{F}_i^{(e)} \right)^T \frac{\partial \mathbf{r}_i}{\partial q_j} \tag{3.2.24}$$

ein, dann folgt aus (3.2.17) mit (3.2.23) für die Summe der virtuellen Arbeiten bei n Massen für alle Verschiebungen δq_j

$$\sum_j \left[Q_j - \frac{d}{dt} \left(\frac{\partial E_k}{\partial \dot{q}_j} \right) + \frac{\partial E_k}{\partial q_j} \right] \delta q_j = 0. \tag{3.2.25}$$

Die verallgemeinerten Koordinaten q_j sind unabhängig voneinander und somit auch deren Verschiebungen δq_j. Deshalb muss in der Summe jeder Summand verschwinden

$$\frac{d}{dt}\left(\frac{\partial E_k}{\partial \dot{q}_j}\right) - \frac{\partial E_k}{\partial q_j} = Q_j \qquad j = 1, \ldots, f. \tag{3.2.26}$$

Dies sind die *Lagrangeschen Gleichungen 2. Art*. Man erhält sie also über die *kinetische Energie* der Massenpunkte. Bei f verallgemeinerten Koordinaten entstehen f Gleichungen. Für die Newtonschen Grundgesetze würden sich $3n$ Bewegungsgleichungen und r Zwangsbedingungen ergeben, also $3n + r$ Gleichungen. Die Lagrangeschen Gleichungen 2. Art liefern also dann weniger Gleichungen wenn $r > 0$ ist, da

$$f = 3n - r < 3n + r \qquad r \neq 0.$$

Nun wird die *virtuelle Arbeit der eingeprägten Kräfte* $\mathbf{F}_i^{(e)}$ betrachtet, siehe (3.2.8) bzw. (3.2.12)

$$\delta W = \sum_i \left(\mathbf{F}_i^{(e)}\right)^T. \tag{3.2.27}$$

Aus dem totalen Differential für die Verschiebung $\delta \mathbf{r}_i$, (3.2.14), folgt

$$\begin{aligned}
\delta W &= \sum_i \left(\mathbf{F}_i^{(e)}\right)^T \left(\sum_j \frac{\partial \mathbf{r}_i}{\partial q_j} \delta q_j\right) \\
&= \sum_j \underbrace{\sum_i \left(\mathbf{F}_i^{(e)}\right)^T \frac{\partial \mathbf{r}_i}{\partial q_j}}_{Q_j} \delta q_j \\
&= \sum_j Q_j \delta q_j.
\end{aligned} \tag{3.2.28}$$

Die virtuelle Arbeit δW der eingeprägten Kräfte $\mathbf{F}_i^{(e)}$ kann somit auch durch die verallgemeinerten Kräfte Q_j und die virtuellen Verschiebungen δq_j beschrieben werden.

b) Eingeprägte Kräfte mit Potential

Die Lagrangeschen Gleichungen lassen sich vereinfachen, wenn die eingeprägten Kräfte $\mathbf{F}_i^{(e)}$ ein *Potential* E_p besitzen. Dann gilt

$$\delta W = -\delta E_p, \tag{3.2.29}$$

da die virtuelle Arbeit δW durch Abbau des Potentials δE_p geleistet wird. Für die virtuelle Änderung δE_p der potentiellen Energie gilt

$$\delta E_p(q_j) = \frac{\partial E_p}{\partial q_1} \delta q_1 + \ldots + \frac{\partial E_p}{\partial q_f} \delta q_f = \sum_j \frac{\partial E_p}{\partial q_j} \delta q_j. \tag{3.2.30}$$

Aus (3.2.29) folgt mit (3.2.28) und (3.2.30)

$$Q_j = -\frac{\partial E_p}{\partial q_j}.$$

Setzt man dies in (3.2.26) ein, dann wird

$$\frac{d}{dt}\left(\frac{\partial E_k}{\partial \dot{q}_j}\right) - \frac{\partial E_k}{\partial q_j} + \frac{\partial E_p}{\partial q_j} = 0. \tag{3.2.31}$$

Nun wird die Lagrangesche Funktion L als Differenz von kinetischer und potentieller Energie eingeführt

$$L = E_k - E_p. \tag{3.2.32}$$

Die potentielle Energie hängt dabei nicht von $\dot{q}_j$ ab

$$\frac{\partial E_p}{\partial \dot{q}_j} = 0. \tag{3.2.33}$$

Damit wird aus (3.2.31)

$$\frac{d}{dt}\left(\frac{\partial L}{\partial \dot{q}_j}\right) - \frac{\partial L}{\partial q_j} = 0 \qquad j = 1, \ldots, f. \tag{3.2.34}$$

Dies ist die *Lagrangesche Gleichung zweiter Art für konservative Systeme* mit Potential E_p. Zum Aufstellen der Bewegungsgleichung muss man also nur für *jede verallgemeinerte Koordinate j* die *kinetische* und *potentielle Energie* aufstellen und differenzieren. Die für Systeme von Massenpunkten abgeleiteten Gleichungen gelten auch für starre Körper. Die Lagrangeschen Gleichungen lassen sich mit entsprechenden Analogien auch für elektrische und elektromechanische Systeme aufstellen, Wells (1967), MacFarlane (1970).

c) Eingeprägte Kräfte mit und ohne Potential

Wirken zusätzlich zu den eingeprägten Kräften $\mathbf{F}_i^{(e)}$ mit Potential E_p eingeprägte Kräfte $\mathbf{F}_{ia}^{(e)}$ ohne Potential auf die Massen m_i, dann gilt entsprechend (3.2.26)

$$\frac{d}{dt}\left(\frac{\partial L}{\partial \dot{q}_j}\right) - \frac{\partial L}{\partial q_j} = Q_{ja} \qquad j = 1, \cdots, f \tag{3.2.35}$$

mit den verallgemeinerten Kräften ohne Potential in j-Richtung entsprechend (3.2.24)

$$Q_{ja} = \sum_i \left(\mathbf{F}_{ia}^{(e)}\right)^T \frac{\partial \mathbf{r}_i}{\partial q_j}.$$

Über weitere Prinzipien der Mechanik, wie z.B. das *Prinzip von Jourdain*, das von virtuellen Leistungen ausgeht, oder das *Hamiltonsche Prinzip*, das die Summe der kinetischen und potentiellen Energie verwendet, sehe man z.B. in Pfeiffer (1989), Schiehlen (1986) nach.

Beispiel 3.1:

Um den Zusammenhang zwischen den Newtonschen Gesetzen und den Lagrange-schen Gleichungen 2. Art zu zeigen, werde ein sehr einfaches Beispiel betrachtet, ein Masse-Feder-Dämpfer-Längsschwinger entsprechend Bild 4.9a) mit Masse m, Federkonstante c und Dämpfungsfaktor d.

Nach dem 2. Newtonschen Gesetz (3.1.4) gilt dann

$$m\frac{d\dot{Z}(t)}{dt} = F_e(t) + F_c(t) + F_d(t) + F_g$$

und somit, siehe Abschnitt 4.5.1,

$$m\ddot{Z}(t) + d\dot{Z}_a(t) + cZ_a(t) = F_e(t) + mg.$$

Hierbei sind die Federkraft $F_c = -cZ$ und die Gewichtskraft $F_g = -mg$ einge-prägte Kräfte, vgl. (2.4.7), mit den potentiellen Energien

$$E_{pc} = \frac{1}{2}cZ^2 \quad \text{und} \quad E_{pg} = mg\,Z$$

und F_e und $F_d = -d\dot{Z}$ eingeprägte Kräfte ohne Potential. Für die kinetische Ener-gie gilt

$$E_k = \frac{1}{2}m\dot{Z}^2.$$

Zur Anwendung der Lagrangeschen Gleichung 2. Art wird $q_j = Z$ und $r_i = q_j = Z$ gesetzt, so dass sich (3.2.35) reduziert auf

$$\frac{d}{dt}\left(\frac{\partial L}{\partial \dot{Z}}\right) - \frac{\partial L}{\partial Z} = F_e + F_d.$$

Die Ableitungen der Lagrangeschen Funktion sind

$$\frac{\partial L}{\partial \dot{Z}} = \frac{\partial E_k}{\partial \dot{Z}} - \frac{\partial E_p}{\partial \dot{Z}} = m\dot{Z} - 0$$

$$\frac{\partial L}{\partial Z} = \frac{\partial E_k}{\partial Z} - \frac{\partial E_p}{\partial Z} = 0 + cZ + mg$$

und somit wird

$$m\ddot{Z}(t) + cZ(t) + mg = F_e - d\dot{Z}$$
$$m\ddot{Z}(t) + d\dot{Z}(t) + cZ(t) = F_e - mg.$$

Dieses sehr einfache Beispiel zeigt, wie die einzelnen Kräfte der Bewegungsdiffe-rentialgleichung aus der kinetischen Energie der Masse, den potentiellen Energien der Feder und der Gravitation und den weiteren eingeprägten Kräften der externen Kraft und der Dämpfungskraft durch Ableitungen nach der Geschwindigkeit und Weg gewonnen werden.

□

Eine Anwendung der Lagrangeschen Gleichungen 2. Art wird in Isermann (2005) für die Modellbildung eines Roboters gezeigt.

3.3 Aufgaben

1) Leiten Sie die Gleichungen eines Drehschwingers ab, welcher aus zwei schwingenden Massen besteht, siehe Bild 4.25. Wenden Sie die Lagrangeschen Gleichungen an.

2) Zwei Massen m_1 und m_2 sind durch eine lineare Feder (c_1) und einen linearen Dämpfer (d_1) verbunden (Bremszylinder). Masse m_2 ist durch eine weitere lineare Feder (c_2) und Dämpfer (d_2) mit einer Wand verbunden. Leiten Sie die Gleichungen der Positionen $z_1(t)$ und $z_2(t)$ für die Massen her, wenn die Kraft $F_1(t)$ auf Masse m_1 wirkt. Verwenden Sie die Lagrangeschen Gleichungen.

3) Ein Roboterarm der Länge $l = 1$ m trägt eine Last von $m = 100$ kg mit einem Winkel von $\varphi_1 = 30°$ zur horizontalen Achse. Leiten Sie die Gleichungen der Bewegung mit dem Drehmoment $M_1(t)$ als Eingangs- und $\varphi_1(t)$ als Ausgangssignal her. Linearisieren Sie die Gleichungen um den Arbeitspunkt (Masse und Dämpfung des Roboterarmes sind vernachlässigbar).

4) Ein invertiertes Pendel mit der Masse m_2 wurde auf einen Wagen der Masse m_2 montiert. Eine eingeprägte Kraft $F_1(t)$ wirkt auf den Wagen. Leiten Sie die Gleichungen für den Weg $z(t)$ und den Winkel $\varphi(t)$ des Pendels mit den Lagrangeschen Gleichungen her. Die Reibung kann vernachlässigt werden.

5) Ein Wagen der Masse m_1 ist durch eine lineare Feder $F = cx$ mit einer Wand verbunden. Dämpfung und Reibung können vernachlässigt werden. Der Wagen trägt ein Pendel der Masse m_2, der Länge l und dem Winkel φ. Leiten Sie die Gleichungen der Bewegung für x und φ her. Verwenden Sie die Lagrangeschen Gleichungen. Überprüfen Sie die Gleichungen für die besonderen Fälle $l = 0$ und $x = 0$.

6) Eine Masse m folgt unter dem Einfluss der Schwerkraft einer parabolischen Trajektorie $y = cx^2$. Leiten Sie die Gleichungen der Bewegung für $x(t)$ unter Verwendung der Lagrangeschen Gleichungen ab.

7) Ein Pendel besteht aus einer linearen Feder und einer Masse m resultierend in einer Bewegung der Länge $l(t)$ und des Winkels $\varphi(t)$. Die Länge der nicht ausgelenkten Feder ist l_0. Leiten Sie die Gleichungen der Bewegung für $\varphi(t)$ und $l(t)$ ab. Überprüfen Sie die Gleichungen für $\varphi = 0$ und den Fall, dass die Feder ein Stab der Länge l_0 wird.

Modelle mechanischer und elektrischer Komponenten und Maschinen

4

Modelle mechanischer Komponenten

Mechanische Systeme, Maschinen und Geräte bestehen in der Regel aus

- Massen (Punktmassen, starre Körper),
- Verbindungselementen (Stäbe, Balken, Federn, Riemen, Dämpfer),
- Maschinenelementen (Lager, Getriebe, Führungen, Zylinder mit Kolben).

Im Folgenden werden die mathematischen Modelle für häufig vorkommende Bauelemente aufgestellt. Die Modellbildung soll exemplarisch erfolgen und es wird im Prinzip gezeigt, wie die für die Gestaltung mechatronischer Systeme wichtigen mathematischen Modelle der Elemente im Hinblick auf das dynamische Verhalten mechanischer Gesamtsysteme aufgebaut werden. Für eine vertiefte Betrachtung sei auf Bücher der Technischen Mechanik und Maschinendynamik verwiesen, wie z.B. Krämer (1984), Bremer (1988), Paul (1989), Pfeiffer (1989), Jensen (1991), Sneck (1991), Bremer und Pfeiffer (1993), Smith (1994), Meriam und Kraige (1982), Kessel und Fröhling (1998), Kutz (1998), Walsh (1999), Dresig et al. (2006).

Das *prinzipielle Vorgehen* bei der Modellbildung von mechanischen Bauelementen (dieses Kapitel) und von Maschinen (Kapitel 6) erfolgt dabei nach den Angaben in Kapitel 2 und 3.

Um die prinzipielle Anordnung und Kopplung der Bauelemente darzustellen, ist zunächst die Aufstellung von Ersatzschaltbildern und von Mehrpolschaltbildern zweckmäßig. Dann sind die Grundgleichungen der Bauelemente und ihre Schaltungsgleichungen aufzustellen. Hieraus ergibt sich ein System von Differentialgleichungen. Nach Festlegung der Ein- und Ausgangsgrößen können dann Vektordifferentialgleichungen oder Übertragungsfunktionen gebildet werden.

4.1 Stäbe

Als Beispiele für Stäbe werden der Zugstab und der Torsionsstab betrachtet. Stabförmige Gebilde findet man als Träger, Rohre oder Wellen. Sie sind dadurch gekennzeichnet, dass die Querabmessungen klein sind im Vergleich zu den Längsabmessungen und dass die Verbindungslinie der Flächenschwerpunkte aller Stabquerschnitte eine Gerade ist. Je nach Belastung unterscheidet man Zug-, Druck- oder Torionsstab oder Balkenbiegung.

Es sei nun angenommen, dass ein *Zugstab* auf einer Seite fest eingespannt ist, Bild 4.1a). Dann bewirkt eine Zugkraft F eine Längenänderung Δl. Ein Element der Länge dz und der Fläche $A(z)$ werde um dl ausgelenkt. Dann gilt entsprechend dem Hookeschen Gesetz Proportionalität zwischen Kraft F und Dehnung ϵ

$$\epsilon = \frac{dl}{dz} = \frac{F}{EA}. \tag{4.1.1}$$

Hierbei sind

A Querschnittsfläche,
E Elastizitätsmodul [N/m^2].

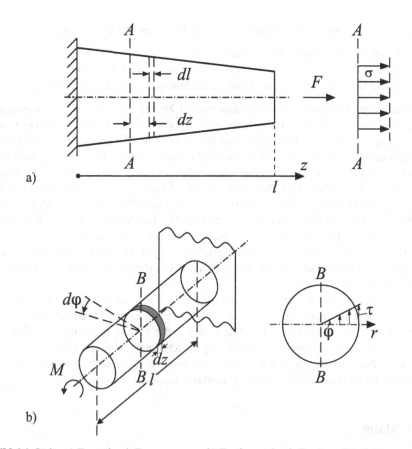

Bild 4.1. Stäbe: a) Zugstab mit Zuspannung σ; b) Torsionsstab mit Torsions-Schubspannung τ

Mit der Zugspannung

$$\sigma = \frac{F}{A} \qquad (4.1.2)$$

wird die Längsdehnung

$$\epsilon = \frac{1}{E}\,\sigma. \qquad (4.1.3)$$

Die Längenänderung des Stabes wird

$$\Delta l = \int_0^l dl = \int_0^l \epsilon\,dz = F \int_0^l \frac{1}{EA(z)}\,dz. \qquad (4.1.4)$$

Hieraus folgt mit $A(z)$=const

$$\Delta l = \frac{F}{EA}\,l. \qquad (4.1.5)$$

Man bezeichnet als *Nachgiebigkeit*

$$h = \frac{\Delta l}{F} = \int_0^l \frac{1}{EA(z)}\,dz \ \ [m/N] \qquad (4.1.6)$$

und als *Steifigkeit* („Federkonstante").

$$c = \frac{1}{h} = \frac{F}{\Delta l} \ \ [N/m]. \qquad (4.1.7)$$

Wenn E=const und A=const gilt

$$h = \frac{l}{EA} \quad \text{und} \quad c = \frac{EA}{l}. \qquad (4.1.8)$$

Nun wird ein einseitig fest eingespannter *Torsionsstab* betrachtet, Bild 4.1b). Ein aufgebrachtes Drehmoment M bewirkt am freien Ende eine Drehwinkeländerung $\Delta\varphi$. Dabei treten in allen Querschnitten Schubspannungen τ auf, die proportional zum Radius sind. Entsprechend dem Hooke'schen Gesetz für Torsion eines Stabes der Länge l und dem Drehwinkel φ Bild 4.1b), gilt

$$\tau = \frac{G}{l}\varphi\,r. \qquad (4.1.9)$$

Für einen Ringquerschnitt mit Radius r, Breite dr und der Fläche $dA = 2\pi r dr$ wird das Drehmoment

$$dM = \tau\,dA\,r = \tau\,2\pi r^2 dr.$$

Einsetzen von (4.1.9) ergibt

$$dM = \frac{G}{l}\varphi\,2\pi r^3 dr.$$

Somit folgt für das Torisonsdrehmoment eines Rundstabes

$$M = \frac{G}{l}\varphi\,2\pi \int_0^R r^3 dr = \frac{GI}{l}\varphi \qquad (4.1.10)$$

mit

G Schubmodul,
I Torsionsflächenmoment $I = \int r^2 \, dA = 2\pi \int r^3 dr$.

Für infinitesimal kleine Änderungen gilt

$$\frac{d\varphi}{dz} = \frac{M}{GI}$$

Dies entspricht der Gleichung für den Zugstab (4.1.1). Aus (4.1.10) folgt für den Verdrehwinkel des Torsionsstabes der Länge l

$$\Delta\varphi = \frac{M}{GI}\, l. \tag{4.1.11}$$

Man bezeichnet als *Torsionsnachgiebigkeit*

$$h_T = \frac{\Delta\varphi}{M} = \int_0^l \frac{1}{G\,I(z)}\, dz \tag{4.1.12}$$

und als *Torsionssteifigkeit*

$$c_T = \frac{M}{\Delta\varphi} = \frac{1}{h_T}. \tag{4.1.13}$$

Wenn G=const und I=const gilt

$$h_T = \frac{l}{GI} \quad \text{und} \quad c_T = \frac{GI}{l} \tag{4.1.14}$$

4.2 Federn

Federn werden zum Aufnehmen, Speichern und Abgeben mechanischer Energie eingesetzt. Damit lassen sich Stöße und schwingende Belastungen verkleinern und Kräfte oder Momente erzeugen. Man unterscheidet:

- Metallfedern für Zug-, Druck-, Biege-, Drehbeanspruchung,
- Gasfedern,
- Gummifedern.

Bei kleinen Auslenkungen verhalten sich viele Federn linear. Dann folgt aus den Grundgleichungen des Zugstabes für Kraftänderungen dF und Längenänderungen dz

$$\text{Federsteifigkeit}: \quad c = \frac{dF}{dz} \tag{4.2.1}$$

$$\text{Nachgiebigkeit}: \quad h = \frac{1}{c} \tag{4.2.2}$$

$$\text{Formänderungsarbeit}: \quad W = \int F \, dz \tag{4.2.3}$$

$$\text{Parallelschaltung}: \quad F_{ges} = \sum_i F_i = F \sum_i c_i$$

$$c_{ges} = \sum_i c_i \tag{4.2.4}$$

$$\text{Hintereinanderschaltung}: \quad z_{ges} = \sum_i z_i = F \sum_i \frac{1}{c_i}$$

$$h_{ges} = \frac{1}{c_{ges}} = \sum_i \frac{1}{c_i} = \sum_i h_i. \tag{4.2.5}$$

Eine *Schraubenfeder* nach Bild 4.2a) nimmt mechanische Energie durch Torsions-verformung auf. Deshalb ist der eingespannte Torsionsstab Grundlage für die Bildung von Kennwerten. Für n Windungen gilt

$$\text{Längssteifigkeit}: \quad c_T = \frac{dM}{d\varphi} = \frac{GI}{l} = \frac{Gd^4}{32 \, Dn} \tag{4.2.6}$$

$$c = \frac{dF}{dl} = \frac{Gd^4}{8 \, D^3 n}. \tag{4.2.7}$$

Bei Beanspruchung Δx quer zur Längenänderung Δl wirkt die

$$\text{Quersteifigkeit}: \quad c = \frac{\Delta F_q}{\Delta x}, \tag{4.2.8}$$

siehe z.B. Krämer (1984). Sie ist umso größer, je kleiner l/D.

Eine *Gasfeder* nimmt mechanische Energie durch Kompression eines Gases auf. Mit p als dem absoluten Druck und V dem Gasvolumen gilt die polytrope Zustandsgleichung

$$pV^n = k' = \text{const} \tag{4.2.9}$$

mit $n = 1$ für isotherme (T=const) und $n = 1{,}4$ für adiabatische Zustandsänderungen (kein Wärmeaustausch mit Umgebung) und zweiatomige Gase. Für eine Gasfeder nach Bild 4.2b), bei der eine externe Kraft F das Gasvolumen $V = Az$ durch die Bewegung eines Kolbens mit der Fläche A und der Position z verändert, gilt bei einem Innendruck p_i und einem Außendruck p_a

$$F = -(p_i - p_a)A = -k'A^{1-n}z^{-n} + p_a A. \tag{4.2.10}$$

Ein kraftloser Zustand werde mit $F = 0$ und $z = z_0$ erreicht. Aus (4.2.10) folgt dann

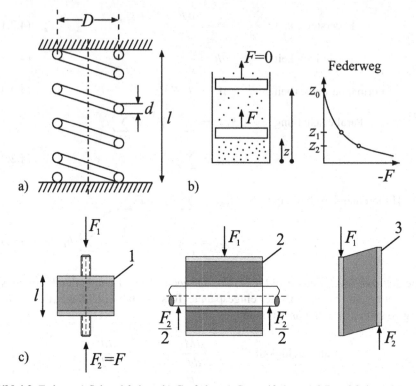

Bild 4.2. Federn: a) Schraubfedern; b) Gasfeder; c) Gummifedern: 1,2 Druckfedern, 3 Parallelschubfeder

$$p_a = k' A^{-n} z_0^{-n}$$

und somit

$$F = k' A^{(1-n)} \left(z^{-n} - z_0^{-n} \right). \tag{4.2.11}$$

Für die Federsteifigkeit gilt

$$c = \frac{dF}{dz} = k' A^{1-n} n z^{-(n+1)}. \tag{4.2.12}$$

Sie nimmt also umgekehrt proportional zu $z^{(n+1)}$ zu, ist also mit zunehmender Einfederung $(z_0 - z)$, also kleiner werdendem z progressiv. Nach Einsetzen des ersten Summanden von (4.2.10) wird

$$c = n p_i(z) \frac{A}{z} = n p_i(z) \frac{A^2}{V(z)}. \tag{4.2.13}$$

Bei einer Luftfeder mit Niveauregelung für Kraftfahrzeuge ist dann durch Luftnachförderung $V(z) = $ const und die Federsteifigkeit proportional zum Innendruck p_i, Eulenbach (2003). Aus (4.2.11) folgen ferner

$$\frac{F_2}{F_1} = \frac{z_2^{-n} - z_0^{-n}}{z_1^{-n} - z_0^{-n}} \tag{4.2.14}$$

und mit $z_2 \ll z_0$ und $z_1 \ll z_0$ gilt dann

$$\frac{F_2}{F_1} \approx \left(\frac{z_1}{z_2}\right)^n. \tag{4.2.15}$$

Der Elastizitätsmodul wird entsprechend (4.1.8)

$$E = c\frac{z_0}{A} = np_i\left(\frac{z_0}{z}\right). \tag{4.2.16}$$

Er ist also proportional zum Druck und umgekehrt proportional zur Gasfederposition z.

Gummifedern nehmen mechanische Energie durch Druck- und/oder Schubverformung auf, vgl. Bild 4.2c). Es werden Naturgummi und künstliche Gummiarten (Elastomere) verwendet. Für die Federsteifigkeit bei Druckverformung gilt entsprechend einem Zug- oder Druckstab für Bild 4.2c) links

$$c = \frac{EA}{l}. \tag{4.2.17}$$

Der Elastizitätsmodul ist jedoch außer von der Gummisorte (z.B. Zusätze von Ruß, Öl, Weichmachern) stark abhängig von Temperatur, Frequenz, Amplitude, Mittelspannung. Er nimmt mit der Härte und der Frequenz zu und mit der Temperatur ab, siehe Göbel (1969), Krämer (1984), Walsh (1999), Fecht (2004).

Gummifedern verwendet man hauptsächlich zum Isolieren von Schwingungen und für elastische Kupplungen. Sie besitzen eine gute Eigendämpfung.

4.3 Dämpfer

Die Dämpfung in schwingungsfähigen Systemen bewirkt, dass freie Schwingungen abklingen und dass die durch erzwungene Schwingungen entstehenden Amplituden verkleinert werden, besonders im Resonanzbereich. Dabei wird die mechanische Energie in andere Energieformen, insbesondere in Wärme umgewandelt. Man unterscheidet folgende Arten von Dämpfungen

- Werkstoffdämpfung (Innere Dämpfung),
- Berührungsdämpfung (Gleitstellen. Fügestellen: Schrauben, Nieten),
- Fluidische Dämpfung (Umgebendes Medium: Luft, Öl).

4.3.1 Dämpfer mit trockener und viskoser Reibung

In Bild 4.3 sind Prinzipbilder elementarer Dämpfungen durch verschiedene Arten von Gleitreibungen dargestellt. Für die trockene Reibung oder Coulombsche Reibung gilt, Bild 4.3a),

$$F_c = \mu \, F_N \, \text{sign} \, \dot{z} \qquad |\dot{z}| > 0 \qquad (4.3.1)$$

F_N :   Normalkraft

μ :   Reibfaktor

Der Reibfaktor hängt dabei von der Materialkombination und der Oberflächenbeschaffenheit der Berührungsflächen ab und liegt häufig im Bereich $0{,}1 < \mu < 0{,}6$. Die viskose Reibung oder Flüssigkeitsreibung tritt auf, wenn sich zwischen gleitenden Körpern eine schmierende Flüssigkeit befindet oder in Fluiddämpfern, bei denen ein bewegter Kolben das Fluid durch eine Drosselstelle zwängt. Dann gilt für kleine Geschwindigkeiten mit laminarer Strömung

$$F_d = -d\dot{z} \qquad (4.3.2)$$

und bei großen Geschwindigkeiten mit turbulenter Strömung

$$F_d = -d' \, \dot{z}^2 . \qquad (4.3.3)$$

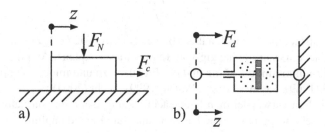

Bild 4.3. Elementare Dämpfer: a) trockene Reibung; b) viskose Reibung

4.3.2 Feder-Dämpfer-Systeme

Da Dämpfungen häufig zusammen mit Elastizitäten auftreten, sind verschiedene Feder-Dämpfer-Modelle entstanden. Bild 4.4 zeigt einige Grundformen. a), b) und c) werden durch 2 Parameter, d) und e) durch 3 Parameter beschrieben.

Als Beispiel wird nun das *Kelvin-Voigt-Modell* des häufig *vorkommenden viskoelastischen Dämpfers* nach Bild 4.4a) näher betrachtet. Für die externe Kraft gilt

$$F(t) = -F_f(t) - F_d(t) = c_f \, z(t) + d\dot{z}(t) . \qquad (4.3.4)$$

Die Laplace-Transformation liefert

$$F(s) = \big[c_f + ds \big] z(s) \qquad (4.3.5)$$

und die Übertragungsfunktion

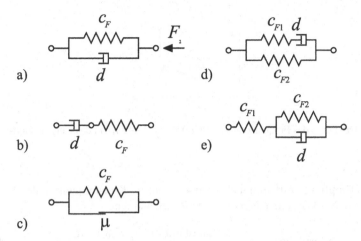

Bild 4.4. Grundformen von Feder-Dämpfer-Modellen: a) Kelvin-Voigt-Modell; b) Maxwell-Modell; c) Coulomb-Modell, d) Kombination 1; e) Kombination 2

$$G(s) = \frac{F(s)}{z(s)} = c_f + ds = c_f \left(1 + \frac{ds}{c_f} \right) = c_f (1 + T_D s). \qquad (4.3.6)$$

Es handelt sich also um ein proportional-differenzierend wirkendes Glied mit der in Bild 4.5 dargestellten Ortskurve des Frequenzganges $G(i\omega)$ für $s = i\omega$.

Bei sinusförmiger Anregung

$$z(t) = z_0 \sin \omega t \qquad (4.3.7)$$

ergibt sich somit als resultierende Kraft

$$F(t) = F_0 \sin(\omega t + \alpha) \qquad (4.3.8)$$

mit der Amplitude

$$F_0(\omega) = \sqrt{Re^2(\omega) + Im^2(\omega)} = c_f \sqrt{1 + \left(\frac{d}{c_f} \right)^2 \omega^2} \qquad (4.3.9)$$

und dem Phasen-Vorhaltwinkel

$$\alpha(\omega) = \text{arc } tg \frac{Im(\omega)}{Re(\omega)} = \text{arc } tg\, T_D \omega. \qquad (4.3.10)$$

Die Kraft $\mathbf{F}(t)$ eilt also der Auslenkung $\mathbf{z}(t)$ um den Vorhaltwinkel α voraus. Diese Voreilung ist umso größer je größer die Frequenz und beträgt maximal 90°. Für die einzelnen Amplituden der Kräfte gilt

$$\text{Federkraft} \quad F_{f0} = c_f\, z_0$$
$$\text{Dämpfungskraft} \quad F_{d0} = d\, \omega\, z_0.$$

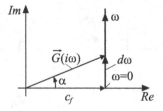

Bild 4.5. Ortskurve des Frequenzganges $G(i\omega) = c_f(1 + T_D\omega i)$ des Kelvin-Voigt-Modells

Die Dämpfungskraft nimmt also proportional zur Kreisfrequenz ω der Anregung zu. Nach DIN 1311 gelten die speziellen Bezeichnungen

$$\text{Verlustfaktor}: \quad \eta_v = \frac{\text{Dämpferkraft}}{\text{Federkraft}} = \frac{F_{d0}}{F_{f0}} = \frac{d\omega}{c_f} \tag{4.3.11}$$

$$\text{Verlustwinkel}: \quad \alpha = \text{arc } tg\, \eta_v. \tag{4.3.12}$$

Der Verlustwinkel ist also identisch mit dem Vorhaltwinkel und der Verlustfaktor setzt die Dämpfungskraft ins Verhältnis zur Federkraft. (Der Ausdruck Verlustwinkel kommt vermutlich daher, dass man die Bewegung $z(t)$ als der resultierenden Kraft $F(t)$ nacheilend betrachtet).

Die während einer Periode vom Dämpfer aufgebrachte Arbeit lässt sich über die Leistung wie folgt berechnen. Es gilt für die Leistung

$$\frac{dE}{dt} = F(t)\,\dot{z}(t) \tag{4.3.13}$$

und somit für die Arbeit

$$E = \int_0^T F(t)\,\dot{z}(t)\,dt. \tag{4.3.14}$$

Es folgt aus (4.3.7)

$$\dot{z}(t) = z_0\omega\,\cos\,\omega t \tag{4.3.15}$$

und aus (4.3.2)

$$F_d(t) = d\,\dot{z}(t) = z_0\,d\,\omega\,\cos\,\omega t. \tag{4.3.16}$$

Dies eingesetzt in (4.3.13) ergibt

$$E = z_0^2\,d\omega^2\int_0^T \cos^2\,\omega t\,dt \ = \pi\,d\omega\,z_0^2. \tag{4.3.17}$$

Die während einer Schwingungsperiode vernichtete mechanische Arbeit ist also proportional zur Kreisfrequenz ω, zum Dämpfungsfaktor d und zum Quadrat der Amplitude z_0.

4.4 Lager

Die Aufgabe von Lagern ist das Übertragen von Kräften zwischen relativ zueinander bewegten Komponenten und das Begrenzen von Lageveränderungen in bestimmten Richtungen. Man unterscheidet Gleitlager, Wälzlager und magnetische Lager. Im Folgenden wird auf die Reibungsgesetze für Gleitlager und Wälzlager eingegegangen. Die Reibung mechanischer Systeme in allgemeiner Form wird in Abschnitt 4.7 behandelt.

4.4.1 Gleitlager

Ab einer bestimmten Drehzahl baut sich ein Schmierfilm auf, der die Wirkflächen trennt und Flüssigkeitsreibung ermöglicht. Hierbei bildet sich eine exzentrische Wellenlage e, Bild 4.6, auf. Die drehende Welle fördert den Schmierstoff durch den Lagerspalt und ermöglicht den Aufbau von Öldrücken. Die Strömung des Schmierstoffes kann durch den Einbau von Schmiernuten beeinflusst werden. Der Reibfaktor μ ist von der Sommerfeld-Kennzahl abhängig, Sneck (1991), Czichos und Hennecke (2004), Dresig et al. (2006)

$$So = \frac{\overline{p}\psi^2}{\eta \cdot \omega}. \tag{4.4.1}$$

Hierbei sind

$\overline{p} = F/BD$ mittlere Flächenpressung
D, B Durchmesser und Breite des Lagers
$\psi s/D$ relatives Lagerspiel
$s = D - d$ Betriebslagerspiel
η dynamische Viskosität
ω Kreisgeschwindigkeit

Für den Reibfaktor gilt dann

$$\mu = k\frac{\psi}{So} \qquad So < 1 : \text{niedrige Belastung} \tag{4.4.2}$$

$$\mu = k\frac{\psi}{\sqrt{So}} \qquad So > 1 : \text{hohe Belastung.} \tag{4.4.3}$$

Hierbei ist $k = 2\ldots3{,}8$, je nach Bauart. Bei niedriger Belastung ist der Reibfaktor also proportional zu ω, bei hoher Belastung proportional zu $\sqrt{\omega}$.

4.4.2 Wälzlager

Bei Wälzlagern existieren wegen der verschiedenen Lagerbeanspruchungen (axial, radial), Aus- und Einbaubarkeit, Spieleinstellung usw. viele Bauformen. Bild 4.7 zeigt drei Beispiele.

Die genaue mathematische Beschreibung des Rollreibungsphänomens von Wälzlagern ist relativ kompliziert. Im Folgenden wird eine einfache Beschreibung der

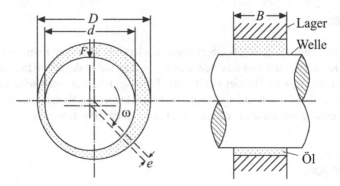

Bild 4.6. Schema eines Gleitlagers

Reibungscharakteristik von Wälzlagern angegeben, die von Palmgren (1964) durch experimentelle Untersuchungen gefunden wurde (empirisch aufgestellte Gleichungen).

Die unterschiedlichen Bewegungen der einzelnen Wälzlagerkomponenten verursachen im Lager verschiedene Arten der Reibung. An den Berührungsstellen zwischen Wälzkörpern und Laufringen findet ein Abrollen mit partiellem Gleiten statt. Außerdem entstehen Gleitreibungsverluste an den Berührungsstellen von Rollkörpern und Käfig, den Lagerteilen und dem verwendeten Schmiermittel. Folgende Merkmale beeinflussen das Reibungsverhalten eines Wälzlagers mehr oder weniger stark.

Das Reibungsverhalten eines Wälzlagers wird beeinflusst durch die konstruktive Ausführung, wie z.B. Lagerbauart, Lagerabmessungen, Schmiermittelmenge, Schmiermitteleigenschaften und durch die Betriebsbedingungen, wie z.B. Lagerbelastung, Lagerdrehgeschwindigkeit, Betriebstemperatur, Lagerzustand.

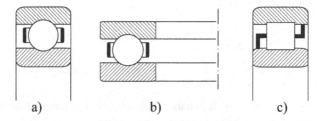

Bild 4.7. Bauformen von Wälzlagern: a) Kugellager (Einreihiges Rillenkugellager); b) Axialrillenkugellager für Axialkräfte; c) Rollenlager (Zylinderrollenlager als Loslager) für Radialkräfte

Bei hohen Drehzahlen und kleinen Belastungen (schnell laufende Lager) sind die Verlustmomente in Wälzlagern überwiegend hydrodynamischer Natur, da sich das Schmiermittel durch die Rollbewegung unter Druck zwischen die sich berührenden Körper schiebt. Der Rollwiderstand ist deshalb im Wesentlichen von der Menge des Schmiermittels, dessen Viskosität (und damit auch maßgeblich von der Lager-temperatur) und der Rollgeschwindigkeit der Wälzkörper abhängig.

Die hydrodynamische Annahme gilt nicht mehr, wenn die Schmierfilmdicke un-ter den Wert der Oberflächenrauhigkeiten der sich relativ zueinander bewegenden Lagerkomponenten sinkt. Dann stellt sich das folgende sehr kleine weitgehend ge-schwindigkeitsunabhängige Reibungsmoment ein

$$M_{RW0} = 10^{-7} d_m^3 \, f_0 \, \sqrt[3]{(n\nu)^2} \;\; \text{für} \;\; |n|\nu \; \succeq 2000$$
$$M_{RW0} = 10^{-7} d_m^3 \, f_0 \, 160 \;\; \text{für} \;\; |n|\nu \prec 2000, \tag{4.4.4}$$

mit:

M_{RW0} Lastunabhängiges Reibungsmoment des Wälzlagers [Nmm]
d_m Mittlerer Durchmesser des Lagers [mm]
f_0 Ein von Lagerart und Schmierung abhängiger Beiwert (z.B. 1,5..4)
n Lagerdrehzahl [U/min]
$\nu = f(\theta)$ Kinematische Viskosität des Schmierstoffs [mm²/s] (typische Werte: 5..200)

Wälzlager werden jedoch selten in diesem Bereich betrieben.

Bei langsamen Drehzahlen und großen Belastungen (langsam laufende Lager) beruhen die Reibungseffekte zu einem überwiegenden Teil aus örtlichem (partiel-lem) Gleiten der Berührungsflächen einzelner Lagerkomponenten (Rollkörper und Rollbahnen). Die Verluste werden hierbei im Wesentlichen durch die molekularen Eigenschaften der Grenzschicht bestimmt. In diesem Fall hängt das Lagerreibungs-moment maßgeblich von der Höhe der Belastung ab

$$M_{RW1} = d_m \, f_1 \, F_1, \tag{4.4.5}$$

mit:

M_{RW1} Lastabhängiges Reibungsmoment des Wälzlagers [Nmm]
d_m Mittlerer Durchmesser des Lagers [mm]
f_1 Ein von Lagerart und Schmierung abhängiger Beiwert
F_1 Für das Reibmoment maßgebende Lagerbelastung in [N]

Für den allgemeinen Betriebsfall sind diese Reibungsanteile zu überlagern.

$$M_{RW} = M_{RW0} + M_{RW1}. \tag{4.4.6}$$

Dann ergibt sich für beide Drehrichtungen aus (4.4.6) und unter der Annahme einer symmetrischen Reibungscharakteristik

$$M_{RW} = M_{R0} \, \text{sign} \, (\omega) + M_{R1} \sqrt[3]{\omega^2} \, \text{sign} \, (\omega), \tag{4.4.7}$$

mit:

M_{RW} Wälzlager-Gesamtreibung [Nm]

M_{R0} Trockener (Coulombscher) Reibungskoeffizient [Nm]

M_{R1} Viskoser (flüssiger) Reibungskoeffizient (Roll- und Gleitreibung)

ω Lagerdrehwinkelgeschwindigkeit [rad/s]

wobei M_{R0} und M_{MR1} zustands- und umgebungsabhängige Koeffizienten repräsentieren. Diese Gleichung beschreibt mathematisch die Reibungsverluste im nahezu gesamten Betriebsbereich eines Wälzlagers in allgemeiner Form (Großsignalverhalten).

Da der Term M_{R1} in seiner physikalischen Einheit

$$\left(kgm^2 / \sqrt[3]{s^4\, rad^2} \right)$$

recht unanschaulich ist, wird der viskose Reibungsanteil durch ein Polynom möglichst niedrigen Grades approximiert, um dabei einen Ausdruck zu erhalten, der sowohl einen linearen Dämpfungsanteil (also proportional zu ω) enthält, als auch die nichtlineare Wälzlagercharakteristik über der Drehzahl ω gemäß (4.4.7) möglichst gut annähert. Zur Beschreibung wird daher ein Polynom 3. Grades

$$M_{R1}(\omega) = \sum_{\mu=1}^{3} M_{R1\mu}\omega^{\mu} \, (\text{sign } (\omega))^{\mu+1}$$

$$= M_{R11}\omega + M_{R12}\omega^2 \, \text{sign } (\omega) + M_{R13}\omega^3 \qquad (4.4.8)$$

angesetzt. Wird der Term 2. Ordnung, der im Wesentlichen den Einfluss von Luftreibung beschreibt und für die Approximation der Wälzlagercharakteristik von untergeordneter Bedeutung ist, vernachlässigt (d.h. $M_{R12} \approx 0$) und die verbleibenden viskosen Reibungskomponenten in (4.4.7) eingesetzt, so erhält man ein Polynom der Reibungscharakteristik eines Wälzlagers

$$M_{RW}(\omega) = M_{R0} \, \text{sign } (\omega) + M_{R1}\omega + M_{R13}\omega^3. \qquad (4.4.9)$$

Der Dämpfungskoeffizient M_{R1} besitzt nun die anschauliche physikalische Einheit [Nms/rad]. Da es sich um eine degressive Kennlinie handelt, ist der Koeffizient $M_{R13}[kgm^2 s/rad0^3]$ negativ.

Die Verifikation dieses Ansatzes, wurde durch ein spezielles Korrelationsverfahren an einem bis in hohe Drehzahlbereiche (ca. 4000 U/min) betriebenen Roboterantriebsstrang (mit mehreren Wälzlagern und Getrieben) ermöglicht, Freyermuth (1990).

Bild 4.8 zeigt einen Vergleich der Beschreibung durch die Wälzlagergleichung (4.4.7) und die Approximation durch (4.4.9). Man erkennt, dass die Abweichungen im gesamten Betriebsbereich gering sind, so dass die gewählte Näherung eine gute Beschreibung darstellt (einschließlich Getriebe).

Ist die degressive Kennlinie in einer bestimmten Anwendung nicht wesentlich, da nur ein kleiner Bereich der Kennlinie zu betrachten ist (Kleinsignalverhalten), so kann der Koeffizient für den Term dritter Ordnung zu Null gesetzt werden. Liegt

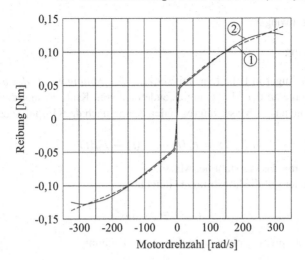

Bild 4.8. Reibungskennlinien von Wälzlager und Getriebe am Beispiel einer Roboterachse (Handachse 8), Freyermuth (1990). 1: Wälzlagercharakteristik nach (4.4.7); 2: Polynomapproximation nach (4.4.9)

eine signifikante Unsymmetrie der Wälzlagerreibungscharakteristik bezüglich der Drehrichtung vor, so muss zwischen den Drehrichtungen $(+\omega > 0)$ und $(-\omega < 0)$ unterschieden werden. Das Reibungsmodell ist dann zwar strukturell für beide Richtungen identisch, die Parameter können aber unterschiedliche Werte annehmen. Der Index $(+)$ bzw. $(-)$ bezeichnet dabei die für die jeweiligen Drehrichtungen gültigen Reibungskoeffizienten,

$$M_{RW}(\omega) = \begin{cases} M_{R0+} \text{ sign } (\omega) + M_{R1+} \cdot \omega + M_{R3+} \cdot \omega^3 & \text{für } \omega > 0 \\ M_{R0-} \text{ sign } (\omega) + M_{R1-} \cdot \omega + M_{R3-} \cdot \omega^3 & \text{für } \omega < 0 \end{cases} \qquad (4.4.10)$$

Weitere detaillierte Beschreibungen, Berechnungen und Tabellen bezüglich Bewegungen und Kräften in Wälzlagern, Tragfähigkeit, Auslegungskriterien, Lebensdauer, Schmierung, Wartung, möglichen Lagerschädigungen etc. finden sich in Palmgren (1964), Sneck (1991).

4.5 Einmassenschwinger (Feder-Masse-Dämpfer-Systeme)

Im Folgenden werden einige vereinfachte, lineare Modelle für Schwinger mit einem Freiheitsgrad betrachtet. Man unterscheidet dabei Längsschwinger, Biegeschwinger und Drehschwinger.

4.5.1 Längsschwinger

a) Kraftanregung

Der Längsschwinger in Bild 4.9a) mit *serieller Anordnung von Feder und Dämpfer* werde durch eine an der Masse angreifenden äußeren Kraft F_e angeregt. Dann gilt zunächst für die an der Masse angreifenden Kräfte nach dem Impulssatz

$$m\,\ddot{Z}_a(t) = F_e(t) + F_c(t) + F_d(t) - G. \tag{4.5.1}$$

Hierbei ist G=mg das Gewicht der Masse.

Für die Feder gilt die konstitutive Gleichung

$$F_c(t) = -cZ_a(t)$$

und für den Dämpfer die phänomenologische Gleichung

$$F_d(t) = -d\,\dot{Z}_a(t).$$

Einsetzen in (4.5.1) liefert

$$m\ddot{Z}_a(t) = F_e(t) - cZ_a(t) - d\dot{Z}_a(t) - G. \tag{4.5.2}$$

Im Gleichgewichtszustand folgt hieraus mit $d(..)/dt = 0$ die statische Einfederung

$$\overline{Z}_a = -\frac{G - \overline{F}_e}{c}.$$

Es werden nun Änderungen $z = \Delta Z = Z - \overline{Z}_a$ und $\Delta F_e = F_e(t) - \overline{F}_e$ um diesen Gleichgewichtszustand betrachtet. Dann folgt

$$m\ddot{z}_a(t) + d\dot{z}_a(t) + c\,z_a(t) = \Delta F_e(t). \tag{4.5.3}$$

Die Übertragungsfunktion lautet

$$G_{zF}(s) = \frac{z_a(s)}{\Delta F_e(s)} = \frac{1}{ms^2 + ds + c} = \frac{\frac{1}{c}}{\frac{m}{c}s^2 + \frac{d}{c}s + 1}$$

$$= \frac{K}{\frac{1}{\omega_0^2}s^2 + \frac{2D}{\omega_0}s + 1} = \frac{K}{T_2^2 s^2 + T_1 s + 1} \tag{4.5.4}$$

mit den Kennwerten

$$\omega_0 = \frac{1}{T_2} = \sqrt{\frac{c}{m}} \qquad \text{Kennkreisfrequenz } (D = 0)$$

$$D = \frac{T_1}{2T_2} = \frac{d}{2\sqrt{cm}} \qquad \text{Dämpfungsgrad}$$

$$\delta = D\,\omega_0 = \frac{d}{2m} \qquad \text{Abklingkonstante}$$

$$\omega_e = \omega_0 \sqrt{1 - D^2} = \sqrt{\frac{c}{m} - \frac{d^2}{4m^2}} \qquad \text{Eigenfrequenz } (D < 1)$$

$$\omega_{res} = \omega_0 \sqrt{1 - 2D^2} = \sqrt{\frac{c}{m} - \frac{d^2}{2m^2}} \qquad \text{Resonanzfrequenz } (0 < D < 1/\sqrt{2})$$

$$(4.5.5)$$

Schreibt man (4.5.3) in der Form

$$m\ddot{z}_a(t) = -c\,z_a(t) - d\,\dot{z}_a(t) + \Delta F_e(t),$$

dann erhält man das Blockschaltbild nach Bild 4.10a) für die Eingangsgröße $\Delta F_e(t)$. Dies ist das elementare Blockschaltbild des Feder-Masse-Dämpfer-Systems in serieller Anordnung, das direkt aus der Differentialgleichung für die Impulsbilanz, der konstitutiven Gleichung für die Feder und der phänomenologischen Gleichung für den Dämpfer folgt.

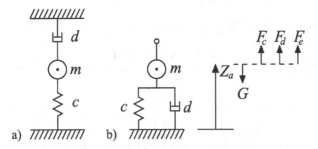

Bild 4.9. Längsschwinger mit Anregung durch Kraft F_e an der Masse: a) serielle Anordnung von Feder und Dämpfer; b) parallele Anordnung von Feder und Dämpfer

Für viele Anwendungen wie z.B. zur Simulation oder Zustandsregelung wird die *Zustandsgrößendarstellung* des Systems benötigt. Wählt man als Zustandsgrößen die Ausgangsgrößen der Speicher (Integratoren) nach Bild 4.10

$$x_1(t) = z_a(t); x_2(t) = \dot{z}_a(t), \qquad (4.5.6)$$

dann folgen aus der umgeformten Differentialgleichung (4.5.3)

$$\ddot{z}_a(t) + \frac{d}{m}\dot{z}_a(t) + \frac{c}{m}z_a(t) = \frac{1}{m}\Delta F_e(t)$$

$$\ddot{z}_a(t) + a_1\dot{z}_a(t) + a_0 z_a(t) = b_0 \Delta F_e(t) \qquad (4.5.7)$$

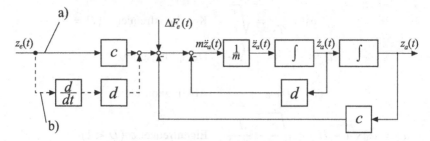

Bild 4.10. Elementares Blockschaltbild des Feder-Masse-Dämpfer-Systems für Kraftanregung $\Delta F_e(t)$ und Fußpunktanregung $z_e(t)$: a) Serielle Anordnung von Feder und Dämpfer nach Bild 4.9a) für Kraftanregung $\Delta F_e(t)$ und Fußpunktanregung $z_e(t)$: ausgezogene Linien; b) Parallele Anordnung von Feder und Dämpfer nach Bild 4.9b): zusätzlich gestrichelte Linien für Fußpunktanregung $z_e(t)$

mit den Parametern

$$a_1 = \frac{d}{m}; \quad a_0 = \frac{c}{m} \quad b_0 = \frac{1}{m} \tag{4.5.8}$$

und der Eingangsgröße $u(t) = F_e(t)$ die Beziehungen

$$\dot{x}_1(t) = x_2(t)$$
$$\dot{x}_2(t) = -a_0 x_1(t) - a_1 x_2(t) + b_0 u(t)$$
$$y(t) = x_1(t) = z_a(t).$$

Die Zustandsgrößendarstellung lautet dann

$$\dot{\mathbf{x}}(t) = \mathbf{A}\mathbf{x}(t) + \mathbf{b}u(t)$$
$$y(t) = \mathbf{c}^T \mathbf{x}(t)$$

bzw.

$$\begin{bmatrix} \dot{x}_1(t) \\ \dot{x}_2(t) \end{bmatrix} = \begin{bmatrix} 0 & 1 \\ -a_0 & -a_1 \end{bmatrix} \begin{bmatrix} x_1(t) \\ x_2(t) \end{bmatrix} + \begin{bmatrix} 0 \\ b_0 \end{bmatrix} u(t)$$

$$y(t) = \begin{bmatrix} 1 & 0 \end{bmatrix} \begin{bmatrix} x_1(t) \\ x_2(t) \end{bmatrix}. \tag{4.5.9}$$

Die Wahl der Zustandsgrößen ist jedoch nicht eindeutig. In der Systemtheorie und Regelungstheorie haben sich bestimmte kanonische Zustandsdarstellungen durchgesetzt, die man durch lineare Transformationen ineinander überführen kann, siehe z.B. Föllinger (1992), Ogata (1997), Ellis (1993). Zum Entwurf von Regelungen eignet sich die *Regelungs-Normalform*, die man durch Wahl der Zustandsgrößen

$$x_1(t) = \frac{1}{b_0} z_a(t); \quad x_2(t) = \frac{1}{b_0} \dot{z}_a(t) \tag{4.5.10}$$

erhält. Dann folgt aus

$$\frac{1}{b_0}\ddot{z}_a(t) + a_1\frac{1}{b_0}\dot{z}_a + a_0\frac{1}{b_0}z_a(t) = \Delta F_e(t) \qquad (4.5.11)$$

und $u(t) = F_e(t)$ die Zustandsgrößendarstellung

$$\begin{bmatrix} \dot{x}_1(t) \\ \dot{x}_2(t) \end{bmatrix} = \begin{bmatrix} 0 & 1 \\ -a_0 & -a_1 \end{bmatrix}\begin{bmatrix} x_1(t) \\ x_2(t) \end{bmatrix} + \begin{bmatrix} 0 \\ b_0 \end{bmatrix} u(t)$$

$$y(t) = \begin{bmatrix} b_0 & 0 \end{bmatrix}\begin{bmatrix} x_1(t) \\ x_2(t) \end{bmatrix}. \qquad (4.5.12)$$

Das zugehörige Blockschaltbild ist in Bild 4.11 zu sehen. Die Beobachter-Normalform ist z.B. in Isermann (1992) angegeben.

Bei *paralleler Anordnung von Feder und Dämpfer* nach Bild 4.9b) erhält man bei Kraftanregung $F_e(t)$ dieselbe Differentialgleichung wie (4.5.3).

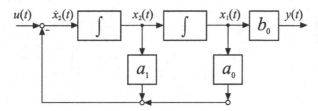

Bild 4.11. Blockschaltbild des seriellen Feder-Masse-Dämpfer-Systems mit Zustandsdarstellung in Regelungs-Normalform. $u(t) = \Delta F_e(t)$, $y(t) = z_a(t)$, entsprechend Bild 4.10a)

b) Fußpunktanregung

Für eine Auslenkung des Fußpunktes $z_e(t)$ ergibt sich bei der *seriellen Anordnung* nach Bild 4.12a) für Bewegungen um den Beharrungszustand

$$m\ddot{z}_a(t) = c(z_e(t) - z_a(t)) - d\,\dot{z}_a(t)$$

$$m\ddot{z}_a(t) + d\,\dot{z}_a(t) + c\,z_a(t) = cz_e(t) = \Delta F_e(t) \qquad (4.5.13)$$

mit der Übertragungsfunktion

$$G_{zz}(s) = \frac{z_a(s)}{z_e(s)} = \frac{c}{ms^2 + ds + c}, \qquad (4.5.14)$$

also bis auf den Verstärkungsfaktor der gleiche Typ wie (4.5.4). Es folgt das Blockschaltbild Bild 4.10a) mit der Eingangsgröße $z_e(t)$.

Nun werde die *parallele Anordnung* nach Bild 4.12b) betrachtet. Dann folgt für eine Anregung des Fußpunktes $z_e(t)$ die Bewegung um den Beharrungszustand

$$m\,\ddot{z}_a(t) = c\,(z_e(t) - z_a(t)) + d\,(\dot{z}_e(t) - \dot{z}_a(t))$$

$$m\,\ddot{z}_a(t) + d\,\dot{z}_a(t) + c\,z_a(t) = c\,z_e(t) + d\,\dot{z}_e(t). \qquad (4.5.15)$$

Die Übertragungsfunktion lautet somit

$$G_{zz}(s) = \frac{z_a(s)}{z_e(s)} = \frac{ds + c}{ms^2 + ds + c}. \tag{4.5.16}$$

Es ergibt sich im Vergleich zu (4.5.3) und (4.5.14) eine Vorhaltwirkung, siehe auch Bild 4.10b). Die Kennwerte (4.5.5) bleiben jedoch dieselben, da sich das Nennerpolynom nicht ändert. Bild 4.10 erlaubt also die Darstellung der beiden Anordnungen für zwei Anregungen.

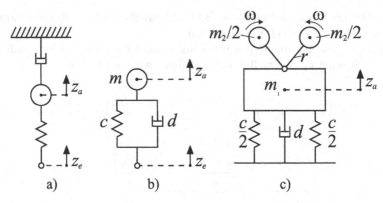

Bild 4.12. Längsschwinger mit Anregung durch: a), b) Fußpunktauslenkung; c) Unwucht

c) Anregung durch Unwucht

Um nun eine Anregung in vertikaler Richtung zu erhalten, werden nach Bild 4.12c) zwei gegenläufige Massen $m_2/2$ an die Masse m_1 angebracht. Die Erregerkraft ist dann

$$F_u(t) = m_2 \, r \, \omega^2 \sin \omega t \tag{4.5.17}$$

und es gilt

$$\begin{aligned} (m_1 + m_2)\, \ddot{z}_a(t) &= -d\, \dot{z}_a(t) - c z_a(t) + m_2 r \omega^2 \sin \omega t \\ m \ddot{z}_a(t) + d\, \dot{z}_a(t) + c\, z_a(t) &= m_2 r \omega^2 \sin \omega t. \end{aligned} \tag{4.5.18}$$

Dies entspricht in (4.5.3) einer Erregerkraft an der Masse von

$$F_e(t) = F_0 \sin \omega t \tag{4.5.19}$$

mit der Unwuchtkraftamplitude

$$F_0 = m_2 r \omega^2.$$

Die Amplitude der Auslenkung der Masse ist also proportional zur Unwuchtmasse m_2, zum Radius r und zum Quadrat der Drehfrequenz ω.

4.5.2 Drehschwinger

Für einen einseitig eingespannten (gefesselten) Drehschwinger nach Bild 4.13 mit dem Trägheitsmoment J gilt nach dem Drehimpulssatz (3.1.15) und der Torsionssteifigkeit c nach (4.1.13)

$$J\ddot{\varphi}(t) = M(t) - c\varphi(t) - d\dot{\varphi}(t)$$
$$J\ddot{\varphi}(t) + d\dot{\varphi}(t) + c\varphi(t) = M(t). \tag{4.5.20}$$

Für kleine Änderungen um den Gleichgewichtszustand wird

$$M(t) = \overline{M} + \Delta M(t); \quad \varphi(t) = \overline{\varphi} + \Delta\varphi(t).$$

Hiermit folgt aus (4.5.20) für den Gleichgewichtszustand

$$\overline{\varphi} = \frac{\overline{M}}{c}$$

und für kleine Änderungen

$$J\Delta\ddot{\varphi}(t) + d\Delta\dot{\varphi}(t) + c\Delta\varphi(t) = \Delta M(t).$$

(Diese Gleichung hat dieselbe Form wie (4.5.20). Mit $\overline{M} = 0$ und damit $\overline{\varphi} = 0$ sind beide Gleichungen identisch. Somit beschreibt (4.5.20) auch kleine Änderungen um den Arbeitspunkt $M = 0$, $\varphi = 0$).

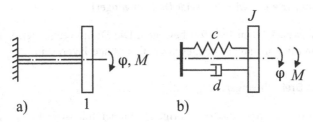

a)   1   b)

Bild 4.13. Drehschwinger (einseitig gefesselt bzw. eingespannt): a) Anordnung; b) Ersatzschaltbild

Für die Übertragungsfunktion folgt

$$G_{\varphi M}(s) = \frac{\Delta\varphi(s)}{\Delta M(s)} = \frac{1}{J\,s^2 + ds + c}. \tag{4.5.21}$$

Damit hat der Drehschwinger dieselbe Übertragungsfunktion wie der Längsschwinger nach (4.5.4). Dabei ist lediglich $J \hat{=} m$ zu setzen.

Die Kennkreisfrequenz ist

$$\omega_0 = \sqrt{\frac{c}{J}}$$

und die Eigenfrequenz

$$\omega_e = \sqrt{\frac{c}{J} - \frac{d^2}{4J^2}} \qquad (D < 1).$$

4.6 Mehrmassenschwinger

Als Beispiele für Mehrmassenschwinger, die bei Maschinen häufig vorkommen, werden verschiedene Zweimassen-Drehschwinger ohne und mit Getriebe betrachtet.

4.6.1 Zweimassen-Drehschwinger mit einer Feder

Bei der Anordnung nach Bild 4.14a) wird angenommen, dass die Drehmassen links und rechts konzentriert sind, dass das Trägheitsmoment der Welle hierzu im Vergleich vernachlässigbar ist, und die Torsionssteifigkeit und -dämpfung allein durch die Welle gegeben sind. Diese Anordnung kommt bei Antrieben häufig vor, z.B., wenn J_1 das Trägheitsmoment eines Elektromotors oder Verbrennungsmotors und der Antriebsstrang im Wesentlichen eine Torsionswelle mit einer Drehmasse J_2 enthält.

Für die Beschreibung des dynamischen Verhaltens lassen sich dann folgende Fälle unterscheiden

a) Ungefesselter Drehschwinger (Freier Drehschwinger)

Beide Drehmassen können sich frei bewegen. Die Drehbewegungen können dabei einer Rotation mit konstanter Drehgeschwindigkeit überlagert sein.

b) Gefesselter Drehschwinger

Eine der Drehmassen bzw. das zugehörige Drehfederende ist fest eingespannt (entsprechend Bild 4.13). Dies gilt z.B. bei einer festgehaltenen oder sehr großen Drehmasse oder wenn die zugehörige Bewegung (Drehgeschwindigkeit) fest vorgegeben (eingeprägt) ist.

In beiden Fällen ergibt sich ein unterschiedliches dynamisches Verhalten, z.B. ausgedrückt durch die Kennkreisfrequenzen ω_0 des ungedämpften Schwingers. Diese Kennkreisfrequenz ist dann bei a) von beiden Trägheitsmomenten J_1 und J_2 und bei b) entweder von J_1 oder von J_2 abhängig.

Für den *ungefesselten Drehschwinger* ergibt sich das Ersatzschaltbild nach Bild 4.14b). Nach Freischneiden der Drehmassen erhält man aus dem Drehimpulssatz die *Differentialgleichungen*

$$\begin{aligned}
J_1\,\ddot{\varphi}_1(t) &= -c\,(\varphi_1(t) - \varphi_2(t)) - d\,(\dot{\varphi}_1(t) - \dot{\varphi}_2(t)) + M_1(t) \\
J_2\,\ddot{\varphi}_2(t) &= -c\,(\varphi_2(t) - \varphi_1(t)) - d\,(\dot{\varphi}_2(t) - \dot{\varphi}_1(t)) + M_2(t)
\end{aligned} \qquad (4.6.1)$$

bzw.

$$J_1\,\ddot{\varphi}_1(t) + d\dot{\varphi}_1(t) + c\varphi_1(t) = M_1(t) + c\varphi_2(t) + d\dot{\varphi}_2(t)$$
$$J_2\,\ddot{\varphi}_2(t) + d\dot{\varphi}_2(t) + c\varphi_2(t) = M_2(t) + c\varphi_1(t) + d\dot{\varphi}_1(t).$$

In Bild 4.15a) und b) sind zwei zugehörige Blockschaltbilder für den Fall dargestellt, dass die Drehmomente M_1 und M_2 Eingangsgrößen sind. Bild 4.15a) ergibt sich unmittelbar aus (4.6.1). Für jede der Drehmassen und der gemeinsamen Torsionsfeder folgt je ein Teilschaltbild. Bezeichnet man das beim Freischneiden entstehende Torsionsmoment mit

$$\begin{aligned}
\Delta M_T(t) &= M_{T1}(t) - M_{T2}(t) \\
&= (c\,\varphi_1(t) + d\,\dot{\varphi}_1(t)) - (c\,\varphi_2(t) + d\,\dot{\varphi}_2(t)) \\
&= c\,(\varphi_1(t) - \varphi_2(t)) + d\,(\dot{\varphi}_1(t) - \dot{\varphi}_2(t)) \\
&= c\,\Delta\varphi(t) + d\,\Delta\dot{\varphi}(t),
\end{aligned}$$

dann folgt das Blockschaltbild Bild 4.15b). Durch das Einführen des Verdrehwinkels $\Delta\varphi^* = \varphi_1 - \varphi_2$ wird das Blockschaltbild einfacher. Hierbei bekommen die beiden Drehmassen und die Torsionsfeder einzelne Blockschaltbildteile. In beiden Blockschaltbildern sind die mehrfachen Rückführungen zu erkennen.

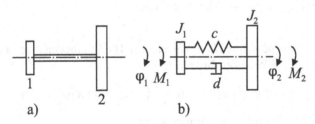

Bild 4.14. Zweimassen-Drehschwinger mit einer Feder: a) Anordnung; b) Ersatzschaltbild des ungefesselten Drehschwingers

Aus (4.6.1) folgt die vektorielle Darstellung

$$\begin{bmatrix} J_1 & 0 \\ 0 & J_2 \end{bmatrix} \begin{bmatrix} \ddot{\varphi}_1(t) \\ \ddot{\varphi}_2(t) \end{bmatrix} + \begin{bmatrix} d & -d \\ -d & d \end{bmatrix} \begin{bmatrix} \dot{\varphi}_1(t) \\ \dot{\varphi}_2(t) \end{bmatrix} + \begin{bmatrix} c & -c \\ -c & c \end{bmatrix} \begin{bmatrix} \varphi_1(t) \\ \varphi_2(t) \end{bmatrix}$$
$$= \begin{bmatrix} 1 & 0 \\ 0 & 1 \end{bmatrix} \begin{bmatrix} M_1(t) \\ M_2(t) \end{bmatrix} \tag{4.6.2}$$

$$\mathbf{J}\,\ddot{\boldsymbol{\varphi}}(t) + \mathbf{D}\,\dot{\boldsymbol{\varphi}}(t) + \mathbf{C}\,\boldsymbol{\varphi}(t) = \mathbf{F}\,\mathbf{M}(t), \tag{4.6.3}$$

also eine *Vektordifferentialgleichung* 2. Ordnung. Auch Drehschwingerketten mit mehr als 2 Drehschwingern lassen sich grundsätzlich in Form von (4.6.3) darstellen. Entsprechend der Anzahl n der Drehschwinger erhöht sich lediglich die Ordnung der Vektoren und Matrizen auf n.

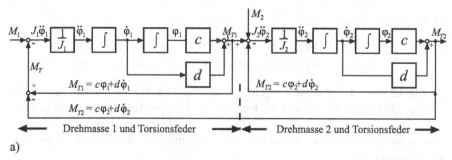

a)

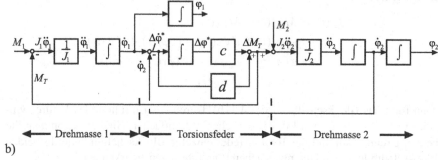

b)

Bild 4.15. Blockschaltbilder des Zweimassenschwingers nach Bild 4.14 für die Eingangsgrößen M_1 und M_2: a) 2 Teilsysteme; b) 3 Teilsysteme

Eine *Zustandsgrößendarstellung* entsprechend (4.5.9) für den Zweimassenschwinger erhält man durch Wahl der Zustandsgrößen

$$\mathbf{x}^T(t) = [\varphi_1(t) \ \dot{\varphi}_1(t) \ \varphi_2(t) \ \dot{\varphi}_2(t)] = [x_1(t) \ x_2(t) \ x_3(t) \ x_4(t)]. \qquad (4.6.4)$$

Hierzu wird (4.6.1) in folgende Form gebracht

$$\ddot{\varphi}_1(t) = -\frac{c}{J_1}\varphi_1(t) + \frac{c}{J_1}\varphi_2(t) - \frac{d}{J_1}\dot{\varphi}_1(t) + \frac{d}{J_1}\dot{\varphi}_2(t) + \frac{1}{J_1}M_1(t)$$
$$= -a_{10}\,\varphi_1(t) + a_{10}\,\varphi_2(t) + a_{11}\,\dot{\varphi}_1(t) + a_{11}\,\dot{\varphi}_2(t) + b_{10}\,M_1(t) \qquad (4.6.5)$$

$$\ddot{\varphi}_2(t) = -\frac{c}{J_2}\,\varphi_2(t) + \frac{c}{J_2}\,\varphi_1(t) - \frac{d}{J_2}\,\dot{\varphi}_2(t) + \frac{d}{J_2}\,\dot{\varphi}_1(t) + \frac{1}{J_2}M_2(t)$$
$$= -a_{20}\,\varphi_2(t) + a_{20}\,\varphi_1(t) - a_{21}\,\dot{\varphi}_2(t) + a_{21}\,\dot{\varphi}_1(t) + b_{20}\,M_2(t). \qquad (4.6.6)$$

Dann gilt

$$\begin{bmatrix} \dot{\varphi}_1(t) \\ \ddot{\varphi}_1(t) \\ \dot{\varphi}_2(t) \\ \ddot{\varphi}_2(t) \end{bmatrix} = \begin{bmatrix} 0 & 1 & 0 & 0 \\ -a_{10} & -a_{11} & -a_{10} & -a_{11} \\ 0 & 0 & 0 & 1 \\ a_{20} & a_{21} & -a_{20} & -a_{21} \end{bmatrix} \begin{bmatrix} \varphi_1(t) \\ \dot{\varphi}_1(t) \\ \varphi_2(t) \\ \dot{\varphi}_2(t) \end{bmatrix} + \begin{bmatrix} 0 & 0 \\ b_{10} & 0 \\ 0 & 0 \\ 0 & b_{20} \end{bmatrix} + \begin{bmatrix} M_1(t) \\ M_2(t) \end{bmatrix}$$

$$(4.6.7)$$

$$\dot{\mathbf{x}}(t) = \mathbf{A}\,\mathbf{x}(t) + \mathbf{B}\,\mathbf{u}(t)$$

$$y(t) = \varphi_2(t) = [0\ 0\ 1\ 0]\ \mathbf{x}(t) = \mathbf{c}^T\ \mathbf{x}(t). \tag{4.6.8}$$

Eine weitere Darstellungsmöglichkeit für Drehschwingerketten ist die *Vierpoldarstellung* nach Bild 4.16. Mit solchen Vierpolen kann man die Kopplung mehrerer Elemente in Blockform darstellen. Dabei wird die Schnittstelle zwischen zwei Elementen durch eine Leistung festgelegt, siehe Kapitel 2. Deshalb ergeben sich bei Drehschwingern Drehmomente und Drehzahlen als Ein- und Ausgangsgrößen.

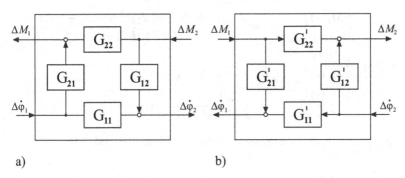

a)   b)

Bild 4.16. Vierpoldarstellung eines Zweimassen-Drehschwingers: a) Eingangsgrößen: $\Delta\dot\varphi_1$ und ΔM_2; b) Eingangsgrößen: ΔM_1 und $\Delta\dot\varphi_2$

Bei Übertragern können dann nach Kapitel 2 folgende Variable unabhängige Eingangsgrößen sein:

a) Eingeprägte Drehgeschwindigkeit $\dot\varphi_1$ und eingeprägtes Moment M_2, 4.16a)

b) Eingeprägtes Moment M_1 und eingeprägte Drehgeschwindigkeit $\dot\varphi_2$, 4.16b)

Zu diesen beiden Fällen werden nun für kleine Änderungen die Übertragungsfunktionen angegeben. Dabei wird für jede Eingangsgröße immer nur eine Ausgangsgröße betrachtet und die übrigen Eingangsgrößen werden zu Null angenommen. Im Blockschaltbild, Bild 4.15a), das für die Eingangsgrößen M_1 und M_2 und die Ausgangsgrößen $\dot\varphi_1$ und $\dot\varphi_2$ gezeichnet ist, ist dann z.B. im Fall a) $\Delta\dot\varphi_2 = f(\Delta M_2)$ für $\Delta\dot\varphi_1 = 0$ und im Fall b) $\Delta\dot\varphi_1 = f(\Delta M_1)$ für $\Delta\dot\varphi_2 = 0$. Damit wird nur ein Teil des Blockschaltbildes wirksam, entweder der rechte Teil für Drehmasse 2 und Torsionsfeder oder der linke Teil für Drehmasse 1 und Torsionsfeder.

Für die kleinen Änderungen um einen Gleichgewichtszustand gelte

$$M_1(t) = \overline{M}_1 + \Delta M_1(t); \quad \Delta M_2(t) = \overline{M}_2 + \Delta M_2(t)$$
$$\varphi_1(t) \quad = \overline{\varphi}_1 + \Delta\varphi_1(t); \quad \varphi_2(t) = \overline{\varphi}_2 + \Delta\varphi_2(t).$$

Nach Einsetzen in (4.6.1) folgt dann für den Gleichgewichtszustand

$$\overline{M}_1 = \overline{M}_2 = c\,(\overline{\varphi}_1 - \overline{\varphi}_2).$$

Die Übertragungsfunktionen für das dynamische Verhalten folgen nach Laplace-Transformation der Differentialgleichungen (4.6.1):

a) Eingangsgrößen: $\Delta\dot{\varphi}_1$ und ΔM_2. Ausgangsgrößen: $\Delta\dot{\varphi}_2$ und ΔM_1.

$$G_{11}(s) = \left.\frac{\Delta\dot{\varphi}_2(s)}{\Delta\dot{\varphi}_1(s)}\right|_{\Delta M_2=0} = \frac{ds+c}{J_2 s^2 + ds + c}$$

$$G_{21}(s) = \left.\frac{\Delta M_1(s)}{\Delta\dot{\varphi}_1(s)}\right|_{\Delta M_2=0} = \frac{J_1 J_2 s^3 + d(J_1+J_2)s^2 + c(J_1+J_2)s}{J_2 s^2 + ds + c}$$

$$G_{12}(s) = \left.\frac{\Delta\dot{\varphi}_2(s)}{\Delta M_2(s)}\right|_{\Delta\dot{\varphi}_1=0} = \frac{s}{J_2 s^2 + ds + c}$$ (4.6.9)

$$G_{22}(s) = \left.\frac{\Delta M_1(s)}{\Delta M_2(s)}\right|_{\Delta\dot{\varphi}_1=0} = \frac{ds+c}{J_2 s^2 + ds + c} = G_{11}(s)$$

b) Eingangsgrößen: ΔM_1 und $\Delta\dot{\varphi}_2$. Ausgangsgrößen: $\Delta\dot{\varphi}_1$ und ΔM_2.

$$G'_{11}(s) = \left.\frac{\Delta\dot{\varphi}_1(s)}{\Delta\dot{\varphi}_2(s)}\right|_{\Delta M_1=0} = \frac{ds+c}{J_1 s^2 + ds + c}$$

$$G'_{12}(s) = \left.\frac{\Delta M_2(s)}{\Delta\dot{\varphi}_2(s)}\right|_{\Delta M_1=0} = \frac{J_1 J_2 s^3 + d(J_1+J_2)s^2 + c(J_1+J_2)s}{J_1 s^2 + ds + c}$$

$$G'_{21}(s) = \left.\frac{\Delta\dot{\varphi}_1(s)}{\Delta M_1(s)}\right|_{\Delta\dot{\varphi}_2=0} = \frac{s}{J_1 s^2 + ds + c}$$ (4.6.10)

$$G'_{22}(s) = \left.\frac{\Delta M_2(s)}{\Delta M_1(s)}\right|_{\Delta\dot{\varphi}_2=0} = \frac{ds+c}{J_1 s^2 + ds + c} = G'_{11}(s)$$

In Bild 4.16 sind die zugehörigen Blockschaltbilder zu sehen. Im stationären Zustand wirken nur die Hauptübertragungsglieder G_{11}, G_{22} oder G'_{11}, G'_{22}, wie in Bild 2.18a), b) für den Fall der Übertrager angegeben. Im dynamischen Zustand wirken zusätzlich die Koppelglieder G_{12}, G_{21} oder G'_{12}, G'_{21}.

Im Fall a), bei z.B. eingeprägtem Drehmoment ΔM_2, ist die Kennkreisfrequenz des Schwingers entsprechend (4.5.5)

$$\omega_0 = \sqrt{c/J_2}$$

und damit abhängig von der frei schwingenden Drehmasse 2. Im Fall b), bei z.B. eingeprägtem Drehmoment ΔM_1, ist die Kennkreisfrequenz

$$\omega'_0 = \sqrt{c/J_1},$$

also abhängig von der frei schwingenden Drehmasse 1.

Beispiele für Zweimassen-Drehschwinger sind ein Elektromotor mit Trägheitsmoment J_1, der über eine elastische Kupplung eine Kreiselpumpe mit J_2 antreibt oder ein Verbrennungsmotor mit J_1, der eine Schiffsschraube mit J_2 dreht.

Das Modell eines Zweimassen-Drehschwingers kann auch als *Ersatzmodell* für *elastische Wellen* mit dem Trägheitmoment J angesetzt werden. Dann ist für einen Wellenabschnitt gleichbleibender Geometrie $J_1 = J_2 = J/2$ zu setzen.

Bei der Betrachtung der Übertragungsfunktionen sind jeweils die zu Null gesetzten Eingangsgrößen zu beachten. Die Zweimassen-Drehschwinger werden in Wirklichkeit meist nicht so betrieben, weil z.B. auf der Abtriebsseite ein Arbeitsprozess folgt, über den $\Delta M_2(t)$ und $\Delta\varphi_2$ gekoppelt sind. Beispiele hierzu sind eine Kreiselpumpe oder ein Fahrzeug. Dann werden bei einer Änderung der Eingangsgrößen alle Übertragungsfunktionen der Vierpoldarstellung angeregt. Deshalb sind in der Regel die vollständigen gekoppelten Anordnungen (Vierpolketten) zu beachten.

Interessiert man sich zur Untersuchung von *Schwingungen* des ungefesselten Zweimassen-Drehschwingers für die relative Bewegung der beiden Drehmassen

$$\Delta\varphi^*(t) = \varphi_1(t) - \varphi_2(t), \tag{4.6.11}$$

dann folgt aus der Subtraktion der beiden Gleichungen in (4.6.1)

$$\frac{J_1 J_2}{J_1 + J_2}\Delta\ddot{\varphi}^*(t) + d\Delta\dot{\varphi}^*(t) + c\Delta\varphi^*(t) = \frac{J_2}{J_1 + J_2}M_1(t) - \frac{J_1}{J_1 + J_2}M_2(t) \tag{4.6.12}$$

mit der wirksamen Druckmasse

$$J_{eff} = \frac{J_1 J_2}{J_1 + J_2} = \frac{1}{\frac{1}{J_2} + \frac{1}{J_1}}$$

und der Kennkreisfrequenz

$$\omega_0^2 = \frac{c}{J_{eff}} = \frac{c\,(J_1 + J_2)}{J_1 J_2}.$$

Die Kennkreisfrequenz wird also durch die Steifigkeit c und beide Trägheitsmomente J_1 und J_2 bestimmt.

Ist eines der Trägheitsmomente dominierend, gilt

$$J_{eff}\big|_{J_1 \gg J_2} \approx J_2; \quad J_{eff}\big|_{J_1 \ll J_2} \approx J_1.$$

Für die Kennkreisfrequenz ω_0 der Schwingungen ist dann das kleinere der Trägheitsmomente maßgebend.

Die Gleichungen für ein *starres Zweimassensystem* erhält man durch Freischneiden der Drehmassen in Bild 4.14a) und $\varphi_1 = \varphi_2$

$$J_1\ddot{\varphi}_1(t) = M_1(t) + M_1'(t)$$
$$J_2\ddot{\varphi}_1(t) = M_2(t) + M_2'(t),$$

wobei $M_1' = -M_2'$ das Koppeldrehmoment ist. Hieraus folgt

$$(J_1 + J_2)\,\ddot{\varphi}_1(t) = M_1(t) + M_2(t). \tag{4.6.13}$$

In der Bewegungsgleichung tritt dann die Summe der Einzelträgheitsmomente auf.

4.6.2 Zweimassen-Drehschwinger mit zwei Federn

Bei vielen Maschinen sind mehrere Drehschwinger gekoppelt. Dann ergeben sich hintereinander geschaltete Drehschwinger entsprechend Bild 4.17. Betrachtet man zwei Drehschwinger, dann folgen nach Freischneiden der Drehmassen aus dem Drehimpulssatz folgende Gleichungen:

$$J_1\ddot{\varphi}_1(t) = M_{T1}(t) + M_1(t)$$
$$M_{T1}(t) = c_1\,(\varphi_0(t) - \varphi_1(t)) + d_1\,(\dot{\varphi}_0(t) - \dot{\varphi}_1(t)) = c_1\Delta\varphi_1^*(t) + d_1\Delta\dot{\varphi}_1^*(t)$$
$$M_{T1}(t) = M_0(t)$$

$$(4.6.14)$$

$$J_2\ddot{\varphi}_2(t) = M_{T2}(t) + M_2(t)$$
$$M_{T2}(t) = c_2\,(\varphi_1(t) - \varphi_2(t)) + d_2\,(\dot{\varphi}_1(t) - \dot{\varphi}_2(t)) = c_2\Delta\varphi_2^*(t) + d_2\Delta\dot{\varphi}_2^*(t)$$
$$M_1(t) = -M_{T2} \quad \text{Kopplung,}$$

$$(4.6.15)$$

wobei für die Verdrehwinkel der Wellen gilt

$$\Delta\varphi_1^* = \varphi_0 - \varphi_1; \quad \Delta\varphi_2^* = \varphi_1 - \varphi_2. \qquad (4.6.16)$$

Hieraus ergibt sich das in Bild 4.18 zu sehende Blockschaltbild für die Verdrehwinkel nach (4.6.16). M_{T1} und M_{T2} sind die in den Wellen übertragenen dynamischen Torsionsdrehmomente. Man erkennt wieder die zahlreichen Rückführungen. Im Unterschied zu Bild 4.15b) sind die Drehmassen mit verschiedenen Drehsteifigkeiten und Dämpfungen versehen.

Eine Vierpoldarstellung der beiden gekoppelten Drehschwinger ist in Bild 4.19 für die Änderungen der Winkel dargestellt. Die einzelnen Übertragungsfunktionen eines Drehschwingers folgen aus der Laplace-Transformation der Differentialgleichungen (4.6.14) und (4.6.15).

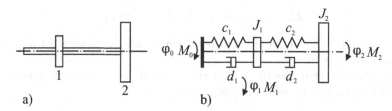

Bild 4.17. Zweimassen-Drehschwinger mit zwei Federn: a) Anordnung; b) Ersatzschaltbild

Für den ersten Drehschwinger mit dem Trägheitsmoment J_1 gilt dann mit (4.6.14)

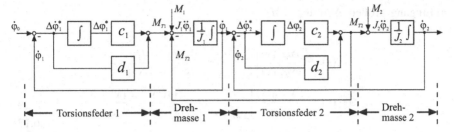

Bild 4.18. Blockschaltbild des Zweimassenschwingers nach Bild 4.17 für Verdrehwinkel

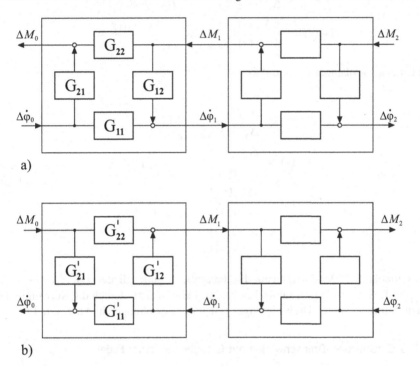

Bild 4.19. Vierpoldarstellung von zwei gekoppelten Drehschwingern mit zwei Federn nach Bild 4.17: a) Eingangsgrößen: $\Delta\dot{\varphi}_0$ und ΔM_2; b) Eingangsgrößen: ΔM_0 und $\Delta\dot{\varphi}_2$

a) Eingangsgrößen: $\Delta\dot\varphi_0$ und ΔM_1

$$G_{11}(s) = \left.\frac{\Delta\dot\varphi_1(s)}{\Delta\dot\varphi_0(s)}\right|_{\Delta M_1=0} = \frac{c_1 + d_1 s}{J_1 s^2 + d_1 s + c_1}$$

$$G_{21}(s) = \left.\frac{\Delta M_0(s)}{\Delta\dot\varphi_0(s)}\right|_{\Delta M_1=0} = \frac{J_1 s(c_1 + d_1 s)}{J_1 s^2 + d_1 s + c_1}$$

$$G_{12}(s) = \left.\frac{\Delta\dot\varphi_1(s)}{\Delta M_1(s)}\right|_{\Delta\dot\varphi_0=0} = \frac{s}{J_1 s^2 + d_1 s + c_1}$$

$$G_{22}(s) = \left.\frac{\Delta M_0(s)}{\Delta M_1(s)}\right|_{\Delta\dot\varphi_0=0} = \frac{c_1 + d_1 s}{J_1 s^2 + d_1 s + c_1}$$

(4.6.17)

b) Eingangsgrößen: ΔM_0 und $\Delta\dot\varphi_1$

$$G'_{11}(s) = \left.\frac{\Delta\dot\varphi_0(s)}{\Delta\dot\varphi_1(s)}\right|_{\Delta M_0=0} = 1$$

$$G'_{12}(s) = \left.\frac{\Delta M_1(s)}{\Delta\dot\varphi_1(s)}\right|_{\Delta M_0=0} = J_1 s$$

$$G'_{21}(s) = \left.\frac{\Delta\dot\varphi_0(s)}{\Delta M_0(s)}\right|_{\Delta\dot\varphi_1=0} = \frac{s}{c_1 + d_1 s}$$

$$G'_{22}(s) = \left.\frac{\Delta M_1(s)}{\Delta M_0(s)}\right|_{\Delta\dot\varphi_1=0} = 1$$

(4.6.18)

Im stationären Zustand wirken nur die Hauptübertragungsglieder $G_{11} = 1$, $G_{22} = 1$, $G'_{11} = 1$, $G'_{22} = 1$. Im dynamischen Zustand kommen zusätzlich die Koppelglieder dazu. Für den zweiten Drehschwinger gelten die Beziehungen in Abschnitt 4.6.1.

4.6.3 Zweimassen-Drehschwinger mit Getriebe und einer Feder

Es wird nun ein Zweimassen-Drehschwinger mit Getriebe nach Bild 4.20 betrachtet. Dabei wird angenommen, dass die Zahnräder ein vernachlässigbar kleines Trägheitsmoment besitzen und spielfrei sind. Torsionssteifigkeit c_1 und -dämpfung d_1 seien in der Antriebswelle konzentriert, d.h. für die Abtriebswelle gelte $\varphi_2 = \varphi'_2$. Das Übersetzungsverhältnis folgt aus $\varphi'_1 r_1 = -\varphi'_2 r_2$ (Gleichgewichtszustand $\varphi_1 r_1 = -\varphi_2 r_2$)

$$i = -\frac{\varphi'_1}{\varphi'_2} = \frac{r_2}{r_1} = -\frac{\dot\varphi'_1}{\varphi'_2} = -\frac{\dot\varphi_1}{\varphi_2} = -\frac{\text{Antriebsdrehzahl}}{\text{Abtriebsdrehzahl}}$$

(4.6.19)

mit

$$|i| > 1 \quad \text{Übersetzung ins Langsame}$$
$$|i| < 1 \quad \text{Übersetzung ins Schnelle.}$$

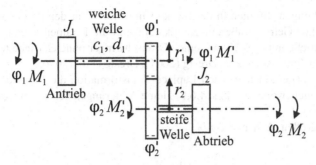

Bild 4.20. Zweimassen-Drehschwinger mit Getriebe $|i| > 1$

Für die Zahnräder mit r_1 und r_2 wird der Drehwinkel

$$\varphi_1' = -\frac{r_2}{r_1}\varphi_2' = -i\varphi_2' = -i\varphi_2; \quad \varphi_2' = -\frac{r_1}{r_2}\varphi_1' = -\frac{1}{i}\varphi_1' \qquad (4.6.20)$$

und für das Drehmoment an den Zahnrädern

$$M_2' = -\left(-i M_1'\right) = i M_1' \qquad (4.6.21)$$

festgelegt. Dann folgt aus dem Drehimpulssatz für die Antriebswelle nach Freischneiden der Drehmassen

$$J_1\ddot{\varphi}_1(t) = -c_1\left(\varphi_1(t) - \varphi_1'(t)\right) - d_1\left(\dot{\varphi}_1(t) - \dot{\varphi}_1'(t)\right) + M_1(t)$$
$$J_2\ddot{\varphi}_2(t) = ic_1\left(\varphi_1'(t) - \varphi_1(t)\right) + id_1\left(\dot{\varphi}_1'(t) - \dot{\varphi}_1(t)\right) + M_2(t). \qquad (4.6.22)$$

Hieraus folgt mit (4.6.20)

$$J_1\ddot{\varphi}_1(t) = -c_1\left(\varphi_1(t) + i\varphi_2(t)\right) - d_1\left(\dot{\varphi}_1(t) + i\dot{\varphi}_2(t)\right) + M_1(t)$$
$$\frac{J_2}{i}\ddot{\varphi}_2(t) = c_1\left(-i\varphi_2(t) - \varphi_1(t)\right) + d_1\left(-i\dot{\varphi}_2(t) - \dot{\varphi}_1(t)\right) + \frac{1}{i}M_2(t) \qquad (4.6.23)$$

oder

$$J_1\ddot{\varphi}_1(t) + d_1\dot{\varphi}_1(t) + c_1\varphi_1(t) = M_1(t) - c_1 i\varphi_2(t) - d_1 i\dot{\varphi}_2(t)$$
$$\frac{J_2}{i^2}\ddot{\varphi}_2(t) + d_1\dot{\varphi}_2(t) + c_1\varphi_2(t) = \frac{1}{i^2}M_2(t) - \frac{c_1}{i}\varphi_1(t) - \frac{d_1}{i}\dot{\varphi}_1(t). \qquad (4.6.24)$$

Verwendet man als Ersatzgrößen

$$\varphi_2'' = -i\varphi_2; \quad \varphi_1'' = -\frac{1}{i}\varphi_1; \quad J_2'' = \frac{J_2}{i^2} M_2''(t) = -\frac{1}{i^2}M_2(t), \qquad (4.6.25)$$

dann folgt

$$J_1\ddot{\varphi}_1(t) + d_1\dot{\varphi}_1(t) + c_1\varphi_1(t) = -M_1(t) + c_1\varphi_2''(t) + d_1\dot{\varphi}_2''(t)$$
$$J_2''\ddot{\varphi}_2(t) + d_1\dot{\varphi}_2(t) + c_1\varphi_2(t) = -M_2''(t) + c_1\varphi_1''(t) + d_1\dot{\varphi}_1''(t). \qquad (4.6.26)$$

Diese Gleichungen stimmen in der Struktur mit (4.6.1) für den Zweimassen-Drehschwinger ohne Getriebe überein. Man kann somit die Parameter des Drehschwingers mit Getriebe mit (4.6.25) auf einen Drehschwinger ohne Getriebe transformieren bzw. reduzieren, siehe z.B. Dresig (2001), Dresig et al. (2006).

Aus (4.6.24) erhält man nach Laplace-Transformation die folgenden Übertragungsfunktionen, wobei wie bei (4.6.9) kleine Änderungen betrachtet werden.

a) Eingangsgrößen: $\Delta\dot\varphi_1$ und ΔM_2

$$G_{11}(s) = \left.\frac{\Delta\dot\varphi_2(s)}{\Delta\dot\varphi_1(s)}\right|_{\Delta M_2=0} = -\frac{\frac{1}{i}(d_1 s + c_1)}{\frac{J_2}{i^2}s^2 + d_1 s + c_1}$$

$$G_{21}(s) = \left.\frac{\Delta M_1(s)}{\Delta\dot\varphi_1(s)}\right|_{\Delta M_2=0} = \frac{J_1\frac{J_2}{i^2}s^3 + d_1\left(J_1 + \frac{J_2}{i^2}\right)s^2 + c_1\left(J_1 + \frac{J_2}{i^2}\right)s}{\frac{J_2}{i^2}s^2 + d_1 s + c_1}$$

$$G_{12}(s) = \left.\frac{\Delta\dot\varphi_2(s)}{\Delta M_2(s)}\right|_{\Delta\dot\varphi_1=0} = \frac{\frac{1}{i^2}s}{\frac{J_2}{i^2}s^2 + d_1 s + c_1}$$

$$G_{22}(s) = \left.\frac{\Delta M_1(s)}{\Delta M_2(s)}\right|_{\Delta\dot\varphi_1=0} = G_{11}(s)$$

$$(4.6.27)$$

b) Eingangsgrößen: ΔM_1 und $\Delta\dot\varphi_2$

$$G'_{11}(s) = \left.\frac{\Delta\dot\varphi_1(s)}{\Delta\dot\varphi_2(s)}\right|_{\Delta M_1=0} = -\frac{i(d_1 s + c_1)}{J_1 s^2 + d_1 s + c_1}$$

$$G'_{12}(s) = \left.\frac{\Delta M_2(s)}{\Delta\dot\varphi_2(s)}\right|_{\Delta M_1=0} = \frac{J_1 J_2 s^3 + (i^2 J_1 + J_2)d_1 s^2 + (i J_1 + J_2)c_1 s}{J_1 s^2 + d_1 s + c_1}$$

$$G'_{21}(s) = \left.\frac{\Delta\dot\varphi_1(s)}{\Delta M_1(s)}\right|_{\Delta\dot\varphi_2=0} = \frac{s}{J_1 s^2 + d_1 s + c_1}$$

$$G'_{22}(s) = \left.\frac{\Delta M_2(s)}{\Delta M_1(s)}\right|_{\Delta\dot\varphi_2=0} = G'_{11}(s)$$

$$(4.6.28)$$

Die Kennkreisfrequenzen sind im Fall a)

$$\omega_0 = \sqrt{i^2 c/J_2} = i\sqrt{c/J_2},$$

im Fall b)

$$\omega'_0 = \sqrt{c/J_1}.$$

Mit größer werdenden Untersetzungen i (ins Langsame) werden durch Drehzahländerungen $\Delta\dot\varphi_1$ auf der Antriebsseite oder Drehmomentänderungen ΔM_2 auf der

Antriebsseite zunehmend größere Frequenzen angeregt. Das wirksame Trägheitsmoment der Abtriebsseite geht dann mit J_2/i^2 in das Eigenverhalten ein und kann bei großen $i \gg 10$ oft vernachlässigt werden.

Die Übersetzung i hat keinen Einfluss auf das Eigenverhalten im Fall b), da für eingeprägtes Antriebsmoment ΔM_1 und eingeprägte Lastdrehzahl $\Delta \dot{\varphi}_2$ die Drehmasse J_1 frei schwingt. Die Übersetzung beeinflusst jedoch bis auf $G'_{21}(s)$ die Verstärkung der Übertragungsglieder.

Zur Untersuchung von *Schwingungen* interessiert die relative Bewegung der Drehmassen

$$\Delta \varphi^*(t) = \varphi_1(t) - \varphi'_1(t). \tag{4.6.29}$$

Nach Einsetzen in (4.6.22) erhält man durch Subtraktion beider Gleichungen unter Beachtung von (4.6.20)

$$\frac{J_1 J_2}{J_2 + i^2 J_1} \Delta \ddot{\varphi}_1^*(t) + d_1 \Delta \dot{\varphi}_1^*(t) + c_1^* \Delta \varphi_1(t) = \frac{J_2}{J_2 + i^2 J_1} M_1(t) + \frac{J_1 i}{J_2 + i^2 J_1} M_2(t)$$
$$\tag{4.6.30}$$

mit der wirksamen Drehmasse

$$J_{eff} = \frac{J_1 J_2}{J_2 + i^2 J_1} = \frac{J_1 \left(\frac{J_2}{i^2}\right)}{\left(\frac{J_2}{i^2}\right) + J_1} = \frac{J_1 J_2''}{J_2'' + J_1}$$

und der Kennkreisfrequenz

$$\omega_0^2 = \frac{c_1}{J_{eff}} \qquad \frac{c_1 \left(J_2 + i^2 J_1\right)}{J_1 J_2} = \frac{c_1 \left(\frac{J_2}{i^2} + J_1\right)}{J_1 \left(\frac{J_2}{i^2}\right)}.$$

Bei Verwendung des auf eine Welle reduzierten Trägheitsmomentes $J_2'' = J_2/i^2$ folgt dieselbe Beziehung wie beim Zweimassen-Drehschwinger ohne Getriebe. Die Kennkreisfrequenz der Schwingung hängt also von der Steifigkeit c_1 und von beiden Trägheitsmomenten ab.

Die für die Schwingungen relevante Drehmasse und die daraus folgende Kennkreisfrequenz sind wie folgt abhängig von der Übersetzung $i = r_2/r_1$

$$J_{eff}\big|_{i \ll 1} \approx J_1; \qquad\qquad \omega_0^2\big|_{i \ll 1} \approx \frac{c_1}{J_1}$$

$$J_{eff}\big|_{i \gg 1} \approx \frac{J_2}{i^2} = J_2''; \qquad\qquad \omega_0^2\big|_{i \gg 1} \approx \frac{c_1}{J_2/i^2}.$$

Bei einer kleinen Übersetzung i ($r_2 \ll r_1$, d.h. Übersetzung ins Schnelle: $\dot{\varphi}_2 \gg \dot{\varphi}_1$) wird das effektive Trägheitsmoment durch die langsamer laufende Drehmasse 1 mit J_1 bestimmt und bei einer großen Übersetzung i ($r_2 \gg r_1$, d.h. Übersetzung ins Langsame: $\dot{\varphi}_2 \ll \dot{\varphi}_1$) ist das effektive Trägheitsmoment durch die ebenfalls langsamer laufende Drehmasse 2 über J_2/i^2 bestimmt. Wie beim Drehschwinger ohne

Getriebe ist für die entstehenden Schwingungen in diesen Grenzfällen jeweils das kleinere der Trägheitsmomente J_1 oder J_2'' maßgebend.

Wenn man die Drehmassen mit Getriebe als *starres Zweimassensystem* betrachten kann, folgt mit $\varphi_1(t) = \varphi_1'(t)$ und $\varphi_2(t) = -\varphi_2'(t)$ aus Bild 4.20

$$J_1 \ddot{\varphi}_1(t) = M_1(t) + M_1'(t)$$
$$J_2 \ddot{\varphi}_2(t) = M_2(t) + M_2'(t)$$

und durch Einsetzen von (4.6.19) und (4.6.21)

$$\left(J_1 + \frac{J_2}{i^2} \right) \ddot{\varphi}_1(t) = M_1(t) - \frac{1}{i} M_2(t). \tag{4.6.31}$$

Das Trägheitsmoment auf der Abtriebseite geht also bei Einwirken von Drehmomentänderungen auf der Antriebseite $\Delta M_1(t)$ mit J_2/i^2 in die Bewegungsgleichung ein. Bei großen Übersetzungen $i \gg 1$ (ins Langsame) kann man deshalb die Auswirkung des Trägheitsmoments J_2 vernachlässigen, wenn $J_2/i^2 \ll J_1$ (z.B. bei Robotern mit $i = 100\ldots300$ für die Hauptachsen). Entsprechend erhält man

$$\left(J_2 + i^2 J_1 \right) \ddot{\varphi}_2(t) = M_2(t) - i M_1(t). \tag{4.6.32}$$

Hier geht bei Drehmomentänderungen auf der Abtriebseite das Trägheitsmoment der Antriebseite mit $i^2 J_1$ ein.

4.6.4 Getriebebauarten

Zur Umformung von mechanischen Bewegungen werden in der Regel Getriebe für drehende oder translatorische Bewegungen verwendet. Sie werden dann eingesetzt, wenn eine Änderung der Bewegung oder eine Änderung der Drehzahl oder des Drehmomentes erforderlich ist. Hierzu existiert eine große Vielfalt von Getriebeformen. Deshalb kann hier nur ein kleiner Auszug einiger Möglichkeiten angegeben werden. Ausführlichere Darstellungen kann man z.B. verschiedenen Handbüchern entnehmen, wie Bradley et al. (1991), FVA (1992), Bolton (1996), Walsh (1999), Czichos und Hennecke (2004), Grote und Feldhusen (2004).

a) Getriebe mit fester Übersetzung

Für viele Anwendungen läuft der Motor mit einer höheren Drehzahl als die angetriebene Maschine. Tabelle 4.1 zeigt einige Beispiele für die Umformung einer rotatorischen Bewegung in eine andere rotatorische oder lineare Bewegung. Getriebe werden für die Übertragung einer Drehung zwischen *parallelen Achsen* verwendet oder für schräg zueinander stehende Achsen. Getriebe mit parallelen Achsen haben entweder axial ausgerichtete Zähne (Stirnrad-Getriebe) oder schräg verzahnte Getriebe, welche durch ihren allmählichen Eingriff der einzelnen Zähne einen ruhigeren Lauf und eine größere Lebensdauer erreichen. Das Übersetzungsverhältnis ist durch das Verhältnis der Zähnezahl beider Zahnräder gegeben. Für größere Übersetzungen müssen mehrere Stufen von Zahnradpaaren genutzt werden. Dabei resultiert ein einfacher Getriebestrang unter Beibehaltung der Drehrichtung, wenn jede Welle nur ein Zahnrad trägt mit einem leerlaufenden Zahnrad dazwischen. Mit zwei Getriebepaaren wird eine Wellenausrichtung in einer Achse und gleicher Drehrichtung möglich.

Planetengetriebe haben parallel angeordnete Achsen und koaxiale Eingangs- und Ausgangswellen. Meist sind mehrere Zahnräder auf einem Arm angebracht, der um die Hauptachse dreht, siehe Tabelle 4.1. Diese Zahnräder werden *Planeten* und das zentrale Rad *Sonne* genannt. Die Planetenräder greifen in das innere Rad über einen äußeren Ring. Für Getriebe mit fester Übersetzung ist der Eingang üblicherweise der Planetenrad-Träger und der Ausgang das Sonnenrad, wobei der äußere Ring fest im Gehäuse steht. Durch das Festhalten verschiedener Teile des Planetengetriebes können verschiedene Getriebestufen erreicht werden, z.B. kann der Ring rotieren und der Arm der Planetenräder fest gehalten werden. Diese Planetengetriebe führen zu kompakten Getrieben und sind die Basis für die meisten automatischen Fahrzeuggetriebe.

Ein Nachteil der parallelen Anordnung der Achsen und der Planetengetriebe ist die meist vorhandene Lose, die nicht vollständig vermieden werden kann. Mit jeder Stufe nimmt die Gesamtlose zu. Dies ist dann kein wesentliches Problem, wenn die externe Last einseitig angreift. Wenn sich jedoch die Belastung umdreht, ist die Lose für eine sehr genaue Bewegungserzeugung nicht tolerierbar, wie z.B. für Roboterarme. In diesen Fällen werden *Harmonic Drives* eingesetzt. Ein zentrales Eingangsrad ist exzentrisch ausgeführt und drückt einen äußeren flexiblen Ring über Rollen in ein innenverzahntes Zahnrad. Dabei schreitet der flexible Ring nur durch einen Zahn pro Umdrehung des Eingangsrades fort. Dadurch entsteht eine große Übersetzung in einer einzigen Stufe.

Für relativ große Drehzahlreduktionen und Änderungen der Drehachse um 90° werden *Schneckengetriebe* eingesetzt. Für Übersetzungsverhältnisse über 15:1 verfügen sie zuverlässig über eine Selbsthaltung, wenn der Motor inaktiv ist. Ein Nachteil ist allerdings der geringe Wirkungsgrad.

Riemengetriebe bestehen aus einem Paar von Rädern und einem Riemen für die Übertragung der Bewegung. Die einfachste Form ist ein Flachriemen mit zylindrischen Rädern. Das Drehmoment wird nach dem Prinzip der Seilreibung am Umfang der zylindrischen Räder übertragen. Das übertragene Drehmoment entsteht aus der Differenz zwischen der Zugkraft im Zugtrum und Leertrum. Jedoch kann hierbei ein Schlupf entstehen. Die Riemengetriebe haben den Vorteil, dass die Riemenlänge leicht an die Anbauverhältnisse angepasst werden können und dass ein automatischer Schutz gegen Überlast besteht. Jedoch ist das Übersetzungsverhältnis auf maximal etwa 3 begrenzt, um einen genügend großen Umfassungsbogen für den Kontakt zu erreichen.

Keilriemen können für größere Leistungen bis zu 1000 kW eingesetzt werden. Dabei drückt sich ein Keil in das V-förmige Riemenrad ein und erzeugt dadurch eine hohe Reibkraft. Mit zunehmendem Drehmoment wird die Einpressung größer und erlaubt deshalb die Übertragung eines größeren Drehmomentes. Jedoch haben

Tabelle 4.1. Getriebe mit fester Übersetzung

Getriebetyp		Zahnrad-Getriebe				Riementriebe	Lineargetriebe	
		Parallel-Wellen-Getriebe	Planetengetriebe	Harmonic Drive Getriebe	Schnecken-Getriebe	Flach-, V-, Zahn-, Riemen-, Kettengetriebe	Zahnrad-/Zahnstangen-Getriebe	Kugelumlauf-Spindel
Aufbau (Beispiel)								
Stufenzahl		1 - 15	1 - 5	1	1 - 10	≥ 2	1	1
Übersetzung/ Stufe i		3 - 6	3 - 10	30 - 320	10 - 80	3	–	–
Drehzahl n	min⁻¹	< 90000	< 80000	≤ 5000	< 3800	< 6000	–	–
Geschwindigkeit	m/s	–	–	–	–	–	< 2,5	< 2
Hub	m/s	–	–	–	–	–	< 8	< 30
Wirkungsgrad	η	0,75 - 0,99	0,5 - 0,9	0,85	0,25 - 0,8	0,8 - 0,97	0,8 - 0,85	0,5 - 0,6
Drehmoment antriebsseitig	kNm	< 700	< 3500	≤ 9	< 350		–	–
Schubkraft	kN	–	–	–	–		< 15	< 2000
Lose	°	< 0,15	< 0,35	< 0,05	< 0,13	–	–	–
selbsthemmend		nein	nein	nein	eingeschränkt ja	nein	nein	eingeschränkt ja
Merkmale		- Stirnrad-Getriebe: laut - Schrägverz. Getr.: größere Last, leiser	- kompakt	- keine Lose - hohe Steifigkeit - kompakt	- leise - Erwärmung	- preiswert - wenig Wartung - flexibler Anbau	- leise	- große Dämpfung - kleines Spiel

diese Keilriemen keine konstante Übersetzung, sondern in Folge der Riemendehnung etwa ein bis zwei Prozent Schlupf. Die bisher beschriebenen Riemengetriebe werden auch als kraftschlüssige Riementriebe bezeichnet.

Formschlüssige Riementriebe erhält man durch Einsatz von Zahnriemen mit trapezförmigem oder abgerundetem Zahnprofil. Durch die formschlüssige Kraftübertragung erreicht man hier einen synchronen Lauf ohne Schlupf und ohne größere Vorspannung. Die Zahnriemen bestehen aus Verbundwerkstoffen mit Cordfäden oder Stahldrahteinlagen, um einen steifen und losefreien Antrieb mit einem konstanten Übersetzungsverhältnis zu erzeugen. Sie sind jedoch auf kleinere Leistungen wie z.B. 20 kW und auf Temperaturen unter 120° C beschränkt. Sie können für die Synchronisation von Drehzahlen verwenden werden, wie z.B. für den Nockenwellen-Antrieb von Verbrennungsmotoren oder mechanische Bewegungen in Druckern.

Kettentriebe werden meist für höhere Leistungen eingesetzt, bei denen kein Schlupf toleriert werden kann (Nockenwellen-Antriebe, Motorräder). Sie haben Rollen und benötigen eine Vorspannung, um eine Lose und Schwingungen zu vermeiden, und brauchen eine Schmierung.

Zahnrad-/Zahnstangengetriebe sind eine einfache Form, um Dreh- in lineare Bewegungen oder umgekehrt zu übersetzen, wie z.B. bei Lenkgetrieben von Fahrzeuglenkungen. Wenn Lose vermieden werden muss, kann das Zahnrad auf dem Umfang in der Mitte geteilt werden mit Zahnhälften, die zueinander versetzt sind. *Kugelumlauf-Spindelgetriebe* übertragen eine Drehbewegung in eine lineare Bewegung über Kugeln. Sie werden für hoch präzise Bewegungen von Lasten mit kleiner Reibung verwendet, wie z.B. Vorschubantriebe von Werkzeugmaschinen oder Fahrzeuglenkungen. Die Kugeln werden dabei üblicherweise in einem Umlauf zurückgeführt.

b) Getriebe mit variabler Übersetzung

Für viele Anwendungen ist ein variables Übersetzungsverhältnis erforderlich. Dies hat zu einer Vielzahl von mechanischen Lösungen geführt, von denen hier nur einige wenige kurz beschrieben werden, siehe Tabelle 4.2. Diese sind zum Teil als *CVT-Getriebe* (continuously variable transmissions) bekannt und werden in automatischen Getrieben für Kraftfahrzeuge verwendet. Man muss die CVT-Getriebe für stationäre Maschinenanwendungen im Wettbewerb mit drehzahlgeregelten elektrischen Antrieben sehen, die Dank der Fortschritte der Leistungselektronik stark zugenommen haben.

Die CVT-Getriebe mit konischen, verstellbaren Scheibenrädern verwenden z.B. eine Schubglieder-Kette. Durch Veränderung der Distanz zwischen den konischen Scheiben auf beiden Seiten kann das Übersetzungsverhältnis geändert werden. Dies wird z.B. durch eine hydraulische oder pneumatische Ansteuerung erreicht. Für kleinere Leistungen kommen auch Polymer-Riemen in Frage, für höhere Leistungen nur Riemen aus Stahlelementen oder festen Ringen. Eine Realisierung mit Gliederketten aus Stahlplatten ist das PIV-Getriebe. Andere Ausführungen verwenden Kugeln oder Räder zwischen den konisch ausgeführten Scheiben, FVA (1992).

Tabelle 4.2. Getriebe mit variabler Übersetzung

Getriebetyp	CVT-Getriebe (Continuously Variable Transmission)	Hydraulische Getriebe		
	konische Scheiben mit Gliederkette	hydrostatische Getriebe	hydrodynamische Getriebe	Visko Kupplung
Übersetzungsbereich $R=n_{1max}/n_{2min}$	$R<6$	$R<15$	$R<3$	$R<0,95*)$
Drehzahl n min^{-1}		<20000	<22000	
Wirkungsgrad η	$\leq 0,93$	$0,6 - 0,85$	$0,7 - 0,97$	$<0,95*)$
Drehmoment abtriebsseitig kNm	$\leq 0,5$ (Pkw)	<3000	<380	$<0,5$
Merkmale	- guter Wirkungsgrad - ruckfreie Änderung	- gute Überlastsicherheit - hohe Leistungsdichte	- hohe Leistungsdichte - ruckfreie Änderung - niederer Wirkungsgrad bei großem Schlupf	- passive Drehmomentwandlung - temperaturabhängig *) Schätzung

Hydrodynamische Getriebe sind die am meisten eingesetzten Getriebe mit veränderlicher Übersetzung bei Kraftfahrzeugen. Sie bestehen aus einem Pumpenrad, einer Turbine und einem dazwischen befindlichen Leitrad, um die Differenz zwischen Turbine und Rad aufzunehmen. Dieses Leitrad kann entweder fest sein oder leer laufen. Diese automatischen Getriebe sind geeignet für größere Leistungen und erlauben eine gut gedämpfte Übertragung der Drehzahlen oder des Drehmomentes. Ohne das Leitrad arbeitet das hydrodynamische Getriebe als Flüssigkeitskupplung ohne Steuereingriff, z.B. zum Anfahren. Ein Nachteil der hydrodynamischen Getriebe ist der relativ niedere Wirkungsgrad bei größerem Schlupf und die damit verbundene Wärmeerzeugung. Deshalb besitzen moderne automatische Getriebe eine Wandler-Überbrückungskupplung, die das Pumpen- und Turbinenrad direkt koppelt, wenn keine Schlupf erforderlich ist.

Hydrostatische Getriebe bestehen aus einer Kolbenpumpe und einem Kolbenmotor, welche beide durch einen Ölkreislauf verbunden sind. Die jeweilige Kolbenmaschine kann dabei sowohl als Pumpe als auch als Motor arbeiten. Sie ist entweder mit Axialkolben oder Radialkolben ausgeführt und mit einer Möglichkeit, den Hub kontinuierlich zu verändern. Aufgrund der volumetrischen Beziehungen zwischen dem geförderten Fluid und dem entstehenden Druck kann die Drehmoment-Drehzahl-Kennlinie für eine angeschlossene Arbeitsmaschine durch Verstellung des Kolbenhubs angepasst werden. Diese hydrodynamischen Getriebe haben ein sehr gutes Leistungs-Gewicht-Verhältnis und werden für hohe Leistungen verwendet. Sie erlauben auch sehr kleine Abtriebs-Drehzahlen.

Die *Visko-Kupplung* ist eine gekapselte Kupplung mit verschiedenen Scheiben und einer Silikonflüssigkeit. Das Drehmoment nimmt dabei stark mit der Differenzgeschwindigkeit der beiden gegenüberliegenden Scheiben zu. Die Visko-Kupplung kann verwendet werden, um passiv das übertragene Drehmoment oder die Drehzahl zwischen zwei Wellen zu verändern, wie z.B. im Antriebsstrang von Allradantrieben bei Kraftfahrzeugen oder zur Änderung des übertragenen Drehmomentes in Abhängigkeit der Temperatur, wie z.B. bei den Kühler-Ventilatoren in Fahrzeugen, Braess und Seiffert (2000), Behr (2001).

4.6.5 Riemengetriebe

Bild 4.21 zeigt den schematischen Aufbau eines offenen Riemengetriebes. Der Riemen umschlingt die auf der An- und Abtriebswelle sitzenden Riemenscheiben, wobei eine Umfangskraft F_U an den Scheiben als Differenz der Lasttrumkraft $F_1(t)$ und der Leertrumkraft $F_2(t)$ erzeugt wird und dadurch Drehmomente und Drehgeschwindigkeiten übertragen werden.

Die Riemenwerkstoffe sind laufend weiterentwickelt worden. So wurde z.B. das Leistungsspektrum von Zahnriemen aus hochtemperaturfesten Elastomeren ständig verbessert, so dass sie als Nockenwellenantriebe in Verbrennungsmotoren eingesetzt werden, Schulte (2005). Der Riemen wird nun als ein Übertragungselement mit Feder-Dämpfer-Verhalten betrachtet, He (1993).

Zur Kraftübertragung finden verschiedene Riemenbauarten Verwendung:

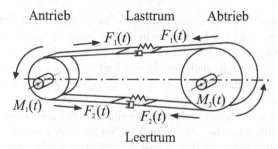

Bild 4.21. Riemengetriebe

- *Reibschlüssige (kraftschlüssige) Riemengetriebe*: Flachriemengetriebe, Keilriemengetriebe usw. Die Kraftübertragung geschieht nach dem Prinzip der Seilreibung. Die Drehzahlwandlung erfolgt bei richtiger Auslegung mit einem geringen, lastabhängigen Schlupf und nahezu konstanter Übersetzung.
- *Formschlüssige Riemengetriebe*: Synchronriemengetriebe (Zahnriemengetriebe). Durch die Riemenverzahnung wird der Formschluss zwischen Riemen und Scheiben hergestellt. Somit werden die Umfangskräfte ohne Schlupf übertragen und eine konstante Übersetzung erzeugt.

Sowohl zur Aufrechterhaltung des Reibschlusses bei den reibschlüssigen Riemengetrieben als auch zur Erzielung eines optimalen Laufverhaltens bei den formschlüssigen Riemengetrieben ist eine bauartabhängige Mindestvorspannkraft erforderlich.

Bild 4.22 zeigt das allgemeine Ersatzmodell für das in Bild 4.21 dargestellte Riemengetriebe zur Modellbildung des dynamischen Verhaltens. Hierzu werden folgende vereinfachende Annahmen getroffen:

- der Riemen ist masselos
- der Wellenabstand ist konstant
- der Einfluss der Fliehkraft wird vernachlässigt
- die Verformung der Riemenscheiben und der Wellen werden gegenüber den Riemenverformungen vernachlässigt
- für einen bestimmten Belastungszustand sei der Elastizitätsmodul über die gesamte Riemenlänge konstant. Für diesen Zustand gilt das Hookesche Gesetz
- es tritt bei reibschlüssigen Riemengetrieben nur Dehnschlupf auf

Es werden folgende Symbole verwendet.

A	Riemenquerschnittsfläche
M	Drehmoment
F	Trumkraft
F_v	Vorspannkraft
φ	Drehwinkeländerung
$\dot{\varphi}$	Winkelgeschwindigkeit
J	Trägheitsmoment

d_w wirksamer Laufdurchmesser
c_R Riemenfedersteifigkeit
d_R Riemendämpfungskoeffizient
Δl Längenänderung des Riementrums gegenüber dem Vorspannungszustand

Als Indizes werden verwendet:

1   Lasttrum; Antrieb
2   Leertrum; Abtrieb

Die Riemenfedersteifigkeit c_R kann nach folgendem Ansatz abgeschätzt werden

$$c_R = \frac{EA}{l_R} \qquad (4.6.33)$$

EA Riemensteifigkeitskennwert
l_R Riemenlänge eines Trums

Die Ermittlung von EA-Kennwerten unter Berücksichtigung von Riemenart und -belastung ist exemplarisch in Erxleben (1984) beschrieben.

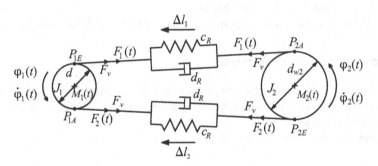

Bild 4.22. Ersatzmodell des Riemengetriebes

Der Riemendämpfungskoeffizient d_R lässt sich nach Klingenberg (1978) wie folgt errechnen

$$d_R = \frac{\psi c_R}{2\pi \dot{\varphi}_{10}}. \qquad (4.6.34)$$

Hierin bedeuten $\dot{\varphi}_{10}$ die Winkelgeschwindigkeit des Antriebs im betrachteten Arbeitspunkt und ψ die relative Dämpfung des Riemens, die nach Erxleben (1984) experimentell ermittelt werden kann.

Mit den getroffenen Annahmen können anhand von Bild 4.22 folgende Drehimpulsbilanzen an den beiden Riemenscheiben aufgestellt werden.

An der treibenden Scheibe (Antrieb)

$$J_1 \ddot{\varphi}_1(t) = M_1(t) - \frac{d_{w1}}{2} \left(F_1(t) - F_2(t) \right). \qquad (4.6.35)$$

An der getriebenen Scheibe (Abtrieb)

$$J_2\ddot{\varphi}_2(t) = -M_2(t) + \frac{d_{w2}}{2}\left(F_1(t) - F_2(t)\right) \tag{4.6.36}$$

mit

$$F_1(t) = F_v + c_R\Delta l_1(t) + d_R\Delta\dot{l}_1(t) \tag{4.6.37}$$

$$F_2(t) = F_v - c_r\Delta l_2(t) - d_R\Delta\dot{l}_2(t), \tag{4.6.38}$$

wobei Δl_1 die auf das Lasttrum bezogene Längenzunahme und Δl_2 die auf das Leertrum bezogene Längenabnahme ist.

Durch Einsetzen von (4.6.37) und (4.6.38) in (4.6.35) und (4.6.36) erhält man die folgenden Gleichungen für das Riemengetriebe

$$J_1\ddot{\varphi}_1(t) + \frac{d_{w1}}{2}\left[c_R\left(\Delta l_1(t) + \Delta l_2(t)\right) + d_R\left(\Delta\dot{l}_1(t) + \Delta\dot{l}_2(t)\right)\right] = M_1(t) \tag{4.6.39}$$

$$J_2\ddot{\varphi}_2(t) - \frac{d_{w2}}{2}\left[c_R\left(\Delta l_1(t) + \Delta l_2(t)\right) + d_R\left(\Delta\dot{l}_1(t) + \Delta\dot{l}_2(t)\right)\right] = -M_2(t). \tag{4.6.40}$$

Die Vorspannkraft F_v fällt hierbei heraus.

Im Folgenden werden die nichtmessbaren Größen Δl_1, Δl_2 berechnet.

a) Flachriemengetriebe (Reibschluss)

Reibschlüssige Riemengetriebe arbeiten stets mit einem geringfügig lastabhängigen Dehnschlupf, d.h. die Geschwindigkeit der getriebenen Scheibe bleibt gegenüber der der treibenden zurück.

Bezeichnet man den Schlupf mit

$$s = \frac{v_1 - v_2}{v_1}, \tag{4.6.41}$$

wobei für die Scheibenumfangsgeschwindigkeit gilt

$$v_1 = \frac{d_{w1}}{2}\dot{\varphi}_1; \quad v_2 = \frac{d_{w2}}{2}\dot{\varphi}_2 \tag{4.6.42}$$

und die Übersetzung eines Riemengetriebes mit

$$i = \frac{n_1}{n_2} = \frac{\dot{\varphi}_1}{\dot{\varphi}_2} = \frac{\text{Antriebsdrehzahl}}{\text{Abtriebsdrehzahl}}, \tag{4.6.43}$$

erhält man durch Einsetzen von (4.6.43) in (4.6.42)

$$s = \frac{d_{w1}\dot{\varphi}_1 - d_{w2}\dot{\varphi}_2}{d_{w1}\dot{\varphi}_1} = 1 - \frac{d_{w2}\dot{\varphi}_2}{d_{w1}\dot{\varphi}_1} \Rightarrow \frac{\dot{\varphi}_1}{\dot{\varphi}_2} = \frac{1}{1-s}\frac{d_{w2}}{d_{w1}}.$$

Hieraus ergibt sich die tatsächliche Übersetzung eines Flachriemengetriebes

$$i = \frac{\dot{\varphi}_1}{\dot{\varphi}_2} = \frac{1}{1-s}\frac{d_{w2}}{d_{w1}} = \frac{1}{1-s}i_0, \tag{4.6.44}$$

aus der mit $s = 0$ die Leerlaufübersetzung folgt

$$i_0 = \frac{d_{w2}}{d_{w1}}. \tag{4.6.45}$$

Das Nacheilen der Abtriebswelle ist nur eine Folge des Trumkraftab- und -aufbaus über den Scheiben. Beim Lauf über den Scheiben nimmt der Riemen unterschiedliche Dehnungen an, die wiederum Änderungen der Riemenlaufgeschwindigkeit hervorrufen.

Die Riemengeschwindigkeit v_{1E} am Einlaufpunkt P_{1E} der treibenden Scheibe ist (bei fehlendem Gleitschlupf) gleich der Umfangsgeschwindigkeit v_1 der Scheibe: $v_{1E} = v_1$. Die Riemengeschwindigkeit v_{2E} am Einlaufpunkt P_{2E} der getriebenen Scheibe (Leertrum) ist gleich der Umfangsgeschwindigkeit v_2 der Scheibe: $v_{2E} = v_2$. Wegen der sich aufbauenden Dehnung Δl_1 des Riemens im Lasttrum ist $v_{2A} < v_1$ und somit gilt

$$\Delta l_1(t) = v_{1E}(t)\Delta t - v_{2A}(t)\Delta t = v_1(t)\Delta t - v_{2A}(t)\Delta t. \tag{4.6.46}$$

Die sich abbauende Dehnung Δl_2 im Leertrum ist mit $v_{1A} > v_2$

$$\Delta l_2(t) = v_{1A}(t)\Delta t - v_{2E}(t)\Delta t = v_{1A}(t)\Delta t - v_2(t)\Delta t. \tag{4.6.47}$$

Hierbei sind:

v_{1E} Riemengeschwindigkeit am Einlaufpunkt der treib. Scheibe P_{1E}
v_{1A} Riemengeschwindigkeit am Auslaufpunkt der treib. Scheibe P_{1A}
v_{2E} Riemengeschwindigkeit am Einlaufpunkt der getr. Scheibe P_{2E}
v_{2A} Riemengeschwindigkeit am Auslaufpunkt der getr. Scheibe P_{2A}

Für diese Geschwindigkeiten gilt nun mit der Annahme des Dehnschlupfes

$$s = 1 - \frac{v_2}{v_1} \quad \text{bzw.} \quad (1-s) = \frac{v_2}{v_1}.$$

Um die unbekannten Geschwindigkeiten v_{1A} und v_{2A} in (4.6.46) und (4.6.47) zu eliminieren, wird angenommen

$$v_{1A} \approx v_2, \quad v_{2A} \approx v_1.$$

Aus der Definition des Schlupfes, (4.6.42), folgt dann

$$s = 1 - \frac{v_2}{v_1} \approx 1 - \frac{v_{1A}}{v_1} \tag{4.6.48}$$
$$v_{1A} \approx (1-s)v_1,$$

$$s = 1 - \frac{v_2}{v_1} \approx 1 - \frac{v_2}{v_{2A}}$$

$$v_{2A} \approx \frac{1}{1-s} v_2.$$

(4.6.49)

Somit ergeben sich aus (4.6.46) - (4.6.49) und $\Delta\varphi(t) = \varphi(t) = \dot\varphi(t)\Delta t$

$$\Delta l_1(t) = \frac{d_{w1}}{2}\varphi_1(t) - \frac{1}{1-s}\frac{d_{w2}}{2}\varphi_2(t),$$

(4.6.50)

$$\Delta \dot l_1(t) = \frac{d_{w1}}{2}\dot\varphi_1(t) - \frac{1}{1-s}\frac{d_{w2}}{2}\dot\varphi_2(t),$$

(4.6.51)

$$\Delta l_2(t) = (1-s)\frac{d_{w1}}{2}\varphi_1(t) - \frac{d_{w2}}{2}\varphi_2(t),$$

(4.6.52)

$$\Delta \dot l_2(t) = (1-s)\frac{d_{w1}}{2}\dot\varphi_1(t) - \frac{d_{w2}}{2}\dot\varphi_2(t).$$

(4.6.53)

Setzt man (4.6.45) und (4.6.50) - (4.6.52) in die Modellgleichungen (4.6.39), (4.6.40) ein, erhält man schließlich das folgende Differentialgleichungssystem für Flachriemengetriebe

$$J_1\ddot\varphi_1(t) + d_{DT}\left(\dot\varphi_1(t) - i\dot\varphi_2(t)\right) + c_{DT}\left(\varphi_1(t) - i\varphi_2(t)\right) = M_1(t)$$ (4.6.54)

$$J_2\ddot\varphi_2(t) - i_0\left[d_{DT}\left(\dot\varphi_1(t) - i\dot\varphi_2(t)\right) + c_{DT}\left(\varphi_1(t) - i\varphi_2(t)\right)\right] = -M_2(t)$$ (4.6.55)

mit

$$c_{DT} = (2-s)\left(\frac{d_{w1}}{2}\right)^2 c_R - \text{dyn. Torsionssteifigkeit in [Nm/rad]}$$ (4.6.56)

$$d_{DT} = (2-s)\left(\frac{d_{w1}}{2}\right)^2 d_R - \text{Dämpfungsbeiwert in [Nm s/rad].}$$ (4.6.57)

(4.6.54), (4.6.55) beschreiben das dynamische Verhalten eines Zweimassenschwingers, vgl. (4.6.1). Bild 4.23 stellt das entsprechende, vereinfachte Ersatzmodell für Flachriemengetriebe dar.

Die Übertragungsfunktionen in der Vierpoldarstellung lauten für kleine Änderungen entsprechend (4.6.9)

$$G_{11}(s) = \frac{\Delta\dot\varphi_2(s)}{\Delta\dot\varphi_1(s)} = \frac{i_0\left(d_{DT}s + c_{DT}\right)}{J_2s^2 + i_0 i\,d_{DT}s + i_0 i\,c_{DT}}$$

$$G_{21}(s) = \frac{\Delta M_1(s)}{\Delta\dot\varphi_1(s)} = \frac{J_1 J_2 s^3 + d_{DT}\left(i_0 i\,J_1 + J_2\right)s^2 + c_{DT}\left(i_0 i\,J_1 + J_2\right)s}{J_2 s^2 + i_0 i\,d_{DT}s + i_0 i\,c_{DT}}$$

$$G_{12}(s) = \frac{\Delta\dot\varphi_2(s)}{\Delta M_2(s)} = \frac{s}{J_2 s^2 + i_0 i\,d_{DT}s + i_0 i\,c_{DT}}$$

$$G_{22}(s) = \frac{\Delta M_1(s)}{\Delta M_2(s)} = \frac{i\left(d_{DT}s + c_{DT}\right)}{J_2 s^2 + i_0 i\,d_{DT}s + i_0 i\,c_{DT}} = G_{11}(s)$$

(4.6.58)

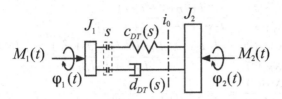

Bild 4.23. Vereinfachtes Ersatzmodell des Flachriemengetriebes

b) Synchronriemengetriebe (Formschluss)

Durch den Formschluss erfolgt bei Synchronriemengetrieben eine schlupffreie Übertragung der Drehbewegungen mit konstanter Übersetzung, d.h.

$$s = 0 \quad \text{und} \quad i = i_0 = \frac{d_{w2}}{d_{w1}}. \tag{4.6.59}$$

Damit ergibt sich aus (4.6.54) - (4.6.55) das folgende mathematische Modell für Synchronriemengetriebe, vgl. auch Bild 4.24.

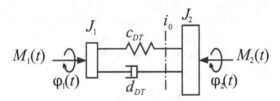

Bild 4.24. Vereinfachtes Ersatzmodell des Synchronriemengetriebes

$$J_1 \ddot{\varphi}_1(t) + d_{DT} \left(\dot{\varphi}_1(t) - i\dot{\varphi}_2(t)\right) + c_{DT} \left(\varphi_1(t) - i\varphi_2(t)\right) = M_1(t) \tag{4.6.60}$$

$$J_2 \ddot{\varphi}_2(t) - i \left[d_{DT} \left(\dot{\varphi}_1(t) - i\dot{\varphi}_2(t)\right) + c_{DT} \left(\varphi_1(t) - i\varphi_2(t)\right)\right] = -M_2(t) \tag{4.6.61}$$

mit der dynamischen Torsionssteifigkeit und dem Dämpfungsbeiwert

$$c_{DT} = \frac{d_{w1}^2}{2} c_R \quad \text{und} \quad d_{DT} = \frac{d_{w1}^2}{2} d_R.$$

Die entsprechenden Übertragungsfunktionen der Vierpoldarstellung (kleine Signaländerungen) für das Synchronriemengetriebe mit Drehzahl $\Delta\dot{\varphi}_1$ und Moment ΔM_2 als Eingangsgrößen sind:

$$G_{11}(s) = \frac{\Delta\dot{\varphi}_2(s)}{\Delta\dot{\varphi}_1(s)} = \frac{i\,(d_{DT}s + c_{DT})}{J_2 s^2 + i^2 d_{DT}s + i^2 c_{DT}}$$

$$G_{21}(s) = \frac{\Delta M_1(s)}{\Delta\dot{\varphi}_1(s)} = \frac{J_1 J_2 s^3 + d_{DT}\left(i^2 J_1 + J_2\right)s^2 + c_{DT}\left(i^2 J_1 + J_2\right)s}{J_2 s^2 + i^2 d_{DT}s + i^2 c_{DT}}$$

$$G_{12}(s) = \frac{\Delta\dot{\varphi}_2(s)}{\Delta M_2(s)} = \frac{s}{J_2 s^2 + i^2 d_{DT}s + i^2 c_{DT}}$$

$$G_{22}(s) = \frac{\Delta M_1(s)}{\Delta M_2(s)} = \frac{i\,(d_{DT}s + c_{DT})}{J_2 s^2 + i^2 d_{DT}s + i^2 c_{DT}}.$$

$$(4.6.62)$$

Diese Übertragungsfunktionen sind also bis auf die Vorzeichen identisch mit dem Zweimassendrehschwinger mit Getriebe, (4.6.28). Die Anwendung dieser Modelle von Riementrieben zur Fehlererkennung mit Parameterschätzmethoden wird in He (1993) beschrieben.

4.6.6 Tilger und Dämpfer

Zur Reduktion von Schwingungen werden an Wellenenden Schwingungstilger oder Schwingungsdämpfer angebracht, Bild 4.25. Ein Tilger ist dabei ein Feder-Masse-Element ohne wesentliche Dämpfung. Er verschiebt die Resonanzfrequenz des Gesamtsystems. Ein Schwingungsdämpfer enthält zusätzlich eine Dämpfung und wandelt dadurch ein Teil der Schwingungsenergie in Wärme um.

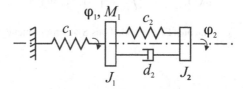

Bild 4.25. Ersatzmodell eines Drehschwingers 1 mit Schwingungsdämpfer bzw. -tilger 2

Vereinfacht man das zu dämpfende schwingende System durch ein Ersatzmodell mit Trägheitsmoment J_1 und Federsteifigkeit c_1, dann gelten nach Bild 4.25 folgende Differentialgleichungen

$$J_1\ddot{\varphi}_1(t) = -c_1\varphi_1(t) - c_2\left(\varphi_1(t) - \varphi_2(t)\right) - d_2\left(\dot{\varphi}_1(t) - \dot{\varphi}_2(t)\right) + M_1(t) \quad (4.6.63)$$
$$J_2\ddot{\varphi}_2(t) = -c_2\left(\varphi_2(t) - \varphi_1(t)\right) - d_2\left(\dot{\varphi}_2(t) - \dot{\varphi}_1(t)\right). \quad (4.6.64)$$

$M_1(t)$ ist hierbei ein anregendes Moment, z.B. harmonisch mit der Kreisfrequenz ω_1

$$M_1(t) = M_{10}\sin\omega_1(t). \quad (4.6.65)$$

Als Übertragungsfunktion erhält man dann für die Schwingungsamplituden φ_1 und φ_2

$$G_{11}(s) = \frac{\varphi_1(s)}{M_1(s)} = \frac{J_2 s^2 + d_2 s + c_2}{\left(J_1 s^2 + d_2 s + (c_1 + c_2)\right)\left(J_2 s^2 + d_2 s + c_2\right) - (c_2 + d_2 s)^2}$$
$$(4.6.66)$$

$$G_{21}(s) = \frac{\varphi_2(s)}{M_1(s)} = \frac{c_2 + d_2 s}{\left(J_1 s^2 + d_2 s + (c_1 + c_2)\right)\left(J_2 s^2 + d_2 s + c_2\right) - (c_2 + d_2 s)^2}.$$
$$(4.6.67)$$

Aus (4.6.66) folgt für einen Tilger mit $d_2 = 0$ und der Bedingung, dass die Amplituden $\varphi_1 = 0$ werden bei Anregung mit M_1 nach (4.6.65)

$$J_2 \left(i\omega_1\right)^2 + c_2 = 0$$

und somit

$$\omega_1^2 = c_2/J_2. \qquad (4.6.68)$$

Man kann deshalb die Schwingungen φ_1 der Drehmasse J_1 durch geeignete Wahl von c_2/J_2 zum Verschwinden bringen. Allerdings entstehen dann zwei neue Resonanzfrequenzen unterhalb und oberhalb dieser Frequenz (siehe Nennerpolynom), was beim An- und Abfahren stört. Außerdem muss das Moment M_1 durch die Tilgerfeder aufgenommen werden.

Man setzt deshalb besser Schwingungsdämpfer mit Feder und Dämpfer ein, z.B. Gummi-Elemente, oder federlose Dämpfer, wenn die Belastung von Federn vermieden werden soll, Sneck (1991), Dresig et al. (2006).

4.7 Mechanische Systeme mit Reibung

Die Reibung spielt bei vielen mechanischen Prozessen eine wesentlich Rolle. Sie tritt dann auf, wenn sich berührende Körper gegeneinander bewegt werden, Abschnitt 4.4. Man unterscheidet Festkörperreibung, Mischreibung und Flüssigkeitsreibung.

Bei der *Festkörperreibung* stehen die Reibpartner in unmittelbarem Kontakt. Man unterscheidet zwischen Ruhereibung oder Haftreibung F_{RH} und Gleitreibung F_{RG}. *Die Haftreibung* tritt zwischen ruhenden Körpern auf, die in Bewegung gesetzt werden sollen. Hierzu muss die Haftung oder Adhäsion an den Grenzflächen überwunden werden. Sie wird durch die Haftreibungszahl μ_H beschrieben. Bei bestehender Bewegung wirkt dann die Gleitreibung mit der Gleitreibungszahl μ_c, die auch *trockene* oder *Coulombsche Reibung* genannt wird. Für beide Reibungen gilt das Gesetz

$$F_{RH} = \mu_H F_N; \qquad F_c = \mu_c F_N, \qquad (4.7.1)$$

wobei F_N die Normalkraft auf die Berührungsfläche ist, Bild 4.3a). Für die Haft- und Gleitreibungszahlen gilt

$$\mu_H \approx 0,15 \ldots 0,8$$
$$\mu_c \approx 0,1 \ldots 0,6,$$

d.h. die Haftreibung ist im Allgemeinen größer als die Gleitreibung.

Wenn sich zwischen den gleitenden Körpern eine Flüssigkeitsschicht befindet, dann findet die Reibung innerhalb der Flüssigkeitsschicht statt. Diese ist von der Relativgeschwindigkeit v abhängig und in der Regel wesentlich kleiner als die Festkörperreibung. Dann gilt für die *Flüssigkeitsreibung* oder *viskose Reibung* näherungsweise bei kleinen Geschwindigkeiten w mit laminarer Strömung

$$F_v \sim w \tag{4.7.2}$$

und bei großen Geschwindigkeiten mit turbulenter Strömung

$$F_v \sim w^2. \tag{4.7.3}$$

Zwischen reiner Festkörper- und reiner Flüssigkeitsreibung kann man noch eine Reibungsart unterscheiden, bei der beide Reibungen nebeneinander bestehen. Diese wird *Mischreibung* F_{RM} genannt und tritt dann auf, wenn die Schmierstoff-Filmdicke h zum mittleren Rauhwert σ der Gleitpartner ein Verhältnis von $1 < \lambda = h/\sigma < 3$ haben.

Trägt man die Reibungszahlen in Abhängigkeit der Geschwindigkeit auf, dann erhält man einen Verlauf wie in Bild 4.26. Dieser Verlauf der Reibungskennlinie wird auch Stribeck-Kurve nach Stribeck (1902) genannt.

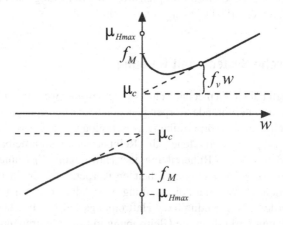

Bild 4.26. Reibungskennlinie nach Stribeck (1902) für die Gleitreibung: μ_c trockene Reibung; $f_v w$ viskose Reibung; f_M Reibungsgrenzwert für $w \to 0$; μ_{Hmax} maximale Haftreibung

Insgesamt kann man diese Reibungskennlinie durch folgende Gleichung beschreiben, Tustin (1947), siehe auch Armstrong-Hélouvry (1991),

$$f_R = \mu_c \operatorname{sign} w + f_v w + f_M e^{-c|w|} \operatorname{sign} w \quad (|w| > 0). \tag{4.7.4}$$

Die Reibungskraft folgt dann aus

$$F_R = f_R F_N, \tag{4.7.5}$$

und es gilt somit auch

$$F_R = F_c \operatorname{sign} w + F_v w + F_M e^{-c|w|} \operatorname{sign} w \quad (|w| > 0). \tag{4.7.6}$$

Man beachte, dass im Ruhezustand $w = 0$ die Haftreibung $F_{RH} \leq F_{RHmax}$ gilt. Hierbei ist F_{Hmax} die maximal auftretende Haftreibungskraft bei der sich das System gerade noch nicht bewegt. Die Haftreibung F_{RH} ist gemäß actio=reactio stets so groß wie die angreifende Kraft F. Wenn $F > F_{RHmax}$, wird das System ruckartig in Bewegung gesetzt und die Reibungskraft folgt dann der Reibungskennlinie nach Bild 4.26.

Nun werde ein Feder-Masse-Dämpfer-System mit Reibung nach Bild 4.27a) betrachtet. Es gilt dann die Differentialgleichung

$$m\ddot{z}_2(t) + d\dot{z}_2(t) + cz_2(t) + F_R(t) = cz_1(t), \tag{4.7.7}$$

wenn der Weg $z_1(t)$ Eingangsgröße ist. Im bewegten Zustand $w_2 = \dot{z}_2(t) \neq 0$ entsteht die Reibungskraft durch Gleitreibung für die ein trockener und viskoser Anteil angenommen wird

$$F_R(t) = F_c \operatorname{sign} \dot{z}_2(t) + F_v \dot{z}_2(t). \tag{4.7.8}$$

Für die Bewegung in Richtung $\dot{z}_2(t) > 0$ gilt dann

$$m\ddot{z}_2(t) + (d + F_v)\dot{z}_2(t) + cz_2(t) + F_c = cz_1(t) \tag{4.7.9}$$

und in Richtung $\dot{z}_2(t) < 0$

$$m\ddot{z}_2(t) + (d + F_v)\dot{z}_2(t) + cz_2(t) - F_c = cz_1(t). \tag{4.7.10}$$

Der Koeffizient F_v addiert sich somit zum Koeffizient d des Dämpfers. Die trockene Reibung tritt als Konstante auf, deren Vorzeichen von der Richtung der Geschwindigkeit $\dot{z}_2(t)$ abhängt. Das zugehörige Blockschaltbild zeigt Bild 4.27b).

Für den linearen Teil gilt somit die Übertragungsfunktion

$$G(s) = \frac{z_2(s)}{F_s(s)} = \frac{1}{ms^2 + (d + F_v)s + c} \tag{4.7.11}$$

mit der Teilsumme für die Kräfte

$$F_s(t) = cz_1(t) - F_c \operatorname{sign} \dot{z}_2(t). \tag{4.7.12}$$

Bild 4.28 zeigt das dann entstehende Ersatzschaltbild. Die Auswirkung des konstanten Anteils der Gleitreibung kann somit durch eine Gleichwertverschiebung des Eingangssignales mit wechselndem Vorzeichen aufgefasst werden.

Setzt man sämtliche Ableitungen $\ddot{z}_2 = \dot{z}_2 = 0$, dann erhält man aus (4.7.9), (4.7.10) die Beziehungen

$$z_2 = z_1 - \frac{1}{c}F_c \qquad \dot{z}_2 \to +0 \tag{4.7.13}$$

$$z_2 = z_1 + \frac{1}{c}F_c \qquad \dot{z}_2 \to -0. \tag{4.7.14}$$

Als Grenzfall entsteht somit aus den dynamischen Beziehungen eine Hysteresekurve für die Feder mit trockener Reibung, Bild 4.29.

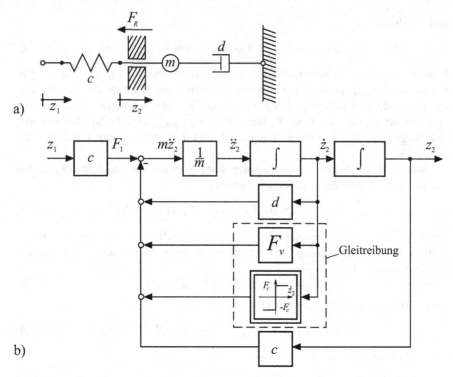

Bild 4.27. Mechanischer Schwinger mit Reibung: a) Schematische Anordnung; b) Blockschaltbild für trockene und viskose Reibung

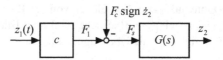

Bild 4.28. Ersatzschaltbild für ein lineares System mit Gleitreibung

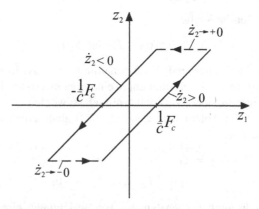

Bild 4.29. Hysteresekurve für eine Feder mit trockener Reibung

4.8 Mechanische Systeme mit Lose (Spiel)

Bild 4.30a) zeigt ein einfaches mechanisches Element mit einer Lose, auch Spiel genannt. Bei einer langsamen Änderung der Eingangsgröße $z_1(t)$ gilt für die Ausgangsgröße

$$z_2(t) = z_1(t) - z_t \quad \text{für} \quad \dot{z}_1(t) > 0$$
$$z_2(t) = z_1(t) + z_t \quad \text{für} \quad \dot{z}_1(t) < 0. \tag{4.8.1}$$

Bei einer Umkehr der Bewegungsrichtung wird, wenn der Punkt 2 festgehalten wird, $z_2 = $ const gehalten, während die Lose durch Änderung von $z_1(t)$ durchlaufen wird. Insgesamt gesehen ergibt sich eine *Hysterese-Kennlinie*, Bild 4.30b).

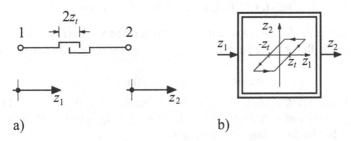

Bild 4.30. Mechanisches Element mit Lose (ohne Feder): a) Schematische Anordnung; b) Blockschaltbild mit Kennlinie

Ist die Lose mit einer Feder versehen, Bild 4.31a), dann liegt das Loseelement je nach Federkraftrichtung an einem der Anschläge an, und es gilt

$$z_2(t) = z_1(t) - z_t \quad \text{für} \quad z_1(t) \geq z_t$$
$$z_2(t) = z_1(t) + z_t \quad \text{für} \quad z_1(t) \leq -z_t \tag{4.8.2}$$
$$z_2(t) = 0 \quad \text{für} \quad -z_t < z_1(t) < z_t.$$

Als Kennlinie entsteht dann eine *tote Zone*, Bild 4.31b). Je nach den angekoppelten mechanischen Elementen führt eine Lose also auf zwei verschiedenartige Kennlinien.

Nun wird ein mechanischer Schwinger mit einer *Lose* der Breite $2\,z_t$ betrachtet, Bild 4.32. Für den Schwinger ohne Lose gilt

$$m\ddot{z}_2(t) + d\dot{z}_2(t) + cz_2(t) = cz_3(t). \tag{4.8.3}$$

Die Auswirkung der Lose lässt sich für langsame Bewegungen durch (4.8.2) beschreiben. Für den Fall, dass sich die Lose an einem Anschlag befindet, so dass $z_1(t) > z_t$, gilt somit

$$m\ddot{z}_2(t) + d\dot{z}_2(t) + cz_2(t) + cz_t = cz_1(t) \tag{4.8.4}$$

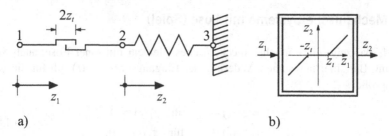

Bild 4.31. Mechanische Elemente mit Feder und Lose: a) Schematische Anordnung; b) Blockschaltbild mit Kennlinie

und am anderen Anschlag

$$m\ddot{z}_2(t) + d\dot{z}_2(t) + cz_2(t) - cz_t = cz_1(t). \tag{4.8.5}$$

Die Lose tritt also als Konstante auf, deren Vorzeichen von $z_1(t)$ abhängt. Für den Bereich innerhalb der Lose ist $z_3(t) = 0$ und es gilt somit das Eigenverhalten des Schwingers

$$m\ddot{z}_2(t) + d\dot{z}_2(t) + cz_2(t) = 0, \tag{4.8.6}$$

wenn der Punkt 3 festgehalten wird, z.B. durch eine Reibung. Wenn der Punkt 3 nicht festgehalten wird und sich innerhalb der Lose frei bewegen kann, fallen die Federkräfte weg. In (4.8.6) ist dann $c = 0$ zu setzen.

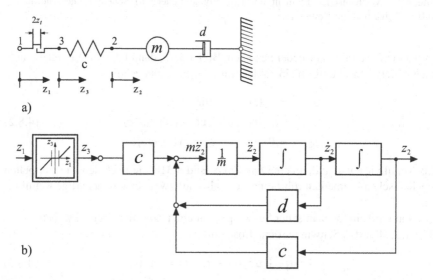

Bild 4.32. Mechanischer Schwinger mit Lose (tote Zone): a) Schematische Anordnung; b) Blockschaltbild für die Fälle $z_1(t) > z_t$ und $z_1(t) < -z_t$

Als vereinfachtes Ersatzschaltbild erhält man für die Bereiche außerhalb der Lose Bild 4.33. (Eventuelle Stoßkräfte am Ende der Losebreite werden nicht betrachtet).

In diesem Kapitel konnte nur auf die Modellbildung einiger mechanischer Bauelemente exemplarisch eingegangen werden. Außer den betrachteten Feder-Massen-Dämpfersystemen für Translation und Rotation existieren noch viele andere mechanische Systeme wie z.B. spezielle Führungen, Kurbeltriebe, mehrgliedrige Gelenkgetriebe zur mechanischen Erzeugung bestimmter Bewegungen und Kräfte, siehe z.B. Hain (1973), VDI (79), Jensen (1991), Sneck (1991).

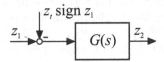

Bild 4.33. Ersatzschaltbild für ein lineares System mit Lose für $|z_1(t)| > |z_t|$

4.9 Aufgaben

1) Berechnen Sie die Steifigkeit c der Torsionsfeder eines Stahlstabes der Länge $l = 1$ m und Durchmesser $d = 0{,}01$ m.

2) Bestimmen Sie die Kraft-Weg-Kennlinie einer Gasfeder entsprechend Bild 4.2b) für $d = 0{,}1$ m und $l = 0{,}3$ m.

3) Eine linearisierte Dämpfung eines Fahrzeuges mit vernachlässigter Radmasse und Radsteifigkeit zeigt für einen Viertelwagen folgende Daten: $m = 250$ kg; $c = 20000$ N/m; $d = 1100$ Ns/m. Bestimmen Sie den Frequenzbereich für die Anregung auf der Straße $z_e(t)$ als Eingang und der Verschiebung $z_a(t)$ des Aufbaus als Ausgang und zeichnen Sie das Bode Diagramm. Dann bestimmen Sie die Eigenfrequenz, die Resonanzfrequenz und den Dämpfungsgrad, Pole und Nullstellen.

4) Die Achse eines Heckantriebes eines Fahrzeuges zwischen dem Differenzial und dem Rad hat die Daten $c = 6000$ Nm/rad; $d = 20$ Nms/rad. Das Rad hat ein Trägheitsmoment von $J = 0{,}35$ kgm^2. Berechnen Sie die Kennkreisfrequenz und die Eigenfrequenz.

5) Ein Rad eines Pkws mit dem Radius $r = 0{,}30$ m hat eine Unwucht von $m = 50$ g. Bestimmen Sie die Amplitude der resultierenden Kräfte in vertikaler Richtung für die Geschwindigkeit $v = 60, 120, 180$ km/h. Wie groß ist die Amplitude der Federauslenkung des frei rotierenden Rades (ohne Straßenkontakt), wenn die Masse des Rades 32 kg ist und angenommen wird, dass der Aufbau nicht schwingt. Die Federsteifigkeit ist $c = 22{,}5$ kN/m und der Dämpfungskoeffizient des Stoßdämpfers beträgt $d = 1100$ Ns/m.

6) Ein Roboterarm der Länge $l = 1{,}2$ m und mit der Masse $m = 10$ kg am Endstück wird durch einen Gleichstrommotor mit dem Übersetzungsverhältnis $i = 140$ angetrieben. Das Trägheitsmoment des Motors ist $J_1 = 25$ kg cm^2 und das des Roboterarmes ohne Masse beläuft sich auf $J_2 = m \, l/2 = 14{,}4$ kgm^2.

Das Drehmoment des Motors ist $M_1 = k_1 I$ mit dem Strom in [A] und $k_1 = 30\,\text{Nsm/A}$. Leiten Sie die Differentialgleichung für den Strom I als Eingang und den Winkel des Roboterarmes φ_2 als Ausgang her. Wie verändert sich das gesamte Trägheitsmoment, wenn die Masse auf $m=20\,\text{kg}$ erhöht wird?

7) Ein elektrischer Wechselstrom-Generator wird direkt mit dem Kurbelwellen-Riemenrad eines 4 Zylinder Viertakt-Verbrennungsmotors durch eine V-Zahnriemen verbunden. Bestimmen Sie die erste harmonische Schwingungsfrequenz der Winkelgeschwindigkeit des Riementriebes für die Kurbelwellen-Drehzahl von 500 bis 6000 U/min. Das Trägheitsmoment des Generators mit seinem Riemenrad ist $J = 2 \cdot 10^{-3}\,\text{kgm}^2$, die Riemensteifigkeit ist $c_2 = 700\,\text{Nm/rad}^2$, die Riemendämpfung ist $d_2 = 0,1\,\text{Nms/rad}$. Es wird angenommen, dass der Schlupf gleich Null ist. Der effektive Radius des Kurbelwellen-Riemenrades beträgt $r_1 = 30\,\text{mm}$ und das Generator-Riemenrad ist $r_1 = 15\,\text{mm}$. Bestimmen Sie das dynamische Verhalten der Winkelgeschwindigkeit ω_2 des Generators in Abhängigkeit der Änderungen der Kurbelwellen-Geschwindigkeit ω_1. Stellen Sie die Differentialgleichung und den Frequenzgang auf. Bestimmen Sie die Drehbeschleunigung des Generators in Abhängigkeit der Winkelgeschwindigkeit, der Resonanzfrequenz und der Eigenfrequenz mit der Annahme, dass die Kurbelwellen-Schwingung 20 U/min beträgt.

8) Ein rotierendes Rad mit dem Trägheitsmoment $J = 5 \cdot 10^{-3}\,\text{kgm}^3$, der viskosen Dämpfung von $d = 2 \cdot 10^{-3}\,\text{Nms}$ und der Coulombschen Reibung $T_c = 0,2\,\text{Nm}$ wird auf eine konstante Geschwindigkeit von 1000 U/min beschleunigt. Bestimmen Sie das zeitliche Verhalten der Drehzahl im Leerlauf, d.h. mit Drehmoment Null, mit und ohne Coulombsche Reibung.

9) Eine Feder mit der Steifigkeit von $c = 1000\,\text{N/m}$ hat am Ende eine längsförmige Stange/Lochführung, wie in Bild 4.27. Die Coulombsche Reibung ist $F_c = 10\,\text{N}$. Bestimmen Sie die Hysterese-Kennlinien für den Ausgangsweg z_2 abhängig vom Eingangsweg z_1, wie in Bild 4.29.

10) Ein Rotationstilger für die Kurbelwelle eines 4 Zylinder Viertakt-Verbrennungsmotors wurde für die Drehzahl von 2400 U/min ausgelegt, wobei die erste harmonische Drehschwingungsfrequenz 80 Hz ist. Die Torsionssteifigkeit der Gummifeder ist $c = 300\,\text{kgm}^2/s^2$. Bestimmen Sie das Trägheitsmoment J der Tilgermasse. Die Dämpfung des Tilgers und die Masse der zylindrischen Scheibe mit dem Radius $R = 5\,\text{cm}$ ist zu vernachlässigen.

5

Modelle elektrischer Antriebe

Elektrische Antriebe sind in mechatronischen Systemen in einer großen Vielfalt vertreten. Sie dienen hauptsächlich der Erzeugung von Kräften und Bewegungen für mechanische Systeme. Beispiele sind elektrische Kraftmaschinen (Motoren) zum Antrieb von Arbeitsmaschinen oder elektrische Aktoren (Stellmotoren, Servomotoren) zum Antrieb von Stellgliedern. In beiden Fällen kann man direkt erzeugte Kräfte und Bewegungen in translatorischer oder rotatorischer Form unterscheiden. Im Folgenden werden zunächst der Aufbau und die Modellbildung von Elektromagneten und Gleichstrommotoren mit mechanischer und elektronischer Kommutierung exemplarisch behandelt. Dabei werden die wichtigsten Gleichungen dieser elektromagnetischen Komponenten so angegeben, wie sie zur Beschreibung des statischen und dynamischen Verhaltens mechatronischer Gesamtsysteme benötigt werden. Dann folgt eine Übersicht besonderer Bauarten von Gleichstrommotoren kleiner Leistung und ihres Betriebsverhaltens. Für Drehstrommotoren (Asynchron- und Synchronmotoren) und Wechselstrommotoren werden die wichtigsten Bauarten, das prinzipielle Betriebsverhalten und einige Modelle einschließlich der Leistungselektronik für drehzahlvariable Motoren betrachtet.

5.1 Bauarten elektrischer Antriebe

Elektrische Antriebe für die direkte Erzeugung *translatorischer Bewegungen* sind vor allem Elektromagnete und Linearantriebe. Elektromagnete werden sehr häufig in Aktoren eingesetzt, um kleine Wege zu erzeugen. Prinzipiell unterscheidet man

1) *Gleichstrommagnete*
2) *Wechselstrommagnete*
3) *Polarisierte Elektromagnete*

Je nach Gestaltung von Magnetkörper, Anker und Erregerspule kann man verschiedene Grundbauformen unterscheiden, siehe Abschnitt 5.2. Elektromagnetische Linearantriebe dienen im Wesentlichen zur direkten Umsetzung elektrischer Energie in große Wege, wie z.B. bei Fördersystemen oder Magnetschwebebahnen.

Elektrische Antriebe für die direkte Erzeugung *rotatorischer Bewegungen* sind die Elektromotoren, die in sehr vielen Bauformen existieren. Hierbei kann man zunächst Kleinstmotoren bis 75 W, Kleinmotoren bis 750 W Leistung, Weißmantel (1991), und Großmotoren unterscheiden. Die Kleinmotoren und Kleinstmotoren sind die dominierenden Antriebe bei Aktoren kleiner Stellleistung, siehe Kapitel 10. Sie werden aber auch als Kraftmaschinen und somit als Antriebe kleiner Leistung eingesetzt, wie z.B. bei Haushaltsgeräten, Vorschubantrieben in Werkzeugmaschinen, Robotern und Geräten der Kommunikationstechnik. Großmotoren werden bis zu Leistungen von etwa 100 MW gebaut und existieren in vielen speziellen Bauformen. Der Leistungsbereich elektrischer Antriebe erstreckt sich somit von etwa 10^{-6} W bis 10^8 W, d.h. über ca. 14 Zehnerpotenzen, Meyer (1985), Gray (1989), Wildi (1981).

Für mechatronische Systeme interessieren Elektromotoren bis zu etwa 30 kW Leistung. Tabelle 5.1 in Abschnitt 5.3 gibt eine Übersicht einiger grundlegenden Bauarten, ihrer Drehmomentkennlinien und Stelleingriffsmöglichkeiten, siehe auch Töpfer und Kriesel (1983), Fraser und Milne (1994).

Den hier betrachteten elektrischen Maschinen ist gemeinsam, dass sich elektrische Leiter in einem Magnetfeld bewegen. Dann wird in ihnen nach dem Induktionsgesetz eine Spannung induziert. Wenn diese induzierte Spannung einen Strom durch einen äußeren Stromkreis treibt, entwickelt der Strom im Magnetfeld eine Kraft und damit ein Drehmoment in entgegengesetzter Richtung wie die Drehrichtung. Es wird dabei eine elektrische Leistung abgegeben, und die Maschine wirkt als *Arbeitsmaschine* (Generator). Treibt jedoch eine außen angelegte, der induzierten Spannung entgegengerichtete, größere Spannung einen Strom in umgekehrter Richtung, dann wird ein Drehmoment in gleicher Richtung wie die Drehzahl erzeugt, und die Maschine arbeitet als *Kraftmaschine* (Motor). Dabei wird eine elektrische Leistung aufgenommen und eine mechanische Leistung abgegeben. Viele elektrische Maschinen können deshalb sowohl als Motor oder auch als Generator arbeiten. Im Folgenden werden jedoch nur Motoren betrachtet.

Die wichtigsten Bauarten von Elektromotoren können wie folgt unterteilt werden.:

1) *Gleichstrommotoren*
   - Nebenschlussmotoren
   - Reihenschlussmotoren
   - Fremderregte und permanenterregte Motoren
2) *Drehstrommotoren*
   - Asynchronmotoren
   - Synchronmotoren
3) *Wechselstrommotoren*
   - Kommutatormotoren (Universalmotoren)
   - Kurzschlussläufermotoren

5.2 Elektromagnete

Elektromagnete werden als Aktorelemente (Stellantriebe, Schalter, Relais) zur Erzeugung von Kräften und Bewegungen in vielen Geräten eingesetzt. Man unterscheidet Gleichstrommagnete, Wechselstrommagnete und polarisierte Elektromagnete, die entweder eine begrenzte translatorische oder rotatorische Bewegung erzeugen. Im Folgenden werden einige wichtige Bauformen kurz beschrieben und eine vereinfachte Modellbildung des statischen und dynamischen Verhaltens für Gleichstrom angegeben. Für eine vertiefte Betrachtung sehe man z.B. in den Fachbüchern Kallenbach et al. (1994), Philippow (1976), Fraser und Milne (1994), Stadler (1995) nach.

Die vereinfachten nichtlinearen mathematischen Modelle sind die Grundlage z.B. zum Entwurf modellgestützter digitaler Regelungen oder zur Verlagerung von Funktionen des konstruktiven Aufbaus in die Informationsverarbeitung im Sinne eines mechatronischen Vorgehens.

5.2.1 Bauformen von Elektromagneten

Es existieren viele Bauarten von Elektromagneten. Sie lassen sich jedoch auf die im Bild 5.1 gezeigten Grundbauformen zurückführen. Die Erregerspule erzeugt ein magnetisches Feld, das durch den feststehenden Magnetkörper (Eisenjoch), den beweglichen Anker und den veränderlichen (Arbeits-)Luftspalt einen geschlossenen Magnetkreis bildet. Der Anker kann dabei translatorische Bewegungen ausführen, wie in Bild 5.1, oder rotatorische Bewegungen. Eventuell kommt noch eine Rückstelleinrichtung, z.B. eine Feder, hinzu. Bezüglich der Funktion unterscheidet man *Stellmagnete* (Hub-, Zug-, Schaltmagnete), *Haltemagnete* (ohne Anker, Spannmagnete) oder *Krafterzeugungsmagnete* (Kupplung, Bremse).

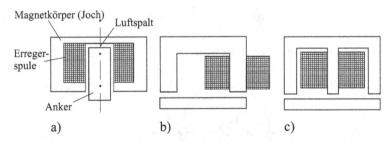

Bild 5.1. Grundbauformen von Elektromagneten für translatorische Ankerbewegung: a) Topfmagnet (Tauchanker); b) U-Magnet (Flachanker); c) E-Magnet (Flachanker)

Bei den hier interessierenden Stellmagneten spielen die Magnetkraft-Weg-Kennlinien eine wesentliche Rolle. Durch entsprechende Gestaltung von Anker und Magnetkörper lassen sie sich verschieden auslegen. Bei Proportionalmagneten versucht man bisher, die Kennlinien zwischen Magnetkraft und Strom oder Weg und Strom

konstruktiv linear zu gestalten. Bei Schaltmagneten interessieren nur die beiden End-
lagen, wie z.B. bei Magnetventilen.

5.2.2 Magnetisches Feld

Ein vom Strom I_1 durchflossener elektrischer Leiter erzeugt ein magnetisches Feld,
dessen Feldlinien konzentrische Kreise bilden, Bild 5.2. Die *magnetische Feldstärke*
ist dann im Abstand r vom Leiter

$$H(I,r) = \frac{I_1}{2\pi r} \qquad \left[\frac{A}{m}\right] \tag{5.2.1}$$

und von der Art des Mediums unabhängig. Hiernach ist die Stromstärke

$$I_1 = Hs, \tag{5.2.2}$$

wobei s der Umfang einer Feldlinie darstellt. Verfährt man stückweise auf verschiedenen Feldlinien (verschiedene r), dann gilt

$$I_1 = \sum_j H_j \, \Delta s_j \tag{5.2.3}$$

und im Grenzübergang $\Delta s_j \to ds$

$$I_1 = \oint_L H \, ds, \tag{5.2.4}$$

wobei über einen Umlauf L zu integrieren ist. Dies wird *Durchflutungsgesetz* genannt. Bei mehreren Strömen gilt

$$\oint_L H \, ds = \sum I = \Theta, \tag{5.2.5}$$

wobei Θ mit *Durchflutung* bezeichnet wird.

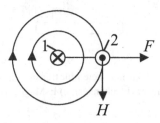

Bild 5.2. Magnetisches Feld $\vec{H}$ eines unendlich langen Leiters 1 (Richtung der Feldlinien und
Stromrichtung bilden eine Rechtsschraube). Kraft F auf einen Leiter 2. ×: Strom fließt in die
Ebene hinein, •: Strom fließt aus der Ebene heraus

Bringt man nun im Abstand r vom Leiter 1 einen Leiter 2 mit der Länge l an, Bild 5.2, der von einem Strom I_2 durchflossen wird, dann ergeben Experimente ein Kraftgesetz

$$F = \frac{\mu I_1}{2\pi r} I_2 l = B_1 I_2 l. \tag{5.2.6}$$

Hierbei wird B_1 *magnetische Flussdichte* genannt. Die magnetische Flussdichte

$$B = \mu \frac{I}{2\pi r} \left[\frac{Vs}{m^2} = Tesla \right] \tag{5.2.7}$$

ist nach (5.2.1) proportional zur magnetischen Feldstärke

$$B = \mu H. \tag{5.2.8}$$

Hierbei ist μ die Permeabilität, welche den Einfluss des Mediums auf die Flussdichte beschreibt. Im Vakuum gilt

$$\mu_0 = 4\pi \, 10^{-7} \left[\frac{Vs}{Am} \right].$$

Allgemein wird angesetzt

$$\mu = \mu_r \mu_0, \tag{5.2.9}$$

wobei für die relative Permeabilität gilt:

$\mu_r < 1$ diagmatisch
$\mu_r > 1$ paramagnetisch
$\mu_r >> 1$ ferromagnetisch.

Bei ferromagnetischen Materialien wie z.B. Eisen, Kobalt, Nickel ist der Zusammenhang zwischen der magnetischen Feldstärke H und der Flussdichte B nichtlinear und hängt von der Vorgeschichte ab. Bild 5.3 zeigt eine typische Magnetisierungskennlinie. Wenn das Material noch nicht magnetisch war, bewegt man sich auf der Neukurve 1 bis in den Bereich der Sättigung. Dann bildet sich eine Hystereschleife aus, und es ist

$$\mu(H) = \frac{B}{H}.$$

Ist man an der integralen Wirkung der Flussdichten innerhalb einer Fläche A interessiert, dann berechnet sich der *magnetische Fluss* zu

$$\Phi = \int_A B dA \quad [Vs = Wb], \tag{5.2.10}$$

falls B und A senkrecht zueinander stehen. Für die magnetische Flussdichte gilt somit

$$B = \frac{d\Phi}{dA}. \tag{5.2.11}$$

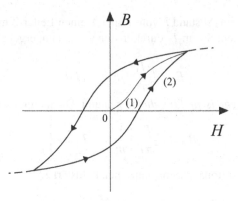

Bild 5.3. Magnetisierungskennlinie für ein ferromagnetisches Material: (1) Neukurve; (2) Hysteresekurve

5.2.3 Statisches Verhalten von einfachen Magnetkreisen

Magnetische Kreise bilden sich dann, wenn ferromagnetische Materialien so angeordnet sind, dass wegen der großen Permeabilität die magnetischen Feldlinien, die z.B. durch eine Spule mit N Windungen erzeugt werden, hauptsächlich im ferromagnetischen Teil verlaufen, wie z.B. bei Bild 5.4. Es werden nun folgende Annahmen gemacht: (a) Homogenes Magnetfeld im Eisenring (Querschnitt A klein) (b) Luftspalt l_L klein im Vergleich zur Breite. Dann gilt

$$B = B_E = B_L,$$

und wegen des Durchflutungsgesetzes (5.2.5)

$$H_E l_E + H_L l_L = NI = \Theta \tag{5.2.12}$$

und mit $H = B/\mu$ und $B = \Phi/A$

$$\Phi \left(\frac{l_E}{\mu_E A} + \frac{l_L}{\mu_L A} \right) = \Theta. \tag{5.2.13}$$

Der Vergleich mit einem elektrischen Leiter der Länge l und dem Widerstand $R = l/\gamma A$ (γ, Leitfähigkeit) führt zum magnetischen Widerstand

$$R_m = \frac{l}{\mu A} \left[\frac{A}{Vs} \right]. \tag{5.2.14}$$

Somit gilt für den magnetischen Kreis

$$(R_{mE} + R_{mL}) \Phi = \Theta \tag{5.2.15}$$

und in Analogie zu einem elektrischen Stromkreis

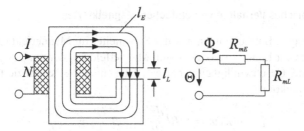

Bild 5.4. Einfacher Magnetkreis und magnetisches Ersatzschaltbild

$$R\,I = U \tag{5.2.16}$$

das *Ohmsche Gesetz des magnetischen Kreises*

$$R_M\,\Phi = \Theta. \tag{5.2.17}$$

Der magnetische Fluss Φ entspricht somit dem Strom und die Durchflutung Θ der Spannung. Damit ergibt sich als Ersatzschaltbild eine Reihenschaltung der magnetischen Widerstände für das Eisen und den Luftspalt, Bild 5.4. Allerdings ist hierbei das nichtlineare Verhalten der Magnetisierungskennlinie $B = f(H)$ bzw. $\mu = g(H)$, siehe Bild 5.3, zu beachten, so dass der magnetische Widerstand $R_{mE}(H) = l/A\mu(H)$ ein Hystereseverhalten zeigt.

Wenn bei einer Spule die Fläche A des magnetischen Flusses gleich der Fläche einer Leiterwindung ist, dann spricht man von dem mit dieser Windung verketteten Fluss Φ. Dann gilt nach (5.2.10) bei N Windungen für den *verketteten magnetischen Fluss* der Spule

$$\Psi = \sum_N \Phi = \sum_N \int_A B\,dA \tag{5.2.18}$$

und bei gleichen Windungsflüssen für jede Windung

$$\Psi = N\,\Phi = N\int_A B\,dA. \tag{5.2.19}$$

In *linearen Magnetkreisen* ist der verkettete Fluss proportional zum Strom

$$\Psi = LI\;[Vs = mN/A], \tag{5.2.20}$$

wobei L die Induktivität ist. Bei *nichtlinearen Magnetkreisen* muss $L = f(I)$ beachtet werden. Als differentielle Induktivität wird dann

$$L_d = \frac{d\Psi}{dI} \tag{5.2.21}$$

bezeichnet.

Für die Induktivität einer Spule im linearen Magnetkreis folgt aus (5.2.20), (5.2.19), (5.2.12)

$$L = \frac{\Psi}{I} = \frac{N\Phi}{I} = N^2\frac{\Phi}{\Theta} = N^2\frac{1}{R_m}. \tag{5.2.22}$$

5.2.4 Dynamisches Verhalten von einfachen Magnetkreisen

Bei den bisherigen Betrachtungen war der Stromleiter im Magnetfeld ruhend. Wird der Stromleiter der Länge l senkrecht zum Magnetfeld mit der magnetischen Flussdichte B und der Geschwindigkeit w bewegt, dann entsteht eine induzierte Spannung (Bewegungsinduktion)

$$U_i = -Blw = -Bl\frac{dz}{dt} = -B\frac{dA}{dt} = -\frac{d\Phi}{dt}. \qquad (5.2.23)$$

Dies ist das *Induktionsgesetz*: Die induzierte Spannung ist proportional zur zeitlichen Abnahme des Flusses, der von der Leiterschleife mit der Fläche A umschlossen wird.

Das Induktionsgesetz gilt auch für den Fall, dass der Leiter ruhend ist und sich die magnetische Flussdichte ändert. Dann ist mit (5.2.10)

$$U_i = -\frac{d\Phi}{dt} = -\int_A \frac{\partial B}{\partial t} dA. \qquad (5.2.24)$$

Bei einer Magnetspule muss nach (5.2.18) anstelle von Φ der mit den Windungen verkettete magnetische Fluss Ψ verwendet werden

$$U_i = -\frac{d\Psi}{dt} = -L\frac{dI}{dt}. \qquad (5.2.25)$$

Der magnetische Fluss ändert sich bei Elektromagneten in der Regel durch Magnetfeldänderungen anderer gekoppelter Magnete (Gegeninduktion) oder durch Änderung des eigenen Magnetfeldes (Selbstinduktion). Für den letzten Fall werden zwei praktisch wichtige Beispiele betrachtet.

a) Dynamisches Verhalten bei Spannungsänderungen

Ein einfacher Magnet nach Bild 5.5 führt auf das elektrische Ersatzschaltbild, Bild 5.6, in Form der Reihenschaltung eines Ohmschen Wicklungswiderstandes R und einer (meist nichtlinearen) Induktivität L.

Nach sprungförmiger Änderung der Spannung $U(t)$ folgt aus der Maschengleichung

$$U(t) - RI(t) - \frac{d\Psi(t)}{dt} = 0. \qquad (5.2.26)$$

Für einen linearen Magnetkreis gilt dann mit (5.2.20)

$$L\frac{dI(t)}{dt} + RI(t) = U(t)$$

oder

$$\frac{L}{R}\frac{dI(t)}{dt} + I(t) = \frac{1}{R}U(t), \qquad (5.2.27)$$

also eine Differentialgleichung erster Ordnung mit der Zeitkonstante $T = L/R$. Die zeitliche Änderung des magnetischen Flusses $d\Psi(t)/dt = U_i(t)$ erzeugt also eine induzierte Spannung, die der eingeprägten Spannung $U(t)$ entgegen gerichtet ist und zu einer Verzögerung des Stromanstieges führt.

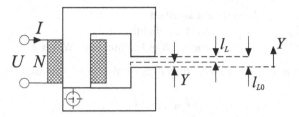

Bild 5.5. Elektromagnet mit drehbarem Anker

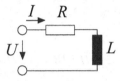

Bild 5.6. Elektrisches Ersatzschaltbild eines Elektromagneten nach Bild 5.5

b) Dynamisches Verhalten bei Änderung des Luftspaltes

Wenn sich der Luftspalt l_L (z.B. durch einen beweglichen Anker) ändert, verändert sich nach (5.2.14) der magnetische Widerstand $R_m = l_L/\mu_L A_L$ und es folgt aus (5.2.20), (5.2.22)

$$
\begin{aligned}
\frac{d\Psi}{dt} &= \frac{d}{dt}\left(N^2 R_m^{-1}(t) I(t)\right) \\
&= N^2\left[-R_m^{-2}\frac{dR_m}{dt}I(t) + R_m^{-1}\frac{dI(t)}{dt}\right] \\
&= N^2 R_m^{-1}\left[-R_m^{-1}\frac{1}{\mu_L A}\frac{dl_L(t)}{dt}I(t) + \frac{dI(t)}{dt}\right],
\end{aligned}
\tag{5.2.28}
$$

so dass sich nach Einsetzen in (5.2.25) eine nichtlineare Differentialgleichung ergibt

$$
L\frac{dI(t)}{dt} + \underbrace{\left[R - \frac{L}{R_m \mu_L A}\frac{dl_L(t)}{dt}\right]}_{R_{eff}(t)} I(t) = U(t).
\tag{5.2.29}
$$

Bei einer Verkleinerung des Luftspaltes wird $dl_L(t)/dt < 0$ und der wirksame Widerstand R_{eff} größer. Der Stromanstieg $dI(t)/dt$ wird dadurch kleiner und kann vorübergehend sogar rückläufig werden.

5.2.5 Statisches Verhalten von Elektromagneten

Es wird ein einfacher Elektromagnet nach Bild 5.5 betrachtet mit den Daten:

$\Theta = NI$ Durchflutung
l_E, l_L Länge von Eisenweg, Luftspalt

A Querschnitt konstant
$B = B_E = B_L$ magnetische Flussdichte
F_m magnetische Kraft in Richtung des Weges Y.

Nimmt man eine virtuelle Bewegung dY des Ankers an, dann folgt für die mechanische Energie

$$dE_{mech} = F_m dY. \tag{5.2.30}$$

Durch diese mechanische Bewegung wird nach (5.2.25) eine Spannung U_i induziert, die die magnetische Energie $dE_m = U_i I\, dt$ bewirkt. Dann folgt mit (5.2.25) $dE_m = I d\Psi$ und mit (5.2.19), (5.2.11) und (5.2.1)

$$\begin{aligned} dE_m &= I d\Psi = I N d\Phi = I N A dB \\ &= 2\pi r H A dB = V_E H dB, \end{aligned} \tag{5.2.31}$$

wobei $V_E = 2\pi r A$ das Volumen des Eisenkerns ist, Clausert und Wiesemann (1986). Für ein homogenes Magnetfeld folgt somit (5.2.8)

$$dE_m = \frac{V_E}{\mu} B dB \tag{5.2.32}$$

und für konstante Permeabilität

$$E_m = \frac{V_E}{\mu} \int_0^{B_E} B dB = \frac{1}{2} \frac{B_E^2}{\mu} V_E. \tag{5.2.33}$$

Allgemein gilt somit für die magnetische Energie

$$E_m = \frac{1}{2}\mu H^2 V_E = \frac{1}{2} B H V = \frac{1}{2} \frac{B^2}{\mu} V_E. \tag{5.2.34}$$

Hieraus folgt mit der im Eisen und im Luftspalt gespeicherten Energie und (5.2.11), (5.2.13) und $\mu_L = \mu_0$

$$\begin{aligned} E_m &= A l_E \frac{1}{2} \frac{B^2}{\mu_E} + A l_L \frac{1}{2} \frac{B^2}{\mu_L} = \frac{\Phi^2}{2} \left(\frac{l_E}{\mu_E A} + \frac{l_L}{\mu_0 A} \right) \\ &= \frac{\Theta^2}{2} \frac{1}{\frac{l_E}{\mu_E A} + \frac{l_L}{\mu_0 A}}. \end{aligned} \tag{5.2.35}$$

Für den veränderlichen Luftspalt wird jetzt

$$l_L = l_{L0} - Y \tag{5.2.36}$$

gesetzt, Bild 5.5. Die Magnetkraft folgt dann mit $dE_{mech} = dE_m$ aus (5.2.30) zu

$$F_m = \frac{dE_m}{dY} = \frac{\Theta^2}{2} \frac{\frac{1}{\mu_0 A}}{\left(\frac{l_E}{\mu_E A} + \frac{l_{L0} - Y}{\mu_0 A} \right)^2}. \tag{5.2.37}$$

Für den größten Luftspalt, $Y = 0$, folgt hieraus mit (5.2.13), (5.2.11)

$$F_m(0) = \frac{\Theta^2}{2} \frac{\frac{1}{\mu_0 A}}{\left(\frac{l_E}{\mu_E A} + \frac{l_{L0}}{\mu_0 A}\right)^2} = \frac{1}{2} \frac{\Phi^2}{\mu_0 A} = \frac{1}{2} \frac{B^2}{\mu_0} A = F_{m\,min} \qquad (5.2.38)$$

und für den kleinsten Luftspalt, $Y = l_{L0}$,

$$F_m(l_{L0}) = \frac{\Theta^2}{2} \frac{\frac{1}{\mu_0 A}}{\left(\frac{l_E}{\mu_E A}\right)^2} = F_{m\,max}. \qquad (5.2.39)$$

Der prinzipielle Verlauf der Magnetkraft über dem Weg des Ankers Y ist in Bild 5.7 dargestellt.

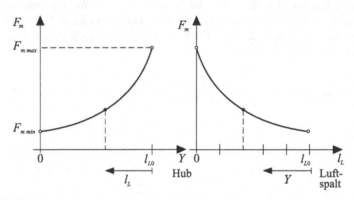

Bild 5.7. Magnetkraft-Weg-Kennlinien für einen Elektromagnet nach Bild 5.5 unter vereinfachten Annahmen

Für den angenommenen einfachen Elektromagneten mit einem flachen Anker und Ankergegenstück wird die Magnetkraft somit im Wesentlichen durch die Änderung des magnetischen Widerstandes des Luftspaltes bestimmt. Der magnetische Widerstand des Eisenkerns kann wegen $\mu_E \gg \mu_0$ in weiten Bereichen vernachlässigt werden, so dass mit $l_L = l_{L0} - Y$ gilt

$$F_m \approx \frac{\Theta^2}{2} \frac{\frac{1}{\mu_0 A}}{\left(\frac{l_{L0}-Y}{\mu_0 A}\right)^2} = \frac{\Theta^2}{2} \frac{\mu_0 A}{(l_{L0} - Y)^2} = \frac{\Theta^2}{2} \frac{\mu_0 A}{l_L^2} = \frac{N^2 I^2}{2} \frac{\mu_0 A}{l_L^2}. \qquad (5.2.40)$$

Die Kraft ist somit etwa umgekehrt proportional zum Luftspalt im Quadrat, proportional zum Strom und zur Windungszahl im Quadrat. Erst bei sehr kleinen Luftspalten macht sich der magnetische Widerstand des Eisens bemerkbar.

Gemessene Magnetkraft-Kennlinien an Stellmagneten, bei denen alle Effekte eingehen, zeigen die in Bild 5.8 dargestellten Verläufe. Es ergeben sich nichtlineare

Kennlinien mit Hysterese. Die Hysterese entsteht hierbei durch die magnetische Hysterese und die Hysterese durch die trockene Lagerreibung, Kallenbach et al. (1994), Raab (1993). Bei der Magnetkraft-Strom-Kennlinie kann man drei Bereiche unterscheiden, Kallenbach et al. (1994):

- Anfangsbereich (I): $F_m \sim I^2$
  (Magnetischer Widerstand des Luftspaltes dominiert. Magnetischer Widerstand des Magnetkreises wegen schwacher Erregung vernachlässigbar)
- Linearitätsbereich (II): $F_m \sim I$
- Sättigungsbereich (III): $F_m \sim I^{1/2}$
  (Der Magnetkreis nähert sich dem Sättigungsbereich. Eine Stromzunahme ergibt nur noch geringe Kraftzunahme)

Die Magnetkraft-Weg-Kennlinie lässt sich durch bestimmte Formgebungen des Ankers und Ankergegenstückes beeinflussen. Man beeinflusst dabei die Wegabhängigkeit der magnetischen Energie außer durch den Luftspalt in Wegrichtung auch durch den radialen Luftspalt, die geometrischen Abmessungen und durch die nichtlineare Magnetisierungskennlinie $B = f(H)$ bzw. $\Psi = f(I)$, Kallenbach et al. (1994), Linsmeier und Greis (2000).

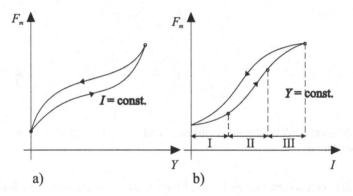

Bild 5.8. Qualitativer Verlauf gemessener Magnetkraft-Kennlinien bei Stellmagneten: a) Magnetkraft-Weg-Kennlinie; b) Magnetkraft-Strom-Kennlinie

Bild 5.9 zeigt hierzu einige Beispiele. Man beachte, dass das Kennlinienfeld $\Psi = f(I)$ für die einfache Ausführung Bild 5.9a) näherungsweise linear und für die kennlinienkorrigierten Ausführungen Bild 5.9b), c) nichtlinear ist.

Nun wird ein Stellmagnet mit linear beweglichem Anker und einer Gegenfeder betrachtet, Bild 5.10. In Bild 5.11 sind die Kraft-Weg-Kennlinien dargestellt. Ein stabiler Arbeitspunkt ergibt sich dann, wenn die Magnetkraft-Kennlinie eine kleinere Steigung hat als die Federkennlinie

$$\frac{\partial F_m}{\partial Y} < \frac{\partial F_c}{\partial Y},$$

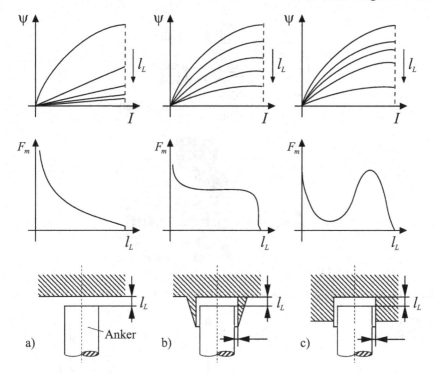

Bild 5.9. Qualitativer Verlauf der Kennlinien für verschiedene Ankergegenstücke, Kallenbach et al. (1994)

siehe Abschnitt 6.2. Bei einem Magnet mit Kennlinienbeeinflussung, Bild 5.11a) ergeben sich weniger veränderliche Verstärkungsfaktoren und Zeitkonstanten und ein größerer, stabiler Stellbereich im Vergleich zum maximal möglichen Stellbereich Y_{max}, als bei einem Magnet ohne Kennlinienbeeinflussung, Bild 5.11b).

5.2.6 Dynamisches Verhalten von Elektromagneten und Positions-Regelung

Für folgende vereinfachende Voraussetzungen kann das dynamische Verhalten von Elektromagneten nach Bild 5.10 mit *linearen Beziehungen* beschrieben werden:

- Für den verketteten Magnetfluss gelte mit kleinen Änderungen um den Arbeitspunkt Ψ_0

$$\Psi = \Psi_0 + L_d I + c_Y Y. \qquad (5.2.41)$$

(L_d differentielle Induktivität nach (5.2.21), $c_Y = d\Psi/dY$ nach (5.2.22) und (5.2.14))
- Wirbelstromverluste werden vernachlässigt.
- Hystereseeffekte der Magnetisierung werden vernachlässigt.

Dann gilt für den Magnetkreis nach (5.2.26) und (5.2.41)

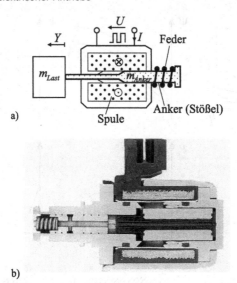

a)

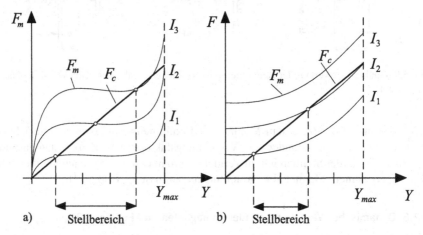

Bild 5.10. Topfmagnet mit linear beweglichem Anker: a) Schema; b) Bild Thomas Magnete

Bild 5.11. Kraft-Weg-Kennlinien für Magnet und Gegenfeder (ohne Hysterese): a) mit Kennlinienbeeinflussung; b) ohne Kennlinienbeeinflussung

$$U(t) = RI(t) + L_d \frac{dI(t)}{dt} + c_Y \frac{dY}{dt} \qquad (5.2.42)$$

$$F_m(t) = c_Y I(t) \text{ (linearer Bereich in Bild 5.8b))}, \qquad (5.2.43)$$

Kallenbach et al. (1994), und für den Einmassenschwinger mit viskoser Reibung

$$F_m(t) = m\ddot{Y}(t) + d\dot{Y}(t) + c_F Y(t). \qquad (5.2.44)$$

Hieraus folgt mit der Spannung $U(t)$ als Stellgröße das Blockschaltbild Bild 5.12. Durch Laplace-Transformation erhält man die Übertragungsfunktion

$$G_{YU}(s) = \frac{Y(s)}{U(s)} = \frac{1}{\frac{mL_d}{c_F R}s^3 + \left(\frac{m}{c_F} + \frac{dL_d}{c_F R}\right)s^2 + \left(\frac{d}{c_F} + \frac{L_d}{R} + \frac{c_Y^2}{c_F R}\right)s + 1}\frac{c_Y}{c_F R},$$

(5.2.45)

also ein Glied dritter Ordnung.

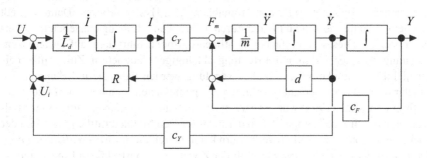

Bild 5.12. Blockschaltbild des linearisierten Elektromagneten für Gleichstrom mit Gegenfeder

Nun werde das *nichtlineare Verhalten* des nicht idealisierten Stellmagneten betrachtet. Dann sind die nichtlinearen Kennlinien $\Psi(I, Y)$ einschließlich der magnetischen Hysterese $F_m(I, Y)$ und die mechanische Reibungskraft $F_R(\dot{Y})$ zu beachten. Dies führt auf die Gleichungen

$$U(t) = RI(t) + \frac{d}{dt}\Psi(I, Y),$$

(5.2.46)

$$\Psi = L(I, Y)I,$$

(5.2.47)

$$F_m(I, Y)(\text{Kennlinien}),$$

(5.2.48)

$$F_m(t) = m\ddot{Y}(t) + c_F Y(t) + F_R(\dot{Y}),$$

(5.2.49)

$$F_R(\dot{Y}) = F_{R0}\text{sign}\dot{Y}(t) + d\dot{Y}(t).$$

(5.2.50)

Hierbei ist F_{R0} der trockene und d der viskose Reibungskoeffizient. Aus (5.2.46) und (5.2.47) folgt

$$U(t) = RI(t) + \dot{I}(t)L(I, Y) + I(t)\frac{\partial L(I, Y)}{\partial Y}\dot{Y}(t) + I(t)\frac{\partial L(I, Y)}{\partial I}\dot{I}(t)$$

bzw.

$$\left[L(I, Y) + \frac{\partial L(I, Y)}{\partial I}I(t)\right]\frac{dI(t)}{dt} + \left[R + \frac{\partial L(I, Y)}{\partial Y}\dot{Y}(t)\right]I(t) = U(t). \quad (5.2.51)$$

Die magnetische Hysterese ist hierbei in den Größen $L(I, Y), \partial L(I, Y)/\partial I$ und $\partial L(I, Y)/\partial Y$ richtungsabhängig zu berücksichtigen. Die Hysterese durch die trockene Reibung geht in (5.2.49) mittels der Signum-Funktion ein. Bild 5.13 zeigt das entstehende Blockschaltbild.

Zum Entwurf einer *modellgestützten Regelung* der Position von Stellmagneten werden vereinfachte mathematische Modelle benötigt, die das wesentliche Ein-/Ausgangsverhalten beschreiben. Hierzu eignet sich ein Modell entsprechend Bild 5.14. Wenn Stellmagnete mit einer unterlagerten Stromregelung versehen sind, lässt sich dieser Regelkreis vereinfacht durch ein Verzögerungsglied erster Ordnung beschreiben. Es folgt die Magnetkraft-Strom-Kennlinie mit geradlinigem An- und Abstieg verschiedener Steigung und einer stromabhängigen Hysteresebreite. Dann schließt sich der mechanische Teil an mit der durch die trockene Reibung entstehenden zweiten Hysterese. Dieses vereinfachte nichtlineare Modell führt dann auf Differenzengleichungen dritter Ordnung mit richtungsabhängigen Parametern. Zum Aufbau einer nichtlinearen adaptiven digitalen Regelung werden dann die unbekannten Parameter durch Parameterschätzverfahren aus gemessenen Signalen $U(k)$ und $Y(k)$ bestimmt. In Raab (1993) wurde gezeigt, wie man die Positionsregelung eines Stellmagneten durch eine Kompensation der nichtlinearen Magnetkraftkennlinie und der trockenen Reibung wesentlich verbessern kann. Durch die *softwarerealisierte adaptive Kennlinien-Linearisierung* entfällt der Zwang zur konstruktiven Linearisierung bzw. kann nur näherungsweise erfolgen. Dies bedeutet eine Verlagerung der Funktion von der konstruktiven Linearisierung in die Informationsverarbeitung, also einem Kennzeichen *mechatronischen Vorgehens*.

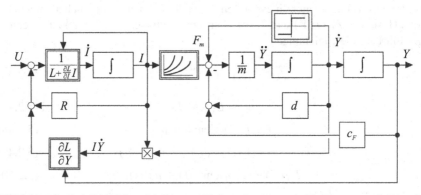

Bild 5.13. Blockschaltbild des nichtlinearen Elektromagneten mit Gleichstrom und Gegenfeder

5.3 Gleichstrommotoren (DC)

In den folgenden Abschnitten werden die Bauarten verschiedener Elektromotoren kurz beschrieben. Dabei werden zunächst die Modellbildung und Drehzahlregelung von Gleichstrommotoren als Nebenschlussmotor ausführlich behandelt. Dann werden einige besondere Bauarten von Gleichstrommotoren betrachtet. Es folgt eine Zusammenstellung der wichtigsten Bauarten, Modelle und Drehzahlregelung von

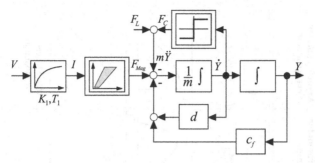

Bild 5.14. Vereinfachtes Blockschaltbild des nichtlinearen Elektromagneten zum Entwurf von Regelungen, Raab (1993), $T_1 = L/R$

Drehstrommotoren und Wechselstrommotoren und zugehöriger Leistungselektronik (Stromrichter).

Eine Übersicht der Schaltbilder, Drehmomentkennlinien und Stelleingriffsmöglichkeiten gibt Tabelle 5.1, vgl. Töpfer und Kriesel (1983). Zu einer vertiefenden Betrachtung wird auf die jeweils angegebene Literatur verwiesen. Übersichtsdarstellungen findet man z.B. in Leonhard (1974), Wildi (1981), Lindsay und Rashid (1986), Stölting und Beisse (1987), Gray (1989), Sen (1989), Weißmantel (1991), Janocha (1992), Moczala (1993), Pfaff (1994), Fraser und Milne (1994), Schröder (1995), Beitz und Küttner (1995), Leonhard (1996), Stölting (2004).

Eine umfangreiche, systematische Übersicht für elektrische Kleinmotoren bis 1 kW Leistung in Form eines Konstruktionskataloges ist in Jung und Schneider (1984) zusammengestellt, siehe auch DIN 42027 (1984).

Der Stator (oder Ständer) von *Gleichstrommotoren* für größere Leistungen trägt mehrere Erregerwicklungen mit 1 bis n Paaren magnetischer Nord- und Südpole, um damit ein oder mehrere stationäre Magnetfelder zu erzeugen, siehe Bild 5.15. Die Ankerwicklungen sind in 2 bis m Nuten des Rotors (oder Läufers) eingebaut, so dass sich mehrere Spulen ergeben. Jeweils ein Ende einer Teilspule ist an eine Lamelle des Kommutators angeschlossen. Der Kommutator ist ein Rotationskörper und besteht aus Paaren von sektorförmigen, voneinander isolierten Kupferlamellen. Diese Lamellen sind in Reihe geschaltet, so dass sich die in den einzelnen Teilwindungen induzierten Spannungen addieren. Der Ankerstrom wird dem Läufer über Bürsten (Gleitkontakte) zugeführt.

Beim Drehen des Läufers durch das konstante Magnetfeld werden nach dem Induktionsgesetz in den Ankerwicklungen Wechselspannungen induziert, da die Spulen ihre Neigung (Rotationswinkel) zum Magnetfeld ändern und abwechselnd unter einem Südpol und Nordpol durchlaufen. Damit eine gleichgerichtete Spannung entsteht, wird der Kontakt zwischen Anschlussklemmen und Ankerteilwindungen dann umgepolt, wenn sich die Richtung der induzierten Spannung ändert. Dies ist die Aufgabe des Kommutators, der deshalb so viele Bürstenpaare besitzt wie die Zahl der Erregerwicklungspaare. Die Bürsten haben dabei dieselbe Winkellage wie die Erre-

Tabelle 5.1. Übersicht einiger Elektromotoren kleiner Leistung

Motor	Gleichstrom-Nebenschluss-motor	Gleichstrom-Reihenschluss-motor	Drehstrom-Asynchronmotor	Drehstrom-Synchronmotor (Gleichstrom-erregung des Rotors)	Einphasen-Kommutatormotor (Universal-motor)	Einphasen-Asynchronmotor (Kondensator-motor)	Einphasen-Asynchronmotor (Ferrarismotor)
Schaltbild							
Drehmoment-kennlinie							
Drehmomentkennlinie bei Stelleingriff — verschied. Stellgrößen: normal:							
Stellgrößen	ΔU_A Anker-spannung ΔI_E Erreger-strom ΔR_A Anker-widerstand	ΔU Spannung	ΔU Spannung $\Delta\omega$ Frequenz ΔR Läufer-widerstand	$\Delta\omega$ Frequenz	ΔU Spannung ΔR Anker-widerstand		ΔU_{St} Steuer-spannung

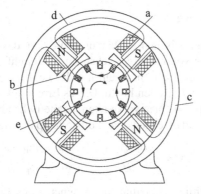

Bild 5.15. Gleichstrommotor mit vier Polen: a Erregerwicklungen, d Magnetfluss, b Polschuhe, e Rotor, c Joch

gerpole. Benachbarte Bürsten bilden dabei abwechselnd den positiven und negativen Pol.

Die *Hauptbauarten von Gleichstrommotoren* kleiner Leistung lassen sich zunächst nach der Art der Erregung unterscheiden. Bei der elektromagnetischen Erregung mit einer Erregerwicklung im Stator kann diese unabhängig (Fremderregter Motor) als Parallelschaltung (Nebenschlussmotor) oder als Reihenschaltung (Reihenschlussmotor) mit dem Anker versehen werden, siehe Tabelle 5.1. Hierdurch ergeben sich vor allen Dingen unterschiedliche Drehmoment-Drehzahlkennlinien.

Bei *Parallelschaltung* fällt das Drehmoment bei konstanter Ankerspannung linear mit der Drehzahl ab. Durch Verändern der Ankerspannung kann die Drehzahl in großen Bereichen gesteuert werden. Eine Verkleinerung des Erregerstroms (Feldschwächung) erlaubt eine weitere Drehzahlerhöhung bei Erreichen der Ankernennspannung. Nebenschlussmotoren sind somit sehr vielseitig als drehzahlsteuerbare Antriebe einsetzbar, wie z.B. bei Werkzeugmaschinen, Robotern, Stellantrieben (Servomotoren).

Eine *Reihenschaltung* ergibt ein von der Belastung abhängiges Magnetfeld. Die Drehmoment-Drehzahlkennlinie zeigt bei kleinen Drehzahlen große, dann stark abfallende Werte. Wegen des großen Anlaufdrehmoments werden sie z.B. bei Startern für Verbrennungsmotoren eingesetzt.

Permanenterregte Motoren mit z.B. Ferriten, oder Al-Ni-Co-Magneten entsprechen einer Parallelschaltung und zeigen deshalb Eigenschaften wie Nebenschlussmotoren. Sie dominieren bei den Kleinmotoren.

Im Folgenden wird wegen der universellen Einsetzbarkeit der Nebenschlussmotor näher betrachtet siehe auch Bödefeld und Sequenz (1971), Leonhard (1974), Leonhard (1996), Nürnberg und Hanitsch (1987), Pfaff (1994), Richter (1949), Schröder (1995).

5.3.1 Induzierte Spannung

Bild 5.15 zeigt den schematischen Aufbau und Bild 5.16 das Ersatzschaltbild eines Gleichstrommotors. Die von einem Gleichstrom I_E durchflossenen Erregerspulen im Stator erzeugen ein magnetisches Feld mit der Feldstärke H und der magnetischen Flussdichte $B = \mu H$ an den Polen. Dieses Erregerfeld bewirkt in den stromdurchflossenen Ankerspulen einen verketteten magnetischen Fluss Ψ. Die bewegten Stromleiter im Magnetfeld erzeugen eine induzierte Spannung, (5.2.25)

$$U_i(t) = -\frac{d\Psi(\varphi, t)}{dt} = -\frac{\partial\Psi}{\partial t} - \frac{\partial\Psi}{\partial\varphi}\frac{d\varphi}{dt}. \tag{5.3.1}$$

$\partial\Psi/\partial t$ ist hierbei die zeitliche Ableitung des Magnetflusses. Bei konstanter Erregung oder Permanenterregung ist diese gleich Null. $\partial\Psi/\partial\varphi$ beschreibt die Änderung des Magnetflusses in Abhängigkeit vom Rotationswinkel φ. Für eine um den Winkel φ geneigte Ankerspule gilt

$$\Psi(\varphi) = \Psi^* \sin\varphi \tag{5.3.2}$$

und somit

$$\frac{d\Psi}{d\varphi} = \Psi^* \cos\varphi.$$

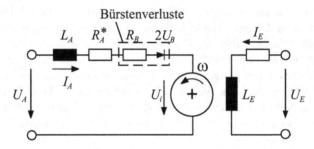

Bild 5.16. Ersatzschaltbild eines Gleichstrommotors für Fremderregung

Bei Gleichstrommaschinen mit mehreren Ankerspulen und Segmenten des Kommutators ist der wirksame Durchlaufwinkel φ relativ klein, so dass $\cos\varphi \approx 1$ gilt. Somit folgt für die induzierte Rotationsspannung in den Ankerspulen

$$U_i = -\Psi^*\omega, \tag{5.3.3}$$

wobei $\omega = d\varphi/dt$ die Kreisgeschwindigkeit ist. Die induzierte Spannung (5.3.3) wird auch elektromotorische Kraft (EMK) genannt.

5.3.2 Drehmomenterzeugung

Die Kraft auf einen stromdurchflossenen Leiter der Länge l mit dem Strom I_A im Magnetfeld mit der magnetischen Flussdichte B ist nach (5.2.6)

$$F = I_A \times B \cdot l. \tag{5.3.4}$$

Da sich die Leiter senkrecht zum Magnetfeld mit Abstand r (Radius zur Welle) bewegen, gilt für das Drehmoment

$$M_{el} = r I_A B l. \tag{5.3.5}$$

Für die daraus an der Welle entstehende Leistung gilt

$$P_{mech} = M_{el}\omega. \tag{5.3.6}$$

Die in den Ankerspulen umgesetzte elektrische Leistung ist

$$P_{el} = (U_A - R_A I_A)\, I_A = U_i I_A = \Psi^* \omega I_A, \tag{5.3.7}$$

und aus den beiden letzten Gleichungen folgt

$$M_{el} = \Psi^* I_A \tag{5.3.8}$$

und aus (5.3.5) und (5.3.8)

$$\Psi^* = r B l. \tag{5.3.9}$$

Im Folgenden wird $\Psi^* = \Psi$ gesetzt.

5.3.3 Dynamisches Verhalten

Im Ersatzschaltbild Bild 5.16 sind die wesentlichen elektrischen Größen des Ankerstromkreises dargestellt:

R_A^*	Ankerwiderstand
L_A	Ankerinduktivität
R_B	Bürstenwiderstand
$2U_B$	Bürstenspannungsverlust (zweifach)
U_i	Induzierte Rotationsspannung
$R_A = R_A^* + R_B$	Ohm'scher Ankergesamtwiderstand

Der Stromübergang an den zweifachen Bürsten ist mit Verlusten behaftet. Diese können durch einen ohmschen Anteil R_B und einen direkten Spannungsverlust $U_v = 2U_B$ ähnlich dem Durchlasswiderstand einer Diode beschrieben werden, Vogt (1988), ($U_B \approx 1V$ bei Kohlebürsten und großen Strömen). Damit folgt für das dynamische Verhalten des Ankerstromkreises (*elektrischer Teil*)

$$
\begin{aligned}
L_A \dot{I}_A(t) + R_A I_A(t) &= U_A(t) - U_i(t) - 2U_B \operatorname{sign} I_A(t) \\
&= U_A(t) - \Psi\omega(t) - 2U_B \operatorname{sign} I_A(t).
\end{aligned}
\tag{5.3.10}
$$

(Für eine Stellung der Ankerstromspannung über einen Stromrichter mit Impulsbreitenmodulation ist eine bessere Näherung des Bürstenspannungsverlustes $U_v = K_B I_A|\omega|$, Höfling (1996)). Es ergibt sich somit eine Differentialgleichung erster Ordnung

$$\frac{L_A}{R_A}\dot{I}_A(t) + I_A(t) = \frac{1}{R_A}U_A(t) - \frac{\Psi}{R_A}\omega(t) - 2\frac{U_B}{R_A}\,\text{sign}\,I_A(t)$$

mit der *Ankerstrom-Zeitkonstanten*

$$T_A = \frac{L_A}{R_A}.$$

Für den *mechanischen Teil* des Gleichstrommotors gelten die Größen

J Trägheitsmoment
M_{el} elektrisches Antriebsmoment
M_R Reibmoment
M_L Lastmoment

Das Reibmoment kann entsprechend (4.7.8), (4.4.10) als trockener und viskoser Teil angesetzt werden, Freyermuth (1993), Höfling (1996)

$$M_R(t) = M_{R0}\,\text{sign}\,\omega(t) + M_{R1}\omega(t). \tag{5.3.11}$$

Aus der Drallbilanzgleichung folgt somit

$$\begin{aligned}
J\dot{\omega}(t) &= M_{el}(t) - M_R(t) - M_L(t) \\
&= \Psi I_A(t) - M_{R0}\,\text{sign}\,\omega(t) - M_{R1}\omega(t) - M_L(t),
\end{aligned} \tag{5.3.12}$$

also eine Differentialgleichung erster Ordnung mit der *mechanischen Zeitkonstanten*

$$T_M = \frac{J}{M_{R1}}.$$

Das elektrische und mechanische Teilsystem lässt sich aufgrund von (5.3.10) und (5.3.12) für die Eingangsgrößen Ankerspannung I_A und Lastmoment in einem Blockschaltbild, Bild 5.17, zusammenfassen. Es entspricht, wenn man die nichtlinearen Terme der trockenen Reibung und der Bürstenspannungsverluste vernachlässigt, dem Blockschaltbild des linearisierten Elektromagneten mit der Geschwindigkeit $\dot{Y}$ als Ausgangsgröße, Bild 5.12. Die elektrischen und mechanischen Teilmodelle sind über die Ankerflussverkettung Ψ gekoppelt, einmal zur Drehmomenterzeugung im Vorwärtszweig und einmal zur Erzeugung der induzierten Rotationsspannung im Rückführzweig.

Nun wird die Darstellung des Gleichstrommotors als *Vierpol* betrachtet. Nach Kapitel 2 können dann für diesen Wandler folgende Variable unabhängige Eingangsgrößen (zwei Betriebsfälle) sein:

a) Eingeprägte Ankerspannung U_A und eingeprägtes Drehmoment M_L,
b) Eingeprägter Ankerstrom I_A und eingeprägte Drehzahl ω.

Bei Vernachlässigung der meistens kleinen Auswirkungen von trockener Reibung und Bürstenspannungsverlusten und damit $M_{R0} = 0$ und $U_B = 0$ folgen nach Laplace-Transformation aus den Differentialgleichungen (5.3.10), (5.3.12) folgende Übetragungsfunktionen für kleine Änderungen um einen Arbeitspunkt:

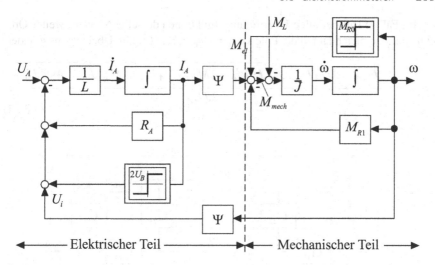

Bild 5.17. Blockschaltbild für das dynamische Verhalten eines Gleichstrommotors mit konstanter Erregung

a) Eingangsgrößen: ΔU_A und ΔM_L.

$$G_{11}(s) = \left.\frac{\Delta\omega(s)}{\Delta U_A(s)}\right|_{\Delta M_L = 0} = \frac{\Psi}{\Psi^2 + M_{R1}R_A + s(JR_A + M_{R1}L_A) + s^2 JL_A}$$

$$G_{21}(s) = \left.\frac{\Delta I_A(s)}{\Delta U_A(s)}\right|_{\Delta M_L = 0} = \frac{M_{R1}sJ}{\Psi^2 + M_{R1}R_A + s(JR_A + M_{R1}L_A) + s^2 JL_A}$$

$$G_{12}(s) = \left.\frac{\Delta\omega(s)}{\Delta M_L(s)}\right|_{\Delta U_A = 0} = \frac{-(sL_A + R_A)}{\Psi^2 + M_{R1}R_A + s(JR_A + M_{R1}L_A) + s^2 JL_A}$$

$$G_{22}(s) = \left.\frac{\Delta I_A(s)}{\Delta M_L(s)}\right|_{\Delta U_A = 0} = \frac{\Psi}{\Psi^2 + M_{R1}R_A + s(JR_A + M_{R1}L_A) + s^2 JL_A}.$$

$$(5.3.13)$$

b) Eingangsgrößen: ΔI_A und $\Delta\omega$.

$$G'_{11}(s) = \left.\frac{\Delta M_L(s)}{\Delta I_A(s)}\right|_{\Delta\omega = 0} = \Psi$$

$$G'_{21}(s) = \left.\frac{\Delta U_A(s)}{\Delta I_A(s)}\right|_{\Delta\omega = 0} = R_A + L_A s$$

$$G'_{12}(s) = \left.\frac{\Delta M_L(s)}{\Delta\omega(s)}\right|_{\Delta I_A = 0} = -(M_{R1} + Js)$$

$$G'_{22}(s) = \left.\frac{\Delta U_A(s)}{\Delta\omega(s)}\right|_{\Delta I_A = 0} = \Psi.$$

Die zugehörigen Blockbilddarstellungen der entstehenden Vierpole sind in Bild 5.18 dargestellt.

Im Fall a) tritt bei allen Übertragungsfunktionen derselbe Nenner zweiter Ordnung auf. Demnach lauten die Pole $s_{1/2} = -\delta_e \pm i\omega_e$ für alle Übertragungsglieder

$$s_{1/2} = \frac{-JR_A - M_{R1}L_A \pm \sqrt{J^2 R_A^2 - 2M_{R1}JL_A R_A + M_{R1}^2 L_A^2 - 4\Psi^2 JL_A}}{2JL_A}.$$

(5.3.14)

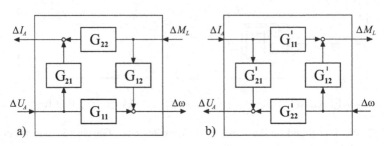

Bild 5.18. Vierpoldarstellung eines Gleichstrommotors: a) Eingangsgrößen: ΔU_A und ΔM_L; b) Eingangsgrößen: ΔI_A und $\Delta\omega$

Da der Radikant negativ ist, erhält man ein konjugiert komplexes Polpaar. Die Dämpfung D und die Kennkreisfrequenz ω_0 des Systems lauten

$$D = \frac{JR_A + M_{R1}L_A}{2\sqrt{JL_A(\Psi^2 + M_{R1}R_A)}},$$

$$\omega_0 = \sqrt{\frac{\Psi^2 + M_{R1}R_A}{JL_A}}.$$

(5.3.15)

Wenn die Ankerstromzeitkonstante $T_A = L_A/R_A$ (etwa $3\ldots 8$ ms) vernachlässigbar klein ist, gelten mit $L_A = 0$ die Übertragungsfunktionen

$$G_{11}(s) = \frac{\Delta\omega(s)}{\Delta U_A(s)} = \frac{\Psi}{\Psi^2 + M_{R1}R_A + sJR_A}$$

$$G_{21}(s) = \frac{\Delta I_A(s)}{\Delta U_A(s)} = \frac{M_{R1} + sJ}{\Psi^2 + M_{R1}R_A + sJR_A}$$

$$G_{12}(s) = \frac{\Delta\omega(s)}{\Delta M_L(s)} = \frac{-R_A}{\Psi^2 + M_{R1}R_A + sJR_A}$$

$$G_{22}(s) = \frac{\Delta I_A(s)}{\Delta M_L(s)} = \frac{\Psi}{\Psi^2 + M_{R1}R_A + sJR_A}.$$

(5.3.16)

Diese Übertragungsglieder haben nur einen Pol bei

$$s_1 = -\frac{\Psi^2 + M_{R1}R_A}{JR_A}$$

(5.3.17)

und somit wird die Zeitkonstante T_{Mot} des Gleichstrommotors (Fall a)) zu

$$T_{Mot} = \frac{J R_A}{\Psi^2 + M_{R1} R_A} = \frac{J}{\Psi^2 / R_A + M_{R1}}. \tag{5.3.18}$$

Die Übertragungsfunktionen im Fall b) sind wesentlich einfacher. G'_{11} und G'_{22} sind proportional übertragende Glieder und bei G'_{21} tritt als Differenzierzeit (im Zähler-polynom) die Ankerstromzeitkonstante

$$T_A = \frac{L_A}{R_A}$$

und bei G'_{12} die mechanische Differenzierzeit

$$T_m = \frac{J}{M_{R1}}$$

auf. Setzt man $L_A = 0$, wird auch G'_{21} zu einem proportional wirkenden Übertra-gungsglied.

Zur Darstellung des Gleichstrommotors im Zustandsraum werden der Strom I_A und die Drehzahl ω als Zustände verwendet. Ausgehend von den linearen Differen-tialgleichungen mit $M_{R0} = 0$ und $U_B = 0$, (5.3.10), (5.3.12),

$$L_A \dot{I}_A(t) + R_A I_A(t) = U_A(t) - \Psi \omega(t)$$
$$J \dot{\omega}(t) + M_{R1} \omega(t) = \Psi I_A(t) - M_L(t) \tag{5.3.19}$$

erhält man

$$\begin{bmatrix} \dot{I}_A(t) \\ \dot{\omega}(t) \end{bmatrix} = \begin{bmatrix} -\frac{R_A}{L_A} & -\frac{\Psi}{L_A} \\ \frac{\Psi}{J} & -\frac{M_{R1}}{J} \end{bmatrix} \cdot \begin{bmatrix} I_A(t) \\ \omega(t) \end{bmatrix} + \begin{bmatrix} \frac{1}{L_A} & 0 \\ 0 & -\frac{1}{J} \end{bmatrix} \cdot \begin{bmatrix} U_A(t) \\ M_L(t) \end{bmatrix}$$

$$\mathbf{x}(t) \quad = \quad \mathbf{A} \quad\quad \mathbf{x}(t) \quad + \quad \mathbf{B} \quad\quad \mathbf{u}(t). \tag{5.3.20}$$

Beispiel 5.1:

Aus einem Datenblatt wurden die folgenden Werte für einen permanenterregten Gleichstrommotor entnommen (P_N=500 W, n_N=2500 Upm)

Trägheitsmoment	$J = 0{,}75 \cdot 10^{-3} \ \text{kgm}^2$
Drehmomentkonstante	$K_T = 0{,}35 \ \text{Nm/A} = 0{,}35 \ Vs$
Spannungskonstante	$K_E = 36{,}0 \ \text{V}/1000 \ \text{U/min} \approx K_T$
Ankerwiderstand	$R_A = 0{,}95 \ \Omega$
Induktivität	$L_A = 1{,}9 \cdot 10^{-3} \ \text{H}$
Viskose Reibung	$M_{R1} = 70{,}6 \cdot 10^{-3} \ \text{Nm}/1000 \ \text{U/min}$
Trockene Reibung	$M_{R0} = 0{,}18 \ \text{Nm}$

Man beachte dabei, dass $\omega = 2\pi n$ in der Einheit $1/s$ (bzw. rad/s) benutzt wird. Demzufolge müssen einige Konstanten umgerechnet werden. Wie man leicht nachvollziehen kann, gilt dann $K_T = K_E = \Psi$. Es resultiert schließlich das dynamische Modell

$$
\begin{bmatrix} \dot{I}_A \\ \dot{\omega} \end{bmatrix} = \begin{bmatrix} -\frac{500}{s} & -184,2A \\ \frac{467}{As^2} & -\frac{0,899}{s} \end{bmatrix} \cdot \begin{bmatrix} I_A \\ \omega \end{bmatrix} + \begin{bmatrix} \frac{526,3A}{Vs} & 0 \\ 0 & -\frac{1333}{VAs^3} \end{bmatrix} \cdot \begin{bmatrix} U_A \\ M_L \end{bmatrix}.
\tag{5.3.21}
$$

Die Pole des Systems folgen aus det $(s\mathbf{I} - \mathbf{A}) = 0$ zu

$$
s_{1/2} = -250\frac{1}{s} \pm 154\frac{1}{s}i.
\tag{5.3.22}
$$

□

5.3.4 Statisches Verhalten

Im statischen Betriebszustand folgt aus der Ankerstromkreisgleichung (5.3.10) mit $d(..)/dt = 0$ und $U_B = 0$

$$
I_A = \frac{1}{R_A}(U_A - \Psi\omega).
\tag{5.3.23}
$$

Für das an der Welle abgegebene mechanische Drehmoment gilt

$$
M_{mech} = M_{el} - M_R = \Psi I_A - M_R = \frac{\Psi}{R_A}(U_A - \Psi\omega) - M_R,
\tag{5.3.24}
$$

wobei M_R das Reibungsmoment ist.

Wenn das Reibungsmoment aus einem trockenen und viskosen Anteil besteht, (5.3.11), gilt

$$
M_{mech} = \frac{\Psi}{R_A}\left[U_A - \left(\Psi + \frac{R_A}{\Psi}M_{R1}\right)\omega\right] - M_{R0}.
\tag{5.3.25}
$$

Das Drehmoment fällt also proportional zur Drehzahl ab, Bild 5.19a). Für das maximale Drehmoment bei Stillstand ($\omega = 0^+$ wegen Reibgesetz) folgt

$$
M_{mech}(0^+) = M_{max,0} = \frac{\Psi}{R_A}U_A - M_{R0}
\tag{5.3.26}
$$

und für die maximale Drehzahl im Leerlauf mit $M_{mech} = 0$

$$
\omega_{max,0} = \frac{U_A\Psi - R_A M_{R0}}{\Psi^2 + R_A M_{R1}}.
\tag{5.3.27}
$$

(Hierbei sind Ankerrückwirkungen $\Psi(I_A)$ vernachlässigt).

Die Drehmomentkennlinie kann somit durch *Änderung der Ankerspannung* U_A parallel verschoben werden, Bild 5.19a). Für ein gegebenes Lastdrehmoment $M_L =$

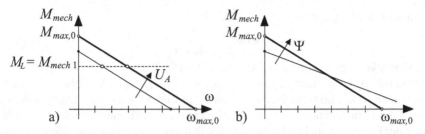

Bild 5.19. Drehmomentkennlinien eines Gleichstrommotors: a) Veränderliche Ankerspannung U_A; b) Veränderliche Flussverkettung Ψ

M_{mech1} lässt sich deshalb die Drehzahl ω in weiten Bereichen durch Stellen der Ankerspannung U_A mit z.B. einem Stromrichter bzw. einem pulsweiten-modulierten Signal (PWM) steuern. Der Bereich reicht dabei von Drehzahl Null bis zu einer von der Ankernennspannung U_{A0} abhängigen Drehzahl

$$\omega_{max} = \frac{U_{A0}\Psi - (M_{R0} + M_{mech1})\,R_A}{\Psi^2 + R_A M_{R1}}. \tag{5.3.28}$$

Vernachlässigt man die mechanischen Reibungen und setzt $M_L = M_{mech1} = 0$, so folgt für die Grenzwerte

$$M_{max,0} = \frac{\Psi}{R_A}U_A,$$

$$\omega_{max,0} = \frac{1}{\Psi}U_A.$$

Die Steigung der Drehmoment-Kennlinie ist dann

$$c_M = \frac{dM}{d\omega} = -\frac{\Psi}{R_A}.$$

Sie verläuft um so steiler je kleiner R_A und je größer Ψ.

Eine zweite Möglichkeit zur Steuerung der Drehzahl ergibt sich durch eine *Änderung der Feldstärke* und damit des verketteten Flusses $\Psi(I_E)$ über den Erregerstrom I_E entsprechend der Magnetisierungskennlinie, (5.3.25) und Bild 5.19b). Da der Nennfluss Ψ_0 im Allgemeinen in der Nähe der Sättigungsgrenze ist, kommt im Wesentlichen nur eine Feldschwächung in Betracht. Dadurch verläuft die Kennlinie $M_{mech}(\omega)$ flacher, Bild 5.19b), und die Drehzahl wird für große Lastmomente kleiner und für kleine Lastmomente größer. Bei gleichem Lastmoment und Feldschwächung erhöht sich nach (5.3.24) aber der Ankerstrom, was zu Kommutierungsproblemen und Bürstenfeuer führen kann. Deshalb setzt man die Feldschwächung zur Drehzahlsteuerung nur bei großen Drehzahlen und kleinem Drehmoment aber der vollen Ankernennspannung ein. Der Ankerstrom wird dabei auf einen maximalen Wert I_{Amax} beschränkt. Für eine konstante abgegebene Leistung

$$P = M_{mech}\omega \approx \Psi(\omega)I_{A\,max}\omega \tag{5.3.29}$$

wird dann der Magnetfluss

$$\Psi(\omega) \approx \frac{P}{I_{A\,max}\omega},$$ (5.3.30)

also umgekehrt proportional zur Drehzahl gestellt. Dies wird durch Regelung der induzierten Ankerspannung erreicht, Leonhard (1974)), Schröder (1995). Für einen konstanten Ankerstrom ergeben sich dann die in Bild 5.20 dargestellten Motorkennlinien. Im Grundbereich wird die Ankerspannung gestellt und im Feldschwächbereich der Erregerstrom. Das Drehmoment fällt dann bei großen Drehzahlen, wie dies z.B. bei Werkzeugmaschinen mit Eilgang zwischen Bearbeitungsvorgängen, oder bei Walzwerken und Haspeln zweckmäßig ist.

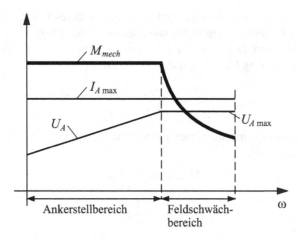

Bild 5.20. Zur Drehzahlsteuerung eines fremderregten Gleichstrommotors für konstanten Ankerstrom: Grundbereich: Stellung der Ankerspannung; Feldschwächbereich: Stellung der Erregerspannung

5.3.5 Drehzahl- und Positions-Regelung

Wie aus Bild 5.19 hervorgeht, eignet sich besonders die Ankerspannung als Stellgröße für die Drehzahl. Da der Ankerstrom einfach gemessen werden kann, bietet sich eine Kaskaden-Regelung mit unterlagertem Stromregelkreis an, Bild 5.21. Als Stromregler kann ein PI-Regler

$$G_{RI}(s) = \frac{U_A(s)}{I_A(s)} = K_{RI}\left(1 + \frac{1}{T_{NI}s}\right)$$ (5.3.31)

oder ein P-Regler verwendet werden. Da dieser Regelkreis der Stromabnahme durch die Gegeninduktion entgegenwirkt, kann das elektrische Drehmoment schnell ansteigen. Bei der Wahl des Drehzahlreglers ist das dynamische Verhalten der angekoppelten Last, z.B. eine Arbeitsmaschine, zu beachten. Da in der Regel eine Regelstrecke mit proportionalem Verhalten vorliegt, empfiehlt sich meist ein PI-Regler

$$G_{Rn}(s) = \frac{I_{Aw}(s)}{\omega(s)} = K_{Rn}\left(1 + \frac{1}{T_{Nn}s}\right). \tag{5.3.32}$$

Der unterlagerte Stromregelkreis kann zur Auslegung des Drehzahlreglers als Verzögerungsglied erster Ordnung vereinfacht angesetzt werden, mit

$$\frac{I_A(s)}{I_{Aw}(s)} = \frac{K_1}{1 + T_1 s}. \tag{5.3.33}$$

Für den Drehzahlregelkreis gelten dann die Übertragungsfunktionen dritter Ordnung

$$G_{\omega w}(s) = \frac{\omega(s)}{\omega_w(s)} = \frac{1 + T_{Nn}s}{1 + T_{Nn}s + \frac{T_{Ns}J}{K_{Rn}\Psi}s^2 + \frac{T_{Ns}JT_1}{K_{Rn}\Psi}s^3}, \tag{5.3.34}$$

$$G_{\omega M}(s) = \frac{\omega(s)}{M_L(s)} = \frac{(1 + T_1 s)\frac{T_{Nn}s}{K_{Rn}\Psi}}{1 + T_{Nn}s + \frac{T_{Ns}J}{K_{Rn}\Psi}s^2 + \frac{T_{Ns}JT_1}{K_{Rn}\Psi}s^3}. \tag{5.3.35}$$

Bei einer Regelung der Position φ (Stellglieder, Roboter) kommt zur Regelstrecke noch ein Integrator dazu. Dann empfiehlt sich in Ergänzung zum Drehzahlregler ein P-Regler als überlagerter Regler und somit eine zweifache P-PI-PI-Kaskaden-Regelung (Verstärkung $K_{R\varphi}$). Bei Vernachlässigung der Zeitkonstante des Stromregelkreises, $T_1 = 0, K_1 = 1$, gilt dann für das Führungsverhalten

$$G_{\varphi w}(s) = \frac{\varphi(s)}{\varphi_w(s)} = \frac{1 + T_{Nn}s}{1 + \left(T_{Nn} + \frac{1}{K_{R\varphi}}\right)s + \frac{T_{Nn}^2 + T_{Nn}J}{K_{Rn}K_{R\varphi}\Psi}s^2 + \frac{T_{Nn}^2 J}{K_{Rn}\Psi}s^3}. \tag{5.3.36}$$

Durch die Wahl der Reglerparameter lässt sich das dynamische Verhalten wesentlich beeinflussen.

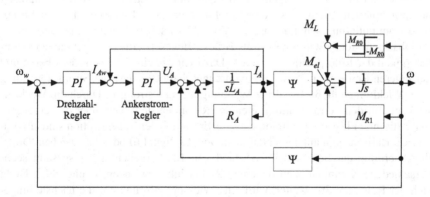

Bild 5.21. Drehzahl-Kaskaden-Regelung eines Gleichstrommotors mit konstanter Erregung

5.3.6 Bürstenlose Gleichstrommotoren (elektronische Kommutierung)

Ein Vorteil von Gleichstrommotoren ist, dass die Drehzahl über einen großen Bereich mit der Versorgungsspannung als Stellgröße geregelt werden kann und dass die Motoren mit Gleichstrom z.B. aus Batterien betrieben werden können. Auf der anderen Seite ist die mechanische Kommutierung von Nachteil, da die Lebensdauer von Bürsten-Kommutatoren begrenzt wird. Außerdem führt der mechanische Kommutator zu Verlusten, Kontaktproblemen bei kleinen Spannungen und kann Ursache für elektromagnetische Störungen in der Umgebung sein und ein unerwünschtes Geräusch verursachen.

Deshalb wurden bürstenlose Gleichstrommotoren entwickelt. Diese Motoren bestehen z.B. aus einem permanentmagnetischen Rotor und mehreren Statorwindungen, die elektronisch in Abhängigkeit der Rotorposition geschaltet werden, Bild 5.22. Die Rotorposition wird z.B. durch Hallsensoren, induktiven oder optischen Sensoren gemessen. Der durch mindestens drei Statorwindungen fließende Strom wird über Transistoren so gesteuert, dass der Winkel zwischen der Flussverkettung und der elektromagnetischen Kraft im Rotor etwa 90° beträgt. Deshalb wird ein rotierendes Feld erzeugt, dessen Drehfrequenz von der Winkelgeschwindigkeit des Rotors abhängt. Elektronisch kommutierte Gleichstrommotoren kombinieren die mechanische Robustheit mehrphasiger Motoren mit den guten Drehzahl-Regeleigenschaften von Gleichstrommotoren. Weitere Vorteile sind: gleichförmiger Lauf, lange Lebensdauer, gutes Startverhalten (keine Bürstenwiderstände), höherer Wirkungsgrad und keine Funkenbildung (EMV-Störungen, Explosionsgefahr). Die Drehmoment-Drehzahlkennlinien entsprechen denen von Gleichstrom-Nebenschlussmotoren. Bürstenlose Gleichstrommotoren werden in einem Leistungsbereich von etwa 0,5 und 1000 W angeboten.

Entsprechend dem Gleichstrommotor mit Bürstenkommutierung, Abschnitt 5.3.2 bis 5.3.4, wird ein dynamisches Modell für einen bürstenlosen, elektronisch kommutierten Gleichstrommotor abgeleitet, Moseler und Isermann (2000). Bild 5.22 zeigt den prinzipiellen Aufbau des Rotors, Stators und der Hallsensoren. Eine elektronische Kommutierungsschaltung ist in Bild 5.23 zu sehen. Für die Ansteuerung des dreiphasigen Motors wird eine 6-Puls-Brücke eingesetzt, die die Wicklungen in Abhängigkeit der Rotorposition ansteuert. Dazu wird je ein Transistor der oberen und der unteren Reihe der 6-Puls-Brücke durchgeschaltet, so dass der Strom stets durch zwei Wicklungen fließt. Die dritte Wicklung ist dann stromlos. Durch die Wechselwirkung mit den Permanentmagneten des Rotors entsteht dann über den erzeugten magnetischen Fluss ein Drehmoment. Zur Erfassung der Rotorposition sind am Stator drei Hallsensoren angebracht, die ein binäres Signal (0 oder 1) ausgeben. Durch die Anordung der Sensoren im Abstand von 120° ergeben sich insgesamt sechs verschiedene Kombinationen für einen Rotorwinkel zwischen 0° und 180°. Dreht sich der Rotor um 30° weiter, wird eine Wicklung ab- und auf die nächste umgeschaltet. Die zugehörige Schaltlogik ist als Hardware-Schaltung ausgeführt, d.h. das Umschaltung erfolgt ohne Einfluss des steuernden Mikrocontrollers, siehe Moseler (2001), Hendershot und Miller (1994), Pillay und Krishnan (1987).

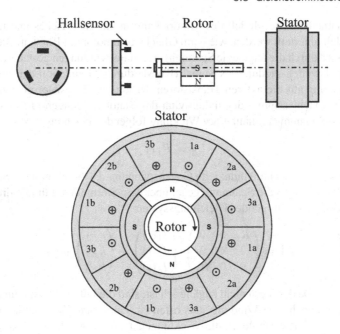

Bild 5.22. Aufbau eines bürstenlosen Gleichstrommotors mit 2×3 Wicklungen und drei Hallsensoren

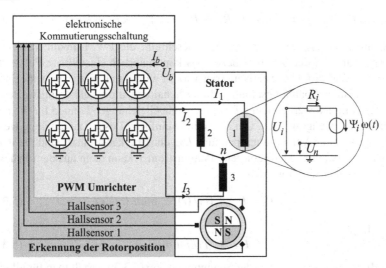

Bild 5.23. Elektronische Kommutierungsschaltung mit einer 6-Puls-Brücke für einen Motor mit vier permanentmagnetischen Polen

Das mathematische Modell des Motors kann in ein elektrisches und mechanisches Modell unterteilt werden, wie beim Gleichstrommotor mit Bürsten. Die Motordrehzahl wird durch die angelegte Spannung der Statorwindungen gesteuert, deshalb wird ein pulsweiten-moduliertes Signal (PWM) durch Modulation der angelegten Gleichspannung auf die aktiven Transistoren der unteren Transistorreihe aufmoduliert. Bei Vernachlässigung der Induktivität der Statorwicklungen ($L = 0$) erhält man für den Spannungsumlauf einer Wicklung folgende Gleichung

$$U_1 - U_n = R_1 I_1 + e_1. \tag{5.3.37}$$

Hierbei ist $e_1 = \Psi \omega(t)$ die induzierte Gegenspannung. U_1 beschreibt die Spannung an einer Phase und U_n die Spannung gegenüber dem Sternpunkt. Für alle drei Wicklungen entsteht dann folgendes Gleichungssystem

$$\begin{pmatrix} U_1 - U_n \\ U_2 - U_n \\ U_3 - U_n \end{pmatrix} = \begin{pmatrix} R_1 & 0 & 0 \\ 0 & R_2 & 0 \\ 0 & 0 & R_3 \end{pmatrix} \begin{pmatrix} I_1(t) \\ I_2(t) \\ I_3(t) \end{pmatrix} + \begin{pmatrix} k_{E1} \\ k_{E2} \\ k_{E3} \end{pmatrix} \omega(t) \tag{5.3.38}$$

mit $k_{Ei} = \Psi_i$. Da der Stern nicht zugänglich ist, sind die Differenzspannungen nicht bekannt. Da jedoch eine Windung stets offen ist, kann man U_n eliminieren. Fließt der Strom beispielsweise durch die Wicklungen 1 und 2, gilt $U_1 = U_{pwm}, U_2 = U_0, I_2 = -I_1$ und $I_3 = 0$. Setzt man dies in Gleichung (5.3.38) ein, dann erhält man

$$U_{pwm}(t) - U_0 \, \text{sign}\,(pwm) = (R_1 + R_2)\, I_1(t) + (k_{E1} + k_{E2})\, \omega(t). \tag{5.3.39}$$

Die Spannung $U_{pwm}(t) = pwm(t)U_b$ beschreibt die PWM-modulierte Versorgungsspannung U_b der 6-Puls-Brücke. Das kontinuierlich einstellbare Pulsweiten-Verhältnis PWM $\epsilon[0, 1]$ der aktiven Transistoren wird durch eine externe Schaltung erzeugt. U_0 ist der Spannungsabfall in dieser Schaltung, die als näherungsweise konstant angenommen werden kann. Entsprechende Gleichungen können für die anderen fünf Fälle erzeugt werden. Um eine relativ einfache Lösung zu erhalten, werden als Messgrößen die Versorgungsspannung U_b, der Brückenstrom I_b und die Rotordrehzahl ω verwendet. Der gemittelte Phasenstrom $\bar{I}$ kann dann aus dem Brückenstrom wie folgt ermittelt werden

$$U_b \bar{I}_b(t) = U_{pwm}(t)\bar{I}(t) = pwm(t)U_b \bar{I}. \tag{5.3.40}$$

Hieraus folgt

$$\bar{I} = I_b(t)/pwm(t). \tag{5.3.41}$$

Durch Bilden des Mittelwertes der Spannungen von (5.3.39) erhält man für alle fünf Fälle

$$U_{pwm}(t) - U_0 = \frac{2}{3}(R_1 + R_2 + R_3)\, \bar{I}(t) + \frac{2}{3}(k_{E1} + k_{E2} + k_{E3})\, \omega(t). \tag{5.3.42}$$

Diese Gleichung gilt für eine vorwärts gerichtete Drehung. Bei einer Drehrichtungsumkehr muss ein anderes Schaltschema für die Transistoren angewandt werden. Dies wird durch ein besonderes Bit in dem Controller vorgesehen. Zur Vereinfachung werden beide Fälle kombiniert, indem der Bereich des PWM von [0,1] bis [−1,1] erweitert wird. Damit kann die eingeprägte Spannung der Wicklungen für beide Fälle durch $\bar{U}(t) = U_{pwm}(t) - U_0 \, \text{sign} \, (pwm(t))$ beschrieben werden. Indem man ferner $2/3(R_1 + R_2 + R_3)$ durch R und $2/3(k_{E1} + k_{E2} + k_{E3})$ durch $k_E = \Psi$ ersetzt, erhält man folgende Gleichung für das elektrische Teilsystem

$$\bar{U}(t) = R\bar{I}(t) + \Psi\omega(t). \tag{5.3.43}$$

Die magnetische Kraft aus dem elektromagnetischen Feld der Permanentmagnete und dem Strom durch die Statorwindungen erzeugt ein Rotordrehmoment M_{el}, das der Eingang für das mechanische Teilsystem ist. Das Drehmoment ist dabei proportional zur magnetischen Flussverkettung Ψ und dem mittleren Phasenstrom. Deshalb gilt

$$M_{el}(t) = \Psi\bar{I}(t) = k_M\bar{I}(t). \tag{5.3.44}$$

Hierbei beschreibt k_M die Drehmomentkonstante des Motors. (Mit idealisierenden Annahmen gilt $k_M = k_E$.) Für das mechanische Teilsystem gilt aufgrund der Drallbilanz

$$J\dot{\omega}(t) = M_{el} - M_R - M_L. \tag{5.3.45}$$

Hierbei sind J das Trägheitsmoment des Rotors und M_R das Reibungsmoment, das in einen trockenen Reibungsanteil $M_{R0} \, \text{sign} \, (\omega(t))$ und ein viskoses Reibmoment $M_{R1}\omega(t)$ aufgeteilt werden kann. M_L ist das einwirkende Lastmoment. Damit gilt

$$J\dot{\omega}(t) = k_M\bar{I} - M_{R0} \, \text{sign} \, (\omega(t)) - M_{R1}\omega(t) - M_L(t). \tag{5.3.46}$$

Somit kann das mathematische Modell des bürstenlosen Gleichstrommotors durch die Gleichungen (5.3.43) und (5.3.46) beschrieben werden, siehe Bild 5.24. Es hat somit dieselbe Struktur wie die eines Gleichstrommotors mit mechanischer Kommutierung.

Beispiel 5.2:

Technische Daten für einen permanent erregten bürstenlosen Gleichstrommotor (3 Phasen, Y-Schaltung, vier Magnetpole, $P_{max} = 20\,\text{W}$):

Nenndrehmoment	$M_n = 37\,\text{Ncm}$
Überlastdrehmoment	$M_{Überlast} = 130\,\text{Ncm}$
Nennspannung	$U_n = 28\,\text{V}$
Nennstrom	$I_n = 1\,\text{A}$
Nenndrehzahl	$n_n = 5130\,\text{U/min}$
Leerlaufdrehzahl	$n_{Leerlauf} = 7200\,\text{U/min}$
Elektrische Zeitkonstante	$T_{el} = 0,2\,\text{ms}$
Mechanische Zeitkonstante	$T_{mech} = 8,6\,\text{ms}$
Rotorträgheitsmoment	$J = 1,5 \cdot 10^{-6}\,\text{kgm}^2$
Motorkonstante	$\Psi = 0,0372\,\text{Vs/rad}$

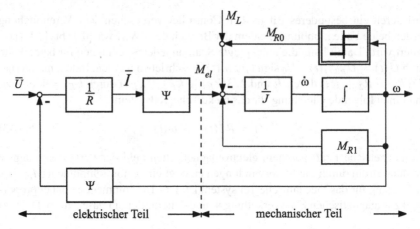

Bild 5.24. Vereinfachtes Blockschaltbild für das dynamische Verhalten eines bürstenlosen Gleichstrommotors

Wicklungswiderstand	$R = 8\,\Omega$
Viskose Reibung	$M_{F1} = 2 \cdot 10^{-5}\,\text{Nms/rad}$
Trockene Reibung	$M_{Fv} = 1 \cdot 10^{-4}\,\text{Nm.}$

□

5.3.7 Besondere Bauarten von Gleichstrommotoren

a) Gleichstrommotoren mit Permanenterregung

Bei kleinen Leistungen bis etwas 1 kW haben sich *Gleichstrommotoren mit Permanenterregung* anstelle von Erregerwicklungen im Stator durchgesetzt, Bild 5.25a),b). Als Dauermagnetmaterialien werden dabei Ferrite, Al-Ni-Co, Se-Co, Sm-Co eingesetzt. Bezüglich ihres Betriebsverhaltens entsprechen sie den Gleichstrom-Nebenschlussmotoren. Permanenterregte Motoren können mit kleineren Abmessungen als mit Erregerwicklungen hergestellt werden. Wegen der wegfallenden Erregerverluste ist der Wirkungsgrad besser. Die Rotoren werden z.B. als *Eisen-Nutenrotoren* mit mehreren Wicklungen und mechanischen Kommutatoren mit Bürsten ausgeführt. Wenn man zum Erreichen *kleiner Zeitkonstanten* an einem kleinen Trägheitsmoment interessiert ist, gibt es folgende Möglichkeiten.

- *Gleichstrommotoren mit schlankem Anker*
  Das Verhältnis von Ankerlänge zu Ankerdurchmesser wird mit $l/d = 3$ bis 5 relativ groß gestaltet.
- *Gleichstrommotoren mit Scheibenrotor*
  Die Ankerwicklung wird auf eine Scheibe gedruckt, die zum Erzielen einer kleinen Masse ohne magnetisches Material ausgeführt wird, Bild 5.25c). Auch der Kollektor ist auf dieser Scheibe aufgebracht. Diese Scheibenrotoren ergeben sehr

kleine Ankerstrom-Zeitkonstanten $T_A \approx 0,3$ ms und mechanische Zeitkonstanten $T_m \approx 5\ldots 20$ ms und erlauben eine große Stromüberlastung. Der Leistungsbereich liegt bei etwa 25 W bis 5 kW.

- *Gleichstrommotoren mit eisenlosen Rotoren*
  Die Rotoren werden als Hohlkörper gebildet, der aus Ankerwicklungen und z.B. Isolierharz besteht. Dieser Rotor ist im Allgemeinen einseitig offen (Glockenrotor, Korbrotor) und dreht um einen feststehenden Permanentmagneten im Innern, Bild 5.25d). Das äußere Gehäuse dient zum magnetischen Rückfluss und besteht aus Eisen. Der Rotor trägt auch den Kommutator. Der Leistungsbereich ist etwa 1 W bis 20 W.

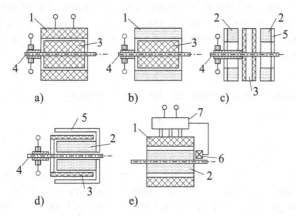

Bild 5.25. Verschiedene Bauarten von Gleichstrommotoren: 1 Erregerwicklung; 2 Permanentmagnet; 3 Rotor mit Wicklung; 4 Kollektor mit Bürsten; 5 Magnetischer Rückfluss; 6 Lagesensor; 7 elektronische Steuerung. a) Fremderregt, mit innenliegendem Trommelrotor; b) Permanenterregt, mit innenliegendem Trommelrotor; c) Permanenterregt, mit Scheibenrotor; d) Permanenterregt, mit Glockenrotor; e) Bürstenlos, elektronisch kommutiert, mit Permanent-Rotor

Eine weitere besondere Bauart von Gleichstrommotoren sind die *Torque-Motoren*. Diese werden als Servomotoren oder Aktoren eingesetzt, um große Drehmomente im Stillstand und bei kleinen Drehzahlen zu erzeugen. Sie sollen als Direktantriebe, ohne Getriebe, mit hoher Genauigkeit bestimmte Winkelpositionen schnell anfahren und Haltemomente dauernd aufbringen können (Kühl- und Verschleißprobleme). Typische Ausführungen sind durch Permanenterregung, schmale Rotoren und Kommutatoren mit großen Durchmessern gekennzeichnet mit Drehmomenten bis zu 1000 Nm. Einsatzbereiche sind z.B. Antennenantriebe, Roboterantriebe und allgemeine Stellantriebe, siehe z.B. Pfaff (1994).

Bürstenlose Gleichstrommotoren wurden bereits in Abschnitt 5.3.6 beschrieben. Sie zeichnen sich dadurch aus, dass sie einen *Permanentmagnetrotor* besitzen und mehrere Strangwicklungen im Stator haben, die elektronisch in Abhängigkeit der

Rotorstellung durch Messung der Winkelstellung mit z.B. Hallsensoren umgeschaltet werden, Bild 5.25e).

b) Schrittmotoren

Schrittmotoren bestehen aus einem Stator mit einzeln ansteuerbaren Wicklungen. Die Rotoren sind aus Permanentmagneten oder nach dem Reluktanzprinzip aufgebaut mit z.B. sternförmig angeordneten Polen oder Zähnen. Durch die Ansteuerung bestimmter Statorwicklungen mit Gleichstrom-Steuerimpulsen erzeugt ein Schrittmotor bestimmte Drehwinkeländerungen.

Wenn durch entsprechende Maßnahmen beim Anlauf und Auslauf keine Schritte verloren gehen, folgt die Drehwinkeländerung der vorgegebenen Steuerimpulszahl entsprechend einer offenen Steuerkette (magnetisches Raster). Bezeichnet man mit α den Schrittwinkel, mit ν die Impuls- oder Schrittzahl und mit φ den Drehwinkel, dann gilt (DIN 42021)

$$\varphi = \alpha\nu. \tag{5.3.47}$$

Bei einer konstanten Impulsfolge mit der Impulsfrequenz f_s stellt sich dann eine mittlere Drehzahl

$$\omega = \frac{d\varphi}{dt} = \alpha f_s \tag{5.3.48}$$

ein.

Das Wirkungsprinzip entspricht einem *Synchronmotor*, da der Rotor der schrittweise gesteuerten Winkeländerung des Statorfeldes folgt. Der elektromechanische Aufbau ist aber grundsätzlich so wie bei *bürstenlosen Gleichstrommotoren*. Durch unterschiedliche Gestaltung von Stator und Rotor ergeben sich mehrere Bauarten.

Der *Stator* wird mit mehreren Wicklungen versehen, die in z.B. m_s =1,2,3 oder 4 Phasen verschaltet sind (Ein- bis Vier-Phasen-Schrittmotoren), vgl. Bild 5.26. Dann ergeben sich im Allgemeinen $p_s = m_s$ Statorpole. Schaltet man jeweils 2 benachbarte Wicklungen um, dann stellt sich der Rotor in die Mitte der Polachsen. Dies wird *Vollschrittbetrieb* genannt und liefert ein relativ großes Drehmoment. Schaltet man zwischen zwei Vollschrittpositionen nur eine Wicklung, dann wird der Schrittwinkel halbiert auf Kosten eines kleineren, ungleichförmigen Drehmomentes. Dies ist der *Halbschrittbetrieb*. Erhöht man den Strom in einer Wicklung stufenweise und reduziert ihn in der benachbarten entsprechend, kann man noch kleinere Schrittwinkel im *Mikroschrittbetrieb* erzeugen. Zum Umkehren der Drehrichtung muss man entweder den Strom der Wicklungen umkehren, oder aber eine von zwei unterschiedlich gewickelten Spulen schalten.

Der *Rotor* kann aus *Parmanentmagneten* bestehen, die sternförmig mit abwechselnder Polarität angeordnet sind, z.B. mit bis zu $p_R = 12$ Polpaaren. Durch die Dauermagnete ergibt sich hierbei ein Selbsthaltemoment im stromlosen Zustand. *Reluktanzrotoren* bestehen aus Weicheisen-Zahnkränzen mit z Zähnen, die nicht vormagnetisiert sind. Durch die Zähne und Nutenfolge ergibt sich ein veränderlicher magnetischer Widerstand und damit eine Drehmomenterzeugung. Diese Bauart erlaubt kleine Schrittwinkel, verfügt aber über kein Selbsthaltemoment.

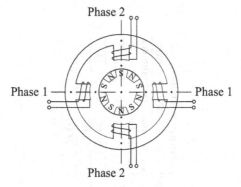

Bild 5.26. Vereinfachtes Beispiel eines Schrittmotors mit Permanentrotor. Stator: 4 Wicklungen; $m_S = 2$ Phasen; $p_S = 2$ Polpaare; Rotor: $p_R = 5$ Polpaare

Eine weitere Alternative ist der *Hybridrotor*, der eine Kombination darstellt: der Rotor besteht aus einem in axialer Richtung magnetisierten Permanentmagnet, der auf beiden Seiten gezähnte Polschuhe aus Weicheisen hat. Die Zähne der Zahnkränze sind jeweils um eine halbe Teilung versetzt und bilden auf der einen Seite nur Nordpole, auf der anderen Südpole. Hiermit lassen sich kleine Schrittwinkel, eine relativ große Leistung und ein Selbsthaltemoment erreichen. Wenn ein besonders kleines Trägheitsmoment für einen dynamischen Betrieb erforderlich ist, bieten sich permanenterregte Scheibenrotoren an.

Bild 5.26 zeigt die schematische Anordnung eines Schrittmotors mit Permanentrotor. Der Stator hat 4 Wicklungen und $m_s = 2$ Phasen ($p_s = 2$ Polpaare). Durch Umpolen jeweils eines Stator-Polpaares (Halbschrittbetrieb) sind 4 Schritte möglich. Der Rotor hat $p_R = 5$ Polpaare oder $2 p_R = 10$ Pole ($z = 10$ Zähne bei Reluktanzrotor). Polt man ein Polpaar des Stators um, dann dreht sich der Rotor um einen halben Rotorpol (halben Zahn) weiter, da er eine magnetische Mittelstellung einnimmt. Dadurch ergeben sich 20 Schritte pro Umdrehung oder ein Schrittwinkel von 18°.

Der Schrittwinkel eines Schrittmotors wird also durch die Zahl der Wicklungen bzw. Zahl m_s der Phasen im Stator und die Zahl p_R der Polpaare des Rotors (bzw. $2 p_R$ der Pole oder z der Zähne) bestimmt und es gilt für Halbschrittbetrieb

$$\alpha = \frac{360°}{2 m_s p_R} = \frac{360°}{m_s z} \tag{5.3.49}$$

Dieser Schrittwinkel lässt sich noch weiter verkleinern, wenn man jeden Polschuh mit mehreren Zähnen versieht und parallele Statoren (Mehrstator-Schrittmotoren) anordnet, die um bestimmte Winkel zueinander versetzt sind, z.B. um den halben Schrittwinkel.

Für Permanentmotoren sind typische Schrittweiten 30°–90°, für Reluktanzmotoren 0,2–15° und für Hybridmotoren 0,9–3,6°. Bei der Dimensionierung ist zu beachten, dass zum Erreichen der erforderlichen kleinsten Auflösung stets mehrere Schritte vorzusehen sind, um Anlauf- und Auslaufvorgänge zu berücksichtigen.

Tabelle 5.2. Eigenschaften von Gleichstrommotoren kleiner Leistung bis 1kW nach Jung und Schneider (1984), Meyer (1985)

| | | Gleichstrom-Nebenschluss-Motoren mit | | | | Gleichstrom-Reihenschlussmotor mit Erregerwicklung | Gleichstrommotoren mit elektronischer Steuerung | |
		Erreger-wicklung	Permanent-erregung	Scheibenrotor	eisenloser Rotor		elektronischer Kommutator	Schrittmotor
Leistungsbereich	W	10–1000	0,1 – 1000	0,05 – 1000	0,1 – 250	1,5 – 1000	0,5 – 300	< 500
Nennspannung	V	12 – 500	3 – 220	2,5 – 64	1,5 – 48	12 – 220	12 – 90	3 – 48
Wirkungsgrade		0,3 – 0,7	0,4 – 0,8	0,4 – 0,8	-0,7	0,3 – 0,7	0,2 – 0,8	–
Max. Drehzahl	U/min	6000	12000	11000	15000	27000	> 20000	9000
Drehzahlstellbereich		1 : 800	1 : 1000	1 : 3000	1 : 1000	1 : 1000	1 : 3000	–

Die Ansteuerungslogik erfolgt durch hochintegrierte Schaltkreise für Standard-Schrittmotoren und über Mikroprozessoren für hohe und spezielle Leistungsanforderungen einschließlich Beschleunigungs- und Abbremsvorgängen. Zur Leistungsverstärkung werden Transistorschaltungen eingesetzt.

Schrittmotoren werden bis zu Leistungen von ca. 500 W, Drehzahlen bis 5000 oder 9000 U/min und $z=12-1000$ Schritte pro Umdrehung angeboten.

Der Einsatzbereich von Schrittmotoren ist hauptsächlich die gesteuerte, genaue Positionierung mit kleiner Leistung, wenn man das Auftreten von Störmomenten ausschließen kann. Ansonsten muss man zur Positions-Messung und -Regelung übergehen, und dann sind oft Gleichstrommotorenantriebe besser geeignet. Typische Anwendungsfälle sind: Drucker, Schreibmaschinen, Floppy-Disk-Laufwerke, Vorschubantriebe für Schreiber.

Weitere Einzelheiten sind z.B. in Kuo (1974), Kenjo (1984), Kreuth (1985), Acarnley (1985), Janocha (1992), Moczala (1993), Kallenbach et al. (1994) und Janocha (2004) zu finden.

In Tabelle 5.2 sind einige Eigenschaften der verschiedenen Gleichstrommotoren zusammengefasst.

5.4 Drehstrommotoren (AC)[1]

5.4.1 Drehfelder und Koordinatensysteme

a) Asynchron- und Synchronmotoren

Wie in Kapitel 5.3 beschrieben, besitzt das magnetische Luftspaltfeld bei Gleichstrommaschinen bezüglich des Stators eine ortsfeste, räumliche Feldverteilung, was technisch mit Hilfe des Kommutators realisiert wird. Bei Drehstrommotoren ist das magnetische Luftspaltfeld dagegen nicht konstant. Vielmehr ändert sich die Feldverteilung kontinuierlich und bewegt sich in Form einer Feldwelle durch den Luftspalt, was auch als Drehfeld bezeichnet wird. Zur Gruppe der Drehstrommotoren zählen Asynchron- und Synchronmaschinen. Umlaufende Luftspaltfelder weisen jedoch auch die sogenannten bürstenlosen (elektronisch kommutierten) Gleichstrommaschinen auf.

a) *Drehfelder*
Prinzipiell gibt es mehrere Möglichkeiten ein rotierendes Drehfeld zu erzeugen. Die einfachste Form besteht darin, dass ein Rotor, der eines oder mehrere gleichstrom- oder permanenterregte Polpaare enthält, mit der mechanischen Drehzahl n_m gedreht wird.

Betrachtet wird zunächst ein permanenterregter Synchronmotor mit $p = 2$ Polpaaren. Der Motor befindet sich im Leerlauf und die Statorwicklungen sind stromlos. Das resultierende Magnetfeld wird also nur von den Permanentmagneten erzeugt.

---

[1] Ausgearbeitet von Armin Wolfram

Die räumliche Feldverteilung des mit der mechanischen Winkelgeschwindigkeit ω_m rotierenden Rotors ist für den Zeitpunkt $t = t_1$ in Bild 5.27 gezeigt.

Der zugehörige Betrag der Magnetfelddichte in radialer Richtung ist in Bild 5.28 über dem Umfangwinkel φ aufgetragen (gestrichelter Verlauf). Deutlich ist hier der Einfluss der Stator-Nuten auf die Feldstärke zu erkennen, die zu Einbrüchen in der Magnetfelddichte führen.

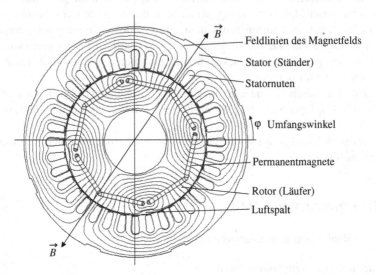

Bild 5.27. Querschnitt eines Synchronmotors mit 4-poligen Permanentmagneten im Rotor. Eingezeichnet sind die entstehenden Feldlinien des Magnetfelds für den Zeitpunkt $t = t_1$, wenn die Statorwicklungen stromlos sind. Eingezeichnet sind die entstehenden Feldlinien des Magnetfeldes und der Vektor der maximalen Magnetflussdichte $\vec{B}$ im Leerlauf

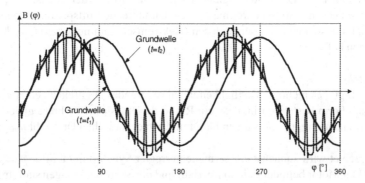

Bild 5.28. Betrag der resultierenden Magnetfelddichte im Luftspalt in Abhängigkeit des Umfangwinkels φ zum Zeitpunkt $t = t_1$. Die zugehörigen Grundwellen sind einmal für $t = t_1$ und für den späteren Zeitpunkt $t = t_2$ eingezeichnet.

Im Rahmen der Modellbildung werden diese Oberwellen des Luftspaltfelds jedoch häufig vernachlässigt und aus Gründen der Vereinfachung nur die sogenannte Grundwelle berücksichtigt. Bei dieser ist die Magnetfelddichte räumlich sinusförmig verteilt. Das Maximum der Magnetfelddichte gibt den magnetischen Nordpol, das Minimum den zugehörigen Südpol an. Die entsprechenden Verläufe der Grundwelle zum Zeitpunkt $t = t_1$ sowie für den späteren Zeitpunkt $t = t_2$ sind in Bild 5.28 skizziert. Es ist zu erkennen, dass die Welle in Abhängigkeit der mechanischen Winkelgeschwindigkeit $\omega_m = d\beta_m/dt$ zeitlich voranschreitet.

Dreht man nun den Rotor um den mechanischen Winkel $\beta_m = 360°/p$, hier $\beta_m = 180°$, so wiederholt sich das Drehfeld. Der elektrische Winkel β_R, der hier in Richtung des Maximums der Grundwelle zeigt, bewegt sich also p-mal so schnell wie der mechanische Winkel des Rotors. Es gilt somit

$$\beta_R = p\beta_m. \tag{5.4.1}$$

Um nun mit Hilfe des betrachteten Rotors ein konstantes Drehmoment zu erzeugen, wird ein geeigneter Aufbau der Wicklungen im Stator benötigt, mit denen ebenfalls ein Drehfeld im Luftspalt erzeugt werden kann. Eine geeignete Lösung stellen sogenannte Drehfeld- oder Drehstromwicklungen dar. Bei einem dreisträngigen Wicklungssystem sind drei Wicklungsstränge in den Statornuten untergebracht und in Stern- oder Dreieckschaltung mit den drei Anschlüssen (Phasen U, V, W oder L1, L2, L3) eines Drehstromnetzes verbunden.

Damit ein magnetisches Drehfeld mit der Netzfrequenz f_S des speisenden Dreiphasensystems entsteht, werden die drei Wicklungen räumlich um 120° versetzt über dem Umfang des Stators angebracht. Durchflossen werden die Wicklungen jeweils von sinusförmigen, um 120° zeitlich phasenverschobenen Strömen. Dies führt dazu, dass die Strangspulen jeweils Wechselfelder erzeugen, die ebenfalls um 120° zeitversetzt unterschiedlich magnetisiert werden. Bei dem resultierenden Gesamtfeld handelt es sich schließlich um ein Drehfeld, das sich zeitlich im Luftspalt ausbreitet und mit der Periode $1/f_S$ wiederholt. Das Wicklungssystem ist in diesem Fall mit zwei Polpaaren pro Phase ausgeführt (Polpaarzahl $p = 1$) (siehe Bild 5.29). Auch hier legt das Maximum der Magnetfelddichte wieder den magnetischen Nordpol, das Minimum den entsprechenden Südpol fest.

Bei einer Netzfrequenz von $f_S = 50\,\text{Hz}$ weist das Drehfeld eine Drehzahl von $n = 50 \cdot 60\,\text{U/min} = 3000\,\text{U/min}$ auf. Verdoppelt man die Zahl der Polpaare auf $p = 2$, so ist das ursprüngliche Wicklungssystem auf 180° zusammengedrängt und wiederholt sich nach 180°. Die resultierende Grundwelle ergibt sich dann äquivalent zu Bild 5.28. Die zugehörige Drehzahl des Drehfelds reduziert sich hier auf $n = f_S/p = 1500\,\text{U/min}$.

Demnach sind bei einer Netzfrequenz von 50 Hz nur bestimmte synchrone Drehzahlen möglich:

p	1	2	3	4	5
n (in U/min)	3000	1500	1000	750	600

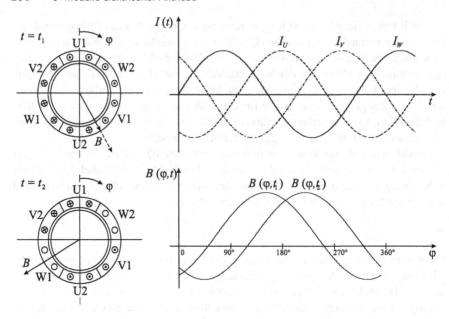

Bild 5.29. Bildung eines Drehfelds aus drei jeweils um 120° räumlich versetzt über den Umfang angeordneten Wicklungen U, V, W. Die Wicklungen werden mit jeweils um 120° zeitlich phasenverschobenen Wechselströmen (siehe Bild rechts oben) gespeist. Die Überlagerung der resultierenden Magnetfelder der einzelnen Wicklungen liefert ein Gesamtfeld, das zeitlich voranschreitet. Die Grundwelle des entstehenden Drehfelds ist im Bild (rechts unten) einmal für $t = t_1$ und für den späteren Zeitpunkt $t = t_2$ dargestellt. Die linken Bilder zeigen die prinzipielle Wicklungsverteilung einer zweipoligen Statorwicklung (Polpaarzahl $p = 1$) mit augenblicklichen Stromflussrichtungen für die beiden betrachteten Zeitpunkte.

b) *Asynchron- und Synchronmotoren*
Während bei Drehstrommotoren der prinzipielle Aufbau des Stators in Form dreisträngiger Wicklungen durchgängig zu finden ist, wird je nach Ausführung des Rotors zwischen *Asynchron-* und *Synchronmotoren* unterschieden.

Dabei ist das Verhalten der Drehstrommotoren komplizierter zu beschreiben, als das des Gleichstrommotors. Beim Gleichstrommotor erzeugen die Erregerwicklungen oder Permanentmagnete im Stator ein ortsfestes magnetisches Feld. Des Weiteren sorgt der Kommutator dafür, dass sich das von der Ankerwicklung induzierte magnetische Feld senkrecht zum Erregerfeld einstellt. Rechnerisch lässt sich das Drehmoment des Rotors als Produkt des Ankerstroms I_A mit der magnetischen Flussverkettung Ψ der Ankerwicklung angeben, siehe (5.3.8). Auf Grund der wesentlich höheren Dynamik wird das Drehmoment hauptsächlich über den Ankerstrom gesteuert, während die Anpassung der Flussverkettung über den Erregerstrom des Stators erfolgt. Eine Änderung der Flussverkettung ist dabei normalerweise erst im Feldschwächbereich notwendig, wenn die Ankerspannung begrenzt werden muss, die zur Drehzahl und zur Flussverkettung proportional ist.

Die physikalischen Verhältnisse beim *Synchronmotor* ähneln denen beim Gleichstrommotor noch am ehesten. Dabei werden im Rotor Erregerwicklungen oder Permanentmagnete angebracht und mit einem Stator mit Drehfeldwicklungen kombiniert, siehe Bild 5.27. Wenn man die Statorwicklungen nun an ein Drehstromnetz anschließt, so bildet sich ein Drehfeld aus, das eine Kraft auf den Rotor ausübt und diesen beschleunigt. Schließlich dreht der Rotor im stationären Betrieb synchron mit dem Drehfeld des Stators, woraus der Name des Motors resultiert.

Je nach Lastzustand stellt sich zwischen den Drehfeldern des Stators und des Rotors ein bestimmter Winkel ein. Wird der Motor nun im Leerlauf betrieben, so steht dem Nordpol des magnetischen Rotorfelds der Südpol des Statorfelds gegenüber. Ein Drehmoment wird somit nur dann erzeugt, wenn die Pole einen Relativwinkel zueinander aufweisen. Dabei sind die Anziehungskräfte und damit das Drehmoment am größten, wenn die magnetischen Achsen von Stator und Rotor aufeinander senkrecht stehen. Treibt der Rotor nun eine Arbeitsmaschine an (motorischer Betriebsfall), so läuft der magnetische Nordpol des Rotors dem Statorsüdpol hinterher. Bei generatorischem Betrieb hingegen eilt der Rotornordpol dem Südpol des Stators voraus und der Rotor zieht somit das Statordrehfeld hinter sich her, siehe Bild 5.30.

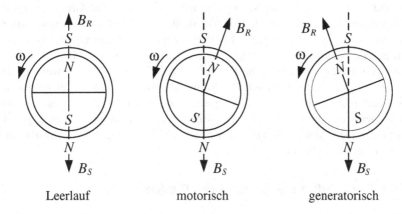

Leerlauf   motorisch   generatorisch

Bild 5.30. Relativlagen der Drehfelder von Stator und Rotor. Die in den Bildern eingezeichneten Pfeile zeigen in Richtung der Maxima (magnetische Nordpole) der Magnetflussdichten des Stators (B_S) bzw. Rotors (B_R)

Während beim Gleichstrommotor zur Einstellung der Relativlage der magnetischen Felder von Stator (Erreger) und Rotor (Anker) noch ein Kommutator notwendig war, kommt man bei Synchronmaschinen gänzlich ohne derartige mechanische Einrichtungen aus. Durch den Einsatz von Leistungselektronik und Regelungstechnik können die Statorspannungen der Maschine derart vorgegeben werden, dass die beiden magnetischen Felder wie bei Gleichstrommotoren stets aufeinander senkrecht stehen. Synchronmaschinen sind daher ein Beispiel dafür, wie durch den Einsatz von Elektronik und Regelungs- und Steuerungstechnik fehleranfällige mechanische

Komponenten eingespart werden können und zuverlässigere mechatronische Produkte entstehen.

Im Gegensatz zum permanent- oder fremderregten Polrad der Synchronmaschine ist der Rotor bei *Asynchronmaschinen* entweder, ähnlich wie der Stator, als symmetrische Drehstromwicklung oder als Käfigläufer mit über zwei äußere Ringe kurzgeschlossene Stäbe ausgeführt. Verbindet man nun die Klemmen der Statorwicklungen mit einem Drehstromsystem, so wird wieder ein Drehfeld im Luftspalt der Maschine erzeugt. Die Wicklungen des stillstehenden Rotors erfahren nun ein mit der Netzfrequenz pulsierendes magnetisches Wechselfeld, was nach dem Induktionsgesetz netzfrequente Wechselspannungen zur Folge hat. Dadurch entstehen im Rotor hohe Ströme, die in Verbindung mit dem Drehfeld des Stators zur Ausbildung eines Drehmoments führen. Der Rotor beginnt sich also in Richtung des Drehfelds zu bewegen. Angesichts der Relativbewegung des Rotors gegenüber dem Stator ändert sich für die Rotorwicklungen die Frequenz des wirksamen magnetischen Wechselfelds. Diese Frequenz entspricht jetzt nicht mehr der Statorfrequenz sondern der Frequenzdifferenz f_2 aus Rotor- und Statorfrequenz f_S bzw. f_R.

$$f_2 = f_S - f_R = f_S - pn. \qquad (5.4.2)$$

Diese Differenz wird auch als Schlupffrequenz bezeichnet. Auf Grund der im Rotor fließenden Ströme entsteht ein Rotordrehfeld, das sich relativ zum Rotor mit der Schlupffrequenz f_2 und bezogen auf den Stator mit der Statorfrequenz f_S bewegt. Dreht nun der Rotor mit der synchronen Drehzahl (f_S / p), so bleibt aus Sicht der Rotorwicklungen das magnetische Feld des Stators konstant und es werden daher keine Spannungen mehr induziert. Der Rotor ist somit stromlos und es kommt deswegen auch nicht mehr zur Ausbildung eines Drehmoments. Zur Erzeugung eines Drehmoments ist somit immer ein gewisser Schlupf der Rotordrehzahl gegenüber der Statorfrequenz vonnöten, was in der Namensbezeichnung des Asynchronmotors seinen Niederschlag findet.

b) Einige Eigenschaften elektromagnetischer Drehfelder

Als Vorbetrachtung zur Modellbildung von Drehstrommotoren werden zunächst einige Grundlagen zu elektromagnetischen Drehfeldern betrachtet. Die Spannungen in den drei Phasen eines Drehstromnetzes mit der Amplitude $\hat{U}$ gegenüber einem gedachten Neutralleiter sind jeweils um 120° Phasenwinkel zueinander versetzt

$$U_1(t) = \hat{U} \cos \omega_N t$$
$$U_2(t) = \hat{U} \cos(\omega_N t - 120°) \qquad (5.4.3)$$
$$U_3(t) = \hat{U} \cos(\omega t - 240°).$$

Diese Spannungen werden in der Regel einem Verbraucher zugeführt, der in Sternschaltung oder Dreieckschaltung verschaltet ist, Bild 5.31. Stellt man die Verbraucher (Ohm'sche Widerstände, Induktivitäten) räumlich um 120° versetzt dar, dann addieren die sich zeitlich um $\varphi = 120°$ versetzten Spannungen zu einer vektoriellen Spannung, vgl. Bild 5.32 für eine Sternschaltung,

$$U(t) = U_1(t) + U_2(t) + U_3(t)$$
$$= U_1(t) + U_2(t)\,e^{-i120°} + U_3(t)\,e^{-i240°}. \qquad (5.4.4)$$

Setzt man hier die trigonometrischen Beziehungen

$$\cos(\omega t - \beta) = \cos\omega t\,\cos\beta + \sin\omega t\,\sin\beta$$

und

$$e^{i\omega t} = \cos\omega t + i\sin\omega t,$$

dann wird

$$U(t) = \frac{3}{2}\hat{U}\;(\cos\omega_N t + i\sin\omega_N t) = \frac{3}{2}\hat{U}\,e^{i\omega_N t} = U_0\,e^{i\omega_N t}. \qquad (5.4.5)$$

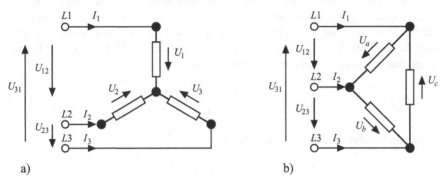

a)   b)

Bild 5.31. Drehstromsystem mit Ohm'schen Widerständen: a) Sternschaltung; b) Dreieckschaltung

Die Amplitude der vektoriellen Spannung U_0 ist also um den Faktor 3/2 größer als die Amplitude $\hat{U}$ der Phasenspannung. Diese vektorielle Spannung wird als Raumzeiger bezeichnet.

Für die Ströme an je einem Ohm'schen Widerstand gilt

$$I_1(t) = \frac{\hat{U}}{R}\cos\omega t = \hat{I}\cos\omega t$$

$$I_2(t) = \frac{\hat{U}}{R}\cos(\omega t - 120°) \qquad (5.4.6)$$

$$I_3(t) = \frac{\hat{U}}{R}\cos(\omega t - 240°).$$

Damit wird für symmetrische Widerstände

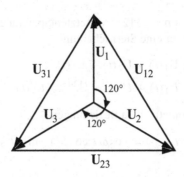

Bild 5.32. Zeigerdarstellung der Spannungen eines Drehstromsystems für Sternschaltung. U_1, U_2, U_3: Phasenspannungen U_S; U_{12}, U_{23}, U_{31}: verkettete Spannungen, Leiterspannungen U_v

$$I_1(t) + I_2(t) + I_3(t) = 0. \tag{5.4.7}$$

Deshalb braucht man bei einer *Sternschaltung* nach Bild 5.31a) keine Rückleitung.

Die Spannungen U_1, U_2 und U_3 zwischen den Außenleitern und dem Sternpunkt werden Strangspannung oder Phasenspannung U_S und die Spannungen zwischen zwei Außenleitern U_{12}, U_{23} und U_{31} werden verkettete oder Leiterspannung U_v genannt. Ihre vektorielle Addition gibt jeweils Null

$$\begin{aligned} \mathbf{U}_1 + \mathbf{U}_2 + \mathbf{U}_3 &= 0 \\ \mathbf{U}_{12} + \mathbf{U}_{23} + \mathbf{U}_{31} &= 0. \end{aligned} \tag{5.4.8}$$

Es ist ferner aufgrund der Spannungszeiger

$$U_v = \sqrt{3}\, U_S. \tag{5.4.9}$$

Aus $U_v = 400\,\text{V}$ folgt somit $U_S = 230\,\text{V}$.

Die Leiterströme I_v sind gleich den Strangströmen I_S

$$I_v = I_S \tag{5.4.10}$$

Auch bei einer *Dreieckschaltung* nach Bild 5.31b) wird kein Rückleiter benötigt. Die Ströme in den Außenleitern I_1, I_2 und I_3 werden Leiterströme I_L genannt, die Ströme in den Lasten I_a, I_b und I_c Strangströme I_S. Die vektorielle Addition der Ströme gibt jeweils Null

$$\begin{aligned} \mathbf{I}_1 + \mathbf{I}_2 + \mathbf{I}_3 &= 0 \\ \mathbf{I}_a + \mathbf{I}_b + \mathbf{I}_c &= 0. \end{aligned} \tag{5.4.11}$$

Es gilt weiter

$$\begin{aligned} I_L &= \sqrt{3}\, I_S \\ U_L &= U_S. \end{aligned} \tag{5.4.12}$$

Der Augenblickswert $P(t)$ der Leistung in einem Strang mit der Spannung und dem Strom

$$U_S(t) = \hat{U} \cos(\omega t + \varphi_u) \text{ bzw. } I_S = \hat{I} \cos(\omega t + \varphi_i) \qquad (5.4.13)$$

berechnet sich aus

$$P(t) = U_S(t)I_S = \frac{\hat{U}\hat{I}}{2} \left(\cos(\varphi_u - \varphi_i) + \cos(2\omega t + \varphi_u - \varphi_i) \right). \qquad (5.4.14)$$

Die Leistung setzt sich somit additiv aus einem konstanten Anteil und einem mit doppelter Netzfrequenz pulsierenden wechselförmigen Anteil zusammen. Die konstante Komponente, die dem Mittelwert der Leistung über eine Periode entspricht, wird auch als *Wirkleistung* bezeichnet.

Der Augenblickswert der in der Stern- oder Dreieckschaltung verbrauchten Leistung $P(t)$ entspricht der Summe der in den drei Phasen umgesetzten Leistungen und berechnet sich aus

$$P(t) = \sum_{n=1}^{3} U_n(t)I_n(t). \qquad (5.4.15)$$

Für den Fall symmetrischer Verhältnisse verschwinden die wechselförmigen Anteile aus (5.4.14). Nach Einsetzen der Zeitsignale und einigen Umformungen ergibt sich für die Leistung

$$P(t) = \frac{3}{2}\hat{U}_S\hat{I}_S \cos(\varphi) = \frac{\sqrt{3}}{2}\hat{U}_v\hat{I}_v \cos(\varphi) = \frac{\sqrt{3}}{2}\hat{U}_v Re\left\{\hat{\mathbf{I}}_v\right\} \qquad (5.4.16)$$

mit den Amplituden der Spannungen und Ströme $\hat{U}$ bzw. $\hat{I}$ sowie der Phasendifferenz φ zwischen den Spannungs- und Stromsignalen. Die Leistung ist somit zu jedem Zeitpunkt konstant, was von großer praktischer Bedeutung ist. So weisen Drehstrommaschinen, die als symmetrische Dreiphasen-Netzwerke aufgefasst werden können, sowohl motorisch als auch generatorisch ein konstantes Moment auf. Dies ist nach (5.4.14) bei Wechselstrommotoren nicht der Fall.

Strang- oder verkettete Wechselspannungen und -ströme werden in der Regel als Effektivwerte angegeben. Dabei entspricht der Effektivwert einer Gleichgröße, die in einem ohmschen Widerstand innerhalb einer Periode die gleiche (Wärme-)Leistung erzeugen würde. Gemäß dieser Definition errechnet sich der Effektivwert U_{eff} als quadratischer Mittelwert der Wechselgröße $U(t)$ über die Periodendauer T (engl.: Root Mean Square, RMS)

$$U_{eff} = \sqrt{\frac{1}{T} \int_0^T U^2(t)dt}. \qquad (5.4.17)$$

Für den Fall sinusförmiger Wechselgrößen $U(t) = \hat{U} \cos(\omega_N t + \varphi_u)$ lässt sich aus (5.4.17) der einfache Zusammenhang

$$U_{eff} = \hat{U}/\sqrt{2} \qquad (5.4.18)$$

zwischen dem Scheitelwert $\hat{U}$ und dem Effektivwert U_{eff} ableiten. In der Regel wird in den europäischen Niederspannungsnetzen als effektive Sternspannung 230 V verwendet, was nach (5.4.18) einem Scheitelwert von $230\,\mathrm{V}\ \sqrt{2}\ =\ 325\,\mathrm{V}$ entspricht. Der zugehörige Effektivwert der verketteten Spannung beträgt laut (5.4.9) dann $230\,\mathrm{V}\ \sqrt{3} = 400\,\mathrm{V}$.

c) Koordinatensysteme und Raumzeiger bei Drehstrommotoren

Wird eine dreisträngige Statorwicklung, siehe Bild 5.29, mit einem symmetrischen Dreiphasensystem gemäß (5.4.3) gespeist, so erzeugt jede Wicklung im Luftspalt ein wechselndes magnetisches Feld. Wie bereits beschrieben liefert die Überlagerung der jeweiligen Magnetfelder ein Drehfeld, das mit der Frequenz des speisenden Dreiphasensystems voranschreitet. Bei der resultierenden Grundwelle der Magnetfelddichte, vgl. Bild 5.28, handelt es sich um eine im Raum gerichtete Größe, die sich mit Hilfe sogenannter Raumzeiger beschreiben lässt. Diese Größe kann in komplexer Schreibweise mittels

$$\mathbf{B}(t) = B_\alpha(t) + i\,B_\beta(t) = B_1(t) + B_2(t)e^{i120°} + B_3(t)e^{-i120°} \qquad (5.4.19)$$

berechnet werden. Dabei wird durch die komplexen Zeiger $e^{i120°}$ und $e^{-i120°}$ die räumliche Verteilung der Wicklungen berücksichtigt. Der so gewonnene Summenwert $\mathbf{B}(t)$ zeigt in Richtung des Maximums (Nordpol) des augenblicklichen Luftspaltfelds, siehe Bilder 5.29 und 5.30.

Bemerkenswert ist auch die Aufspaltung des Raumzeigers in Real- und Imaginärteil B_α bzw. B_β. Physikalisch bedeutet dies, dass das Magnetfeld auch mit Hilfe zweier orthogonal angeordneter Spulen erzeugt werden kann. Die Raumzeigertransformation kann natürlich auch auf Ströme und Spannungen angewendet werden, wobei allerdings die physikalische Interpretation verloren geht. In der Regel wird hier das Ergebnis aus (5.4.19) zusätzlich mit dem Faktor 2/3 gewichtet. Für eine allgemeine Größe V ergibt sich somit die Transformationsbeziehung

$$\mathbf{V}(t) = V_\alpha(t) + i\,V_\beta(t) = \frac{2}{3}\left(V_1(t) + V_2(t)e^{i120°} + V_3(t)e^{-i120°}\right). \qquad (5.4.20)$$

Der Faktor bewirkt, dass im Falle symmetrischer Dreiphasensysteme der Betrag des Raumzeigers den Amplituden der zugehörigen sinusförmigen Stranggrößen entspricht. Der Raumzeiger bewegt sich dann kreisförmig mit der Frequenz der Phasengrößen.

Der große Vorteil der Raumzeigerdarstellung ist vor allem darin zu sehen, dass eine einfache Transformation in beliebige rotierende Koordinatensysteme erfolgen kann. Die Umrechnung des statorfesten Raumzeigers $V(t)$ in ein beliebiges, mit dem zeitlich veränderlichen Winkel $\beta_K(t)$ rotierendes Koordinatensystem K lässt sich mit Hilfe der Beziehung

$$\mathbf{V}^K(t) = \mathbf{V}(t)e^{-i\beta_K(t)} \qquad (5.4.21)$$

durchführen.

Da es bei permanenterregten Synchronmaschinen keinen Schlupf gibt, ist der elektrische Winkel gleichzeitig der Winkel des magnetischen Felds

$$\beta_K = \beta_R. \tag{5.4.22}$$

Bei Asynchronmaschinen besitzt dieser Zusammenhang nur im Leerlauf Gültigkeit. Da der Rotor für die Induktion einer Spannung immer eine gewisse Feldänderung erfahren muss, ist der Winkel des Drehfelds β_K entweder übersynchron (motorischer Betriebspunkt) oder untersynchron (generatorischer Betriebspunkt) gegenüber dem elektrischen Winkel β_R. Die Differenz zwischen den beiden Winkeln ist der Schlupfwinkel β_2. Für den Winkel des Drehfelds erhält man somit

$$\beta_K = \beta_R + \beta_2. \tag{5.4.23}$$

Die Winkel und Winkelgeschwindigkeiten sind in Bild 5.33 für Asynchronmaschinen veranschaulicht, siehe auch Schröder (1995). Bei Synchronmaschinen ist der Schlupfwinkel $\beta_2 = 0$.

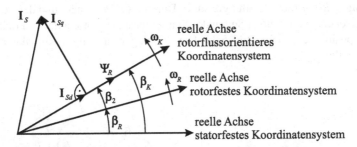

Bild 5.33. Koordinatensysteme, Winkel und Winkelgeschwindigkeiten eines Asynchronmotors

β_R: Winkel zwischen Rotor- und Statorkoordinatensystem
β_K: Rotorfluss-Winkel relativ zu statorfestem Koordinatensystem
β_2:   Schlupfwinkel zwischen β_K und β_R
ω_R: Winkelgeschwindigkeit der Rotorkoordinaten bezüglich des Stator-Koordinatensystems
ω_K: Winkelgeschwindigkeit der Rotor-Magnetfeld-Verkettung
I_{Sd}:   Reelle Komponente des Statorstromzeigers $\mathbf{I}_S$ (flussbildend)
I_{Sq}:   Imaginäre Komponente des Statorstromzeigers $\mathbf{I}_S$ (drehmomentbildend)
$\mathbf{I}_S$:   Statorstromzeiger
$\mathbf{\Psi}_R$:   Verketteter magnetischer Rotorflusszeiger ($= \Psi_{Rd}$)

5.4.2 Asynchronmotoren

Frequenzumrichtergespeiste, drehzahlvariable Asynchronmotoren übernehmen in der Industrie vielfältige Antriebsaufgaben und haben seit Anfang der achtziger Jahre die Gleichstrommaschine in weiten Bereichen verdrängt. Die vollständige Veränderung der Marktsituation wurde dabei vor allem auf Grund neuartiger Leistungs-Halbleiterbauelemente bewirkt. So schaffte die Verfügbarkeit von schnell schaltenden und hoch sperrfähigen Leistungsventilen zur Realisierung dynamischer Stellglieder und von Mikrocontrollern mit hoher Rechenleistung zur Implementierung der aufwändigen Regelverfahren erst die notwendigen technischen Voraussetzungen für drehzahlvariable Asynchronmaschinen mit großem Drehzahlstellbereich. Da Asynchronmaschinen mit Kurzschlussläufern gänzlich ohne mechanische Kommutierungseinrichtungen auskommen, sind die Hauptvorteile gegenüber Gleichstromantrieben vor allem im einfachen, wartungsärmeren und kostengünstigeren mechanischen Aufbau zu sehen, Wiesing (1994). Im Folgenden soll kurz auf die Funktionsweise und den Aufbau des Asynchronmotors eingegangen werden. Ausführliche Darstellungen zum Thema finden sich z.B. bei Nürnberg (1976), Fischer (1995), Leonhard (1996), Vogel (1998) und Binder (1999).

a) Zum Aufbau des Asynchronmotors

Der Asynchronmotor besteht aus einem ringförmigen *Stator* (auch Ständer genannt), der die Drehfeld erzeugenden Wicklungen mit Eisenkern enthält, und einem zylinderförmigen *Rotor* (auch Läufer genannt). Durch zwei Wälzlager und den zugehörigen Lagerdeckeln auf beiden Seiten des Stators wird der Rotor axial und radial zum Ständer positioniert, siehe Bild 5.34. Die Wälzlager sind meist Rillenkugel- oder Zylinderrollenlager.

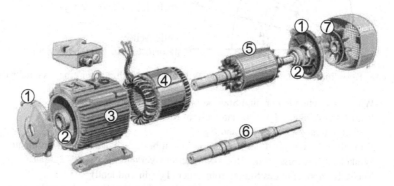

Bild 5.34. Explosionsdarstellung eines Asynchronmotors mit Käfigrotor: 1 Lagerdeckel; 2 Kugellager; 3 Stator-Gehäuse mit Kühlrippen; 4 Stator-Wicklungen; 5 Käfigrotor; 6 Welle; 7 Lüfterrad (VEM, Thurm GmbH, Zwickau)

Stator und Rotor sind getrennt durch einen ringförmigen *Luftspalt*, der zur Realisierung einer guten magnetischen Kopplung so klein wie möglich gehalten wird und daher bei Maschinen im niederen und mittleren Leistungsbereich nur einige zehntel Millimeter beträgt.

Um die Wirbelstromverluste zu begrenzen, sind Stator und Rotor aus aufeinandergeschichteten Eisenblechen (0,35–0,5 mm Dicke) aufgebaut, die mit Hilfe einer dünnen Papier-, Lack- oder Oxidschicht gegeneinander isoliert sind. Die beiden

Blechpakete enthalten Nuten zur Aufnahme von Kupferwicklungen bzw. Stäben. Die Statornuten sind auf der Luftspaltseite jeweils mit einer kleinen Öffnung versehen, die zur maschinellen Einlegung der mit Lack isolierten Wicklungsdrähte dienen, siehe Bild 5.35. Beim Käfigläufer besteht die Wicklung aus unisolierten Stäben, die an den Stirnseiten über Kurzschlussringe miteinander verbunden sind. Die Rotorstäbe sind dabei in der Regel aus Kupfer, Aluminium- oder Kupferlegierungen gefertigt, Fischer (1995). Asynchronmaschinen enthalten im *Stator* zumeist gleichmäßig verteilte dreisträngige Wicklungen.

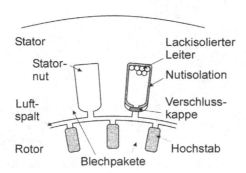

Bild 5.35. Aufbau von Stator und Rotor eines Asynchronmotors mit Käfigrotor

Bild 5.36 zeigt ein prinzipielles Wicklungsschema. Am Umfang des Stators werden in Längsrichtung (zunächst gedanklich) sechs verschiedene Leiter untergebracht. Je zwei Leiter werden auf der rückwärtigen Stirnseite verbunden, so dass drei Leiterschleifen bzw. Spulen entstehen, bei denen bei $+U$, $+V$, $+W$ der Strom hinein und bei $-U$, $-V$, $-W$ wieder heraus fließt. An jedes dieser drei Spulensysteme wird nun eine Phase der Drehstromversorgung angeschlossen. Damit liegt an jeder Spule eine Wechselspannng U_v an, die einen um etwa 90° nacheilenden Magnetisierungsstrom I_v und damit einen magnetischen Wechselfluss ϕ_v zur Folge hat. Dieser Wechselfluss verläuft senkrecht zur jeweiligen Spulenebene. Durch die räumlich um 120° zueinander versetzten drei Spulen entsteht nun eine Überlagerung der Wechselflüsse, und wegen der um 120° Phasenwinkel zeitlich verschobenen Spannungen der Drehstromversorgung und damit ebenfalls um 120° phasenverschobenen Ströme entsteht ein resultierendes Drehfeld mit der Kreisgeschwindigkeit ω_d, vgl. (5.4.4). Dies entspricht im Prinzip dem Magnetfeld eines sich mit der Drehstromfrequenz umlaufenden Stabmagneten mit einem Nord- und einem Südpol, Spring (2006). Man bezeichnet dieses Spulensystem als $p = 1$ Polpaar. Bringt man nicht nur drei Spulensysteme (mit jeweils mehreren Leitern wie in Bild 5.36), sondern 6, 9, ... Spulensysteme unter, in dem diese auf dem Statorumfang zusammengedrängt werden und versorgt diese jeweils mit den Spannungen eines Drehstromsystems, dann entstehen $p = 2, 3$ Polpaare und das Drehfeld wiederholt sich alle 180°, 120°, ... Dann reduziert sich die räumliche Winkelgeschwindigkeit des Drehfelds auf

$$\omega_d = 2\pi \, f_s / p. \qquad (5.4.24)$$

Käfigrotoren besitzen keine definierte Polpaarzahl. Es stellt sich vielmehr eine der Polpaarzahl des Stators entsprechende Stromverteilung ein, siehe Bild 5.36, so dass der Käfigläufer grundsätzlich mit Statorwicklungen mit beliebiger Polpaarzahl zusammenwirken kann.

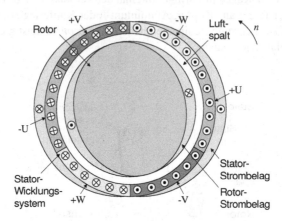

Bild 5.36. Wicklungsanordnung und Sinusgrundwellen-Ströme eines Asynchronmotors. Polpaarzahl $p = 1$. (Stromrichtungen $\otimes$ hinein und $\odot$ heraus aus Zeichenebene für einen bestimmten Zeitpunkt t_1)

Die im zunächst stillstehenden Rotor in Folge des Drehfelds auftretende zeitliche Flussänderung führt zur Induktion einer Spannung und somit zu einem Stromfluss. Auf Grund der Kraftwirkung auf stromdurchflossene Leiter im magnetischen Feld entsteht ein Drehmoment und der Rotor bewegt sich in Richtung des Drehfelds. Rotiert der Läufer dagegen mit der gleichen Winkelgeschwindigkeit wie das Statordrehfeld, so bleibt der mit dem Käfigläufer verkettete Fluss zeitlich konstant und die induzierte Spannung, der Rotorstrom sowie das Drehmoment sind null. Zur Erzeugung eines Drehmoments ist somit immer eine gewisse Relativbewegung des sich mit der Drehzahl n drehenden Rotors gegenüber dem Drehfeld erforderlich, die durch den Schlupf

$$s = (f_s - p\,n)\,/\,f_s \tag{5.4.25}$$

gekennzeichnet ist.

Die im Käfigrotor eingebauten Stäbe bekommen bis etwa 10 kW keine runde Form sondern eine rechteckige oder sich nach außen verjüngende Keilform. Dadurch ergibt sich eine ungleichmäßige Stromverteilung mit einem größeren induktiven Widerstand auf der Innenseite und einem größeren Wirkwiderstand bei hoher Flussfrequenz im Rotor. Diese Stromverdrängung nach außen in Abhängigkeit der Frequenz ermöglicht ein größeres Anlaufdrehmoment bei kleinerem Anlaufstrom.

b) Modellbildung symmetrischer Asynchronmotoren

Zur Modellbildung des Asynchronmotors geht man im Allgemeinen von einer Reihe vereinfachender Annahmen, wie räumlich sinusförmige Verteilung der Strombeläge sowie der magnetischen Induktion im Luftspalt, symmetrischem Wicklungsaufbau, Vernachlässigung von Sättigungs-, Stromverdrängungs-, Hysterese- und Wirbelstromeffekten aus, siehe z.B. Schröder (1995). Für jede Stator- bzw. Rotorwicklung v lassen sich dann entsprechend Bild 5.37 unter Anwendung des Induktionsgesetzes die Gleichungen

$$U_v = R_v\, I_v + \frac{d\Psi_v}{dt} \text{ mit } \Psi_v = L_v\, I_v + \sum_\mu M_{v\mu}\, I_\mu \qquad (5.4.26)$$

angeben, wobei U_v die Wicklungsspannung, I_μ den jeweiligen Wicklungsstrom, Ψ_v den verketteten Fluss der Spule, R_v und L_v den Widerstand und die Selbstinduktivität sowie $M_{v\mu}$ die Koppelinduktivität zwischen der betrachteten und einer anderen Wicklung bezeichnet.

Besonders einfache Verhältnisse ergeben sich, wenn man unter den gegebenen Vereinfachungen berücksichtigt, dass das von den drei um 120° räumlich versetzten Spulen erzeugte Drehfeld auch von zwei orthogonalen Wicklungen realisiert werden kann. Es handelt sich dabei mathematisch gesehen um eine Transformation des Koordinatensystems von den herkömmlichen physikalischen Stranggrößen in der dreiphasigen Darstellung (a, b, c), vgl. Bild 5.37a) auf die beiden Stranggrößen im *zweiphasigen System* (α, β), vgl. Bild 5.37b). Diese werden auch als Transformationen nach Park und Clarke bezeichnet. Zur Komplettierung des neuen Koordinatensystems wird zusätzlich noch eine sogenannte Null- oder Homopolarkomponente (0) eingeführt, wobei die zugehörigen physikalischen Größen für symmetrische Verhältnisse jedoch stets null sind. Die Transformationsbeziehungen für eine allgemeine Größe V lauten dann

$$\begin{bmatrix} V_0 \\ V_\alpha \\ V_\beta \end{bmatrix} = \frac{1}{3} \begin{pmatrix} 1 & 1 & 1 \\ 2 & -1 & -1 \\ 0 & \sqrt{3} & -\sqrt{3} \end{pmatrix} \begin{bmatrix} V_a \\ V_b \\ V_c \end{bmatrix}$$

bzw.

$$\begin{bmatrix} V_a \\ V_b \\ V_c \end{bmatrix} = \frac{1}{2} \begin{pmatrix} 2 & 2 & 0 \\ 2 & -1 & \sqrt{3} \\ 2 & -1 & -\sqrt{3} \end{pmatrix} \begin{bmatrix} V_0 \\ V_\alpha \\ V_\beta \end{bmatrix} \qquad (5.4.27)$$

Alternativ kann man zur komplexen Schreibweise übergehen und den Raumzeiger

$$\mathbf{V}(t) = V_\alpha(t) + i\, V_\beta(t) = \frac{2}{3}\left(V_a(t) + V_b\, e^{i120°} + V_c(t)\, e^{-i120°}\right) \qquad (5.4.28)$$

einführen, der sich aus dem Realteil V_α und dem Imaginärteil V_β zusammensetzt. Der Faktor 2/3 bewirkt, dass im Falle symmetrischer Dreiphasensysteme der Betrag

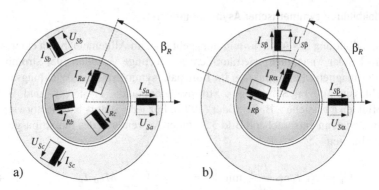

Bild 5.37. Anordnung der Stator- und Rotorwicklungen in einem Asynchronmotor: a) Drei-phasen-Darstellung mit einem Polpaar ($p = 1$) pro Phase; b) Entsprechende Zweiphasen-Darstellung. β_R: Winkel zwischen statorfestem und rotorfestem Koordinatensystem

des Raumzeigers den Amplituden der zugehörigen sinusförmigen Stranggrößen ent-spricht (in (5.4.5) entspricht dies der Amplitude $\hat{U}$). Der Raumzeiger bewegt sich dann kreisförmig mit der Frequenz der Phasengrößen.

Der große Vorteil der Raumzeigerdarstellung ist vor allem darin zu sehen, dass eine einfache Transformation in beliebige rotierende Koordinatensysteme erfolgen kann. Die Umrechnung des statorfesten Raumzeigers **V** in ein beliebiges, mit dem zeitlich veränderlichen Winkel $\beta_K(t)$ rotierendes Koordinatensystem K lässt sich mit Hilfe der Beziehung

$$\mathbf{V}^K(t) = \mathbf{V}(t)\, e^{-i\beta_K(t)} \tag{5.4.29}$$

durchführen, Kovacs und Racz (1959), Schröder (1995), Herold (1997).

Im Folgenden bezeichnen die tiefgestellten Indizes S und R die Zugehörigkeit der physikalischen Größen zum Stator- bzw. Rotorsystem, während die hochgestell-ten Indizes S, R, K das Koordinatensystem angeben, auf das sich die Raumzeiger-größen beziehen.

Ausgehend von der in Bild 5.37b) skizzierten zweiphasigen Wicklungsanord-nung kann nun unter Berücksichtigung des Induktionsgesetzes nach (5.4.26) unmit-telbar eine Modellbildung der Asynchronmaschine erfolgen. Dafür werden zunächst die in den einzelnen Wicklungen wirksamen Flussverkettungen betrachtet, die sich mit Hilfe des Gleichungssystems

$$\begin{bmatrix} \Psi_{S\alpha} \\ \Psi_{S\beta} \\ \Psi_{R\alpha} \\ \Psi_{R\beta} \end{bmatrix} = \begin{bmatrix} L_S & 0 & M\cos\beta_R & -M\sin\beta_R \\ 0 & L_S & M\sin\beta_R & M\cos\beta_R \\ M\cos\beta_R & M\sin\beta_R & L_R & 0 \\ -M\sin\beta_R & M\cos\beta_R & 0 & L_R \end{bmatrix} \begin{bmatrix} I_{S\alpha} \\ I_{S\beta} \\ I_{R\alpha} \\ I_{R\beta} \end{bmatrix} \tag{5.4.30}$$

aus den Wicklungsströmen berechnen lassen, wobei $\beta_R = p\,\beta_m$ den elektrischen Rotorwinkel des speisenden Drehstroms (Drehfeldwinkel) bezeichnet, siehe (5.4.1). Die zeitlichen Änderungen der Flussverkettungen führen zur Induktion von Span-nungen in den einzelnen Wicklungen. Nach (5.4.26) ergeben sich somit die Span-nungsgleichungen aus dem Induktionsgesetz für die Statorwicklungen

$$U_{S\alpha,\beta}(t) = R_S\, I_{S\alpha,\beta}(t) + \frac{d\Psi_{S\alpha,\beta}(t)}{dt}$$

und die kurzgeschlossenen Rotorwicklungen

$$0 = R_R\, I_{R\alpha,\beta}(t) + \frac{d\Psi_{R\alpha,\beta}(t)}{dt}. \tag{5.4.31}$$

Unter Verwendung der komplexen Raumzeiger-Schreibweise erhält man für die Beziehungen (5.4.30) und (5.4.31) die Zusammenhänge

$$\boldsymbol{\Psi}_S^S(t) = L_S\, \mathbf{I}_S^S(t) + M\, \mathbf{I}_R^R(t)\, e^{i\beta_R(t)}$$

$$\boldsymbol{\Psi}_R^R(t) = L_R\, \mathbf{I}_R^R(t) + M\, \mathbf{I}_S^S(t)\, e^{-i\beta_R(t)}$$

$$\mathbf{U}_S^S(t) = R_S\, \mathbf{I}_S^S(t) + \frac{d\boldsymbol{\Psi}_S^S}{dt} \tag{5.4.32}$$

$$\mathbf{0} = R_R\, \mathbf{I}_R^R(t) + \frac{d\boldsymbol{\Psi}_R^R(t)}{dt}.$$

Mit Hilfe der Transformationsgleichung (5.4.29) können alle Größen des Gleichungssystems (5.4.32) in ein beliebiges gemeinsames Koordinatensystem K transformiert werden, das mit dem Winkel $\beta_K(t)$ rotiert (β_K wird später der Rotorflusswinkel sein). Man erhält dann die folgende allgemeine Modellbeschreibung der Asynchronmaschine

$$\boldsymbol{\Psi}_S^K(t) = L_S\, \mathbf{I}_S^K(t) + M\, \mathbf{I}_R^K(t), \tag{5.4.33}$$

$$\boldsymbol{\Psi}_R^K(t) = L_R\, \mathbf{I}_R^K(t) + M\, \mathbf{I}_S^K(t), \tag{5.4.34}$$

$$\mathbf{U}_S^K(t) = R_S\, \mathbf{I}_S^K(t) + \frac{d\boldsymbol{\Psi}_S^K}{dt} + i\,\omega_K(t)\, \boldsymbol{\Psi}_S^K(t), \tag{5.4.35}$$

$$\mathbf{0} = R_R\, \mathbf{I}_R^K(t) + \frac{d\boldsymbol{\Psi}_R^K(t)}{dt} + i\,(\omega_K(t) - \omega_R(t))\, \boldsymbol{\Psi}_R^K(t), \tag{5.4.36}$$

wobei die Winkelgeschwindigkeiten ω_K und ω_R die Ableitungen der Winkelgrößen β_K bzw. β_R bezeichnen, siehe Bild 5.33. Das abgegebene elektrische Drehmoment M_{el} lässt sich mittels

$$M_{el}(t) = \frac{3}{2}\, p\, \mathrm{Im}\left\{\mathbf{I}_S^K(t)\, \boldsymbol{\Psi}_S^{K*}(t)\right\} = -\frac{3}{2}\, p\, \mathrm{Im}\left\{\mathbf{I}_R^K(t)\, \boldsymbol{\Psi}_R^{K*}(t)\right\} \tag{5.4.37}$$

berechnen, Wiesing (1994), Schröder (1995), Leonhard (1996), wobei $\boldsymbol{\Psi}^*$ konjugiert komplex zu $\boldsymbol{\Psi}$ ist. Das Drehmoment ergibt sich somit aus dem Produkt der radialen Induktion mit axialem Strom. Deshalb wird ein Drehmoment nur dann erzeugt, wenn der Statorflussvektor $\boldsymbol{\Psi}_S$ und der Statorstrom $\mathbf{I}_S$ nicht parallel sind.

Zur Berücksichtigung der mechanischen Trägheit des Rotors folgt wie beim Gleichstrommotor aus der Drallbilanzgleichung (5.3.14)

$$J\,\dot{\omega}_m(t) = M_{el}(t) - M_{R0}\, \mathrm{sign}\,\omega_m(t) - M_{R1}\,\omega_m(t) - M_L(t), \tag{5.4.38}$$

wobei J das Trägheitsmoment von Rotor und Last und $M_L(t)$ das Lastdrehmoment sind.

c) Feldorientierte Regelung von Asynchronmotoren

Eine Möglichkeit zur Realisierung drehzahlvariabler umrichtergespeister Asynchron-maschinen besteht in der Steuerung bzw. Regelung der Frequenz und der Amplitu-de des speisenden symmetrischen Drehspannungssystems. Da diese Methode nicht für Antriebe mit hohen dynamischen Anforderungen in Frage kommt, soll ausge-hend von den beschriebenen zweiphasigen dynamischen Modellen das auf Blaschke (1971) zurückgehende Verfahren der feldorientierten Regelung kurz erläutert wer-den. Für ausführlichere Abhandlungen zum Thema sei auf Schröder (1995) und Leonhard (1996) verwiesen.

Die Asynchronmaschine stellt ein nichtlineares Mehrgrößensystem dar, bei dem die Regelgröße Drehmoment M_{el} gemäß (5.4.37) von den vier elektrischen Zu-standsgrößen ($I_{S\alpha}, I_{S\beta}, \Psi_{S\alpha}, \Psi_{S\beta}$) abhängt. Da mit den beiden Spannungen ($U_{S\alpha}$, $U_{S\beta}$) nur zwei Stellgrößen zur Verfügung stehen, wird ein Ansatz zur Entkopplung der Regelgröße von den Zustandsvariablen benötigt. Durch Orientierung der Raum-zeiger am Rotorfluss mit $\Psi_R^K = \Psi_{Rd}$, Bild 5.38, vereinfacht sich die Beziehung (5.4.37) zur Berechnung des Drehmoments. Aus (5.4.34) folgt:

$$\mathbf{I}_R^K(t) = \frac{1}{L_R}\Psi_R^K(t) - \frac{M}{L_R}\mathbf{I}_S^K(t).$$

Eingesetzt in (5.4.33) ergibt sich

$$\Psi_S^K(t) = L_S\mathbf{I}_S^K(t) + M\mathbf{I}_R^K(t) = \left(L_S - \frac{M^2}{L_R}\right)\mathbf{I}_S^K(t) + \frac{M}{L_R}\Psi_R^K(t).$$

Diese Beziehung wiederum eingesetzt in (5.4.37) und unter Berücksichtigung der Orientierung am Rotorfluss, mit $\Psi_R^K = \Psi_R^{K*} = \Psi_{Rd}$, erhält man schließlich die Lösung nach (5.4.39)

$$
\begin{aligned}
M_{el}(t) =& \frac{3}{2}p\mathrm{Im}\left\{\mathbf{I}_S^K(t)\Psi_S^{K*}(t)\right\} = \frac{3}{2}p\mathrm{Im}\left\{\left(L_S - \frac{M^2}{L_R}\right)\mathbf{I}_S^K(t)\mathbf{I}_S^{K*}(t)\right.\\
&\left. + \frac{M}{L_R}\mathbf{I}_S^K(t)\Psi_R^{K*}(t)\right\} = \\
&\frac{3}{2}p\mathrm{Im}\left\{\left(L_S - \frac{M^2}{L_R}\right)\left(I_{Sd}^2(t) + I_{Sq}^2(t)\right) + \frac{M}{L_R}\left(I_{Sd}(t)\right.\right. \\
&\left.\left. + jI_{Sq}(t)\right)\Psi_{Rd}(t)\right\} \\
=& \frac{3}{2}p\frac{M}{L_R}\Psi_{Rd}(t)I_{Sq}(t).
\end{aligned}
\tag{5.4.39}
$$

Das Drehmoment und hängt damit nur noch von dem rein reellen Rotorflussraum-zeiger Ψ_{Rd} und der dazu orthogonalen Statorstromkomponente I_{Sq} (mit $I_{Sq} = \mathrm{Im}\left\{\mathbf{I}_S^K\right\}$) ab.

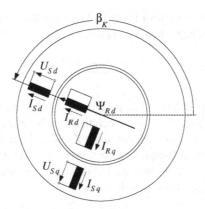

Bild 5.38. Wicklungen im rotorflussorientierten Koordinatensystem

Durch Auflösen von (5.4.34) nach dem Rotorstromraumzeiger, Einsetzen in (5.4.40) und Orientierung am Rotorfluss erhält man mit dem sogenannten Strommodell

$$T_R \frac{d\Psi_{Rd}}{dt} + \Psi_{Rd} = M\,\mathbf{I}_S^K - i\,\underbrace{(\omega_K - \omega_R)}_{\omega_2}\,T_R\,\Psi_{Rd}\,; \quad T_R = \frac{L_R}{R_R} \qquad (5.4.40)$$

einen Zusammenhang zwischen dem Rotorfluss- und dem Statorstromraumzeiger $\mathbf{I}_S^K$

$$\mathbf{I}_S^K = I_{Sd} + i\,I_{Sq}. \qquad (5.4.41)$$

Nach Aufspaltung in Real- und Imaginärteil ergeben sich die beiden Beziehungen

$$T_R \frac{d\Psi_{Rd}}{dt} + \Psi_{Rd} = M\,I_{Sd} \qquad (5.4.42)$$

$$\omega_2 = \frac{M}{T_R}\frac{I_{Sq}}{\Psi_{Rd}}\ \text{mit}\ \omega_2 = \frac{d\beta_2}{dt}, \qquad (5.4.43)$$

wobei mit ω_2 die Schlupffrequenz der Rotorflussfrequenz ω_K gegenüber der elektrischen Drehfeldfrequenz ω_R und mit β_2 der zugehörige Schlupfwinkel bezeichnet ist.

Der Rotorfluss Ψ_{Rd} wird nach (5.4.42) nur durch den reellen Teil I_{Sd} des Statorstromzeigers eingestellt und das Drehmoment M_{el} durch Multiplikation des Rotorflusses Ψ_{Rd} mit der imaginären (zu Ψ_{Rd} senkrechten) Komponente I_{Sq} des Statorstromzeigers. Die Orientierung der Gleichungen am Rotorfluss bewirkt daher eine Entkopplung, da sich Rotorfluss Ψ_{Rd} und Drehmoment M_{el} getrennt voneinander durch die Stromkomponenten I_{Sd} und I_{Sq} des Statorstromzeigers steuern lassen.

Da der Betrag Ψ_{Rd} und die Lage β_K des Rotorflusses nur mit unverhältnismäßig hohem Aufwand über Feldmessungen bestimmt werden können, verwendet man in der Praxis Modelle zur Rekonstruktion beider Größen. Die wohl einfachste Möglichkeit zur Berechnung des Flussbetrages stellt das PT1-Glied nach (5.4.42) dar.

Die zugehörige Zeitkonstante liegt im Falle kleinerer Motoren bei ca. 150 ms. Der Winkel des Rotorflusses bezüglich des statorfesten Koordinatensystems

$$\beta_K = \underbrace{p\,\beta_m}_{\beta_R} + \beta_2 \tag{5.4.44}$$

setzt sich aus dem elektrischen Winkel β_R und dem Schlupfwinkel β_2 zusammen. Während der Winkel β_R durch die messtechnische Erfassung des mechanischen Rotorwinkels β_m bekannt ist, lässt sich der Schlupfwinkel durch Integration der mittels (5.4.43) berechneten Schlupffrequenz ω_2 ermitteln. Für die Auswertung der beiden Modelle werden jedoch die Ströme im Feldkoordinatensystem benötigt, die nach (5.4.31) mit Hilfe der Transformationsbeziehung

$$\mathbf{I}_S^K = I_{Sd} + i\,I_{Sq} = \left(I_{S\alpha} + i\,I_{S\beta}\right) e^{-i\beta_K} = \mathbf{I}_S^S\, e^{-i\beta_K} \tag{5.4.45}$$

umgerechnet werden können. Von Vorteil ist hier, dass die Signale in diesem Koordinatensystem ausschließlich Gleichgrößen sind, bei denen sich im Gegensatz zu Wechselgrößen Phasenverschiebungen weitaus unkritischer bemerkbar machen.

Das Drehmoment und der Rotorfluss lassen sich nunmehr unter Verwendung der Ströme I_{Sd} und I_{Sq} beeinflussen. Da im Falle einer Speisung der Asynchronmaschine mit einem Spannungszwischenkreisumrichter die Ströme durch die Strangspannungen U_{Sd} und U_{Sq} als eigentliche Stellgrößen eingestellt werden, ist das Übertragungsverhalten zwischen den Statorspannungen und den Statorströmen von besonderem Interesse. Die entsprechenden Beziehungen im rotorflussorientierten Koordinatensystem folgen (unter Verwendung der Streuziffer $\sigma = \left(L_S L_R - M^2\right)/L_S L_R$) aus (5.4.33) ... (5.4.36)

$$U_{Sd} = \left(R_S + R_R\,\frac{M^2}{L_R^2}\right) I_{Sd} + \sigma\,L_S\,\frac{dI_{Sd}}{dt} - \sigma\,L_S\,\omega_K\,I_{Sq} - \frac{M\,R_R}{L_R^2}\Psi_{Rd},$$
$$\tag{5.4.46}$$

$$U_{Sq} = \left(R_S + R_R\,\frac{M^2}{L_R^2}\right) I_{Sq} + \sigma\,L_S\,\frac{dI_{Sq}}{dt} + \sigma\,L_S\,\omega_K\,I_{Sd} + \omega_R\,\frac{M}{L_R}\Psi_{Rd}.$$
$$\tag{5.4.47}$$

Demnach liegt also in jeder Richtung jeweils PT1 Verhalten mit zusätzlichen Kopplungs- und Induktionstermen vor. Die Zeitkonstante der Statorströme ist somit

$$T_S = \frac{\sigma L_S}{R_S + R_R\,\frac{M^2}{L_R^2}}.$$

Sie beträgt bei kleineren Asynchronmaschinen etwa 5 ms. Um zu erreichen, dass die einzelnen Spannungskomponenten nur von den parallelen Stromkomponenten abhängen, wird eine Entkopplungsstufe benötigt, in der die jeweiligen Verkopplungsterme und Störgrößen berechnet und (mittels Störgrößenaufschaltung) kompensiert werden.

Dies führt ausgehend von (5.4.46), (5.4.47) auf die Berechnung der Stellgrößen mittels

$$U_{Sd} = \tilde{U}_{Sd} - \sigma\, L_S\, \omega_K\, I_{Sq} - \frac{M\, R_R}{L_R^2}\, \Psi_{Rd}, \qquad (5.4.48)$$

$$U_{Sq} = \tilde{U}_{Sq} + \sigma\, L_S\, \omega_K\, I_{Sd} + \frac{M}{L_R}\, \omega_R\, \Psi_{Rd}. \qquad (5.4.49)$$

Dann sind $\tilde{U}_{Sd}$ und $\tilde{U}_{Sq}$ unabhängig voneinander einstellbare Stellgrößen, und die Berechnung der benötigten Strangspannungen berücksichtigt nach diesen Gleichungen die Kreuz-Kopplungen.

Das resultierende Signalflussbild der *feldorientierten Regelung* ist in Bild 5.39 gezeigt. Zunächst müssen die gemessenen Strangströme I_{Sa}, I_{Sb} (I_{Sc} ergibt sich aus (5.4.7)) in das Zweiachsenkoordinatensystem $I_{S\alpha}, I_{S\beta}$ transformiert werden, entsprechend

$$I_{S\alpha}(t) = \frac{2}{3}\left(I_{Sa}(t) + I_{Sb}(t)\, \cos(120°) + I_{Sc}(t)\, \cos(240°)\right), \quad (5.4.50)$$

$$I_{S\beta}(t) = \frac{2}{3}\left(I_{Sb}(t)\, \sin(120°) + I_{Sc}(t)\, \sin(240°)\right), \qquad (5.4.51)$$

vgl. (5.4.28). Dann werden die feldorientierten Statorströme in das rotorflussorientierte Koordinatensystem mit dem Rotorflusswinkel β_K unter Verwendung von (5.4.29) transformiert. Hierbei folgt β_K aus

$$\beta_K = \int_0^t \omega_K(\tau)d\,\tau \ \text{mit}\ \omega_K = \omega_R + \frac{M}{T_R}\, \frac{I_{Sq}}{\Psi_{Rd}}. \qquad (5.4.52)$$

Der verkettete magnetische Rotorfluss Ψ_{rd} ergibt sich aus (5.4.42) als Verzögerungsglied erster Ordnung und $I_{Rd}(t)$ als Eingangsgröße (Flussschätzung). Die Berechnung der Kopplungsterme erfolgt nach (5.4.48) und (5.4.49) bei bekannten Ψ_{Rd}, I_{Sq} und I_{Sd}. Schließlich müssen die Stellgrößen U_{Sd} und U_{Sq} in die Spannungen U_a, U_b, U_c mit (5.4.23) umgerechnet werden, um in einem Pulswechselrichter mit Spannungszwischenkreis ein frequenzvariables Drehstromsystem zu erzeugen, siehe nächster Abschnitt.

Bei $z_{Sa,b,c}$ handelt es sich um die vom Modulator erzeugten Steuersignale für die Halbleiterventile (IGBT). Als Modulationsverfahren kommen z.B. Pulsweitenmodulation oder Raumzeigermodulation in Betracht. Die Ansteuersignale $z_{Sa,b,c}$ kennen nur zwei diskrete Zustände. Eine 0 gibt an, dass die Ausgangsspannung mit dem negativen Potential der Zwischenkreisspannung verbunden ist. Bei einer 1 wird die Ausgangsspannung mit der positiven Zwischenkreisspannung verschaltet.

Die Beziehung für die Vorsteuerspannung U_{Sdv} und U_{Sqv} ergeben sich aus den Gleichungen (5.4.48) und (5.4.49):

$$U_{Sdv} = -\sigma L_S \omega_K I_{Sq} - \frac{M R_R}{L_R^2}\Psi_{Rd} \ \text{bzw.}\ U_{Sqv} = \sigma L_S \omega_K I_{Sd} + \omega_R \frac{M}{L_R}\Psi_{Rd}.$$

Die Ausgangsfrequenz der Drehstromspannungen ergibt sich gemäß (5.4.52) aus der gemessenen Drehzahl ω_R und der berechneten Schlupffrequenz:

$$\omega_K = \underbrace{p\omega_m}_{\omega_R} + \omega_2 = \omega_R + \frac{M}{T_R}\frac{I_{Sq}}{\Psi_{Rd}}.$$

Der Drehzahlsollwert spielt bei dieser Gleichung keine Rolle. Die Regelabweichung aus Soll- und Istdrehzahl sorgt lediglich dafür, dass der Momentensollwert und damit der q-Strom geeignet eingestellt wird.

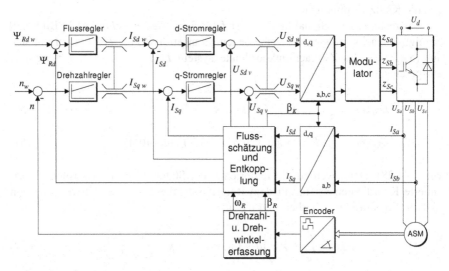

Bild 5.39. Kaskadenstruktur der feldorientierten Regelung für Asynchronmotoren

Insgesamt ergibt sich somit für die feldorientierte Drehzahlregelung eines Asynchronmotors eine Mehrgrößen-Kaskadenregelung nach Bild 5.39. Diese besteht aus unterlagerten Strom-Regelkreisen, wobei die Sollwerte für I_{Sd} vom Flussregler und für I_{Sq} vom Drehzahlregler kommen.

Die Zeitkonstanten für die Stromregler sind dabei relativ klein im Vergleich zu den Regelstrecken für Rotorfluss und Drehzahl.

Es kommen normalerweise PI-Regler auf Grund ihres bei PT1 Regelstrecken guten Stör- und Führungsverhaltens zum Einsatz, wobei die Reglerparameter der Strom- und Flussregelkreise häufig nach dem Betragsoptimum eingestellt werden, um ein gutes Führungsverhalten zu erzielen. Die Wahl der Parameter des Drehzahlreglers erfolgt meist nach dem symmetrischen Optimum. Bei schwingungsfähigen Antriebssträngen können darüber hinaus auch Zustandsregler zum Einsatz kommen, Schröder (1995).

Da die Ströme und Spannungen, die der Umrichter bereitstellen kann, beschränkt sind, müssen in der Regelungsstruktur zudem geeignete Maßnahmen zur Sollwertbegrenzung getroffen werden.

Im dargestellten Blockschaltbild in Bild 5.39 ist nur ein Betrieb im Grundstellbereich (unterhalb Nenndrehzahl) vorgesehen. Soll der Antrieb auch oberhalb der

Nenndrehzahl betrieben werden, so ist auf Grund der Strom- und Spannungsbegrenzung des Umrichters, ähnlich wie bei fremderregten Gleichstrommaschinen, eine Feldschwächung durchzuführen. Mit Hilfe eines zusätzlichen Blocks kann unter Verwendung des Drehzahlistwerts, abhängig vom Betriebspunkt, ein geeigneter Rotorflusssollwert Ψ_{Rdw} vorgegeben werden. Eine Senkung des Rotorflusses hat gemäß (5.4.39) eine Verminderung des maximal lieferbaren Drehmoments zur Folge und kommt daher nur bei Arbeitsmaschinen in Frage, deren Drehmomentbedarf bei höheren Drehzahlen ebenfalls sinkt. Eine einfache Möglichkeit zur Flussführung besteht darin, den Rotorfluss oberhalb der Nenndrehzahl indirekt proportional zur Drehzahl abzuschwächen. Bei moderneren Ansätzen fließt das Sättigungsverhalten der Hauptinduktivität, im Interesse eines drehmomentoptimalen Betriebs, in die Sollwertvorgabe mit ein, Wiesing (1994), Vas (1990), Leonhard (2000), Novotny und Lipo (1996).

d) Vereinfachtes Drehmomentmodell des Asynchronmotors

Nach (5.4.39) folgt für die Berechnung des Drehmomentes an der Motorwelle

$$M_{el}(t) = \frac{3}{2}\,p\,\frac{M}{L_R}\,\Psi_{Rd}(t)I_{Sq}(t). \tag{5.4.53}$$

Das Drehmoment entsteht also aus dem Produkt des verketteten magnetischen Rotorflusses Ψ_{Rd} und der dazu orthogonalen Statorstromkomponenten I_{Sq}, vgl. Bild 5.33. Damit ergibt sich eine Ähnlichkeit zum Drehmoment des Gleichtrommmotors nach (5.3.8), mit dem Signalflussbild Bild 5.40.

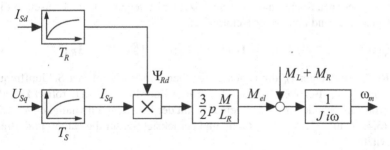

Bild 5.40. Vereinfachtes Signalflussbild für das Drehmoment eines Asynchronmotors mit Signalen der feldorientierten Regelung

Bei einer feldorientierten Regelung stehen beide Größen als berechnete Werte, zumindest für den stationären Zustand, zur Verfügung, siehe Bild 5.39. Im dynamischen Zustand kann das zeitliche Verhalten des Rotorflusses Ψ_{Rd} mit $I_{Sd}(t)$ als Eingangsgröße nach (5.4.42) aus dem Strommodell mit der Übertragungsfunktion

$$G_{\Psi I}(i\,\omega) = \frac{\Psi_{Rd}(i\,\omega)}{I_{sd}(i\,\omega)} = \frac{M}{1 + T_R\,i\,\omega} \tag{5.4.54}$$

berechnet werden. Die Zeitkonstante $T_R = L_R/R_R$ für den Feldaufbau ist dabei für $P = 1,5\,\text{kW}$ etwa 190 ms, und damit wesentlich größer als die Zeitkonstante der Statorströme nach (5.4.46), (5.4.47) mit $T_S \approx 5\,\text{ms}$.

Die für (5.4.53) benötigte Ermittlung des Rotorflusses $\Psi_{Rd}(t)$ aus dem *Strommodell* hängt von den Parametern Hauptinduktivität M, Rotorinduktivität L_R und Rotorwiderstand R_R ab. Besonders R_R ist jedoch temperaturabhängig und kann sich bei hohen Lasten um mehr als 20% ändern. Als Alternative kann der Rotorfluss auch über das *Spannungsmodell* (5.4.35) aus den Statorspannungen und -strömen berechnet werden, was bei höheren Drehzahlen genauer wird. Am zweckmäßigsten ist deshalb eine Kombination beider Modelle, siehe z.B. Zägelein (1984), Scholz (1998), Wolfram (2002).

e) Stationäres Verhalten des Asynchronmotors

Wenn ein Asynchronmotor mit einem Netz konstanter Frequenz ω_N betrieben wird, können die Gleichungen vereinfacht werden. Für den stationären Zustand gilt dann $\dot{\omega}_m = 0$. Die Spannungsgleichungen für die Stator- und Rotorwicklungen (Käfigrotor) lauten dann im Statorkoordinatensystem nach (5.4.33) - (5.4.36) mit $\omega_K = 0$

$$\mathbf{U}_S^S(t) = R_S\,\mathbf{I}_S^S(t) + L_S\frac{d\mathbf{I}_S^S(t)}{dt} + M\frac{d\mathbf{I}_R^S(t)}{dt} \tag{5.4.55}$$

$$0 = R_R\,\mathbf{I}_R^S(t) + L_R\frac{d\mathbf{I}_R^S(t)}{dt} + M\frac{d\mathbf{I}_S^S(t)}{dt}$$

$$-i\,\omega_R(t)\left(L_R\,\mathbf{I}_R^S(t) + M\,\mathbf{I}_S^S(t)\right). \tag{5.4.56}$$

Die verschiedenen Spannungs- und Stromzeiger bewegen sich auf Kreisen mit konstantem Radius und konstanter Netzfrequenz ω_N

$$\mathbf{U}_S^S(t) = \mathbf{U}_S\,e^{i\omega_N t},\ \mathbf{I}_S^S(t) = \mathbf{I}_S\,e^{i\omega_N t},\ \mathbf{I}_R^R(t) = \mathbf{I}_R^R\,e^{i\omega_R t} = \mathbf{I}_R\,e^{i\omega_N t}. \tag{5.4.57}$$

Der Rotorstromzeiger $\mathbf{I}_R$ dreht sich gegenüber dem Rotor mit der Schlupffrequenz $\omega_2 = \omega_N - \omega_R$. Bezogen auf das ständerfeste Koordinatensystem rotiert $\mathbf{I}_R$ jedoch synchron zum Ständerstromraumzeiger $\mathbf{I}_s$ mit der Winkelgeschwindigkeit ω_N. Setzt man (5.4.57) in (5.4.55), (5.4.56) ein und berücksichtigt für die Haupt- und Streuinduktivitäten

$$L_S = L_{S\sigma} + M \text{ und } L_R = L_{R\sigma} + M, \tag{5.4.58}$$

dann folgt

$$\mathbf{U}_S = R_S\,\mathbf{I}_S + i\,\omega_N L_{S\sigma}\mathbf{I}_S + i\,\omega_N M\,(\mathbf{I}_S + \mathbf{I}_R), \tag{5.4.59}$$

$$0 = \frac{R_S}{s}\,\mathbf{I}_R + i\,\omega_N L_{R\sigma}\mathbf{I}_R + i\,\omega_N M\,(\mathbf{I}_S + \mathbf{I}_R) \tag{5.4.60}$$

mit der relativen Schlupffrequenz

$$s = \frac{\omega_2}{\omega_N} = \frac{\omega_N - \omega_R}{\omega_N} = \frac{\omega_N - p\,\omega_m}{\omega_N}, \tag{5.4.61}$$

wobei ω_m die mechanische Kreisgeschwindigkeit des Rotors ist. Diese Beziehungen führen zu dem in Bild 5.41 gezeigten Ersatzschaltbild, das bis auf den Schlupf s dem eines Transformators entspricht und für eine Phase dargestellt ist. Beim Spezialfall „Leerlauf" ist $s = 0$ und es fließt kein Strom im Rotor ($\mathbf{I}_R = 0$). Im Stillstand, $s = 1$, entspricht der Asynchronmotor einem Transformator mit kurzgeschlossener Sekundärwicklung.

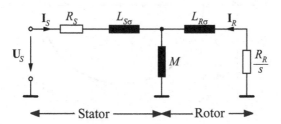

Bild 5.41. Einphasiges Ersatzschaltbild eines symmetrischen Asynchronmotors im stationären Zustand

Aus diesen Beziehungen folgt für den Statorstrom in Abhängigkeit der Statorspannung

$$\mathbf{I}_S(i\omega) = \frac{R_R + i\,\omega_N L_R s}{R_R(R_S + i\omega_N L_S) + i\,\omega_N L_R(R_S + i\,\omega_N \sigma L_S)s} \cdot \mathbf{U}_S(i\,\omega),\quad (5.4.62)$$

wobei der Streufaktor

$$\sigma = 1 - \frac{M^2}{L_S L_R}\ \text{(Blondelscher Streukoeffizient)} \qquad (5.4.63)$$

eingeführt wurde ($0{,}05 \le \sigma \le 0{,}20$).

Die resultierende Stromortskurve, auch als Ossana-Kreis bezeichnet, ist in Bild 5.42a) abgebildet. Bei vernachlässigtem Ständerwiderstand $R_S = 0$ folgt als Ortskurve des Statorstroms der Heyland-Kreis. Innerhalb des Kreisdiagramms können drei Betriebsbereiche unterschieden werden:

(a) $0 \le s \le 1$: Motorbetrieb $\omega_R < \omega_N$
(b) $s < 0$: Generatorbetrieb $\omega_R > \omega_N$
(c) $s > 1$: Gegenstrombremsbetrieb $\omega_R > -\omega_N$

Der Nennbetrieb liegt üblicherweise bei einem Schlupf $s_N \le 5\%$, da sonst die Verluste zu groß werden.

Das Drehmoment kann über die Leistungsbilanz ermittelt werden. Hierzu wird der Effektivwert (mittlerer quadratischer Mittelwert) $U_{eff} = \hat{U}/\sqrt{2}$ eingeführt. Die im Luftspalt zum Rotor übertragene Leistung ist die Leistung vom Netz P_{el} abzüglich der Verluste P_{VS} durch den Statorwiderstand. Damit gilt für die Luftspaltleistung

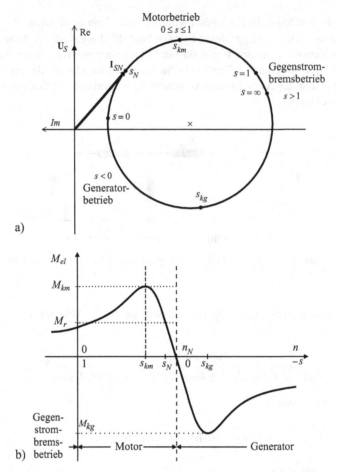

Bild 5.42. Diagramme des Asynchronmotors im stationären Zustand: a) Stromortskurve; b) Drehmoment als Funktion der Drehzahl. s_N: Nennschlupf; s_{km}: motorischer Kippschlupf; s_{kg}: generatorischer Kippschlupf

$$P = P_{el} - P_{VS} = M_{el}\,\omega_N$$
$$= 3\,Re\left\{\mathbf{U}_{S\,eff}\,I^*_{S\,eff}\right\} - 3|\mathbf{I}_{S\,eff}|^2\,R_S. \qquad (5.4.64)$$

Nach Einsetzen von (5.4.62) folgt

$$M_{el} = 3\,\frac{U^2_{eff}}{\omega_N}\,\frac{s(1-\sigma)(i\omega_N L_S)(i\omega_N L_R)R_R}{(R_S R_R - s\sigma(i\omega_N L_S)(i\omega_N L_R))^2 + (sR_S(i\omega_N L_R) + R_R(i\omega_N L_S))^2}. \qquad (5.4.65)$$

Der Drehmomentverlauf in Abhängigkeit der Drehzahl ist in Bild 5.42b) dargestellt. Es ergibt sich bei zunehmendem Schlupf s ein ansteigendes Drehmoment, das ein Maximum beim Kippschlupf

$$s_k = \frac{R_R}{\omega_N \sigma L_R} \qquad (5.4.66)$$

aufweist. Dieser Kippschlupf liegt im Bereich von 0,25. Für größeren Schlupf ist kein stabiler Betrieb möglich, da der Motor bei üblichen Lastkennlinien stehen bleibt. Eine Vereinfachung der Drehmomentgleichung ergibt sich bei Vernachlässigung des Statorwiderstandes $R_S = 0$. Dann erhält man die *Kloss'sche Gleichung*

$$M_{el} = M_K \frac{2}{\frac{s}{s_k} + \frac{s_k}{s}} \quad \text{mit } M_K = \frac{3}{4}\, p \frac{M^2}{\sigma L_S^2 L_R} \left(\frac{U_{eff}}{\omega_N}\right)^2. \qquad (5.4.67)$$

Im normalen Betrieb ist der Schlupf $s < 5\%$ und $s/s_k \approx 0$. Dann kann man $M_{el}(\omega_R)$ durch eine Gerade approximieren. Aus (5.4.67) folgt

$$\begin{aligned}
M_{el}(\omega_R) &\approx 2\, M_K \frac{2}{s_k} = 2\frac{M_K}{s_k}\left(1 - \frac{\omega_R}{\omega_N}\right) \\
&= \frac{3}{2} p \frac{M^2}{R_R L_S^2}\frac{U_{eff}^2}{\omega_N}\left(1 - \frac{\omega_R}{\omega_N}\right) \\
&= M_{el0}\frac{U_{eff}^2}{\omega_N}\left(1 - \frac{\omega_R}{\omega_N}\right) = M_{el0}\frac{U_{eff}^2}{\omega_N}s \\
\text{mit } M_{el0} &= \frac{3}{2} p \frac{M^2}{R_R L_S^2}
\end{aligned} \qquad (5.4.68)$$

Die Steigung der Geraden ist

$$c_{M\omega} = \frac{d\, M_{el}}{d\, \omega_R} = -M_{el0}\frac{U_{eff}^2}{\omega_N^2}. \qquad (5.4.69)$$

In diesem linearisierten Bereich verhält sich der Asynchronmotor also wie ein Gleichstrom-Nebenschlussmotor. Diese vereinfachten Drehmomentmodelle benötigen als Messgrößen den Effektivwert der Statorspannung U_{eff}, die Netzfrequenz ω_N und die Rotordrehzahl $\omega_m = \omega_R/p$ und gelten für den stationären Betriebszustand. Für langsame Änderungen von U_{eff}, ω_N und ω_m im Vergleich zu den Zeitkonstanten $T_R = L_R/R_R$ für den Feldaufbau (ca. 200 ms) und T_S für die Statorströme (ca. 5 ms), (5.4.47), folgt aus diesen Näherungen das in Bild 5.43 dargestellte Signalflussbild.

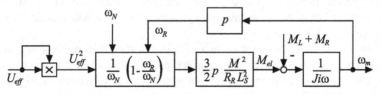

Bild 5.43. Vereinfachtes Signalflussbild des Drehmoments eines Asynchronmotors aus den stationären Gleichungen für kleinen Schlupf und Annahme langsamer Änderungen der Signale im Vergleich zu den elektrischen Zeitkonstanten

5.4.3 Synchronmotoren

Synchronmotoren drehen mit einer Drehzahl, die synchron zur Netzfrequenz bzw. Speisefrequenz ist, d.h. sie erfahren keinen Schlupf wie Asynchronmotoren. Deshalb werden sie dort eingesetzt, wo es auf eine große Konstanz einer gesteuerten Drehzahl ankommt, also z.B. im Fall kleiner Leistungen bei Uhren, Bandgeräten, Plattenspeichern und für mittlere und größere Leistungen bei Servoantrieben für Werkzeugmaschinen mit Positionsregelungen, bei Papier- und Textilmaschinen und Fahrzeugantrieben.

Der Stator von Synchronmaschinen ist äquivalent wie bei Asynchronmotoren mit dreiphasigen Wicklungen aufgebaut und kann einen oder mehrere Polpaare besitzen. Bei größeren Leistungen werden die Wicklungen des Rotors mit *Gleichstrom* über zwei Schleifringe versorgt, so dass ein konstantes Magnetfeld in z.B. einem Polpaar entsteht. Bei mehreren Polpaaren werden die Magnetfelder über den Umfang des Rotors verteilt.

Für kleinere Leistungen wird der Rotor auf seinem Umfang mit *Permanentmagneten* (Seltene-Erden-Magnete, z.B. Samarium-Cobalt oder Neodym-Eisen-Bor) mit hoher Remanenzinduktion und Koerzitivkraft versehen. Dadurch ergeben sich große Leistungsdichten, die größer als die bei Gleichstrommotoren mit Kommutatoren sind. Ein kleineres Trägheitsmoment erlaubt den Bau hochdynamischer Antriebsmotoren, die z.B. für positionsgeregelte Servoantriebe bei Werkzeugmaschinenvorschüben und Robotern geeignet sind.

a) Modellbildung der Synchronmotoren

Im Folgenden wird zunächst ein Synchronmotor mit Gleichstrom-Rotor und einer Wicklung betrachtet, siehe Bild 5.44. Die Statorwindungen sind um $120°$ versetzt ($p = 1$ Polpaar) und mit Drehstrom gespeist. Für die Modellbildung werden dieselben Annahmen wie beim Asynchronmotor gemacht.

Infolge der Gleichstromerregung ist der Strom im Rotor konstant, so dass kein Schlupf zum Drehfeld des Stators entstehen kann und somit $\omega_R = p\omega_m$ gilt, wobei ω_R die elektrische Drehfeld-Winkelgeschwindigkeit, ω_m die mechanische Rotor-Winkelgeschwindigkeit und p die Polpaarzahl des Stators bezeichnet.

Die Drehzahl kann deshalb nur durch Änderung der speisenden Drehspannungsfrequenz gesteuert werden. Da keine sich ändernden Magnetfelder im Rotor auftreten, werden keine Wirbelströme erzeugt. Der rotor muss daher nicht unbedingt geblecht ausgeführt werden.

Beim Synchronmotor bietet es sich an, ein rotorfestes Koordinatensystem zur Beschreibung der physikalischen Eigenschaften zu verwenden. Entsprechend Bild 5.44b) wird die Längsrichtung des Rotormagnetfeldes mit d (direkt, Längskomponente) bezeichnet, die dazu orthogonale Querrichtung mit q (quadrature, Querkomponente). Entsprechend der Spannungsgleichungen (5.4.31), (5.4.32) und der Transformationsgleichung (5.4.29) in ein anderes Koordinatensystem folgen für den Stator

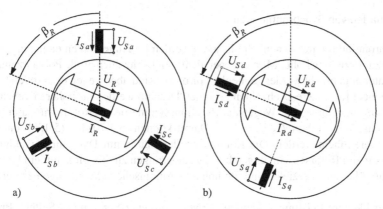

Bild 5.44. Schema eines Synchronmotors mit einem Polpaar (Schenkelpolmotor): a) Dreiphasendarstellung; b) Zweiphasen-Darstellung im rotorfesten Koordinatensystem

$$\mathbf{U}_S^R = R_S\,\mathbf{I}_S^R + \frac{\mathbf{\Psi}_S^R}{dt} + i\,\omega_R\mathbf{\Psi}_S^R \tag{5.4.70}$$

$$\mathbf{\Psi}_S^R = \mathbf{\Psi}_{Sd}^R + i\,\mathbf{\Psi}_{Sq}^R \tag{5.4.71}$$

mit $\Psi_{sd}^R = L_{Sd}\,I_{Sd}^R + M\,I_{Rd}^R$ und $\Psi_{Sq}^R = L_{Sq}\,I_{Sq}^R$

und den Rotor

$$\mathbf{U}_{Rd}^R = R_R\,\mathbf{I}_{Rd}^R + \frac{d\,\mathbf{\Psi}_{Rd}^R}{dt} \tag{5.4.72}$$

$$\mathbf{\Psi}_{Rd}^R = L_{Rd}\,\mathbf{I}_{Rd}^R + M\,\mathbf{I}_{Sd}^R. \tag{5.4.73}$$

Das Drehmoment erhält man durch Einsetzen von (5.4.71) in (5.4.37) mit $\beta_K = \beta_R$

$$
\begin{aligned}
M_{el} &= \tfrac{3}{2}\,p\,Im\left\{\mathbf{I}_S^R\,\mathbf{\Psi}_S^{R*}\right\} \\
&= \tfrac{3}{2}\,p\,Im\left\{\left(I_{Sd}^R + i\,I_{Sq}^R\right)\left(\Psi_{Sd}^R - i\,\Psi_{Sq}^R\right)\right\} \\
&= \tfrac{3}{2}\,p\,\left(M_d I_{Rd}^R I_{Sq}^R + \left(L_{Sd} - L_{Sq}\right) I_{Sd}^R I_{Sq}^R\right).
\end{aligned}
\tag{5.4.74}
$$

Wegen der besonderen Form des Rotors sind die Induktivitäten L_{Sd} und L_{Sq} verschieden, da sie unterschiedliche magnetische Widerstände haben. Es wird nach (5.4.74) selbst dann ein Drehmoment generiert, wenn mit $I_{Rd} = 0$ kein Magnetfeld durch die Wicklungen des Rotors erzeugt wird. Dieses Drehmoment wird *Reluktanz-Drehmoment* genannt.

Die betrachtete Darstellung ist eng mit dem am Rotorfluss (5.4.53) orientierten Gleichungssystem zur Beschreibung der Asynchronmaschine verwandt, zumal bei vernachlässigbarer Reluktanz ($L_{Sd} = L_{Sq}$) und konstanter Erregung ($I_R = $ const) das Drehmoment nur vom Strom I_{Sq}^R abhängt, Vas (1990), Leonhard (1996), Novotny und Lipo (1996), Sarma (1996), Lyshevski (2000).

b) Bauarten von Synchronmotoren

Synchronmotoren mit Schenkelpolrotoren werden im Allgemeinen dann eingesetzt, wenn zur Erzielung hoher Momente bei niedrigen Drehzahlen große Polpaarzahlen p im Stator angebracht werden. Schenkelpolrotoren sind aber wegen der großen Fliehkräfte nicht für höhere Drehzahlen geeignet. Deshalb werden für höhere Drehzahlen *Vollpolrotoren* eingesetzt. Wegen der Rotationssymmetrie des Rotors tritt dann keine Reluktanz auf, so dass $L_{Sd} = L_{Sq}$. Damit können (5.4.70) bis (5.4.74) entsprechend vereinfacht werden. Die Rotoren werden häufig mit Dämpfungswicklungen versehen, um Rotorschwingungen bei Laständerungen zu dämpfen, um ein besseres Anfahrverhalten zu erzielen und um höhere harmonische Schwingungen zu vermeiden.

Für kleinere Leistungen werden *Permanentmagnet-Rotoren* aus Seltene-Erden-Magneten anstelle der gleichstromerregten Rotoren verwendet. Wegen der dann fehlenden Wicklungsverluste führt dies zu einem höheren Wirkungsgrad. (5.4.70) bis (5.4.74) vereinfachen sich wegen der nicht vorhandenen Rotorwicklungen zu

$$\mathbf{U}_S^R = R_S \mathbf{I}_S^R + \frac{d\mathbf{\Psi}_S^R}{dt} + i\,\omega_R\,\mathbf{\Psi}_S^R, \tag{5.4.75}$$

$$\mathbf{\Psi}_S^R = L_S\,\mathbf{I}_S^R + \mathbf{\Psi}_{Rd}, \tag{5.4.76}$$

$$M_{el} = \frac{3}{2}\,p\,\Psi_{Rd}\,I_{Sq}^R. \tag{5.4.77}$$

Diese Gleichungen im rotorfesten Koordinatensystem haben große Ähnlichkeit mit den Gleichungen des permanenterregten Gleichstrommotors, Vas (1990), Leonhard (1996, 2000).

c) Regelung permanenterregter Synchronmotoren

Die Regelung von permanenterregten Synchronmotoren mit Frequenzumrichtern erfolgt ähnlich wie bei Asynchronmotoren. Die Gleichungen für die Statorspannungen und -ströme im rotorfesten Koordinatensystem folgen aus (5.4.75) und (5.4.76) unter Vernachlässigung von Reluktanzeffekten

$$U_{Sd} = R_S I_{Rd} + L_S \frac{dI_{Sd}}{dt} - L_S\omega_R I_{Sq}, \tag{5.4.78}$$

$$U_{Sq} = R_S I_{Sq} + L_S \frac{dI_{Sq}}{dt} + L_S\omega_R I_{Sd} + \omega_R\Psi_{Rd}. \tag{5.4.79}$$

Dabei ergeben sich für die Beziehungen der Statorspannungskomponenten Differenzialgleichungen erster Ordnung mit zusätzlichen Verkopplungstermen.

Bei einer Speisung der Synchronmaschine mit einem variabel einstellbaren Drehspannungssystem über ein geeignetes Stellglied (Frequenzumrichter) sind die Stellgrößen wie beim Asynchronmotor die Statorspannungen U_{Sd} und U_{Sq}, siehe Bild

5.45. Die Beziehungen für die Vorsteuerspannungen U_{Sdv} und U_{Sqv} ergeben sich aus den Gleichungen (5.4.78) und (5.4.79):

$$U_{Sdv} = -L_S \omega_R I_{Sq} \text{ bzw. } U_{Sqv} = L_S \omega_R I_{Sd} + \omega_R \Psi_{Rd}.$$

Die Regelgrößen sind die Stromkomponenten I_{Sd} und I_{Sq}. I_{Sq} beeinflusst das Drehmoment, siehe (5.4.77). Sein Sollwert I_{Sqw} ist die Stellgröße eines überlagerten Drehzahlreglers. Der Sollwert der flussbildenden Stromkomponente I_{Sd} wird in der Regel mit dem Wert 0 vorgegeben, um die Maschine möglichst verlustarm mit dem kleinsten erforderlichen Strom zu betreiben. Dann folgt aus (5.4.79)

$$U_{Sq} = R_S I_{Sq} + L_S \frac{dI_{Sq}}{dt} + \omega_R \Psi_{Rd}. \tag{5.4.80}$$

Für kleine Änderungen um den Betriebspunkt kann der letzte Term als konstant angenommen werden und es folgt

$$G_{UI}(i\omega) = \frac{\Delta I_{Sq}(i\omega)}{\Delta U_{Sq}(i\omega)} = \frac{K_S}{1 + T_S i\omega} \tag{5.4.81}$$

mit $K_S = 1/R_S$ und $T_S = L_S/R_S$.

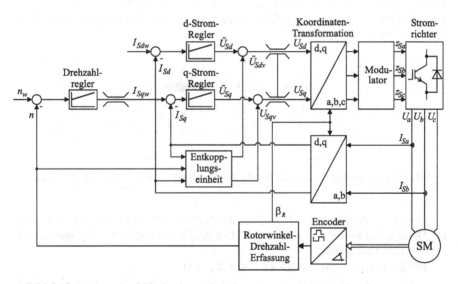

Bild 5.45. Struktur der feldorientierten Regelung permanenterregter Synchronmotoren

Wenn ein PI-Regler

$$G_R(i\omega) = \frac{\Delta U_{Sq}(i\omega)}{\Delta I_{Sq}(i\omega)} = \frac{K_R}{T_I i\omega}(1 + T_I i\omega) \tag{5.4.82}$$

und Pol-Nullstellen-Kompensation mit $T_I = T_S$ eingesetzt wird, ergibt sich für den Stromregelkreis ein Verzögerungsglied erster Ordnung

$$G_{II}(i\omega) = \frac{\Delta I_{Sq}(i\omega)}{\Delta I_{Sq\omega}(i\omega)} = \frac{1}{1 + T_q i\omega} \tag{5.4.83}$$

mit der Zeitkonstanten $T_q = L_S/K_R$.

Das Drehmoment ist dann nach (5.4.77)

$$M_{el} = \Psi' I_{Sq} \quad \text{mit} \quad \Psi' = \frac{3}{2} p \, \Psi_{Rd} \tag{5.4.84}$$

d) Stationäres Verhalten von Synchronmotoren

Wenn ein Synchronmotor mit konstanter Netzfrequenz ω_N betrieben wird, lassen sich (5.4.75) und (5.4.76) mit $\Psi_R = \Psi_{Rd} = const$ und $d\,\Psi_S^R/dt = 0$ (konstanter Zeiger im rotororientierten Koordinatensystem) vereinfachen zu

$$\mathbf{U}_S = R_S\,\mathbf{I}_S + i\,\omega_N\,L_S\,\mathbf{I}_S + \mathbf{E}$$

mit der EMK

$$\mathbf{E} = i\,\omega_N\,\Psi_{Rd}. \tag{5.4.85}$$

Hieraus folgt das Ersatzschaltbild Bild 5.46 für eine Phase, das dem eines fremderregten Gleichstrommotors entspricht. Ein entsprechendes Zeigerdiagramm ist in Bild 5.47 dargestellt.

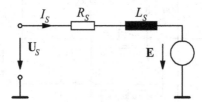

Bild 5.46. Einphasiges Ersatzschaltbild eines Synchronmotors im stationären Zustand

Mit der Annahme $R_S = 0$ (keine Statorverluste) bilden $\mathbf{U}_S$, $\mathbf{E}$ und $i\,\omega_N L_S \mathbf{I}_S$ ein Dreieck mit Rotorlagewinkel δ zwischen dem Spannungszeiger $\mathbf{U}_S$ und $\mathbf{E}$, welcher von der Last abhängt.

Für die Leistung gilt nach (5.4.64) mit $R_S = 0$

$$P_{el} = \frac{3}{2}\,Re\,\{\mathbf{U}_S\,\mathbf{I}_S^*\} = M_{el}\,\omega_R = M_{el}\frac{\omega_N}{p} \tag{5.4.86}$$

mit

$$\mathbf{I}_S = \frac{\mathbf{U}_S - \mathbf{E}}{i\,\omega_N\,L_S}.$$

Damit kann das Drehmoment in Abhängigkeit vom Polradwinkel δ angegeben werden, siehe Bild 5.47,

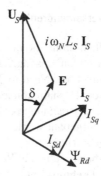

Bild 5.47. Zeigerdiagramm eines Synchronmotors für $R_S = 0$

$$M_{el} = M_K \sin \delta \text{ mit } M_K = 3p\frac{U_{Seff}\, E_{eff}}{\omega_N^2\, L_S}. \qquad (5.4.87)$$

Bild 5.48 zeigt den Drehmomentverlauf. Bei $\delta = \pm 90°$ entsteht das größte Drehmoment, bei $\delta = \pm 180°$ wird es Null. Genauso wie die Asynchronmotoren weisen Synchronmotoren damit ein Kippmoment auf. Im Unterschied zu Asynchronmotoren hängt das Drehmoment jedoch nicht quadratisch sondern linear von der Statorspannung U_{eff} ab.

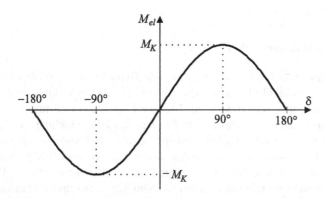

Bild 5.48. Drehmoment eines Synchronmotors in Abhängigkeit vom Rotorlagewinkel δ

5.5 Wechselstrommotoren

Für kleine Antriebsleistungen bis etwas 1 kW ist man häufig an einer Speisung mit einphasigem Wechselstrom und einem einfachen Aufbau des Motors interessiert. Hierzu existieren verschiedene Bauarten mit Kommutator oder Kurzschlussrotoren.

5.5.1 Kommutatormotoren (Universalmotoren)

Bei Gleichstrom- Neben- und Reihenschlussmotoren führt eine Vorzeichenänderung des Ankerstromes dazu, dass sich sowohl das magnetische Feld B als auch der Ankerstrom I_A in ihrer Richtung umkehren. Nach (5.3.4) bzw. (5.3.5) bleibt aber die Richtung des Drehmomentes gleich. Deshalb können diese Gleichstrommotoren im Prinzip auch mit einphasiger Wechselspannung betrieben werden. Allerdings muss der Stator aus geblechtem Eisen aufgebaut werden, um die Eisenverluste als Folge des wechselnden Magnetfeldes zu verringern.

Bei Reihenschlussmotoren haben Stator- und Rotorstrom gleiche Phase und damit ein maximales pulsierendes Drehmoment. Die Kommutierung ist jedoch erschwert durch transformatorische Spannungen aus dem wechselnden Hauptfeld und damit große Funkenspannungen.

Die Drehmomentkennlinie eines mit Wechselstrom betriebenen Reihenschlussmotors zeigt wie bei Gleichstrom ein stark mit der Drehzahl abfallendes Verhalten mit hohem Anzugsmoment, Tabelle 5.1, Stölting und Beisse (1987). Eine Drehzahlsteuerung erfolgt relativ kostengünstig und mit großem Stellbereich. z.B. durch einen verstellbaren Vorwiderstand, Stelltransformator oder eine Phasenanschnittsteuerung. Die Phasenanschnittsteuerung ist dabei der einfachste Wechselstromsteller. Interessante konstruktive Möglichkeiten ergeben sich für kleinere Leistungen durch die Verwendung von Permanentmagneten anstelle von Statorwicklungen, Stölting (1987). Universalmotoren werden besonders häufig in Haushaltsgeräten und Handwerkzeugen eingesetzt.

5.5.2 Kurzschlussrotormotoren

Ein besonders einfacher Aufbau ergibt sich für einen einphasigen Wechselstrommotor, wenn ein Drehfeld über zwei um 90° versetzte Statorwicklungen erzeugt und ein Kurzschlussrotor verwendet wird. Dies wird z.B. dadurch erreicht, dass zusätzlich zur Haupterregerwicklung eine um 90° versetzte Hilfswicklung angebracht wird mit einem um 90° phasenverschobenen Hilfsstrom. Die Phasendrehung kann dabei durch einen Kondensator erzeugt werden (*Kondensatormotor*), Bild 5.49 und Tabelle 5.1. Es lassen sich jedoch keine kreisförmigen, sondern nur elliptische Drehfelder erzeugen, die zu kleineren Anlaufmomenten und Kippmomenten und niedrigen Wirkungsgraden führen.

Die Drehmomentkennlinie ist der eines Drehstromasynchronmotors ähnlich, Tabelle 5.1. Mit zunehmendem Schlupf wird das Drehmoment zunächst größer, bis zu einem Kippmoment, um dann stark abzufallen. Zur Erhöhung des Anlaufdrehmomentes kann beim Anlauf ein Zusatzkondensator geschaltet werden.

Eine zweite Möglichkeit zur Erzeugung eines Drehfeldes besteht darin, die Hilfswicklung als Kurzschlussring an einem Spaltpol anzubringen, Bild 5.49c). Durch die Induktion in den Kurzschlussringen erhält das Magnetfeld in diesem Teilbereich eine andere Phasenlage, so dass ein elliptisches Drehfeld entsteht. Die Drehmomentkennlinie dieses *Spaltpolmotors* ist ähnlich wie beim Kondensatormotor, allerdings mit noch kleinerem Anlaufmoment und kleinerem Wirkungsgrad. Kondensatormotor

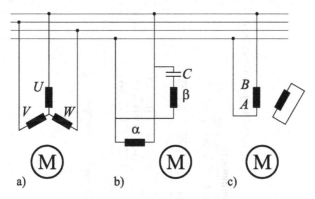

Bild 5.49. Asynchron-Kurzschlussrotormotoren (aus Ramminger (1992)): a) Drehstrom-Kurzschlussläufer-Motor; b) Wechselstrom-Kondensator-Motor; c) Wechselstrom-Spaltpol-Motor

und Spaltpolmotor haben in der Regel *Kurzschlusskäfigrotoren* mit Eisenblechpaketen. Der Drehzahlabfall zwischen Leerlauf und Nennbelastung ist bei beiden Motoren relativ gering (ca. 10 %), es entsteht aber ein ausgeprägtes Kippmoment. Deshalb sind diese Motoren bei konstanter Netzfrequenz nicht gut zur Drehzahlsteuerung geeignet.

Wenn man eine Wicklung mit konstanter Wechselspannung betreibt und die andere Wicklung mit 90° verschobener, aber veränderlicher Spannung betreibt, Tabelle 5.1, dann erzeugt man ein elliptisches Drehfeld. Wenn der Rotor zusätzlich mit einem großen Widerstand versehen wird, verschiebt sich das Kippmoment nach links und es ergeben sich im ganzen Drehzahlbereich abfallende Kennlinien. Dann kann man mit der Steuerspannung die Drehzahl von Null bis zur Leerlaufdrehzahl gut stellen. Dieses Prinzip wird beim *Ferrarismotor* angewandt. Er besitzt einen Glockenrotor (Hohlzylinder) aus Kupfer oder Aluminium, so dass im ganzen Rotor Wirbelströme entstehen, deren Wärme über die große Oberfläche abgeführt wird. Verbunden mit einem durch einen kleinen Durchmesser erzielten kleinen Trägheitsmoment entstehen so *Wechselstrom-Servomotoren*, die gut drehzahlbesteuerbar sind, auch um die Drehzahl Null für Positionsregelungen.

Diese Servomotoren haben den Vorteil, keinerlei elektrische Verbindungen zum Rotor zu haben und mit Wechselstromverstärkern für die Steuerspannung auszukommen. Die 90° Phasenverschiebung kann entweder durch einen Kondensator (Einphasen-Wechselstrommotor) oder durch einen Wechselstromverstärker mit entsprechendem Netzwerk (Zweiphasen-Wechselstrommmotor) erzeugt werden, siehe z.B. Pfaff (1994). Einige Eigenschaften von Drehstrom- und Wechselstrommotoren kleiner Leistung sind in Tabelle 5.3 zusammengefasst. Elektrische Antriebe, die besonders für Aktoren eingesetzt werden, werden im Kapitel 10 behandelt.

Tabelle 5.3. Eigenschaften von Drehstrom- und Wechselstrommotoren kleiner Leistung bis 1 kW nach Jung und Schneider (1984), Meyer (1985)

		Drehstrommotoren		Wechselstrommotoren			
		Asynchronmotoren	Synchronmotoren (Universal)	Kommutator	Kondensator	Spaltpol	Ferraris
Leistungsbereich	W	2–1000	0,01–500	5–1000	0,1–2200	1–100	0,1–25
Nennspannung	V	380	220	12–230	220	220	220
Wirkungsgrad η_{max}		0,5–0,8	0,1–0,6	0,3–0,7	0,4–0,7	0,1–0,4	0,2–0,5
Nenndrehzahl	U/min	700–30000	40–30000	1000–9000	1200–2850	1200–2700	600–2000
Drehzahlstellbereich		1 : 10	1 : 15	1 : 100	–	–	1 : 1000
Drehzahlsteuerung durch Änderung von		Speisefrequenz	Speisefrequenz	Spannung (Phasenanschnitt) Vorwiderstand	nicht üblich	nicht üblich	Spannung

5.5.3 Fremdgeführte und selbstgeführte Elektromotoren

Die bisherige Betrachtung der Bauarten von Elektromotoren zeigt eine große Vielfalt, die durch die unterschiedlichen Eigenschaften der Motoren und ihre Anwendungsfelder entsteht. Da bei mechatronischen Systemen sowohl für Antriebsmotoren als auch Stellmotoren in Aktoren die Drehzahlsteuerung oder -regelung oft wesentlich ist, werden die Elektromotoren zusammenfassend noch nach der Erzeugung und Steuerung des rotierenden Magnetfeldes unterteilt:

1) *Fremdgeführte Motoren*
   Die *Statorspulen* werden abhängig von der Frequenz der Versorgungsspannung angeregt (eingeprägtes Drehfeld):
   - Asynchronmotoren
   - Synchronmotoren
   - Wechselstrom-Kurzschlussläufermotoren
2) *Selbstgeführte Motoren*
   Die *Ankerspulen* oder *Statorspulen* werden abhängig von der Rotorstellung umgeschaltet:
   Mechanischer Kommutator
   - Gleichstrom-Kommutatormotoren
   - Wechselstrom-Kommutatormotoren
   Elektrischer Kommutator
   - Gleichstrommotoren (Permanentmagnetrotor)
   - Gleichstrom-Schrittmotoren

Die Drehzahlsteuerung der *fremdgeführten Elektromotoren* muss in der Regel durch eine Frequenzänderung des Drehfeldes erfolgen. Ein Betrieb in wenigen (2 oder 3) Drehzahlstufen ist durch die Schaltung verschiedener Polpaarzahlen möglich. Eine kontinuierliche Drehzahlstellung erfordert jedoch steuerbare Frequenzumrichter, die relativ aufwendig und daher teuer sind. Deshalb ist sie nur für größere Leistungen interessant. Die fremdgeführten Elektromotoren sind wegen ihres einfachen Aufbaus sehr robust, preiswert, verschleißarm und geräuscharm.

Bei den *selbstgeführten Elektromotoren* ist die Drehzahlsteuerung einfacher und mit größeren Stellbereichen möglich, da man nur Steller für die Spannung oder Widerstände benötigt. Deshalb sind diese Motoren bei Drehzahlsteuerung im Bereich der kleineren Leistungen dominierend. Die selbstgeführten Motoren sind in der Regel auch kleiner und leichter als die fremdgeführten Motoren, allerdings aber teurer in der Herstellung. Die Motoren mit *mechanischer Kommutierung* sind gekennzeichnet durch Bürsten/Kommutator-Verschleiß, höheres Geräusch, aber günstige Herstellkosten. *Elektronisch kommutierte Motoren* zeichnen sich durch einen einfachen Aufbau aus, sind verschleiß- und geräuscharm, aber wegen der erforderlichen Rotorpositionssensoren und der Schaltelektronik relativ teuer.

Die Entwicklung geht bei den Elektromotoren kleiner Leistung für kontinuierliche Drehzahlverstellung in weiten Stellbereichen in Richtung einfach aufgebauter Motoren (mit immer stärkeren Magnetfeldern), elektronischer Kommutierung und elektronischer Drehzahlregelung, Stölting (1987). Somit kann man auch hierbei die Anwendung mechatronischer Prinzipien beobachten.

5.6 Leistungselektronik

Zum Aufbau leistungselektronischer Schaltungen werden elektronische Ventile benötigt, die abwechselnd in den leitenden und nichtleitenden Zustand versetzt werden können. Daher kann das Umschalten zwischen zwei Leitfähigkeits-Zuständen entweder durch die Richtung einer elektrischen Größe oder durch ein Steuersignal von außen vorgenommen werden. Im ersten Fall liegt ein *nichtsteuerbares* und im letzteren Fall ein *steuerbares elektronisches Ventil* vor.

Im Rahmen von steuerbaren elektronischen Ventilen kann noch zwischen Ventilen unterschieden werden, die im leitenden Zustand mit Hilfe eines Steuerimpulses wieder in den sperrenden Zustand zurückversetzt werden können und solchen, die mit Steuersignalen lediglich in den leitenden Zustand gebracht werden können. Bei den ersten handelt es sich um *abschaltbare (selbstsperrende) Ventile* und bei den zweiten um *einschaltbare elektronische Ventile*. Die wichtigsten Bauelemente sollen im Folgenden vorgestellt werden.

5.6.1 Bauelemente der Leistungselektronik

Das einfachste elektronische Ventil ist die *Halbleiter-Diode*, die zur Gruppe der nicht steuerbaren Ventile gehört. Bei positiver angelegter Spannung wird die Diode in den leitenden Zustand geschaltet. Bei negativer Spannung fließt dann kein Strom, siehe Tabelle 5.4.

Der *Thyristor* ist ein steuerbares elektronisches Ventil, das sowohl bei positiver als auch bei negativer Spannung sperren kann. Im Unterschied zur Diode existiert ein zusätzlicher Anschluss, das sogenannte Gate. Bei Anlegen eines positiven Stromimpules geht der Thyristor in den leitenden Zustand über. Der Thyristor wird wieder sperrfähig, wenn eine negative Spannung U_T angelegt wird und der Strom für eine gewisse Zeit in der umgekehrten Richtung fließt. Sogenannte *Gate-Turn-Off* (GTO) *Thyristoren* haben die zusätzliche Eigenschaft, durch einen negativen Steuerstrom I_G vom leitenden in den sperrenden Zustand zu schalten. Deshalb gehören die GTO Thyristoren zu den selbstsperrenden elektronischen Ventilen. Dabei muss der Steuerelektrodenstrom I_G während der ganzen Zeit des leitenden Zustandes anliegen. Thyristoren werden hauptsächlich für große elektrische Leistungen ($\geq 500\,\text{kW}$) eingesetzt. Sie zeigen jedoch größere zeitliche Verzögerungen beim Ein- und Ausschalten, da die Ladungsträger erst in die verschiedenen Zonen des Bauelements gebracht bzw. wieder ausgeräumt werden müssen. Zum Anderen treten auch hohe Schaltverluste auf, so dass die Thyristoren nur bei niedrigen Schaltfrequenzen ($< 1\,\text{kHz}$) betrieben werden können. Dagegen sind die Durchlassverluste vergleichsweise niedrig.

Bipolare Transistoren sind ebenfalls selbstsperrende Ventile. Sie sind stromgesteuert und können in den leitenden Zustand gebracht werden, indem ein positiver Strom I_B durch die Basis strömt. Um das Ausschalten zu beschleunigen, werden sie nicht im Sättigungszustand betrieben. Bipolare Transistoren haben relativ niedrige Durchlassverluste, jedoch große Schaltverluste und werden deshalb bei niedrigen Schaltfrequenzen ($\leq 10\,\text{kHz}$) eingesetzt, um kleinere Leistungen zu schalten.

Metal Oxide Field Effect Transistors (MOSFET) sind spannungsgesteuerte selbstsperrende Ventile, die in den leitenden Zustand durch Anlegen einer positiven Steuerspannung U_{GS} gebracht werden können. Ihr Vorteil ist, dass Feldeffekt-Transistoren angesichts der kleinen gespeicherten Ladung der Steuerelektrode schnell geschaltet werden können. Deshalb können hohe Schaltfrequenzen ($\leq 100\,\text{kHz}$) erreicht werden. Wegen der relativ hohen Durchlassverluste werden sie hauptsächlich zum Schalten kleinerer Leistungen eingesetzt.

Die Vorteile von Bipolar und MOSFET Transistoren können durch eine geeignete Kombination in sogenannten *Insulated Gate Bipolar Transistors* (IGBT) vereinigt werden. Diese Transistoren sind spannungsgesteuerte selbstsperrende Ventile, die eine MOS Struktur am Eingang haben und eine Bipolar-Struktur am Ausgang. Diese Ventile vereinigen die einfache Steuerbarkeit und hohen Schaltgeschwindigkeiten von MOSFET Transistoren mit den geringen Durchlassverlusten der bipolaren Transistoren. Damit wird es möglich, auch mittelgroße Leistungen mit hohen Schaltfrequenzen zu betreiben ($\leq 100\,\text{kHz}$), Krein (1998).

Die Symbole der verschiedenen Ventile mit ihren wichtigsten Eigenschaften und einigen Daten sind in Tabelle 5.4 zusammengefasst.

5.6.2 Schaltungen der Leistungselektronik

Um elektrische Antriebe drehzahlvariabel betreiben zu können, werden Stelleinrichtungen zur Umformung elektrischer Energie benötigt. Hierbei werden eine Reihe verschiedener Leistungselektronik-Schaltungen verwendet, die sich in der Art ihrer Ein- oder Ausgangsgrößen unterscheiden. Im Allgemeinen unterscheidet man dabei folgende Schaltungstypen, z.B. Erickson (1997), Trzynadlowski und Legowksi (1998), Schröder (1998), Schröder (2006), Philips (1994):

- *DC-DC-Umrichter*: Es wird eine Gleichspannung oder ein Gleichstrom bestimmter Amplitude und Polarität in eine andere Gleichspannung oder anderen Gleichstrom mit geänderter Größe und/oder Polarität übertragen.
- *AC-AC-Umrichter*: Eine Wechselspannung oder ein Wechselstrom mit bestimmter Amplitude, Frequenz oder Phasenzahl wird in eine andere Wechselspannung oder Wechselstrom mit anderer Amplitude, Frequenz oder Phasenzahl umgewandelt.
- *DC-AC-Umrichter (Wechselrichter)*: Aus einer Gleichspannung oder einem Gleichstrom wird eine Wechselspannung oder ein Wechselstrom mit bestimmter Amplitude, Frequenz und Phasenzahl erzeugt.
- *AC-DC-Umrichter (Gleichrichter)*: Eine bestimmte Wechselspannung oder ein Wechselstrom wird in eine Gleichspannung oder Gleichstrom mit bestimmter Amplitude und Polarität übertragen.

Tabelle 5.4. Übersicht einiger steuerbarer elektronischer Ventile

Ventile	Dioden	Thyristor	GTO	Bipolar-Transistor	MOSFET	IGBT
Symbole						
Eigenschaften	– nicht steuerbare Ventile	– steuerbare Anschaltventile – durch Stromimpuls einschaltbar	– steuerbare selbstsperrende Ventile – an- und ausschaltbare Ventile	– steuerbare selbstsperrende Ventile – stromgesteuert	– steuerbare selbstsperrende Ventile – spannungsgesteuert	– steuerbare selbstsperrende Ventile – spannungsgesteuert
Kennlinien						
Spannungsbereich	... 8000 V	600 ... 8000 V	2500 ... 6000 V	500 ... 1200 V	50 ... 200 ... 1000 V	600 ... 1200 ... 3300 V
Strombereich	... 5000 A	300 ... 5000 A	1500 ... 4000 A	15 ... 500 A	5 ... 50 ... 200 A	15 ... 100 ... 1200 A
max. Schalt-Frequenz		800 ... 1000 Hz	800 ... 1000 Hz	2 ... 10 kHz	10 ... 100 kHz	5 ... 100 kHz
Einschalt-Verzögerung		$2\,\mu s$	$2\,\mu s$	$2\,\mu s$	$0{,}1 ... 1\,\mu s$	$0{,}1 ... 1\,\mu s$
Ausschalt-Verzögerung		–	$10 ... 25\,\mu s$	$1 ... 20\,\mu s$	$0{,}1 ... 2\,\mu s$	$0{,}1 ... 2\,\mu s$

Im Allgemeinen wird unter *Stromrichter* verstanden, dass elektrische Spannungen oder Ströme einer bestimmten Frequenz in Spannungen oder Ströme einer anderen Frequenz umgewandelt werden.

Im Folgenden werden einige Leistungselektronik-Schaltungen betrachtet, die besonders für die Steuerung von Gleichstrom-, Wechselstrom- und Drehstrom-Motoren eingesetzt werden.

a) DC-DC-Umrichter

Aufgrund der großen praktischen Bedeutung sollen im Folgenden Schaltungsvarianten betrachtet werden, die aus gegebenen Spannungen wieder Spannungen erzeugen.

Eine weit verbreitete Möglichkeit zur Steuerung einer Gleichspannung, ist die *Puls-Breiten-Modulation* (PBM oder PWM), z.B. durch so genannte *Tiefsetzsteller*. Die Idee hinter derartigen Schaltungen liegt darin, dass sich eine gewünschte mittlere Spannung innerhalb eines bestimmten Intervalls durch Ein- und Ausschalten einer Gleichspannung realisieren lässt. Eine grundlegende Schaltung besteht aus einem selbstsperrenden Ventil (z.B. IGBT) und einem nicht steuerbaren Ventil (Diode), um eine positive Eingangsgleichspannung U_d in eine kleinere Ausgangsspannung U_0 zu wandeln, siehe Bild 5.50. Durch Variation der Dauer des Schaltzustandes des steuerbaren Ventils kann die mittlere Ausgangsspannung verändert werden. Die Schaltung erlaubt allerdings nur einen Stromfluss in positive Richtung. Wie in Bild 5.51 gezeigt, wird eine Sollspannung U_{or} mit einer periodischen dreieckförmigen Hilfsspannung U_h der Frequenz $f_p = 1/T_p$ verglichen.

Wenn $U_h < U_{or}$ wird das IGBT-Ventil leitend und bei $U_h > U_{or}$ sperrend.

Am Ausgang des IGBT entsteht somit eine pulsbreitenmodulierte Spannung U_o. Deshalb fließt durch die angekoppelte Last mit Induktivität L_A ein dreieckförmiger Strom I_o. Dieser Strom wird bei sperrendem IGBT wegen der Speicherwirkung der Induktivität und der Freilaufdiode aufrecht erhalten. Als arithmetischer Mittelwert der pulsierenden Gleichspannung V_o ergibt sich die an der Last wirkende Spannung

$$U_L = \frac{1}{T_p} \int_0^{T_p} U_o(t)dt = \frac{T_{on}}{T_p} U_d.$$

Die resultierende Spannung ist also proportional zum Tastverhältnis T_{on}/T_p Holtz (1992), Pressman (1997).

Diese Schaltung kann nur für Verbraucher mit Tiefpass-Verhalten eingesetzt werden, weil sich sonst zu hohe Ströme ergeben würden. Dies ist jedoch für Elektromotoren im Allgemeinen erfüllt, so dass dann relativ glatte Ströme I_o auftreten. Diese Schaltung wird häufig für Gleichstrommotoren eingesetzt.

Eine ähnliche Schaltung ist der *Hochsetzsteller*, der sich ergibt, wenn die beiden Ventile vertauscht werden. Hier kann der Ausgangsstrom nur in negativer Richtung fließen und die Ausgangsspannung U_o muss deshalb größer sein im Vergleich zur Eingangsspannung U_d. Einsetzen lässt sich die Schaltung zum Betrieb eines generatorisch wirkenden Gleichstrommotors. Beide Tiefsetzsteller- oder Hochsetzsteller-Umrichter können jedoch nur in einem Quadranten (positive Ausgangsspannung

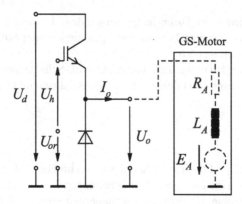

Bild 5.50. Puls-Breiten-Modulations-Schaltung eines Tiefsetz-Stellers für einen Gleichstrommotor

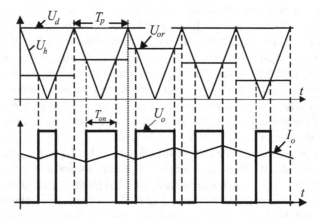

Bild 5.51. Puls-Breiten-Modulation: Hilfspannung U_h (dreieckförmig, Frequenz $f_p = 1/T_p$) Spannung U_o und resultierender Strom I_o

und entweder positiver oder negativer Ausgangsstrom) betrieben werden und werden deshalb Ein-Quadrant-Umrichter genannt. Durch Kombination der beiden Umrichter entstehen Zwei-Quadrant-Steller, mit denen die Ströme in beiden Richtungen gesteuert werden können, Bild 5.52. Damit lassen sich Gleichstrommotoren sowohl motorisch (antreibend) als auch generatorisch (bremsend) betreiben. Bei konstanter Eingangsspannung U_d ist jedoch nur eine Drehrichtung möglich, da die Ausgangsspannung U_o nur positiv sein kann. Diese Schaltung wird auch durch Puls-Breiten-Modulation gesteuert. Um einen Kurzschluss der Eingangsspannung U_d zu vermeiden, dürfen die beiden steuerbaren Ventile (IGBT) nur abwechselnd und niemals gleichzeitig in den leitenden Zustand geschaltet werden. Die Ausgangsspannung U_o ist gleich der Eingangsspannung U_d, wenn der obere IGBT eingeschaltet ist und wird Null, wenn der untere IGBT leitend wird.

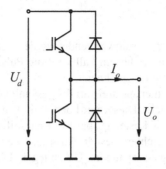

Bild 5.52. Zwei-Quadranten-Steller

Der Zwei-Quadranten-Umrichter ist die Basis für weiter entwickelte Schaltungen. Ein Vier-Quadranten-Steller besteht aus zwei parallelen Zwei-Quadranten-Umrichtern, siehe Bild 5.53. Mit Hilfe dieser Schaltung können sowohl die Ausgangsspannung als auch der Ausgangsstrom in beiden Richtungen gesteuert werden. Die Ausgangsspannung ist die Differenz zwischen den beiden Ausgangsspannungen der Zwei-Quadranten-Steller ($U_o = U_+ - U_-$). Die Sollwerte der Zwei-Quadranten-Steller müssen auf die Hälfte der Eingangsspannung bezogen werden und sind deshalb gegeben durch

$$U_{+r} = \frac{1}{2}\left(U_d + U_{or}\right) \text{ und } U_{-r} = \frac{1}{2}\left(U_d - U_{or}\right). \tag{5.6.1}$$

Vier-Quadranten-Steller werden hauptsächlich für Gleichstrommotoren eingesetzt, wenn sowohl motorischer als auch generatorischer Betrieb betrieben und beide Drehrichtungen erforderlich ist.

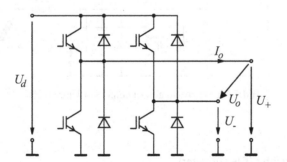

Bild 5.53. Vier-Quadranten-Steller

b) DC-AC-Umrichter

Die DC-DC Umrichter können auch verwendet werden, um einphasige Sinus-Wechselspannungen zu erzeugen. In diesem Fall wird die Puls-Weiten-Modulation auch als Sinus-Dreieck-Modulation bezeichnet.

Ein Drei-Phasen-Umrichter aus drei parallel geschalteten Zwei-Quadranten-Stellern ist in Bild 5.54 dargestellt. Dieser wird benötigt, wenn Drehstrommotoren oder andere symmetrische erdfreie Lasten gespeist werden sollen. Eine einfache Möglichkeit zur Steuerung des Umrichters besteht darin, den neutralen Punkt (Sternpunkt) der Last auf die halbe Eingangsspannung U_d zu legen. Die Sollwerte der einzelnen Zwei-Quadranten-Steller lauten dann

$$U_{1,2,3r} = U_{Sa,b,c} + \frac{U_d}{2}, \tag{5.6.2}$$

wobei die Amplituden von $U_{Sa,b,c}$ auf $U_d/2$ beschränkt sind. In Verbindung mit symmetrischen Spannungssystemen erscheinen die Maxima und Minima der Phasenspannungen nicht zur gleichen Zeit. Höhere Phasen-Spannungsamplituden können dann erreicht werden, wenn dem konstanten Teilpotential $U_d/2$ des Sternpunkts noch eine Wechselkomponente überlagert wird. Auf diese Art sind um ca. 15 % höhere Amplituden möglich. Eine entsprechende Methode ist die so genannte Raumzeigermodulation. Die zugehörigen Schaltungen werden in Tabelle 5.5 zusammengefasst, einschließlich zugehöriger Ersatzschaltbilder und Diagramme der jeweiligen Betriebsbereiche.

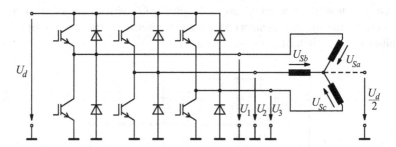

Bild 5.54. Schaltbild eines Dreiphasen-Umrichters

c) AC-DC-Umrichter (Gleichrichter)

Die Prinzipien des Vier-Quadranten-Stellers und des Drei-Phasen-Wechselrichters können auch umgekehrt eingesetzt werden, um als Gleichrichter von Wechselspannungen zu wirken (AC-DC-Umrichter). Dann werden die bisherigen Ausgänge durch Wechselspannungen versorgt und die bisherigen Eingänge liefern dann eine gewünschte Gleichspannung. Normalerweise enthält dann die Gleichspannung neben

Tabelle 5.5. Übersicht gesteuerter Leistungsschaltungen

Schaltung	Tiefsetz-Steller	Hochsetz-Steller	Zwei-Quadranten-Steller	Vier-Quadranten-Steller	Dreiphasen-Steller
Schaltbild					
Typ	DC–DC Umrichter	DC–DC Umrichter	DC–DC Umrichter	DC–DC Umrichter und DC–AC (1-Phasen-) Umrichter	DC–AC (3-Phasen-) Umrichter
Ersatzschaltbild	Beschränkung $I_0 \leq 0$	Beschränkung $I_0 \geq 0$			
Betriebsbereich					

dem Gleichanteil noch höhere Harmonische, die jedoch durch Stütz-Kondensatoren verringert werden können.

Ungesteuerte Gleichrichter-Schaltungen ergeben sich, wenn die gesteuerten Ventile weggelassen werden und nur die Freilaufdioden übrigen bleiben, vgl. Bild 5.55. Die Gleichspannung eines Vier-Quadranten-Umrichters ist lastabhängig und kleiner als die Amplitude der Wechselspannung. Im Fall der Dreiphasenschaltung ist die Gleichspannung ungefähr $\sqrt{3}\hat{U}$ mit der Phasenspannungsamplitude $\hat{U}$. Derartige Schaltungen können den Strom jedoch nur in einer Richtung leiten, so dass hier keine Einspeisung von elektrischer Leistung zurück ins Netz möglich ist. Entsprechende Schaltungen sind in Bild 5.55 angegeben.

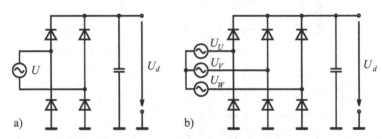

Bild 5.55. Nichtsteuerbarer Gleichrichter mit Glättungskondensator: a) eine Phase; b) drei Phasen

d) Gleichstrom-Zwischenkreis-Umrichter für Drehstrommotoren

Modernere netzgespeiste Umrichter zur Versorgung von Drehstrom-Motoren bestehen aus einem netzseitigen AC-DC-Umrichter, der das symmetrische Spannungssystem gleichrichtet und auf der Motorseite mit einem dreiphasigen DC-AC-Umrichter ein frequenz- und spannungsvariables Dreiphasensystem erzeugen kann. Diese werden als Spannungs-Zwischenkreis-Umrichter (Voltage Source DC Link Converter) bezeichnet. Ein entsprechendes Blockschaltbild ist in Bild 5.56 gezeigt, siehe Bose (1997), Erickson (1997), Pressman (1997), Trzynadlowski und Legowksi (1998). Eine Alternative sind Strom-Zwischenkreis-Umrichter (Current Source DC-Link Converter). Anstelle der Spannungen werden hier die Phasenströme eingeprägt, Bose (1997). Weitere Möglichkeiten sind die Resonanzumrichter (Resonant DC-Link Converter), bei denen die Größen im Zwischenkreis nicht mehr konstant sind, Erickson (1997). Es existieren auch Matrixumrichter, die direkt dreiphasige Wechselströme in andere dreiphasige Wechselströme mit steuerbarer Amplitude und Frequenz umformen. Diese Umrichter haben keinen Zwischenkreis, Huber und Borojevic (1995). Für eine tiefer gehende Behandlung von Stromrichtern sei verwiesen auf Leonhard (1996), Schröder (1995), Mutschler (2007).

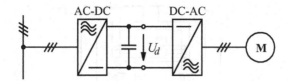

Bild 5.56. Spannungs-Zwischenkreis-Umrichter zur Drehzahlsteuerung von Drehstrommotoren

5.7 Aufgaben

1) Ein Elektromagnet soll einen Anker aus Stahl entsprechend dem Bild anziehen und eine Kraft F ausüben. Der Magnetkörper hat eine relative Permeabilität von $\mu_r = 5000$ und der Anker von $\mu_r = 2000$. Die Tiefe beider Körper ist 2 cm. Berechnen Sie die Anziehungskraft des Ankers für die im Bild gegebenen Maße.

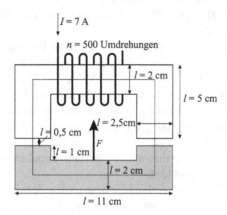

2) Ein Elektromagnet entsprechend Bild 5.4 verfügt über eine Magnetisierungskennlinie $B(H)$ wie in der Tabelle. Die Querschnittsfläche des Eisenkörpers ist $A = 5\,\text{cm}^2$, die mittlere Länge im Eisenkörper ist $l = 50\,\text{cm}$, der Luftspalt ist $l = 1\,\text{mm}$. Die Windungszahl ist $N = 1000$ und der Strom ist $I = 7,5\,\text{A}$. Berechnen Sie H, Θ, B, ϕ.

$H\left[\frac{A}{m}\right]$	0	100	200	300	400	600	1000	1500	2500
$B[T]$	0	0,6	1	1,3	1,4	1,5	1,65	1,75	1,76

3) Zum Aufbau eines Mikrophons ist ein glockenförmiger Spulenkörper an einer Membrane angebracht und taucht in einen ringförmigen Permanentmagnet wie im Bild. Die radiale magnetische Flussdichte ist B an der Spule mit N Windungen mit Radius r. Man berechne die induzierte Spannung für eine Membranauslenkung von $x(t) = x_0 \sin \omega t$, mit $B = 0,5\,\text{T}$, $N = 500$, $x_0 = 0,5\,\text{cm}$, $r = 1,5\,\text{cm}$, $\omega = 2\pi \cdot 400\,\text{rad/s}$.

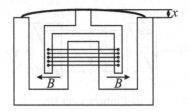

4) Man berechne die Drehmoment-Drehzahl-Kennlinien für den Gleichstrommotor von Beispiel 5.1 für $U = 50\,\text{V}$ und $100\,\text{V}$.

5) Es sind die Parameter des dynamischen Modells von (5.3.19) gesucht für die Daten nach Beispiel 5.1. Bestimmen Sie die Ankerstrom- und die mechanische Zeitkonstante.

6) Man berechne die Drehmoment-Drehzahl-Kennlinie für den bürstenlosen Gleichstrommotor nach Beispiel 5.2 für $U = 14\,\text{V}$ und $28\,\text{V}$.

7) Ein Asynchronmotor für 3 Phasen (50 Hz) dreht im Leerlauf mit 3000 U/min und mit Last 2800 U/min. Wie viel Polpaare besitzt der Motor und wie groß ist der Schlupf mit Last?

8) Es wird ein Asychron-Drehstrommotor mittlerer Leistung mit vernachlässigbarem Statorwiderstand $R_S = 0$ betrachtet. Die Daten des Motors sind: Stern-Schaltung, $U_S = U_v/\sqrt{3}$, $U_v = 400\,\text{V}$, $f_N = 50\,\text{Hz}$, $R_R = 0,5\,\Omega$, $L_S = 2,55\,\text{mH}$, $L_R = 3,18\,\text{mH}$, $M = 56\,\text{mH}$, Nennschlupf $s_r = 0,05$.

   a) Zeichnen Sie ein Einphasen-Ersatzschaltbild für stationären Betriebszustand.

   b) Leiten Sie eine Beziehung für den Statorstrom in Abhängigkeit von Stator-spannung und Schlupf ab.

   c) Berechnen Sie die Drehmoment-Drehzahl-Kennlinie mit Angabe von Kipp-moment und Kippschlupf.

9) Geben Sie die Hauptanwendungsgebiete an für Asychronmotoren, Synchron-motoren und Universalmotoren und zeichnen Sie den prinzipiellen Verlauf der Drehmoment-Drehzahl-Kennlinien.

10) Für welche Leistungselektronik-Schaltungen werden Dioden, Thyristoren und IGBT's eingesetzt? Erläutern Sie das Prinzip der Spannungsversorgung für einen drehzahlveränderlichen Asynchronmotor.

6

Modelle von Maschinen

Bei Maschinen kann man Kraftmaschinen, Arbeitsmaschinen und Fahrzeuge unterscheiden, siehe Kapitel 1. Im Hinblick auf die *Energieströme* lassen sich diese Maschinen wie folgt charakterisieren. *Kraftmaschinen* wandeln eine Primärenergie in mechanische Energie um. Sie geben an ihrer Abtriebsseite eine mechanische Energie ab. *Arbeitsmaschinen* wandeln dagegen eine mechanische Energie in eine Energie des Verbrauchers oder der Last um. Sie nehmen dabei auf der Antriebsseite eine mechanische Energie auf und geben sie auf der Abtriebsseite in unterschiedlicher Form wie z.B. Verformungsenergie, potentielle mechanische Energie oder Wärme wieder ab. *Fahrzeuge* können auch als Arbeitsmaschinen betrachtet werden. Der Verbraucher ist dabei das Fahrzeug mit Roll-, Steigungs- und Luftwiderstand. Zusätzlich zum Energiestrom kann noch ein Materiestrom vorhanden sein (z.B. Verbrennungsmotoren, Pumpen) oder nicht (z.B. Elektromotoren). Ein weiteres Kennzeichen der Maschinen ist die Erzeugung bestimmter Bewegungen über die jeweilige Kinematik, z.B. translatorisch oder rotatorisch.

Bild 6.1 zeigt das Schema einer *Kraftmaschine*. Die Energieversorgung (z.B. elektrisches oder hydraulisches Netz oder Kraftstoff) liefert den Primärenergiestrom. Dieser wird in der Kraftmaschine (z.B. Elektromotor, Hydraulikmotor, Verbrennungsmotor) in einen mechanischen Energiestrom (drehende Welle mit Drehmoment) umgewandelt. Dieser Energiestrom gelangt zu einem mechanischen Übertrager (z.B. mechanische oder hydraulische Kupplung, Getriebe, Wellen) und wird dabei in einen geeigneten Drehmoment-Drehzahl-Bereich gebracht. Der so entstehende mechanische Erzeuger-Energiestrom treibt dann einen Energieverbraucher (z.B. Arbeitsmaschine, Fahrzeug) an. Zur Steuerung der Energiewandlung werden Aktoren (z.B. Stromrichter, Ventile, Einspritzpumpen) eingesetzt, deren Stellarbeit einer Hilfsenergie (elektrisch, hydraulisch, pneumatisch) entnommen wird. Einige Sensoren erfassen wichtige Messgrößen wie z.B. Drehzahl, Drehmoment, Temperatur, Druck, Füllstand zur Informationsverarbeitung (Steuerung, Regelung, Überwachung, Optimierung) der Maschine.

In entsprechender Form ist in Bild 6.2 das Schema einer *Arbeitsmaschine* (z.B. Kreiselpumpe, Werkzeugmaschine für spanende Bearbeitung, Förderanlage) angegeben. Der mechanische Primärenergiestrom kommt von einer Kraftmaschine

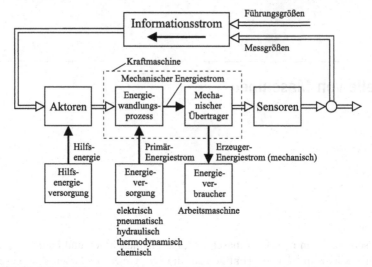

Bild 6.1. Prinzipielle Anordnung einer Kraftmaschine als mechatronisches System

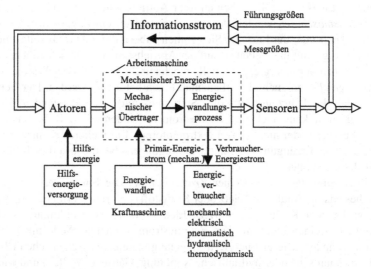

Bild 6.2. Prinzipielle Anordnung einer Arbeitsmaschine als mechatronisches System

(Energiewandler). Ein mechanischer Übertrager (z.B. Getriebe, Kurbeltrieb) erzeugt die für den Arbeitsprozess geeignete Bewegung in einem geeigneten Drehmoment-Drehzahl- oder Kraft-Geschwindigkeit-Bereich. Der Arbeitsprozess ist ein Verbraucher (z.B. Druckerhöhung durch Zufuhr kinetischer Energie, Drehbearbeitung, Schüttguttransport). Er nimmt den mechanischen Energiestrom auf und wandelt ihn in eine andere Energieform. Je nach Prozess wird die mechanische Energie dabei mit Verlusten in eine andere mechanische Verbraucherenergie gewandelt (z.B. potentielle Energie, Zerspanungs- oder Zerkleinerungsenergie) und verbleibt in diesem Energieverbraucher. Die Verluste sind im Allgemeinen dissipativer Natur (Reibung, Strömungswiderstand) und treten als Wärmestrom im Verbraucher oder seiner Umgebung auf.

Auf der Grundlage der in den Kapiteln 4 und 5 aufgestellten Modelle von Komponenten kann nun die Modellbildung von zusammengesetzten mechanischen Systemen und Maschinen erfolgen. Hierzu werden die Kopplung der Elemente, die resultierenden Kennlinien, statisches und dynamisches Verhalten, Stabilitätsbetrachtungen und die Abhängigkeit des Verhaltens vom Betriebspunkt betrachtet.

6.1 Kopplung von Maschinenelementen zu Maschinen

a) Drehzahl-Steuerung und Drehmoment-Steuerung

Maschinen werden entweder von einem Bediener geführt oder automatisch betrieben. In beiden Fällen wird die Maschine in einer unteren Ebene der Informationsverarbeitung gesteuert (oder geregelt). Dabei werden je nach Aufgabenstellung und möglichem Stelleingriff bei translatorischen Maschinen entweder ein Weg bzw. eine Geschwindigkeit oder eine Kraft gesteuert (geregelt), (z.B. Pressen, Werkstoffprüfmaschinen, Werkzeugmaschinen). Bei rotatorischen Maschinen unterscheidet man dementsprechend die Steuerung (oder Regelung) von Winkelposition bzw. Drehzahl oder Drehmoment (z.B. Elektromotoren, Verbrennungsmotoren, Prüfstände für Antriebe, Industrieroboter, Antriebsstrang von Fahrzeugen).

Sowohl die Kraftmaschine als auch die Arbeitsmaschine sind in der Regel Wandler und mit Stellglied aktive Wandler nach Abschnitt 2.3. Sie sind deshalb im Allgemeinen Mehrpole ohne eindeutige Kausalität, siehe Abschnitt 2.3.2. Sie können somit an der mechanischen Schnittstelle häufig mit eingeprägtem Drehmoment oder mit eingeprägter Drehzahl betrieben werden, vgl. Bild 2.17c) bis f). Die Kausalität der Maschine in Bezug auf den Signalfluss wird dann von der Betriebsart der Energiequelle, also einer Potentialquelle oder Stromquelle bestimmt. So kann z.B. ein Gleichstrommotor mit eingeprägter Spannung oder eingeprägtem Strom, ein Asynchronmotor mit eingeprägter Spannungsamplitude oder eingeprägter Drehstromfrequenz, ein Hydraulikzylinder mit eingeprägtem Druck oder eingeprägtem Volumenstrom, ein Gebläse mit eingeprägter Drehzahl oder eingeprägtem Drehmoment operieren. Beim Verbrennungsmotor oder dem Strahltriebwerk ist jedoch nur der Kraftstoffstrom eingeprägt, da der Heizwert als Potentialgröße vorgegeben ist, siehe auch Tabelle 2.10. Verschiedene Arten der Steuerung einer Kraftmaschine werden nun an einem Beispiel betrachtet.

Beispiel 6.1: Drehzahl- und Drehmoment-Steuerung eines Gleichstrommotors mit Last

Die Energiequelle der Kraftmaschine sei steuerbar über die Stellgröße U_c. Als Beispiel wird als Kraftmaschine ein Gleichstrommotor und als Arbeitsmaschine eine

Kreiselpumpe betrachtet, siehe Bild 6.3. Die Energiequelle kann dann eine Potentialquelle (Spannungsquelle) oder Stromquelle sein. Die Kreiselpumpe fördert einen Fluidvolumenstrom $\dot{V}$ in einen Rohrleitungs-Kreislauf mit konstanter Widerstandsziffer. (Dann gilt für das Drehmoment näherungsweise $M = k_M \omega^2$). Die im Folgenden dargestellten Kennlinien sind für idealisierte Fälle angegeben. Bilder 6.3a) und b) zeigen die zugehörigen Schaltbilder mit Energiefluss, Zwei- und Vierpolen. Es lassen sich nun zwei Betriebsweisen unterscheiden, die für den *stationären Betriebszustand* erläutert werden.

a) *Drehzahl-Steuerung*

Der Motor werde mit einer *Spannungsquelle* betrieben, bei der mit der Stellgröße U_c die Spannung U_0 eingestellt wird, Bild 6.3c). Die Spannung wirkt als eingeprägte Größe auf den Motor und stellt gemäß (5.3.25) und Bild 5.19 eine bestimmte Kennlinie $M_m(U_A, \omega)$ ein. Bei Vernachlässigung von Reibung gilt

$$M_m(\omega) = \frac{\Psi}{R_A}(U_A - \Psi\omega).$$

Das Drehmoment hängt also außer von Motorparametern Magnetfluss Ψ und Ankerwiderstand R_A von der steuernden Ankerspannung $U_A = U_0$ und der sich einstellenden Drehzahl ω ab. Im Leerlauf gilt mit $M_m(\omega) = 0$ für die Drehzahl $\omega_{max} = U_A/\Psi$. Die Ankerspannung steuert deshalb die Leerlaufdrehzahl. Wirkt ein Lastmoment M_l, dann reduziert sich die Drehzahl entsprechend auf

$$\omega = \frac{1}{\Psi}\left(U_A - M_m\frac{R_A}{\Psi}\right)$$

mit $M_m = M_l$. Bei konstantem Lastmoment ist die Drehzahl von der Ankerspannung abhängig und somit liegt eine Drehzahl-Steuerung vor. Dies führt auf das Signalflussbild 6.3c). Die Ankerspannung U_0 steuert die Drehzahl ω_0. Die Last bzw. die Arbeitsmaschine Kreiselpumpe wirkt mit dem Drehmoment $M = M_l = M_m$ (Schnittpunkt der beiden Kennlinien) auf den Gleichstrommotor zurück und bestimmt dadurch den Ankerstrom $I = I_A = M/\Psi$.

(Diese Zusammenhänge folgen auch aus den Betrachtungen in Abschnitt 2.3 und Bild 2.17e) und sind eine Folge der Gyratorstruktur des Energiewandlers. Setzt man den Ankerwiderstand $R_A = 0$, dann gilt für die Drehzahl des Gleichstrommotors $\omega = U_A/\Psi$, was aus der Gleichung des Ankerstromkreises (5.3.10) bzw. (5.3.23) folgt. Ferner zeigen die Übertragungsfunktionen des Gleichstrommotors (5.3.13) und Bild 5.18a) für kleine Änderungen um den Arbeitspunkt im stationären Zustand mit $M_{R1} = 0$ die Verstärkung $K_{11} = G_{11}(0) = \Delta\omega/\Delta U_A = 1/\Psi$, also eine direkte Proportionalität zwischen Änderung der Ankerspannung und Änderung der Drehzahl. Der Einfluss einer Änderung des Lastdrehmomentes ist dann $K_{12} = \Delta\omega/\Delta M_l = R_A/\Psi^2$ (= 0 für $R_A = 0$) und $K_{22} = \Delta I_A/\Delta M_l = 1/\Psi$.)

b) *Drehmoment-Steuerung*

Betreibt man den Gleichstrommotor mit eingeprägtem Strom $I_0 = I_A$ aus einer *Stromquelle*, dann gilt für vernachlässigte Reibung nach (5.3.24) $M_m = \Psi I_A$. Der

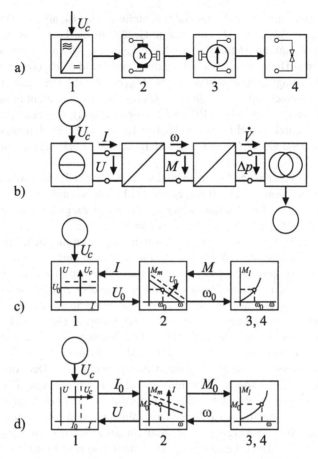

Bild 6.3. Beispiel für die Kopplung einer gesteuerten Kraftmaschine (Gleichstrommotor) mit einer Arbeitsmaschine (Kreiselpumpe). Die Kennlinien gelten für den stationären Zustand und sind idealisiert eingetragen

a) Prozess- und Energiefluss-Schema;

1: Energiequelle 2: Kraftmaschine (Gleichstrommotor) 3: Arbeitsmaschine (Kreiselpumpe) 4: Übertrager mit Senke (Rohrleitung);

b) Schaltbild der Zwei- und Vierpole,

c) Signalfluss und Kennlinien für Drehzahl-Steuerung $\omega_0 = f(U_c)$,

1: Spannungsquelle 2: Drehzahlgesteuerte Kraftmaschine 3, 4: Drehzahlgesteuerte Arbeitsmaschine mit Senke;

d) Signalfluss und Kennlinien für Drehmoment-Steuerung $M_0 = f(U_c)$,

1: Stromquelle 2: Drehmomentgesteuerte Kraftmaschine, 3, 4: Drehmomentgesteuerte Arbeitsmaschine mit Senke

Ankerstrom stellt also eine (horizontale) Kennlinie $M_m(I_A, \omega)$ ein. Dieses Drehmoment $M_m = M_0$ wirkt als eingeprägte Größe auf die Last. Aus dem Schnittpunkt der Lastkennlinie $M_l(\omega)$ und der Motorkennlinie $M_m(\omega)$ resultiert dann die sich einstellende Drehzahl ω als Rückwirkung, siehe Bild 6.3d). (Bei Berücksichtigung eines Reibungsdrehmomentes $M_R = M_{R1}\omega$ folgt die Drehmomentkennlinie des Motors entsprechend $M_m = \Psi I_A - M_{R1}\omega$. Das Drehmoment nimmt deshalb mit zunehmendem ω ab, wie in Bild 6.3d) eingezeichnet). Der eingeprägte Strom I_0 steuert also durch Verschieben der $M_m(\omega)$-Kennlinie das Drehmoment M_0. Die Drehmomentkennlinie $M_l(\omega)$ der Last liefert dann als Rückwirkung die Drehzahl ω.

(Diese Zusammenhänge folgen ebenfalls aus Abschnitt 2.3 und Bild 2.17f). Die Übertragungsfunktionen (5.3.13) zeigen direkte Proportionalität $K'_{11} = G'_{11}(0) = \Delta M_m / \Delta I_A = \Psi$. Der Einfluss einer Drehzahländerung der Last ist $K'_{12} = \Delta M_m / \Delta\omega = -M_{R1}$ und $K'_{22} = \Delta U_A / \Delta\omega = \Psi$.)

Eine *Drehzahl-Regelung* ist mit beiden Betriebsweisen möglich. Ein Drehzahlregler erfasst die Last- bzw. Motordrehzahl ω und stellt entweder die eingeprägte Spannung U_0 (Ankerspannung U_A) oder den eingeprägten Strom I_0 (Ankerstrom I_A) ein. Entsprechend ist eine *Drehmoment-Regelung* über eine Messung des Drehmomentes M zwischen Motor und Last mit beiden Betriebssystemen realisierbar. Eine bei Drehzahl-Regelungen oft realisierte Schaltung ist die in Bild 5.21 dargestellte *Kaskaden-Regelung*. Der unterlagerte Hilfsregelkreis regelt den Ankerstrom I_A, der direkt proportional zum (elektrischen) Motordrehmoment ist. Die zugehörige Stellgröße dieses Stromreglers ist die Ankerspannung U_A. (Der Ankerstrom ist entsprechend (5.3.23)) von der Differenz zwischen Ankerspannung U_A und induzierter Spannung $U_i = \Psi\omega$ abhängig). Ein überlagerter Drehzahlregler liefert den Sollwert für den Ankerstrom I_A. Diese Drehzahl-Kaskaden-Regelung arbeitet also mit der Hauptstellgröße Ankerstrom (als Maß für das elektrische Drehmoment M_{el}) und der Hilfsstellgröße Ankerspannung. Dies stellt also eine Kombination der beiden gesteuerten Betriebsweisen von Bild 6.3 dar. Der Signalfluss im *dynamischen Zustand* erfolgt entsprechend Bild 5.21.

□

Das betrachtete Beispiel zeigt das prinzipielle Vorgehen bei der Festlegung der Betriebsweise von Maschinen im Hinblick auf die Art der Steuerung von Drehzahl oder Drehmoment. Man muss jedoch jeden Fall individuell betrachten, weil die Energiewandler unterschiedliche Verhalten besitzen, wie aus Tabellen 2.9 und 2.10 hervorgeht.

Bei der feldorientierten Regelung des *Asynchronmotors* nach Abschnitt 5.4 wird das Drehmoment entsprechend (5.4.39) durch die q-Stromkomponente I_{sq} im Stator in einem unterlagerten Strom-Regelkreis mit der Stellgröße Statorspannung U_{sq} gesteuert. Ein überlagerter Drehzahlregler liefert den Sollwert für den Strom-Regelkreis. Die mit einem Pulswechselrichter mit Spannungszwischenkreis erzeugte variable Drehstromspeisefrequenz wird dabei über den Rotorflusswinkel β_k bzw. die Winkelgeschwindigkeit ω_k erzeugt, siehe Abschnitt 5.6.2 und Bild 5.39.

Die feldorientierte Regelung von *Synchronmotoren* entspricht derjenigen von Asynchronmotoren, jedoch mit dem Unterschied, dass kein Drehzahlschlupf entsteht und die Spannungsfrequenz direkt aus dem Rotorwinkel β_k bzw. der Winkelgeschwindigkeit ω_k folgt, siehe Bild 5.45.

Einige weitere Beispiele sind:

- Drehzahl-Steuerung/Regelung: Werkzeugmaschinen, Industrieroboter, Walzwerke, Aufzüge, Aktoren, Motorenprüfstand (für diese Betriebsweise);
- Drehmoment-Steuerung/Regelung: Verbrennungsmotor mit Kraftfahrzeug, Schiff oder Flugzeug, Motorenprüfstand (für diese Betriebsweise), Aktoren mit Torquemotor.

b) Mathematische Modelle von Maschinen

Als Beispiel werde eine Maschine betrachtet, die aus einer Kraftmaschine (Motor), einem Antriebsstrang und einer Arbeitsmaschine besteht, Bild 6.4. Der Antriebsstrang setzt sich aus Riementrieb oder elastischer Kupplung, Welle und Getriebe zusammen. Tabelle 6.1 zeigt zusammenfassend die mathematischen Modelle einiger Komponenten, die zum Teil in Kapitel 4 und 5 abgeleitet wurden. Dabei werden Wellen als Zweimassensysteme dargestellt. Für mehrere Komponenten ergeben sich bei kleinen Signaländerungen lineare Differentialgleichungen. Die Reibung von Gleitlagern und Führungen kann näherungsweise beschrieben werden durch das richtungsabhängige Drehmoment ($\omega = \dot{\varphi}$)

$$M_{R1}(t) = M_{R10} \operatorname{sign} \dot{\varphi}(t) + M_{R11}\dot{\varphi}(t) \quad (\dot{\varphi}(t) \neq 0), \qquad (6.1.1)$$

wobei M_{R10} der Coulombsche (trockene) und M_{R11} der viskose Reibungskoeffizient ist, siehe Abschnitt 4.7. Das Gesamtmodell einer Maschine erhält man wie in Kapitel 2 im einzelnen beschrieben durch:

- Aufstellen der Gleichungen für die Prozesselemente
  (Bilanzgleichungen, konstitutive Gleichungen, phänomenologische Gleichungen)
- Aufstellen der Verschaltungsgleichungen
  (Kontinuitätsgleichungen für Parallelschaltungen, Kompatibilitätsgleichungen für Serienschaltungen)
- Festlegen der Ein- und Ausgangsgrößen

In einfacheren Fällen können dann durch Ineinandereinsetzen der Gleichungen nicht interessierende Zwischengrößen eliminiert werden, um eine Differentialgleichung für das Ein-/Ausgangsverhalten zu erreichen, siehe Kapitel 4. Im Allgemeinen ist es jedoch zweckmäßiger, die Gleichungen in Form einer Vektordifferentialgleichung darzustellen. Falls alle Teilmodelle linearisierbar sind, ergibt sich dann mit einem Zustandsgrößenvektor n-ter Ordnung

$$\mathbf{x}^T(t) = [\dot{\varphi}_1(t)\varphi_1(t)\dot{\varphi}_2(t)\varphi_2(t) \cdots \dot{\varphi}_n(t)\varphi_n(t)] \qquad (6.1.2)$$

Tabelle 6.1. Mathematische Modelle für das dynamische Verhalten einiger Maschinenkomponenten

Antriebselemente	Gleichungen für dynamisches Verhalten	Symbole
Gleichstrommotor	$J_M\dot\omega = M_M - M_1 = M_{el} - M_R - M_L$ $M_{el} = \Psi I_A$ $M_R = M_{R0}\,\mathrm{sign}\,\omega + M_{R1}\omega$ $L_A\dot I_A + R_A I_A = U_A - \Psi\omega$	J_M Motorträgheitsmoment L_A Ankerinduktivität R_A Ankerwiderstand Ψ Flussverkettung M_R Reibungsmoment M_L Lastmoment ω Kreisgeschwindigkeit
Welle	$J_1\ddot\varphi_1 = c_s(\varphi_2 - \varphi_1) + d_s(\dot\varphi_2 - \dot\varphi_1) + M_1$ $J_2\ddot\varphi_2 = c_s(\varphi_1 - \varphi_2) + d_s(\dot\varphi_1 - \dot\varphi_2) + M_2$	J_1, J_2 Trägheitsmomente c_s Steifigkeit d_s Dämpfungskonstante
Riementrieb (Flachriemen)	$J_3\ddot\varphi_3 = c_{DT}(i_1\varphi_4 - \varphi_3) + d_{DT}(i_1\dot\varphi_4 - \dot\varphi_3) + M_3$ $J_4\ddot\varphi_4 = c_{DT}(\varphi_3 - i_1\varphi_4)i_0 + d_{DT}(\dot\varphi_3 - i_1\dot\varphi_4)i_0 + M_4$	s Schlupf d_{3w}, d_{4w} Durchmesser $i_0 = d_{w4}/d_{w3}$ Übersetzungsfaktor ($s=0$) $i_1 = i_0/(1-s)$ Übersetzungsfaktor J_3, J_4 Trägheitsmomente c_{DT} Torsionssteifigkeit d_{DT} Dämpfungskonstante
Getriebe	$J_5\ddot\varphi_5 = -c_g(\varphi_5 - i_g\varphi_6) - d_g(\dot\varphi_5 - i\dot\varphi_6) + M_5$ $J_6\ddot\varphi_6 = [c_g(-i\varphi_6 - \varphi_5) + d_g(-i\dot\varphi_6 - \dot\varphi_5)]i_g + M_6$	$i_g = r_6/r_5$ Übersetzungsfaktor J_5, J_6 Trägheitsmomente c_g Steifigkeit d_g Dämpfungskonstante
Wälzlager	$M_7 = M_{R0}\,\mathrm{sign}\,\omega_7 + M_{R1}\omega_7 + M_{R13}\omega_7^3$	M_{R0}, M_{R1}, M_{R13} Reibungskoeffizienten $\omega_7 = \dot\varphi_7$ Kreisgeschwindigkeit

das Zustandsmodell

$$\dot{\mathbf{x}}(t) = \mathbf{A}x(t) + \mathbf{b}u(t) + \mathbf{f}z(t), \tag{6.1.3}$$

$$y(t) = \mathbf{c}^T \mathbf{x}(t) \tag{6.1.4}$$

mit $u(t) = \Delta U(t); z(t) = \Delta M_l(t)$ (Lastmomentstörung); $y(t) = \Delta Y(t)$.

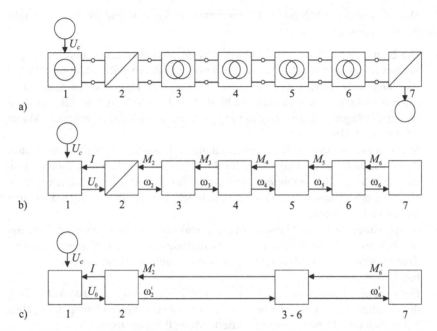

Bild 6.4. Schematische Darstellung einer Maschine bestehend aus Kraftmaschine, Antriebs-strang, Arbeitsmaschine 1: Energiequelle 2: Elektromotor 3: Riementrieb oder elektrische Kupplung 4: Welle 5: Getriebe 6: Spindel 7: Arbeitsprozess: a) Schaltbild der Komponenten in Zweipol- und Vierpol-Darstellung; b) Signalfluss für Drehzahlsteuerung; c) Signalfluss für Drehzahlsteuerung mit vereinfachtem Modell für 3-6

Die Übertragungsfunktion erhält man mit $u(t)$ als Eingangsgröße und $y(t)$ als Ausgangsgröße aus

$$G_P(s) = \frac{y(s)}{u(s)} = \mathbf{c}^T \left[s\mathbf{I} - \mathbf{A}\right]^{-1} \mathbf{b} = \frac{B(s)}{A(s)}. \tag{6.1.5}$$

Hieraus lässt sich dann durch Laplace-Rücktransformation die Differentialgleichung des Gesamtmodells angeben

$$a_n y^{(n)}(t) + \dots + a_1 y^{(1)}(t) + y(t) = b_0 u(t) + \dots + b_m u^{(m)}(t). \tag{6.1.6}$$

Häufig kann das Gesamtmodell vereinfacht werden, da z.B. für Regelungsprobleme die Eigenwerte mit den hohen Frequenzen vernachlässigt werden dürfen, und für

Schwingungsprobleme unter Umständen die Eigenwerte mit den niederen Frequenzen. Hier empfiehlt sich im Allgemeinen eine physikalisch begründete Modellreduktion, indem man in Abhängigkeit der Aufgabenstellung bzw. des Anwendungszwecks nur die für den interessiernden Frequenzbereich dominierenden Pole und Nullstellen berücksichtigt. Beispiele werden in den Abschnitten 6.4 bis 6.6 behandelt.

Die mathematischen Modelle für mechanische Systeme und Maschinen zeigen häufig folgende Eigenschaften:

- Die Elemente für den Antriebsstrang sind linearisierbar. Lager und Führungen können linearisiert werden, wenn die Bewegung in einer Richtung erfolgt. Bei Richtungsumkehr erzeugt die trockene Reibung eine Hysterese, so dass grundsätzlich nichtlineares Verhalten resultiert. Man kann jedoch, wie z.b. bei Positioniervorgängen, mit richtungsabhängigen linearen Modellen arbeiten, Maron (1996), Raab (1993)
- Motoren und Arbeitsprozesse haben häufig nichtlineares Verhalten. Man kann dann z.b. nichtlineare Kennfelder für das statische Verhalten und lineare dynamische Teilmodelle kombinieren. Für kleine Änderungen ist oft auch eine Linearisierung des dynamischen Verhaltens möglich. Die Modelle werden dann aber arbeitspunktabhängig
- Einige Parameter (z.B. Massen, Steifigkeiten) sind mit ausreichender Genauigkeit bekannt, andere Parameter (z.B. Dämpfungsfaktoren, Reibungskennwerte, Trägheitsmomente, Lastparameter) sind nur ungenau bekannt und ändern sich häufig
- Bei umfangreichen Anordnungen ($8 \leq n \leq 20$) empfiehlt sich zur Aufstellung der Gleichungen ein entsprechendes Software-Werkzeug und Computeralgebra, Schumann (1994), bzw. objektorientierte Modellbildungstools

Beispiele zur Modellbildung und die Kopplung von Maschinenelementen zu einer Maschine werden in den Abschnitten 6.3 und 6.6 beschrieben.

6.2 Kennlinien und Stabilität von Maschinen

Nun wird das prinzipielle Verhalten von Maschinen, anhand der Grundgleichungen mit Blockschaltbildern und Kennlinien beschrieben und die Stabilität untersucht. Als Beispiel diene eine von einem Gleichstrommotor angetriebene Kreiselpumpe in einer Anordnung nach Bild 6.5. Dabei fördert die Kreiselpumpe Wasser von einem offenen Tiefbehälter in einen Hochbehälter mit einer geodätischen Höhe H über der Pumpe. Die folgende Darstellung orientiert sich dabei an Profos (1982), Isermann (1984).

Die statischen Kennlinien der Pumpe (Förderkennlinien) und der Rohrleitung mit Hochbehälter (Widerstands-Kennlinie) sind in Bild 6.6a),b) dargestellt. Im Gleichgewichtszustand stellt sich dann für eine bestimmte Drehzahl n am Schnittpunkt $\overline{\Delta P}, \overline{\dot{m}}$ der Kennlinien ein Gleichgewichtszustand ein, Bild 6.6c).

Nun wird das dynamische Verhalten des Massenstromes $\dot{m}(t)$ betrachtet. Um die Diskussion einfach zu halten, wird angenommen, dass das dynamische Verhalten

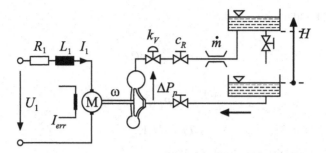

Bild 6.5. Schema einer Kreiselpumpe mit fremderregtem Gleichstrommotor als Antrieb

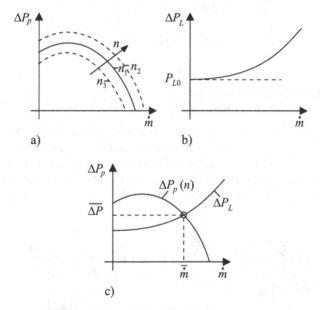

a)   b)

c)

Bild 6.6. Statische Kennlinien: a) Pumpe $\Delta P_P(\dot{m}, n)$; b) Rohrleitung $\Delta P_L(\dot{m})$, statischer Druck $P_{L0} = \rho g H$; c) Pumpe und Rohrleitung mit Arbeitspunkt $\overline{\Delta P}; \overline{\dot{m}}$

von Pumpe und Gleichstrommotor vernachlässigbar klein ist im Vergleich zu einer langen Rohrleitung. (Ein E-Motor-Pumpen-Aggregat mit Berücksichtigung aller dynamischer Vorgänge wird in Abschnitt 6.6 ausführlich betrachtet.) Dann gilt für die Impulsbilanz

$$m\frac{dw(t)}{dt} = A\left[\Delta P_P(t) - \Delta P_L(t)\right]. \tag{6.2.1}$$

Hierbei sind

$m = Al\rho$ Wassermasse
A Rohrquerschnitt
l Rohrlänge
ρ Fluiddichte

w Fluidgeschwindigkeit.

Mit

$$\dot{m}(t) = A\rho w(t) \qquad (6.2.2)$$

wird (6.2.1)

$$T_I \frac{d\dot{m}(t)}{dt} = \Delta P_P(t) - \Delta P_L(t), \qquad (6.2.3)$$

$$T_I = l/A. \qquad (6.2.4)$$

Dabei gilt für den Differenzdruck der Pumpe

$$\Delta P_P = \Delta P_P(U, \dot{m}) \qquad (6.2.5)$$

$$\Delta P_L = \rho g H + \zeta \frac{\rho}{2} w^2 \qquad (6.2.6)$$

mit

U Stellgröße für Pumpendrehzahl
ζ Widerstandsziffer der Rohrleitung.

Aus (6.2.3), (6.2.5) und (6.2.6) folgt das Blockschaltbild Bild 6.7. Die Additionsstelle stellt die Bilanzgleichung dar, die Widerstandskennlinie $\Delta P_L(\dot{m})$ eine *erste Rückwirkung* auf den Impulsspeicher (Widerstand), die Pumpenkennlinie $\Delta P_P(\dot{m})$ eine *zweite Rückwirkung* (Antrieb: Abhängigkeit vom Massenstrom) und die Kennlinie $\Delta P_P(U)$ eine Eingangswirkung (Antrieb: Abhängigkeit von Stellgröße).

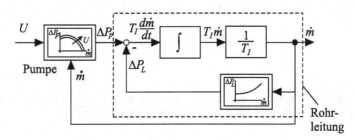

Bild 6.7. Blockschaltbild für das dynamische Verhalten der Pumpanlage mit Massenstrom $\dot{m}$ als Ausgang und Stellgröße U (Drehzahl) als Eingang

Ein solches Blockschaltbild wird bei Maschinen und Anlagen häufig angetroffen. Bild 6.8 zeigt hierzu ein entsprechendes Blockschaltbild mit folgenden verallgemeinerten Größen

$Y \hat{=} \dot{m}$ Ausgangsgröße
$\dot{Q}_s \hat{=} T_I \dot{m}$ gespeicherte Größe (Impuls)
$\dot{Q}_e, \dot{Q}_a$ Ein- und Ausgangsstrom des Speichers.

Es handelt sich dabei um einen dynamischen Prozess erster Ordnung mit Ausgleich. Die konstitutiven Gleichungen und phänomenologischen Gleichungen führen in Ergänzung der Bilanzgleichung des Speichers folgende Wirkungen ein:

$Y = f(Q_s)$ Vorwirkung auf Ausgangsgröße

$\dot{Q}_a = g(Y)$ Rückwirkung auf Ausgangsstrom

$\dot{Q}_e = h(Y)$ Rückwirkung auf Eingangsstrom (mit Eingangsgröße U als Parameter).

Wenn die konstitutiven und phänomenologischen Gleichungen schwach nichtlinear sind, können sie um einen bestimmten Arbeitspunkt linearisiert werden, Bild 6.9.

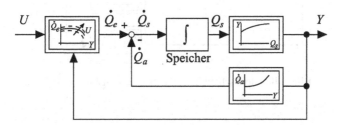

Bild 6.8. Blockschaltbild eines dynamischen Prozesses mit Ausgleich

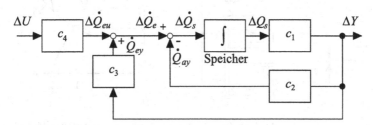

Bild 6.9. Linearisiertes Blockschaltbild von Bild 6.8

Die Rückwirkung über c_2 ist negativ und wirkt gegenkoppelnd (rückstellend, stabilisierend), während die Rückwirkung über c_3 positiv ist für $c_3 > 0$ und damit mitkoppelnd (auslenkend, destabilisierend) wirkt.

Prozesse mit Ausgleich sind dadurch gekennzeichnet, dass sich für konstante Eingangsgrößen $\bar{U}$ bei allen Zustandsgrößen *Gleichgewichtszustände* (oder Beharrungszustände) einstellen.

Für $U(t) = \bar{U} =$ const und somit $\Delta U(t) = 0$ folgt aus Bild 6.8 das Bild 6.10. Im Gleichgewichtszustand gilt dann:

$$Y(t) = \text{const} \rightarrow \frac{dY(t)}{dt} = 0$$

$$Q_s(t) = \text{const} \rightarrow \frac{dQ_s(t)}{dt} = 0 \qquad (6.2.7)$$

$$\Rightarrow \dot{Q}_e(t) = \dot{Q}_a(t) \text{ bzw. } \bar{\dot{Q}}_e = \bar{\dot{Q}}_a.$$

Somit folgt aus Bild 6.10 das Blockschaltbild in Bild 6.11a). Im Gleichgewichtszustand stellt sich der Schnittpunkt der beiden Kennlinien $\dot{Q}_e(Y)$ und $\dot{Q}_a(Y)$ ein, Bild 6.11b).

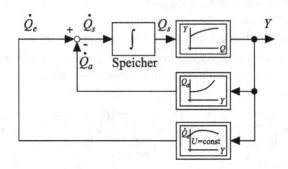

Bild 6.10. Blockschaltbild für konstante Eingangsgröße U

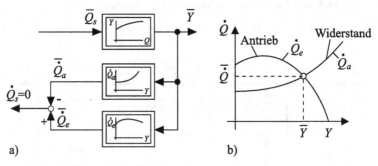

Bild 6.11. Prozess mit Ausgleich im Gleichgewichtszustand: a) Signalflussbild; b) Statische Kennlinien des Prozesses

Es wird nun die *Stabilität* des Gleichgewichtszustandes für den linearisierten Prozess untersucht. Es gilt zunächst

$$\dot{Q}_s = \dot{Q}_e(Y) - \dot{Q}_a(Y), \quad Y = f(Q_s). \tag{6.2.8}$$

Mit den Gleichgewichtszuständen

$$\bar{Q}_s, \bar{Y}, \bar{\dot{Q}}_e = \bar{\dot{Q}}_a$$

folgen

$$Q_s(t) = \bar{Q}_s + \Delta Q_s(t)$$

$$\dot{Q}_s(t) = \frac{dQ_s(t)}{dt} = \frac{d\Delta Q_s(t)}{dt} = \Delta \dot{Q}_s(t)$$

$$\dot{Q}_e(t) = \bar{\dot{Q}}_e + \underbrace{\left(\frac{\partial \dot{Q}_e}{\partial Y}\right)}_{c_3} \Delta Y(t), \qquad \dot{Q}_a(t) = \bar{\dot{Q}}_a + \underbrace{\left(\frac{\partial \dot{Q}_a}{\partial Y}\right)}_{c_2} \Delta Y(t) \qquad (6.2.9)$$

$$Y(t) = \bar{Y} + \underbrace{\left(\frac{\partial Y}{\partial Q_s}\right)}_{c_1} \Delta Q_s(t).$$

Dann ergibt sich durch Einsetzen der Gleichungen in (6.2.8)

$$\Delta \dot{Q}_s(t) = \bar{\dot{Q}}_e + c_3 \Delta Y(t) - \bar{\dot{Q}}_a - c_2 \Delta Y(t)$$

und mit

$$\Delta Y(t) = c_1 \Delta Q_s(t)$$

folgt

$$\Delta \dot{Q}_s(t) + c_1(c_2 - c_3)\Delta Q_s(t) = 0 \qquad (6.2.10)$$

oder

$$\frac{1}{c_1}\Delta \dot{Y}(t) + (c_2 - c_3)\Delta Y(t) = 0, \qquad (6.2.11)$$

also eine homogene Differentialgleichung erster Ordnung.

Nun werden die *Stabilitätsbedingungen* dieses linearen Systems untersucht. Da es sich um ein System erster Ordnung handelt, ist es nach dem Hurwitz-Kriterium asymptotisch stabil, wenn alle Koeffizienten vorhanden sind und gleiches Vorzeichen besitzen. Mit der Annahme $c_1 > 0$ ist das System *asymptotisch stabil*, falls

$$c_2 > c_3 \text{ bzw. } \frac{\partial \dot{Q}_a}{\partial Y} > \frac{\partial \dot{Q}_e}{\partial Y} \left(\begin{array}{ll} \text{Gradient} & > \text{Gradient} \\ \text{'Widerstand'} & \text{'Antrieb'} \end{array}\right). \qquad (6.2.12)$$

Es ist *monoton instabil*, falls

$$c_2 < c_3 \text{ bzw. } \frac{\partial \dot{Q}_a}{\partial Y} < \frac{\partial \dot{Q}_e}{\partial Y}. \qquad (6.2.13)$$

Die Rückführung $\Delta \dot{Q}_s(t) = -c_1(c_2 - c_3)\Delta Q_s(t)$ muss negativ sein, d.h. *der rückkoppelnde Teil c_2 muss stärker sein als der mitkoppelnde Teil c_3*, damit das System stabil ist. Deshalb ist bei zwei möglichen Kennlinienschnittpunkten in Bild 6.12 der Schnittpunkt S stabil und der Schnittpunkt I instabil.

Der *Einfluss einer Störung* macht sich in der statischen Kennlinie Bild 6.11 bei einer konstanten Kennlinie $\dot{Q}_a$ in einer Parallelverschiebung $\Delta \dot{Q}_e$ der Kennlinie $\dot{Q}_e$ bemerkbar, Bild 6.13.

Aus diesem Bild ist zu erkennen, dass Störungen einen kleineren Einfluss auf ΔY haben, je steiler die Kennlinien $\dot{Q}_e$ und $\dot{Q}_a$ verlaufen.

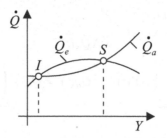

Bild 6.12. Statische Kennlinien eines Prozesses mit Ausgleich und je einem stabilen Gleichgewichtszustand $S : c_2 > c_3$ und instabilen Gleichgewichtszustand $I : c_2 < c_3$

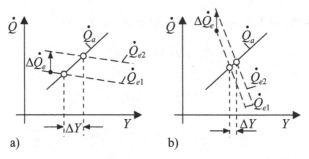

Bild 6.13. Einfluss einer Störung $\Delta\dot{Q}_e$ auf Y für a) flache Kennlinie $\dot{Q}_e$; b) steile Kennlinie $\dot{Q}_e$

Nun kann auch ein Zusammenhang zwischen dem Verlauf der Kennlinienschnitte und dem dynamischen Verhalten hergestellt werden.

In Bild 6.14 sind verschiedene stabile, grenzstabile und instabile Schnittpunkte von Kennlinien dargestellt, wobei angenommen wurde, dass $c_1 = \text{const} = 1$ (Maßstabfaktor) und dass die Kennlinie $\dot{Q}_a$ eine konstante Steigung besitzt ($c_2 = \text{const}$). Die Systeme sind stabil für $c_2 - c_3 > 0$ und instabil für $c_2 - c_3 < 0$. Die Kennlinien geben auch Auskunft über das relative dynamische Einschwingverhalten, da die Pollage gegeben ist durch

$$s_1 = -\frac{1}{T} = -c_1(c_2 - c_3). \qquad (6.2.14)$$

Dies ergibt sich aus

$$T\Delta\dot{Y}(t) + \Delta Y(t) = 0, \qquad (6.2.15)$$

$$T = \frac{1}{c_1(c_2 - c_3)}. \qquad (6.2.16)$$

Die Pollage ist deshalb relativ, da c_1 aus den statischen Kennlinien nicht hervorgeht, also unbekannt ist. Wenn man die gegenkoppelnde und mitkoppelnde Rückwirkung in Abhängigkeit der Ausgangsgröße des Speichers, also

$$\dot{Q}_a = f(Q_s) \qquad \dot{Q}_e = h(Q_s)$$

darstellt, und somit gilt

$$\Delta \dot{Q}_a = c_1 c_2 \Delta Q_s = c_2' \Delta Q_s; \Delta \dot{Q}_e = c_1 c_3 \Delta Q_s = c_3' \Delta Q_s$$

$c_2' = c_1 c_2$ Rückkopplungsfaktor   (6.2.17)

$c_3' = c_1 c_3$ Mitkopplungsfaktor

folgt

$$T \Delta \dot{Q}_s(t) + \Delta Q_s(t) = 0 \qquad\qquad (6.2.18)$$

mit der Zeitkonstante

$$T = \frac{1}{c_2' - c_3'} = \frac{1}{\text{Rückkopplungsfaktor} - \text{Mitkopplungsfaktor}}. \qquad (6.2.19)$$

Dann geben die Kennlinien auch Auskunft über das absolute dynamische Verhalten der gespeicherten Größe $\Delta Q_s(t)$.

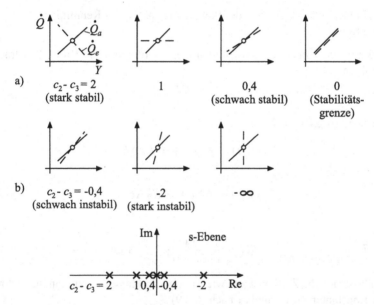

Bild 6.14. Verschiedene Schnittpunkte von statischen Kennlinien für $c_2 = \partial \dot{Q}_a / \partial Y = 1$: a) stabile Gleichgewichtszustände, grenzstabiler Gleichgewichtszustand; b) instabile Gleichgewichtszustände; c) zugehörige relative Lage der Pole

Die Stabilitätsbedingung für asymptotische Stabilität lautet somit

$$c_2' > c_3'.$$
Rückkopplungsfaktor   Mitkopplungsfaktor.   (6.2.20)

In Bild 6.15 sind die stabilen Kennlinienschnittpunkte noch einmal dargestellt.

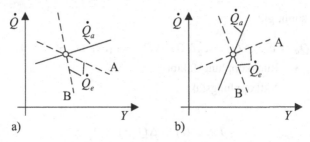

a)   b)

Bild 6.15. Stabile Kennlinienpunkte: a) flache Kennlinie $\dot{Q}_a$; b) steile Kennlinie $\dot{Q}_a$. A: großer Störeinfluss, langsamer Einschwingvorgang; B: kleiner Störeinfluss, schneller Einschwingvorgang

Damit ein kleiner Störeinfluss und ein schneller Einschwingvorgang entsteht, sollte nach Möglichkeit Fall B angestrebt werden. Dies ist dadurch möglich, dass $(c_2 - c_3)$ einen großen Wert bekommt, was erreicht wird durch

- unterschiedliche Vorzeichen der Steigung c_2 und c_3 der Kennlinien,
- steile Kennlinien.

Es wird nun das *Übertragungsverhalten* der Anordnung nach Bild 6.9 betrachtet. Dabei folgen mit

$$c_4 = \frac{\partial \dot{Q}_{eu}}{\partial U} \tag{6.2.21}$$

entsprechend (6.2.10), (6.2.14)

$$T \Delta \dot{Q}_s(t) + \Delta Q_s(t) = K_1 \Delta U(t)$$

bzw.

$$T \Delta \dot{Y}(t) + \Delta Y(t) = K_2 \Delta U(t) \tag{6.2.22}$$

mit

$$T = \frac{1}{c_1 (c_2 - c_3)}; \quad K_1 = \frac{c_4}{c_1 (c_2 - c_3)}; \quad K_2 = \frac{c_4}{c_2 - c_3}. \tag{6.2.23}$$

Hierbei lässt sich die Zeitkonstante wie folgt interpretieren. Setzt man die Definitionen der Konstanten c_1, c_2, und c_3 nach (6.2.9)

$$c_1 = \frac{\Delta Y}{\Delta Q_s}; \quad c_2 = \frac{\Delta \dot{Q}_{ay}}{\Delta Y}; \quad c_3 = \frac{\Delta \dot{Q}_{ey}}{\Delta Y}$$

in (6.2.23) ein, dann gilt

$$T = \frac{1}{c_1 (c_2 - c_3)} = \frac{\Delta Q_s(t)}{\Delta \dot{Q}_{ay}(t) - \Delta \dot{Q}_{ey}(t)}$$

und mit den Größen im Gleichgewichtszustand nach Ablauf eines transienten Zustands wird

$$T = \frac{1}{c_1(c_2 - c_3)} = \frac{\Delta Q_s(\infty)}{\Delta \dot{Q}_{ay}(\infty) - \Delta \dot{Q}_{ey}(\infty)}$$

$$= \frac{\text{Änderung der gespeicherten Größen im GZ}}{\text{Änderung (Abstrom-Zustrom) durch die Rückführung im GZ}}. \tag{6.2.24}$$

Ein Sonderfall tritt auf, wenn $c_3 = 0$ ist, also keine positive Rückwirkung herrscht. Dann gilt für die Zeitkonstante

$$T = \frac{1}{c_1 c_2} = \frac{\Delta Q_s(\infty)}{\Delta \dot{Q}_{ay}(\infty)} = \frac{\text{Änderung der gespeicherten Größe im GZ}}{\text{Änderung des Abstromes im GZ}}. \tag{6.2.25}$$

Dies ist identisch mit der in (2.4.63) angegebenen Beziehung.

Für die Anfangssteigung der Übergangsfunktion gilt: $\Delta \dot{Y}(t) = c_1 c_4 \Delta U(0)$. Die Anfangssteigung ist somit unabhängig von den Rückführgliedern und hängt nur von den Vorwärtsgliedern ab, siehe Bild 6.9.

Bisher war der dynamische Teil von erster Ordnung. Geht man nun im dynamischen Teil zur zweiten Ordnung über, so gelten die bisherigen Annahmen über die Wirkung der Kennlinien auf das dynamische Verhalten. Ab dritter Ordnung muss man jedoch besondere Stabilitätsuntersuchungen für die Anordnungen nach Bild 6.16 vornehmen, siehe Profos (1982). Das vollständige nichtlineare Modell eines Pumpenaggregates mit drehzahlregelbarem Asynchronmotor wird in Abschnitt 6.6 behandelt.

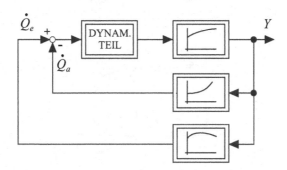

Bild 6.16. Vereinfachtes Blockschaltbild eines Prozesses höherer Ordnung

6.3 Statisches Verhalten von Kraft- und Arbeitsmaschinen

Im vorausgegangenen Abschnitt wurde gezeigt, welch großen Einfluss die jeweiligen statischen Kennlinien von Quelle und Senke bzw. Kraftmaschine und Arbeitsmaschine auf das Betriebsverhalten verschiedener Maschinen haben. Im Folgenden sollen deshalb einige typische Verläufe von Kennlinien näher betrachtet werden.

Bild 6.17a) zeigt die Vollast-Kennlinien von einigen Elektromotoren, siehe Kapitel 5, Bild 6.17b) von Verbrennungsmotoren und Bild 6.17c) von Strömungsmotoren. Man erkennt den durch die Bauart bedingten charakteristischen Verlauf, der sich durch Variationen der Auslegung unter Umständen etwas modifizieren lässt. Das maximale Drehmoment liegt bei Gleichstrommotoren bei Stillstand, bei Asynchronmotoren kurz vor der Nenndrehzahl, bei Otto- oder Dieselmotoren bei kleinen oder mittleren Drehzahlen, bei Hydromotoren bei kleinen Drehzahlen. Allen Motoren ist gemeinsam, dass sie im Bereich der großen Drehzahlen ein abnehmendes Drehmoment aufweisen, was bei der stets begrenzten Leistung aus $M = P/\omega$ folgt.

Die in Bild 6.18 dargestellten Drehmoment-Kennlinien für Arbeitsmaschinen zeigen in der Regel ein mit der Drehzahl zunehmendes Drehmoment, mit Ausnahme der spanabhebenden Drehmaschine, Spur und Stöferle (1979) und des Kaltwalzens von Aluminium, siehe auch Leonhard (1974), Meyer (1985).

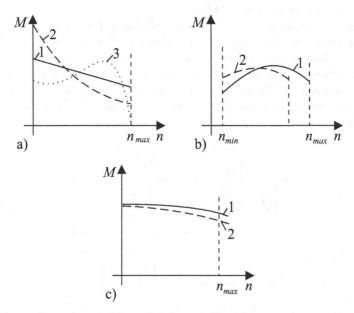

Bild 6.17. Drehmoment-Drehzahl-Kennlinien von Kraftmaschinen.
a) Elektromotoren (Vollast): 1 Gleichstrommotor (Nebenschluss), 2 Gleichstrommotor (Reihenschluss), 3 Drehstrom-Asynchronmotor;
b) Verbrennungsmotoren (Vollast): 1 Ottomotor, 2 Dieselmotor;
c) Strömungsmotoren: 1 Hydromotor ohne Drosselventil, 2 Hydromotor mit Drosselventil

Beispiel 6.2: Gleichstrommotor und Kreiselpumpe

Als Beispiel zur *Kopplung* einer Arbeitsmaschine mit einer Kraftmaschine wird nun ein Gleichstrommotor und eine Kreiselpumpe betrachtet, Bild 6.5. Die Kreiselpumpe

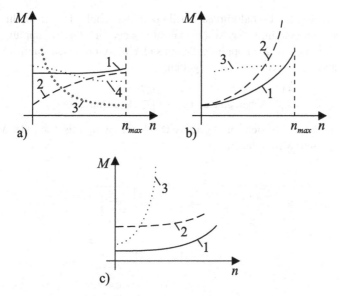

Bild 6.18. Drehmoment-Drehzahl-Kennlinien von Arbeitsmaschinen.
a) Förder-, Umform- und Werkzeugmaschinen: 1 Hebezeug, Aufzug, Kaltwalzwerk (Stahl), 2 Warmwalzwerk, 3 Drehmaschine, 4 Kaltwalzwerk (Aluminium);
b) Strömungsmaschinen: 1 Kreiselpumpe (konstante Förderhöhe), 2 Kreiselpumpe (konstanter Ausströmquerschnitt, 3 Kolbenpumpe;
c) Fahrzeuge: 1 Personenkraftwagen, 2 Lastkraftwagen, 3 Schiff

fördert dabei Wasser aus einem unteren Behälter durch eine Rohrleitung in einen Hochbehälter.

Für den Gleichstrom-Nebenschlussmotor wird die Dynamik des Ankerstromkreises vernachlässigt ($L = 0$). Dann folgt aus (5.3.10), (5.3.12) und $M_{R0} = 0$:

$$R_A I_A(t) = U_A(t) - \Psi\omega(t), \tag{6.3.1}$$

$$I_{ges}\dot\omega(t) = M_{mech}(t) - M_P(t), \tag{6.3.2}$$

$$M_{mech}(t) = \Psi I_A(t) - M_{R1}\omega(t). \tag{6.3.3}$$

Aus (6.3.3) und (6.3.1) ergibt sich für das erzeugte Drehmoment des GS-Motors

$$M_{mech}(t) = \frac{\Psi}{R_A}\left[U_A(t) - \left(\Psi + \frac{R_A}{\Psi}M_{R1}\right)\omega(t)\right], \tag{6.3.4}$$

vgl. (5.3.22). Hierbei ist $J_{ges} = J_M + J_P$ das Gesamt-Trägheitsmoment von GS-Motor und Kreiselpumpe. Für die Kreiselpumpe gilt bei Vernachlässigung der Dynamik des geförderten Wassers näherungsweise

$$M_P(t) = M_{P0} + M_{P1}\omega^2(t). \tag{6.3.5}$$

Das resultierende Blockschaltbild ist in Bild 6.19 dargestellt. Es entspricht Bild 6.8. Die Drehmomentkennlinie der Arbeitsmaschine stellt eine Gegenkopplung dar, die der Kraftmaschine eine Mitkopplung. Damit sich ein asymptotisch stabiles Verhalten einstellt, muss entsprechend (6.2.12) gelten

$$\frac{\partial M}{\partial n}\Big|_{\text{Arbeitsmaschine}} > \frac{\partial M}{\partial n}\Big|_{\text{Kraftmaschine}} \tag{6.3.6}$$

In diesem Beispiel stellt sich somit grundsätzlich ein asymptotisch stabiles Verhalten der (ungeregelten) Maschine ein.

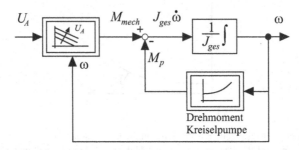

Bild 6.19. Vereinfachtes Blockschaltbild für das dynamische Verhalten von Gleichstrommotor und Kreiselpumpe mit Ankerspannung als Stellgröße

□

Beispiel 6.3: Drehmomentkennlinien eines Personenkraftwagens

In Bild 6.20 werden verschiedene Drehmomentkennlinien für einen Personenkraftwagen mit Ottomotor und Handschaltgetriebe dargestellt (6 Zylinder; 2,5 *l*; 125 kW bei 6000 U/min; max. Drehmoment 227 Nm; Masse 1350 kg). Bild 6.20a) zeigt die Drehmomentkennlinien an der Kupplung für verschiedene Drosselklappenstellungen α in Abhängigkeit der Drehzahl. Man erkennt, dass der Motor bei Vollgas ($\alpha = 90°$) einen relativ flachen Drehmomentverlauf hat. Mit abnehmender Drosselklappenstellung fällt das Drehmoment jedoch steiler ab. In Bild 6.20b) sind die Drehmomente des Motors an der Antriebswelle (nach Getriebe) für Vollgas (Drosselklappenwinkel 90°) und des Fahrzeuges für verschiedene Fahrbahnsteigungen zu sehen. Für die Steigung 0 % ergibt sich aus dem Schnittpunkt der Kennlinie im 5. Gang eine Höchstgeschwindigkeit von 233 km/h. Bei einer Fahrbahnsteigung von 3 % geht die Geschwindigkeit im 5. Gang auf 200 km/h und bei 5 % auf 170 km/h zurück.

Eine weitere Steigungsänderung von 5 % auf 7 % ergibt im 5. Gang einen Abfall der Geschwindigkeit auf einen undefinierten Bereich (wegen der fast parallel laufenden Kennlinien) von etwa 85 bis 50 km/h. Ein Zurückschalten in den 4. Gang resultiert in einen kleineren Abfall von 187 km/h nach 153 km/h.

Bei einem Zurückschalten in den 4. Gang ergibt sich bei 5 % Steigung eine höhere Geschwindigkeit von 187 km/h, die bei 7 % Steigung auf 153 km/h abfällt, also weniger als im 5. Gang. In den niederen Gängen 3, 2 und 1 ergeben sich für die eingetragenen Fahrbahnsteigungen bis 10 % keine Schnittpunkte innerhalb der nach oben durch den Fahrregler begrenzten Motordrehzahl (Drehzahl-Abregelung). Das jeweilige Differenzdrehmoment steht zur Beschleunigung des Fahrzeuges zur Verfügung.

In Bild 6.20c) sind die Kennlinien für eine Teillast des Motors mit Drosselklappenwinkel 30° zu sehen. Wegen des jetzt steiler abfallenden Motordrehmomentes stellen sich auch für die niederen Gänge stationäre Arbeitspunkte ein. (Der besseren Übersicht wegen sind nur die Kennlinien für den 1., 2. und 4. Gang dargestellt). Aus den Schnittpunkten der Kennlinien ergeben sich die in der Tabelle 6.2 angegebenen stationären Geschwindigkeiten. Wegen der steiler verlaufenden Kennlinien des Antriebsdrehmomentes nach dem Getriebe wird der Einfluss einer Änderung der Lastkennlinie auf die Betriebspunktänderung um so kleiner, je niedriger der eingeschaltete Gang, vgl. Bild 6.15, Fall B.

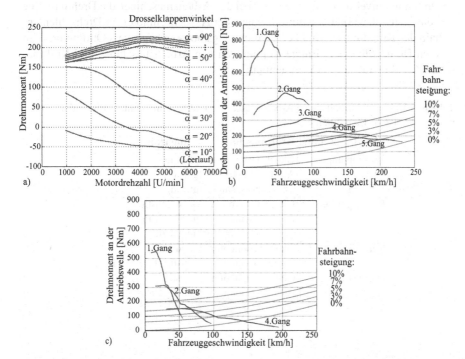

Bild 6.20. Drehmomentkennlinien von Motor und Fahrzeug für einen Personenkraftwagen mit Otto-Motor: a) 6-Zylinder-Otto-Motor für verschiedene Drossel-Klappenstellungen α. Drehmoment an der Kupplung in Abhängigkeit der Drehzahl der Kurbelwelle; b) Drehmoment-Kennlinien am Getriebeausgang (für Motor bei Vollast, $\alpha = 90°$); c) Drehmoment-Kennlinien am Getriebeausgang (für Motor bei Teillast, $\alpha = 30°$

Tabelle 6.2. Einfluss der Gangwahl auf die Geschwindigkeitsänderung infolge einer Steigungserhöhung ($\alpha = 30°$)

Steigung		5 %	7 %	Geschwindig-keitsänderung [km/h]
Geschwindig-keit [km/h]	4. Gang	86	53	33
	2. Gang	73	65	8
	1. Gang	51	47	4

Aus dem Verlauf der Kennlinien für die Arbeitsmaschinen und Kraftmaschinen kann man unmittelbar erkennen, welche Kombinationen günstig oder ungünstig sind. Wenn als günstiges Betriebsverhalten ein „kleiner Störeinfluss" und ein „schneller Einschwingvorgang" bezeichnet wird, müssen die Kennlinien nach Bild 6.15 unterschiedliches Vorzeichen haben und relativ steil verlaufen, gemäß (6.3.6). Ungünstige Drehmomentverläufe haben deshalb bei den Arbeitsmaschinen die Drehmaschine und das Kaltwalzwerk, bei Kraftmaschinen der Asynchronmotor für Drehzahlen unterhalb der Kippdrehzahl und bei Verbrennungsmotoren besonders Ottomotoren im unteren Drehzahlbereich. Einige Kopplungen von Arbeitsmaschinen und Kraftmaschinen sind in Tabelle 6.3 kommentiert.

Tabelle 6.3. Betriebsverhalten von Arbeitsmaschinen und Kraftmaschinen aufgrund der Drehmoment-Drehzahl-Kennlinien

Arbeitsmaschine	Kraftmaschine	Anmerkung
Kreiselpumpe	Gleichstrommotor	günstig
oder	Asynchromotor	günstig
Hebezeug	Verbrennungsmotor	günstig
Kolbenpumpe	Gleichstrommotor	noch günstig
	Asynchromotor	noch günstig
	Verbrennungsmotor	ungünstig
Kaltwalzwerk	Gleichstrommotor	ungünstig
	Asynchromotor	günstig für $n > n_{Kipp}$
Drehmaschine	Gleichstrommotor	nur stabil bei großen n
	Asynchromotor	günstig für $n > n_{Kipp}$

6.4 Dynamisches Verhalten eines Motorenprüfstandes

Als Beispiel für die Untersuchung des dynamischen Verhaltens einer Maschine wird nun ein Motorenprüfstand betrachtet. Bild 6.21 zeigt die schematische Anordnung der Belastungseinrichtung eines dynamischen Motorenprüfstandes. Diese besteht aus einem Gleichstrommotor, einer Federlaschenkupplung, einem Riementrieb, einer Drehmomentenmesswelle und einem Flansch zum Anschluss eines Verbrennungsmotors. Mit dieser Einrichtung wird dem Verbrennungsmotor ein dynamisches

Drehmoment eingeprägt, das z.B. bestimmten Fahrzyklen eines Kraftfahrzeuges mit Schaltvorgängen entspricht. Deshalb muss ein dynamischer Motorenprüfstand eine schnelle und genaue Drehmoment-Regelung besitzen. Zum Entwurf dieser Regelung, aber auch zur Kompensation der Dynamik des Antriebstranges mit Gleichstrommotor ist ein genaues mathematisches Modell mit der Eingangsgröße Ankerstrom und Ausgangsgröße Drehmoment der Messwelle erforderlich, Voigt (1991), Pfeiffer (1997).

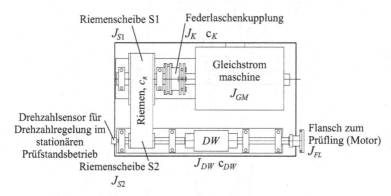

Bild 6.21. Schematische Anordnung des Motorenprüfstandes

In Bild 6.22 ist das zugehörige Ersatzschaltbild mit 5 Trägheitsmomenten dargestellt. Die an den Wälzlagern entstehenden Gleitreibungen werden als viskose Reibungen modelliert. Das entstehende Blockschaltbild ist in Bild 6.23 zu sehen, wobei für die Torsionswinkel nur die Verdrehwinkel von Interesse sind.

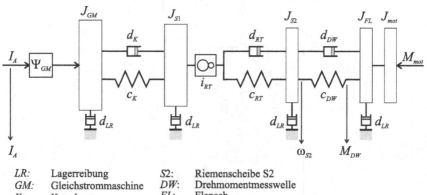

LR: Lagerreibung	*S2:* Riemenscheibe S2
GM: Gleichstrommaschine	*DW:* Drehmomentmesswelle
K: Kupplung	*FL:* Flansch
S1: Riemenscheibe S1	*mot:* Prüfling
RT: Riementrieb	Ψ_{GM}: Magnetflussverkettung der GM

Bild 6.22. Ersatzschaltbild des mechanischen Teils eines Motorenprüfstandes

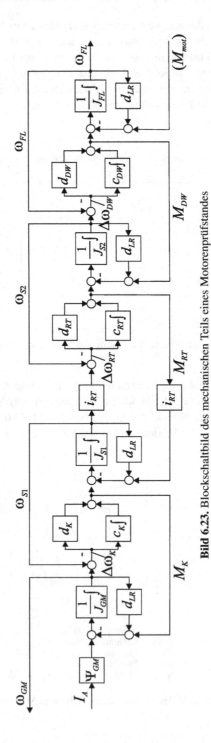

Bild 6.23. Blockschaltbild des mechanischen Teils eines Motorenprüfstandes

Das dynamische Verhalten kann nun durch ein lineares Zustandsgrößenmodell

$$\dot{\mathbf{x}}(t) = \mathbf{A}\,\mathbf{x}(t) + \mathbf{b}\,u(t) + \mathbf{g}\,n(t), \tag{6.4.1}$$

$$\mathbf{y}(t) = \mathbf{C}\,\mathbf{x}(t) \tag{6.4.2}$$

beschrieben werden und

$$u(t) = I_A(t) \qquad n(t) = M_{mot}(t)$$

$$\mathbf{x}^T(t) = [\omega_{FL}(t)\Delta\varphi_{DW}(t)\omega_{S2}(t)\Delta\varphi_{RT}(t)\omega_{S1}(t)\Delta\varphi_K(t)\omega_{GM}t)] \tag{6.4.3}$$

$$\mathbf{y}^T(t) = [M_{DW}(t)\omega_{S2}(t)]$$

$$\mathbf{A}=\begin{bmatrix}
\frac{d_{DW}+d_{LR}}{J_{FL}+J_{mot}} & \frac{c_{DW}}{J_{FL}+J_{mot}} & \frac{d_{DW}}{J_{FL}+J_{mot}} & 0 & 0 & 0 & 0 \\
-1 & 0 & 1 & 0 & 0 & 0 & 0 \\
\frac{d_{DW}}{J_{S2}} & -\frac{c_{DW}}{J_{S2}} & -\frac{d_{RT}+d_{DW}+d_{LR}}{J_{S2}} & \frac{c_{RT}}{J_{S2}} & \frac{i_{RT}d_{RT}}{J_{S2}} & 0 & 0 \\
0 & 0 & -1 & 0 & i_{RT} & 0 & 0 \\
0 & 0 & \frac{i_{RT}d_{RT}}{J_{S1}} & -\frac{i_{RT}c_{RT}}{J_{S1}} & -\frac{i_{RT}^2 d_{RT}+d_K+d_{LR}}{J_{S1}} & \frac{c_K}{J_{S1}} & \frac{d_K}{J_{S1}} \\
0 & 0 & 0 & 0 & -1 & 0 & 1 \\
0 & 0 & 0 & 0 & \frac{d_K}{J_{GM}} & -\frac{c_K}{J_{GM}} & -\frac{d_K+d_{LR}}{J_{GM}}
\end{bmatrix} \tag{6.4.4}$$

$$\mathbf{b}^T = \begin{bmatrix} 0 & 0 & 0 & 0 & 0 & 0 & \frac{\Psi_{GM}}{J_{GM}} \end{bmatrix}$$

$$\mathbf{g}^T = \begin{bmatrix} \frac{1}{J_{FL}+J_{mot}} & 0 & 0 & 0 & 0 & 0 & 0 \end{bmatrix} \tag{6.4.5}$$

$$\mathbf{C} = \begin{bmatrix} 0 & c_{DW} & 0 & 0 & 0 & 0 & 0 \\ 0 & 0 & 1 & 0 & 0 & 0 & 0 \end{bmatrix}.$$

Die Übertragungsfunktionen erhält man als Komponenten der Übertragungsmatrix

$$\mathbf{G}(s) = \mathbf{C}(s)\,[s\mathbf{I} - \mathbf{A}]^{-1}\,\mathbf{b}. \tag{6.4.6}$$

Für $I_A(s)$ als Eingangsgröße und $M_{DW}(s)$ als Ausgangsgröße folgt ein Modell 7. Ordnung

$$G_{IM}(s) = \frac{M_{DW}(s)}{I_A(s)} = \frac{b_0 + b_1 s}{1 + a_1 s + a_2 s^2 + \ldots + a_7 s^7}. \tag{6.4.7}$$

Die einzelnen Parameter hängen dabei in komplexer Weise von den physikalischen Parametern ab. Für a_1 z.B.

$$a_1 = \frac{J_{GM} + J_{S1} + i_{RT}^2(J_{FL} + J_{mot} + J_{S2})}{2d_{LR}(i_{RT}^2 + 1)} + \frac{2d_{LR} + d_{RT}(i_{RT}^2 + 1)}{c_{RT}(i_{RT}^2 + 1)} +$$

$$+ \frac{2d_{DW}(i_{RT}^2 + 1) + d_{LR}(i_{RT}^2 + 2)}{2c_{DW}(i_{RT}^2 + 1)} + \frac{2d_K(i_{RT}^2 + 1) + d_{LR}(2i_{RT}^2 + 1)}{2c_K(i_{RT}^2 + 1)}. \tag{6.4.8}$$

Die aus der Übertragungsfunktion berechneten Pole und Nullstellen sind in Bild 6.24 eingetragen. Es ergeben sich drei konjugiert komplexe Polpaare und ein dicht beeinanderliegender reeller Pol und eine reelle Nullstelle. Die Nullstelle erklärt sich durch die Vorhaltwirkung der Dämpfung infolge der Lagerreibung d_{LR} rechts von der Drehmomentmesswelle. Wegen dieser Reibung wandert der Pol aus dem Ursprung (integrales Verhalten) heraus und bildet den kleinen reellen negativen Wert.

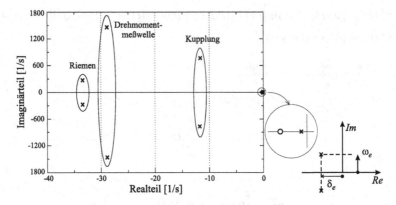

Bild 6.24. Pole und Nullstellen des Motorenprüfstandes von Bild 6.22

Die Eigenkreisfrequenzen können wie folgt zugeordnet werden: $\omega_{e,K}$: Kupplung; $\omega_{e,DW}$: Drehmomentmesswelle; $\omega_{e,RT}$: Riemen.

Die kleinste Dämpfung (Abklingkonstante δ) zeigt die Kupplung, die größte der Riemen.

Berechnet man die Kennfrequenzen der einzelnen, nicht gekoppelten Elemente als (ungedämpfte) Schwinger zweiter Ordnung, dann folgt

$$f_{0,K} = \frac{1}{2\pi} \sqrt{\frac{c_K (J_{GM} + J_{S1})}{J_{GM} J_{S1}}} = 154,7 \, \text{Hz (Kupplung)}$$

$$f_{0,RT} = \frac{1}{2\pi} \sqrt{\frac{c_{RT} (J_{S1} + J_{GM}) + i_{RT}^2 (J_{S2} + J_{FL})}{(J_{S1} + J_{GM})(J_{S2} + J_{FL})}} = 34,5 \, \text{Hz (Riemen)}$$

$$f_{0,DW} = \frac{1}{2\pi} \sqrt{\frac{c_{DW} (J_{S2} + J_{FL})}{J_{S2} J_{FL}}} = 229,6 \, \text{Hz (Messwelle)}$$

$$(6.4.9)$$

In Bild 6.25 ist der gemessene Frequenzgang ohne angekoppelten Verbrennungsmotor zu sehen. Es sind drei Resonanzfrequenzen bei etwa 45 Hz (Riementrieb), 120 Hz (Kupplung) und 250 Hz (Drehmomentmesswelle zu erkennen. Aus Messsignalen mit einem PRBS-Signal als Anregung konnten die unbekannten Paramter, a_i,

b_i und die physikalischen Parameter ermittelt werden. Ein Vergleich mit dem direkt gemessenen Frequenzgang liefert eine gute Übereinstimmung, siehe Isermann (1992), Pfeiffer (1997).

Aufgrund dieser Modelle konnte dann eine digitale Drehmomentregelung mit angeflanschtem Verbrennungsmotor und Dynamikkompensation realisiert werden, mit der eine realitätstreue Nachbildung der Antriebsdynamik bis 12 Hz möglich ist.

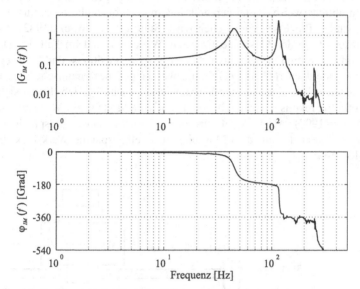

Bild 6.25. Gemessener Frequenzgang des mechanischen Teils des Motorenprüfstandes
$G_{IM}(if) = M_{DW}(if)/I_A(if) = |G_{IM}(if)|e^{i\varphi_{IM}(\omega)}$

Weitere Beispiele zur theoretischen Modellbildung und Identifikation des dynamischen Verhaltens von Maschinen sind z.B. in folgenden Arbeiten zu finden. Schleifmaschine: Janik (1992), Fuchs (1992); Fräs- und Bohrmaschine: Reiß (1993), Wanke (1993), Konrad (1997), Nolzen (1997); Industrieroboter: Specht (1989), Freyermuth (1993), Held (1991), Böhm (1994); Kraftfahrzeuge: Germann (1997), Würtenberger (1997).

Zur Untersuchung von komplexen Bauformen rotierender Systeme, wie z.B. großen Turbogeneratoren mit Mehrstufen-Dampfturbinen, arbeitet man mit Finite-Element-Methoden und entsprechenden Rechenprogrammen, siehe z.B. Schwibinger und Nordmann (1990).

6.5 Dynamisches Verhalten eines Werkzeugmaschinen-Vorschubantriebs

6.5.1 Der Vorschub und seine Komponenten

Für spanabhebende und andere Werkzeugmaschinen werden Vorschubantriebe benötigt, die den Maschinentisch mit hoher Präzision bewegen. Diese Vorschubantriebe werden üblicherweise digital geregelt, indem der Vorschub pro Umdrehung des spanabhebenden Prozesses vorgegeben wird, Stute (1981), Weck (1982). Im Falle des Fräsens trägt der Maschinentisch das Werkstück und im Fall des Drehens das Schneidwerkzeug. Für den Entwurf einer präzisen Positions- und Bahnregelung und für die modellbasierte Fehlererkennung werden genaue dynamische Modelle des Vorschubantriebs benötigt. Aus den Signalen des Vorschubantriebs lassen sich auch die Schnittkräfte rekonstruieren, falls mathematische Modelle zur Verfügung stehen, siehe Konrad (1997). Als Beispiel wird der x-Vorschubantrieb entsprechend Bild 6.26 betrachtet, der das auf dem Maschinentisch eingespannte Werkstück in horizontaler Richtung bewegt, Konrad (1997).

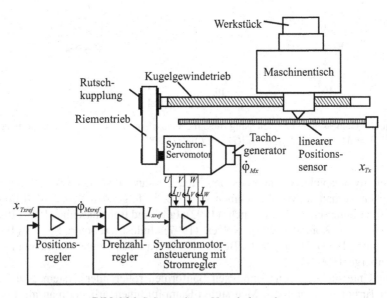

Bild 6.26. Schema des x-Vorschubregelung

Servomotor
Der verwendete Servomotor ist ein Synchronmotor mit permanenter Erregung, wie in Abschnitt 5.4.2 beschrieben. Mit einigen vereinfachenden Annahmen kann das dynamische Verhalten näherungsweise durch eine Verzögerungsglied 1. Ordnung beschrieben werden, entsprechend (5.4.81)

$$G_{IT}(s) = \frac{M_{e1x}}{I_{xref}(s)} = \frac{\Psi_x}{1 + T_{1Mx}(s)}.$$

Mechanischer Antrieb

Der mechanische Teil des Vorschubantriebs kann als System mit gekoppelten Masse-Feder-Dämpfer-Schwingern beschrieben werden, die durch Kopplung elementarer Einmassenschwinger, wie in Abschnitt 4.5 beschrieben, modelliert werden können. Ein Synchronmotor treibt ein Riemengetriebe an. Der Riementrieb bewegt die Vorschub-Gewindespindel über eine Reibungskupplung (Überlastschutz). Die Gewindespindel erzeugt aus der Rotation eine translatorische Bewegung und bewegt den Maschinentisch über eine Spindelmutter. Somit besteht der Vorschubantrieb aus der rotierenden Masse des Motors mit der ersten Riemenscheibe, dem Riemen und der zweiten Riemenscheibe mit der Vorschubspindel und der translatorisch bewegten Masse des Maschinentischs. Hieraus folgt ein Dreimassenschwinger entsprechend Bild 6.27a).

Mit der Annahme, dass die Elastizität des Riementriebs vernachlässigt werden kann, wird der Winkel φ_{Gx} gleich dem Winkel φ_{Mx} multipliziert mit der Riemenübersetzung ν_x. Die führt auf einen Zweimassenschwinger, wie in Bild 6.27b). Es wird eine Coulomb'sche Reibung für das Motor-/Riemensystem und die Tischbewegung angenommen.

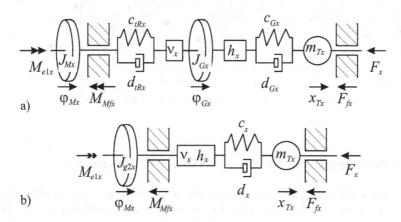

Bild 6.27. Ersatzschaltbild für den mechanischen Teil des Vorschubantriebs: a) Dreimassensystem, b) Zweimassensystem

Die Vorschubregelung

Die gemessenen Größen sind die Geschwindigkeit $\dot{\varphi}_{Mx}$ des Servomotors und die Position x_{Tx} des Maschinentischs, der über einen linearen inkrementalen Sensor mit hoher Auflösung (500 Striche pro mm) gemessen wird. Um eine hohe Genauigkeit der Tischposition und eine schnelle Dynamik zu erreichen, wird der Vorschubantrieb durch eine Kaskadenregelung mit der Motordrehzahl als Hilfsregelgröße und der Tischposition als Hauptregelgröße realisiert, siehe Bild 6.28.

Die Führungsgröße für die Position ist x_{Txref} und wird in der numerischen Steuerung (NC) berechnet. Der Positionsregler ist als proportional wirkender Regler implementiert:

$$G_{Px}(s) = \frac{\dot{\varphi}_{Mxref}(s)}{x_{Txref}(s) - x_{Tx}(s)} = K_{Px}. \tag{6.5.1}$$

Der unterlagerte Geschwindigkeitsregler wird als analoger PI-Regler mit Verzögerung 1. Ordnung vorgesehen

$$G_{nx}(s) = \frac{I_{xref}(s)}{\dot{\varphi}_{Mxref}(s) - \dot{\varphi}_{Mx}(s)} = K_{nx}\left(1 + \frac{1}{T_{Inx}s}\right)\left(\frac{1}{1 + T_{1nx}s}\right). \tag{6.5.2}$$

Auf der Grundlage der Modellstruktur entsprechend Bild 6.27b) wird eine Zustandsgrößendarstellung verwendet, die einen Zustandsgrößenvektor 7. Ordnung enthält

$$\mathbf{x}^T = [x_{1n}, x_{2n}, I_x, \varphi_{Mx}, \dot{\varphi}_{Mx}, x_{Tx}, \dot{x}_{Tx}]. \tag{6.5.3}$$

x_{1n} und x_{2n} sind Zustandsgrößen des Geschwindigkeitsreglers. Weitere Details werden in Konrad (1997) beschrieben.

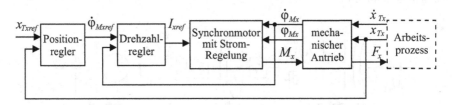

Bild 6.28. Kaskadenregelung für die Positionsregelung

6.5.2 Experimentelle Identifikation des Vorschubantrieb-Regelsystems

Da mehrere Parameter des Vorschubantriebs nicht genau aus Konstruktionsdaten ermittelt werden können, werden die Parameter aufgrund von Messungen des Frequenzgangs

$$G_x(i\omega) = \frac{\dot{x}_{Tx}(i\omega)}{\dot{\varphi}_{Mxref}(i\omega)}$$

mit offenem Positionsregler aber geschlossenem Drehzahlregler bestimmt, mit der Annahme, dass die Übersetzungen v_x und h_x bekannt sind. Für die Experimente wurde die Führungsgröße des Drehzahlreglers sinusförmig geändert und mit einer linearen Drift überlagert, um die Nichtlinearitäten der trockenen Reibung zu umgehen. Zur Parameterschätzung nach der Methode der kleinsten Quadrate wurde ein numerischer Optimierungsalgorithmus mit Minimierung des Ausgangsfehlers verwendet

(Simplex-Algorithmus). Bild 6.29 zeigt einen Vergleich des direkt gemessenen mit dem so geschätzten Frequenzgang unter der Annahme eines linearen Modells mit drei Massen. Die Übereinstimmung ist relativ gut für $f \leq 120$ Hz. Bild 6.30 zeigt die direkt gemessenen Reibungskennlinien für den Servomotor und den Maschinentisch. Beim Servomotor ist deutlich der Anteil einer trockenen Reibung und einer viskosen Reibung zu erkennen. Der Maschinentisch zeigt im Wesentlichen eine trockene Reibung, die für sehr kleine Geschwindigkeiten im Mischreibungsgebiet zunimmt und entsprechend einer Stribeck-Kennlinie einen relativ großen Haftreibungsanteil andeutet. Ein resultierendes Gesamtmodell ist in Bild 6.31 dargestellt.

Diese Modelle wurde erfolgreich für die Rekonstruktion der dynamischen Schnittkräfte eines Fräsprozesses durch Messung der Position φ_{Gx} der Riemenscheibe und dem Vorschub x_{Tx} des Maschinentisches eingesetzt und zur modellbasierten Fehlererkennung der einzelnen Zähne des Fräserwerkzeuges verwendet, Konrad (1997).

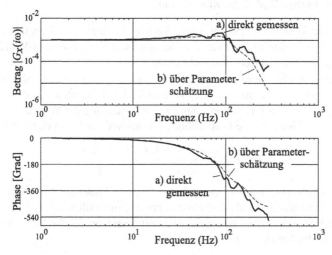

Bild 6.29. Direkt gemessener und über Parameterschätzung bestimmter Frequenzgang mit $\dot{\varphi}_{Mref}$ als Eingang und $\dot{x}_{Tx}$ als Ausgang: a) direkt gemessen, b) über Parameterschätzung

6.6 Dynamisches Modell eines Drehstrommotor-Kreiselpumpen-Aggregates

Als ein weiteres Beispiel für die Modellbildung und Identifkation einer Kraft- und Arbeitsmaschine wird ein drehzahlgeregelter Asynchronmotor mit einer Kreiselpumpe einschließlich Rohrleitungssystem betrachtet. Dynamische Modelle des Asynchronmotors wurden in Abschnitt 5.4.2 behandelt.

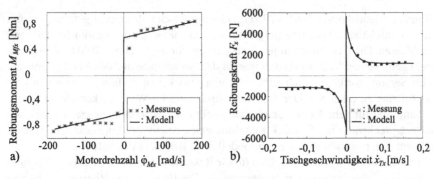

Bild 6.30. Direkt gemessene und durch Parameterschätzung bestimmte Reibungskennlinien:
a) Servomotor, b) Maschinentisch

6.6.1 Theoretisches Modell der Kreiselpumpe

Kreiselpumpen können unterteilt werden in ein hydraulisches und ein mechanisches
Teilsystem. Zunächst wird das hydraulische System der Axial-Radial-Kreiselpumpe
und der angeschlossenen Rohrleitung betrachtet.

Bei Kreiselpumpen wird als wesentliche Ausgangsgröße die Förderhöhe $H(t)$
und der geförderte Volumenstrom $\dot{V}(t)$ verwendet. Die Förderhöhe ist dabei ein Maß
zwischen der Energiedifferenz zwischen Ein- und Ausgang der Pumpe. Für den Fall
inkompressibler Fluide ist die Förderhöhe proportional zur Druckdifferenz $\Delta p_P(t)$

$$H(t) = \frac{p_2(t) - p_1(t)}{\rho g} = \frac{\Delta p_P(t)}{\rho g} \tag{6.6.1}$$

und kann aus Druckmessungen ermittelt werden. Die Massendichte ρ des hydraulischen Mediums kann dabei als konstant angenommen werden.

Aus der Eulerschen Turbinengleichung und Ansätzen für die Verluste folgt die
Gleichung für die Druckdifferenz

$$\Delta p_P(t) = h_{NN}\omega^2(t) - h_{NV}\omega(t)\dot{V}(t) - h_{VV}\dot{V}^2(t). \tag{6.6.2}$$

Hierbei ist $\dot{V}(t)$ der Volumenstrom und $\omega(t)$ die Kreisgeschwindigkeit. Diese Gleichung beschreibt die Förderhöhe als auch Strömungs- und Reibungsverluste, siehe
z.B. Dixon (1966), Klein, Schanzlin, Becker (KSB) (1995), Gülich (1999), Pfleiderer und Petermann (2005). Die Druckdifferenz des Rohrleitungssystems hängt von
den Druckverlusten in den verschiedenen Rohrteilen und der Höhendifferenz zwischen Pumpe und Behälterstand ab, siehe Bild 6.32. Unter Annahme von turbulenter
Strömung kann ein Durchflusswiderstand für jedes Rohrleitungselement angegeben
werden, siehe Abschnitt 10.4.2. Für die betrachtete Anlage ist der Strömungswiderstand im Wesentlichen durch die Rohrkrümmer und die Drosselventile bestimmt.
Die Druckdifferenz des Rohrleitungssystems kann deshalb über folgende dynamische Gleichung berechnet werden

$$\Delta p_{RL}(t) = a_B\ddot{V}(t) + h_{RR}\dot{V}^2(t), \qquad a_B = \frac{\rho l}{A_F}. \tag{6.6.3}$$

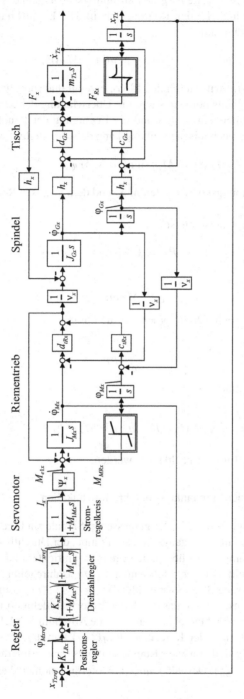

Bild 6.31. Gesamtmodell des Vorschubantriebs einer Werkzeugmaschine

Hierbei beschreibt die Konstante h_{RR} den Strömungswiderstand des Rohrsystem, l die Rohrleitungslänge und A_F den Rohrquerschnitt. Die Impulsbilanz für das mechanische Teilsystem führt auf

$$J_P \dot{\omega}(t) = M_{el}(t) - M_R(t) - M_P(t). \tag{6.6.4}$$

Das Drehmoment $M_{el}(t)$ wird durch den Motor erzeugt und sorgt für die Beschleunigung des Gesamtträgheitsmomentes J_P, die Überwindung der Reibungsverluste, die mit $M_R(t)$ zusammengefasst sind und die Erzeugung der Druckdifferenz entsprechend $M_P(t)$. Die mechanische Reibung kann dabei modelliert werden durch

$$M_R(t) = M_{Rc}\text{sign}(\omega) + M_{Rv}\dot{\omega}. \tag{6.6.5}$$

Mit dem Coulomb Reibungskoeffizienten M_{Rc} und dem viskosen Reibungskoeffizient M_{Rv}.

Die benötigte Pumpenleistung ist

$$P_P = \dot{V}\Delta p_P.$$

Ferner gilt

$$P_P = M_P\omega.$$

Deshalb ist das erforderliche Drehmoment für die Pumpe

$$M_P = \frac{\dot{V}}{\omega}\Delta p_P.$$

Einführen von (6.6.2) führt auf

$$M_P(t) = h_{NN}\omega(t)\dot{V}(t) - h_{NV}\dot{V}^2(t) - h_{VV}\frac{\dot{V}^3(t)}{\omega}. \tag{6.6.6}$$

Häufig kann der letzte Term vernachlässigt werden.

6.6.2 Gesamtmodell der Pumpanlage und ihre Identifikation

Die Gesamtanlage zeigt Bild 6.32. Die gemessenen Signale sind die Drücke $p_1(t)$, $p_2(t)$ auf der Eingangs- und Ausgangsseite der Pumpe, der Durchfluss $\dot{V}(t)$ und die Drehzahl $\omega(t)$. Die Pumpe wird über einen Frequenzumrichter und Asynchronmotor angetrieben, der mittels einer feldorientierten Drehzahlregelung geregelt wird. Dabei wird der gemessene Statorstromvektor ($\mathbf{I}_S = I_{S\alpha} + iI_{S\beta}$) in ein Referenz-Koordinatensystem transformiert, das durch den Rotorfluss definiert ist. Dieser wird durch einen Zustandsbeobachter rekonstruiert, siehe Abschnitt 5.4.2. Der Vorteil dieser Transformation ist, dass der Rotorfluss $\Psi_{Rd}(I_{Sd})$ und das Motordrehmoment $M_{el}(I_{Sq})$ nur abhängig sind von einer Komponente des transformierten Statorstromvektors ($\mathbf{I}_S^T = I_{Sd} + iI_{Sq}$). Deshalb kann das Motordrehmoment bestimmt werden durch

$$M_{el} = k_M\Psi_{Rd}I_{Sq} \tag{6.6.7}$$

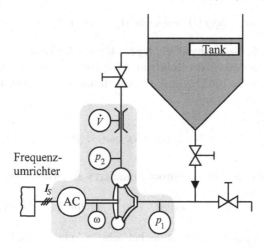

Bild 6.32. Schema von Asynchronmotor, Kreiselpumpe und Rohrleitung mit Behälter

mit einer Konstante k_M. Der verwendete Motor besitzt drei Phasen, zwei Polpaare, hat eine Leistung von 1,5 kW bei 50 Hz, einen Käfig-Kurzschlussläufer mit den Nenndaten 400 V, 3,4 A und 2900 U/min.

Das physikalische gebildete Modell muss nun an die individuelle Anlage angepasst werden. Da der induktive Durchflussmesser eine relativ große Trägheit besitzt (Zeitkonstante: 0,48 s), kann dieses Signal nicht verwendet werden.

Im hydraulischen System wird entsprechend Bild 6.32 $\Delta p_P = \Delta p_{RL}$. Deshalb kann die Druckdifferenz (6.6.2) durch (6.6.3) eliminiert werden und die resultierende Differentialgleichung enthält nur die Variablen $\dot{V}$ und ω. Deshalb lässt sich der Volumenstrom über die Drehzahl rekonstruieren. Wegen der kurzen Länge der Rohrleitung in der betrachteten Anlage ($l \approx 3$ m) ist die Beschleunigungskonstante a_B sehr klein, so dass dieser Term vernachlässigt werden kann. Durch Gleichsetzen von (6.6.2) und (6.6.3) erhält man

$$(h_{RR} + h_{VV})\dot{V}^2(t) + h_{NV}\omega(t)\dot{V}(t) - h_{NN}\omega^2(t) = 0. \qquad (6.6.8)$$

Eine Lösung dieser quadratischen Gleichung liefert

$$\dot{V}(t) = \zeta\omega(t) \text{ mit } \zeta = \frac{+(-)\sqrt{h_{NV}^2 + 4h_{NN}(h_{RR} + h_{VV})} - h_{NV}}{2(h_{RR} + h_{VV})}. \qquad (6.6.9)$$

Somit ist der Volumenstrom proportional zur Pumpendrehzahl. (6.6.2) kann dann vereinfacht werden zu

$$\Delta p_P(t) = \tilde{h}_{NN}\omega^2(t) \text{ mit } \tilde{h}_{NN} = h_{NN} - \zeta h_{NV} - \zeta^2 h_{VV}. \qquad (6.6.10)$$

Eine bessere Approximation wurde jedoch erhalten durch die Einführung eines zusätzlichen drehzahlproportionalen Terms

$$\Delta p_P(t) = \tilde{h}_{NN}\omega^2(t) + \tilde{h}_{NV}\omega(t), \tag{6.6.11}$$

welcher jedoch nicht direkt physikalisch gedeutet werden kann.

Das hydraulische Modell der Rohrleitung folgt (6.6.3), jedoch mit dem Parameter a_B im Wesentlichen für die Dynamik des Durchflusssensors. Einsetzen von (6.6.5) und (6.6.6) in (6.6.4) führt auf

$$M_{el}(t) = J_P\dot{\omega}(t) + M_{Rc} + M_{Rv}\omega(t) + h_{NN}\omega(t)\dot{V}(t) - h_{NV}\dot{V}^2(t) - h_{VV}\frac{\dot{V}^3(t)}{\omega(t)}. \tag{6.6.12}$$

Hier kann wiederum der Volumenstrom eliminiert werden durch (6.6.9) mit

$$M_{el}(t) = J_P\dot{\omega}(t) + M_{Rc} + M_{Rv}\omega(t) + h_2\omega^2(t), \text{ mit } h_2 = \zeta\tilde{h}_{NN} \text{ und } h_{VV} = 0. \tag{6.6.13}$$

Experimente haben gezeigt, dass für die betrachtete Anlage diese Gleichung gut approximiert werden kann durch, Wolfram et al. (2001),

$$M_{el}(t) = J_P\dot{\omega}(t) + M_{Rc} + h_2\omega^2(t). \tag{6.6.14}$$

Auf der Grundlage dieser Gleichungen kann das Signalflussdiagramm des Gesamtsystems wie in Bild 6.33 dargestellt erfolgen. Die Pumpe wird dabei durch ein feldorientierten Asynchronmotor angetrieben, dessen Drehmoment aus (5.4.25), (5.4.26) und (5.4.31) folgt.

Die Identifikation mittels Parameterschätzung kann nun auf der Grundlage der Modelle (6.6.3), (6.6.12) und (6.6.13), (6.6.14) für das dynamische Verhalten sowohl des hydraulischen als auch des mechanischen Teilsystems erfolgen. Zu diesem Zweck wird der Prozess mit einem geeigneten Eingangssignal angeregt, um genügend Information sowohl über das dynamische als auch statische Verhalten innerhalb des Betriebsbereichs zu erhalten. Das Eingangssignal ist die Führungsgröße für die Drehzahlregelung mit $\omega(t) = 2\pi n(t)$. Gute Ergebnisse wurden erhalten durch die Verwendung eines amplitudenmodulierten Pseudo-Rausch-Binär-Signals (APRBS). Im Unterschied zu dem Standard PRBS Signals mit nur zwei binären Werten sind die Amplituden hierbei gleichförmig innerhalb eines im Voraus festgelegten Anregungsamplituden-Intervalles verteilt. Dadurch werden auch die Nichtlinearitäten in (6.6.3), (6.6.12), (6.6.13) und (6.6.14) geeignet innerhalb des interessierenden Betriebsbereichs angeregt.

Für das folgende Beispiel wurde ein Drehzahlintervall von $n\epsilon$ [2150 U/min; 2450 U/min] gewählt. Die Motordrehzahl n, der Differenzdruck Δp_P und der Volumenstrom $\dot{V}$ wurden direkt gemessen und das Drehmoment M_{el} des Motors wird durch Auswertung der gemessenen Stromsignale gemäß (6.6.7) berechnet.

Da (6.6.3), (6.6.8 – 6.6.11) und (6.6.12) linear in den Parametern sind, können die physikalischen Parameter durch die Methode der kleinsten Quadrate direkt geschätzt werden, siehe (7.2.15), wobei die benötigten Ableitungen der Signale mit Zustandsvariablenfiltern berechnet werden, Isermann (1992), oder mit digitalen FIR-Filter (finite impulse response), Wolfram und Moseler (2000).

Die damit erhaltenen Parameterschätzwerte sind in Tabelle 6.4 angegeben.

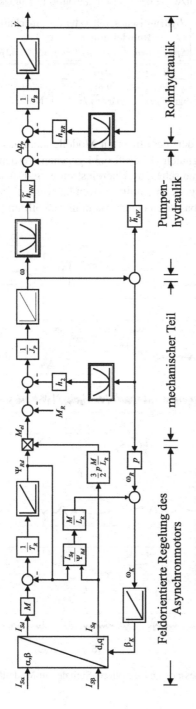

Bild 6.33. Signalflussdiagramm des Gesamtsystems Asynchronmotor-Kreiselpumpe-Rohrleitung

Tabelle 6.4. Parameterschätzwerte des Kreiselpumpen-Rohrleitungssystems (l: Liter)

hydraulisches Teilsystem Kreiselpumpe $\Delta p_P(t) = \tilde{h}_{NN}\omega^2(t) + \tilde{h}_{NV}\omega(t)$		hydraulisches Teilsystem Rohrleitung $\Delta p_{RL}(t) = a_B\ddot{V}(t) + h_{RR}\dot{V}^2(t)$		mechanisches Teilsystem $M_{el}(t) = J_P\dot{\omega}(t) + M_{Rc} + h_2\omega^2(t)$		
$\tilde{h}_{NN}$	$\tilde{h}_{NV}$	a_B	h_{RR}	J_P	M_{Rc}	h_2
18,8	668	1,36	0,692	$3{,}01\cdot10^{-3}$	$65{,}3\cdot10^{-3}$	$58{,}3\cdot10^{-6}$
μbar s^2	μbar s	bar s$^2/l$	bar s$^2/l^2$	Nm s^2	Nm	Nm s^2

Die Übereinstimmung der identifizierten Modelle kann aus dem Vergleich mit den direkt gemessenen Signalen aus Bild 6.34 gesehen werden. Im gesamten Betriebsbereich ergibt sich eine sehr gute Übereinstimmung. Das somit erhaltene Gesamtmodell der Pumpanlage kann somit verwendet werden, um die Regelung zu entwerfen oder zur modellbasierten Fehlererkennung, Wolfram (2002).

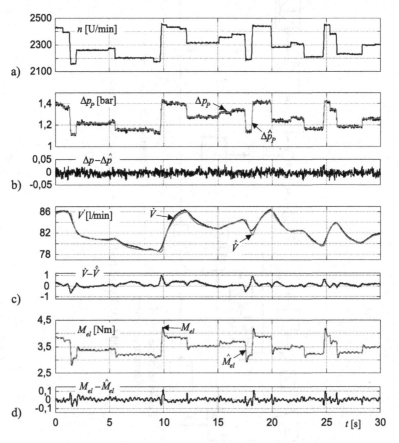

Bild 6.34. Gemessene und simulierte Signale mit Modellfehlern

6.7 Dynamisches Modell eines Kraftfahrzeug-Antriebsstranges

Zur Simulation des längsdynamischen Verhaltens eines Kraftfahrzeuges und für Drehschwingungs-Untersuchungen wird das Modell des Antriebsstranges benötigt. In diesem Abschnitt wird ein vereinfachtes Antriebsstrangmodell abgeleitet, das in der Lage ist, wesentliche Eigenschaften der Antriebsstrangdynamik mit Bezug auf den Motor und das Fahrzeug zu beschreiben.

6.7.1 Komponenten des Antriebsstranges

Der Antriebsstrang eines hinterachsgetriebenen Fahrzeuges ist in Bild 6.35 zu sehen, Pfeiffer (1997). Es besteht aus, vgl. Bild 6.36,

- *Motor*: Aus der Drallbilanz folgt mit φ_{cs} für den Kurbelwellenwinkel:

$$J_{eng}\ddot{\varphi}_{cs}(t) = M_{eng}(t) - M_c(t). \tag{6.7.1}$$

Hierbei ist M_{eng} das durch den Motor gelieferte Drehmoment, M_c das Lastdrehmoment und J_{eng} das Trägheitsmoment des Motors

- *Kupplung*: Für Fahrzeuge mit Handschaltgetriebe wird im eingerückten Zustand der Kupplung angenommen, dass keine Reibung erfolgt, so dass: $M_c = M_t$

- *Getriebe*: Das Getriebe wird als steif angenommen mit dem Übersetzungsverhältnis

$$i_t = \frac{\dot{\varphi}_{t,i}}{\dot{\varphi}_{t,0}}.$$

Somit ergibt sich für das Ausgangsdrehmoment $M_p = i_t M_t$

- *Kardanwelle*: Für eine steife Kardanwelle ohne Reibungseinfluss wird angenommen:

$$M_{dg} = M_p$$

- *Differential-Getriebe*: Dies wird ebenfalls steif angenommen mit der Übersetzung i_{dg}, so dass $M_{ds} = i_{dg} M_{dg}$

- *Achswellen*: Als steif angenommen ohne Reibung

- *Räder*: Die Räder haben das Trägheitsmoment J_w. Der Fahrwiderstand F_{res} für das Fahrzeug mit der Masse m_{veh} und der Geschwindigkeit w_{veh} ergibt sich aus: Rollwiderstand F_r

$$F_r = k_r \cdot m_{veh} g$$

Steigungswiderstand F_{cli}

$$F_{cli} = m_{veh} g \sin \alpha_{road}$$

Luftwiderstand F_{air}

$$F_{air} = \frac{1}{2} c_{air} A_l \rho_{air} w_{veh}^2.$$

Hierbei ist c_{air} der Luftwiderstands-Koeffizient, A_l die maximale Querschnittsfläche des Fahrzeuges und ρ_{air} die Luftdichte. Das resultierende Drehmoment für den Gesamtfahrwiderstand folgt somit zu

$$M_{res} = (F_r + F_{cli} + F_{air})r_{eff} = F_{res}r_{eff}, \qquad (6.7.2)$$

wobei r_{eff} der effektive Reifenradius ist. Im Fall eines Bremsvorganges wird zusätzlich das Bremsmoment M_b auf die Räder aufgebracht. Insgesamt ergibt sich ein Ersatzschaltbild des Antriebsstranges entsprechend Bild 6.36 für geschlossene Kupplung und bei Vernachlässigung von Losen in den Getrieben.

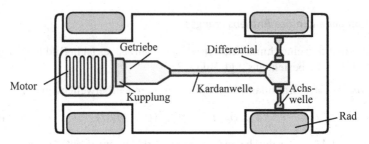

Bild 6.35. Schema des Antriebsstranges eines Kraftfahrzeuges

6.7.2 Antriebsstrangmodell mit Wellenelastizität

Die wichtigste Elastizität des Antriebsstranges ist zwischen dem Ausgang des Getriebes und den Rädern zu sehen. Für ein vereinfachtes Modell, bei dem nur ein dominierendes elastisches Element betrachtet wird, kann der Antriebsstrang durch eine gedämpfte Torsionselastizität beschrieben werden. Es ist z.B. in Kiencke und Nielsen (2000) beschrieben, dass der Hauptanteil der Antriebsstrangdynamik durch die erste Eigenfrequenz der Antriebswelle zwischen Differential und den Rädern besteht, da hier die größte Torsion erfolgt. Kupplung und Kardanwelle können deshalb vereinfacht als steif angenommen werden und das Getriebe und das Differential führen dazu, dass das Drehmoment des Motors multipliziert wird mit dem Produkt beider Übersetzungen ohne weitere Verluste. Dies führt auf ein reduziertes Antriebsstrangmodell wie in Bild 6.37, Schaffnit (2002).

Der Antriebsstrang wird somit konzentriert mit der Federkonstante $c_{ds} = c_d$ und dem Dämpfungskoeffizienten $d_{ds} = d_d$ modelliert. Deshalb werden die Trägheitsmomente von Motor, Kupplung, Getriebe, Kardanwelle, Differentialgetriebe und Achswelle in einer Drehmasse 1 konzentriert und das resultierende Trägheitsmoment von Rädern und Fahrzeug zusammen in einer Drehmasse 2, siehe Bild 6.37.

Hieraus ergeben sich folgende Gleichungen

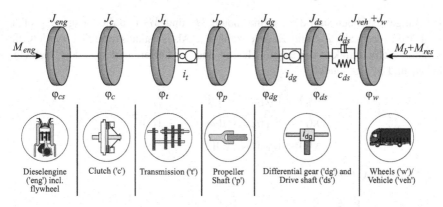

Bild 6.36. Vereinfachtes Ersatzschaltbild des Antriebsstranges für geschlossene Kupplung

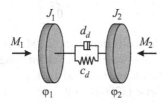

Bild 6.37. Reduziertes Antriebsstrangmodell

$$J_1 = \left((J_{eng} + J_c + J_t) \cdot i_t^2 + J_p + J_t \right) i_{dg}^2 + J_{ds}$$

$$J_2 = J_{veh} = m_{veh} r_{eff}^2 + J_w$$

$$M_1 = M_{eng} i_t i_{dg}$$

$$M_2 = M_{res} + M_b$$

$$\varphi_1 = \frac{1}{i_t i_{dg}} \varphi_{cs}$$

$$\varphi_2 = \varphi_w.$$

Das Trägheitsmoment J_2 besteht aus dem Trägheitsmoment J_w der Räder und der Auswirkung der Fahrzeugmasse m_{veh} auf den Antriebsstrang. Anwendung der Drallbilanz für das vereinfachte Antriebsstrangmodell mit dem Zweimassen-Feder-Dämpfer-System entsprechend (4.6.1) ergibt:

$$J_1 \ddot{\varphi}_1 = M_1 - c_d(\varphi_1 - \varphi_2) - d_d(\dot{\varphi}_1 - \dot{\varphi}_2)$$
$$J_2 \ddot{\varphi}_2 = -M_2 + c_d(\varphi_1 - \varphi_2) + d_d(\dot{\varphi}_1 - \dot{\varphi}_2). \tag{6.7.3}$$

Hieraus folgt die Zustandsgrößen-Darstellung

$$\dot{\mathbf{x}}(t) = \mathbf{A}\mathbf{x}(t) + \mathbf{b}\,\mathbf{u}(t)$$
$$\mathbf{y}(t) = \mathbf{c}^T \mathbf{x}(t). \tag{6.7.4}$$

Die Eingangsgrößen sind die Drehmomente M_1 und M_2 und die Ausgangsgrößen sind Motordrehzahl $\dot{\varphi}_{cs}$ und Raddrehzahl $\dot{\varphi}_w$. Als Zustandsvariablen werden die Winkelgeschwindigkeit der trägen Massen und die Differenz der beiden Drehwinkel φ_1 und φ_2 verwendet:

$$\mathbf{u}(t) = [M_1(t)M_2(t)]^T$$
$$\mathbf{x}(t) = [\dot{\varphi}_1(t)\dot{\varphi}_2(t)(\varphi_1(t) - \varphi_2(t))]^T$$
$$\mathbf{y}(t) = [\dot{\varphi}_{cs}(t)\dot{\varphi}_w(t)]^T.$$

Die Matrizen $\mathbf{A}, \mathbf{b}, \mathbf{c}^T$ sind:

$$\mathbf{A} = \begin{bmatrix} \frac{-d_d}{J_1} & \frac{d_d}{J_1} & \frac{c_d}{J_1} \\ \frac{d_d}{J_2} & -\frac{d_d}{J_2} & \frac{c_d}{J_2} \\ 1 & -1 & 0 \end{bmatrix}, \mathbf{b} = \begin{bmatrix} \frac{1}{J_1} & 0 \\ 0 & -\frac{1}{J_2} \\ 0 & 0 \end{bmatrix}, \mathbf{c}^T = \begin{bmatrix} i_t \cdot i_f & 0 & 0 \\ 0 & 1 & 0 \end{bmatrix}.$$

Das resultierende lineare Massen-Feder-Dämpfer-Modell mit den Antriebswellen als Hauptelastizität beschreibt das wesentliche Schwingungsverhalten des Antriebsstranges mit der Annahme, dass keine Lose existiert. Eine detailliertere Betrachtung wird z.B. in Kiencke und Nielsen (2000), Gillespie (1992), Sailer (1997) und Würtenberger (1997) gebracht.

Als *Simulationsbeispiel* wird nun ein schweres Nutzfahrzeug betrachtet mit einer Gesamtmasse von 40 Tonnen, Sinsel (1999). Es zeigt die Oszillationen des Antriebstranges während einer Vollgas-Beschleunigung in Bild 6.38. Zu Beginn der Simulation fährt das Fahrzeug mit konstanter Geschwindigkeit im dritten Gang. Die hochfrequenten Schwingungen in der Motordrehzahl werden durch die Drehmomentschwankungen des Motors während der Arbeitstakte erzeugt. Nach ungefähr 0,9 s erfolgt eine Vollgas-Beschleunigung, die zu einem starken Anstieg des Motordrehmomentes führt. In Bild 6.38 ist jedoch nur der Mittelwert dieses Drehmomentes zu sehen, um den Verlauf besser darstellen zu können. Das Bild zeigt gedämpfte Schwingungen in der Motordrehzahl und auch der Fahrgeschwindigkeit mit einer Frequenz von etwa 2,4 Hz.

Weitere Beispiele zur theoretischen Modellbildung und Identifikation des dynamischen Verhaltens von Maschinen und Fahrzeugen sind z.B. in folgenden Arbeiten zu finden. Schleifmaschine: Janik (1992), Fuchs (1992); Fräs- und Bohrmaschine: Reiß (1993), Wanke (1993), Konrad (1997), Nolzen (1997); Industrieroboter: Specht (1989), Freyermuth (1993), Held (1991), Böhm (1994); Kraftfahrzeuge: Germann (1997), Würtenberger (1997), Halfmann und Holzmann (2003).

Zur Untersuchung von komplexen Bauformen rotierender Systeme, wie z.B. großen Turbogeneratoren mit Mehrstufen-Dampfturbinen, arbeitet man mit Finite-Element-Methoden und entsprechenden Rechenprogrammen, siehe z.B. Schwibinger und Nordmann (1990).

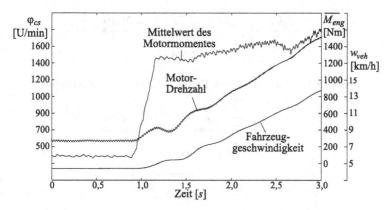

Bild 6.38. Simulations der Antriebsstrang-Schwingungen für ein Nutzfahrzeug (40 Tonnen) bei Vollgas-Beschleunigung

6.8 Abhängigkeit des Verhaltens vom Betriebspunkt

Das statische und dynamische Verhalten vieler technischer Prozesse ist vom Betriebspunkt abhängig. Bei linearisierten Prozessmodellen äußert sich das dadurch, dass sich die Parameter in Abhängigkeit vom Betriebspunkt ändern. Der Betriebspunkt wird in vielen Fällen durch die Last (z.B. Drehmoment, Drehzahl, Wärmestrom, Temperatur) vorgegeben. Dies wird nun für einige einfache Prozesse beschrieben.

6.8.1 Speicher ohne und mit Rückführung

Bild 6.39 zeigt das Blockschaltbild eines Energiespeichers ohne Rückführung.

Der Prozess hat dann integrales Verhalten und es ergibt sich keine Abhängigkeit vom Betriebspunkt, wenn die gespeicherte Größe $\Delta E_s(t)$ die Ausgangsgröße ist. Bei einem Energiespeicher mit Rückführung, Bild 6.40, gilt für die Rückführung

$$\Delta \dot{E}_a = c \Delta E_s \qquad (6.8.1)$$

und für die Energiebilanz folgt somit

$$\Delta \dot{E}_e(t) - c \Delta E_s(t) = \frac{d \Delta E_s(t)}{dt}$$
$$\frac{1}{c} \frac{d E_s(t)}{dt} + \Delta E_s(t) = \frac{1}{c} \Delta \dot{E}_e(t) \qquad (6.8.2)$$

also eine Verzögerungsglied 1. Ordnung. Die Übertragungsfunktion lautet

$$G(s) = \frac{\Delta E_s(s)}{\Delta \dot{E}_e(s)} = \frac{K}{1 + T s}$$
$$\text{mit} T = \frac{1}{c} = \frac{\Delta E_s(\infty)}{\Delta \dot{E}_e(\infty)} \quad K = \frac{1}{c}. \qquad (6.8.3)$$

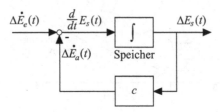

Bild 6.39. Blockschaltbild eines Energiespeichers ohne Rückführung

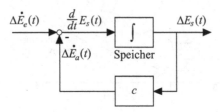

Bild 6.40. Blockschaltbild eines Energiespeichers mit Rückführung

Wenn die Rückführung über den Parameter c vom Betriebspunkt abhängt, dann ändern sich sowohl der Verstärkungsfaktor K als auch die Zeitkonstante T. Dies soll an einigen Beispielen erläutert werden.

Beispiel 6.4: Betriebspunktabhängigkeit des Verhaltens verschiedener Prozesse

a) Motor

Wenn man das Reibungsmoment eines leerlaufenden Gleichstrom-Elektromotors vernachlässigen kann, gilt

$$J_M \dot{\omega}_M(t) = M_e(t)$$

$$\omega_M(t) = \frac{1}{J_M} \int M_e(t) dt,$$

wobei $M_e(t)$ ein als konstant angenommenes Drehmoment (z.B. eingeprägter Strom) ist. Da keine Rückwirkung auftritt, entsteht I-Verhalten und keine Betriebspunktabhängigkeit für das betrachtete Eingangssignal.

Das Lastdrehmoment einschließlich Lagerreibungen werde nun wie bei einem Gebläse als Last beschrieben durch

$$M_R(t) = c_{R0} + c_{R1}\omega_M(t) + c_{R2}\omega_M^2(t).$$

Nach Linearisierung um den Arbeitspunkt ω_{M0} ergibt sich

$$\frac{dM_R}{d\omega_M} = c_{R1} + c_{R2}\omega_{M0} = c_R(\omega_{M0}).$$

Damit gilt

$$\Delta M_R(t) = c_R(\omega_{M0})\Delta\omega_M(t)$$

und

$$\frac{J_M}{c_R}\dot\omega_M(t) + \Delta\omega_M(t) = \frac{1}{c_R}\Delta M_e(t)$$

Das Übertragungsverhalten ist dann

$$G(s) = \frac{\Delta\omega_M(s)}{\Delta M_e(s)} = \frac{K}{1 + Ts}$$

mit

$$K = \frac{1}{c_R(\omega_{M0})} \quad T = \frac{J_M}{c_R(\omega_{M0})}.$$

Damit sind sowohl K als auch T vom Lastparameter c_R und damit vom Betriebspunkt ω_{M0} abhängig, siehe Bild 6.41, mit großer Verstärkung und Zeitkonstante bei kleiner Drehzahl und kleinen Werten bei großer Drehzahl. (Bei Wahl der Spannung als Eingangsgröße ist auch das Antriebsdrehmoment M_e von der Drehzahl anhängig.)

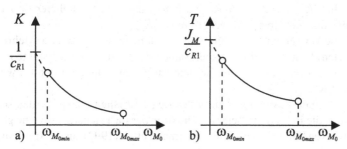

Bild 6.41. Abhängigkeit Verstärkungsfaktors K und der Zeitkonstante T vom Betriebspunkt für einen Elektromotor mit Gebläse

c) Pumpanlage

Ein ähnliches Verhalten wie in Bild 6.41 zeigt auch die in Abschnitt 6.6 betrachtete *Pumpanlage*. Nach (6.2.23) werden K und T für kleinen Massenstrom $m \hat= Y$ groß, da $(c_2 - c_3)$ klein wird.

d) Mischbehälter

Ein Mischbehälter für einen Fluidstrom nach Bild 2.21b) wird bezüglich des Verhaltens der Ausgangstemperatur nach einer Änderung der Eingangstemperatur beschrieben durch eine Differentialgleichung erster Ordnung

$$T_M\frac{dT_a(t)}{dt} + \Delta T_a(t) = K_M\Delta T_e(t).$$

Die Zeitkonstante ist mit $T_M = m_s/\dot m$ umgekehrt proportional zum Massenstrom $\dot m$. Der Verstärkungsfaktor ist $K_M = 1$ und somit unabhängig vom Massenstrom.

$\square$

6.8.2 Einstellung von Reglerparametern

Ist das dynamische Verhalten der Regelstrecke abhängig vom Betriebspunkt, dann ergibt sich bezüglich der Einstellung der Parameter eines linearen Reglers (z.B. PID-Regler) folgendes einfaches, praktisches Vorgehen, wenn nur der Verstärkungsfaktor als lastabhängig wie in Bild 6.42 betrachtet wird:

- Stellt man die Reglerparameter bei 100% Last optimal ein, so kann der geschlossene Kreis aufgrund größerer Prozessverstärkungen bei niedrigerer Last instabil werden.

- Stellt man die Reglerparameter bei niedriger Last ein, so ist das Einschwingverhalten des geschlossenen Kreises bei größerer Last zu langsam (aufgrund kleinerer Prozessverstärkungen).

- Deshalb wählt man häufig einen Kompromiss und stellt die Reglerparameter bei 30% bis 40% Last genügend gedämpft ein. Dann kann man im Allgemeinen davon ausgehen, dass das Regelverhalten im ganzen Bereich annehmbar ist. Man nimmt hierbei unter Umständen ein Überschwingen bei höherer Last in Kauf, was im Einzelnen überprüft werden muss.

- Durch die Verwendung von Gütekriterien für mehrere Lastpunkte (Mehrfach-Gütekriterien) kann man einen gemeinsamen Regler für alle Lastpunkte mit festen Reglerparametern finden. Dies ist eine Aufgabenstellung für den Entwurf eines robusten Reglers.

- Wenn bei allen Lastpunkten ein gutes Regelverhalten erzielt werden soll, dann kann man die Reglerparameter als Funktion der Last steuern, also eine gesteuerte adaptive Regelung verwirklichen, Isermann et al. (1992), siehe Abschnitt 6.9.3.

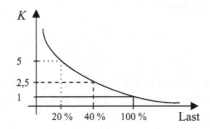

Bild 6.42. Abhängigkeit des Verstärkungsfaktors der Regelstrecke von der Last

6.9 Zur Regelung mechatronischer Systeme

Im Rahmen der Integration mehrerer Funktionen in mechatronischen Systemen kommt der Verwendung von modernen Entwurfswerkzeugen eine wichtige Rolle zu, wie in Kapitel 1 anhand des V-Modells beschrieben. Dies trifft auch für den Entwurf von Regelsystemen zu, wenn höhere Regelgüten erforderlich sind. Dann können alle

Vorteile von digitalen Regelungen angewandt werden, siehe z.B. Isermann (1989), Åström und Wittenmark (1997). Dies bedeutet, dass wissensbasierte Mehrebenen-Regelsysteme zu entwerfen sind, wie in Bild 6.43 gezeigt.

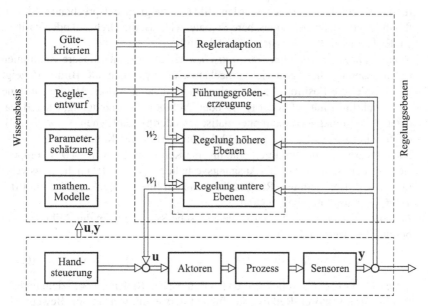

Bild 6.43. Wissensbasierte Mehrebenen-Regelung mechatronischer Systeme

Die wissensbasierte Mehrebenen-Regelung ist dabei ein Teil eines intelligenten Automatisierungssystems, entsprechend Bild 1.12. Die Wissensbasis besteht hierbei aus mathematischen Prozessmodellen, Identifikation und Parameter-Schätzmethoden, Regler-Entwurfsmethoden und Regelgütekriterien. Für Maschinen, die z.B. aus einem Motor und einem Arbeitsprozess bestehen, wurden häufig vorkommende Modelle bereits in Abschnitt 6.1 betrachtet.

Die Regelsysteme können in Regelungen der unteren Ebene und in Regelungen höherer Ebenen unterteilt werden. Ferner ist gelegentlich eine Führungsgrößen-Erzeugung wie eine Regler-Parameter-Adaption erforderlich. Innerhalb einer solchen Struktur können die Regelungen und auch Steuerungen von mechatronischen Systemen organisiert werden. Im Folgenden werden einige Regelungsprinzipien kurz betrachtet.

6.9.1 Regelungen der unteren Ebene

Ein Ziel der Regelung in der unteren Ebene ist, ein bestimmtes dynamisches Verhalten (z.B. Verstärkung der natürlichen Dämpfung) zu erreichen, Nichtlinearitäten wie z.B. Reibung zu kompensieren und die Empfindlichkeit bezüglich Parameteränderungen der Regelstrecke zu reduzieren. Einige Beispiele hierzu sind:

1) *Dämpfung hochfrequenter Schwingungen*: schwach gedämpfte Schwingungen höherer Frequenz treten z.B. in Mehrmassen-Antriebssträngen auf. Die Dämpfung kann im Allgemeinen durch Hochpassfiltern des Ausgangssignales und Verwendung von Zustandsgrößen-Rückführung oder PD-(Proportional-Differential) Rückführung erreicht werden. Bild 6.44 zeigt ein entsprechendes Signalflussbild. Hierbei werden messbare Signale, wie z.B. die Drehzahl oder Position am Ende oder im Antriebsstrang zurückgeführt.

2) *Kompensation des nichtlinearen statischen Verhaltens*: nichtlineare Kennlinien treten besonders häufig in vielen mechanischen Systemen auf. Bild 6.45 zeigt als Beispiel die Positionsregelung eines nichtlinearen Aktors. Häufig tritt eine erste Nichtlinearität auf in der Kraft- oder Drehmoment-Erzeugung, wie z.B. bei einem Elektromagnet, einem pneumatischen oder hydraulischen Aktor, wo z.B. die Stellkraft $F_D = f(U)$ einer nichtlinearen statischen Kennlinie folgt. Diese Nichtlinearität kann nun durch eine inverse Kennlinie $U = f^{-1}(U')$ kompensiert werden, so dass das Ein-Ausgangsverhalten $F_D = f(U')$ näherungsweise linear wird, Isermann und Raab (1993), und ein linearer Regler, z.B. vom PID-Typ G_{c1} angewandt werden kann.

3) *Reibungskompensation*: für viele mechanische Systeme kann die Reibungskraft beschrieben werden durch

$$F_{R\pm}(t) = f_{C\pm} \operatorname{sign} \dot{Y}(t) + f_{w\pm} \dot{Y}(t) \qquad |\dot{Y}(t)| > 0, \qquad (6.9.1)$$

siehe (4.7.4)–(4.7.8), wobei f_C den Coulombschen Reibungskoeffizient und f_w den linearen viskosen Reibungskoeffizient darstellen, welche von Bewegungsrichtung abhängig sein können, hier berücksichtigt durch + oder −.

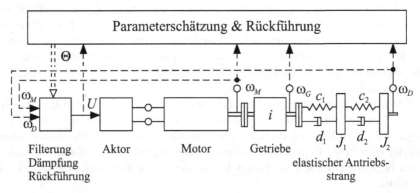

Bild 6.44. Adaptive Rückführungen zur Dämpfung von Antriebsstrangschwingungen

Die Coulombsche Reibung hat einen starken negativen Effekt auf die Regelgüte, wenn eine gute Positioniergenauigkeit erforderlich ist, weil sie zu einem Hysterese-Effekt führt, siehe Abschnitt 4.7. Wenn die reibungsabhängige Größe innerhalb der Hysterese-Breite anhält, bevor der Sollwert erreicht wird, kann nur das integrale Verhalten des Positionsreglers die Regeldifferenz langsam kompensieren. Dies bedeutet

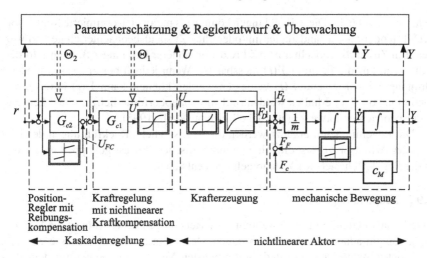

Bild 6.45. Adaptive Positionsregelung eines nichtlinearen Aktors mit Reibungskompensation

aber eine deutliche Verschlechterung der Regelgüte, besonders bei kleinen Positionsänderungen. Die grundlegende Idee der Reibungskompensation ist, die Zweipunkt-Kennlinien der Coulombschen Reibung durch die Addition eines entsprechenden Kompensationssignales U_{FC} zum normalen Stellsignal zu addieren. Verschiedene Methoden z.B. eine Schüttelschwingung (dithering), eine Kompensations-Steuerung und eine adaptive Reibungskompensation mit Parameterschätzung sind verschiedene Alternativen, siehe Abschnitt 10.2 und Isermann und Raab (1993), Tomizuka (1995).

Nach der Kompensation der nichtlinearen Reibung kann der Positionsregler G_{C2} entworfen werden, um die unterlagerte linearisierte Kraftregelung und den verbleibenden mechanischen Prozess ohne Reibungseinfluss zu regeln, siehe Bild 6.45. In einfachen Fällen ist dann ein linearer PID-Regler oder Zustandsregler ausreichend.

Eine Alternative für die Positionsregelung von nichtlinearen Aktoren ist die Verwendung eines *Sliding-Mode-Reglers*. Dieser besteht aus einer Rückführungs-Linearisierung und einer zusätzlichen Rückführung, um Modellungenauigkeiten zu kompensieren, Utkin (1977), Slotine und Weiping (1991). Das resultierende schaltende Signal (chattering) durch die enthaltene Schaltfunktion erzeugt dabei eine Schüttelschwingung (Dither-Signal). Ein Vergleich eines festen PID-Reglers mit Reibungskompensation mit einem Sliding-Mode-Regler für einen elektromagnetischen Aktor ist z.B. in Pfeufer et al. (1995) gezeigt. Der Sliding-Mode-Regler zeigte eine gute Robustheit in Bezug auf Prozessparameteränderungen, aber auf Kosten eines erhöhten Entwurfs- und Rechenaufwandes.

6.9.2 Regelungen der höheren Ebenen

Die Aufgabe der Regelung in den höheren Ebenen ist ein gutes Gesamtverhalten zu erzeugen im Hinblick auf Führungsgrößenänderungen und der Kompensation von Störgrößen, die z.B. durch Last- oder Arbeitpunktänderungen des Prozesses entstehen, siehe Bild 6.45. Diese Regelungen können als parameter-optimierte Regler vom PID-Typ oder als Zustandsregler mit oder ohne Zustandsbeobachter eingesetzt werden. Ein Zustandsbeobachter ist bei Prozessen höherer Ordnung z.B. dann erforderlich, wenn nur die Position $Y(t)$ messbar ist. Wenn jedoch bei Prozessen niederer Ordnung beide $Y(t)$ und $\dot{Y}(t)$ gemessen werden können, kann $\ddot{Y}(t)$ durch Differentiation von $\dot{Y}(t)$ erhalten werden (falls überhaupt erforderlich), so dass kein Zustandsbeobachter notwendig ist, siehe Isermann et al. (1995).

Die Regelung kann ergänzt werden durch zusätzliche Rückführungen der Last oder des Arbeitsprozesses, die mit dem mechanischen Prozess gekoppelt ist, so dass in der Regel Mehrfach-Kaskadenregelungen entstehen.

6.9.3 Adaptive Regelung

Eine Voraussetzung für die Anwendung von Regelungen hoher Güte ist die Verwendung von gut adaptierten Prozessmodellen. Da sich in der Regel Prozesse während ihrer Betriebszeit verändern und da die meisten Modelle nie genau mit dem Prozess übereinstimmen können, helfen die selbsteinstellende oder adaptive Regelung weiter.

1) *Gesteuerte Adaption*: Die Parameter des Reglers lassen sich steuern (parameter scheduling oder gain scheduling), wenn das zeitveränderliche Verhalten eines Prozesses von einer messbaren Größe V abhängt und die Reglerparameter Γ in Abhängigkeit von V bekannt ist. Auf diese Weise kann das lastabhängige oder betriebspunktabhängige Verhalten berücksichtigt werden.

2) *Parameter-adaptive Regelungen*: parameter-adaptive Regelsysteme verwenden Identifikationsmethoden für parametrische Prozessmodelle. Dies wird in der Adaptionsebene von Bild 6.43 durchgeführt. Eine Online-Parameterschätzung hat sich als Basis für adaptive Regelungen von mechanischen Prozessen unter bestimmten Voraussetzungen gut bewährt, einschließlich der Adaption von nichtlinearen Kennlinien, der trockenen Reibungen und unbekannter Parameter wie z.B. Massen, Steifigkeiten, Dämpfungen, siehe Isermann und Raab (1993), Isermann et al. (1992), Åström und Wittenmark (1997). Diese digitalen adaptiven Regelungen funktionieren dann gut, wenn die Voraussetzungen für ihren Entwurf und ihre Konvergenz zutreffen. Dies schließt z.B. eine ausreichende Anregung der Prozessdynamik mit ein. Wenn diese Annahmen verletzt werden, kann eine Überwachungsebene entsprechende Aktionen einleiten. So können z.B. die Parameter der Parameterschätzung eingefroren, wenn die Anregung vorübergehen aussetzt.

Adaptive Regelungen können auch nur für die Inbetriebnahme eingesetzt werden, um *selbsteinstellende Regler* zu erhalten, die nach der Parametereinstellung feste Regler sind.

6.9.4 Fuzzy Regelung

Die Entwicklung der Fuzzy Logik Theorie, Zadeh (1972), stimulierte neue Wege, um Regelungsprobleme zu lösen. Auf der Grundlage dieser Theorie wurden Fuzzy Regler vorgeschlagen, Mamdani und Assilian (1975), die das Verhalten eines menschlichen Reglers in linguistischer Form beschreiben. Die Fuzzy Logik beschreibt hierbei in einem systematischen Rahmen die Behandlung von nichtscharfen Variablen und Wissen. Deshalb sollte Fuzzy Logik grundsätzlich dann angewendet werden, wenn Sensoren oder andere Informationen unscharfe Größen liefern, das Prozessverhalten nur qualitativ bekannt ist oder die Automatisierungsfunktionen nicht durch Boolsche Logik beschrieben werden kann. Das Potential der Fuzzy Logik Funktionen nimmt im Allgemeinen mit höheren Automatisierungsebenen zu, weil der Grad des qualitativen Wissens und die erforderliche Intelligenz im Allgemeinen mit höheren hierarchischen Ebenen wächst.

Das statische und dynamische Verhalten der meisten mechanischen Systeme kann jedoch relativ genau mit mathematischen Prozessmodellen beschrieben werden, erhalten durch theoretische Modellbildung und Identifikationsmethoden. Deshalb ist es in vielen Fällen nicht erforderlich, Fuzzy-Konzepte für die Regelung mechanischer Systeme in den unteren Ebenen anzuwenden. Jedoch sind Fuzzy-Regelungskonzepte von Interesse z.B. für:

1) Fuzzy-Adaption der Reglerparameter von klassischen Reglern, Pfeiffer (1995)
2) Fuzzy-Qualitäts- und Komfort-Regelung
3) Fuzzy-Regelung für besondere (unnormale) Betriebsbedingungen.

Besonders für die Führungsgrößenerzeugung der unterlagerten, klassischen Regelungen, Bild 6.43, wobei die Qualität oder Komfort und deshalb die menschliche Aufnahme eine Rolle spielt, bieten Fuzzy-Regel basierte Methoden interessante Möglichkeiten, d.h. in den höheren Regelungsebenen. Beispiele für solche mechatronische Systeme sind:

1) Komfort-Regelungen für Radaufhängungen von Kraftfahrzeugen
2) Komfort im Antriebsstrang von Kraftfahrzeugen im Zusammenhang mit automatisierten Kupplungs- und Schaltvorgängen
3) Abstands- und Geschwindigkeitsregelungen von Kraftfahrzeugen und Fahrstühlen.

Weiter gehende Informationen über den Einsatz von Fuzzy-Logik basierten Regelungen und Fehlerdiagnosen werden in Zimmermann (1991), Bothe (1995) und Isermann (1998) gegeben.

6.10 Aufgaben

1) Entwerfen Sie Kennlinien und stabile oder instabile Betriebspunkte für
   a) Gleichstrommotor und Kreiselpumpe;
   b) Gleichstrommotor mit Feldschwächung und Warmwalzwerk;
   c) Dieselmotor und Kolbenpumpe;
   d) Hydromotor und Aufzug.
   Wie verändern sich die Betriebspunkte bei einer Zunahme der Drehzahl von 10 %?

2) Zeichnen Sie für die in Bild 5.21 gezeigte Kaskaden-Regelung eines Gleichstrommotors und eine angeschlossene Arbeitsmaschine mit Kennlinie entsprechend 6.18a), Nr. 1 ein Schaltbild der Zwei- und Vierpole und den Signalfluss entsprechend der Bilder 6.3c) und d) für den stationären Betriebszustand. Verwenden Sie hierzu die Grundgleichungen des Gleichstrommotors für das statische Verhalten im Abschnitt 5.3.4.

3) Das dynamische Verhalten einer Kreiselpumpe mit fremderregtem Gleichstrommotor als Antrieb, wie in Bild 6.5 dargestellt, wird betrachet.

Für die Rohre gilt: $d = 50\,\text{mm}$; $l = 100\,\text{m}$, $300\,\text{m}$; $\rho = 1000\,\text{kg/m}^3$; $H = 10\,\text{m}$, $100\,\text{m}$; $\zeta = l/D\lambda$ (λ: Rohrreibungs-Koeffizient $\lambda = 2 \cdot 10^{-2}$).

Die Kennlinie der Pumpe wird angenommen mit

$$\Delta P_p = P_o - k_m \dot{m}^2$$

für konstante Drehzahl ($P_o = 10\,\text{kW}$; $k_m = 0{,}025\,\text{kW s}^2/\text{m}^2$).

Die Geschwindigkeit des Wassers ist $w = 5\,\text{m/s}$ am Betriebspunkt. Bestimmen Sie den Massenfluss $\bar{m}$ und Leistung $\bar{P}$ für den Betriebspunkt. Lösen Sie das Problem für die gegebenen Daten und ihre Kombinationen für l und H.

4) Ein drehzahlgeregelter Asynchronmotor treibt den in Bild 6.44 gezeigten Antriebsstrang mit den Drehmassen J_1 und J_2 und der elastischen Welle 1 mit c_1 und d_1 an. Stellen Sie die Zustandsgleichungen und die Differentialgleichung auf für das Motor-Antriebsmoment M_M als Eingangsgröße und die Drehzahl ω_D als Ausgangsgröße, entsprechend Abschnitt 6.7, mit Getriebeübersetzung i.

5) Bestimmen Sie die Beschleunigung des Fahrzeuges in Beispiel 6.3 für die Drosselklappenstellung $\alpha = 30°$ im zweiten Gang für einen Straßengsteigung von 0% und 5% bei $w = 50\,\text{km/h}$. Verwenden Sie das Diagramm in Bild 6.20c).

6) In Tabelle 6.4 sind die Parameterschätzwerte einer Kreiselpumpe und einer Rohrleitung angegeben. Bestimmen Sie den stationären Zustand des Differenzdruckes $\Delta \bar{p}$ der Pumpe und den Volumenstrom $\bar{V}$ für die Drehzahlen $n = 500, 1000$ und $2500\,\text{U/min}$.

7) Ein Benzinmotor (entsprechend Beispiel 6.3) muss mit einem Motorprüfstand, wie in Abschnitt 6.4, getestet werden. Der Prüfstand besteht jedoch aus einem direkt gekoppelten Asynchronmotor, der mit positivem und negativem Drehmoment betrieben werden kann (Vier-Quadranten-Betrieb), um den Motor zu beschleunigen oder abzubremsen. Das Drehmoment des Benzinmotors wird durch den Drosselklappenwinkel α, die Drehzahl des Asynchronmotors durch die Frequenz ω des Stromrichters verstellt.

Die Stellgröße des Benzinmotors ist der Drosselklappenwinkel α, die Stellgröße des Asynchronmotors entweder der Strom I oder die Frequenz ω des Stromrichters.

a) Zeichnen Sie das Gesamtsystem in Form einer Zwei- und Vier-Pol-Darstellung wie in Bild 6.3b).

b) Zeichnen Sie das Signalflussdiagramm des Motorenprüfstandes für den Fall der Drehmoment- oder Drehzahl-Regelung des Asynchronmotors, entsprechend Bild 6.3c) und d).

c) Entwickeln Sie ein Signalflussdiagramm (Blockschaltbild) mit allen wichtigen Übertragungselementen, wie in Bild 6.23 und entwickeln Sie ein Schema der Drehmoment- und Drehzahlregelung.

Teil III

Methoden der experimentellen Modellbildung

7

Identifikation dynamischer Systeme (experimentelle Modellbildung)

Auf dem Wege der theoretischen Modellbildung erhält man in der Regel die grundlegende Struktur des mathematischen Modells des Prozesses und auch einige Parameter. Die Parameter werden dabei aus physikalischen Prozesskoeffizienten oder Grunddaten des Prozesses berechnet, sofern dies möglich ist. Manche Prozessabläufe sind jedoch nicht genau bekannt, und bei der Bestimmung der Parameter sind die Unsicherheiten oft groß. Als Ergänzung zur theoretischen Modellbildung bietet sich deshalb die *experimentelle Modellbildung* an, die *Prozess-Identifikation* genannt wird. Hierbei verwendet man gemessene Signale und ermittelt das zeitliche Verhalten des Systems innerhalb bestimmter Klassen von mathematischen Modellen.

Für mechatronische Systeme ist dieses Gebiet von Interesse, um theoretische Modelle zu validieren und um zur Adaption der modellgestützten Funktionen eine Online-Identifikation bzw. Parameterschätzung zu integrieren. Dies wird z.B. für modellgestützte Steuerungen und Regelungen, zur Kompensation des nichtlinearen Verhalten wie z.B. bei Reibung, Hysterese und vom Betriebspunkt abhängigem Verhalten, zur Fehlererkennung und Prozessoptimierung benötigt.

Im Folgenden wird eine kurzgefasste Darstellung mit Hinblick auf mechatronische Systeme gegeben. Eine ausführliche Darstellung ist z.B. in Eykhoff (1974), Young (1984), Isermann (1992), Ljung (1999) zu finden.

7.1 Identifikationsmethoden

7.1.1 Allgemeines Vorgehen

Es wird ein linearer Prozess nach Bild 7.1 betrachtet. Der Prozess sei stabil, so dass eine eindeutige Beziehung zwischen Eingangssignal $u(t)$ und Ausgangssignal $y_u(t)$ existiert. Auf den Prozess wirken Störsignale ein, die als Störsignalkomponente $y_z(t)$ dem Nutzsignal $y_u(t)$ am Ausgang überlagert gedacht werden können. Die *Aufgabe der Identifikation* besteht dann darin, aus dem bekannten Eingangssignal $u(t)$ und dem gestörten Ausgangssignal $y(t)$ ein mathematisches Modell des Prozesses P zu ermitteln. Dies kann man sich so vorstellen, dass ein Fehler $e(t)$ zwischen Prozess und Modell gebildet wird (siehe Bild 7.2), der im Laufe der Messzeit bei Einsatz eines Identifikationsverfahrens kleiner wird. Wenn bei der Identifikation lediglich Ein- und Ausgangssignale zur Verfügung stehen, kann auch nur das Ein-/Ausgangsverhalten bestimmt werden. Dann geht nur der steuerbare und beobachtbare Teil des Prozesses in das ermittelte Modell ein.

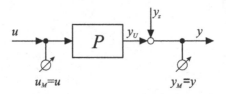

Bild 7.1. Linearer Prozess mit gestörtem Ausgangssignal

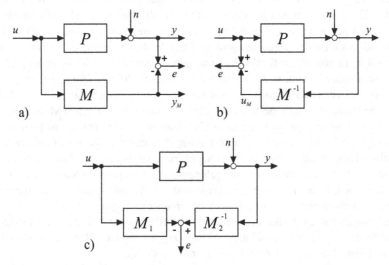

Bild 7.2. Bildung verschiedener Fehlersignale zwischen Prozess P und Modell M: a) Ausgangsfehler $e = y - Mu$; b) Eingangsfehler $e = u - M^{-1}y$; c) Verallgemeinerter Fehler $e = M_2^{-1}y - M_1 u$

Bei einem Identifikationsexperiment sind grundsätzlich mehrere *Beschränkungen* zu beachten: Die Messzeit ist beschränkt, $T_M \leq T_{M.max}$; die Testsignalhöhe ist beschränkt, $u_0 \leq u_{0.max}$; die Ausgangssignaländerung ist beschränkt, $y_0 \leq y_{0.max}$. Ferner besteht das Störsignal $y_z(t)$ oft aus mehreren Komponenten: Stochastischer, stationärer Anteil $n(t)$, instationärer Anteil (Drift) $d(t)$ und nicht definierbare Anteile $h(t)$, wie z.B. Sprünge, Impulse.

7.1.2 Klassifikation von Identifikationsmodellen

Im Laufe der letzten 30 Jahre sind viele verschiedene Identifikationsmethoden entwickelt worden., z.B. Eykhoff (1974), Strobel (1975), Leonhard (1973), Young (1984), Ljung und Söderström (1985), so dass zum Verständnis der Unterschiede *Klassifikationsmerkmale* notwendig sind. Beschränkt man sich dabei auf lineare Prozesse mit konzentrierten Parametern und mit einem Ein- und Ausgang, dann kann man folgende Merkmale angeben:

1) *Typ der mathematischen Modelle*
   Parametrische Modelle: Gleichungen, die die Parameter explizit enthalten (Differentialgleichungen, Übertragungsfunktionen).
   Nichtparametrische Modelle: Funktionen in Form von Wertetafeln oder Kurvenverläufen (Gewichtsfunktionen, Frequenzgangwerte).
2) *Typ der im Modell verwendeten Signale*
   Kontinuierliche Signale: Amplitude und Zeit haben einen kontinuierlichen Wertebereich.
   Zeitdiskrete Signale: Diskrete Zeit und kontinuierliche Amplitude (Abtastsignale).
3) *Eingangssignale*
   Determiniert oder *stochastisch*.
4) *Fehler zwischen Modell und Prozess*
   Ausgangs-, Eingangs-, verallgemeinerter Fehler (siehe Bild 7.2)
5) *Kopplung von Prozess und Rechner*
   Offline oder *online*.
6) *Art der Signalverarbeitung*
   Blockverarbeitung oder *Echtzeitverarbeitung*.
7) *Art der algorithmischen Verarbeitung*
   Nichtrekursiv oder *rekursiv*.
8) *Art der nichtrekursiven Verarbeitung*
   Direkt (ein Rechenlauf) oder *iterativ* (mehrere Läufe).

7.1.3 Identifikationsmethoden

Die wichtigsten Identifikationsmethoden lassen sich wie folgt charakterisieren (vgl. Tabelle 7.1).

7.1.4 Testsignale

Nichtparametrische Modelle
Die *Frequenzgangmessung* mit periodischen Testsignalen dient zur direkten Ermittlung der Frequenzgangwerte. Gut bewährt hat sich die Auswertung durch orthogonale Korrelation, die in sogenannten Frequenzgangmessplätzen enthalten ist. Die erforderliche Messzeit ist bei mehreren erforderlichen Frequenzwerten relativ groß,

Tabelle 7.1. Übersicht der wichtigsten Identifikationsmethoden. ZVS: Zeitvariante Systeme, MGS: Mehrgrößensysteme, NLS: Nichtlineare Systeme

Eingangssignal	Modell / Ausgangssignal	Identifikations-Methode	Mess-/Auswertgerät	Zulässiges Störsignal	Digitalrechner Kopplung offline	online	Datenverarbeitung Block	Echtzeit	Erreichbare Genauigkeit	Erweiterbarkeit ZVS	MGS	NLS	Anwendungsbeispiele
(Sprung)	$\dfrac{K}{(1+Ts)^n}$ Param.	Kennwert-ermittlung	• Schreiber • Datenspeicher • PC	sehr klein	-	-	-	-	klein	-	-	-	Grobes Modell, Reglereinstellung
(Rechteck)	$G(i\,\omega_\nu)$ Nichtparam.	Fourier-Analyse	• Schreiber • Datenspeicher • PC	klein	X	-	X	-	mittel	-	X	-	Überprüfung theoretischer Modelle
(Sinus)	$G(i\,\omega_\nu)$ Nichtparam.	Frequenzgangmessung	• Schreiber • Datenspeicher • F.G Messgerät	mittel	X	X	-	-	sehr groß	-	X	-	Überprüfung theoretischer Modelle Entwurf klassischer Regler
(Rausch)	$g(t)$ Nichtparam.	Korrelation	• Korrelator • Prozessrechner • PC	groß	X	-	X	-	groß	X	X	X	Erkennung Signalzusammenhänge Laufzeit-Identifikation
(Rechteck)	$\dfrac{b_0+b_1 s+\dots}{1+a_1 s+\dots}$ Param.	Modell-anpassung	• Analogrechner • PC	klein	-	X	-	X	mittel	X	-	-	Adaptive Regelung
(Rechteck)	$\dfrac{b_0+b_1 s+\dots}{1+a_1 s+\dots}$ Param.	Parameterschätzung	• Prozessrechner • PC	groß	X	X	X	X	groß	X	X	X	Entwurf digitaler Regler Adaptive Regelung Fehlerkennung
(Rechteck)	(Neuronales Netz) Param.	Adaption Neuronales Netz	• Prozessrechner • PC	klein/mittel	X	X	X	-	sehr groß	-	X	X	Entwurf nichtlinearer Regler Adaptive Regelung Fehlererkennung

die erreichbare Genauigkeit sehr groß. Die Frequenzgangmessung ist besonders bei Prozessen mit mehreren Resonanzfrequenzen zu empfehlen.

Die *Fourieranalyse* wird hauptsächlich für lineare Prozesse mit kontinuierlichen Signalen zur Ermittlung des Frequenzganges aus Sprung- und Impulsantwortfunktionen angewandt. Sie ist ein einfaches Verfahren mit relativ kleinem Rechenaufwand, relativ kurzer Messzeit und empfiehlt sich nur für Prozesse mit kleinem Störsignal/Testsignal-Verhältnis.

Die *Korrelationsanalyse* arbeitet im Zeitbereich und ist für lineare Prozesse sowohl mit zeitkontinuierlichen als auch zeitdiskreten Signalen im offenem Regelkreis geeignet. Zulässige Eingangssignale sind stochastische oder periodische Signale. Als Ergebnis erhält man Korrelationsfunktionen bzw. in Sonderfällen Gewichtsfunktionen. Korrelationsverfahren werden bei Prozessen mit großem Störsignal/Testsignal-Verhältnis bevorzugt angewandt. Der Rechenaufwand ist gering.

Die *Spektralanalyse* wird unter denselben Bedingungen wie die Korrelationsanalyse verwendet. Die Auswertung geschieht jedoch über den Frequenzbereich. Es werden Spektren berechnet. Das Ergebnis sind Frequenzgangwerte.

Als Apriori-Information dieser Methoden für nichtparametrische Modelle muss nur bekannt sein, dass der Prozess linearisierbar ist. Eine bestimmte Modellstruktur muss nicht angenommen werden. Deshalb eignen sich diese nichtparametrischen Methoden sowohl für Prozesse mit konzentrierten als auch verteilten Parametern mit beliebig komplizierter Struktur. Sie werden bevorzugt zur Überprüfung theoretisch abgeleiteter Modelle verwendet, denn dann ist man besonders daran interessiert, keine bestimmte Modellstruktur annehmen zu müssen.

Parametrische Modelle

Bei den Identifikationsmethoden für parametrische Modelle muss eine bestimmte Modellstruktur angenommen werden. Falls die angenommene Struktur zutrifft, sind wegen der höheren Apriori-Information im Zusammenhang mit statistischen Ausgleichsmethoden genauere Ergebnisse zu erwarten.

Am Einfachsten sind die Methoden der *Kennwertermittlung*. Hierbei werden aus gemessenen Antwortfunktionen auf nichtperiodische Testsignale bestimmte Kennwerte wie z.B. Verzugszeit und Ausgleichszeit entnommen, und es werden aufgrund von Tabellen und Diagrammen die Parameter einfacher Modelle bestimmt. Diese Kennwertermittlung ist aber bei Auswertung von Hand nur für einfache Prozesse anwendbar, wenn nur kleine Störsignale einwirken.

Die *Referenzmodellmethoden* oder *Modellabgleichmethoden* wurden für analog realisierte Modelle mit kontinuierlichen Signalen entwickelt, sie liefern nach Annahme einer bestimmten Modellstruktur die Parameter von Differentialgleichungen oder Differenzengleichungen. Für die Eingangssignale gilt meist nur die Voraussetzung, dass alle interessierenden Eigenfrequenzen des Prozesses genügend angeregt werden. Die Referenzmodell-Verfahren haben jedoch zugunsten der Parameterschätzverfahren an Bedeutung verloren.

Parameterschätzmethoden gehen von Differenzengleichungen oder Differentialgleichungen beliebiger, aber nicht zu hoher Ordnung und Totzeit aus. Durch speziell für dynamische Prozesse entwickelte statistische Ausgleichsverfahren werden Funktionen von Fehlersignalen minimiert. Es sind beliebige Eingangssignale und auch größere Störsignale zulässig. Parameterschätzmethoden lassen sich deshalb vielseitig einsetzen und erlauben auch bei ungünstigem Störsignal/Nutzsignal-Verhältnis noch die Ermittlung von Modellen, auch im geschlossenen Regelkreis.

Zur Identifikation nichtlinearer Prozesse ohne wesentliche Apriori-Kenntnisse der Modellstruktur eignen sich *künstliche neuronale Netze*, die aus mathematisch formulierten Neuronen als nichtlineare Modellmodule zusammengesetzt werden.

Im Allgemeinen ist zu empfehlen, künstlich erzeugte Testsignale zu verwenden, da die im Betrieb auftretenden Signale die Prozesse selten genügend anregen. An diese Testsignale werden im Allgemeinen folgende Forderungen gestellt:

- Einfach und reproduzierbar zu erzeugen
- einfach mathematisch beschreibbar
- realisierbar mit den gegebenen Stelleinrichtungen
- anwendbar auf den Prozess
- gute Anregung der interessierenden Prozessdynamik und des Signalamplitudenbereiches.

Bild 7.3 zeigt einige häufig verwendete Testsignale. Bei Korrelationsmethoden und Parameterschätzmethoden für lineare Prozesse hat sich das **P**seudo-**R**ausch-**B**inär-**S**ignal (PRBS) sehr gut bewährt. Speziell bei Flugzeugen wird gerne ein 3211-Signal verwendet, das als Kombination von Rechteckimpulsen oder Teile eines PRBS aufgefasst werden kann. Für nichtlineare Prozesse ist ein amplitudenmoduliertes APRBS geeignet.

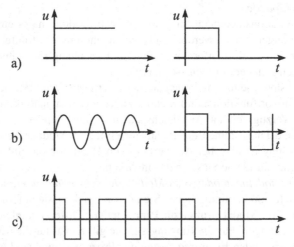

Bild 7.3. Häufig verwendete Testsignale: a) nichtperiodisch: Sprungfunktion und Rechteckimpuls; b) Periodisch: Sinus- und Rechteckschwingung; c) Stochastisch: Diskretes binäres Rauschen

7.1.5 Geschlossener Regelkreis

Proportional wirkende Prozesse können im Allgemeinen bei geöffneten Regelkreisen identifiziert werden. Bei integral wirkenden Prozessen ist dies jedoch häufig nicht möglich, da entweder störende Driftsignale einwirken oder aber der Betrieb des Prozesses dies nicht für längere Zeit zulässt (Wegdriften des Betriebspunktes). In solchen Fällen und auch bei instabilen Prozessen muss man deshalb im geschlossenen Regelkreis identifizieren (siehe Bild 7.4). Wenn ein externes Signal, z.B. die Führungsgröße w, messbar ist, dann kann der Prozess mit Korrelations- oder Parameterschätzmethoden identifiziert werden, siehe Isermann (1992). Wirkt jedoch kein messbares externes Signal ein, z.B. lediglich das Störsignal y_z, dann können Parameterschätzmethoden unter Beachtung von Identifizierbarkeitsbedingungen eingesetzt werden.

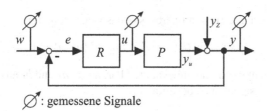

$\oslash$: gemessene Signale

Bild 7.4. Zur Identifikation im geschlossenen Regelkreis

7.1.6 Art der Anwendung

Einen ausschlaggebenden Einfluss auf die Wahl des mathematischen Modells, die Identifikationsmethode, die erforderliche Genauigkeit des Modells und die einzusetzenden Geräte hat die Anwendung des identifizierten Modells.

Für Anwendungen in mechatronischen Systemen oder zu ihrem Entwurf sind besonders die Parameterschätzmethoden von Bedeutung, die online und in Echtzeit arbeiten können und relativ einfach auch auf bestimmte Klassen von nichtlinearen Prozessen übertragen werden können. Deshalb sollen im Folgenden diese Methoden und bestimmte neuronale Netze für nichtlineare Mehrgrößensysteme betrachtet werden.

7.2 Parameterschätzung für zeitdiskrete Signale

Es wird davon ausgegangen, dass sich der Prozess durch eine lineare Differenzengleichung

$$y_u(k) + a_1 y_u(k-1) + \ldots + a_m y_u(k-m) = $$
$$= b_1 u(k-d-1) + \ldots + b_m u(k-d-m) \qquad (7.2.1)$$

beschreiben lässt. Hierbei sind

$$
\begin{aligned}
u(k) &= U(k) - U_{00}, \\
y_u(k) &= Y_u(k) - y_{00}
\end{aligned}
\tag{7.2.2}
$$

die Änderungen der absoluten Signalwerte $U(k)$ und $Y_u(k)$ von den Gleichwerten U_{00} und Y_{00}. k ist die diskrete Zeit $k = t/T_0 = 0, 1, 2 \dots$, T_0 ist die Abtastzeit, $d = T_t/T_0 = 0, 1, 2, \dots$ die diskrete Totzeit mit der Totzeit T_t. Die zugehörige z-Übertragungsfunktion lautet

$$
\begin{aligned}
G_P(z) &= \frac{y_u(z)}{u(z)} = \frac{B(z^{-1})}{A(z^{-1})} z^{-d} = \\
&= \frac{b_1 z^{-1} + \cdots + b_m z^{-m}}{1 + a_1 z^{-1} + \cdots + a_m z^{-m}} z^{-d}.
\end{aligned}
\tag{7.2.3}
$$

Das Messsignal enthalte ein stationäres, stochastisches Störsignal

$$
y(k) = y_u(k) + n(k) \quad \text{mit} \quad E\{n(k)\} = 0.
\tag{7.2.4}
$$

Die Aufgabe besteht darin, die unbekannten Parameter a_i und b_i aus N gemessenen Ein- und Ausgangssignalen zu bestimmen.

7.2.1 Methode der kleinsten Quadrate (LS)

Bezeichnet man die bis zu einem Zeitpunkt $(k-1)$ bestimmten Parameter mit a_i' und b_i', dann gilt mit dem gestörten Ausgangssignal

$$
\begin{aligned}
&y(k) + a_1' y(k-1) + \ldots + a_m' y(k-m) \\
&- b_1' u(k-d-1) - \ldots - b_m' u(k-d-m) = e(k),
\end{aligned}
\tag{7.2.5}
$$

wobei anstelle von 0 wie bei der entsprechend geschriebenen (7.2.1) der *Gleichungsfehler* (Residuum) eingeführt wird. Dieser entspricht einem verallgemeinerten Fehler (Bild 7.2), was aus der Form

$$
A'(z^{-1}) y(z) - B'(z^{-1}) z^{-d} u(z) = e(z)
\tag{7.2.6}
$$

ersichtlich ist (siehe Bild 7.5). Die Eigenschaft, dass e linear von den gesuchten Parametern abhängig ist (Linearität den Parametern), ermöglicht eine direkte Parameterschätzung.

In (7.2.5) kann man $y'(k|k-1)$ als Einschritt-Vorhersage aufgrund von Messungen bis $(k-1)$ auffassen und schreiben

$$
y'(k|k-1) = \boldsymbol{\psi}^T(k) \boldsymbol{\Theta}'
\tag{7.2.7}
$$

mit dem Datenvektor

$$
\begin{aligned}
\boldsymbol{\psi}^T(k) = [-y(k-1) \ldots -y(k-m) | u(k-d-1) \ldots \\
u(k-d-m)]
\end{aligned}
\tag{7.2.8}
$$

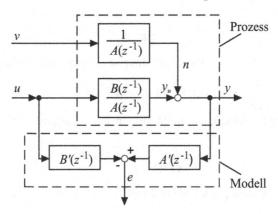

Bild 7.5. Modellanordnung bei der Methode der kleinsten Quadrate mit Gleichungsfehler (verallgemeinerter Fehler)

und dem Parametervektor

$$\Theta' = \begin{bmatrix} a'_1 \dots a'_m | b'_1 \dots b'_m \end{bmatrix}^T. \tag{7.2.9}$$

(7.2.5) lautet dann

$$y(k) = \psi^T(k)\Theta' + e(k). \tag{7.2.10}$$

Die gemessenen Signale für $k = m + d, \dots, m + d + N$ werden in Vektoren angeordnet, z.B.

$$\mathbf{y}^T(m + d + N) = [y(m + d) \dots y(m + d + N)]. \tag{7.2.11}$$

Dann gilt

$$\mathbf{y}(m + d + n) = \Psi(m + d + N)\Theta' + \mathbf{e}(m + d + N), \tag{7.2.12}$$

wobei Ψ eine $((N + 1), 2m)$-Datenmatrix ist. Nun wird die Summe der Gleichungsfehlerquadrate

$$V = \sum_{k=m+d}^{m+d+N} e^2(k) = e^T(m + d + N)e(m + d + N) \tag{7.2.13}$$

bezüglich der unbekannten Parameter minimiert

$$\left. \frac{dV}{d\Theta'} \right|_{\Theta'=\hat{\Theta}} = -2\Psi^T[\mathbf{y} - \Psi\Theta'] = \mathbf{0}. \tag{7.2.14}$$

Hieraus folgt die (nichtrekursive) Schätzgleichung der Methode der kleinsten Quadrate (LS: least squares, ausführliche Ableitung siehe z.B. Isermann (1992))

$$\hat{\Theta} = [\Psi^T\Psi]^{-1}\Psi^T\mathbf{y}. \tag{7.2.15}$$

Die Matrix

$$\mathbf{P} = [\mathbf{\Psi}^T \mathbf{\Psi}]^{-1} \qquad (7.2.16)$$

hat die Dimension $(2m, 2m)$. Damit ihre Inverse existiert, muss gelten

$$\det[\mathbf{\Psi}^T \mathbf{\Psi}] = \det \mathbf{P}^{-1} \neq 0 \qquad (7.2.17)$$

und damit die Verlustfunktion V ein Minimum annimmt, muss

$$\frac{\partial^2 \mathbf{V}}{\partial \mathbf{\Theta} \partial \mathbf{\Theta}^T} = \mathbf{\Psi}^T \mathbf{\Psi} \qquad (7.2.18)$$

positiv definit sein. Beides wird erfüllt durch

$$\det[\mathbf{\Psi}^T \mathbf{\Psi}] = \det \mathbf{P}^{-1} > 0. \qquad (7.2.19)$$

Die Bedingung schließt ein, dass das Eingangssignal *fortdauernd angeregt* ist und der Prozess *stabil* ist. Von einer Parameterschätzung wird im Allgemeinen erwartet, dass sie erwartungstreu ist für endliche N ($\mathbf{\Theta}_0$ wahre Parameter)

$$E\left\{\hat{\mathbf{\Theta}}(N)\right\} = \mathbf{\Theta}_0 \qquad (7.2.20)$$

und konsistent im quadratischen Mittel, d.h.

$$\lim_{N \to \infty} E\left\{\hat{\mathbf{\Theta}}(N)\right\} = \mathbf{\Theta}_0, \qquad (7.2.21)$$

$$\lim_{N \to \infty} E\left\{\left[\hat{\mathbf{\Theta}}(N) - \mathbf{\Theta}_0\right]\left[\hat{\mathbf{\Theta}}(N) - \mathbf{\Theta}_0\right]^T\right\} = \mathbf{0}. \qquad (7.2.22)$$

Für die Methode der kleinsten Quadrate wird nach Einsetzen von (7.2.12) in (7.2.15)

$$E\left\{\hat{\mathbf{\Theta}}(N)\right\} = \mathbf{\Theta}_0 + E\left\{\left[\mathbf{\Psi}^T \mathbf{\Psi}\right]^{-1} \mathbf{\Psi}^T \mathbf{e}\right\} = $$
$$= \mathbf{\Theta}_0 + \mathbf{b}. \qquad (7.2.23)$$

Damit der Bias (systematischer Schätzfehler) $\mathbf{b}$ verschwindet, dürfen $\mathbf{\Psi}^T$ und $\mathbf{e}$ nicht korreliert sein. Hieraus folgt, dass $e(k)$ nicht korreliert sein darf und $E\{e(k)\} = 0$. Eine erwartungstreue Schätzung wird dann erreicht, wenn das Störsignal $n(k)$ über ein Störsignalfilter

$$G_v(z) = \frac{n(z)}{v(z)} = \frac{1}{A(z^{-1})} \qquad (7.2.24)$$

erzeugt wird, wobei $v(k)$ ein diskretes weißes Rauschen ist (Bild 7.5). Da dieses Filter jedoch praktisch nicht existiert, liefert die Methode der kleinsten Quadrate im Allgemeinen Schätzungen mit Bias. Diese systematischen Schätzfehler sind dabei um so größer, je größer die Varianz σ_n^2 der Störsignale im Vergleich zur Varianz des Nutzsignals σ_{yu}^2 ist.

Für die Kovarianzmatrix gilt mit $E\left\{\hat{\boldsymbol{\Theta}}\right\} = \boldsymbol{\Theta}_0$ (also $\mathbf{b} = \mathbf{0}$)

$$
\begin{aligned}
cov[\Delta\boldsymbol{\Theta}] &= E\left\{\left[\hat{\boldsymbol{\Theta}} - \boldsymbol{\Theta}_0\right]\left[\hat{\boldsymbol{\Theta}} - \boldsymbol{\Theta}_0\right]^T\right\} \sigma_e^2 E\left\{\mathbf{P}\right\} = \\
&= \sigma_e^2 E\left\{\left[\frac{1}{N+1}\boldsymbol{\Psi}^T\boldsymbol{\Psi}\right]^{-1}\right\} \frac{1}{N+1} \\
&= \sigma_e^2\left\{\boldsymbol{\Phi}^{-1}(N+1)\right\} \frac{1}{N+1}.
\end{aligned}
\tag{7.2.25}
$$

σ_e^2 ist die Varianz von $e(k)$. $\boldsymbol{\Phi}$ ist eine Matrix, deren Elemente aus Korrelationsfunktionen bestehen. Für $N \to \infty$ wird (7.2.22) erfüllt. $E\left\{\mathbf{P}\right\}$ ist proportional zur Kovarianzmatrix der Parameterschätzfehler.

Aufgrund der nicht erwartungstreuen Schätzung kann die Methode der kleinsten Quadrate nur bei nicht oder nur wenig gestörten Prozessen eingesetzt werden. Ein großer Vorteil ist aber die Schätzung der Parameter $\hat{\boldsymbol{\Theta}}$ in einem Rechenlauf, also nicht durch iterative Verfahren, was durch die Verwendung eines Fehlersignals ermöglicht wurde, das linear in den Parametern ist.

7.2.2 Rekursive Methode der kleinsten Quadrate

Die bisher betrachtete Methode der kleinsten Quadrate ist nichtrekursiv, d.h. man muss erst alle Daten speichern und dann $\hat{\boldsymbol{\Theta}}(N)$ (in einem Lauf) berechnen. Wenn man jedoch nach jeder neuen Messung von $u(k)$ und $y(k)$ die neuesten Parameterschätzwerte $\hat{\boldsymbol{\Theta}}(k)$ haben möchte (Echtzeitanwendungen), dann kann man (7.2.15) in eine rekursive Schreibweise umformen und erhält die RLS-Schätzgleichung (recursive least-squares)

$$
\hat{\boldsymbol{\Theta}}(k+1) = \hat{\boldsymbol{\Theta}}(k) + \boldsymbol{\gamma}(k)\left[y(k+1) - \boldsymbol{\psi}^T(k+1)\hat{\boldsymbol{\Theta}}(k)\right],
\tag{7.2.26}
$$

$$
\boldsymbol{\gamma}(k) = \frac{1}{\boldsymbol{\psi}^T(k+1)\mathbf{P}(k)\boldsymbol{\psi}(k+1) + 1}\mathbf{P}(k)\boldsymbol{\psi}(k+1),
\tag{7.2.27}
$$

$$
\mathbf{P}(k+1) = [I - \boldsymbol{\gamma}(k)\boldsymbol{\psi}^T(k+1)\mathbf{P}(k)].
\tag{7.2.28}
$$

Zum Start wird $\hat{\boldsymbol{\Theta}}(0) = \mathbf{0}$ gesetzt und es werden große Varianzen $\mathbf{P}(0) = \alpha\mathbf{I}, \alpha = 100 \ldots 1000$, angenommen. Wegen numerischer Vorteile werden bei der Implementierung sogenannte Wurzelfilterverfahren z.B. DSFC, DSFI oder DUDC bevorzugt, siehe Isermann (1992).

7.2.3 Modifikation der Methode der kleinsten Quadrate

Um bei den praktisch vorkommenden farbigen Störsignalen erwartungstreue Parameterschätzungen zu erhalten, sind mehrere Modifikationen der ursprünglichen Methode der kleinsten Quadrate vorgeschlagen worden. Hierzu zählen z.B. die Methoden der *verallgemeinerten kleinsten Quadrate* (GLS) und der *erweiterten kleinsten*

Quadrate (ELS) und die *Maximum-Likelihood-Methode*, siehe Isermann (1992). In der praktischen Anwendung hat sich jedoch gezeigt, dass diese Methoden nur dann bessere Ergebnisse als LS liefern, wenn die Messzeiten sehr groß sind. Deshalb reicht in vielen Fällen die LS- oder RLS-Methode, in Form von z.B. DSFI aus, wenn die Störsignale nicht sehr groß sind im Vergleich zu den anregenden Eingangssignalen.

7.3 Parameterschätzung für zeitkontinuierliche Signale

Die Parameterschätzmethoden für dynamische Prozesse wurden zunächst hauptsächlich für Prozessmodelle mit zeitdiskreten Signalen im Zusammenhang mit digitalen Regelungen entwickelt. Für manche Anwendungen, wie z.B. zur Überprüfung theoretischer Modelle und zur Fehlerdiagnose, ist jedoch die Parameterschätzung für Modelle mit zeitkontinuierlichen Signalen erforderlich.

7.3.1 Methode der kleinsten Quadrate

Es wird ein stabiler Prozess mit konzentrierten Parametern betrachtet, der durch eine lineare, zeitinvariante Differentialgleichung

$$
\begin{aligned}
a_n y_u^{(n)}(t) + a_{n-1} y_u^{(n-1)}(t) + \ldots + a_1 y_u^{(1)}(t) + y_u(t) = \\
= b_m u^{(m)}(t) + b_{m-1} u^{(m-1)}(t) + \ldots + b_1 u^{(1)}(t) + b_0 u(t) \quad m < n
\end{aligned}
\tag{7.3.1}
$$

beschrieben werden kann. Dabei wird angenommen, dass die Ableitungen des Ausgangssignals

$$
y^{(j)}(t) = d^j y(t)/dt^j, \quad j = 1, 2, \ldots, n
\tag{7.3.2}
$$

und des Eingangssignales für $j = 1, 2, \ldots, m$ existieren. $u(t)$ und $y(t)$ sind die Änderungen

$$
\begin{aligned}
u(t) &= U(t) - U_{00}, \\
y(t) &= Y(t) - Y_{00}
\end{aligned}
\tag{7.3.3}
$$

der absoluten Signalwerte $U(t)$ und $Y(t)$ von den Gleichwerten U_{00} und Y_{00}. Zu (7.3.1) gehört die Übertragungsfunktion

$$
\begin{aligned}
G_P(s) &= \frac{y_u(s)}{u(s)} = \frac{B(s)}{A(s)} = \\
&= \frac{b_0 + b_1 s + \ldots + b_{m-1} s^{m-1} + b_m s^m}{1 + a_1 s + \ldots + a_{n-1} s^{n-1} + a_n s^n}.
\end{aligned}
\tag{7.3.4}
$$

Das messbare Signal $y(t)$ enthalte ein überlagertes Störsignal $n(t)$, also

$$
y(t) = y_u(t) + n(t).
\tag{7.3.5}
$$

Setzt man (7.3.5) in (7.3.1) ein und führt einen Gleichungsfehler $e(t)$ ein, dann wird (entsprechend zu (7.2.10))

$$y(t) = \boldsymbol{\psi}^T(t)\boldsymbol{\Theta}' + e(t) \tag{7.3.6}$$

mit

$$\boldsymbol{\psi}^T(t) = [-y^{(1)}(t)\ldots - y^{(n)}(t)|u(t)\ldots u^{(m)}(t)], \tag{7.3.7}$$

$$\boldsymbol{\Theta}' = [a_1'\ldots a_n'|b_0'\ldots b_m']^T. \tag{7.3.8}$$

Es werden nun Ein- und Ausgangssignale zu den diskreten Zeitpunkten $t = kT_0$, $k = 0, 1, 2, \ldots N$, mit der Abtastzeit T_0 gemessen und ihre Ableitungen gebildet. Dann entstehen $N + 1$ Gleichungen

$$y(k) = \boldsymbol{\psi}^T(k)\boldsymbol{\Theta}' + e(k). \tag{7.3.9}$$

Dieses Gleichungssystem wird nun in eine Matrixdarstellung gebracht

$$\mathbf{y} = \boldsymbol{\Psi}\boldsymbol{\Theta}' + \mathbf{e}. \tag{7.3.10}$$

Durch Minimieren der Verlustfunktion

$$V = \mathbf{e}^T(N)\mathbf{e}(N) = \sum_{k=0}^{N} e^2(k) \tag{7.3.11}$$

erhält man über $dV/d\boldsymbol{\Theta}' = \mathbf{0}$ wie in Abschnitt 7.2 den Parameterschätzwertvektor nach der Methode der kleinsten Quadrate

$$\hat{\boldsymbol{\Theta}}(N) = [\boldsymbol{\Psi}^T\boldsymbol{\Psi}]^{-1}\boldsymbol{\Psi}^T y. \tag{7.3.12}$$

Die Existenz einer eindeutigen Lösung setzt voraus, dass die Matrix $\boldsymbol{\Psi}^T\boldsymbol{\Psi}$ positiv definit ist. Nach Division durch die Messzeit erhält man als Elemente dieser Matrix Korrelationsfunktionsschätzwerte $\hat{R}(\tau)$ der Signalableitungen für $\tau = 0$, also ohne Zeitverschiebung.

In der äußeren Gestalt ist viel Ähnlichkeit zur Methode der kleinsten Quadrate für Modelle mit zeitdiskreten Signalen zu erkennen. Deshalb können eine Reihe von Darstellungen direkt übernommen werden, wie z.B. die rekursive Form und numerisch verbesserte Versionen. Besondere Probleme treten allerdings bei der Konvergenz und der Ermittlung der benötigten Ableitungen der Signalwerte auf.

Eine *Konvergenzanalyse* zeigt, dass sich bei der LS-Methode für kontinuierliche Signale auch dann keine erwartungstreuen Schätzwerte ergeben, wenn das Fehlersignal $e(t)$ statistisch unabhängig ist. Deshalb treten bei gestörten Prozessen grundsätzlich Bias auf.

Wenn die erforderlichen *Ableitungen der Signale* direkt messbar sind (wie z.B. bei Fahrzeugen), können diese Messwerte in die Datenmatrix $\boldsymbol{\Psi}$ eingesetzt bzw. die in $[\boldsymbol{\Psi}^T\boldsymbol{\Psi}]/(N + 1)$ stehenden Korrelationsfunktionen direkt berechnet werden. Sind die Ableitungen jedoch nicht messbar, dann müssen sie aus den abgetasteten Signalen $u(t)$ und $y(t)$ bestimmt werden. Hierzu gibt es im Wesentlichen zwei Möglichkeiten. Die *numerische Differentiation* in Verbindung mit Interpolationsverfahren (Spline, Newton) kann jedoch Störsignaleinflüsse nicht genügend abschwächen. Besser bewährt hat sich ein *Zustandsvariablenfilter* (ZVF)

$$F(s) = \frac{y_f(s)}{y(s)} = \frac{1}{f_0 + f_1 s + \ldots + f_{n-1} s^{n-1} + s^n},\qquad (7.3.13)$$

(siehe Bild 7.6). Dies ist ein Tiefpassfilter in Zustandsdarstellung, das sowohl die Ableitungen liefert als auch Störsignale ausfiltert. Damit werden sowohl $u(t)$ als auch $y(t)$ gefiltert. Die Wahl der Filterparameter f_i ist weitgehend frei. Es wird die Auslegung als Butterworth-Filter empfohlen, Peter (1993).

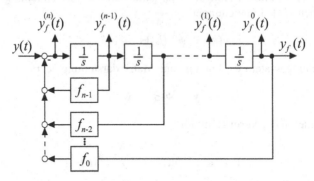

Bild 7.6. Zustandsvariablenfilter zur Bestimmung von Signalableitungen

Bei kleinen Störsignal/Nutzsignal-Verhältnissen hat sich diese Methode der kleinsten Quadrate gut bewährt.

Bei größeren Störsignalen sollten konsistente Parameterschätzmethoden eingesetzt werden. Hierzu eignet sich die *Methode der Hilfsvariablen*.

Da die Parameterschätzmethoden schließlich wieder auf zeitdiskrete Schätzalgorithmen führen, können viele Ergebnisse und Schätzmethoden für zeitdiskrete Modelle sinngemäß übernommen werden.

7.4 Zeitvariante Systeme

Bei den bisher betrachteten Identifikationsmethoden wurde angenommen, dass die Parameter konstant sind. Dies trifft jedoch in der Praxis selten zu, da die Parameter sich durch interne oder externe Einflüsse mit der Zeit ändern. Besonders häufig ist der Fall, dass für kleine Signaländerungen lineares Verhalten um den Betriebspunkt angenommen werden darf. Bei Änderungen des Betriebspunktes macht sich dann das in Wirklichkeit nichtlineare Verhalten bemerkbar. Man kann dann versuchen, mit linearen Modellen, aber zeitinvarianten Parametern, weiterzukommen. Hierzu eignen sich *rekursive Parameterschätzmethoden*, die im Folgenden am Beispiel der Methode der kleinsten Quadrate kurz beschrieben werden.

Um die jüngeren Messwerte stärker zu gewichten als die älteren Messwerte, kann man die Fehlerquadrate mit Gewichten $w(k)$ versehen, die gemäß

$$w(k) = \lambda^{N^* - k}, \quad 0 < \lambda < 1 \qquad (7.4.1)$$

exponentiell abnehmen, wie man aus

$$w(N^*) = 1, \quad w(N^* - 1) = \lambda, \quad w(N^* - 2) = \lambda^2, \ldots \qquad (7.4.2)$$

sieht.

Hierbei wird λ *Vergessensfaktor* genannt.

Die Verlustfunkton lautet dann

$$V = \sum_{k=N^*-N}^{N^*} w(k)e^2(k) = \sum_{k=N^*-N}^{N^*} \lambda^{N^*-k}e^2(k). \qquad (7.4.3)$$

Aus der gewichteten Methode der kleinsten Quadrate folgen dann die rekursiven Schätzalgorithmen

$$\hat{\Theta}(k+1) = \hat{\Theta}(k) + \gamma(k)[y(k+1) - \psi^T(k+1)\hat{\Theta}(k)], \qquad (7.4.4)$$

$$\gamma(k) = \frac{1}{\psi^T(k+1)\mathbf{P}(k)\psi(k+1) + \lambda}\mathbf{P}(k)\psi(k+1), \qquad (7.4.5)$$

$$\mathbf{P}(k+1) = [\mathbf{I} - \gamma(k)\psi^T(k+1)]\mathbf{P}(k)\frac{1}{\lambda}. \qquad (7.4.6)$$

Der Einfluss des Vergessensfaktors lässt sich aus der Inversen der Kovarianzmatrix erkennen, die bei der Ableitung der rekursiven Algorithmen benötigt wird

$$\mathbf{P}^{-1}(k+1) = \lambda\mathbf{P}^{-1}(k) + \psi(k+1)\psi^T(k+1). \qquad (7.4.7)$$

$\mathbf{P}^{-1}$ ist dabei proportional zur Informationsmatrix

$$J = \frac{1}{\sigma_e^2}E\left\{\mathbf{\Psi}^T\mathbf{\Psi}\right\} = \frac{1}{\sigma_e^2}E\left\{\mathbf{P}^{-1}\right\}. \qquad (7.4.8)$$

Durch $\lambda < 1$ wird die Information des letzten Schritts verkleinert bzw. es werden die Kovarianzwerte vergrößert. Dadurch werden schlechtere alte Schätzwerte angenommen, so dass die neuen Messwerte ein größeres Gewicht erhalten.

Für $\lambda = 1$ (kein nachlassendes Gedächtnis) gilt

$$\lim_{k\to\infty} E\{\mathbf{P}(k)\} = \mathbf{0}, \quad \lim_{k\to\infty} \mathbf{P}^{-1}(k) = \infty$$
$$\lim_{k\to\infty} E\{\gamma(k)\} = \mathbf{0}. \qquad (7.4.9)$$

Mit $\lambda < 1$ entstehen endliche Grenzwerte

$$\lim_{k\to\infty} E\{\mathbf{P}(k)\} = \mathbf{P}(\infty), \quad \lim_{k\to\infty} E\left\{\mathbf{P}^{-1}(k)\right\} = \mathbf{P}^{-1}(\infty),$$
$$\lim_{k\to\infty} E\{\gamma(k)\} = \gamma(\infty). \qquad (7.4.10)$$

Deshalb gehen bei großen k die neuen Messwerte mit konstantem Gewicht ein und nicht mit immer kleiner werdendem Gewicht wie bei $\lambda = 1$. Der Schätzalgorithmus bleibt dadurch empfindlich für eventuelle Parameteränderungen. Wegen der kleiner werdenden effektiven Mittelungszeit wird allerdings der Störsignaleinfluss größer. Bei der Wahl von λ muss man deshalb einen geeigneten Kompromiss schließen zwischen der Fähigkeit, Parameteränderungen gut zu folgen (λ klein) und Störsignale gut zu eliminieren (λ groß). Die exponentielle Gewichtung erlaubt jedoch nur relativ *langsame Parameteränderungen*, da $\gamma(k)$ sich wie $\mathbf{P}(k+1)$ nur langsam (exponentiell) ändert.

Von besonderer Bedeutung ist bei $\lambda < 1$, dass der Prozess fortlaufend angeregt werden muss. Sonst nimmt $\mathbf{P}^{-1}(k+1)$ wegen $\boldsymbol{\psi}(k+1) \approx 0$ laufend ab bzw. $\mathbf{P}(k+1)$ und $\boldsymbol{\gamma}(k)$ laufend zu und der Schätzalgorithmus wird immer empfindlicher, so dass er schließlich divergiert. Man kann deshalb $\lambda(k)$ variabel machen, z.B. in Abhängigkeit vom Informationsinhalt oder Eigenwert des Parameterschätzalgorithmus, Kofahl (1988), Isermann (1992).

7.5 Nichtlineare Prozesse

Zur Identifikation nichtlinearer Prozesse eignen sich Parameterschätzverfahren und künstliche neuronale Netze. Im Folgenden werden die nichtlinearen Prozesse nach stetig differenzierbar und nicht stetig differenzierbar unterschieden.

7.5.1 Parameterschätzung mit klassischen nichtlinearen Modellen

Wenn der Prozess stetig differenzierbare Beziehungen zwischen den Ein- und Ausgangssignalen aufweist, dann können polynomiale Approximation eingesetzt werden. Man unterscheidet allgemein anwendbare Strukturen wie z.B. Volterra-Reihen oder Kolmogorov-Gabor-Polynome, oder spezielle Strukturen wie z.B. Hammerstein-, Wienermodelle oder nichtlineare Differenzengleichungen (NDE-Modelle), siehe z.B. Eykhoff (1974), Haber und Unbehauen (1990), Isermann et al. (1992). Man kann aber auch einen Ausgangsfehler bilden und die Maximum-Likelihood-Methode anwenden. Dies ergibt aber meist umfangreiche, iterativ ablaufende Rechenprozeduren.

Einfachere Verhältnisse ergeben sich somit, wenn man mit nichtlinearen Modellen arbeitet, die *linear in den Parametern* sind. Hierzu schreibt man die lineare Differenzengleichung mit dem Zeitverschiebeoperator q^{-1} ($q^{-i}y(k) = y(k-i)$) wie folgt

$$A(q^{-1})y(k) = B(q^{-1})q^{-d}u(k) + D(q^{-1})v(k) \qquad (7.5.1)$$

mit Polynomen entsprechend (7.2.3).

Folgende nichtlineare, dynamische Modelle sind dann linear in den Parametern

1) *Allgemeines Hammerstein-Modell*:

$$\begin{aligned} A(q^{-1})y(k) = {} & B_1(q^{-1})u(k) + \\ & + B_2(q^{-1})u^2(k) + \ldots + D(q^{-1})v(k). \end{aligned} \qquad (7.5.2)$$

2) *Parametrisches Volterra-Modell*:

$$A(q^{-1})y(k) = B_1(q^{-1})u(k)+$$
$$+ \sum_\alpha B_2(q^{-1})u(k)[q^{-\alpha}u(k)]+ \qquad (7.5.3)$$
$$+ D(q^{-1})v(k).$$

3) *Nichtlineares Modell nach Lachmann (1983) (NDE)*:

$$A_1(q^{-1})y(k) + \sum_\alpha A_2(q^{-1})y(k)[q^{-\alpha}y(k)] =$$
$$\qquad (7.5.4)$$
$$= B(q^{-1})u(k) + D(q^{-1})v(k).$$

Für diese Modelle können die einfachen Parameterschätzmethoden LS, RLS, RELS direkt angewendet werden, Lachmann (1983), Isermann et al. (1992).

7.5.2 Künstliche neuronale Netze

Die Anwendung der bewährten Parameterschätzmethoden auf nichtlineare Prozesse setzt eine relativ genaue Kenntnis der Struktur des nichtlinearen Prozessmodells voraus. Es sind deshalb für einen allgemeinen Ansatz Identifikationsmethoden für nichtlineare Prozesse von Interesse, die ohne wesentliche Strukturkenntnis auskommen und flexibel einsetzbar sind. Diese Eigenschaften haben *künstliche neuronale Netze*, die aus mathematisch formulierten Neuronen zusammengesetzt werden.

Diese mathematisch formulierten Neuronen wurden zunächst dazu verwendet das Verhalten von biologischen Neuronen zu beschreiben, McCulloch und Pitts (1943). Die Zusammenschaltung in Netzen erlaubte dann, statische Zusammenhänge zwischen Ein- und Ausgangssignalen zu beschreiben, Rosenblatt (1958), Widrow und Hoff (1960). Im Folgenden werden künstliche neuronale Netze (KNN) betrachtet, die Eingangssignale **u** in Ausgangssignale **y** abbilden, Bild 7.7. In der Regel sind die freien Parameter eines KNN nicht bekannt. Dann müssen sie durch die Verarbeitung von gemessenen Signalen **u** und **y** adaptiert oder „trainiert" oder „gelernt" werden, Hecht-Nielson (1990), Haykin (1994). Es handelt sich also um ein Problem der System-Identifikation. Wenn die Ein- und Ausgänge zu Gruppen oder Mustern (Clustern) zusammengefasst werden, liegt eine Aufgabe der Klassifikation im Zusammenhang mit z.B. einer Mustererkennung vor, Bishop (1995). Im Folgenden wird das Problem der Identifikation nichtlinearer Systeme betrachtet (supervised learning). Dabei wird die Eigenschaft von KNN genutzt, eindeutig nichtlineare Zusammenhänge beliebig genau approximieren zu können. Im Folgenden werden zunächst KNN für das *statische Übertragungsverhalten* betrachtet, Hafner et al. (1992), Preuß und Tresp (1994), die dann für das *dynamische Verhalten* erweitert werden, Ayoubi (1996), Nelles (1997), Isermann et al. (1997), Nelles (2001).

Künstliche neuronale Netze für das statische Verhalten

Neuronale Netze sind universelle Approximatoren und somit eine Alternative zu klassischen Polynomansätzen. Von Vorteil sind die geringe erforderliche Apriori-

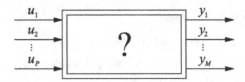

Bild 7.7. System mit P Eingängen und M Ausgängen, das durch ein künstliches neuronales Netz approximiert werden soll

Kenntnis über die Prozessstruktur und eine einheitliche Behandlung von Ein- und Mehrgrößenprozessen. Im Folgenden wir davon ausgegangen, dass ein nichtlineares System mit P Eingangsgrößen und M Ausgangsgrößen approximiert werden soll, Bild 7.7.

Neuronenmodell

Bild 7.8 zeigt das Signalflussbild eines Neurons. Im *Eingangsoperator* (Synaptische Funktion) wird zunächst ein Ähnlichkeitsmaß zwischen dem Eingangsvektor **u** und dem (gespeicherten) Gewichtsvektor **w** und daraus die skalare Zwischengröße x gebildet, z.B. durch das Skalarprodukt

$$x = \mathbf{w}^T \mathbf{u} = \sum_{i=1}^{P} w_i u_i = |\mathbf{w}^T| |\mathbf{u}| \cos \phi \qquad (7.5.5)$$

oder durch den quadratischen Abstand

$$x = ||\mathbf{u} - \mathbf{w}||^2 = \sum_{i=1}^{P} (u_i - w_i)^2. \qquad (7.5.6)$$

Wenn **w** und **u** ähnlich sind, wird x im ersten Fall groß und im zweiten Fall klein.

Die Zwischengröße x wirkt nun auf die *Aktivierungsfunktion* und bildet die Ausgangsfunktion y, auch Aktivierung genannt

$$y = \gamma(x - c). \qquad (7.5.7)$$

Bild 7.9 zeigt einige Beispiele dieser im allgemeinen nichtlinearen Funktionen. c ist eine Konstante, die eine Parallelverschiebung in x-Richtung bewirkt, auch Schwellwert genannt.

Netzstruktur

Die einzelnen Neuronen werden zu einem Netz verschaltet, Bild 7.10. Dabei unterscheidet man verschiedene Schichten mit parallel angeordneten Neuronen (layer): die Eingangsschicht (input layer), die erste, zweite, ..., Zwischenschicht oder versteckte Schicht (hidden layer) und die Ausgangsschicht (output layer). Die Eingangsschicht dient im Allgemeinen zur Normierung der Eingangssignale und wird oft nicht mitgezählt, so dass der Netzaufbau mit der ersten Zwischenschicht beginnt. Bild 7.10

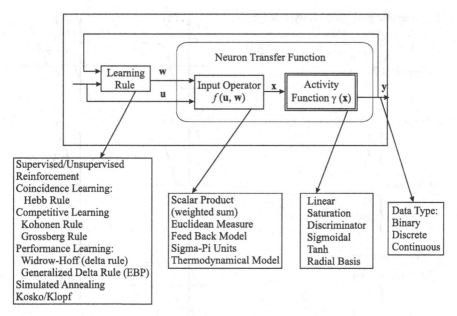

Bild 7.8. Allgemeines Neuronenmodell

zeigt die wichtigsten internen Verbindungen (links): vorwärts (feedforward), rückwärts (feedback), seitwärts (lateral), rückgekoppelt (recurrent). Die Eingangssignale können bezüglich ihres Wertebereiches binär, diskret oder kontinuierlich sein. Binäre und diskrete Signale werden z.B. zur Klassifikation, kontinuierliche Signale zur Identifikation verwendet.

Das Multi-Layer Perzeptron-Netz (MLP)
Aus dem allgemeinen Neuronenmodell nach Bild 7.8 folgt das Perzeptron genannte Neuron in Bild 7.11. Als Aktivierungsfunktion werden meist die Sigmoidalfunktion oder der Hyperbeltangens verwendet, also mehrfach differenzierbare nichtlineare Funktionen, die auch außerhalb ihres linearen Bereiches $y \neq 0$ ergeben und deshalb eine globale Wirkung mit Extrapolationsfähigkeit besitzen. Die Gewichte w_i sind im Eingangsoperator vorgesehen, also im Signalfluss vor der Aktivierungsfunktion.

Versieht man jede Schicht mit parallel angeordneten Perzeptronen und schaltet die Schichten hintereinander, dann erhält man ein vorwärtsgerichtetes mehrschichtiges Perzeptron-Netz, Bild 7.12. Dabei wirkt jedes der P Eingangssignale auf jedes Perzeptron, so dass also in der ersten Zwischenschicht mit K Perzeptronen ($K \times P$) Gewichte w_i vorhanden sind. Das Ausgangsneuron ist im Allgemeinen ein Perzeptron mit einer linearen Aktivierungsfunktion, Bild 7.13.

Die Adaption der Gewichte w_i aufgrund gemessener Ein- und Ausgangssignale erfolgt in der Regel über die Minimierung einer quadratischen Verlustfunktion

a) Hyperbeltangens (Tangens Hyperbolicus)

$$y = \frac{e^{(x-c)} - e^{-(x-c)}}{e^{(x-c)} + e^{-(x-c)}} = 1 - \frac{2}{1 + e^{2(c-1)}}$$

b) Sigmoidal Funktion

$$y = \frac{1}{1 + e^{-(x-c)}}$$

c) Begrenzer

$$y = \begin{cases} 1 & ; \ x - c \geq 1 \\ x\text{-}c & ; \ |x\text{-}c| < 1 \\ -1 & ; \ x - c \leq -1 \end{cases}$$

d) Tote-Zone

$$y = \begin{cases} 0 & ; \ |x - c| \leq 1 \\ x\text{-}c\text{-}1 & ; \ x\text{-}c > 1 \\ x\text{-}c\text{+}1 & ; \ x - c \leq -1 \end{cases}$$

e) Gaussfunktionen $\quad y = e^{-(x-c)^2}$

f) Binäre Funktion

$$y = \begin{cases} 0 \ ; \ x - c < 0 \\ 1 \ ; \ x - c > 0 \end{cases}$$

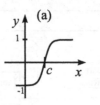
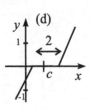

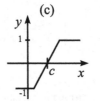
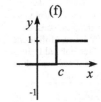

Bild 7.9. Beispiele für Aktivierungsfunktionen

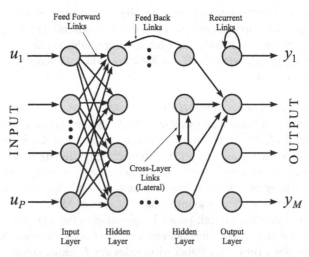

Bild 7.10. Netzstruktur: Schichten und Verbindungen in einem neuronalen Netz

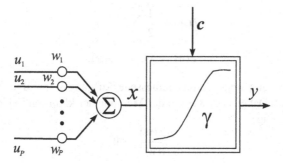

Bild 7.11. Perzeptron als Neuron mit Gewichtung w_i und Addition der Eingangssignale (Skalarprodukt) und nichtlinearer Aktivierungsfunktion

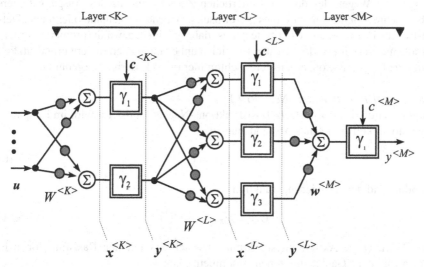

Bild 7.12. Vorwärtsgerichtetes mehrschichtiges Perzeptron-Netz (MLP-Netz). 3 Schichten mit $(2 \times 3 \times 1)$ Perzeptronen. $< K >$ ist die erste verdeckte Schicht

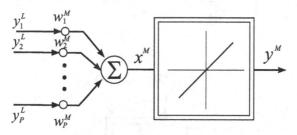

Bild 7.13. Ausgangsneuron als Perzeptron mit linearer Aktivierungsfunktion (Ausgangsperzeptron)

$$J(\mathbf{w}) = \frac{1}{2} \sum_{n=1}^{N-1} e^2(n)$$
(7.5.8)
$$e(n) = y(n) - \hat{y}(n),$$

wobei e der Ausgangsfehler, y das gemessene Ausgangssignal und $\hat{y}$ das Netzausgangssignal sind. Dabei wird wie bei der Methode der kleinsten Fehlerquadrate zur Parameterschätzung

$$\frac{dJ(\mathbf{w})}{d\mathbf{w}} = \mathbf{0}$$
(7.5.9)

gebildet. Wegen der nichtlinearen Abhängigkeit ist jedoch keine direkte Lösung möglich. Deshalb wird z.B. ein Gradientenverfahren zur numerischen Optimierung eingesetzt. Wegen des dabei erforderlichen Zurückrechnens des Ausgangsfehlers über mehrere Schichten wird dies „error back propagation" genannt oder auch „Delta-Regel". Die sogenannte Lernrate η muss dabei geeignet gewählt (probiert) werden. Gradientenverfahren erlauben aber bei vielen unbekannten Parametern grundsätzlich nur eine langsame Konvergenz und nicht immer reproduzierbare Ergebnisse.

Das Radial-Basisfunktions-Netz (RBF)
Beim Neuron des Radial-Netz-Basisfunktions-Netzes, Bild 7.14, wird im Eingangsoperator ein quadratisches Abstandsmaß

$$x = ||\mathbf{u} - \mathbf{c}||^2$$
(7.5.10)

gebildet und der Aktivierungsfunktion

$$G_m = \gamma_m(||\mathbf{u} - \mathbf{c}||^2)$$
(7.5.11)

zugeführt. Diese Aktivierungsfunktion setzt sich aus radialen Basisfunktionen in Form von meist Gauß-Funktionen zusammen, so dass

$$\gamma_m = \exp\left[-\frac{1}{2}\left(\frac{(u_1 - c_{m1})^2}{\sigma_{m1}^2} + \frac{(u_2 - c_{m2})^2}{\sigma_{m2}^2} + \ldots + \frac{(u_P - c_{mP})^2}{\sigma_{mP}^2}\right)\right].$$
(7.5.12)

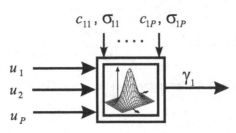

Bild 7.14. Neuron mit Radial-Basisfunktion

Die Zentren c_j und Standardabweichungen σ_j werden a priori festgelegt, so dass sich die Gauß-Glocken z.B. gleichförmig im Anregungsgebiet **u** verteilen. Die Aktivierungsfunktion bestimmt dabei die Abstände jedes Eingangssignals zum Zentrum der zugehörigen Basisfunktion. Diese Radial-Basisfunktionen wirken jedoch nur lokal um ihre Zentren und besitzen daher wenig Extrapolationsfähigkeit, da ihre Ausgänge bei größeren Abständen Null werden.

Radial-Basisfunktions-Netze bestehen meist aus nur einer Schicht, Bild 7.15. Die Ausgänge γ_i werden in einem Ausgangsneuron vom Perzeptrontyp, Bild 7.13, gewichtet und summiert, so dass

$$y = \sum_{m=1}^{M} w_m \gamma_m(||\mathbf{u} - \mathbf{c}||^2). \qquad (7.5.13)$$

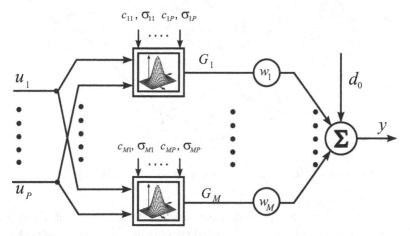

Bild 7.15. Vorwärtsgerichtetes einschichtiges Radial-Basis-Funktionsnetz

Da die Gewichte am Ausgang der Schicht also im Signalfluss nach der nichtlinearen Aktivierungsfunktion liegen, ist das Fehlersignal linear in den Parametern und es lässt sich die Parameterschätzmethode der kleinsten Quadrate in der expliziten Form anwenden. Dadurch wird eine wesentlich schnellere Konvergenz im Vergleich zu den MLP-Netzen mit Gradientenverfahren möglich. Wenn allerdings die Zentren und Standardabweichungen auch optimiert werden, muss wiederum ein nichtlineares numerisches Optimierungsverfahren angewandt werden.

Lokal lineare Netzwerkmodelle
Das lokal lineare Netzwerkmodell ist ein erweitertes Radial-Basisfunktions-Netz Nelles (1997), Nelles (2001). Die Gewichte der Ausgangschicht werden durch eine lineare Funktion der Netzwerkeingänge ersetzt (7.5.14). Des Weiteren wird das RBF Netzwerk normiert, so dass die Summe aller Basisfunktionen 1 ist. Jedes Neu-

ron enthält also ein lokal lineares Modell mit seinen entsprechenden Validierungs-funktionen, siehe Bild 7.16. Die Validierungsfunktionen bestimmen die Gebiete des Eingangsraumes, in dem jedes Neuron aktiv ist. Die allgemeine Struktur der lokalen Netzwerkmodelle wird ausführlich in Murray-Smith und Johansen (1997) diskutiert.

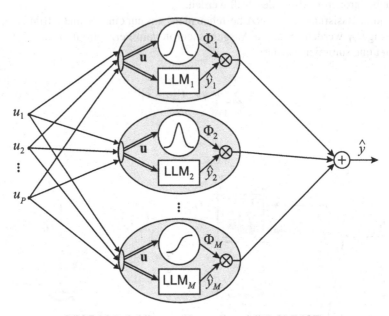

Bild 7.16. Lokal lineares Netzwerkmodell (LOLIMOT)

Das betrachtete lokale Netzwerkmodell verwendet normierte Gauß-Funktionen (7.5.15) und eine achsenorthonogale Partitionierung des Eingangsraumes. Deswegen können die Validierungsfunktionen aus eindimensionalen Zugehörigkeitfunktionen bestehen und das Netzwerk kann als Takagi-Sugeno Fuzzy Modell interpretiert werden, siehe Abschnitt 7.5.3.

Der Ausgang des lokal linearen Modells ist

$$\hat{y} = \sum_{i=1}^{M} \Phi_i(\mathbf{u}) \left(w_{i,p} + w_{i,1} u_1 + \cdots + w_{i,p} u_p \right) \tag{7.5.14}$$

und mit der normierten Validierungs-Gauß-Funktion

$$\Phi_i(\mathbf{u}) = \frac{\mu_i(\mathbf{u})}{\sum_{j=1}^{M} \mu_j(\mathbf{u})} \tag{7.5.15}$$

gilt hier

$$\mu_i(\mathbf{u}) = \sum_{j=1}^{p} \exp \left(-\frac{1}{2} \left(\frac{(u_j - c_{i,j})^2}{\sigma_{i,j}^2} \right) \right). \tag{7.5.16}$$

Die Zentren **c** und Standardabweichungen σ sind Parameter, die nichtlinear wirken, während die lokalen Modellparameter w_i linear auf den Ausgang wirken. Der lokal lineare Modellbaum-Algorithmus (LOLIMOT) wird für das Trainieren verwendet. Er besteht aus einem äußeren Kreis, in welchem der Eingangsraum unterteilt wird, indem die Parameter der Validierungsfunktionen bestimmt werden, und einem inneren Kreis, in dem die Parameter der lokal linearen Modelle durch die lokal gewichtete Schätzung mit der Methode der kleinsten Quadrate optimiert werden.

Der Eingangsraum wird somit in einer achsenorthogonalen Weise unterteilt und man erhält Hyper-Rechtecke, in deren Zentren die Gauß-Funktionen $\mu_i(u)$ positioniert werden. Die Standardabweichungen dieser Gauß-Funktionen werden proportional zur Größe der Hyper-Rechtecke gewählt, um die veränderliche Granularität zu repräsentieren. Die nichtlinear eingehenden Parameter $c_{i,j}$ und $\sigma_{i,j}$ werden durch eine nichtlineare Optimierung bestimmt. LOLIMOT startet mit einem einzelnen linearen Modell, welches für den gesamten Eingangsraum gültig ist. Bei jeder Iteration spaltet sich ein lokal lineares Modell in zwei neue Untermodelle auf. Nur das lokale Modell, welches (lokal) die geringste Güte erzielt, wird für die weitere Verfeinerung verwendet. Die Spaltung entlang aller Eingangsachsen wird verglichen und die Alternative mit der bestens Güte wird realisiert, siehe Bild 7.17.

Die großen Vorteile dieses Ansatzes mit lokalen Modellen sind die integrierte Strukturidentifikation und der sehr schnelle und robuste Trainingsalgorithmus. Die Modellstruktur wird so der Komplexität des Prozesses angepasst. Jedoch kann die explizite Anwendung der zeitaufwändigen Optimierungsalgorithmen auch vermieden werden, wenn die Struktur einmal gefunden wurde.

Eine andere lokal lineare Modellstruktur ergeben die so genannten *Hinging Hyperplane Modelle*, beschrieben in Töpfer (Ernst) (1998), Töpfer (2002). Diese Modelle können als Erweiterung des LOLIMOT Netzwerkes mit Bezug auf die Partitionierung interpretiert werden. Während der LOLIMOT-Algorithmus auf die achsenorthogonale Spaltung beschränkt ist, erlauben die Hinging Hyperplane Modelle einen achsenschrägen Unterteilung des Eingangsraumes. Diese komplexere Partionierungsstrategie führt jedoch zu einem zunehmenden Aufwand für den Modellaufbau. Trotzdem ist dies bei Auftreten von stark nichtlinearem Modellverhalten und höher-dimensionalen Eingangsräumen notwendig.

In diesem Abschnitt wurden die grundlegenden Strukturen von drei künstlichen neuronalen Netzen beschrieben. Diese Modelle sind gut für die Approximation von gemessenen Ein-/Ausgangsdaten eines statischen Prozesses geeignet, vgl. auch Hafner et al. (1992), Preuß und Tresp (1994). Hierfür müssen die Trainingsdaten so gewählt werden, dass der betrachtete Eingangsraum möglichst gleichmäßig mit Daten bedeckt ist. Nach dem Training steht ein parametrisches mathematisches Modell des statischen Prozessverhaltens zur Verfügung. Entsprechend ist eine direkte Berechnung der Ausgangswerte $\hat{y}$ für beliebige Eingangskombinationen **u** möglich.

Ein Vorteil der automatischen Trainingsverfahren ist die Möglichkeit, beliebig verteilte Daten im Trainings-Datensatz zu verwenden. Es ist nicht notwendig die Daten an genau definierten Positionen zu messen, wie es z.B. bei Rasterkennfeldern nötig ist, siehe Abschnitt 7.5.4. Dies reduziert den Aufwand bei der praktischen Anwendung.

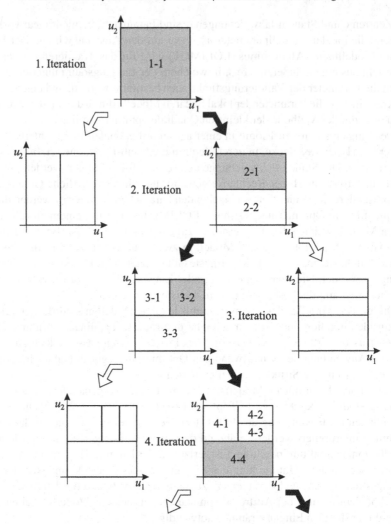

Bild 7.17. Baumstruktur des LOLIMOT-Algorithmus

Beispiel 7.1: Künstliche Neuronale Netze für das statische Verhalten eines Verbrennungsmotors

Als Beispiel wird das stationäre Motorverhalten eines 6-Zylinder Ottomotors betrachtet. Hierbei muss das Motordrehmoment abhängig vom Drosselklappenwinkel und der Motordrehzahl gesteuert werden. Bild 7.18 zeigt the 433 vorhandenen Datenpunkte, die am Motorprüfstand gemessen wurden.

Für die Approximation wurde ein MLP Netzwerk eingesetzt. Nach dem Training folgt die Approximation der gemessenen Daten, wie in Bild 7.19 gezeigt. Hierfür werden 31 Parameter benötigt. Offensichtlich zeigt das neuronale Netz gute Interpolations- und Extrapolations-Fähigkeiten. Dies bedeutet, dass auch Teilbereiche mit nur wenigen Trainingsdaten recht gut approximiert werden können, Holzmann et al. (1997).

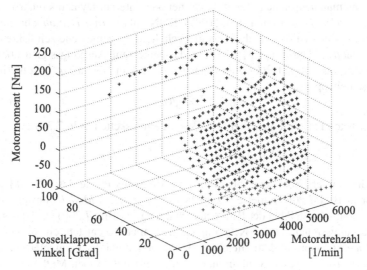

Bild 7.18. Gemessene Motorkennfelddaten eines Benzinmotors (2,5 l, V6): ungleichförmig verteilt, 433 Stützstellen

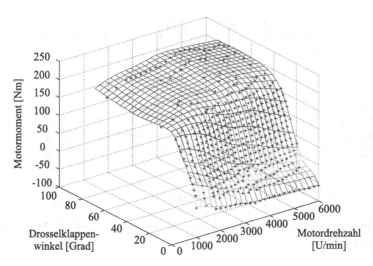

Bild 7.19. Approximation der Motorkennfelddaten von Bild 7.18 mit einem MLP-Netz (2 × 6 × 1): 31 Parameter

b) Künstliche neuronale Netze für das dynamische Verhalten

Dynamische neuronale Netze gehen aus der Erweiterung der statischen Netze hervor. Dabei kann man neuronale Netze mit externer oder interner Dynamik unterscheiden, Nelles et al. (1997), Isermann et al. (1997). KNN mit *externer Dynamik* haben statische MLP- oder RBF-Netze als Basis und schalten das gemessene zeitdiskrete Eingangssignal $u(k)$ über Filter $F_i(q^{-1})$ und das gemessene Ausgangssignal $y(k)$ oder das NN-Ausgangssignal $\hat{y}(k)$ über Filter $G_i(q^{-1})$ dem NN auf. q^{-1} ist hierbei ein Zeitverschiebeoperator

$$y(k)q^{-1} = y(k-1). \tag{7.5.17}$$

Im einfachsten Fall sind die Filter reine Verzögerungsketten, Bild 7.20a),

$$\hat{y}(k) = f_{NN}\left[u(k), u(k-1), \ldots, \hat{y}(k-1), \hat{y}(k-2), \ldots\right], \tag{7.5.18}$$

wobei die zeitverschobenen Abtastwerte die Eingangssignale des NN bilden. Die Struktur in Bild 7.20a) bildet ein zum Prozess *paralleles Modell* (entspricht dem Ausgangsfehlermodell bei der Parameterschätzung). In Bild 7.20b) wird das gemessene Ausgangssignal auf den Netzeingang geschaltet. So entsteht ein *seriell-paralleles Modell* (entspricht dem Gleichungsfehlermodell bei der Parameterschätzung). Von Vorteil ist bei diesen Strukturen, dass im Prinzip dieselben Methoden zur Adaption verwendet werden können wie bei den statischen KNN. Nachteilig sind allerdings die starke Vergrößerung des Eingangsraumes, eventuelle Stabilitätsprobleme und das nur iterativ berechenbare statische Verhalten.

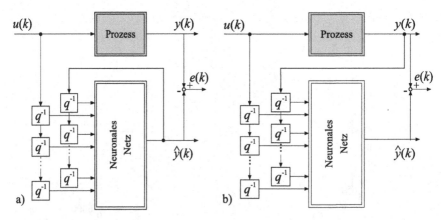

Bild 7.20. Künstliches Neuronales Netz mit externer Dynamik: a) Paralleles Modell; b) Seriell-paralleles Modell

Bei den KNN mit *interner Dynamik* werden die dynamischen Elemente im Inneren der Netzstruktur realisiert. Man unterscheidet z.B. voll vernetzte Strukturen, partiell rekurrente Netze und lokal rekurrente global feedforward Netze (LRGF), Nelles et al. (1997), Nelles (2001). Bei den letzteren wird die Struktur der statischen NN beibehalten und es wird das einzelne Neuron dynamisiert, siehe Bild 7.21. Dabei kann man unterscheiden: Synapsendynamik, Aktivierungsdynamik oder Rückführungsdynamik. Am Einfachsten ist die Aktivierungsdynamik nach Ayoubi (1996). Hier wird jedes Perzeptron mit einem linearen Übertragungsglied zweiter Ordnung versehen, Bild 7.22. Die dynamischen Parameter a_i und b_i werden adaptiert. Statisches und dynamisches Verhalten lassen sich einfach trennen und die Stabilität stellt kein Problem dar.

Üblicherweise werden für die LRGF-Strukturen mehrschichtige Perzeptronen eingesetzt. Es können aber auch RBF Strukturen mit Dynamik am Ausgang eingesetzt werden, wenn man Hammerstein-Strukturen erwartet, Ayoubi (1996).

Die Adaption dieser dynamischen NN erfolgt meist über entsprechend erweiterte Gradientenverfahren, Nelles et al. (1997), Nelles (2001).

Aufgrund der Grundstrukturen der KNN lassen sich spezielle Stukturen mit besonderen Eigenschaften zusammensetzen. Erweitert man z.B. bei einem RBF-Netzwerk die Ausgangsgewichte durch lineare Funktionen der Netzeingangsgrößen, dann stellt jedes Neuron ein lokales lineares Modell dar. Damit lässt sich eine Baumstruktur (LOLIMOT: local linear model tree) aufbauen, Nelles (1997). Mit Hilfe einer iterativen Unterteilung des Eingangsraumes und einer Parameterschätzung mit Linearität in den Parametern entsteht so ein KNN mit schneller Konvergenz.

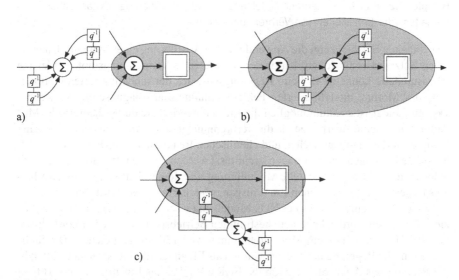

Bild 7.21. Dynamische Neuronen für neuronale Netze mit interner Dynamik: a) Lokale Synapsendynamik; b) Lokale Aktivierungsdynamik; c) Lokale Rückführungsdynamik

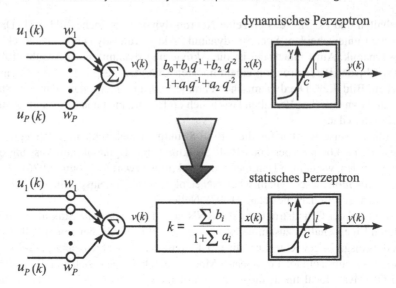

Bild 7.22. Dynamisches Perzeptron nach Ayoubi (1996)

Beispiel 7.2: Künstliche neuronale Netze für die Identifikation des dynamischen Verhaltens der Emissionen von Verbrennungsmotoren

Das folgende Beispiel zeigt die Anwendung und Ausführung eines dynamisch neuronalen Netzwerkes zur Identifikation der Abgase eines Verbrennungsmotors. Genaue Abgasmodelle können z.B. beim Regelungsentwurf, der modellbasierten Optimierung des Motors, modellbasierten Fehlererkennung und -diagnose etc. verwendet werden. Leider ist es kaum möglich die Emissions-Modelle durch theoretische Modellbildung alleine zu erhalten, da die Verbrennung und die Abgaszusammensetzung komplexen thermodynamischen und chemischen Reaktionen unterliegen, die durch lokale Bedingungen und Störungen beeinflusst werden. Neuronale Netze eignen sich jedoch gut für die experimentelle Modellierung bzw. Identifikation des Abgasverhaltens basierend auf gemessenen Ein-/Ausgangsdaten, Hafner et al. (2000).

Es wird nun ein dynamisches NOx Modell eines 1,9 L TDI Dieselmotors identifiziert. Die Daten wurden bei einem bestimmten Betriebspunkt mit der Motordrehzahl von 1000 U/min und einem Motordrehmoment von 130 Nm gespeichert. Die Stellgrößen für die Regelung des Motors wurden als Eingänge für das Netze gewählt, d.h. die Position des Abgasrückführventils (EGR), Winkel des Einspritzbeginns (Θ_{inj}) und Position der Leitschaufel des Turboladers mit variabler Geometrie (VGT). Entsprechend Bild 7.23 wurde das Modell mit einem internen dynamischen Multi-Layer Perzeptronen-Netz (DMLP) mit fünf verstecken Neuronen und einem Ausgangsneuron realisiert. Die Dynamik des Prozesses wurde durch die gewählten Filter-Übertragungsfunktionen realisiert. In diesem Fall führten die Polynome erster Ordnung A_i und B_i zu recht befriedigenden Ergebnissen.

Die Messungen selbst müssen gut ausgelegt sein, um den Prozess mit den relevanten Amplituden und Frequenzen anzuregen. Der resultierende Signalverlauf des

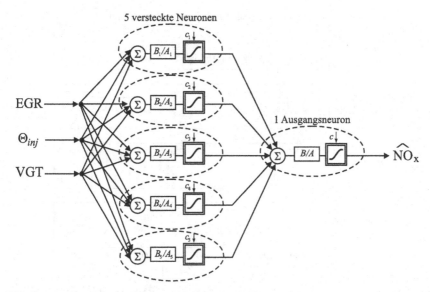

Bild 7.23. Struktur eines dynamischen künstlichen neuronalen Netzes zur Modellbildung der NOx-Emissionen mit den Eingängen EGR (Abgasrückführventil), θ_{inj} (Einspritzbeginn) und VGT (Position des stellbaren Turboladers)

Experimentes und die gemessenen Trainingsdaten sind in Bild 7.24 dargestellt. Entsprechend der dominierenden Zeitkonstanten des Prozesses, welche 1-3 Sekunden bezüglich EGR und VTG betragen, wurde die Abtastzeit mit $T_0 = 100\,$ms gewählt.

Die Trainingsdaten (ca. 9000 gemessene Punkte für Ein- und Ausgänge der drei Modelle) werden nun für die Schätzung der Modellparameter eingesetzt. Mit dem DMLP-Trainings-Algorithmus benötigt man 45 Minuten um ein dynamisches Model mit einem quadratischen Mittelwert-Fehler von 0,08 zu erzeugen. Bild 7.25a) illustriert die Güte des Modells, wenn es zur Generalisierung auf nicht zum Training verwendete Daten angewandt wird. Der Vergleich zwischen dem gemessenen und simulierten Verhalten beweist die Qualität des identifizierten Netzwerkes.

Ein zusätzlicher Vorteil der dynamischen Modellierung ist die Möglichkeit, das statische nichtlineare Verhalten des Prozesses aus dem dynamischen Modell zu berechnen, Bild 7.25b). Wie erwartet, steigen die NOx Emissionen mit früher Einspritzung an (kleinere Zahlen in Θ_{inj} und EGR).

□

7.5.3 Fuzzy-logische Modelle

Eine weitere Möglichkeit der Kennfelddarstellung ergibt sich über Fuzzy-Logik Methoden, siehe z.B. Bothe (1993), Kiendl (1996), Preuß (1992), Zadeh (1965). Zur Veranschaulichung zeigt Bild 7.26 die Grundstruktur eines Fuzzy-Logik-Systems.

Bei der *Fuzzifizierung* werden die deterministischen Eingangswerte e_1 und e_2 unter Verwendung von Zugehörigkeitsfunktionen in „unscharfe" linguistische Werte

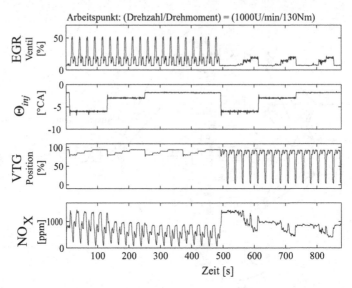

Bild 7.24. Dynamisch gemessene Signale zum Training des KNN. Die drei Stellsignale regen den Prozess mit verschiedenen Amplituden und Frequenzen an (1,9 L TDI Dieselmotor mit einer Drehzahl von 1000 U/min und einem Drehmoment von 130 Nm)

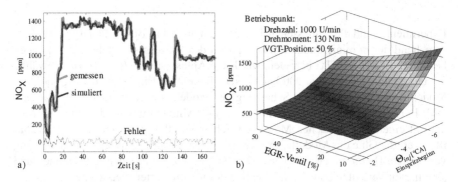

Bild 7.25. Identifikationsergebnisse: a) Generalisierung des dynamischen NOx-Modells; b) Berechnung des statischen Prozessverhaltens aus dem dynamischen neuronalen Netze

umgewandelt, die dann in *Fuzzy-Wenn-Dann-Regeln* verarbeitet werden. Am Ausgang der Regeln stehen wiederum Werte in unscharfer Form zur Verfügung, die zusammengefasst werden (Akkumulation) und durch die *Defuzzifizierung* in deterministische Ausgangswerte (hier u) umgewandelt werden. Durch die linguistische Beschreibung der unscharfen Werte wird eine Systembeschreibung durch Fuzzy-Logik mit einer überschaubaren Anzahl von Regeln transparent und gezielt modifizierbar.

Um einen Satz von Fuzzy-Regeln zu finden, der ein spezielles Ein-/Ausgangsverhalten eines Systems nachbildet, werden sogenannte Fuzzy-Identifikationsverfahren eingesetzt. Verbreitete Verfahren dieser Art basieren z.B. auf konventionellen Para-

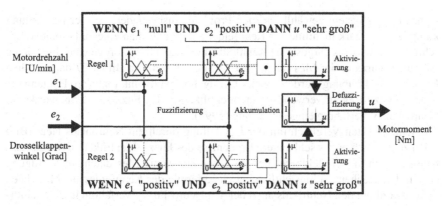

Bild 7.26. Grundstruktur eines Fuzzy-Logik-Systems

meterschätzverfahren, Pfeiffer (1995) oder der Kombination von Fuzzy-Logik und Neuronalen Netzen, Kosko (1992), Preuß und Tresp (1994). Durch derartige Neuro-Fuzzy Verfahren ist es möglich, die Transparenz einer Fuzzy-Darstellung mit dem Adaptionsvermögen Neuronaler Netze zu kombinieren. Um einen Eindruck von der Qualität einer Fuzzy-Systembeschreibung zu vermitteln, zeigt Bild 7.27 die Darstellung des als Anwendungsbeispiel betrachteten Motorkennfeldes. Analog zu Bild 7.19 stellen die schwarzen Kreuze die auf einem Motorenprüfstand aufgenommenen Messdaten dar.

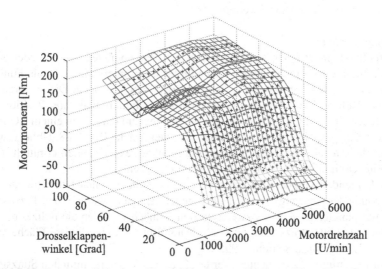

Bild 7.27. Fuzzy-Logik-basierte Kennfelddarstellung (12 Fuzzy Wenn-Dann-Regeln)

Die Güte der Darstellung hängt entscheidend von der Zahl der im Fuzzy-System verwendeten Zugehörigkeitsfunktionen und Regeln ab. Wird ein relativ einfaches Fuzzy-System gewählt, tauchen Probleme insbesondere bei der Darstellung komplizierter, stark nichtlinearer Kennfelder auf. Wählt man eine zu komplexe Beschreibung, wird das dargestellte Kennfeld zu wellig, d.h. der oft gewünschte leichte Glättungscharakter der Messdaten geht verloren. Bei der in Bild 7.27 dargestellten Kennfeldbeschreibung wurden jeweils 12 Zugehörigkeitsfunktionen pro Eingang sowie 12 Fuzzy-Regeln verwendet. Zur Identifikation des Fuzzy-Systems wurde ein Neuro-Fuzzy Verfahren eingesetzt, Jang (1993).

Beim direkten Vergleich mit der Darstellung durch ein Neuronales Netz (Bild 7.19) zeigen sich etwas schlechtere Ergebnisse des Fuzzy-Identifikationsverfahrens, hauptsächlich in Kennfeldbereichen, in denen nur wenig Messdaten zur Verfügung stehen. Die Rechenzeit hinsichtlich der Generierung des Kennfeldes aus Messdaten liegt sowohl bei den Neuro- als auch bei den Neuro-Fuzzy Verfahren in einer ähnlichen Größenordnung.

7.5.4 Kennfeld-Darstellungen für nichtlineares statisches Verhalten

Zur besonders anschaulichen und flexiblen Darstellung nichtlinearer statischer Zusammenhänge werden Kennfelder besonders für nichtlineare Steuerungen und Regelungen angewandt. In einem Motorsteuergerät sind beispielsweise bis zu 100 Kennfelder für das Motor- und Abgasmanagement implementiert, Bosch (1995).

Wegen der aus Kostengründen beschränkten Rechenzeit und des beschränkten Speicherplatzes ist es in Kfz-Steuergeräten üblich, derartige Kennfelder als Stützstellen eines Rasters (Gitternetz) abzuspeichern und unter Verwendung von Flächeninterpolationsverfahren auszuwerten.

a) Rasterkennfelder
Kennfeldmodelle bestehen aus einem Satz von Datenpunkten, Knoten oder Stützstellen, die in einem mehrdimensionalen Gitter positioniert sind, z.B. als Funktion von X und Y. Jede Stützstelle besteht aus zwei Komponenten. Die skalaren Datenpunkt-Höhen Z approximieren eine nichtlineare Funktion an ihrer Position. Die Stützstellen sind auf Gitterlinien an den Kreuzungspunkten z.B. in einem ROM des Steuergerätes gespeichert und im Voraus festgelegt, siehe Bild 7.28. Üblicherweise werden die Datenhöhen direkt an den Gitterpunkten experimentell ermittelt. Dann kann eine Optimierung des Modells vermieden werden.

Im Folgenden wird der häufigste realisierte zweidimensionale Fall betrachtet. Die Berechnung des Ausgangswertes Z für gegebene Eingangswerte X und Y zwischen den Gitterpunkten besteht aus zwei Schritten. Zunächst werden die Indizes der vier umliegenden Gitterstützstellen ermittelt. Daraufhin wird eine lineare Flächeninterpolation durchgeführt, Schmitt (1995).

Zur Ermittlung des gesuchten Wertes Z werden die vier ermittelten Stützstellen $Z(k, l)$ jeweils mit der gegenüberliegenden Teilfläche gewichtet und aufsummiert, 7.29. Das Ergebnis der Summation muss dann noch durch die Gesamtfläche des Rasterrechtecks geteilt werden, Schmitt (1995), Töpfer (2002). Somit folgt die Interpolationsgleichung

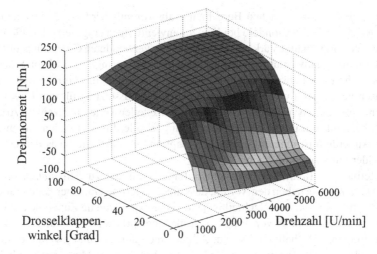

Bild 7.28. Rasterkennfeld eines 2.5l - V6 Ottomotors, gewonnen durch Messungen an allen 400 gleichmäßig verteilten Stützstellen

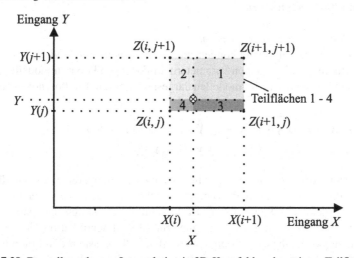

Bild 7.29. Darstellung der zur Interpolation in 3D-Kennfeldern benötigten Teilflächen

$$Z(X,Y) = [Z(i,j)\underbrace{(X(i+1)-X)(Y(j+1)-Y)}_{\text{Fläche 1}}$$

$$+ Z(i+1,j)\underbrace{(X-X(i))(Y(j+1)-Y)}_{\text{Fläche 2}}$$

$$+ Z(i,j+1)\underbrace{(X(i+j)-X)(Y-Y(j))}_{\text{Fläche 3}} \qquad (7.5.19)$$

$$+ Z(i+1,j+1)\cdot\underbrace{(X-X(i))(Y-Y(j))}_{\text{Fläche 4}}$$

$$\div \underbrace{[(X(i+1)-X(i))(Y(j+1)-Y(j))]}_{\text{Gesamtfläche}}.$$

Aufgrund des relativ einfachen Berechnungsalgorithmus wird dieses Flächeninterpolationsverfahren insbesondere bei Echtzeitanwendungen eingesetzt. Die Genauigkeit des Verfahrens hängt stark von der Anzahl der verwendeten Gitterstützstellen ab. Zur Abbildung relativ „glatter " Kennfelder reicht eine geringe Anzahl von Stützstellen aus, während bei ausgeprägtem nichtlinearen Verhalten das Gitter entsprechend engmaschiger gewählt werden muss. Eine Grundvoraussetzung für den Einsatz des Flächeninterpolationsverfahrens ist, dass die Stützstellenwerte im gesamten Arbeitsbereich bekannt sein müssen. Diese Bedingung ist allerdings in vielen Fällen nicht erfüllt. Außerdem ist eine automatische Adaption der auf Rasterbasis dargestellten Kennfelder nur schwer möglich.

Gitterbasierte Kennfelder (Rasterkennfelder) gehören zu den *nichtparametrischen Modellen*. Sie haben den Vorteil, dass eine Änderung einzelner Datenpunkthöhen leicht möglich ist. Von Nachteil ist jedoch die exponentielle Zunahme der Daten mit zunehmender Zahl P von Eingangsgrößen, entsprechend N^P für N Stützstellen pro Eingang. Deshalb sind sie im Allgemeinen auf ein- und zweidimensionale Fälle beschränkt. Die Bestimmung der Datenpunkthöhen aus Messungen an beliebigen Stützstellen und adaptive Kennfelder sind durch rekursive Parameterschätzung in Müller (2003) beschrieben.

b) Kennfelder in parametrischer Form
Mehrdimensionale Kennfelder können auch als *parametrische Modelle*, also in Gleichungsform mit relativ wenigen Parametern, in Form von Polynommodellen, neuronalen Netzwerken oder Fuzzymodellen dargestellt werden. Ein Polynommodell lautet z.B.

$$Z(X, Y) = Z_0 + a_1 X + a_2 X^2 + \cdots + b_1 Y + b_2 Y^2 + \cdots$$
$$+ c_1 XY + c_2 XY^2 + c_3 Y^2 X + \cdots . \tag{7.5.20}$$

Diese Modelle benötigen im Allgemeinen weniger Modellparameter (siehe Beispiel 7.1 und Bild 7.19) und deshalb weniger Speicherplatz. Jedoch ist der Rechenaufwand im Allgemeinen höher als bei Rasterkennfeldern. Durch ihre parametrische Form sind diese Modelle besser geeignet zur Modellidentifikation, da sie infolge der Parameterschätzung einen Störsignalausgleich (Repression) durchführen und eine Festlegung der Eingangsdaten nicht an bestimmte Stützstellen gebunden ist. Polynommodelle sind z.B. Grundlage einer Vermessung mit den Methoden des „Designof-Experiments" (DoE), siehe z.B. Retzlaff et al. (1978), Kleppmann (1998), Röpke (2005). Sie sind aber auf statische Modelle beschränkt und nicht so flexibel wie z.B. neuronale Netzmodelle, siehe Zimmerschied et al. (2005).

7.5.5 Parameterschätzung für nicht stetig differenzierbare nichtlineare Prozesse (Reibung und Lose)

Nicht stetig differenzierbare Nichtlinearitäten treten bei mechanischen Systemen besonders in Zusammenhang mit Reibung und Lose auf und bei elektromagnetischen Komponenten in Form der Magnetisierungs-Hysterese.

a) Prozesse mit Reibung

In Abschnitt 4.7 wurde angegeben, wie man trockene und viskose Gleitreibung in Differentialgleichungen berücksichtigen kann. Die trockene Reibung tritt als Konstante in Abhängigkeit der Geschwindigkeit auf, deren Vorzeichen von der Richtung der Geschwindigkeit abhängig ist. Für den Ruhezustand entsteht aus den dynamischen Beziehungen eine Hysteresekurve in Abhängigkeit der Position.

Zur Identifikation von Prozessen mit Reibung kann zunächst die Hysteresekurve direkt durch langsame stetige oder sprungförmige Änderungen der Eingangsgröße $u(t)$ jeweils in einer Richtung und Messung von $y(t)$ punktweise ermittelt werden.

Beschreibt man die Hysteregeraden durch

$$\begin{aligned} y_+(u) &= K_{0+} + K_{1+}u \\ y_-(u) &= K_{0-} + K_{1-}u, \end{aligned} \tag{7.5.21}$$

dann lassen sich die Parameter durch Anwendung der Methode der kleinsten Quadrate aus jeweils $v = 1, 2, \ldots, N-1$ gemessenen Kennlinienpunkten wie folgt ermitteln

$$\hat{K}_{1\pm} = \frac{N \sum u(v) y_\pm(v) - \sum u(v) \sum y_\pm(v)}{N \sum u^2(v) - \sum u(v) \sum u(v)}, \tag{7.5.22}$$

$$\hat{K}_{0\pm} = \frac{1}{N} \left[\sum y_\pm(v) - \hat{K}_{1\pm} \sum u(v) \right]. \tag{7.5.23}$$

Da die Differentialgleichungen linear in den Parametern sind, kann man bei Prozessen mit trockener und viskoser Reibung im bewegten Zustand die direkten Methoden der Parameterschätzung anwenden. Hierzu eignen sich als Prozessmodelle sowohl Differentialgleichungen als auch Differenzengleichungen. In manchen Fällen ist es zweckmäßig, nicht nur eine richtungsabhängige trockene Reibung sondern auch *richtungsabhängige dynamische Parameter* anzusetzen, z.B. in Form der Differenzengleichungen

$$y(k) = - \sum_{i=1}^{m} a_{1+} y(k-1) + \sum_{i=1}^{m} b_{i+} u(k-i) + K_{0+}, \tag{7.5.24}$$

$$y(k) = - \sum_{i=1}^{m} a_{i-} y(k-i) + \sum_{i=1}^{m} b_{1-} u(k-1) + K_{0-}. \tag{7.5.25}$$

K_{0+} und K_{0-} können hierbei als richtungsabhängige Gleichwertparameter aufgefasst werden. Dann lassen sich folgende Methoden zur Gleichwertschätzung anwenden, Isermann (1992):

- Implizite Schätzung der Gleichwertparameter K_{0+}, K_{0-};
- explizite Schätzung der Gleichwertparameter. Hierzu Differenzenbildung $\Delta y(k)$ und $\Delta u(k)$ und Parameterschätzung für

$$\Delta y(k) = - \sum_{i=1}^{m} \hat{a}_i \Delta y(k-i) + \sum_{i=1}^{m} \hat{b}_i \Delta u(k-i) \tag{7.5.26}$$

unter Annahme richtungsunabhängiger Dynamikparameter $\hat{a}_i$ und $\hat{b}_i$. Für jede Bewegungsrichtung werden dann $\hat{K}_{0+}$ und $\hat{K}_{0-}$ getrennt bestimmt.

Bei dieser Parameterschätzung mit *richtungsabhängigem Modell* ist als zusätzliche Identifikationsbedingung zu beachten, dass die Bewegung ohne Umkehr in einer Richtung erfolgt, d.h. es muss gelten

$$\dot{y}(t) > 0 \ \text{ oder } \ \dot{y}(t) < 0, \tag{7.5.27}$$

welches man z.B. dadurch überprüft, dass

$$\Delta y(k) > \epsilon \ \text{ oder } \ \Delta y(k) < \epsilon$$

für alle k mit $\epsilon \geq 0$. Ein Testsignal für proportional wirkende Prozesse, das diese Bedingungen erfüllt, hat Maron (1996) vorgeschlagen, Bild 7.30. Durch einen linearen Anstieg wird die Bewegung in einer Richtung mit bestimmter Geschwindigkeit erzeugt. Dann erfolgt ein Sprung zur Anregung der höheren Frequenzen mit einem Übergang zu einem Beharrungszustand. Die Parameterschätzung muss jeweils bei Bewegungsumkehr (in Bild 7.30 die Punkte 1, 2, 3, ...) abgebrochen und neu gestartet oder mit den Werten derselben Bewegungsrichtung fortgesetzt werden.

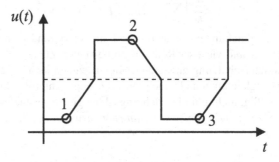

Bild 7.30. Testsignal zur Parameterschätzung von Prozessen mit trockener Reibung

Die Hysteresekennlinie berechnet sich aus dem statischen Verhalten nach (7.5.24), (7.5.25)

$$y_+(u) = \frac{\hat{K}_{0+}}{1 + \sum \hat{a}_{i+}} + \frac{\sum \hat{b}_{i+}}{1 + \sum \hat{a}_{i+}} u, \tag{7.5.28}$$

$$y_-(u) = \frac{\hat{K}_{0-}}{1 + \sum \hat{a}_{i-}} + \frac{\sum \hat{b}_{i-}}{1 + \sum \hat{a}_{i-}} u. \tag{7.5.29}$$

Zur Validierung der Parameterschätzung aus dem dynamischen Verhalten kann diese so berechnete Kennlinie mit der direkt aus dem statischen Verhalten gemessenen Kennlinie, siehe oben, verglichen werden.

Für rotierende Antriebe wurde von Held und Maron (1988) ein besonderes Parameterschätzverfahren angegeben, bei dem das gemessene Drehmoment mit der

Drehzahlbeschleunigung korreliert und hieraus das Trägheitsmoment bestimmt wird. Dann kann die Reibungsmomentkennlinie in nichtparametrischer Form ermittelt werden.

Die hier beschriebenen Methoden zur Identifikation reibungsbehafteter Prozesse wurden mit sehr gutem Erfolg praktisch erprobt und zur digitalen Regelung mit Reibungskompensation eingesetzt, siehe Maron (1996), Raab (1993). Weitere Methoden sind z.B. in Armstrong-Hélouvry (1991), Canudas de Wit (1988) beschrieben.

b) Systeme mit Lose (Tote Zone)

Als Beispiel wird wiederum ein mechanischer Schwinger mit einer *Lose* oder *toten Zone* der Breite $2y_t$ betrachtet, Bild 7.31. Für den Schwinger ohne Lose gilt

$$m\ddot{y}_2(t) + d\dot{y}_2(t) + cy_2(t) = cy_3(t). \tag{7.5.30}$$

Die Lose lässt sich wie folgt beschreiben

$$y_3(t) = \begin{cases} y_1(t) - y_t \text{ für } & y_1(t) > y_t \\ 0 \text{ für } -y_t \leq y_1(t) \leq y_t \\ y_1(t) + y_t \text{ für } & y_1(t) < -y_t \end{cases}. \tag{7.5.31}$$

Diese Gleichung führt zu der in Bild 7.31b) eingezeichneten nichtlinearen Kennlinie. Für den Fall, dass sich die Lose an einem Anschlag befindet, so dass $y_1(t) > y_t$, gilt somit

$$m\ddot{y}_2(t) + d\dot{y}_2(t) + cy_2(t) + cy_t = cy_1(t) \tag{7.5.32}$$

und am anderen Anschlag, $y_1(t) < -y_t$,

$$m\ddot{y}_2(t) + d\dot{y}_2(t) + cy_2 - cy_t = cy_1(t). \tag{7.5.33}$$

Die Lose tritt also als Konstante auf, deren Vorzeichen vom Vorzeichen von $y_1(t)$ abhängt. Für den Bereich innerhalb der Lose ist $y_3(t) = 0$ und es gilt somit das Eigenverhalten des Schwingers

$$m\ddot{y}_2(t) + d\dot{y}_2(t) + cy_2(t) = 0, \tag{7.5.34}$$

wenn der Punkt 3 (z.B. durch eine hier nicht betrachtete Reibung) festgehalten wird. Wenn der Punkt 3 nicht festgehalten wird und sich innerhalb der Lose frei bewegen kann, fallen die Federkräfte weg. Es ist dann $y_2 = y_3$ und man muss in (7.5.30) und (7.5.34) $c = 0$ setzen.

Als vereinfachtes Ersatzschaltbild erhält man für die Bereiche außerhalb der Lose Bild 7.32. Man kann die Auswirkung der Lose in diesen Bereichen als Gleichwertverschiebung des Eingangssignales mit wechselndem Vorzeichen auffassen.

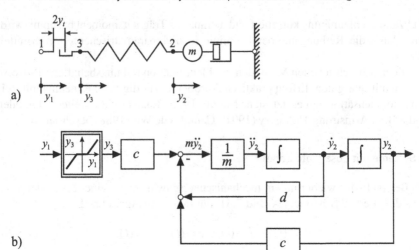

Bild 7.31. Mechanischer Schwinger mit Lose (tote Zone): a) Schematische Anordnung; b) Blockschaltbild für die Fälle $y_1(t) > y_t$ und $y_1(t) < -y_t$

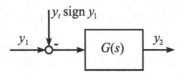

Bild 7.32. Ersatzschaltbild für ein lineares System mit Lose für $|y_1(t)| > |y_t|$

7.6 Aufgaben

1) Die folgende lineare Gleichung erster Ordnung lautet:

$$y(k) + a_1 y(k-1) = b_1 u(k-1).$$

Die gemessenen Ein- und Ausgangssignale $u(k)$ und $y(k)$ mit $k = 1 \dots N$ sind vorgegeben. Wie lautet die Schätzgleichung zur Berechnung der Parameter a_1 and b_1 mit der Methode der kleinen Quadrate?
Was müssen Sie in der Schätzgleichung ändern, wenn die Totzeit $d = 5$ hinzugefügt wird?

2) Leiten Sie die Schätzgleichung für die Schätzung der Gewichtsfunktion $g(k), k = 0 \dots n$ (Impulsantwort) eines linearen Prozesses her, in dem Sie die Methode der kleinen Quadrate mit den vorgegebenen Ein- und Ausgangssignalen $u(k)$ and $y(k)(k = 1 \dots N)$ verwenden.

3) Ein lineares System erster Ordnung ist gegeben

$$y(k) + a_1 y(k-1) = b_1 u(k-1)$$

mit folgenden Messungen

k	0	1	2	3	4	5	6	7	8	9	10
$u(k)$	0	1	-1	1	1	1	-1	-1	0	0	0
$y(k)$	0	0	0	0	0	0	1	0	0	0	0

Berechnen Sie die Schätzwerte der Parameter a_1 und b_1.

4) Bestimmen Sie die rekursiven Schätzgleichungen der Methoden der kleinsten Quadrate für den linearen Prozess erster Ordnung

$$y(k) + a_1 y(k-1) = b_1 u(k-1).$$

Wie muss die Schätzgleichung geändert werden, wenn die Totzeit $d = 2$ hinzugefügt wird?

5) Die Differentialgleichung erster Ordnung

$$y(t) + a_1 \dot{y}(t) = b_0 u(t)$$

beschreibt ein lineares System im kontinuierlichen Zeitbereich. Das Ein- und das Ausgangssignal $u(t)$ und $y(t)$ und ihre Ableitung $\dot{y}(t)$ werden am zeitdiskreten Abtastsignal $k = 1 \ldots N$ gemessen. Bestimmen Sie die Gleichungen, um die Parameter a_1 und b_1 der Differentialgleichung mit der Methode der kleinsten Quadrate zu schätzen.

6) Welches sind die Voraussetzungen für die Anwendung der direkten Parameterschätzung (z.B. LS Methoden) für die Parameter der polynomialen nichtlinearen Modelle nach Abschnitt 7.5.1?

7) Skizzieren Sie ein Neuron eines MLP und eines RBF Netzwerkes.

8) Das Trainieren von MLP Netzwerken und das Trainieren der Gewichte der Ausgangsschicht von RBF Netzwerken soll verglichen werden. Welche Optimierungsmethoden sind anwendbar? Beschreiben Sie die verschiedenen Optimierungsmethoden.

9) Betrachten Sie ein Zwei-Schichten Perzeptron-Netzwerk mit P Eingängen, K versteckten Neuronen und einem Ausgang. Leiten Sie eine Gleichung für die gesamte Anzahl der Netzwerk-Gewichte her.

10) Bestimmen Sie die Gleichungen für die Interpolation der Kennfelddarstellung mit einem Eingang und einem Ausgang. Welches Interpolationverfahren erscheint in diesem eindimensionalen Fall?

Modelle von periodischen Signalen und ihre Identifikation

Viele technische Prozesse sind durch periodischen oder zyklischen Verlauf gekennzeichnet wie z.b. rotierende und oszillierende Maschinen, Wechselströme, etc. Die dabei auftretenden Signale $y(t)$ sind dann *periodisch* oder enthalten periodische Anteile.

Bei mechatronischen Systemen spielen periodische Schwingungen an mehreren Stellen eine Rolle. Für mechanische *Schwingungsgeneratoren*, die z.b. für Prüfstände mit elektrischer oder hydraulischer Energie betrieben werden, sind Schwingungen mit bestimmter Form, Amplitude und Frequenz zu erzeugen. Häufig müssen jedoch Schwingungen von Kraftmaschinen, Arbeitsmaschinen oder Fahrzeugen durch *Schwingungsdämpfer* gezielt reduziert werden. Ferner kann das Schwingungsverhalten auf Fehler wie z.B. Unwucht oder Unsymmetrien bei rotierenden Maschinen hinweisen und somit zur *Überwachung* und *Fehlererkennung* verwendet werden.

In diesem Kapitel wird zunächst auf die Entstehung und Beschreibung von harmonischen Schwingungen eingegangen. Dann wird gezeigt, wie man die Schwingungskomponenten gemessener periodischer Signale mittels der diskreten und schnellen Fouriertransformation, Korrelationsfunktionen, einer parametrischen Spektralschätzung und dem Cepstrum bestimmen kann. Dann wird die Schwingungsanalyse bei Maschinen näher betrachtet.

8.1 Harmonische Schwingungen

Für ungedämpfte periodische Signale mit der Periodendauer T_p gilt allgemein

$$y(t) = y(t + T_p). \tag{8.1.1}$$

8.1.1 Einzelne Schwingungen

Eine harmonische Dauerschwingung wird durch eine phasenverschobene Sinusfunktion

$$y(t) = y_0 \sin\left(2\pi f_0 t + \varphi\right) = y_0 \sin\left(\omega_0 t + \varphi\right) \tag{8.1.2}$$

beschrieben, wobei y_0 Amplitude, $f_0 = 1/T_p$ Frequenz, $\omega_0 = 2\pi f_0$ Kreisfrequenz, φ Phasenwinkel sind. Für eine gedämpfte harmonische Schwingung gilt

$$y(t) = y_0 e^{-\delta t} \sin(\omega_0 t + \varphi) \tag{8.1.3}$$

mit δ Abklingkonstante.

Beispiele für die Entstehung solcher Schwingungen bei mechanischen Systemen wurden in Kapitel 4 gezeigt. Weitere Beispiele finden sich in Abschnitt 8.3. Im Folgenden werden nun das Zusammenwirken verschiedener harmonischer Schwingungen und ihre Modelle im Zeitbereich betrachtet.

8.1.2 Superposition

Die einfachste Form des Zusammenwirkens von Schwingungen ergibt sich durch die Superposition (Addition)

$$y(t) = \sum_{v=1}^{m} y_0 e^{-\delta_v t} \sin(\omega_v t + \varphi_v). \tag{8.1.4}$$

Die Überlagerung von zwei ungedämpften Schwingungen mit den Kreisfrequenzen ω_1 und ω_2 ergibt somit das in Bild 8.1 gezeigte Amplitudenspektrum.

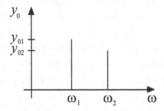

Bild 8.1. Amplitudenspektrum bei der Superposition zweier ungedämpfter Schwingungen mit $\delta_v = 0$

8.1.3 Amplitudenmodulation

Eine amplitudenmodulierte Schwingung entsteht, wenn die Amplitude y_{01} des Trägersignales mit der Kreisfrequenz ω_1 durch eine zweite Schwingung, die Modulationsschwingung mit der Amplitude y_{02} und der Kreisfrequenz ω_2 geändert wird. Dies ergibt eine multiplikative Verknüpfung

$$y(t) = y_1(t) y_2(t) = y_{01} [y_{02} \sin(\omega_2 t + \varphi_2)] \sin(\omega_1 t + \varphi_1). \tag{8.1.5}$$

Mit Hilfe der trigonometrischen Beziehung

$$\sin\alpha \ \sin\beta = \frac{1}{2} [\cos(\alpha - \beta) - \cos(\alpha + \beta)]$$

erhält man

$$y(t) = \frac{1}{2} y_{01} y_{02} \left[\cos \left((\omega_1 - \omega_2) t + \varphi_1 - \varphi_2 \right) - \cos \left((\omega_1 + \omega_2) t + \varphi_1 + \varphi_2 \right) \right].$$
(8.1.6)

Es entstehen somit zwei Schwingungsanteile gleicher Amplitude mit der Differenz-
und Summenfrequenz, Bild 8.2.

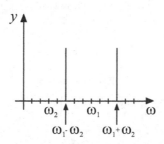

Bild 8.2. Amplitudenspektrum bei der Amplitudenmodulation

8.1.4 Frequenz- und Phasenmodulation

Eine Modulation der Frequenz der Trägerschwingung mit der Amplitude y_{01} erhält
man durch

$$y(t) = y_{01} \sin[\omega_1 \underbrace{(y_{02} \sin(\omega_2 t + \varphi_2)}_{y_2(t)})t + \varphi_1]$$
(8.1.7)

und des Phasenwinkels durch

$$y(t) = y_{01} \sin(\omega_1 t + \underbrace{y_{02} \sin(\omega_2 t + \varphi_2)}_{\varphi_2(t)} + \varphi_1).$$
(8.1.8)

Diese Modulationen werden besonders in der Nachrichtentechnik verwendet, da die
Nutzinformation in der Frequenz $[y_2(t)\omega_1]$ und Phase $[\varphi_1 + \varphi_2(t)]$ der Trägerschwingung enthalten ist. Störungen der Amplitude y_{01} haben dann bei der Rekonstruktion
des Nutzsignales im Empfänger (Demodulation) praktisch keinen Einfluss.

Beispiel 8.1:

Für jeweils zwei ungedämpfte Teilschwingungen zeigt Bild 8.3 die Signalverläufe
für eine Amplituden-, Frequenz- und Phasenmodulation

□

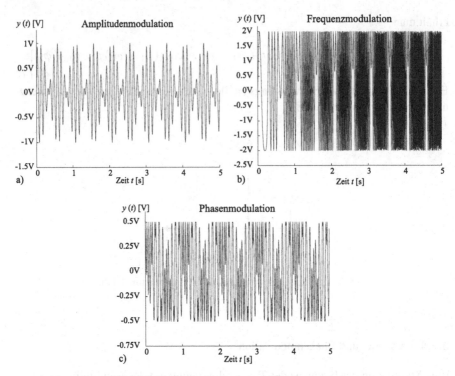

Bild 8.3. Zeitlicher Verlauf einer Schwingung bei:
a) Amplitudenmodulation: $y(t) = \sin(2\pi \cdot 10\,\text{Hz} \cdot t) \cdot \sin(2\pi \cdot 1\,\text{Hz} \cdot t + \pi/3)(\omega_2 > \omega_1)$;
b) Frequenzmodulation: $y(t) = 2\sin[2\pi \cdot 10\,\text{Hz} \cdot 0{,}5 \cdot \sin(2\pi \cdot 1\,\text{Hz} \cdot t + \pi/3)t](\omega_2 < \omega_1)$;
c) Phasenmodulation: $y(t) = 0{,}5\sin(2\pi \cdot 1\,\text{Hz} \cdot t + 2 \cdot \sin(2\pi \cdot 10\,\text{Hz} \cdot t) + \pi/3)(\omega_2 > \omega_1)$

8.1.5 Schwebung

Es wird nun die Superposition von zwei Schwingungen mit den Kreisfrequenzen ω_1 und ω_2 betrachtet, die nur um eine kleine Differenz $\Delta\omega = \omega_2 - \omega_1$ verschieden sind und gleiche Amplituden haben

$$y_1(t) = y_0 \sin(\omega_1 t + \varphi_1)$$
$$y_2(t) = y_0 \sin[(\omega_1 + \Delta\omega)t + \varphi_2].$$

Mit Hilfe der trigonometrischen Beziehung

$$\sin\alpha + \sin\beta = 2\sin\left(\frac{\alpha + \beta}{2}\right) \cdot \cos\left(\frac{\alpha - \beta}{2}\right)$$

erhält man dann

$$y(t) = y_1(t) + y_2(t)$$

$$= y_0(t) \sin\left[\left(\omega_1 + \frac{\Delta\omega}{2}\right)t + \varphi\right]$$

$$= y_0(t) \sin\left[\frac{\omega_1 + \omega_2}{2}t + \varphi\right]$$

(8.1.9)

mit

$$y_0(t) = 2y_0 \cos\left[\frac{\Delta\omega t - \varphi_1 + \varphi_2}{2}\right] = 2\cos\left[\frac{(\omega_2 - \omega_1)}{2}t - \frac{\varphi_2 - \varphi_1}{2}\right]$$

$$\varphi = \frac{1}{2}(\varphi_1 + \varphi_2).$$

Es entsteht somit eine Sinusschwingung mit der gemittelten Frequenz $(\omega_1 + \omega_2)/2$, deren Amplitude $y_0(t)$ sich nach einer Cosinusschwingung mit der halben Differenzfrequenz $\Delta\omega/2$ ändert, eine sogenannte *Schwebung*. Eine Superposition von Schwingungen mit eng benachbarten Frequenzen führt also auf eine amplitudenmodulierte Schwingung, deren Trägersignal die Frequenz $(\omega_1 + \omega_2)/2$ und deren Modulationssignal die Frequenz $(\omega_2 - \omega_1)/2$ aufweist.

Beispiel 8.2:

Die Superposition der Schwingungen

$$y_1(t) = \sin(2\pi \cdot 1\,\text{Hz})t$$
$$y_2(t) = \sin(2\pi \cdot 1{,}01\,\text{Hz})t$$

ergibt eine Schwebung mit der Frequenz $\Delta f/2 = 0{,}005\,\text{Hz}$, Bild 8.4.

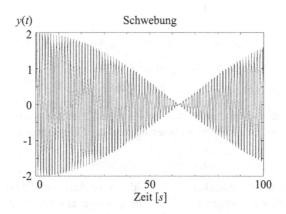

Bild 8.4. Zeitlicher Verlauf einer Schwebung

8.1.6 Superposition und nichtlineare Kennlinien

Es wird nun der Fall betrachtet, dass nach der Superposition zweier Schwingungen

$$
\begin{aligned}
y(t) &= y_1(t) + y_2(t) \\
y_1(t) &= y_{01} \sin(\omega_1 t + \varphi_1) \\
y_2(t) &= y_{02} \sin(\omega_2 t + \varphi_2)
\end{aligned}
\tag{8.1.10}
$$

eine nichtlineare Kennlinie

$$
z(y) = y^2
\tag{8.1.11}
$$

folgt. Dann gilt für das Ausgangssignal

$$
\begin{aligned}
z(t) =& y_{01}^2 \sin^2(\omega_1 t + \varphi_1) + 2 y_{01} y_{02} \sin(\omega_1 t + \varphi_1) \sin(\omega_2 t + \varphi_2) \\
&+ y_{02}^2 \sin^2(\omega_2 t + \varphi_2) \\
=& y_{01}^2 \sin^2(\omega_1 t + \varphi_1) + y_{02}^2 \sin^2(\omega_2 t + \varphi_2) + 2 y_{01}[y_{02} \sin(\omega_2 t + \varphi_2)] \\
&\sin(\omega_1 t + \varphi_1).
\end{aligned}
\tag{8.1.12}
$$

Es entstehen also quadrierte Sinusschwingungen für jede Grundfrequenz und eine amplitudenmodulierte Sinusschwingung. Eine weitere Umformung mittels der trigonometrischen Funktion

$$
\sin^2 \alpha = \frac{1}{2}[1 - \cos 2\alpha]
$$

ergibt

$$
\begin{aligned}
z(t) =& \frac{1}{2}(y_{01}^2 + y_{02}^2) \\
&- \frac{1}{2} y_{01}^2 \cos(2\omega_1 t + \varphi_1) - \frac{1}{2} y_{02}^2 \cos(2\omega_2 t + \varphi_2) \\
&+ y_{01} y_{02} \cos[(\omega_1 - \omega_2)t + \varphi_1 - \varphi_2] \\
&- y_{01} y_{02} \cos[(\omega_1 + \omega_2)t + \varphi_1 + \varphi_2].
\end{aligned}
\tag{8.1.13}
$$

Die quadratische nichtlineare Kennlinie lässt also aus der Superposition zweier Schwingungen mit den Kreisfrequenzen ω_1 und ω_2 Schwingungen mit den Kreisfrequenzen

$$
2\omega_1, 2\omega_2, \omega_1 - \omega_2, \omega_1 + \omega_2
$$

und einen Gleichanteil entstehen, siehe Bild 8.5. Nichtlineare Übertragungsglieder erzeugen also Schwingungen mit neuen Frequenzen am Ausgang. Bei nur einer Schwingung mit ω_1 entstehen zwei Frequenzen bei ω_1 und $2\omega_1$.

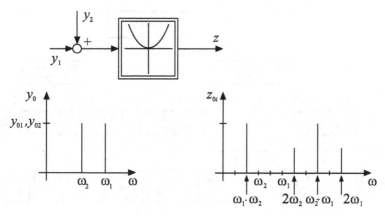

Bild 8.5. Auswirkung einer quadratischen Kennlinie auf das Amplitudenspektrum zweier überlagerter Schwingungen

8.2 Identifikation periodischer Signale (Schwingungsanalyse)

Viele gemessene Signale haben periodische oder regellose (stochastische) Anteile oder beides. Bei mechatronischen Systemen zeigt sich dies z.B. bei Messgrößen wie elektrischen Spannungen oder Strömen, Positionen, Geschwindigkeiten, Beschleunigungen, Kräfte, Drücke und Durchflüsse. Die zugehörigen Messsignale enthalten dann häufig höherfrequentere Komponenten als die Prozessdynamik. Die Analyse dieser Signale führt auf bestimmte Merkmale wie z.B. Amplituden, Phasenwinkel, Frequenzspektren oder Korrelationsfunktionen für diskrete Frequenzen ω_ν oder Frequenzbereiche $\omega_{min} \leq \omega \leq \omega_{max}$. Die resultierenden Signalmodelle können in *nichtparametrischen Modelle*, wie z.B. Frequenzspektren oder Korrelationsfunktionen, oder *parametrische Modelle*, wie z.B. Amplituden für bestimmte diskrete Frequenzen oder autoregressive moving-average Modelle (ARMA) mit parametrischen Übertragungsfunktionen unterteilt werden. Bild 8.6 gibt eine Übersicht über einige wichtige Methoden der Signalanalyse sowohl für stationäre als auch instationäre Signale. Hierin sind auch stochastische Signale enthalten, die allerdings aus Platzgründen hier nicht behandelt werden. Die Analyse *stochastischer Signale* sind z.B. in Box und Jenkins (1970), Papoulis (1994), Hänsler (2001), Isermann (2006) beschrieben.

Es wird nun der häufig vorkommende Fall angenommen, dass ein *periodisches Signal* $y(t)$ einem Gleichwert Y_{00} überlagert ist

$$Y(t) = Y_{00} + y(t),$$
$$y(t) = y_u(t) + n(t). \tag{8.2.1}$$

Wenn der Gleichwertanteil durch z.B. Subtraktion oder Hochpassfilter eliminiert wird, ist nur das periodische Signal $y(t)$ zu untersuchen, das sich meist aus dem zu analysierenden Nutzsignal $y_u(t)$ und regellosen Störsignalkomponenten $n(t)$ zusammensetzt. Für das regellose Signal wird angenommen, dass es mittelwertfrei ist, $\overline{n(t)} = 0$, und nicht mit $y_u(t)$ korreliert ist.

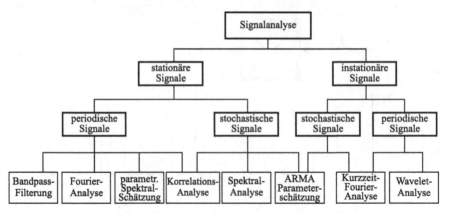

Bild 8.6. Übersicht von Signalanalysemethoden für periodische und stochastische Signale

Gemäß dem Ansatz mit *Fourierreihen* kann jedes periodische Signal durch eine Überlagerung von harmonischen Schwingungen beschrieben werden

$$y_u(t) = \sum_{\nu=1}^{N} y_{0\nu} e^{-d_\nu t} \sin(\omega_\nu t + \varphi_\nu). \tag{8.2.2}$$

Jede Schwingungskomponente wird dann beschrieben durch die Amplitude $y_{0\nu}$, die Frequenz ω_ν, den Phasenwinkel φ_ν und die Dämpfungskonstante (Abklingkonstante) d_ν. Diese Parameter sind nun durch die Signalanalyse-Methoden zu bestimmen. In vielen Fällen reicht es auch aus, nur $y_{0\nu}$ und ω_ν zu bestimmen.

8.2.1 Bandpassfilter

Eine klassische Methode zur Bestimmung von Amplituden harmonischer Signalkomponenten in Abhängigkeit der Frequenz ist die Filterung durch eine Zahl analoger Bandpassfilter mit verschiedenen Mittenfrequenzen, siehe Bild 8.7. Eine Alternative zur Bestimmung des Frequenzspektrums ist ein Bandpassfilter mit einstellbarer Frequenz. Die Bandpassfilter haben eine bestimmte Bandbreite, wie z.B. die Durchlassbreite zwischen zwei Frequenzen mit drei dB Amplitudenschwächung und einer bestimmten Flankensteilheit, die z.B. in einem bestimmten Frequenzband mit 60 dB angegeben wird. Die Filter können dabei analog oder digital realisiert sein. Bei digitalen Filtern werden die Signale in einem A/D-Wandler in eine digitale Form gewandelt und dann durch rekursive Filteralgorithmen in Echtzeit weiterverarbeitet. Die Bandpassfilter haben dabei eine konstante absolute Bandbreite oder eine konstante relative (prozentuale) Bandbreite. Eine konstante Bandbreite gibt eine gleichförmige Frequenzauflösung über eine lineare Frequenzskala. Dies wird verwendet, wenn der betrachtete Frequenzbereich begrenzt ist, z.B. über zwei Dekaden. Filter mit einer konstanten prozentualen Bandbreite ergeben eine gleichförmige Auflösung in einer logarithmischen Darstellung und werden für große Frequenzbereiche über drei oder mehr Dekaden eingesetzt.

Kommerzielle Signalanalysatoren senden das gefilterte Signal im Allgemeinen zu einem Detektor, wenn man an einem Leistungsspektrum interessiert ist. Das Signal wird dann quadriert und über ein bestimmtes Zeitintervall integriert, um ein mittleres Leistungsmaß zu erhalten. Nach einer Wurzelbildung des mittleren Quadratwertes erhält man eine Amplitude (RMS-Wert). Bild 8.7 zeigt ein Schema für gestufte Bandpassfilter mit verschiedenen Mittenfrequenzen. Der Detektor wird sequenziell an die verschiedenen Filterausgänge geschaltet und bestimmt die Signalamplituden oder Leistungswerte für jedes Frequenzband. Der Ausgang wird dann verstärkt und z.B. durch einen Schreiber oder Drucker dargestellt.

Für eine Analyse mit schmalen Frequenzbändern ist es im Allgemeinen vorteilhafter ein einziges Filter mit einstellbarer Mittenfrequenz zu verwenden. Dieses Filter kann eine konstante Bandbreite oder eine konstante prozentuale Bandbreite haben. Das Frequenzspektrum ergibt sich dann kontinuierlich in Abhängigkeit der Frequenz. Für weitere Details siehe z.B. Stearns (1975), Randall (1987), Hess (1989), Stearns und Hush (1990), Williams und Taylor (1995), Oppenheim et al. (1999).

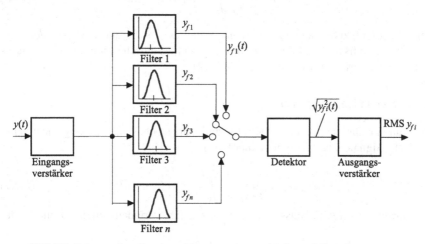

Bild 8.7. Schema einer Bandpassfilterung mit verschiedenen Mittenfrequenzen

8.2.2 Fourieranalyse

Entwickelt man die phasenverschobenen Sinusschwingungen (8.2.2) (ohne Störsignale, $n(t) = 0$) in die Fourierreihe

$$y(t) = \frac{a_0}{2} + \sum_{\nu=1}^{N} a_\nu \cos \nu \omega_0 t + \sum_{\nu=1}^{N} b_\nu \sin \nu \omega_0 t, \qquad (8.2.3)$$

dann werden die einzelnen Schwingungskomponenten a_ν, b_ν als *Fourier-Koeffizienten* beschrieben

$$a_v = \frac{2}{T_p} \int_0^{T_p} y(t) \cos(v\omega_0 t) dt$$

$$b_v = \frac{2}{T_p} \int_0^{T_p} y(t) \sin(v\omega_0 t) dt.$$

(8.2.4)

In komplexer Form gilt für die Fourierreihe

$$y(t) = c_0 + \sum_{v=1}^{N} c_v e^{iv\omega_0 t} + \sum_{v=1}^{N} c_{-v} e^{-iv\omega_0 t}$$

$$= \sum_{v=-\infty}^{\infty} c_v e^{iv\omega_0 t}$$

(8.2.5)

mit den komplexen Fourier-Koeffizienten

$$c_v(i v\omega_0) = \frac{1}{T_p} \int_0^{T_p} y(t) e^{-iv\omega_0 t} dt.$$

(8.2.6)

Durch den Grenzübergang $T_p \to \infty$ und damit $\omega_0 \to d\omega$ und $v\omega_0 \to v d\omega = \omega$ geht die periodische Funktion $y(t)$ in eine nichtperiodische Funktion über und es folgt die Fouriertransformierte $y(i\omega)$, (8.2.12).

8.2.3 Korrelationsfunktionen

Die Autokorrelationsfunktion (AKF) für stationäre stochastische Störsignale und periodische Signale lautet in allgemeiner Form

$$R_{yy}(\tau) = \lim_{T \to \infty} \frac{1}{T} \int_0^T y(t) y(t + \tau) dt.$$

(8.2.7)

Für *periodische Signale* muss man über ganzzahlige Perioden mitteln. Deshalb gilt

$$R_{yy}(\tau) = \lim_{n \to \infty} \frac{1}{nT_{pv}} \int_0^{nT_{pv}} y(t) y(t + \tau) dt.$$

(8.2.8)

Dann folgt für eine sinusförmige phasenverschobene Schwingung mit $\omega_v = 2\pi/T_{pv}$

$$y_u(t) = y_{0v} \sin(\omega_v t + \varphi_v) + n(t)$$

(8.2.9)

die AKF, Isermann (1992),

$$R_{yy}(\tau) = \frac{y_{0v}^2}{2} \cos \omega_v \tau$$

(8.2.10)

und damit wiederum eine periodische Funktion. Die Phasenverschiebung φ_v geht nicht ein. Die stationären Störsignalkomponenten $n(t)$ und Schwingungen mit $\omega \neq \omega_v$ beeinflussen die AKF für $n \to \infty$ nicht. Die AKF bietet sich daher zur Analyse von periodischen Signalen mit stochastischen Störsignalen an.

Bildet man die Kreuzkorrelationsfunktion zwischen $y_u(t)$ und einer harmonischen sin- oder cos-Referenzschwingung der Amplitude u_{0v}

$$R_{yu1}(\tau) = \lim_{n \to \infty} \frac{u_{0v}}{nT_{pv}} \int_0^{nT_{pv}} y_u(t) \sin \omega_v(t + \tau) dt = \frac{1}{2} u_{0v} y_{0v} \cos \omega_v \tau$$

$$R_{yu2}(\tau) = \lim_{n \to \infty} \frac{u_{0v}}{nT_{pv}} \int_0^{nT_{pv}} y_u(t) \cos \omega_v(t + \tau) dt = \frac{1}{2} u_{0v} y_{0v} \sin \omega_v \tau,$$

$$(8.2.11)$$

dann gehen nur Schwingungskomponenten von $y_u(t)$ mit $\omega = \omega_v$ ein. Man beachte die Ähnlichkeit zu den Fourier-Koeffizienten, (8.2.4). Diese Eigenschaft wird bei der Frequenzgangmessung linearer Systeme mit der Methode der *orthogonalen Korrelation* genutzt, Isermann (1992)

8.2.4 Fouriertransformation (zeitbegrenzte Signale)

Die Fouriertransformierte eines *nichtperiodischen Signales* $y(t)$ ist wie folgt definiert

$$y(i\omega) = \mathcal{F}\{y(t)\} = \int_{-\infty}^{\infty} y(t)e^{-i\omega t} dt. \qquad (8.2.12)$$

Damit sie konvergiert muss gelten

$$\int_{-\infty}^{\infty} |y(t)| dt < \infty. \qquad (8.2.13)$$

Bild 8.8 zeigt die Amplitudendichten $|y(i\omega)|$ für einige Beispiele mit endlichen nichtperiodischen Signalen, für die die Konvergenzbedingung erfüllt wird.

Wendet man die Fouriertransformation auf eine Schwingung mit endlicher Dauer T an, dann erhält man eine Spitze bei $\omega = \omega_v$, Bild 8.8c). Je länger die Dauer T desto höher und schmäler wird $|y(i\omega)|$ um $\omega = \omega_v$. Für eine Dauerschwingung mit $T \to \infty$ wird $|y(i\omega)| \to \infty$. Die Konvergenzbedingung ist dann nicht mehr erfüllt.

Wird das nichtperiodische zeitkontinuierliche Signal $y(t)$ mit der Abtastzeit T_0 abgetastet, dann folgt aus (8.1.12) näherungsweise für $y(t) = 0$ für $t < 0$

$$y(i\omega) \approx T_0 \sum_{k=0}^{\infty} y(kT_0)e^{-i\omega kT_0}. \qquad (8.2.14)$$

Lässt man die Konstante T_0 weg, dann entsteht die *diskrete Fouriertransformation* (DTFT: discrete time Fourier transform) für kontinuierliche Frequenz ω

$$y_D(i\omega) = \sum_{k=0}^{\infty} y(kT_0)e^{-i\omega kT_0}. \qquad (8.2.15)$$

Beschränkt man ihre Anwendung auf ein endliches Messintervall $0 \leq k \leq N - 1$, dann gilt der Schätzwert

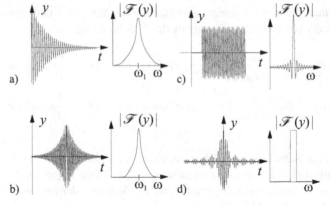

Bild 8.8. Amplitudendichten einiger Signale endlicher Dauer: a) Abklingende Schwingung; b) Auf- und abklingende Schwingung; c) Endliches periodisches Signal; d) Zeitverlauf für rechteckförmige Fouriertransformierte.

$$
\hat{y}_{DT}(i\omega) = \sum_{k=0}^{N-1} y(kT_0)e^{-i\omega kT_0}
$$
$$
= \sum_{k=0}^{N-1} y(kT_0)\cos\omega kT_0 - i\sum_{k=0}^{N-1} y(kT_0)\sin\omega kT_0 \qquad (8.2.16)
$$
$$
= Re(y_{DT}(i\omega)) + i\,Im(y_{DT}(i\omega)).
$$

Hieraus ergibt sich das diskrete Amplitudenspektrum der DTFT

$$
|y_{DT}(i\omega)| = \left[Re^2(y_{DT}(i\omega)) + Im^2(y_{DT}(i\omega)) \right]^{\frac{1}{2}}, \qquad (8.2.17)
$$

und das diskrete Phasenspektrum

$$
\alpha_{DT}(i\omega) = arc\,tg\left[Im(y_{DT}(i\omega))/Re(y_{DT}(i\omega)) \right]. \qquad (8.2.18)
$$

Führt man die Abkürzung

$$
z = e^{i\omega T_0} \qquad (8.2.19)
$$

ein, dann erhält man die z-Transformierte

$$
\hat{y}_{DT}(z) = \sum_{k=0}^{N-1} y(kT_0)z^{-k}. \qquad (8.2.20)
$$

Die Kreisfrequenz wird nun mit dem Intervall $\Delta\omega$ diskretisiert. Bei einer endlichen Messdauer $T = NT_0$ ist die kleinste beschreibbare Frequenz $\omega_{min} = 2\pi/T = 2\pi/NT_0$. Damit ergibt sich für die diskretisierte Frequenz

$$
\omega = n\Delta\omega = n\frac{2\pi}{NT_0}
$$

und es gilt für die *diskrete Fouriertransformierte* (DFT) für diskrete Frequenz $n\Delta\omega$

$$\hat{y}_D(i\,n\Delta\omega) = \sum_{k=0}^{N-1} y(kT_0)e^{-i\Delta\omega nkT_0} = \sum_{k=0}^{N-1} y(kT_0)e^{-i2\pi kn/N}. \qquad (8.2.21)$$

Für jede Frequenz ω sind mit dieser DFT $2N$ Multiplikationen und $2(N-1)$ Additionen erforderlich. Der Rechenaufwand ist somit relativ groß.

8.2.5 Schnelle Fouriertransformation (FFT)

Die lange Rechenzeit der DFT lässt sich durch die Ausnutzung von symmetrischen Eigenschaften der Schwingungszeiger in der komplexen Ebene vereinfachen, Cooley und Tukey (1965). Die Auswertung beschränkt sich dann auf ein Umsortieren von Daten und Multiplikation mit vorausberechneten Sinus- und Kosinuswerten. Die Kreisfrequenzen werden wieder mit einem Abstand von $\Delta\omega$ diskretisiert. Bei einer endlichen Messdauer $T = NT_0$ ist die kleinste beschreibbare Kreisfrequenz $\omega_{min} = 2\pi/T = 2\pi/NT_0$ und die größte Kreisfrequenz nach dem Shannonschen Abtasttheorem $\omega_{max} = \pi/T_0$. Die Frequenzrasterung ergibt sich zu

$$\omega = n\Delta\omega \text{ mit } \Delta\omega = \frac{2\pi}{NT_0} < \omega < \frac{\pi}{T_0}.$$

Aus (8.2.21) entsteht damit die Folge

$$\hat{y}_D(i\,n\Delta\omega) = \sum_{k=0}^{N-1} y(kT_0)e^{-ikn\Delta\omega T_0} = \sum_{k=0}^{N-1} y(kT_0)W_N^{kn} \qquad (8.2.22)$$

mit konstanten datensatzunabhängigen komplexen Faktoren W_N

$$W_N = e^{-i\Delta\omega T_0} = e^{-i2\pi/N} = \text{const.} \qquad (8.2.23)$$

Die Faktoren W_N^{kn} können für bestimmte Datensatzlängen N vorausberechnet werden, um als Sinus-/Kosinustabelle bei der Analyse mehrerer Daten gleicher Länge oder im Echtzeitbetrieb Rechenzeit einzusparen. Weiterhin gilt die Symmetrieeigenschaft

$$W_N = e^{-i2\pi/N} = \left\{e^{-i2\pi/(N/2)}\right\}^{1/2} = W_{N/2}^{1/2}. \qquad (8.2.24)$$

Eine Aufspaltung der Abtastfolge $y(k)$ in Anteile zu geraden und ungeraden Abtastzeitpunkten

$$y_{ger} = y(2k); y_{ung} = y(2k+1), k = 0\ldots(\frac{N}{2}-1) \qquad (8.2.25)$$

ergibt zwei Teilfolgen aus (8.2.22) und (8.2.24)

$$\hat{y}_{ger}(n) = \sum_{k=0}^{N/2-1} y(2k)W_{N/2}^{kn} = \sum_{k=0}^{N/2-1} y(2k)W_N^{2kn}, \qquad (8.2.26)$$

$$\hat{y}_{ung}(n) = \sum_{k=0}^{N/2-1} y(2k+1)W_{N/2}^{kn} = \sum_{k=0}^{N/2-1} y(2k+1)W_N^{2kn}. \qquad (8.2.27)$$

Damit entsteht für die gesamte Folge des Signales $y(k)$

$$\hat{y}_D(n) = \sum_{k=0}^{N/2-1} \left\{ y(2k)W_N^{2kn} + y(2k+1)W_N^{(2k+1)n} \right\}$$
$$= \hat{y}_{ger}(n) + W_N^n \hat{y}_{ung}(n), \qquad (8.2.28)$$

so dass eine Berechnung durch Bildung zweier Teilfolgen jeweils halber Datenlänge möglich ist. Die Zerlegung nach (8.2.28) kann solange fortgesetzt werden, wie die Teilfolgenlängen gerade Zahlen sind. Eine vollkommene Ausnutzung der Berechnungssymmetrie ist möglich, falls die Datensatzlänge N eine Zweierpotenz darstellt, $N = 2^\nu$. In diesem Falle entartet die Auswertung von (8.2.22) zu einem Umsortieren der $y(k)$ und Multiplikation mit komplexen vorausberechenbaren Faktoren W_N. Dies entspricht einem Rechenaufwand von jeweils $4N \, lg N / lg 2$ reellen Multiplikationen und Additionen für diese FFT.

Nach der Reihenfolge der Operationen unterscheidet man Cooley-Tuckey-Algorithmen (Umsortieren mit anschließender Multiplikation) und Sande-Tuckey Algorithmen (Multiplikation der Daten mit Sinus-/Kosinuswerten und anschließendes Umsortieren), Press et al. (1988).

Ein Vergleich des Rechenaufwandes für DFT und FFT bei festen Datensatzlängen N zeigt den starken Anstieg der DFT gegenüber FFT bei zunehmender Länge N, Tabelle 8.1. Aufgrund der großen Einsparung an Rechenzeit wird meist der Nachteil bestimmter Datensatzlängen (Zweierpotenzen) für FFT in Kauf genommen.

Tabelle 8.1. Vergleich der Rechenschritte für DFT und FFT

Datensatzlänge N	Rechenschritte für		
	DFT	FFT	
128	33282	3584	Multiplikationen
	256	3584	Additionen
1024	2101250	40960	Multiplikationen
	2048	40960	Additionen
4096	33570818	196608	Multiplikationen
	8192	196608	Additionen

Beispiel 8.3:

Der Signalprozessor DSP32C (AT&T) benötigt bei einer Taktfrequenz von $f_c = 50\,\text{MHz}$ ($T_c = 20\,\text{ns}$) für einen Rechenschritt (Floating-Point Addition und/oder

Multiplikation) eine Rechenzeit von 80 ns. Durch seine spezielle Architektur (Multiplizierer-Addierer-Kaskade) können jeweils eine Addition und Multiplikation zusammen in einem Rechenschritt ausgeführt werden, was bei der FFT mit gleicher Anzahl beider Operationen zur Einsparung der halben Rechenzeit führt. Bei der DFT ergeben sich jedoch nur geringe Auswirkungen, siehe Tabelle 8.2.

Tabelle 8.2. Vergleich der Rechenzeiten eines Signalprozessors für DFT und FFT

N	DFT	FFT	Faktor DFT/FFT
128	26,8 ms	2,85 ms	9,4
1024	1,68 s	32,75 ms	51,9
4096	26,86 s	0,1575 s	170,5

Tabelle 8.2 zeigt, dass der Faktor der Zeiteinsparung mit zunehmender Datensatzlänge größer wird.

□

Bei Verwendung der FFT ist zur fortlaufenden Ausnutzung von Symmetrien die Datensatzlänge N auf Zweierpotenzen beschränkt ($N = 2^\nu$). Häufig wird $N = 1024 = 2^{10}$ eingesetzt. Entspricht der Datensatz nicht diesen Vorgaben, so muss er entweder gekürzt oder bis zur nächsten Zweierpotenz mit Nullen aufgefüllt werden („Zero Padding"), was einer Verfälschung der Rohdaten gleichkommt.

Eine weiterer Nachteil der DFT und FFT eines diskreten Spektrums liegt in der gewählten Darstellung eines diskreten Spektrums. Dies besitzt nur ein endliches Krümmungsverhalten und kann somit scharfe Spektrallinien („Peaks"), wie sie von diskreten sinusförmigen Schwingungskomponenten herrühren, nicht exakt modellieren. Eine endliche Datensatzlänge im Zeitbereich ($k = 0 \ldots N - 1$) kann aus einer unendlich langen Datensatzlänge durch eine rechteckförmige Fensterfunktion f_{rec} erzeugt werden, mit

$$f_{rec}(kT_0) = \begin{cases} 1 & \text{für } 0 \leq k \leq N-1 \\ 0 & \text{sonst} \end{cases}, \qquad (8.2.29)$$

siehe Bild 8.9a). Statt einer Folge $y(k)$ des realen Messsignals wird eine Folge $y_{tr}(k)$ endlicher Länge in den Frequenzbereich transformiert, die sich aus der multiplikativen Verknüpfung von Signal und Fensterfunktion ergibt

$$y_{tr}(k) = f_{rec}(k)y(k). \qquad (8.2.30)$$

Im Frequenzbereich entsteht dann eine Faltung des Messsignalspektrums mit der Fouriertransformierten des Rechteckfensters, die eine Spaltfunktion abhängig von der Datensatzlänge N bildet. Die Amplituden aller diskreter Frequenzanteile verschmieren durch eine solche Faltung über den gesamten Frequenzbereich (*Leck-Effekt*), siehe z.B. Kammeyer und Kroschel (1996).

Zur Minderung der Auswirkung dieses Leck-Effektes werden häufig zusätzliche spezielle *Fensterfunktionen* $f_{win}(k)$ eingeführt, mit denen das Messsignal vor der Transformation multipliziert wird, wie in Bild 8.9b) gezeigt,

$$y_{tr}(k) = f_{win}(k)y(k). \tag{8.2.31}$$

Diese Fensterfunktionen $f_{win}(k)$ besitzen in der Mitte des Messintervalles einen Wert von 1 und klingen zu den Intervallgrenzen hin auf den Wert 0 ab. Neben einer Reduktion des Leck-Effektes ergibt sich jedoch der Nachteil einer verminderten Auflösung des resultierenden Spektrums durch Verfälschung der Signalwerte in den Randbereichen.

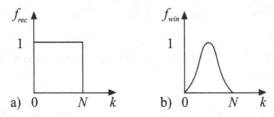

Bild 8.9. Fensterfunktionen für die diskrete Fourier-Transformation zur Reduktion des Leck-Effektes a) Rechteckfensterfunktion $f_{rec}(k)$; b) Allgemeine Fensterfunktion $f_{win}(k)$

Beispiel 8.4:

Die Sinusschwingung

$$y(t) = 1V \sin(2\pi \cdot 1\,\text{Hz} \cdot t)$$

wird im Messintervall $k = 0 \ldots N - 1$ abgetastet ($T_0 = 200\,\text{ms}$). Aus der zugehörigen Abtastfolge $y(k)$ wird mittels FFT das Amplitudenspektrum geschätzt:

a) ohne zusätzliche Fensterfunktion f_{win}

$$y(i\,n\Delta\omega) = FFT\{f_{rec}(k)y(k)\}$$

Bild 8.10a zeigt, dass besonders für kleine $N(N = 128$, entspricht 25,6 Perioden) die Beschränkung der Messintervallänge auf N Abtastwerte deutliche Schätzfehler der Signalfrequenz und der Amplitude ergibt.

b) mit zusätzlicher Fensterfunktion (Hanning-Fenster):

$$y(i\,n\Delta\omega) = \text{FFT}\{f_{win}(k)f_{rec}(k)y(k)\}$$
$$f_{win}(k) = 0{,}5\left\{1 - \cos\left(\frac{2\pi k}{N}\right)\right\}.$$

Das zusätzliche Hanning-Fenster bewirkt eine Verbesserung der Frequenz- und Amplitudenschätzung für kleine N ($N = 128$) wie in Bild 8.10b) zu sehen. Der Einfluss des Leck-Effektes auf die Schätzergebnisse nimmt jedoch mit steigender Datensatzlänge N ab.

□

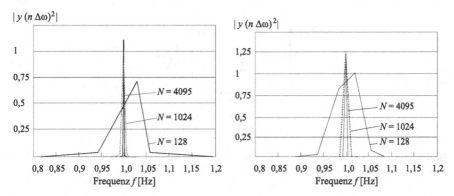

Bild 8.10. FFT einer Sinusschwingung mit 1 Hz $y(k)$ für unterschiedliche Datensatzlängen N: a) ohne Fensterfunktion; b) mit Hanning-Fensterfunktion

Eine eingehende Behandlung der FFT wird z.B. in Brigham (1974), Nussbaumer (1981), Stearns und Hush (1990), Schüßler (1994), Kammeyer und Kroschel (1996) gebracht.

Häufig interessiert das *Leistungsspektrum* der periodischen Signale $y(kT_0)$ mit Berechnung über die diskrete Fouriertransformation. Dann wird zuerst das diskrete Amplitudenspektrum $|y_D(i\omega)|$ (8.2.15), (8.2.17) unter Verwendung der FFT gebildet und dann die Gleichung zur Berechnung des Periodogramms verwendet

$$P_y(n\Delta\omega) = \frac{T_0}{N} |y_D(n\Delta\omega)|^2 . \qquad (8.2.32)$$

Dies ist dann ein Maß für die mittlere Leistung der Signale bei der Frequenz $n\Delta\omega$, Kay (1987), Marple (1987), Hippenstiel (2002).

8.2.6 Parametrische Spektralschätzung

Die meisten Probleme der FFT könnten gelöst werden, wenn der Verlauf des Messsignales außerhalb des Messintervalles bekannt wäre. Aus diesem Grunde suchte Burg (1968) nach einer Methode, den unbekannten Verlauf aus den bekannten Messwerten vorherzusagen, wobei keine a priori Annahmen bezüglich des zeitlichen Verlaufs bestehen sollen. Eine Schätzung der Werte bei maximaler Unsicherheit bezüglich des Verlaufs führte zu dem Begriff *maximale Entropie* und zu einer wesentlich verbesserten Schätzung *einiger signifikanter Frequenzkomponenten* ω_v.

Als Ansatz für ein *parametrisches Signalmodell* im Frequenzbereich soll ein fiktives Formfilter $F(z)$ bzw. $F(i\omega)$ dienen, welches mit einem Kronecker-Deltaimpuls angeregt wird

$$\delta(k) = \begin{Bmatrix} 1 \text{ für } k = 0 \\ 0 \quad \text{sonst} \end{Bmatrix} \Rightarrow \delta(z) = 1 \qquad (8.2.33)$$

und Dauerschwingungen $y(k)$ erzeugt, Bild 8.11.

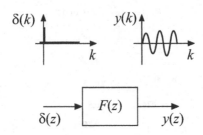

Bild 8.11. Erzeugung einer Dauerschwingung $y(k)$ über ein fiktives Formfilter $F(z)$ und Anregung durch einen δ-Impuls

Das Übertragungsverhalten des Formfilters soll so bestimmt werden, dass gelte

$$y(z) = F(z)\delta(z) = F(z) \text{ mit } \delta(z) = 1, \qquad (8.2.34)$$

so dass der Frequenzgangbetrag des Formfilters $F(z)$ und das Amplitudenspektrum des Messsignales $y(z)$ identisch sind. Damit gilt für das Leistungsdichtespektrum

$$S_{yy}(\omega) = |F(i\omega)|^2 S_{\delta\delta}(\omega) = |F(i\omega)|^2 \; mit \; S_{\delta\delta}(\omega) = 1 \forall \omega. \qquad (8.2.35)$$

Es können drei mögliche parametrische Modellansätze solcher Filter unterschieden werden. Das MA (moving average) Modell lautet

$$F_{MA}(z) = \beta_0 + \beta_1 z^{-1} + \ldots + \beta_n z^{-n}. \qquad (8.2.36)$$

Das Signalspektrum wird hierbei durch ein Polynom beschränkter Ordnung m approximiert. Das Spektrum kann damit nur begrenzte Amplitudenänderungen wiedergeben und ist ungeeignet zur Modellierung von periodischen Signalen, bei denen das Amplitudenspektrum nur aus diskreten Spitzen besteht. Im Zeitbereich entspricht ein MA-Ansatz der Filter-Differenzengleichung

$$y(k) = \beta\delta(k) + \beta_1\delta(k-1) + \ldots + \beta_n\delta(k-n). \qquad (8.2.37)$$

Ein rein autoregressives (AR-)Modell

$$F_{AR}(z) = \frac{\beta_0}{1 + \alpha_1 z^{-1} + \ldots + \alpha_n z^{-n}} \qquad (8.2.38)$$

ist in der Lage, scharfe Spektrallinien periodischer Signale entsprechend der Pole des Nennerpolynomes zu approximieren. Es ist damit gut zur Schätzung von Spektren harmonischer Schwingungen geeignet.

Die zugehörige Filter-Differenzengleichung lautet

$$\beta_0 \delta(k) = y(k) + \alpha_1 y(k-1) + \ldots + \alpha_n y(k-n). \qquad (8.2.39)$$

Nach einmaligem Anstoß durch einen δ-Impuls ergibt sich der weitere Verlauf von $y(k)$ nur aus seinen vergangenen Werten $y(k-i)$.

Der gemischte (ARMA-)Filtermodellansatz

$$F_{ARMA}(z) = \frac{\beta_0 + \beta_1 z^{-1} + \ldots + \beta_p z^{-p}}{1 + \alpha_1 z^{-1} + \ldots + \alpha_n z^{-n}} \qquad (8.2.40)$$

besitzt die ARMA-Differenzengleichung

$$y(k) + \alpha_1 y(k-1) + \ldots + \alpha_n y(k-n) = \beta_0 \delta(k) + \ldots + \beta_p \delta(k-p) \quad (8.2.41)$$

und setzt sich somit aus den beiden Typen MA und AR zusammen.

Es ergeben sich aber dann wegen einer Verdopplung der Parameteranzahl (β_j, α_i) starke Konvergenzprobleme bei der Schätzung. Zu diesem Modelltyp sind in der Literatur komplexere speziellere Schätzverfahren beschrieben, siehe Makhoul (1975), welche aber bei periodischen Signalen (hauptsächlich autoregressive Signalkomponenten) zu schlechteren Ergebnissen im Vergleich zu einem AR-Modell-Ansatz führen.

Eine Modellstruktur des Formfilters $F(z)$ kann auch allgemein für periodische Signale durch die Methode der Maximierung der Entropie in Form eines rein autoregressiven (AR-)Modelles für das Leistungsdichtespektrum $S_{yy}(z)$ abgeleitet werden, Edward und Fitelson (1973), Ulrych und Bishop (1975)

$$S_{yy}(z) = F(z)F(z^{-1})S_{\delta\delta}(z) = \frac{\beta_0^2}{\left|1 + \sum_{i=1}^{n} \alpha_{iz}^{-i}\right|^2}. \qquad (8.2.42)$$

Durch Schätzung der Koeffizienten α_i und β_0 aus dem Messsignal $y(k)$ verfügt man dann über ein *parametrisches, autoregressives Modell im Frequenzbereich* für das Leistungsdichtespektrum $S_{yy}(\omega)$, welches durch $(n+1)$ Parameter α_i und β_0 (typisch: $n = 4 \ldots 30$) bestimmt ist und das sich in $n/2$ Polynome 2-ter Ordnung zerlegen lässt. Hieraus lassen sich dann die endliche Zahl der Frequenzen

$$\omega_v = \frac{1}{T_0} arc \cos\left[\frac{-\alpha_{iv}}{2\sqrt{\alpha_{2v}}}\right]$$

aus $n/2$ Polpaaren und die Amplituden schätzen, wie in Burg (1968), Neumann und Janik (1990), Janik (1992), Isermann (2006) beschrieben wird.

8.2.7 Cepstrumanalyse

Für die Analyse von *periodischen Signalen* mit kleinen Amplituden innerhalb eines periodischen Signals mit größeren Amplituden kann das Cepstrum eingesetzt werden. Hierzu existieren verschiedene Definitionen, siehe Randall (1987). Für ein periodisches Signal $y(t)$ ist das *Leistungscepstrum* definiert als die inverse Fouriertransformierte des Logarithmus des Leistungsspektrums von $y(t)$

$$C_{yy}(\tau) = \mathcal{F}^{-1} \{\log \ P(\omega)\} = \frac{1}{2\pi} \int_{-\infty}^{\infty} \log P(\omega) \, e^{i\omega\tau} d\omega. \qquad (8.2.43)$$

Das Leistungsspektrum ergibt sich aus der Darstellung der periodischen Funktionen in Form von Fourierreihen mit den Fourier-Koeffizienten bei diskreten Frequenzen $v\omega_0$, (8.2.6)

$$c_v(i\,v\omega_0) = \frac{1}{T_p} \int_0^{T_p} y(t) \, e^{-iv\omega_0 t} dt \quad v = 0, 1, \ldots, N \qquad (8.2.44)$$

mit der Periode T_p (z.B. $T_p = 1/N\omega_0$). Deshalb ergibt sich für periodische Signale ein diskretes Amplitudenspektrum mit der Dimension [Amplitude] und einem Phasenspektrum. Um den Leistungsinhalt für jede Harmonische zu bekommen, muss man das Quadrat der Amplitude des Fourier-Koeffizienten verwenden

$$P(\omega)_{v=v\,\omega_0} = |c_v(i\,v\omega_0)|^2, \qquad (8.2.45)$$

nun mit der Dimension [(Amplitude)^2]. Hieraus kann dann Gleichung (8.2.43) berechnet werden.

Das *komplexe Cepstrum* eines *nichtperiodischen Signals* ist wie folgt definiert

$$C_y(\tau) = \mathcal{F}^{-1} \{\log \ y(i\omega)\} = \frac{1}{2\pi} \int_{-\infty}^{\infty} \log y(i\omega) \, e^{i\omega\tau} d\omega, \qquad (8.2.46)$$

wobei $y(i\omega)$ die Fouriertransformierte des Signals $y(t)$ ist.

Das Cepstrum wurde vermutlich als ein „Spektrum eines logarithmischen Spektrums" definiert, Bogert et al. (1968), als eine bessere Alternative zur Autokorrelationfunktion für die Erkennung von Echos in seismischen Signalen. Weil es demnach ein Spektrum eines Spektrums ist, wurde das Wort Ceps-trum durch ein Umdrehen des Wortes Spek-trum kreiert, Bogert et al. (1968). Auch andere Ausdrücke wie z.B. Beispiel Que-frency von Fre-que-ncy oder Saphe von Ph-as-e wurden geschaffen. Deshalb ist $C_{yy}(\tau)$ eine Funktion der Quefrenz τ mit der Dimension [s].

Man beachte, dass die Autokorrelationsfunktion (AKF) eines stationären stochastischen Signals erhalten wird durch

$$R_{yy}(\tau) = \mathcal{F}^{-1} \{S_{yy}(i\ \omega)\} = \frac{1}{2\pi} \int_{-\infty}^{\infty} S_{yy}(i\omega) \, e^{i\omega\tau} d\omega, \qquad (8.2.47)$$

wobei $S_{yy}(i\omega)$ die Leistungsdichte ist. Man erkennt die Ähnlichkeit zur Gleichung (8.2.43). Falls FFT-Analysatoren zur Bestimmung der AKF verwendet werden, wird auch bei stochastischen Signalen zunächst das Spektrum bestimmt und dann durch inverse Fouriertransformation die Autokorrelationsfunktion anstelle einer Verarbeitung im Zeitbereich, Randall (1987), Oppenheim et al. (1999).

Die Vorteile eines Cepstrums im Vergleich zu Autokorrelationsfunktionen sind zu erkennen, wenn man einen Vergleich zwischen dem Leistungsspektrum mit der

Dimension $[(\text{Amplitude})]^2$ eines Signals im linearen und logarithmischen Maßstab macht. Das Leistungsspektrum im logarithmischen Maßstab zeigt wesentlich mehr Spitzen im Vergleich zum linearen Maßstab, bei dem die Harmonischen mit großen Amplituden dominieren. Dies ist darin begründet, dass der Logarithmus kleine Werte im Vergleich zu großen Werten verstärkt. Deshalb zeigt das Cepstrum die Harmonischen mit ihren Perioden in [s] für kleine Amplituden besser, wie z.B. zur Erkennung von Wälzlagerfehlern in Randall (1987) gezeigt wird. Deshalb ist das Cepstrum besonders geeignet, um periodische Effekte im logarithmischen Spektrum zu erkennen, wie z.B. eine Familie von Harmonischen, Seitenspektren oder Echos. Es wird z.B. in der Sprachanalyse verwendet, bei der Verarbeitung seismischer Signale und zur Fehlererkennung von Maschinen, siehe auch Kolerus (2000).

Das *komplexe Cepstrum* wird in Randall (1987) als leistungsfähiger bezeichnet als das Leistungsspektrum, aber es ist schwieriger damit umzugehen. Es enthält auch eine Phaseninformation, und es ist möglich es in den originalen Zeitbereich zu transformieren. Anwendungen sind z.B. die Kompensation von Echos und die Sprachsynthese.

8.2.8 Analyse nichtstationärer periodischer Signale

Viele Messsignale haben kein konstantes Frequenzspektrum, sondern ändern ihre Frequenzanteile mit der Zeit. Diese nichtstationären Signale sollten deshalb nicht mit der konventionellen Fouriertransformation analysiert werden, weil dann nur gemittelte Ergebnisse erzeugt werden, die nicht den zugehörigen Zeitpunkten zuordnet werden können. Im Folgenden werden zwei Methoden für die Analyse dieser nichtstationären periodischen Signale betrachtet, die *Kurzzeit-Fouriertransformation* und die *Wavelet-Transformation*.

a) Kurzzeit-Fouriertransformation (Short-time Fourier transform (STFT))

Eine direkte Methode zur Bestimmung des Frequenzspektrums eines zeitvarianten periodischen Signals $y(t)$ ist die Anwendung der Kurzzeit-Fouriertransformation (STFT)

$$y_{STFT}(i\omega, \tau) = \int_{-\infty}^{\infty} y(t)\, f(t - \tau)\, e^{-i\omega t}\, dt. \tag{8.2.48}$$

Hierbei ist $f(t - \tau)$ eine Fensterfunktion um den interessierenden Zeitpunkt τ. Die STFT berechnet die Ähnlichkeit zwischen dem Signal $y(t)$ und der Funktion $f(t - \tau)\exp(-i\omega t)$. Die Funktion $f(t - \tau)$ hat üblicherweise nur eine kurze Zeitdauer. Indem man τ ändert, beschreibt die STFT, wie sich die Frequenzanteile in Abhängigkeit der Zeit ändern. Durch Wahl der Länge der Fensterfunktion $f(t - \tau)$ wird stets ein Kompromiss zwischen der Auflösung Δt des Signals und der Auflösung $\Delta \omega$ des Spektrums gemacht, weil auch hier die Unsicherheitsbedingung gilt, Qian und Chen (1996). Wenn z.B. eine kleine Auflösung des Spektrums erwünscht wird, muss die Dauer der Fensterfunktion lang gewählt werden.

b) Wavelet-Transformation

Die Kurzzeit-Fouriertransformation bestimmt die Ähnlichkeit zwischen dem untersuchten Signal und einer gefensterten harmonischen Musterfunktion. Um eine bessere Approximation von kurzzeitigen Signaländerungen mit scharfen Transientenanteilen zu erhalten, kann auch die Ähnlichkeit mit einer kurzzeitigen Musterfunktion (Prototyp-Funktion) endlicher Dauer berechnet werden. Solche Musterfunktionen oder Basisfunktionen mit gedämpftem schwingenden Verhalten werden „Wavelets" genannt, die ihren Ursprung in einem Mother-Wavelet $\Psi(t)$ haben, Qian und Chen (1996), Best (2000), Willimowski und Isermann (2000). Bild 8.12 zeigt einige typische Mother-Wavelets. Diese Mother-Wavelets werden nun mit dem Faktor a zeitkaliert beziehungsweise zeitbezogen (Dilatation) und um τ zeitverschoben (Translation). Die führt auf

$$\Psi^*(t, a, \tau) = \frac{1}{\sqrt{a}} \Psi\left(\frac{t - \tau}{a}\right). \tag{8.2.49}$$

(Der Faktor $1/\sqrt{a}$ wird eingeführt, um eine korrekte Skalierung des Leistungsdichte-Spektrums zu erhalten, Best (2000)). Wenn die mittlere Frequenz des Wavelets ω_0 ist, ergibt sich aus der Skalierung des Wavelets mit t/a die skalierte Mittenfrequenz ω_0/a.

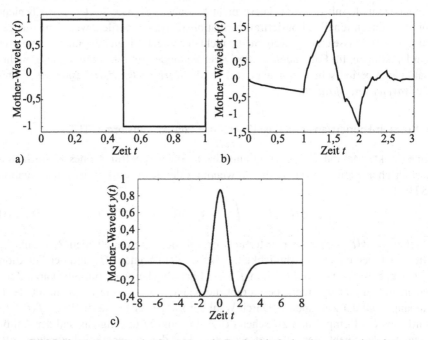

a)   b)   c)

Bild 8.12. Mother-Wavelet Ψ: a) Haar; b) Daubechie 2nd order; c) Mexican hat

Die Wavelet-Transformation in kontinuierlicher Zeit (CWT) wird dann

$$\text{CWT}(a, \tau) = \frac{1}{\sqrt{a}} \int_{-\infty}^{\infty} y(t) \Psi\left(\frac{t - \tau}{a}\right) d\tau. \tag{8.2.50}$$

Sie ist eine reelle Funktion für reelle $y(t)$ und $\Psi(t)$. Im Unterschied dazu ist die Kurzzeit-Transformation im Allgemeinen eine komplexe Funktion. Beispiele für Wavelet-Funktionen sind

1) *Morlet-Wavelet*

$$\Psi(t) = e^{-t^2/T^2}\, e^{2\pi\, f_0 i t}$$

2) *Mexican-hat Wavelet*

$$\Psi(t) = (1 - t^2)\, e^{-t^2/2}$$

3) *One-cycle-sine Wavelet*

$$\Psi(t) = \begin{cases} \sin(t) & |t| < \tau \\ 0 & \text{sonst} \end{cases}$$

Die Vorteile der Wavelet-Transformation sind durch die signalangepasste Basisfunktion und die bessere Auflösung im Zeit- und Frequenzbereich begründet. Die Wavelet-Funktionen entsprechen besonderen Bandpassfiltern, bei denen z.B. durch eine Verkleinerung der mittleren Frequenz durch den Skalierungsfaktor auch eine Reduktion der Bandbreite erreicht wird. Im Unterschied hierzu bleibt die Bandbreite der Kurzzeit-Fouriertransformation konstant, Willimowski (2003).

Beispiel 8.5:

Es wird ein periodisches Signal mit zwei verschiedenen Frequenzen mit einem überlappendem Abschnitt betrachtet:

$$y(t) = \begin{cases} \cos(2\pi f_1 t) & t/T_0 \leq 400 \\ \cos(2\pi f_1 t) + \cos(2\pi f_2 t) & 400 < t/T_0 \leq 724 \\ \cos(2\pi f_2 t) & t/T_0 > 724 \end{cases}$$

$$f_1 = 80\,\text{Hz};\quad f_2 = 240\,\text{Hz};\quad T_0 = 125\mu\,\text{s}.$$

Für die Wavelet-Transformation wird das Mother-Wavelet Mexican-hat verwendet, Willimowski (2003).

Bild 8.13b) zeigt die zeitverschobenen Wavelets für $a = 9$ und $a = 25$. Bild 8.13c) lässt als Ergebnis der CWT erkennen, wie die Amplitude CWT $= W$ sich mit verschiedenen a und τ ändert. Figure 8.13d) und e) zeigen die berechneten Wavelet-Koeffizienten $W(a, \tau)$ in Abhängigkeit der Zeit für $a = 9$ und 25. Die maximalen Werte von $W(a, \tau)$ sind mit einem Quadrat und einem Kreis gekennzeichnet und bestimmen die beste Übereinstimmung zwischen dem analysierten Signal $y(t)$ und den Wavelets. Die Maximalwerte der Wavelet-Transformation CWT $= W$ ergeben somit einen Schätzwert für a, der in Beziehung zu einer Frequenz f des Wavelets steht.

□

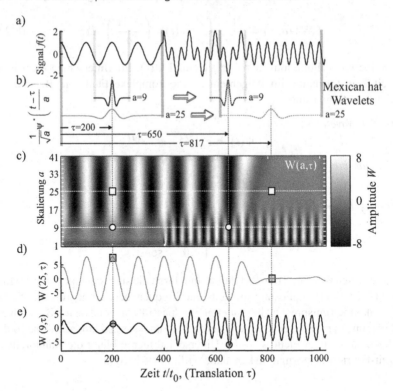

Bild 8.13. Anwendung der Wavelet-Transformation für periodische Signale : a) zu analysierendes Signal; b) skalierte und zeitverschobene Mexican-hat Wavelets; c) Skalogramm $W(a, \tau)$ für $a = 1 \ldots 41$ und $\tau = 0 \ldots 1000$ (helle Darstellung bedeutet große Amplitude); d) zeitliches Verhalten des Wavelet-Koeffizienten $W(a, \tau)$ für $a = 25$; e) Zeitverhalten des Wavelet-Koeffizienten $W(a, \tau)$ für $a = 9$

Plötzliche Änderungen in der Amplitude oder der Frequenz von periodischen Signalen können deshalb dadurch erkannt werden, dass die CWT bestimmte Schwellwerte überschreitet. Eine Anwendung der Wavelet-Transformation auf die Aussetzererkennung eines 6 Zyl. Benzinmotors anhand gemessener Abgasdruckverläufe wurde in Willimowski (2003) gezeigt.

Die Analyse *stochastischer Signale* (regelloser Signale) kann z.B. durch eine *Korrelationsanalyse* folgen. Hierzu wird die Autokorrelationfunktion (AKF) eines abgetasteten Signals verwendet bzw. wenn der Mittelwert bekannt ist, die Autokovarianzfunktion. Die zugehörigen Schätzfunktionen in nichtrekursiver und rekursiver Form sind z.B. in Isermann (1992) oder Isermann (2006) angegeben.

Eine spektrale Darstellung erhält man in Form der Spektraldichte aus der Fouriertransformierten der Autokovarianzfunktion. Hierzu kann die schnelle Fouriertransformation (FFT) verwendet werden.

Eine weitere Möglichkeit ist eine Signalparameterschätzung mit Autoregressive-Moving-Average- (ARMA) Modellen und Anwendung der Methode der kleinsten Quadrate, siehe Isermann (1992), Isermann et al. (1992).

8.3 Schwingungsanalyse für Maschinen

8.3.1 Schwingungen rotierender Maschinen

Viele Maschinen enthalten Antriebssysteme mit Motoren, Kupplungen, Getriebe, Wellen, Riemen oder Ketten und verschiedenen Bauarten von Wälz- oder Gleitlagern. Schwingungen werden im Allgemeinen erzeugt durch

- innere Maschinenoszillationen (z.B. Kolben-Kurbelwelle, zahnförmige Schneidwerkzeuge, axiale und radiale Kolbenpumpen, Wechsel- und Drehstrommotoren);
- Wellenoszillationen mit radialen oder axialen Bewegungen;
- unregelmäßige Wellendrehzahl (z.B. Kardan-Gelenk oder exzentrische Getriebe-Zahnräder);
- Torsions-Wellenschwingung;
- impulsförmige Anregung (z.B. durch Lose, Risse, Pittings, gebrochene Zahnräder).

Einige dieser Schwingungen gehören zum normalen Verhalten der betreffenden Maschinen. Jedoch können Änderungen dieser Schwingungen und zusätzlich auftretende Schwingungen auf entstandene Fehler hinweisen. Deshalb ist die Schwingungsanalyse ein Bereich der Maschinen-Überwachung, Randall (1987), Wowk (1991), Wirth (1998), Kolerus (2000), Harris (2001).

Maschinenschwingungen werden normalerweise als Beschleunigung $a(t)$ mit linearen Schwingungsmessern in einer, zwei oder drei orthogonalen Richtungen oder durch Drehbeschleunigungsmessern gemessen.

Im Allgemeinen existiert ein Maschinen-Übertragungsverhalten zwischen der Schwingungsquelle und dem Messort. Dieses Übertragungsverhalten wird z.B. durch einen Frequenzgang $G_m(i\omega)$ beschrieben, der eine oder mehrere Resonanzfrequenzen $\omega_{res,i}$ der Maschinenstruktur enthält, die von verschiedenen Masse-Feder-Dämpfer-Systemen herrühren.

Das Prinzip von Beschleunigungsmessern basiert z.B. auf der Messung von Kräften, wie für piezoelektrische Kraftsensoren oder der Messung von Wegen einer seismischen Masse wie z.B. mit induktiven Sensoren, siehe Kapitel 9. Üblicherweise wird dem Beschleunigungsmesser ein Hochpassfilter nachgeschaltet, um niederfrequente Störungen mit einer Grenzfrequenz von z.B. 100–200 Hz auszufiltern.

Anstelle der Beschleunigung $a(t)$ kann auch die Geschwindigkeit $v(t)$ oder der Schwingweg $d(t)$ gemessen werden. Wenn z.B. eine Sinusschwingung den Weg

$$d(t) = d_0 \sin \omega t$$

erzeugt, ergeben sich die anderen Signale zu

$$v(t) \;= \dot{d}(t) = d_0 \, \omega \cos \omega t \qquad (8.3.1)$$
$$a(t) = \ddot{d}(t) = -d_0 \, \omega^2 \sin \omega t. \qquad (8.3.2)$$

Deshalb werden höherfrequente Komponenten besser durch die Messung der Beschleunigung erfasst. Die Beschleunigung ist im Allgemeinen auch leichter zu messen als die Geschwindigkeit oder der Weg, weil diese einen festen, nichtschwingenden Referenzpunkt benötigen. Jedoch wird bei der Beschleunigungsmessung auch hochfrequentes Rauschen verstärkt, welches das Nutzsignal/Rauschsignal-Verhältnis reduzieren kann. Dies erfordert dann geeignete Tiefpassfilterung für die höheren Frequenzen, siehe Bild 8.14.

Im Folgenden werden zunächst Modelle von Schwingungssignalen bei Maschinen betrachtet und hierbei insbesondere die resultierenden Frequenzen, die durch Lager- und Getriebedefekte entstehen. Dann werden geeignete *Schwingungsanalysemethoden* beschrieben. Im Allgemeinen wird das zu analysierende Schwingungssignal durch $y(t)$ bezeichnet, dass dann anstelle von $a(t)$, $v(t)$ oder $d(t)$ steht.

a) Schwingungs-Signalmodelle

Fehler in rotierenden Maschinen werden im Allgemeinen durch zusätzliche stationäre harmonische oder impulsförmige Signale erzeugt. *Harmonische Signale* entstehen durch *linear überlagerte Effekte* wie z.B. Unwucht, unexakte Ausrichtung oder Zentrierung oder Verformung von Wellen, Zahnradfehlern, Wälzlagerfehlern und elektromagnetische Flussdifferenzen in Elektromotoren oder durch Änderungen in der periodischen Arbeitsweise der betreffenden Maschine. Die sich ergebenden harmonischen Signale können dann als additive Schwingungen wie z.B.

$$y(t) = y_1(t) + y_2(t) + \cdots + y_n(t) = \sum_{i=1}^{n} y_i(t) \qquad (8.3.3)$$

beschrieben werden.

Typische Frequenzen in Maschinen mit Getrieben und Kugel- oder Rollenlagern sind:

ω_s Wellengrundfrequenz

ω_t Zahneingriffsfrequenz $\omega_t = z \, \omega_s$ (z: Zähnezahl)

ω_{or} Außenringfrequenz (Rollfrequenz über Unebenheiten des äußeren Ringes)

ω_{ir} Innenringfrequenz

ω_c Käfigfrequenz

ω Wälzkörperfrequenz (Kugel oder Rolle).

Kugel- oder Rollenfrequenzen können aus geometrischen Daten berechnet werden, siehe z.B. Wirth (1998), Harris (2001), Ericsson et al. (2005), mit der Annahme, dass kein Schlupf entsteht. Jedoch ändert sich diese Frequenz bei der Einwirkung von großen äußeren Lasten und inneren Vorlasten, weil andere Kontaktwinkel und Schlupfe entstehen, Wowk (1991).

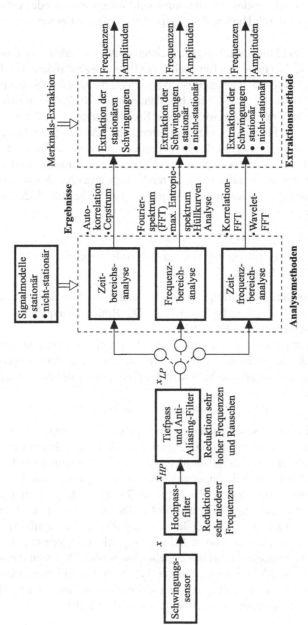

Bild 8.14. Schwingungsanalyse-Methoden für rotierende Maschinen

Wie in Abschnitt 8.1 gezeigt, treten zusätzliche Frequenzen auch durch *nichtlineare Effekte* auf wie z.B. nichtlineare Kennlinien, Lose, nicht fest fundamentierte Maschinen oder durch bestimmte Maschinenteile wegen Rissen oder gebrochenen Befestigungen oder durch Hysterese in Folge von trockener Reibung und slip-stick Effekte.

Ein anderer Grund für zusätzliche Frequenzen sind *Amplitudemodulationen* einer Grundschwingung. Ein typisches Beispiel ist ein Paar von Zahnrädern, bei denen ein Zahnrad nicht genau zentriert gelagert ist. Wenn das nicht zentrierte Rad z.B. mit der Kreisfrequenz ω_1 rotiert und 22 Zähne hat, dann entsteht die Zahneingriffsfrequenz durch 22 Stöße pro Umdrehung, welche eine Kreisfrequenz $\omega_2 = 22\,\omega_1$ und Amplitude y_{02} ergibt. In Folge des nicht zentrierten Zahnrades oszilliert die Amplitude der Zahneingriffsschwingung mit der Kreisfrequenz ω_1, weil das Zahnrad sich zum zweiten Zahnrad hin und her bewegt und somit oszillierende Kontaktkräfte erzeugt. Dadurch ist die Frequenz, mit der die Stöße moduliert werden, die Rotationsfrequenz ω_1 des nicht zentrierten Rades mit der Amplitude y_{01}, siehe Bild 8.15. Dies ergibt folgende Schwingungen

$$
\begin{aligned}
y(t) &= y_{02} \sin \omega_2\, t\, [1 + y_{01} \sin(\omega_1 t + \varphi_1)] \\
&= y_{02} \sin \omega_2\, t + y_{01}\, y_{02}\, \tfrac{1}{2}\, [\sin((\omega_2 - \omega_1)\, t - \varphi_1) \\
&\quad + \sin((\omega_2 + \omega_1) + \varphi_1)].
\end{aligned}
\tag{8.3.4}
$$

Es wird somit die Zahnkontaktfrequenz ω_2 beobachtet und zwei Seitenbandfrequenzen $\omega_2 - \omega_1$ und $\omega_2 + \omega_1$, siehe Bild 8.15d). Die Rotationsfrequenz ω_1 erscheint jedoch nicht, wie im Fall ohne Exzentrizität.

Ergänzend kann das nicht zentrierte Zahnrad auch eine *Frequenzmodulation* erzeugen, weil sich sein wirksamer Radius durch die Hin- und Herbewegung relativ zum anderen Zahnrad ändert. Deshalb wird die Frequenz ω_2 des Zahneingriffes wie folgt schwingen

$$
y(t) = y_{02} \sin [\omega_2 + y_{01}\, \sin \omega_1\, t]\, t.
\tag{8.3.5}
$$

Deshalb treten auch hier Seitenbänder mit denselben Frequenzen wie für die Amplitudenmodulation auf, Friedmann (2001). Ähnliche Effekte mit Seitenband-Effekten werden bei Wälzlagern und Käfigläuferdefekten von Drehstrommotoren beobachtet.

Eine andere Form von Schwingungen entsteht durch *periodische Impulse*, z.B. in Kugellagern oder Rollenlagern. Ein Impulsstoß wird im Allgemeinen jedes Mal dann erzeugt, wenn eine Kugel oder eine Rolle eine defekte Stelle im Laufring erreicht oder wenn ein Defekt der Kugel den Laufring trifft. Jeder Impuls erzeugt dann im Allgemeinen eine kurze transiente Schwingung mit der Eigenfrequenz der Lagerungen oder mechanischen Strukturen, siehe Bild 8.16a). Dies sind dann z.B. die Eigenfrequenzen von Mehrmassen-Dämpfer-Systemen. Es wird nun eine dominierende Eigenfrequenz ω_{0e} betrachtet, die bei jedem Stoß in Form einer gedämpften Gewichtsfunktion (Impulsantwort) den Weg an der Messstelle

$$
d_0(t) = a_0\, e^{-\delta t} \sin \omega_{0e} t
\tag{8.3.6}
$$

erzeugt. Diese gedämpfte Schwingung mit Abklingkonstante δ wiederholt sich mit der Zeitperiode T_{imp} bzw. der Impulsfrequenz $\omega_{imp} = 2\pi / T_{imp}$. Das resultierende

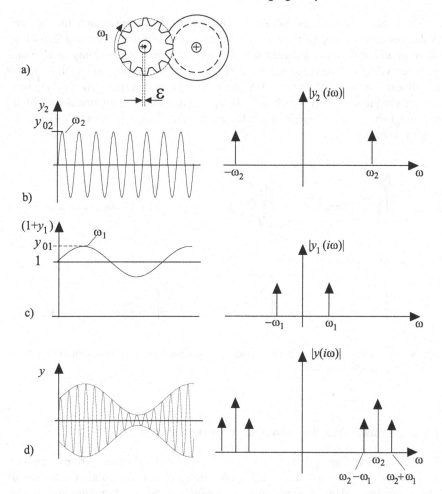

Bild 8.15. Schwingungssignale und Amplitudenspektrum für ein nichtzentriertes Zahnrad mit der Exzentrizität ϵ: a) Zahnradpaar mit Exzentrizität; b) Zahnrad mit Zahneingriffsfrequenz ω_2; c) nichtzentriertes Zahnrad mit Drehfrequenz ω_1; d) Amplitudenmodulierte Zahneingriffs-Frequenz

Signal wird dann beschrieben durch

$$d(t) = \sum_{\nu} d_0 \left(t - \nu\, T_{imp}\right) \tag{8.3.7}$$

und seine Fouriertransformierte wird somit periodisch

$$\mathcal{F}(i\omega) = \mathcal{F}\left(i\left(\omega \pm \nu\, \omega_{imp}\right)\right),\ \nu = 0, 1, 2, \ldots,$$

wie von abgetasteten Signalen bekannt. Deshalb entsteht ein Frequenzspektrum mit Spitzen bei den Frequenzen $\nu\omega_{imp}$.

Diese einfachen Signalmodelle für rotierende Maschinen gelten für einzelne Wälzlager und einzelne Getriebestufen. Wenn jedoch mehrere Lager und Getriebestufen zusammenwirken, addieren sich die verschiedenen Schwingungseffekte und erzeugen verschiedene Frequenzen durch lineare Überlagerung und auch aufgrund nichtlinearer Effekte, die dann auch Seitenband-Frequenzen erzeugen. Deshalb werden die Frequenzspektren zunehmend komplex und es ist im Allgemeinen nicht direkt möglich, die verschiedenen Effekte zu isolieren und entsprechende Fehler zu diagnostizieren.

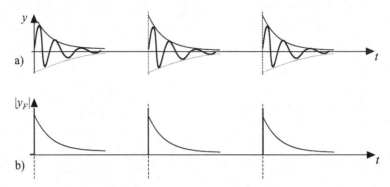

Bild 8.16. a) Schwingung $y(t)$ durch periodische Impulse; b) Einhüllende nach Tiefpassfilterung von $y_F(t)$ und Gleichrichtung

8.3.2 Zur Anwendung der Schwingungsanalysemethoden

Das Ziel der Schwingungsanalyse ist im Allgemeinen, bestimmte Merkmale aus den Messungen $y(t)$ oder abgetasteten Signalwerten $y(kT_0)$, T_0 Abtastzeit, herauszufiltern, um Methoden zur Schwingungsdämpfung zu untersuchen oder aber Fehler zu erkennen und zu diagnostizieren. Die Abtastfrequenz $\omega_0 = 2\pi/T_0$ muss entsprechend dem Shannonschen Abtasttheorem $\omega_0 > 2\,\omega_{max}$ gewählt werden, wobei ω_{max} die höchste interessierende Frequenz ist. Um Anti-Aliasing-Effekte zu vermeiden, also die Hereinspiegelung von Seitenfrequenzen aus höherfrequenten Signalanteilen $\omega > \omega_0/2$ müssen Anti-Aliasing-Tiefpassfilter eingesetzt werden mit der Grenzfrequenz $\omega_g = \omega_0/2 > \omega_{max}$. Entsprechende Analysemethoden arbeiten entweder im Zeitbereich, im Frequenzbereich oder in beidem, dem Zeit- und Frequenzbereich, siehe z.B. Wowk (1991), Wirth (1998), Kolerus (2000), Harris (2001), Ericsson et al. (2005) und Bild 8.14.

a) Zeitbereichsmethoden

Die Anwendung von *Autokorrelationsfunktionen* (AKF) entsprechend (8.2.8) oder der *Autokovarianzfunktionen* erlauben es Schwingungssignale von Störsignalen zu

trennen. Die Schwingungssignale werden als periodische Funktionen $R_{yy}(\tau +$
$\nu\, T_{pi})$, $\nu = 0, 1, 2, \ldots$, für die Harmonischen i dargestellt. Jedoch ist die Interpretation durch unmittelbare Anschauung nur für wenige Harmonische möglich.
Andererseits ist die AKF auch als Basis für Frequenzbereichsmethoden geeignet.

Das *Leistungscepstrum* entsprechend (8.2.43) ist als Fourier-Rücktransformier-
te des logarithmiertem Leistungsspektrums mit Kreisfrequenz $\omega[1/s]$ im Zeitbereich
definiert. Es kann verwendet werden, wenn Harmonische mit kleinen Amplituden
im Verbund mit dominierend größeren Harmonischen erscheinen, wie z.b. für Wälz-
lager-Fehler, Randall (1987), Kolerus (2000). Die von Defekten erzeugten Impulse
zeigen sich als ausgeprägte Spitzen im Abstand einer Rotationszeit.

Für die Erkennung von Spitzen und Ausreißern kann das gemessene Signal $y(k)$
zur Berechnung eines Krest- und Kurtosis-Faktors verwendet werden.

Ein *Krest-Faktor* ist definiert als

$$kr = \max \frac{|y(k)|}{\sqrt{\overline{y^2(k)}}} \tag{8.3.8}$$

und der *Kurtosis-Faktor* als

$$kur = \frac{\sum_k (y(k) - \bar{y})^4}{\sqrt{\overline{(y(k) - \bar{y})^2}}}. \tag{8.3.9}$$

Beide Faktoren verarbeiten direkt die gemessenen Schwingungssignale und gewichten Spitzenwerte und Ausreißer stärker als die normalen Signalkomponenten, um
Änderungen und Abnormalitäten zu erkennen.

b) Frequenzbereichsmethoden

Die klassische Form zur Analyse stationärer harmonischer Schwingungssignale ist
die *Fourieranalyse*, die in Abschnitt 8.2.2 beschrieben wurde, besonders in der algorithmischen effizienten Form der *Fast Fourier Transform* (FFT). Die resultierenden
Spitzenwerte erlauben es, direkt bestimmte Frequenzen zu erkennen. Im Fall der
Fehlererkennung kann der Vergleich mit normalen Frequenzspektren zur Isolierung
entsprechender Fehler dienen. Jedoch sind die beobachteten Frequenzen nicht immer
direkt bestimmten Fehlern zuordnungsbar, Wirth (1998).

Die *Maximum Entropie Spektral Schätzung* wird für das automatische Auffinden
von einigen wenigen (2 bis 5) ausgezeichneten Frequenzen empfohlen, allerdings
mit erhöhtem Rechenaufwand. Mit dieser Methode wurden gute Ergebnisse z.B. für
Schleifmaschinen, Janik (1992) und Sägemaschinen, Neumann (1991) erhalten.

Zur Analyse von gedämpften impulsförmigen Signalen als ein Ergebnis von Stö-
ßen, die durch Wälzlager oder gezahnte Getriebe erzeugt werden, ist die *Hüllkur-
ven-Analysemethode* (envelope analysis method) geeignet. Hier werden die Eigenfrequenzen $\omega_{0e,\nu}$ der Maschinen durch ein Bandpassfilter herausgefiltert. Nach Be-
tragsbildung des gefilterten Signals $|y_F(t)|$ wird nur der positive Anteil der Einhül-
lenden weiter verarbeitet, siehe Bild 8.16b. Dieses Signal wird dann durch eine FFT

analysiert. Dadurch werden die Stoßfrequenz ω_{imp} und ihre höheren Harmonischen besser dargestellt, als wenn das Originalsignal $y(t)$ verarbeitet wird, Ho und Randall (2000).

c) Zeit-Frequenz-Bereichsanalyse

Zeitfrequenz-Analysemethoden führen zunächst eine Signalverarbeitung im Zeitbereich durch, um das Nutzsignal/Störsignal-Verhältnis zu verbessern. Eine erste Möglichkeit ist die Anwendung der *Autokorrelation*, um Störsignaleffekte zu reduzieren oder der *Kreuzkorrelation*, falls die Beziehung zu einer anderen Frequenz von Interesse ist und um die resultierenden zeitabhängigen periodischen Signale mit der FFT zu analysieren.

Bei nichtstationären periodischen Signalen können die Kurzzeit-Fouriertransformation oder die Wavelet-Transformation angewendet werden, wie in Abschnitt 8.2.8 beschrieben.

Die Schwingungsanalyse kann verwendet werden, um Fehler in Rotorsystemen zu erkennen. Durch die Identifikation der Fehlermodelle mit geeigneten Kräften und geeigneter Position für Weg und Beschleunigungsmessungen wurde in Labortests gezeigt, dass Unwucht und größere Achsabrisse erkannt werden können, Platz et al. (2000), Platz (2004).

Diese Zusammenfassung einiger grundlegender Methoden für die Schwingungsanalyse von Maschinen entsprechend Bild 8.14 zeigt, dass eine Kenntnis der individuellen Maschineneigenschaften erforderlich ist, um eine gute Auswahl verschiedener Filter, der Abtastzeit, der Dauer der Messungen und der angewendeten Analysemethoden der Messausrüstung zu erreichen. Beispiele für eine erfolgreiche Anwendung sind in Wirth (1998), Kolerus (2000) gezeigt. Ein Vergleich der verschiedenen Methoden in Ericsson et al. (2005) zeigt ähnliche Ergebnisse und gibt Empfehlungen für die praktische Anwendung.

d) Drehzahlanalyse eines Verbrennungsmotors

Zur Überwachung und Fehlerdiagnose von Verbrennungsmotoren ist die Erkennung von Verbrennungsaussetzern wichtig. Bei Benzinmotoren können Verbrennungsaussetzer außer zur Leistungsminderung zur Zerstörung des Katalysators führen. Da Aussetzer auf Fehler in der Zündung oder Einspritzung hinweisen, liefert die Erkennung von Teilverbrennungen oder vollständigen Aussetzern ein Symptom zur Fehlerdiagnose. Da Brennraumdruck- oder Ionenstromsensoren bei Serienmotoren bisher nicht eingebaut werden, ist die Drehzahlanalyse am Schwungrad eine geeignete Methode zur Erzeugung bestimmter Merkmale.

Bei Viertaktmotoren findet die Verbrennung für jeden Zylinder alle 720° KW (Kurbelwinkel) statt. Diese bildet die Motorgrundfrequenz $f_1 = \omega_E/2 \cdot 2\pi$, wenn $\omega_E = 2\pi n$ [U/min]/60 die Winkelgeschwindigkeit der Kurbelwelle ist. Für Mehrzylindermotoren ist dann die Zündfrequenz

$$f_I = \frac{\omega_E}{4\pi} i_z \qquad i_z : \text{Zylinderzahl.}$$

Bild 8.17 zeigt die gemessene Drehzahl eines Benzinmotors im Leerlauf ohne Aussetzer. Bei einem andauernden Aussetzer in einem Zylinder, der durch Nullsetzen der Einspritzmenge erzielt wurde, Bild 8.18, fällt die Drehzahl nach der fehlenden Verbrennung des Zylinders jeweils stark ab und bei den folgenden drei Zylindern stark an, da die Drehzahlregelung die Einspritzmenge der verbleibenden Zylinder erhöht. Hierdurch entsteht eine niederfrequente Schwingung. Bild 8.19 zeigt den Betrag der Fouriertransformation für beide Fälle. Ohne Aussetzer ist nur die Zündfrequenz f_I gleich der 4. Motorgrundfrequenz f_1 zu erkennen, mit Aussetzer tritt die Motorgrundharmonische f_1 und auch die zweite und dritte Harmonische, $2f_1$ und $3f_1$, deutlich hervor. Zur Online-Berechnung in Echtzeit wird die Drehzahl alle 90° KW abgetastet (entsprechend dem Shannonschen Abtasttheorem mit der doppelten Zündfrequenz) und mit einer diskreten Fouriertransformation (DFT) werden Amplitude und Phase berechnet und deren Mittelwerte über einige Arbeitstakte gebildet

$$A_m = \sqrt{\left(\sum_{k=0}^{N-1} \omega_k \cos\left(\frac{2\pi mk}{N}\right)\right)^2 + \left(\sum_{k=0}^{N-1} \omega_k \sin\left(\frac{2\pi mk}{N}\right)\right)^2}, \qquad (8.3.10)$$

$$\varphi_m = \arctan \frac{\sum_{k=0}^{N-1} \omega_k \sin\left(\frac{2\pi mk}{N}\right)}{\sum_{k=0}^{N-1} \omega_k \cos\left(\frac{2\pi mk}{N}\right)}. \qquad (8.3.11)$$

Hierbei ist m die Ordnung der Harmonischen. N ist die Zahl der Abtastwerte pro Arbeitstakt, hier $N = 8$. ω_i ist die aus einem inkrementalen Drehzahlsensor bestimmte jeweilige veränderlicher Drehzahl für $k = 0 \dots N - 1$. Aufgrund der Berechnung der Amplituden, Real- und Imaginärteile der 1. und 2. Motorgrundharmonischen kann dann erkannt werden, welcher Zylinder einen Verbrennungsdefekt aufweist, siehe Isermann (2005), Kimmich (2004), Willimowski et al. (1999).

8.4 Aufgaben

1) Ein akustisches harmonisches Signal mit $f_1 = 1000\,\text{Hz}$ wird mit $f_2 = 50\,\text{Hz}$ amplitudenmoduliert. Bestimmen Sie die Frequenzen der resultierenden Schwingungen.

2) Die Amplitude $y_{01} = 1$ eines harmonischen Signals mit der Frequenz $f_1 = 100\,\text{Hz}$ wird mit $f_2 = 20\,\text{Hz}$ und der Amplitude $y_{02} = 0{,}5$ moduliert. Bestimmen Sie die resultierende Frequenz und zeigen Sie sie in einem Diagramm das Amplitudenspektrum.

3) Die beiden Motoren eines Flugzeuges arbeiten mit 2500 und 2510 U/min. Es wird angenommen, dass der 6 Zyl. Viertaktmotor ein Geräusch mit der Zündfrequenz erzeugen. Welche Frequenzen wird man hören?

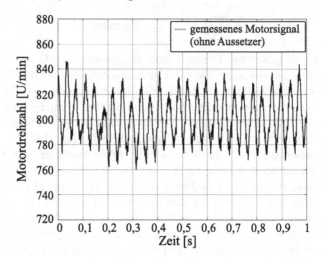

Bild 8.17. Gemessene Drehzahl eines Benzinmotors mit Leerlauf ohne Verbrennungsaussetzer

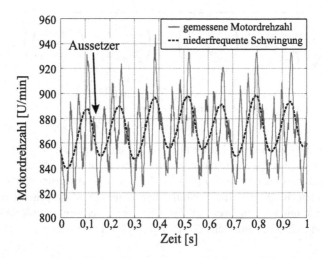

Bild 8.18. Gemessene Drehzahl eines Benzinmotors und tiefpassgefilteres Drehzahlsignal bei Leerlauf mit Verbrennungsaussetzer in Zylinder 1

4) Die elektromagnetische Kraft eines Ankers in einem Hubmagnet ist proportional zum Quadrat des Stromes. Welche Frequenzen ergeben sich durch die magnetische Kraft für eine Wechselspannung von 50 Hz oder 60 Hz?

5) Stellen Sie für periodische Signale die Gleichungen zur Berechnung des Amplitudenspektrums und das Leistungsspektrum auf. Wie groß sind diese Werte für eine Spannung von 230 V und 50 Hz, Abtastzeit $T_0 = 5\,\text{ms}$?

6) Welche Sensoren kann man an der Kurbelwellenwand eines Benzinmotors verwenden, um Klopfen festzustellen? Die resultierenden Schwingungen befinden

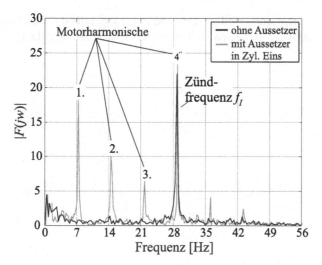

Bild 8.19. Betrag der Fouriertransformierten des Drehzahlsignals mit Aussetzer in Zylinder 1

sich in einem Bereich von 20 ... 30 kHz. Welche Methoden können eingesetzt werden, um Klopfen festzustellen? Geben Sie entsprechende Gleichungen an.

7) Nennen Sie drei typische Aufgaben der Fehlererkennung mit Signalmodellen auf dem Gebiet der Werkzeugmaschinen, Turbomaschinen und Radaufhängungen. Welche Messungen sollten ausgeführt werden. Welche Signalanalyse-Methoden können angewendet werden?

8) Ein Personenfahrzeug zeigt starke Schwingungen im Lenkrad bei ca. 80 km/h. Welcher Fehler könnte dies sein? Welche Variablen sollten zur Diagnose des Fehlers gemessen werden?

9) Der Sitz eines Lastwagens wird mit einem Beschleunigungsmesser versehen. Welche Signalanalyse-Methoden können verwendet werden, um die Ursache für die beobachteten Oszillationen zu bestimmen?

10) Nennen Sie die Vorteile der FFT im Vergleich zur DFT.

11) Welche Vorteile hat die Wavelet-Transformation im Vergleich zur Kurzzeit-Fouriertransformation?

12) Was ist die niedrigste Frequenz des Geschwindigkeitssignals eines 6 Zylinder Viertakt-Verbrennungsmotors, wenn einer der Zylinder Zündaussetzer hat ($n = 3000$ U/min)?

13) Eine rotierende Maschine zeigt eine Grund-Wegschwingung mit $f = 5$ Hz und Amplitude 2 mm. Berechnen Sie die entsprechende Schwingungsgeschwindigkeit $w(t)$ und die Beschleunigung $a(t)$.

14) Ein Paar Zahnräder hat 20 und 50 Zähne und rotiert mit $n = 3000$ U/min für das Rad mit 20 Zähnen. Berechnen Sie die Zahneingriffsfrequenz f_t und die Kreisfrequenz ω_t. Welche Frequenz kann man feststellen, wenn das kleinere Rad nicht zentriert ist? Welche Methoden können für die Erkennung dieser Frequenzen

durch das nichtzentrierte Rad verwendet werden, falls die Beschleunigung an der Getriebewand gemessen wird und stochastische Störsignale überlagert sind.

Teil IV

Komponenten der Online-Informationsverarbeitung

9

Sensoren

Sensoren und zugehörige Messsysteme liefern die für mechatronische Systeme wichtige, direkt messbare Information über den Prozess. Sie sind deshalb wesentliche Bindeglieder zwischen dem Prozess und dem informationsverarbeitenden Teil, der Mikroelektronik, Bild 9.1. Hierbei interessieren besonders diejenigen Sensoren, die eine mechanische oder thermische Größe erfassen und ein elektrisches Messsignal erzeugen. In diesem Kapitel soll aus dem weiten Gebiet der Messtechnik nur eine kurze Übersicht über einige für mechatronische Systeme wichtige Eigenschaften, Signalformen und Prinzipien von Sensoren gegeben werden. Für eine ausführliche Betrachtung sei auf die Fachliteratur verwiesen, z.B. Jones (1977), Jüttemann (1988), Juckenack (1990), Thiel (1990), Tränkler (1992), Schaumburg (1992), Beckwith et al. (1995), Bauer (1996), Christiansen (1996), Jurgen (1997), Webster (1999), Whitaker (2000), Profos und Pfeifer (2002), Czichos und Hennecke (2004), Schrüfer (2004).

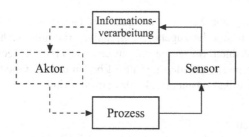

Bild 9.1. Sensor als Bindeglied zwischen Prozess und Informationsverarbeitung

9.1 Messkette

Ein Sensor ist das erste Element in einer Messkette, das eine zu messende veränderliche Größe in ein geeignetes Messsignal umsetzt, Bild 9.2. Hierbei wird das Wort

Sensor zunehmend anstelle der Bezeichnung Messfühler oder Messaufnehmer verwendet. Für mechatronische Systeme interessieren im Allgemeinen nur Sensoren, die am Ausgang ein elektrisches Messsignal erzeugen. Dieses vom Sensorprinzip abhängige Signal wird dann bei der industriellen Anwendung in einer Messumformerschaltung in ein anderes elektrisches Messsignal umgeformt, das einem Leistungsverstärker zugeführt werden kann, um ein normiertes elektrisches Messsignal (0...20 mA, 4...20 mA, 0...10 V) zu erzeugen. Wenn dem Nutzsignal wesentliche höherfrequente Störsignale überlagert sind, dann folgt zur Minderung des Störsignaleinflusses ein Tiefpassfilter. Zur digitalen Verarbeitung des Messsignals in einem Mikrorechner ist eine Abtastung mit Halteglied und eine Analog-Digital-Wandlung erforderlich.

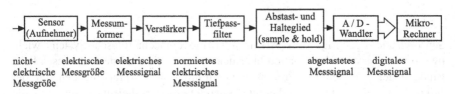

Bild 9.2. Messkette

Bei Anwendungen im Konsumbereich und bei manchen preiswerten Geräten ist oft eine höhere Genauigkeit und ein modularer Aufbau der Messkette nicht erforderlich, so dass im Hinblick auf die Kosten Vereinfachungen gemacht werden und z.B. auf normierte elektrische Signale verzichtet wird.

9.2 Klassifikation von Sensoren

Bedingt durch die große Vielfalt innerhalb des Gebietes der Messtechnik ist es schwierig, Sensoren und die zugehörige Signalverarbeitung nach einem bestimmten Schema einzuordnen. So wurde z.B. in einer Übersicht „Technische Sensoren (1983)"eine hierarchische Gliederung mit 5 Ebenen und 75 Gliederungen vorgesehen. Wichtige Klassifikationsmerkmale für Sensoren sind:

- Messgrößen
- Sensorprinzipien
- Herstellungstechnologie
- Signalformen, Schnittstellen
- Anwendungsbereiche
- Eigenschaften, Merkmale
- Güteklassen
- Kosten.

Tabelle 9.1 gibt eine Übersicht zur Klassifikation einiger wichtiger *Messgrößen*. Dabei kann man eine grobe Klassifikation durchführen nach

- Mechanische Größen,
- Thermische Größen,
- Elektrische Größen,
- Chemische und physikalische Größen.

Im Folgenden wird auf die prinzipiellen Eigenschaften und Merkmale von Sensoren, verschiedene Signalformen und einige Sensorprinzipien mit elektrischem Ausgang näher eingegangen.

Tabelle 9.1. Übersicht zur Klassifikation wichtiger Messgrößen

Klasse		Messgröße
Mechanische Größen	Geometrische Größe	Weg, Winkel, Füllstand, Neigung
	Kinematische Größen	Geschwindigkeit, Drehzahl, Beschleunigung, Schwingung, Durchfluss
	Beanspruchungsgrößen	Kraft, Druck, Drehmoment
	Materialeigenschaften	Masse, Dichte, Viskosität
	Akustische Größen	Schallgeschwindigkeit, Schalldruck, Schallfrequenz
Thermische Größe	Temperatur	Berührungs-Temperatur, Strahlungs-Temperatur
Elektrische Größen	Elektrische Zustandsgrößen	Spannung, Strom, elektrische Leistung
	Elektrische Parameter	Widerstand, Impedanz, Kapazität, Induktivität
	Feldgrößen	Magnetisches Feld, elektrisches Feld
Chemische und physikalische Größen	Konzentration	pH-Wert, Feuchte, Wärmeleitung
	Partikelgröße	Schwebstoffgehalt, Staubgehalt
	Molekülart	Gasmoleküle, Flüssigkeitsmoleküle, Festkörper-Moleküle
	Optische Größen	Intensität, Wellenlänge, Farbe

9.3 Eigenschaften von Sensoren

Zur Umformung einer nichtelektrischen Messgröße in eine elektrische Messgröße werden verschiedene physikalische oder chemische Effekte ausgenutzt. Hierbei kann man Haupteffekte und Nebeneffekte unterscheiden. Der *Haupteffekt* soll das eigentliche Messsignal liefern, also z.B. eine elektrische Spannung bei einem piezoelektrischen Drucksensor. Meistens sind dann aber noch störende *Nebeneffekte* überlagert, wie z.B. der Einfluss durch Temperaturänderungen. Bei der Entwicklung von Sensoren sind daher solche Nebeneffekte (auch Querempfindlichkeiten genannt) möglichst klein zu halten oder durch entsprechende Maßnahmen zu kompensieren.

Die wichtigsten Kriterien zur Beurteilung von Sensoren sind:

- Statisches Verhalten,
- Dynamisches Verhalten,
- Güteklassen, Messbereich,
- Überlastbarkeit,
- Kompatibilität zu nachfolgenden Komponenten,
- Umwelteinflüsse,
- Zuverlässigkeit.

Das *statische Verhalten* wird durch die Kennlinie des Sensors beschrieben. Sie gibt direkt die Empfindlichkeit (Änderung des elektrischen Ausgangssignals im Verhältnis zur Änderung der Messgröße) an. Wesentlich sind auch Angaben zur Linearität, Hysterese, Reproduzierbarkeit.

Das *dynamische Verhalten* wird z.B. durch Angabe des Frequenzgangs oder einfacher Kennwerte wie z.B. Grenzfrequenz oder (Ersatz-) Zeitkonstante beschrieben. Es muss an die Messaufgabe und den Prozess angepasst werden.

Die Genauigkeit der Sensoren lässt sich durch die *Güteklasse* grob beschreiben. Die Güteklasse gibt in Prozent den maximalen Fehler bezogen auf den Skalenendwert an. Für die Anwendung bei Massenartikeln im Konsumgüterbereich kommt man oft mit den kleinsten Anforderungen aus (z.B. 2 bis 5 %). Im industriellen Bereich sind die Genauigkeitsanforderungen im Allgemeinen größer (z.B. 0,05 bis 1 %). Sehr hohe Anforderungen ergeben sich im Bereich der Präzisionsmesstechnik, z.B. im Rahmen des Kalibrier- und Prüfwesens.

Der *Messbereich* gibt an, in welchem Bereich die Sensoren die angegebenen Spezifikationen einhalten.

Die *Überlastbarkeit* beschreibt den Einsatzbereich eines Sensors ohne bleibende Schädigung der Kennlinie oder des Aufbaus. Typische Werte liegen bei 200 bis 500 %.

Die *Kompatibilität* hängt mit der Signalform am Ausgang zusammen, siehe nächster Abschnitt.

Besonders wichtig sind oft die zahlreichen *Umwelteinflüsse* wie z.B. Temperaturen, Beschleunigungen, Korrosion, Verschmutzung, Abnutzung, Verschleiß.

Zur Beschreibung der *Zuverlässigkeit* wird z.B. die statistisch ermittelte mittlere Lebensdauer MTTF in [h] oder ihr Kehrwert, die mittlere Ausfallrate, in $[\text{h}^{-1}]$ angegeben.

9.4 Signalformen, Messumformer, Messverstärker

Die vom Sensor gelieferte Signalform hängt zum einen vom Sensorprinzip, zum anderen von der folgenden Signalübertragung und Signalverarbeitung ab. Man unterscheidet folgende Signalformen:

- amplituden-analoge Messsignale,
- frequenz-analoge Messsignale,

- digitale Messsignale.

Bei den amplitudenanalogen Signalen ist die Amplitude proportional zur Messgröße, bei den frequenzanalogen Signalen die Frequenz proportional zur Messgröße und bei den digital Signalen ist die Messgröße in Form von seriellen oder parallelen Binärsignalen codiert dargestellt.

Tabelle 9.2 gibt einige Eigenschaften dieser Signalformen an, vgl. Tränkler (1992), Schrüfer (2004).

Tabelle 9.2. Einige Eigenschaften verschiedener Signalformen für Messsignale

Eigenschaften	Signalform		
	amplituden-analog	frequenz-analog	digital
Statische Genauigkeit	groß	groß	begrenzt durch Wortlänge
Dynamisches Verhalten	sehr schnell	begrenzt durch Umsetzung	begrenzt durch Abtastung
Störempfindlichkeit	mittel/groß	gering	gering
Galvanische Trennung	aufwändig	einfach (Übertrager)	einfach (Optokoppler)
Anpassung an Digitalrechner	Analog-Digital-Wandler	einfach (Frequenzzähler)	einfach
Rechenoperationen	sehr beschränkt	sehr beschränkt	einfach, wenn Mikrorechner

Messumformerschaltungen formen das amplituden-analoge elektrische Sensorausgangssignal in ein geeignetes anderes elektrisches Signal um. Hierzu gehören verstärkerlose Messschaltungen wie z.B.

- Strom-Spannungs-Umformung mit Messwiderstand,
- Spannungsteiler, Stromteiler,
- Widerstands-Strom-Umformung,
- Kompensations-Schaltungen zur Spannungs-, Strom- oder Widerstandsmessung (Messbrücken) mit zusätzlicher Spannungsquelle.

Messverstärker dienen dazu, das meist leistungsschwache analoge Sensorausgangssignal auf ein höheres Leistungsniveau zu bringen, das für die nachfolgenden Komponenten der Messkette wie z.B. Übertragungstrecken, Filter, Anzeigegeräte erforderlich ist, oder um leistungsstärkere Einheitssignale (0...10 V, 0...20 mA) zu erzeugen. Häufig werden für die Messverstärker Operationsverstärker verwendet, die aus Widerständen und Transistoren aufgebaut und als analoge integrierte Schaltungen erhältlich sind. Sie verfügen meist über große Grundverstärkungen, die sich jedoch stark durch Alterung oder Temperaturabhängigkeit ändern können.

Ohne zusätzliche Beschaltung können sie deshalb nur als Nullverstärker für Vergleicher oder Kompensatoren eingesetzt werden. Durch Beschaltung mit einer Gegenkopplung wird die Gesamtverstärkung bei einer großen Vorwärtsverstärkung des Operationsverstärkers im Wesentlichen durch die Widerstände der Gegenkopplung bestimmt. Man unterscheidet vier Grundschaltungen von gegengekoppelten Messverstärkern

- Spannungsverstärker
- Spannungsverstärker mit Stromausgang
- Stromverstärker
- Stromverstärker mit Spannungsausgang

siehe z.B. Tränkler (1992), Schrüfer (2004).

Im Folgenden wird eine kurze Beschreibung einiger wichtiger Sensorprinzipien gegeben. Für eine detaillierte Betrachtung wird auf die bereits zitierten Fachbücher verwiesen.

9.5 Wegmessung

a) Resistive Sensoren

Resistive Sensoren beruhen auf einer wegabhängigen Änderung des elektrischen Widerstandes. Sie werden als Potentiometer auf Leitplastikbasis (teilweise auch Drahtpotentiometer) ausgeführt und als Spannungsteiler beschaltet. Es werden vielfältige Ausführungen als Linear- und Drehaufnehmer (auch als Mehrgangpoti für z.B. 10 Umdrehungen) angeboten, siehe Tabelle 9.3. Bei Linearaufnehmern reichen die Messbereiche von wenigen mm bis ca. 2 m. Eine Kapselung der Gehäuse ermöglicht den Einsatz auch in rauen Umgebungsbedingungen. Führungsschienen sichern die notwendige querkraftfreie Bewegung der Schleifer. Die Auflösung ist in Leitplastikausführung sehr hoch (z.B. 0,01 mm bei 100 mm Messweglänge). Für die Genauigkeit ist einer sehr präzise Versorgungsspannung wichtig.

b) Induktive Aufnehmer

Die Änderung der Selbst- und Gegeninduktivität in Abhängigkeit von der Position eines Gebers wird für duktive Aufnehmer ausgenutzt. In *Drosselanordnungen* wird die Induktivität einer Drossel über eine Variation des Luftspaltes verändert. Um eine ungefähr lineare Kennlinie zu erhalten, kommen hier Differentialdrosseln in Brückenschaltung zur Anwendung.

Differentialtransformatoren nutzen die Veränderung der Gegeninduktivität zwischen Primär- und Sekundärspule durch die Verschiebung eines Eisenkerns aus. Die Primärwicklung wird mit einer Trägerfrequenz beaufschlagt, die Differenz der Sekundärspannungen bildet das wegabhängige Ausgangssignal. Induktive Aufnehmer arbeiten berührungsfrei und finden Anwendung bei Messbereichen von mm-Bruchteilen bis zu etwa 1 m. Außerdem gibt es Ausführungen als Drehwinkelgeber.

Tabelle 9.3. Wegsensoren (linear)

	Widerstands-sensoren	Induktive Sensoren	Kapazitive Sensoren	Dehnmessstreifen	Kodierungs-Sensoren	Inkrementelle Sensoren	Hall-Sensor
Sensorprinzip (Beispiel)							
Material	Metall, Halbleiter, Leitplastik	ferromagnetisches Metall	Kapazität	Metall, Halbleiter	optische Encoder	Glas, Metalle	Hall-Halbleiter
Ausgangssignal	analoge Spannung	analoge Spannung	analoge Spann.	analoge Spannung	binäres Signal	binäres Signal	binäres Signal
Messbereich	1cm...2m, 300° (Winkeländerung)	$\pm100\mu m...\pm50cm$	0,1cm...10cm			10mm...3m	360°
maximale Empfindlichkeit	2V/cm oder 0,2V/°	0,1V/cm...40mV/μm		$k=\dfrac{\Delta R/R}{\Delta l/l}=2$ (Metall) $k=100$ (Halbleiter)	4096 Impulse pro Umdrehung		4000 Impulse pro Umdrehung
Genauigkeit, Umdrehungen	max. 40μm oder 0,1°	0,1μm	<0,1nm	<0,1μm	1 LSB	0,1μm 0,00005°	10^{-5}Umdr.
Temperatur-bereich	-50°C...+250°C	-40°C...+100°C	bis zu 800°C	-270°C...+1000°C	-50°C...+100°C	0°C...+50°C	-200°C...150°C

c) Kapazitive Sensoren

Beim kapazitiven Sensor wird die Kapazität eines Kondensators durch Veränderung des Plattenabstands, der Plattenfläche oder des Dielektrikums verändert.

Die Auswerteschaltung besteht wie bei den induktiven Messfühlern in der Regel aus einer Wechselstrombrückenschaltung, die hier wegen der kleinen Kapazität mit hoher Trägerfrequenz betrieben wird (0,5 ... 1 MHz).

d) Dehnungsmessstreifen

Dehnungsmessstreifen (DMS) dienen zur Umsetzung von kleinen Längenänderungen in elektrische Signale. Sie beruhen auf der Änderung des elektrischen Widerstandes eines Leiters infolge Längenänderung. Dehnt man einen Messdraht der Länge L um die Länge ΔL, so ergibt sich einer Widerstandsänderung infolge Änderung der spezifischen Widerstands (infolge Gefügeveränderung), der Länge und des Querschnitts.

Metalldraht- und *Folien-DMS* werden aus dünnen Konstantandrähten bzw. -folien hergestellt. Die Widerstandsänderung wird durch Längen- und Querschnittsänderung hervorgerufen, die spezifische Leitfähigkeit ist konstant.

Bei *Halbleiter-DMS* überwiegt der Effekt der spezifischen Widerstandsänderung infolge Gefügeveränderung bei Längendehnung. Sie weisen eine hohe Dehnungsempfindlichkeit auf (ca. 40 bis 80 mal höher als bei Konstantan), sind allerdings temperaturempfindlicher, bei großen Dehnungen nichtlinear und wesentlich teurer als Metall-DMS.

DMS werden direkt zwischen dünnen Folien eingebettet und meist auf das Messobjekt aufgeklebt. Dies kann direkt ein zu untersuchendes Konstruktionsbauteil sein, dessen Dehnung gemessen werden soll. In Verbindung mit speziellen Federelementen bzw. Membranen werden DMS vielfältig zur Kraft- (auch Schwerkraft, Waagen), Drehmoment- und Druckmessung eingesetzt.

Ausgewertet wird die Widerstandsänderung in einer Brückenschaltung, wobei eine Temperaturkompensation oft mit vorgesehen wird.

e) Kodierungs-Sensoren

Bei kodierten Wegmessverfahren ist die diskretisierte Weginformation auf ein Kodelineal oder eine Kodescheibe aufgebracht. Die Zuordnung ist absolut.

Zur Kodierung werden oft einschrittige Kodes (z.B. Gray) verwendet, die Abtastung geschieht meist optisch. Der Aufwand ist relativ hoch, da man n Abtastspuren benötigt, um 2^n verschiedene diskrete Lagen unterscheiden zu können. Anwendung finden diese Verfahren hauptsächlich in der Fertigungsmesstechnik bei numerisch gesteuerten Werkzeugmaschinen.

f) Inkrementale Sensoren

Inkrementale Weg- (und Drehwinkel-) Sensoren verwenden Messverfahren mit einfacher Abzählung von Wegrasterstücken (Inkremente) relativ zum gewählten Nullpunkt. Die Abtastung geschieht optisch oder induktiv. Der Nullpunkt kann frei gewählt werden, er geht allerdings bei Störungen (Stromausfall) verloren. Dann muss ein Referenzpunkt angefahren werden. Ein Zählfehler beeinflusst auch alle nachfolgenden Messwerte. Zusatzschaltungen mit 2 Abtastern an einem Maßstab ermöglichen die Erkennung der Bewegungsrichtung und eine Impulsvervielfachung.

Eine Impulsformer-Elektronik ist oft im Sensorgehäuse integriert. Anwendung finden Inkrementalgeber vor allem in der Fertigungsmesstechnik. Linearmessstäbe werden mit Messbereich bis zu ca. 3 m angeboten, mit Stricheinteilungen bis zu 1 μm. Drehgeber werden für Präzisionsanwendungen mit bis zu 36000 Strichen hergestellt. Mit Impulsvervielfachung (Interpolation) liegt die erreichbare Auflösung bei 0,00005°.

g) Weitere Messverfahren

Ultraschall-Abstandssensoren finden Anwendung bei der Füllstandsmessung (Schüttgut, Flüssigkeiten) oder als Abstandsmessgeräte (Einparkhilfe beim Auto). Sie beruhen auf der Laufzeitmessung eines Ultraschallsignals. *Laser-Interferometer* arbeiten mit Hilfe des Phasenvergleichs von kohärentem Licht und finden bei berührungslosen Präzisions-Längenmessungen ihre Verwendung.

Die beschriebenen Messverfahren werden auch eingesetzt, um z.B. in Kraft- oder Druckaufnehmern die Auslenkung von Federn und Membranen in ein elektrisches Signal zu wandeln.

9.6 Geschwindigkeitsmessung

Neben der Möglichkeit, die Signale von Weg- bzw. Drehwinkelaufnehmern zu differenzieren, gibt es auch spezielle Messverfahren für die (Dreh-) Geschwindigkeit, siehe Tabelle 9.4. Praktische Bedeutung haben dabei hauptsächlich Drehgeschwindigkeitsaufnehmer. Translatorische Geschwindigkeiten werden oft zunächst in rotatorische überführt (Tachometer).

a) aktive elektrodynamische Messfühler

Generatorische Messfühler arbeiten nach dem Induktionsgesetz $U = N \, d\Phi/dt$, in dem sich N Leiter relativ zu einem Magnetfeld Φ bewegen und dadurch eine Spannung U induziert wird.

- Ausführung für Translation
  Hier wird ein Dauermagnet in einer Tauchspule bewegt und eine geschwindigkeitsproportionale Spannung in der Spule induziert.

- Ausführung für Rotation
  Wechselspannungsgeneratoren haben einen als Rotor umlaufenden Dauermagnet-
  anker und eine Statorwicklung. Dabei können sowohl die Frequenz als auch die
  Spannung des Ausgangssignals zur Drehzahlmessung herangezogen werden. Die
  Spannungskennlinie ist linear.

Gleichspannungsgeneratoren mit Kommutator und Permanentmagneterregung erzeugen Spannungen proportional zur Drehzahl mit drehrichtungsabhängiger Polarität. Die Kennlinie ist linear, jedoch enthält das Signal durch die Kommutierung
eine Welligkeit.

b) Impulsabgriffe

Die Aufnehmer entsprechen den inkrementalen Weg- bzw. Winkelaufnehmern Tabelle 9.4. Es wird eine drehzahlabhängige Impulsfrequenz abgegeben. Diese kann
direkt mit Frequenz-Spannungswandlern in eine drehzahlabhängige Spannung gewandelt werden. Eine diskrete Auswertung geschieht entweder durch die Zählung
von Impulsen in einer bestimmten Torzeit oder durch Messung des Zeitintervalls
zwischen zwei Impulsen. Die Anzahl der Impulse je Umdrehung richtet sich nach
der Anwendung und kann von 1 bis zu mehreren 1000 betragen.

c) Sonstige Verfahren

Der *Dopplereffekt*, bei dem eine geschwindigkeitsabhängige Frequenzverschiebung
zwischen ausgesendetem und reflektiertem Signal auftritt, kann ebenfalls zur Geschwindigkeitsmessung herangezogen werden. Bekannte Anwendungen sind Radar-
Dopplergeräte (Verkehrsradar) und Laser-Doppler für hochgenaue, berührungslose
Messungen mit allerdings hohem Aufwand.

Bei stochastischen oder periodischen Signalen kann durch *Kreuzkorrelation* mit
zwei im Abstand l angebrachten gleichen Messaufnehmern über die Laufzeit τ die
Geschwindigkeit $w = l/\tau$ bestimmt werden. Dies wird z.B. bei rauen Oberflächen
oder in Fluiden mit optischen Sensoren angewandt.

9.7 Beschleunigungsmessung

Die Beschleunigung kann durch Differentiation aus einer Geschwindigkeitsmessung
oder zweifachen Differentiation aus einer Wegmessung gewonnen werden. Dabei
werden jedoch höherfrequente Störanteile verstärkt, so dass auf eine ausreichende
Tiefpassfilterung geachtet werden muss.

Beschleunigungsmessungen werden meistens auf Kraftmessungen zurückgeführt,
siehe Tabelle 9.5. Für die Beschleunigung a einer Masse m und die Trägheitskraft F
gilt $a = F/m$.

Die Kraft F kann mit einem *piezoelektrischen Kraftaufnehmer* direkt gemessen
werden. Wegen der großen Federsteifigkeit der Piezoaufnehmer lassen sich hohe Eigenfrequenzen realisieren (100 kHz).

Tabelle 9.4. Geschwindigkeits-Sensoren

	Translatorische Geschwindigkeits-Sensoren	Gleichstrom-Tachogenerator	Wechselstrom-Generator	Inkrementale Geschwindigkeits-Sensoren
Sensorprinzip (Beispiel)				
Ausgangssignal	analoge Spannung	analoge Spannung	analoge Spannung	Spannungsimpulse
Messbereich		±6000 U/min		
Empfindlichkeit	10mV/(mm/s)	5V pro 1000 U/min		
Genauigkeit, Auflösung				

Tabelle 9.5. Beschleunigungs- und Schwingungssensoren

	piezoelektrischer Beschleunigungs-Sensor	Beschleunigungs-Sensor mit seismischer Masse	Schwingungssensor mit seismischer Masse	Drehschwingungs-Sensor
Sensor-prinzip (Beispiel)				
Material	piezoelektrische Hebelmasse	seismische Masse mit großer Eigenfrequenz	seismische Masse mit kleiner Eigenfrequenz	seismische Masse mit kleiner Eigenfrequenz
Ausgangs-signal	analoge Spannung	amplituden-modulierte analoge Spannung	amplituden-modulierte analoge Spannung	amplituden-modulierte analoge Spannung
Mess-bereich	±500g	5Hz-50kHz	±2000g	
Empfind-lichkeit	0,1mV/(m/s²)			
Genauigkeit	0,01g		0,1g	

Feder-Masse-Systeme bestehen aus einer seismischen Masse, die über eine Feder und einen Dämpfer mit dem Gehäuse verbunden ist. Die Beschleunigung wird über die Auslenkung der Feder mit einem Wegsensor (z.B. induktiv) bestimmt. Beschleunigungssensoren werden in vielen Varianten für Beschleunigungs-Endwerte von z.B. 10^{-6} g für Trägheits-Navigationssysteme und bis zu 10^5 g für Explosionsvorgänge hergestellt. Masse, Feder und Dämpfer werden so gewählt, dass sich eine hohe Eigenfrequenz (15 Hz bis über 100 kHz) ergibt. Die nutzbare Messfrequenz reicht bis etwas zur halben Eigenfrequenz. Entsprechende Ausführungen werden auch für Drehbeschleunigungen eingesetzt.

9.8 Schwingungsmessung

Bei der Messung von *relativen Schwingungen*, bei denen die Verschiebung zwischen 2 Bezugspunkten erfasst wird, werden Weg-Aufnehmer zur Messung der Schwingwege eingesetzt. Für *absolute Schwingungen* muss der fehlende Bezugspunkt über eine seismische Masse künstlich hergestellt werden, siehe Tabelle 9.5.

Zur Messung des Schwingweges wird eine große Masse und eine kleine Federkonstante der Aufhängung (niedrige Eigenfrequenz) verwendet, so dass die seismische Masse praktisch ruht, während das Gehäuse mitschwingt. Der Schwingweg kann dann mit einem Wegsensor (z.B. induktiv) zwischen Gehäuse und seismischer Masse gemessen werden. Entsprechendes gilt für die Messung der Schwinggeschwindigkeit mit elektrodynamischen Geschwindigkeitssensoren. Schwingbeschleunigungen werden mit Beschleunigungssensoren gemessen, die auf eine hohe Eigenfrequenz abgestimmt sind.

9.9 Kraft- und Druckmessung

Drücke und Kräfte werden oft indirekt über die Auslenkung einer Feder bzw. Membran gemessen, Tabelle 9.6. Hier kommen die in Abschnitt 9.5 beschriebenen Wegaufnehmer zum Einsatz, insbesondere Dehnungsmessstreifen und induktive Sensoren.

Von besonderer Bedeutung für die Druck- und Kraftmessung sind *Piezo-Sensoren*, Tabelle 9.6. Piezoelektrische Messfühler beruhen auf dem piezoelektrischen Effekt, bei dem durch Verschiebung in der Kristallgitterstruktur eine Ladung an der Oberfläche eines Kristalls auftritt. Die Verformungswege sind sehr klein (wenige μm). Die entstehende Ladung lädt die Ersatzkapazität C (aus Messfühler, Kabel, Verstärkereingang) auf die Spannung U auf. Diese klingt allerdings mit der Zeitkonstante $T = RC$ ab, weshalb piezoelektrische Messfühler nur für dynamische Messungen geeignet sind.

Der nachfolgende Messverstärker muss, um eine ausreichend hohe Zeitkonstante zu erzielen, einen hohen Eingangswiderstand ($R > 10^{13}$ Ω) aufweisen. Hier finden Ladungsverstärker Verwendung, mit denen Zeitkonstanten bis zu mehreren Stunden erreichbar sind. Die maximale Messfrequenz beträgt etwa 100 kHz.

Tabelle 9.6. Kraft-, Drehmoment- und Druck-Sensoren

	Piezoelektrischer Kraft-Sensor	Drehmomentmessung mit Dehnmessstreifen	Kraft-Federweg-Sensor	Membran-Drucksensor
Sensorprinzip (Beispiel)				
Material	piezoelektrisches Material	Oberflächen-Dehnmessstreifen	Feder mit Gehäuse	flexible Membran
Ausgangssignal	analoge Spannung	analoge Spannung	analoge Wegänderung	analoge Wegänderung
Messbereich	1 N...1 MN	0.05 Nm...50 kNm		0,1 bar...10000 bar
Empfindlichkeit	125 V/kN			
Temperaturbereich	-80°C...+150°C	+10°C...+60°C	-40°C...+60°C	-25°C...+100°C

Piezoresistive Messfühler nützen den Piezo-Widerstandseffekt aus, bei dem sich unter Krafteinwirkung der elektrische Widerstand eines Kristalls infolge von Verschiebung im Kristallgitter verändert. Hiermit sind auch statische Messungen möglich. Klassische Drucksensoren werden z.B. in Beckerath et al. (1995) beschrieben.

9.10 Drehmomentmessung

Drehmomente werden meist durch Messung der Torsion eines Wellenabschnittes über Drehwinkel- oder Wegsensoren oder Dehnungssensoren bestimmt. Dabei werden entweder besondere Drehmomentmesseinheiten über Flansche mit und ohne besondere Lager eingebaut oder aber die Torsion der belasteten Welle zugrunde gelegt. Für die Signalübertragung ist wesentlich, ob es sich um eine stehende oder rotierende Welle handelt. Bei rotierenden Wellen erfolgt die Signalübertragung von den mitrotierenden Sensoren zur stehenden Auswerteelektronik entweder über Schleifringe oder berührungslos durch z.B. induktive Kopplung.

Die *Torsion von Wellen* lässt sich an ihrer Oberfläche z.B. durch Dehnungsmessstreifen (DMS) erfassen, die mit 45° Neigung zur Längsachse aufgeklebt und zu einer Wheatstone-Messbrücke zusammengeschaltet sind oder durch Messung der Permeabilitätsveränderung über induzierte Spannungen in Spulen. Diese Messprinzipien können sowohl an den belasteten Wellen oder in besonderen Drehmomentmesseinheiten angewandt werden.

In vielen Fällen sind einfach einbaubare *Drehmomentmesszellen* erwünscht, die wenig Bauraum erfordern, den Antriebsstrang nicht zu elastisch machen und die sich z.B. über Flansche an Wellen koppeln lassen oder in Riemenscheiben integriert sind. Die Änderung von Drehwinkeln zwischen zwei tordierten Scheiben oder durch Übersetzungen erzeugte axiale Verschiebungen von Scheiben kann induktiv erfasst werden. Ein anderes Messprinzip verwendet scheiben- oder hülsenförmige Bauteile mit elektrisch leitenden und nichtleitenden Zonen, die sich bei einer Wellentorsion so gegenseitig verschieben, dass dadurch in einer ortsfesten Messspule über Wirbelstromänderungen Impedanzänderungen entstehen. Weitere Möglichkeiten ergeben sich durch Nutzung von Oberflächen-Resonatoren und piezoelektrische Sensoren, die in den Kraftfluss eingebracht werden. Eine Übersicht wird in Pahl (1992) gebracht.

9.11 Temperaturmessung

a) Widerstandsthermometer

Temperaturempfindliche passive Widerstands-Messfühler bestehen aus Nickel- oder Platindraht, der auf dünne Glimmer- oder Hartpapierstreifen gewickelt oder in Glas eingebettet ist, siehe Tabelle 9.7. Die Widerstands-Temperaturempfindlichkeit beträgt für Platin (Pt 100) 0,385 Ω/K und für Nickel (Ni 100) 0,612 Ω/K. Der Nennwiderstand beträgt jeweils 100 Ω. Die maximale Messtemperatur ist 150° C bei Ni und 500° C für Pt. Halbleiterwiderstände (Thermistoren) haben eine etwa um den

Faktor 10 höhere Temperaturempfindlichkeit, aber auch eine geringere Genauigkeit. Sie lassen sich mit sehr kleinen äußeren Abmessungen (< 0,5 mm) herstellen, was geringe Wärmekapazitäten bewirkt. Damit sind sie für Oberflächenthermometer und für Messung dynamischer Vorgänge geeignet. Halbleiter mit negativem Temperaturkoeffizienten des elektrischen Widerstands bezeichnet man als *NTC-Thermistoren* (negative temperature coefficient) oder Heißleiter (die elektrische Leitfähigkeit steigt mit der Temperatur), solche mit positivem Temperaturkoeffizienten als *PTC-Thermistoren* (positive temperature coefficient) oder Kaltleiter (die Leitfähigkeit steigt mit sinkender Temperatur). Die Maximaltemperaturen betragen für Heissleiter 100° C ... 1000° C und für Kaltleiter −10° C ... 500° C.

b) Thermoelemente

Thermoelemente sind aktive Temperatur-Messfühler und bestehen aus einem Thermopaar mit 2 verschiedenen Metalldrähten, die an einem Ende verschweißt sind. Bei Erwärmung der Schweißstelle entsteht an den Anschlussklemmen einer temperaturabhängige Thermoquellenspannung. Die Kennlinien sind im Prinzip nichtlinear, jedoch in weiten Bereichen linearisierbar. Thermoelemente haben gegenüber den Widerstandsthermometern den Vorteil, dass besonders kleine Messstellen herstellbar sind. Man verwendet z.B. Mantelthermometer mit Schutzmanteldurchmessern von 0,25 mm – 3 mm für Messtemperaturen im Bereich von 220° C ... 2400° C. Aufgrund der geringen Wärmekapazität lassen sich damit auch schnelle Temperaturänderungen erfassen.

9.12 Durchflussmessung

Ein Durchfluss $\dot{q}$ ergibt sich aus dem Verhältnis einer Flüssigkeitsmenge Δq (Flüssigkeit, Gas) pro Zeitintervall Δt, welche durch eine Fläche A mit der mittleren Geschwindigkeit v fließt

$$\dot{q} = \frac{\Delta q}{\Delta t}. \qquad (9.12.1)$$

Wenn die Menge ein Volumen ist, ergibt sich ein *Volumenstrom*

$$\dot{V} = \frac{\Delta V}{\Delta t} = A v \left[\frac{m^3}{s} \right] \qquad (9.12.2)$$

und wenn sie eine Masse ist, ein *Massenstrom*

$$\dot{m} = \frac{\Delta m}{\Delta t} = \dot{V} \rho \left[\frac{kg}{s} \right] \qquad (9.12.3)$$

mit der Massendichte ρ [kg/m^3].

Man unterscheidet Volumenstrommessung und Massenstrommessung. Im ersten Fall wird das Volumen in Form von Fluidteilen oder als Geschwindigkeit gemessen

Tabelle 9.7. Temperatursensoren

	Widerstands-Thermometer				Thermometer	
Sensorprinzip (Beispiel)						
Material	Metallwiderstand		Halbleiterwiderstände		Fe-Konst	Pt-Rh
	Pt	Ni	NTC	PTC		
Ausgangssignal	analoge Spannung				analoge Spannung	
Messbereich	-250°C...+1000°C		-40°C...+850°C	-200°C...+850°C	-180°C...+760°C	0°C...+1750°C
Empfindlichkeit	<5mV/°C				53µV/°C	8µV/°C
Genauigkeit	0,3% ... 0,25% der gemessenen Temperatur				0,25% ... 0,75% der gemessenen Temperatur	

und im zweiten Fall als Masse der Fluidteile. Wenn jedoch die Dichte ρ bekannt ist, können beide Flüsse aus den jeweils anderen berechnet werden. Zur Durchflussmessung existieren viele verschiedene Möglichkeiten, siehe z.B. Miller (1996), Webster (1999), Baker (2000), Profos und Pfeifer (2002), Czichos und Hennecke (2004). Im Folgenden werden einige Durchfluss-Messprinzipien beschrieben, die häufig eingesetzt werden und auf Einphasen-Strömungen von Gasen und Flüssigkeiten beschränkt sind. Tabelle 9.8 gibt eine Übersicht der beschriebenen Messprinzipien.

a) Verdrängungs-Durchflussmessung

Verdrängungs-Durchflussmesser messen den Durchfluss, indem ein Fluidteil in einem Segment mit bekanntem Volumen eingesperrt wird. Durch die Verdrängung des Fluids vom Eingang zum Ausgang wird das Gesamtvolumen dadurch gemessen, dass die Zahl der Volumenabschnitte gezählt wird und der Volumenstrom aus dem Verhältnis der Abschnittsvolumen pro Zeitintervall folgt. Für Flüssigkeiten sind die bekanntesten Bauarten Kolben, Flügelrad und Mehrkammerrotoren und für Gase Drehkolben, Gaszähler, trockene und nasse Gaszähler (Drehkolben). Tabelle 9.8 zeigt als Beispiel einen Ovalradzähler als Vertreter der Kolben-Durchflussmesser. Verdrängungs-Durchflussmesser haben eine hohe Genauigkeit und einen großen Messbereich und können für Flüssigkeiten mit großen Bereichen der Viskosität und Dichte eingesetzt werden. Sie sind unempfindlich gegenüber dem jeweiligen Strömungsprofil, haben aber bewegte Teile, sind empfindlich gegenüber Feststoffen und benötigen eine Wartung.

b) Turbinen-Durchflussmesser

Turbinen-Durchflussmesser haben einen Rotor mit mehreren Flügeln oder Schaufeln, deren Drehzahl proportional zum Durchfluss im Querschnitt ist. Die Drehzahl des Rotors wird z.B. gemessen durch die Frequenz einer wechselnden Spannung, die durch einen Permanentmagneten auf dem Rotor (oder außerhalb) in einer Spule im Gehäuse induziert wird. Diese Durchflussmesser ermitteln die mittlere Geschwindigkeit und, wenn der Durchmesser des Rohres bekannt ist, den Volumenstrom. Turbinen-Durchflussmesser haben eine hohe Genauigkeit und können sowohl für Flüssigkeiten als auch für Gase eingesetzt werden, haben einen großen Messbereich, aber nutzen sich wegen bewegter Teile ab und benötigen Wartung und Neukalibrierung. Außer Axialflügel-Durchflussmesser gibt es auch Bauarten mit radial angeordneten Schaufeln, wie z.B. Pelton-Räder oder Paddelräder.

c) Differenzdruck-Messung

Der Druckabfall an einer künstlichen Verengung eines Stromes kann als Maß für den Durchfluss verwendet werden. Die Verengung kann eine Blende sein, eine Düse oder ein Venturi-Rohr. Das Messprinzip beruht auf der Bernoulli-Gleichung für stationäre Strömung ohne Reibung, die die Drücke p_1 und p_2 an zwei verschiedenen

Tabelle 9.8. Durchfluss-Sensoren für Flüssigkeiten

Klassifikation	Verdrängungs-Durchflussmessung	Turbinen-Durchflussmesser	Volumenstrom-Messung				Massenstrom-Messung	
Beispiel	Ovalrad	Turbinen-Durchflussmesser	Differenzdruck	Schwebekörper	Elektromagnetisch	Ultraschall	Coriolis	Heißfilm
Sensorprinzip (Beispiel)								
Flüssigkeiten	✓	✓	✓	✓	✓	✓	✓	✓
Gase	✓	✓	✓	✓	✓	✓	✓	✓
Komponenten	rotierende Komponenten	Flügelrad	Blende, Düse, Venturi-Rohr	konisches Rohr und Schwebekörper	AC & DC		U-förmiges schwingendes Rohr	Heißfilm aus Platin
Ausgangssignal	Spannungsimpulse	Spannungsfrequenz	Druckdifferenz	Schwebekörper-position	induzierte Spulenspannung	Laufzeit, Doppler-Frequenz	verdrehtes U-Rohr	Brückenspannung
Messbereich	1:20	1:10 1:1000	1:3	1:10	1:10 (1:30) 0,3...10 m/s	1:20 1:100	1:50 1:100	1:50
Genauigkeit	±0,5...±1%	±0,1...±1%	±1...±2%	±2...±4%	±0,25...±5%	±2...±5%	±0,25%	±2%
max. Temp. & Druck								
Anmerkungen	hohe Genauigk. großer Bereich Wartungsbedarf	hohe Genauigk. großer Bereich Wartungsbedarf	Druckverlust. begrenzter Bereich Wartungsbedarf	direkt lesbar. robust Labor	leitfähige Flüssigkeiten robust begrenzter Bereich	robust großer Bereich teuer	hohe Genauigkeit großer Bereich teuer	großer Bereich hochdynam. kleine Bauform

Querschnitten A_1 und A_2 eines konischen Rohres in Bezug zu den Geschwindigkeiten v_1 und v_2 beschreiben

$$\rho\frac{v_1^2}{2} + p_1 = \rho\frac{v_2^2}{2} + p_2. \tag{9.12.4}$$

Die Massenbilanzgleichung liefert

$$v_1 A_1 \rho = v_2 A_2 \rho. \tag{9.12.5}$$

Aus beiden Gleichungen folgt

$$\dot{V} = v_1 A_1 = \frac{A_2}{\sqrt{1 - \left(\frac{A_2}{A_1}\right)^2}}\sqrt{\frac{2}{\rho}(p_1 - p_2)}. \tag{9.12.6}$$

Bei nichtidealen Fluiden mit Reibung, turbulenter Strömung, Kompressibilität und einer Einschnürung des Stromes an der Blende werden Korrekturfaktoren benötigt und man erhält schließlich folgende Gleichung im Fall einer Blende

$$\dot{V} = \alpha A_0 = \sqrt{\frac{2}{\rho}(p_1 - p_2)}$$

$$\alpha = \frac{C\epsilon}{\sqrt{1 - \beta^2}}, \tag{9.12.7}$$

wobei C ein allgemeiner Beiwert ist, ϵ der Expansionfaktor und $\beta = d/D$ das Verhältnis des Durchmessers d der Blende und des Rohrdurchmessers D stromaufwärts. C und ϵ werden in Tabellen internationaler Normen festgelegt, so z.B. ISO 5167-1 (EU) oder API 2530 (US). Einbaurichtlinien müssen befolgt werden, um ein gut entwickeltes turbulentes Strömungsprofil an der Blende zu erzeugen. Die Druckdifferenz $\Delta p = p_1 - p_2$ vor und nach der Blende oder zwischen dem Eingang oder dem engsten Teil eines Venturi-Rohres wird durch einen Differenzdruckmesser gemessen.

Diese Differenzdruckmesser werden sehr häufig in industriellen Anlagen eingesetzt, wobei eine Messgenauigkeit von etwa $\pm 2\,\%$ ausreichend ist. Sie benötigen jedoch Wartung, weil sie durch Schmutz und Abrieb an der Blende verändert werden. Da der Durchfluss proportional zur $\sqrt{\Delta p}$ ist, ist der Messbereich auf etwa 1:3 beschränkt.

d) Schwebekörper-Messung

Ein Schwebekörper wird in einem konischen Rohr angeordnet, bei dem sich der freie Rohrquerschnitt mit der Höhe ändert. Da Gewicht und Auftrieb des Schwebekörpers konstant sind, sich aber der Widerstandbeiwert durch das konische Rohr mit der Hubhöhe des Körpers und der Reynolds-Zahl ändert, ist die angezeigte Höhe ein

Maß für den Durchfluss. Der Druckabfall ist näherungsweise konstant. Es gibt verschiedene Formen von Schwebekörpern. Das Rohr ist entweder aus Glas oder aus durchsichtigem plastischen Material, so dass die Position des Schwebekörpers sichtbar ist und eine kalibrierte Skala erzeugt werden kann, die den Durchfluss direkt ohne zusätzliche Energieversorgung angibt.

Für höhere Drücke und Temperaturen wird das Rohr aus rostfreiem Stahl hergestellt. Eine magnetische Kupplung zwischen dem Schwebekörper und einem externen magnetischen Zeiger gibt dann die Position des Schwebekörpers an. Der Schwebekörper-Durchflussmesser ist besonders attraktiv für Laboreinrichtungen und wird häufig auch in der Industrie zusammen mit elektrischen Grenzwertüberwachern eingesetzt.

e) Elektromagnetische Durchflussmessung

Das Messprinzip des elektromagnetischen Durchflussmessers ist das Gesetz von Faraday für elektromagnetische Induktion. Wenn ein leitendes Fluid sich quer durch ein Magnetfeld bewegt, wird eine Spannung quer zur Strömung erzeugt, die proportional zur Geschwindigkeit ist. Die Spannung wird an Elektroden innerhalb eines Rohrstückes gemessen, das isoliert ausgekleidet ist. Spulen außerhalb des Rohrstückes erzeugen das magnetische Feld quer zur Strömungsrichtung mit Wechselstrom oder gepulstem Gleichstrom. Diese Durchflussmesser haben keine bewegten Teile. Es sind keine Einbauten in das Rohr notwendig und sie sind relativ einfach einzubauen, haben eine hohe Genauigkeit, sind aber auf Messbereiche von etwa 1:10 oder größer beschränkt und sind nur geeignet für Flüssigkeiten mit einer Leitfähigkeit größer als 1 bis 5 μS/m. Sie sind nicht geeignet für Gase und Dampf.

f) Ultraschall-Durchflussmessung

Ultraschall-Durchflussmesser nutzen die Eigenschaft, dass sich die Ausbreitungsgeschwindigkeit einer Schallwelle und die Strömungsgeschwindigkeit vektoriell überlagern. Im Fall der *Laufzeitmessung* wird der Unterschied der Laufzeit zwischen zwei Ultraschallimpulsen stromaufwärts und stromabwärts gemessen. Dies erfolgt z.B. dadurch, dass zwei Sender und Empfänger (piezoelektrisch) an beiden Seiten des Rohres mit einem gewissen Winkel zur Strömungsrichtung befestigt werden. Die Differenz eines Ultraschallimpulses (500 kHz ... 10 MHz) für die Ausbreitungszeit zwischen diesen beiden aufwärts und abwärts angebrachten Empfängern ist proportional zur Fluidgeschwindigkeit. Da die Differenz der Laufzeit in der Größenordnung von 100 ns ist, wird eine digitale Signalverarbeitung mit hochauflösenden Zählern benötigt. Die Anwendung erfolgt sowohl für Flüssigkeiten als auch Gase mit einem großen Messbereich und einer großen Genauigkeit.

Ultraschall-Durchflussmessung kann auch durch Nutzung des Doppler-Effektes erfolgen. Die Doppler-Frequenz ist dabei die Differenz zwischen dem ausgesendeten und dem empfangenen Signal, die proportional zur Geschwindigkeit des Fluids ist. Dies erfordert, dass ein Teil der Ultraschallwellen durch akustische Diskontinuitäten, wie z.B. Partikel, Blasen oder turbulente Wirbel reflektiert werden. Dieser

Durchflussmesser ist empfindlich gegenüber Änderungen des Geschwindigkeitsprofiles und der räumlichen Verteilung der Diskontinuitäten. Deshalb ist die Genauigkeit hier etwa ± 5 %. Er kann sowohl für Gase als auch für saubere Flüssigkeiten benutzt werden.

g) Coriolis-Durchflussmessung

Wenn ein Fluid durch ein schwingendes Rohr strömt, entsteht eine Coriolis-Kraft, die proportional zum Massenstrom ist. Das Fluid wird dabei positiv beschleunigt, während es zu einem Punkt maximaler Schwingungsamplitude wandert und dann wieder negativ beschleunigt. Ein U-förmiges Rohr wird deshalb durch diese Kräfte verdreht. Die gemessene Verdrehung des Rohres ist dann ein Maß für den Massenstrom. Änderungen der Dichte, Viskosität, des Geschwindigkeitsprofiles usw. beeinflussen die Kalibrierung nicht. Coriolis-Durchflussmesser sind bisher jedoch für Rohre bis 150 mm Durchmesser beschränkt. Sie können auch für Zweiphasen-Strömungen eingesetzt werden. Vorteile sind die relativ hohe Genauigkeit und der große Messbereich. Nachteilig sind jedoch die hohen Kosten und für größere Durchflüsse ein großer Raum- und Platzbedarf.

h) Thermische Durchflussmessung

Thermische Durchflussmesser messen z.B. Temperaturänderungen entlang eines warmen Körpers z.B. in einer Anordnung als Heißdraht oder Heißfilm. Wenn die Veränderung des Temperaturprofiles entlang der Heizung gemessen wird, wird dies als kalorimetrischer Sensor bezeichnet.

Heißdraht- und *Heißfilm-Sensoren* enthalten ein Sensorelement, dessen Widerstand eine große Temperaturabhängigkeit besitzt, wie z.B. Platin. Zum Schutz sind Heißfilm-Sensoren durch Aluminium beschichtet, wenn sie in einem Gas genutzt werden oder durch Quartz für Flüssigkeiten. Der Heißfilm oder Heißdraht wird in einer Wheatstone-Brücke angeordnet, so dass ein konstanter Strom durch das Sensorelement fließt. Ein Strom im Messkanal kühlt den Heißfilm oder Heißdraht, lässt den Widerstand abnehmen, bringt die Messbrücke aus dem Gleichgewicht und erzeugt einen Ausgang, der abhängig vom Massenstrom ist. Eine Alternative ist eine Brückenschaltung für konstante Temperaturen. Eine Flüssigkeit kühlt den Heißfilm und sein Widerstand nimmt ab. Ein Differentialverstärker stellt das Gleichgewicht der Brücke durch eine Rückführspannung wieder ein. Die Ausgangsspannung ist proportional zur Wurzel aus dem Massenstrom. Heißfilm-Sensoren haben einen großen Messbereich und eine gute Genauigkeit und können als kleine integrierte Elemente mit einer kleinen Zeitkonstante gebaut werden. Sie werden deshalb z.B. in Verbrennungsmotoren für die Luftmassenstrommessung eingesetzt.

9.13 Analog-Digital-Wandlung

Die bisher beschriebenen Sensoren formen eine physikalische Größe meist in eine Änderung von Widerstand, Kapazität oder Induktivität um. Diese wird dann in der

Regel in einer Gleich- oder Wechselstrombrückenschaltung in ein Spannungssignal gewandelt und verstärkt. Andere Sensoren liefern sehr kleine Spannungen oder Ströme, die verstärkt werden müssen. Hierzu dienen, je nach Anwendung, verschiedene Verstärkerschaltungen (Spannungsverstärker, Stromverstärker, Elektrometerverstärker, Ladungsverstärker).

Sollen die Messdaten in einem Mikrorechner weiterverarbeitet werden, schließt sich eine Analog-Digital-Wandlung an. Ein Tiefpassfilter sorgt, falls erforderlich, für die zur Einhaltung des Shannon'schen Abtasttheorems notwendige Bandbegrenzung des Signals. Anschließend folgt ein Abtast- und Halteglied und schließlich der eigentliche A/D-Wandler (siehe Abschnitt 11.4.1) (auch als A/D-Umsetzer bezeichnet). Dessen Auflösung wird entsprechend den Anforderungen gewählt. Üblich sind 8, 10, 12 und für hochgenaue Systeme auch 16 bit Wortlänge. Wandler über Zeit oder Frequenz als Zwischengröße (charge-balancing-Wandler, dual-slope-Wandler) integrieren die Messspannung über das Messintervall (Beispiel: Digitalvoltmeter). Sie sind sehr genau, allerdings darf sich die Messgröße nur relativ langsam verändern. Auf Tiefpassfilter und Halteglied wird dabei meist verzichtet. A/D-Wandler nach dem Kompensationsprinzip (z.B. sukzessive Approximation) kompensieren die Eingangsspannung mit der Ausgangsspannung eines D/A-Wandlers, die in einem Regelkreis entsprechend nachgeführt wird. Sie ermöglichen in Verbindung mit einem Halteglied erheblich höhere Abtastraten (bis 1 MHz). Noch höhere Abtastraten lassen sich mit parallelen A/D-Wandlern (Flash-Converter) erreichen (bis 100 MHz mit 10 bit Auflösung).

9.14 Elektromagnetische Verträglichkeit (EMV)

Bei der Auswahl geeigneter Sensorsysteme muss neben den mechanischen (Vibration, Schock), thermischen und chemischen (Wasser, Salz, Öl, Lösungsmittel) Umgebungsbedingungen der elektromechanischen Verträglichkeit besondere Beachtung geschenkt werden. Die einwirkenden Störquellen sind vielfältig und treten in einem weiten Frequenzbereich auf, z.B. von 16 2/3 Hz (Bahnstrom) bis zu mehreren GHz (Radaranlagen). Zu den ferneinwirkenden Störquellen zählen z.B. Bahnstromsysteme, Umspannwerke, Freileitungen, Rundfunk-, Fernseh-, Nachrichtenübertragung, Radaranlagen, Schweißgeräte, Blitzschlag usw. Daneben muss mit leitungsgebundener Beeinflussung über die Stromversorgung (Lastspitzen durch andere Verbraucher, Bürstenfeuer von Elektromotoren, schwankende Versorgungsspannung z.B. in 12 V Bordnetzen, Spannungsspitzen oder -einbrüche bei Ausfall anderer Systeme u.a.) gerechnet werden. Hinzu kommt die gegenseitige Beeinflussung elektrischer und elektronischer Systeme (Nahfeld), besonders, wenn diese auf engem Raum montiert sind (Übersprechen zwischen Leitungen in Kabelbäumen, Störabstrahlungen von elektrischen Antrieben, Taktfrequenzen von Mikroprozessoren und anderen digitalelektronischen Systemen, Thyristorschaltungen und Zündanlagen). Außerdem ist mit statischen Aufladungen, Masseschleifen, Handhabungsfehlern (Verpolung, Kurzschluss) zu rechnen. Besonders im KFZ-Bereich treten hier vielfältige Probleme auf.

Zur Abhilfe gegen Störbeeinflussung sollten zunächst Maßnahmen ergriffen werden, um die Störabstrahlung an der Quelle zu verhindern oder zumindest zu reduzieren. Hier gibt es eine ganze Reihe von Maßnahmen (z.B. geeignete Gehäuse, Entstördrosseln in Zuleitungen). Grenzwerte für Störfeldstärken sind in VDE-Bestimmungen (VDE 0874 und VDE 0871) festgelegt.

Ausreichender Abstand, insbesondere bei Kabeln, hilft die einwirkenden Störpegel zu reduzieren. Insbesondere sollten Mess- und Energieleitungen räumlich getrennt verlegt werden. Geräte und Baugruppen können durch Abschirmung (Metallgehäuse) geschützt werden. Leitungen können gegen induktive Einwirkungen verdrillt und gegen kapazitive (und hochfrequente magnetische) Einwirkungen abgeschirmt werden. Dabei ist auf richtige Erdung der Abschirmung zu achten, Lauber und Göhner (1999). Die Vermeidung langer Sensorkabel durch Integration von Sensor, Messverstärker und Signalvorverarbeitung mit anschließender störsicherer Signalübertragung (hohe Signalpegel, Stromübertragung 4-20 mA, kodierte Übertragung mit Fehlererkennung) stellt eine sehr wirkungsvolle Maßnahme zur Vermeidung von EMV-Problemen dar. Eine noch höhere Störsicherheit wird mit optischer Informationsübertragung durch Lichtwellenleiter, insbesondere in Verbindung mit elektromagnetisch unempfindlichen Sensorprinzipien (optisch, digital) erreicht.

Untersuchungen der elektromagnetischen Verträglichkeit an Teil- oder Gesamtsystemen (EMV/EMP-Tests) sind oft sehr aufwendig und kostenintensiv. Vollständige Tests aller Wechselwirkungen sind bei komplexen Systemen in der Regel gar nicht möglich. Deshalb muss von vornherein bei der Konstruktion auf einerseits geringe Störabstrahlung und andererseits auf geringe Störempfindlichkeit aller Baugruppen geachtet werden.

9.15 Integrierte und intelligente Sensorik

Sensoren werden im Allgemeinen so entwickelt, dass das Nutzsignal das dominierende Messsignal ist und eine möglichst eindeutige Zuordnung zur eigentlichen physikalischen Messgröße entsteht. Reale Sensoren zeigen jedoch häufig Nebeneffekte durch andere Eingangsgrößen (Querempfindlichkeit), Störsignaleinflüsse, nichtlineare Übertragungen (nichtlineare Kennlinie, Hysterese, Ansprechempfindlichkeit, Nullpunktfehler), Drift- und Alterungseffekte und eine dynamische Trägheit. Hinzu kommen noch individuelle Fertigungstoleranzen. Diese nichtidealen Eigenschaften führen zu Messfehlern, wenn man sie bei der Auswertung nicht berücksichtigt. Im beschränkten Umfang wird deshalb schon bei analogen Auswerteschaltungen versucht, einen Teil dieser Störeffekte zu kompensieren, z.B. durch Filter, Differenzenbildung gleicher Sensoren oder spezielle Schaltkreise zur Unterdrückung von Nullpunktfehlern, Tränkler und Böttcher (1992). Durch eine *digitale Signalverarbeitung* ergeben sich jedoch viele neue Möglichkeiten.

Bild 9.3a) zeigt zunächst eine konventionelle Messkette mit nachfolgendem Analog-Digital-Umsetzer und Mikrorechner oder einem Mikrocontroller. Wenn sich die z.B. nichtlinearen Eigenschaften des Sensors nicht ändern, dann kann durch entsprechende Auswertealgorithmen im Mikrorechner eine Linearisierung bzw. Korrektur der Sensorkennlinie erfolgen. Bei der Herstellung kann eine entsprechende Kalibrierung dann auch individuell für jeden Sensor durchgeführt werden. Dadurch lässt sich der Aufwand auf der analogen Sensorseite reduzieren. Besonders günstig werden dann frequenzanaloge oder inkrementale Sensorprinzipien, da die Frequenzen durch die in Mikrocontrollern oft schon vorhandenen Zähler einfach erfasst werden können.

Weitere Fortschritte ergeben sich durch *Integration* von Sensor, Signalaufbereitung, A/D-Umsetzer und Mikrorechner mit Bus-Schnittstelle in einer Einheit, Bild 9.3b). Durch diese Integration, eventuell auf einem Chip, können bei entsprechenden Stückzahlen Kosten reduziert werden, der Raumbedarf verkleinert werden, es lassen sich höhere Genauigkeiten erreichen und die digitale Signalübertragung bereits in Sensornähe wird wesentlich unempfindlicher gegenüber Störsignalen. Auf der anderen Seite steigen die Anforderungen an die Robustheit und Zuverlässigkeit der Mikroelektronik in der meist rauen Umgebung des Messorts.

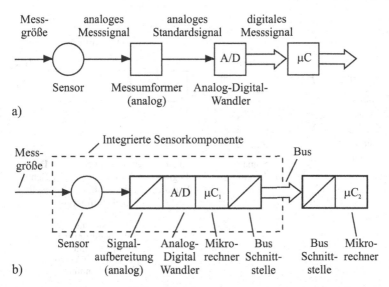

Bild 9.3. Zur Integration der Sensorik: a) Konventionelle Messkette mit digitaler Auswertung; b) Integrierte Sensorkomponente mit digitaler Auswertung

Integrierte Sensorkomponenten ermöglichen die Verwirklichung von mehreren zusätzlichen Funktionen, so dass sogenannte „smart sensors" oder „intelligente Sensoren" entstehen, Bild 9.4. So kann man z.B. eine störende Größe (z.B. Temperatur) mit einem zweiten Sensor messen und zur Korrektur eines unerwünschten Nebeneffektes nutzen. Weitere Möglichkeiten ergeben sich durch im Mikrorechner bzw. Auswertechip realisierte Algorithmen zur Störsignalfilterung, Korrektur und Linearisierung von Kennlinien, Korrektur von Hysteresen (durch magnetische Eigenschaften, Reibung, Ansprechempfindlichkeit), Kompensation dynamischer Verzögerungen, Kompensation von Drift und Alterung und eventuell Selbstkalibrierung aller

Algorithmen bei der Herstellung oder Wartung. Hinzu kommen dann noch Möglichkeiten zur Fehlererkennung und sogar Fehlerdiagnose des Sensorsystems mit entsprechenden Ausgabeinformationen. Wesentlich ist dabei auch, dass diese Rechenoperationen sensorindividuell erzeugt werden können, so dass bei der Serienfertigung der Sensoren keine übermäßig hohen Toleranzen eingehalten werden müssen. Der digitale Auswertechip kann auch als anwendungsspezifische mikroelektronische Schaltung (z.B. ASIC) realisiert werden. Die Entwicklung zu intelligenten Sensoren wird z.B. in Kleinschmidt (1990), Tränkler (1992), Kiencke (1992) beschrieben.

Interessant ist, dass auch bei der Sensorik ähnliche Entwicklungen zu beobachten sind wie bei mechatronischen Systemen generell, also z.B. eine Integration des Sensorelementes mit der Mikroelektronik und Hinzunahme von mehr intelligenten Eigenschaften, wie in Kapitel 1 beschrieben.

Weitere Möglichkeiten ergeben sich durch eine *Multisensorik*, also die Kombination gleicher oder verschiedener Sensoren und die vielen Entwicklungen, die die *Mikromechanik* einleitet.

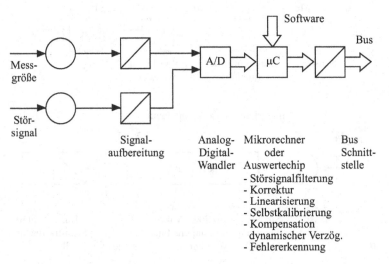

Bild 9.4. Integrierte Sensorkomponente mit „intelligenten " Funktionen

9.16 Aufgaben

1) Vergleichen Sie die Vorteile eines Platin-Widerstandsthermometers, eines Thermistors und eines Thermoelementes für die Temperaturmessung.
2) Ein inkrementaler Drehgeber oder ein absoluter Drehgeber werden zur Messung des Drehwinkels angeboten. Worin unterscheiden sich die erreichbaren Ergebnisse hauptsächlich?

3) Ein Drucksensor, bestehend aus einer Membran mit Dehnmessstreifen an seiner Oberfläche, hat folgende Spezifikationen:
   - Bereich: 0 bis 1400 kPa;
   - nichtlinearer Fehler: $\pm\,0{,}15\,\%$ des ganzen Bereiches;
   - Hysteresefehler: $\pm\,0{,}05\,\%$ des ganzen Bereiches.

   Wie groß ist der Gesamtfehler in Abhängigkeit von Nichtlinearität und Hysterese für einen Messwert von 1000 kPa?

4) Ein Schwingungsmesssystem zeigt eine Überschwingung von 37 % nach einer sprungförmigen Anregung an. Berechnen Sie den zugehörigen Dämpfungsgrad D. Wie groß ist die Überschwingweite für einen Dämpfungsgrad $D = 0{,}9$?

5) Wie kann mit einem Beschleunigungsmesser die Geschwindigkeit bestimmt werden? Geben Sie eine Schaltung mit einem Operationsverstärker an.

6) Ein Sensor erzeugt einen maximalen analogen Ausgang von 5 V. Welche Wortlänge wird für einen Analog-Digital-Wandler mit einer Auflösung von 10 mV benötigt?

7) Welche Durchflussmesser haben einen kleinen und welche einen großen Messbereich?

8) Welche Durchflussmesser erlauben eine Messung mit relativ großer Genauigkeit?

9) Digitale Signale eines Sensors werden oft durch Störsignale mit einer Größe von 100 V oder mehr verfälscht. Erklären Sie, wie ein Schutz für einen nachfolgenden Mikroprozessor erreicht werden kann.

10) Beschreiben Sie Methoden, um den Einfluss elektromagnetischer Störungen eines Messsystem zu verringern.

10

Aktoren

Die Beeinflussung technischer Prozesse erfolgt in der Regel über Stelleinrichtungen, die bestimmte Prozesseingangsgrößen verändern. Hierzu ist meistens eine elektrische, hydraulische oder pneumatische Hilfsenergie erforderlich. Die Eingangsgrößen der Stelleinrichtungen, die Stellgrößen, können dabei von einer Steuerung oder Regelung oder aber vom Bediener verstellt werden. Stelleinrichtungen greifen somit aufgrund einer Informationsverarbeitung in den Materie- oder Energiestrom des Prozesses ein und bilden ein wichtiges Bindeglied zwischen der Signalebene der Automatisierungseinrichtung und dem technischen Prozess, Bild 10.1. Für Stelleinrichtungen und deren Komponenten existieren unterschiedliche Begriffe, wie Stellsystem, Stellgerät, Stellglied oder Steller, siehe z.B. VDI/VDE-2174. Zunehmend wird jedoch in Anlehnung an das englische Wort „actuator" der Begriff „Aktor" oder „Aktuator" verwendet, auch in Verbindung mit dem Wort „Sensor" bei Messeinrichtungen.

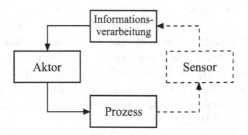

Bild 10.1. Aktor als Bindeglied zwischen Informationsverarbeitung und Prozess

Aktoren werden in allen Bereichen der Technik eingesetzt. Wegen der vielfältigen Anforderungen findet man eine große Vielfalt an Bauformen vor. In diesem Kapitel werden Aktoren für mechatronische Systeme betrachtet. Sie haben in der Regel eine elektrische Eingangsgröße und eine mechanische Ausgangsgröße wie z.B. Weg, Geschwindigkeit, Durchfluss oder Kraft. Nach einer Beschreibung des grundsätzlichen Aufbaus folgt eine Übersicht verschiedener Aktorprinzipien. Dann werden

Stellantriebe mit verschiedener Hilfsenergie betrachtet und ihre Eigenschaften und Anwendungsbereiche qualitativ verglichen. Wegen der großen Vielfalt kann nur eine Übersicht mit einigen Schwerpunkten gegeben werden. Mathematische Modelle von Elektromagneten und verschiedenen Elektromotoren wurden bereits in Kapitel 5 behandelt und werden hier nicht wiederholt. Modelle hydraulischer und pneumatischer Aktoren werden jedoch ausführlich beschrieben.

10.1 Grundstrukturen von Aktoren

Die Aufgabe von Aktoren ist die Umsetzung von leistungsarmen Stellgrößen (z.B. analoge Spannungen 0 ... 10 V oder eingeprägte Ströme 0 ... 20 mA oder 4 ... 20 mA) in Prozesseingangsgrößen mit einem in der Regel wesentlich höheren Leistungsniveau. Bei mechatronischen Systemen ist die Prozesseingangsgröße häufig ein Materie- oder Energiestrom. Die zur Stellung erforderliche Leistung wird einer Hilfsenergieversorgung entnommen, die den im Aktor eingebauten Leistungsverstärker speist. Die Hilfsenergie kann dabei elektrisch, pneumatisch oder hydraulisch sein. Bei vielen Aktoren kann man die im Bild 10.2 gezeigten Grundstrukturen unterscheiden. Die meist elektrische Stellgröße U_e wird zunächst in einem *Signalumformer* in eine zur Steuerung des Stellantriebs (oder Stellers) geeignete Steuergröße U_1 gebracht, Bild 10.2a). Diese Steuergröße kann bei einem elektrischen Stellantrieb z.B. eine andere Spannung oder ein Spannungstaktsignal sein, bei einem pneumatischen Stellantrieb ein Luftstrom und bei einem hydraulischen Stellantrieb ein Ölstrom. Der nachfolgende *Stellantrieb* hat die leistungsarme Steuergröße U_1 als Eingang und erzeugt über seinen durch die Hilfsenergie (Hilfsstellenergie) gespeisten Antrieb ein leistungsstärkeres Ausgangssignal U_2, bei translatorischen Bewegungen in Form einer Kraft, eines Weges oder einer Geschwindigkeit, bei rotatorischen Bewegungen in Form eines Drehmomentes, eines Drehwinkels oder einer Drehzahl. Dieser Stellantrieb ist also in der Terminologie von Kapitel 2 ein *aktiver Übertrager* oder ein *aktiver Wandler*. Die Ausgangsgröße U_2 des Stellantriebs ist in vielen Fällen noch in einen für die nachfolgende Komponente geeigneten Bereich umzuformen. Das zugehörige Element werde *Stellübertrager* mit Ausgangssignal U_3 genannt, und kann z.B. eine Hebelübersetzung für Wege, ein Getriebe für Winkel oder Drehmomente sein oder eine rotatorische in eine translatorische Bewegung umformen, wie bei einer Spindel. Somit entsteht ein gesteuerter Stellantrieb mit Eingangsgröße U_e und Ausgangsgröße U_3, Bild 10.2a).

Die Zuordnung der Ausgangsgröße U_3 zur Stellgröße U_e kann sich durch Störgrößen, die auf die einzelnen Komponenten einwirken, oder durch Eigenschaften wie z.B. Reibung, Lose, elektromagnetische Hysterese, Veränderung der Verstärkungen infolge Alterung und Verschleiß usw. ändern oder nicht eindeutig sein. Deshalb wird für Aktoren mit höheren Anforderungen an die Präzision eine *Regelung* der Ausgangsgröße U_3 vorgesehen, Bild 10.2b). Dies setzt einen aktorinternen Sensor zur Erfassung von Wegen, Geschwindigkeiten oder Kräften voraus. Ein analoger oder digitaler (Stellungs-)Regler 1 ändert dann die Stellgröße U_e so, dass die Ausgangsgröße U_3 mit der neuen Eingangsgröße, der Führungsgröße U_{3w}, übereinstimmt.

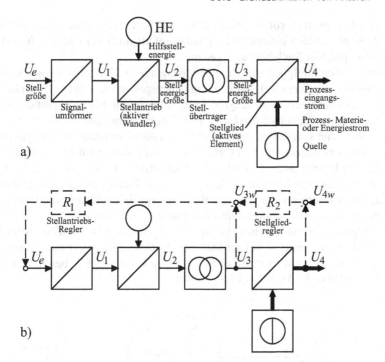

Bild 10.2. Grundstrukturen von Aktoren a) Gesteuerter Aktor b) Geregelter Aktor

Hierdurch erreicht man eine bessere statische Zuordnung von U_{3w} und U_3 und ein verbessertes dynamisches Verhalten.

Die in den technischen Prozess eingreifende Größe ist in vielen Fällen noch nicht die Ausgangsgröße U_3 des mit der Hilfsenergie betriebenen Aktorteils, sondern der in einem nachfolgenden Stellglied gestellte Materie- und/oder Energiestrom, Bild 10.2a). Dies kann z.B. der Luftstrom (Drosselklappe) oder der Brennstoffstrom (Einspritzventil) eines Ottomotors, der Ölstrom in einen hydraulischen Arbeitszylinder (Hauptstromventil), der Impulsstrom (Kraft) des Ruders bei Flugzeugen, der Warmwasserstrom für einen Wärmeaustauscher (Stellventil) oder der elektrische Strom für einen Elektromotor (Thyristor-Stromrichter) sein. Der vom Stellglied gestellte Materie- oder Energiestrom befindet sich auf dem Prozesseingangs-Energieniveau, welches in der Regel wesentlich höher ist, als das Hilfsenergieniveau. Deshalb ist das Stellglied ein *zweiter Leistungsverstärker* und damit ein *zweites aktives Element* (Übertrager oder Wandler).

Der gesamte Aktor (oder das Aktorsystem) enthält also in der Regel mindestens zwei Leistungsverstärker

1) *Stellantrieb*: Steuert mit der Steuergröße eine Stellenergie (auch Steller genannt)
2) *Stellglied*: Steuert mit der Stellenergie eine Prozessenergie.

Man kann deshalb auch von einem „Primäraktor" und einem „Sekundäraktor" sprechen. Zwischen beiden befindet sich gegebenenfalls noch ein Energie- bzw. Leistungsübertrager, hier Stellübertrager genannt.

Wegen der im Stellglied auftretenden Störsignale und Nichtlinearitäten kann die Ausgangsgröße U_4 über einen zweiten Regler geregelt werden. Dieser Stellgliedregler (Materie- oder Energiestromregler) wirkt dann auf die Führungsgröße des Stellungsreglers ein, so dass eine *Kaskaden-Regelung* entsteht, Bild 10.2b).

Bild 10.2 zeigt somit, dass Stelleinrichtungen aus einer Kette von Energiestellern und Wandlern bestehen, Oppelt (1980, 1986), und mehrere Rückführungen haben können. Man kann, wie in Bild 10.3, den Stellantrieb, das mechanische Stellglied und Sensoren unterscheiden mit einem vorwärtsgerichteten Energiestrom und einem rückführenden Informationsstrom. Ein Vergleich mit Bild 1.1 zeigt somit, dass viele Stelleinrichtungen oder Aktoren selbst *mechatronische Systeme* sind.

Im Folgenden werden technische Ausführungen von Aktoren näher betrachtet. Die Darstellungen werden dabei auf Stellantriebe und Stellwandler mit elektrischem Eingang, mechanischem Ausgang und Leistungen bis etwa 5 kW beschränkt, siehe auch Backé (1986a,b), Janocha (1992, 2004a).

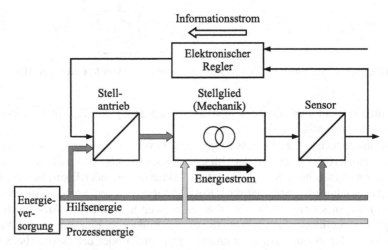

Bild 10.3. Elektromechanischer Aktor als mechatronisches System

10.2 Übersicht der Aktoren

Um eine Übersicht der verschiedenen Aktorprinzipien zu bekommen, werden in diesem Abschnitt die wichtigsten Hilfsenergiearten und grundsätzlichen Übertragungsverhalten betrachtet, siehe auch Raab und Isermann (1990).

10.2.1 Art der Hilfsenergie

Bild 10.4 zeigt schematisch verschiedene Arten der Hilfsenergien und der Krafter-zeugung.

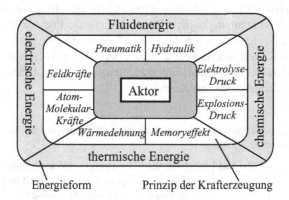

Bild 10.4. Hilfsenergien und Kräfte zur Erzeugung mechanischer Ausgangsgrößen

a) Elektrizität

Die elektrische Energie ist in den meisten Fällen ohnehin schon vorhanden und leicht dezentral verfügbar. Ihre unproblematische Erzeugung mit vergleichsweise hohem Wirkungsgrad bietet in Verbindung mit einer guten Wandlungs- und Übertragungs-fähigkeit eine hohe Flexibilität. Unterstützt wird das weiterhin durch die einfache Stellung der Energieströme mit relativ kostengünstigen Halbleiterbauelementen. Die Signalwandlung als auch der Stellantrieb können zudem mit der gleichen Energie-form und unter Umständen mit dem gleichen Potential betrieben werden. Die elektri-sche Hilfsenergie wird wegen der vielen Vorteile im Allgemeinen vorgezogen. Nur wo dies wegen zu großer Stellkräfte, zu hoher Temperaturen oder aus Sicherheits-gründen nicht möglich ist, müssen im mechatronischen System auch andere Hilfs-energien verwendet werden.

b) Hydraulik

Der Drucköölstrom des Hydraulikkreises muss im Allgemeinen durch einen zusätz-lich zu installierenden Hilfsenergieerzeuger bereitgestellt werden. Die Arbeitsdrücke sind mit etwa 100 bis 400 bar relativ groß. Die dann entstehenden Vorteile sind sehr große Stellkräfte sowie robuste, kompakte und dynamisch schnelle Stellantriebe mit sehr hohem Leistungsgewicht.

c) Pneumatik

Pneumatische Systeme werden sowohl mit Unterdruck (besonders im Kraftfahrzeug) als auch Überdruck gegenüber dem Atmosphärendruck realisiert. Die Anschlussdrücke sind auf 6–8 bar begrenzt, in der Prozessautomatisierung auf 1,4 bar, was im Vergleich zur Hydraulik zu größeren Abmessungen führt. Eine sorgfältige Luftaufbereitung ist weiterhin unumgänglich. Dennoch bietet die Pneumatik eine Reihe von Vorteilen wie z.B. einen robusten Aufbau und einen zuverlässigen und sichereren Betrieb, niedere Kosten und Anwendung auch bei höheren Temperaturen.

Tabelle 10.1 zeigt verschiedene Eigenschaften und Kenngrößen von Fahrzeugaktoren für die betrachtete Hifsenergiearten.

Tabelle 10.1. Eigenschaften und Kenngrößen wichtiger Hilfsenergien für Aktoren in Fahrzeugen, Raab und Isermann (1990)

Hilfsenergie	Potential	durchschnittliche Entnahmeleistung [W]	Leistungsgewicht der Aktoren* [W/kg]	Wandlungsfähigkeit in translator. Bewegungen	Wandlungsfähigkeit in translator. Bewegungen
Elektrizität					
- Batteriestrom	12–24 V	< 100	40–130	mittel	gut
- Generatorstrom	14–26 V	< 500			
Hydraulik					
- Motoröldruck	1–5 bar	< 100	1000–2500	gut	mittel
- Hydrauliksystem	30–200 bar	> 1000			
Pneumatik					
- Unterdruck	0,1–0,8 bar	< 100	5–25	gut	mittel
- Überdruck	6–8 bar	> 1000	200–400		

*ohne Hilfsenergieerzeuger und Leitungen

In Abhängigkeit dieser drei wichtigsten Hilfsenergien lassen sich folgende Aktorprinzipien unterscheiden:

- Elektromechanische Aktoren
- Fluidenergie Aktoren
- Unkonventionelle Aktoren.

Bild 10.5 zeigt eine weitere Unterteilung in verschiedene Ausführungen, Raab und Isermann (1990). Ihre charakteristischen Eigenschaften und typischen Anwendungsbereiche werden in den folgenden Abschnitten näher analysiert.

10.2.2 Art des Übertragungsverhaltens

Die verschiedenen Stellantriebe bzw. Aktoren unterscheiden sich ferner in ihrem Übertragungsverhalten. Wenn sich bei einer sprungförmigen Änderung der Steuergröße ΔU_1 die Ausgangsgröße ΔU_2 des Stellantriebs, Bild 10.2a), im eingeschwungenen Zustand proportional ändert, so dass für einen bestimmten Arbeitspunkt und

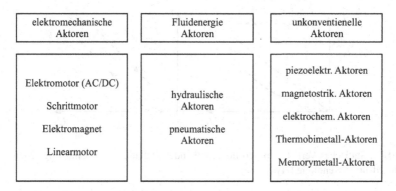

elektromechanische Aktoren	Fluidenergie Aktoren	unkonventienelle Aktoren
Elektromotor (AC/DC) Schrittmotor Elektromagnet Linearmotor	hydraulische Aktoren pneumatische Aktoren	piezoelektr. Aktoren magnetostrik. Aktoren elektrochem. Aktoren Thermobimetall-Aktoren Memorymetall-Aktoren

Bild 10.5. Klassifikation verschiedener Aktorprinzipien

für große Zeiten t

$$\Delta U_2(t) = K_p \Delta U_1(t) \qquad (10.2.1)$$

gilt, dann ist das Übertragungsverhalten *proportionalwirkend*. Ändert sich das Ausgangssignal für große t mit konstanter Stellgeschwindigkeit

$$\frac{dU_2(t)}{dt} = K_I \Delta U_1(t)$$
$$U_2(t) = K_I \int_0^t \Delta U_1(t')dt' \qquad (10.2.2)$$

dann ist das Übertragungsverhalten *integralwirkend*, vgl. Bild 10.6. Das statische Verhalten proportionalwirkender Stellantriebe wird in Form von Kennlinien dargestellt. Bild 10.7a) zeigt Beispiele für eindeutige lineare und nichtlineare Kennlinien. Ein Beispiel für eine zweideutige Kennlinie ist eine Hysterese, Bild 10.7b), die durch trockene Reibung oder Lose entsteht. Trägt man $\dot{U}_2(t)$ über $U_1(t)$ auf, erhält man entsprechende Kennlinien auch für integralwirkende Stellglieder.

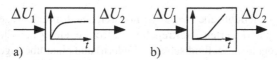

Bild 10.6. Übertragungsverhalten von Stellantrieben a) proportionalwirkend b) integralwirkend

Tabelle 10.2 zeigt das typische Übertragungsverhalten für einige Stellantriebe. In Bild 10.8 ist das Blockschaltbild eines Stellantriebes dargestellt, das typisch für mehrere Bauarten ist. Die Stellkrafterzeugung folgt häufig einer nichtlinearen Kennlinie (z.B. Elektromagnet, pneumatischer oder hydraulischer Stellzylinder) mit einem dynamischen Verhalten niedriger Ordnung (oft näherungsweise linear und erster Ordnung). Die Stellkraft wirkt dann auf den mechanischen Wandler (z.B. Führungsstange mit Lagerung und Gegenfeder). Dieser mechanische Anteil beinhaltet dann eine

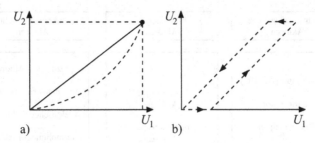

Bild 10.7. Statisches Verhalten proportionalwirkender Stellantriebe a) Eindeutige Kennlinien b) Mehrdeutige Kennlinie (Hysterese)

Masse m, eine Rückführfederkonstante c und eine viskose und trockene Reibung. Die trockene Reibung führt dabei eine weitere Nichtlinearität ein, die zweideutig ist (Hysterese).

Tabelle 10.2. Statisches Übertragungsverhalten einiger Stellantriebe

Aktor-prinzip	Proportionalwirkend			Integralwirkend		
	Kennlinie			Kennlinie		
	Eindeutig		Zweideutig	Eindeutig		Zweideutig
	linear	nichtlinear	nichtlinear (Hysterese)	linear	nichtlinear	nichtlinear (Hysterese)
Elektro-mechanische Aktoren	Schrittmotor		Elektromagnet	Gleichstrom-motor	Wechselstrom-motor (mit Schalter)	Elektroantriebe mit Reibung und Lose
Fluidenergie-Aktoren			pneumatische Membranantriebe mit Gegenfeder		hydraulische Stellzylinder	pneumatische Stellzylinder
Unkonven-tionelle-Aktoren			piezokeramische Aktoren magnetostriktive Aktoren Memory-Metall Aktoren			

Höherwertige Stellantriebe werden dann durch eine Kaskadenregelung nach Bild 10.9, mit einer unterlagerten Kraftregelung (Stromregelung bei Elektromagneten, Differenzdruckregelung bei fluidischen Zylindern) und einer überlagerten Positions-regelung versehen. Dabei kann man die nichtlineare Kennlinie der Stellkrafterzeu-gung durch eine inverse Kennlinie kompensieren und dadurch ein näherungsweises lineares Verhalten der Kraftregelung erreichen. Ferner lässt sich durch eine Kompen-sation der trockenen Reibung das nichtlineare Verhalten des mechanischen Wandlers für die Positionsregelung wenigstens zum Teil aufheben. Durch diese Möglichkeiten einer softwareseitigen Beeinflussung können die negativen Eigenschaften von Stel-lantrieben wesentlich verbessert werden, siehe Isermann und Keller (1993).

Das dem Stellantrieb nachfolgende Stellglied, Bild 10.2c), das häufig einen Mate-rie- oder Energiestrom stellt, hat dann oft ein proportionales Verhalten. Die Aus-legung der statischen Kennlinie dieses Stellgliedes richtet sich nach dem statischen

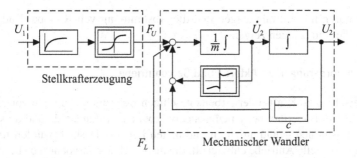

Bild 10.8. Blockschaltbild eines proportionalwirkenden Stellantriebs mit nichtlinearer Krafterzeugung (elektrisch, hydraulisch, pneumatisch) und mechanischem Wandler mit viskoser und trockener Reibung zur Erzeugung einer Geschwindigkeit und eines Weges. U_1: Eingangsgröße des Stellantriebs, U_2: Ausgangsgröße (Weg) des Stellantriebs, F_U: Stellkraft, F_L: Lastkraft (durch z.B. nachfolgendes Stellglied)

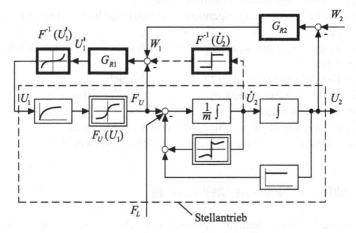

Bild 10.9. Blockschaltbild der Kaskaden-Regelung eines Stellantriebs nach Bild 10.8 mit G_{R1}: Kraftregler, G_{R2}: Positionsregler, $F^{-1}(U_1')$: Kompensation der statischen Nichtlinearität, $F^{-1}(\dot{U}_2)$: Kompensation der trockenen Reibung

Verhalten des nachfolgenden Prozesses, so dass sich durch Zusammenwirken von Stellglied und Prozess eine bestimmte *Betriebskennlinie* ergibt.

Diese Betriebskennlinie soll z.B. bei Regelungen näherungsweise linear sein, wenn dadurch die Stabilität mit konstanten Reglerparametern im ganzen Betriebsbereich erreicht werden kann. Wenn der Prozess eine lineare Kennlinie besitzt, dann ist auch die Kennlinie des Aktors linear auszulegen. Bei einer nichtlinearen Prozesskennlinie kann durch eine entsprechende inverse nichtlineare Aktorkennlinie eine lineare Betriebskennlinie erzeugt werden (z.B. bei Durchflussventilen). Die Anpassung an einen eventuellen Bediener erfordert in manchen Fällen ebenfalls nichtlineare Aktor-Kennlinien, wie z.B. das nichtlineare Fahrregler-Kennfeld für Verbrennungsmotoren in Kraftfahrzeugen und die Abstimmung von Knüppel-Ruder-Aus-schlägen bei Flugzeugen zeigen.

10.2.3 Anforderungen an Aktoren und Servoantriebe

Im Unterschied zu Kraft- oder Arbeitsmaschinen werden die Antriebe von Aktoren nicht in einem Dauerlauf betrieben, sondern arbeiten nur kurzzeitig und müssen be-stimmte Positionen genau anfahren und halten können. Deshalb wurden für diese Aufgaben spezielle Antriebe entwickelt, die man auch als Servoantriebe bezeichnet. Sie müssen im Allgemeinen folgende Anforderungen erfüllen:

- Funktion im Vierquadrantenbetrieb (Antreiben und Bremsen in beiden Richtungen),
- große Überlastbarkeit,
- hohe Auflösung zur genauen Positionierung,
- gute statische Übertragungseigenschaften (möglichst linear, kleine Reibung, keine Lose),
- schnelle, gut gedämpfte dynamische Eigenschaften (kleine Zeitkonstanten, kein Überschwingen),
- großer Geschwindigkeits- oder Drehzahlstellbereich,
- große Kraft- bzw. Drehmomenterzeugung und Verschleißarmut im Stillstand (Losbrechen und Halten),
- geeignete Schnittstellen zum Signalumformer der Stellgröße,
- kleine oder keine Haltekräfte bzw. kein Haltenergieverbrauch.

10.3 Elektromechanische Stellantriebe

Die elektromechanischen Stelleinrichtungen sind sehr weit verbreitet. Die große Ty-penvielfalt, insbesondere der motorischen Stellantriebe, ermöglicht dabei eine flexi-ble Anpassung an die unterschiedlichsten Stellaufgaben, Tabelle 10.3.

Elektrische Antriebe besitzen im Bereich kleiner bis mittlerer Stelleistungen eine dominierende Stellung, die u.a. der hohen Verfügbarkeit und Wandlungsfähigkeit der elektrischen Energie zuzuschreiben ist. Weiterhin bieten sie ein Stellverhalten, das hohe Positioniergenauigkeiten als auch gute dynamische Eigenschaften zulässt. Der hohe Wirkungsgrad der Gesamtsysteme liegt über dem vergleichbarer pneumatischer und hydraulischer Komponenten.

Bei hohen dynamischen Anforderungen in Verbindung mit größeren Stellkräften sind dem Einsatz der elektromechanischen Aktoren jedoch Grenzen gesetzt. Die phy-sikalisch eingeschränkte Leistungsdichte (Sättigung der Magnetmaterialien) führt dann zu relativ großen Antrieben.

Wesentliche Nachteile resultieren aus dem mechanischen Aufbau der Aktoren. So ergeben sich beim direkten Anbau an Maschinen heraus oft starke Schüttelbe-anspruchungen, die zum Teil aufwendige konstruktive Gegenmaßnahmen erfordern. Hohe Umgebungstemperaturen beeinträchtigen zudem die Funktionsfähigkeit durch

Entmagnetisierung und Gefährdung der Wicklungsisolation. Die Einsatzfähigkeit und Lebensdauer elektromechanischer Systeme ist daher im Umfeld hoher Temperatur- und Vibrationsbeanspruchungen begrenzt, Wietschorke und v. Willich (1986).

Die prinzipielle Funktionsweise und der Aufbau von Elektromagneten und Elektromotoren wurde in Kapitel 5 behandelt. In Bezug auf den Einsatz als Stellantriebe bzw. Servoantriebe gibt Tabelle 10.4 eine Übersicht, siehe auch Kallenbach (2005).

Tabelle 10.3. Allgemeine Eigenschaften elektromechanischer (insbesondere elektromotorischer) Stellantriebe

Vorteile	Nachteile
- gute Regeleigenschaften	- eingeschränkte Leistungsdichte
- hohe Dynamik	- Energieumsatz im statischen Bereich
- flexible Antriebskonzepte	- eingeschränkter thermischer Betriebsbereich
- hoher Gesamtwirkungsgrad	- hoher Anteil an „beweglicher Mechanik"
- gute Diagnosefähigkeit	

Tabelle 10.4. Übersicht wichtiger elektromechanischer Stellantriebe (Normalschrift: Translationsbewegung, Kursivschrift: *Rotations-, Drehbewegung*)

Energiewandler	Typ	technische Ausführung
Elektromagnet	Einwicklungssystem (mit Rückstellfeder)	Hub-, Zugmagnet, *Drehmagnet*
	Zweiwicklungssystem	Hub-, Zugmagnet, *Drehmagnet* *Torque-Motor*
Elektromotor	Gleichstrommotor (mechanische kommutiert)	*Nebenschlussmotor* *Hauptschlussmotor*
	Gleichstrommotor (elektronische kommutiert)	*bürstenloser GS-Motor*
	Schrittmotor	*Permanentmagnetmotor* *Reluktanzmotor* *Hybridmotor*

Elektromechanische Stellantriebe lassen sich primär in translatorische (Elektromagnet, Linearmotor) und rotatorische Wandler (Elektromotoren) unterteilen. Die wichtige Gruppe der Motoren kann weiterhin in elektronisch kommutierte (bürstenlose), mechanisch kommutierte (bürstenbehaftete) Antriebe aufgeteilt werden. Dem Elektromotor ist in der Regel ein Getriebe oder Vorschubmechanismus nachgeschaltet (Stellübertrager), um eine andere rotatorische Bewegung oder eine translatorische Bewegung zu erzeugen. Im Folgenden werden die verschiedenen Stellantriebe weiter betrachtet.

10.3.1 Elektromotoren als Stellantriebe

Bei mechatronischen Systemen besteht ein großer Anteil der Aktoren aus elektromotorisch angetriebenen Stelleinrichtungen. Der generelle Aufbau der verschiedenen Elektromotoren und ihre prinzipiellen Eigenschaften wurden bereits in Kapitel 5 beschrieben. Im Vergleich zu den als Kraft- und Arbeitsmaschinen eingesetzten Elektromotoren werden elektromotorische Stellantriebe nicht im Dauerlauf und in einer Vorzugsdrehrichtung betrieben, sondern sie dienen zur Einstellung bestimmter Positionen. Dadurch ergeben sich andere Anforderungen wie z.B. große elektrische und mechanische Überlastbarkeit, hohe Positioniergenauigkeit, große Dynamik und damit kleines Trägheitsmoment, Erzeugung von Haltemomenten und diesbezügliche Verschleißarmut, großer Drehzahlstellbereich. Dies hat zur Entwicklung spezieller Servomotoren geführt, siehe Abschnitt 10.2.3. Der Leistungsbereich erstreckt sich von Kleinstmotoren mit wenigen Watt Ausgangsleistung bis hin zu Antrieben im kW-Bereich. Da für fast jeden Einsatzfall mehrere Motorarten in Frage kommen, wird im Folgenden ein Vergleich der wichtigsten Typen durchgeführt. Übersichtsbeiträge zur weiteren Vertiefung sind z.B. bei Jung und Schneider (1984), Weck (1989, 1990), Henneberger (1989), Bechen (1989), Janocha (1992), Stölting und Kallenbach (2002), Stölting (2004) zu finden. Wie in Abschnitt 5.5 erläutert, können Elektromotoren in selbstkommutierend und fremdkommutierend unterteilt werden.

a) Selbstkommutierende Motoren

Mechanisch kommutierte (bürstenbehaftete) Gleichstrom-Motoren:
Selbstkommutierende Motoren mit einem mechanischen Kommutator sind durch zwei Merkmale charakterisiert. Zunächst wird das Statormagnetfeld durch Permanentmagnete oder Statorspulen erzeugt. Dann wird der das Drehmoment erzeugende Rotorstrom durch die Rotorwindungen mittels des Kommutators und den Bürsten so geschaltet, dass ein möglichst großes Drehmoment entsteht, siehe Abschnitt 5.3. Tabelle 10.5 gibt eine Übersicht der bekanntesten Kommutator-Motoren mit Leistungen bis 1 kW.

Mechanisch kommutierte (bürstenbehaftete) Motoren:
Mechanisch kommutierte Gleichstrommotoren für dynamisch schnelle Stell- und Positionieraufgaben sind heute fast ausschließlich als permanenterregte Nebenschlussmotoren ausgelegt. Sie zeichnen sich durch einen linearen Drehmoment-Strom Verlauf aus, der von der Winkellage des Rotors nahezu unabhängig ist. Die Drehrichtung und -geschwindigkeit kann stufenlos und vor allem schaltungstechnisch einfach über eine Veränderung der Ankerspannung beeinflusst werden. Große Drehzahlstellbereiche von bis zu 1:10000 und eine hohe Gleichlaufgüte sind dabei keine Seltenheit. Der Gleichstrommotor bietet daher für Standardaufgaben im Bereich kleiner und mittlerer Stelleistungen eine sehr gute als auch kostengünstige Lösung, Wilke (1988), Abel (1990), Tabelle 10.6.

Die wesentlichen negativen Eigenschaften resultieren im Vergleich zu anderen Motorkonzepten aus dem prinzipiellen Aufbau. Die in der rotierenden Ankerwick-

Tabelle 10.5. Übersicht selbst-kommutierender Motoren mit Leistungen bis 1 kW

Art der Spannung	Gleichstrommotor (GS)					Wechselstrommotor (Eine Phase)	
Art des Motors	bürstenloser GS Motor	permanent-erregter Motor	Nebenschluss-Motor	Compound-Motor	Reihenschluss-Motor	Universal-Motor	Repulsions-Motor
Art der Kommutation	elektronisch	mechanisch	mechanisch	mechanisch	mechanisch	mechanisch	mechanisch
Schaltbild							
Kennlinie							
Nenndrehzahl U/min	< 60000	< 30000	< 12000	< 6000	< 15000	3000-30000	< 3000
Nennleistung W	1 - 1100	0,001 - 1000	0,2 - 1000	20 - 1000	8 - 1100	5 - 1000	< 500
Nennspannung V	< 400	< 250	< 600	< 220	< 600	< 220	< 220
Wirkungsgrad η	0,4 - 0,7	0,4 - 0,8	0,3 - 0,7	0,3 - 0,7	0,3 - 0,7	0,3 - 0,7	0,3 - 0,6
max. Drehmoment/Nenn-Drehmoment	< 10	< 10	< 6	< 6	< 5	< 5	< 2,5
Drehzahl-Regelung	elektronisch	Serienwiderstand oder 3. Bürste	Widerstand parallel zur Ankerwicklung / Reihen-Widerstand / Phasensteuerung			Pulsbreiten-Modulation	Änderung des Bürstenwinkels α

Legende

■ permanent erregter Stator
◐ permanent erregter Rotor
Ⓜ Rotor mit Käfig oder Kommutatorwindungen
○ Reluktanzrotor
○ Hysterese Rotor
✶ Transistor

Tabelle 10.6. Eigenschaften mechanisch kommutierter Gleichstrommotoren

Vorteile	Nachteile
- gutes Regelverhalten durch lineare Drehmoment-Strom Charakteristik - gute dynamische Eigenschaften - sehr hohe Gleichlaufgüte - großer Drehzahlstellbereich	- Verschleiß von Kommutator und Bürste (→ Wartung) - Stelldynamik und Stillstandsmoment durch Kommutator begrenzt - schlechte Wärmeabführung
Anwendungsbereich	- kleine bis mittlere Stellmomente/-kräfte - genaue Positionieraufgaben - Standardaufgaben

lung entstehende Wärme kann nicht gut abgeführt werden, so dass auch bei kurzzeitiger Überlastung des Motors der thermische Gesichtspunkt eine entscheidende Rolle spielt. Weiterhin begrenzt die mechanische Kommutierung die maximalen Ankerströme im Stillstand („Durchbrennen") als auch bei hohen Drehzahlen („Bürstenfeuer"). Bedingt durch verschleißende Kohlebürsten kann insbesondere bei low-cost Antrieben ein gewisser Wartungsaufwand erforderlich sein.

Mechanisch kommutierte (bürstenbehaftete) Wechselstrommotoren:
Universalmotoren haben einen ähnlichen Aufbau wie Gleichstrommotoren, jedoch mit geblechtem Stator. Mit einer Schaltung als Reihenschlussmotor haben sie ein großes Anlaufdrehmoment. Sie verfügen außerdem über einen großen regelbaren Drehzahlstellbereich. Besonders mit pulsweitenmodulierter Spannung wird eine Drehzahlsteuerung einfach und kostengünstig möglich. Weitere Eigenschaften sind in Tabelle 10.7 angegeben.

Tabelle 10.7. Eigenschaften mechanisch kommutierter Wechselstrommotoren

Vorteile	Nachteile
- gutes Regelverhalten - gutes Leistungsgewicht - großer Drehzahlbereich - hohe maximale Drehzahl	- Verschleiß von Kommutator und Bürste - schlechte Wärmeabführung
Anwendungsbereich	- kleine bis mittlere Stellmomente - Standardaufhaben (Haushaltsmaschinen, kleine Werkzeugmaschinen)

Elektronisch kommutierte (bürstenlose) Motoren:
Bis vor wenigen Jahren wurden für hochdynamische Servoantriebe vorwiegend mechanisch kommutierte Gleichstrommotoren eingesetzt. Diese werden im Bereich kleiner bis mittlerer Stelleistungen zunehmend durch bürstenlose Motoren ersetzt, Tabelle 10.8. Die resultierenden Vorteile sind unter anderem die Wartungsfreiheit als auch höhere Überlastbarkeit der Motoren aufgrund einer fehlenden Kommutie-

rungsmechanik. Der nutzbare Drehzahlstellbereich ist im Allgemeinen jedoch noch kleiner als bei vergleichbaren Kommutatormotoren, siehe z.B. Quente (1988), Abel (1990).

Tabelle 10.8. Eigenschaften elektronisch kommutierter Gleichstrommotoren

Vorteile	Nachteile
- sehr gute Dynamik	- Sensorsystem und aufwendige Steuerlogik
- hohe Überlastbarkeit	- häufig eingeschränkte Gleichlaufgüte
- wartungsfrei	(Drehmomentwelligkeit)
- geringes Trägheitsmoment und gutes Leistungsgewicht	- höhere Systemkosten als bei Gleichstrommotor

Anwendungsbereich   - kleine bis mittlere Stellmomente/-kräfte
- hochwertige Anwendungen

Der große Vorteil bürstenloser Gleichstrommotoren ergibt sich aus einer besseren Abführmöglichkeit der in den Ständerwicklungen entstehenden Wärme. Das bedeutet gleichzeitig ein günstigeres Leistungsgewicht als bei vergleichbaren Kommutatormaschinen. Erkauft werden die Vorteile mit einer komplexen Steuerhardware sowie einem z.T. umfangreichen Sensorsystem. Beim bürstenlosen Gleichstrommotor ergeben sich weiterhin Drehmoment- und Drehzahlwelligkeiten, die erst mit modernen Konzepten wie z.B. der sinusförmigen Stromansteuerung gemindert werden können, Wilke (1988). Die Gleichlaufgüte ist daher eingeschränkt, was sich besonders bei langsamen Drehbewegungen negativ auswirkt.

b) Extern kommutierende Asynchronmotoren

Eine Übersicht der häufig eingesetzten Asynchronmotoren kleinerer Leistung wird in Tabelle 10.9 gegeben. Der Drei-Phasen-Asynchronmotor verfügt über ein sehr günstiges Leistungs/Gewichts-Verhältnis. Deshalb wird dieser Motor besonders für tragbare Werkzeuge verwendet mit einer Drehstrom-Frequenz zwischen 200 und 300 Hz. Dabei werden Drehzahlen zwischen 12000 und 18000 U/min erreicht. Der Drehzahlbereich ist mit dem von Universalmotoren vergleichbar. Es ist auch möglich den Drei-Phasen-Asynchronmotor mit einem einphasigen Wechselstrom zu versorgen. In diesem Fall werden zwei Klemmen mit der Versorgungsspannung verbunden und die dritte Klemme wird über einen Kondensator an eine Klemme der Spannungsversorgung gelegt. Somit entsteht der Drei-Phasen-Kondensatormotor.

Um ein rotierendes Feld zu erzeugen, sind jedoch auch zwei Windungen ausreichend, wenn sie über phasenverschobene Ströme versorgt werden. Die Phasenverschiebung kann hierbei durch einen Kondensator (Zwei-Phasen-Kondensatormotor), durch Erhöhung des ohmschen Widerstandes einer Windung (Start-Widerstand AC Motor) oder durch den Kurzschluss einer der Windungen erreicht werden. Im letzten Fall wird ein induzierter Strom in der kurzgeschlossenen Windung fließen (Spaltpol-Motor). Für häufiges Ein- und Ausschalten sind die Start-Widerstand AC Motoren

Tabelle 10.9. Übersicht extern-kommutierter Asynchronmotoren kleiner Leistung

Art der Spannung		Drei Phasen		Eine Phase			
Motortyp		bürstenloser GS-Motor	Kondensator-Motor C_A = Start-Kondensator C_B = Betriebs-Kondensator		Startwiderstands AC-Motor	Spaltpolmotor	Ferraris Motor
Anzahl der Phasen im Motor		3	3	2	2	2	2
Schaltbild		(Y, M)	(Y, M)	(M, C_A, C_B)	(M, C)	(M, R)	(M)
Drehmoment/ Drehzahl-Kennlinie		M–n	M–n	M–n (C_A, C_B)	M–n	M–n	M–n (U_S)
Nenndrehzahl	U/min	< 6000	< 3600	< 3600	< 3600	3000-30000	< 3000
Nennleistung	W	0,06-1100	0,2-1100	0,2-1100		5 - 1000	< 500
Nennspannung	V	12-800	0,2-500	0,2-500	0,2-500	0,2-500	0,2-500
Wirkungsgrad	η	0,5 - 0,8	0,3 - 0,7	0,4-0,7	0,3 - 0,7	0,05 - 0,4	0,2 - 0,5
Kippmoment/ Nennmoment		1 - 3	1 - 2	C_A: 2 - 4 C_B: 1 - 2	2 - 4	0,2 - 1	< 2
max. Drehm./Nenn-Drehm.		1,5 - 7	< 1,5	< 1,5	< 1,5	< 1,2	< 1,2
Drehzahl-Regelung		reduzierte Statorspannung Veränderung der Polzahl	reduzierte Statorspannung Veränderung der Polzahl	reduzierte Statorspannung Veränderung der Polzahl	reduzierte Statorspannung Veränderung der Polzahl	Drosselspule	Änderung der Steuerspannung U_S

Legende

- ◼ permanentmagnetischer Stator
- ◐ permanentmagnetischer Rotor
- Ⓜ Käfigrotor oder Kommutator-Windung
- ◇ Reluktanz-Rotor
- ◯ Hysterese-Rrotor
- ⅄ Transistor

vorzuziehen. Spaltpol-Methoden sind relativ preiswert, aber haben einen schlechten Wirkungsgrad und werden hauptsächlich für einfache Anwendungen eingesetzt.

c) Extern kommutierte Synchronmotoren

Bei Synchronmotoren wird das Drehfeld im Stator genauso erzeugt wie bei Asynchronmotoren, jedoch dreht der Rotor mit einer zum Drehfeld synchronen Drehzahl. Deshalb werden Synchronmotoren hauptsächlich dann eingesetzt, wenn eine Drehzahlregelung mit hoher Güte gefordert ist. Synchronmotoren können mit zwei oder drei unabhängigen Windungen gebaut werden. Wenn sie an eine einphasige Spannungsversorgung angeschlossen werden, können Kondensatoren oder Widerstände eingesetzt werden, um einen phasenverschobenen Strom zu erzeugen, siehe Tabelle 10.10. Sie haben im Prinzip denselben Aufbau wie die entsprechenden Asynchronmotoren.

Typisch für Synchronmotoren ist ihr Startverhalten. Permanenterregte Synchronmotoren können nur dann gestartet werden, wenn die Statorfrequenz langsam geändert wird, bis die Nennfrequenz erreicht wird oder durch Änderung der aktiven Pole. Im Unterschied hierzu läuft der Hysteresemotor selbsttätig an. Die Magnetisierung des hysteresebehafteten Werkstoffes wird dabei dauernd umgedreht, so dass der Rotor langsam beschleunigt wird. Beim Reluktanzmotor ändert sich der magnetische Widerstand des Rotors (Reluktanz) entlang des Umfanges entsprechend der Polzahl. Tabelle 10.11 fasst die Vor- und Nachteile von Synchronmotoren zusammen.

Schrittmotoren:
Manche Positionieraufgaben verlangen eine schrittweise Rotation. Für kleine Leistungen (< 500 W) können Schrittmotoren eine preiswerte Alternative im Vergleich zu elektronisch kommutierten Gleichstrommotoren darstellen. Schrittmotoren werden ebenfalls elektronisch kommutiert, aber mit einer konstanten Frequenz, die durch die externe Ansteuerlogik gegeben wird. Schrittmotoren sind deshalb Synchronmotoren und teilen all ihre charakteristischen Merkmale.

Es existiert eine große Zahl von Schrittmotor-Typen, die einen einfachen Aufbau von Positionierungen erlauben, siehe Abschnitt 5.3.7 und z.B. Traeger (1979), Kreuth (1988). Die gesteuerten Schrittmotoren sind jedoch in ihrer Anwendung als Positionierantriebe beschränkt einsatzfähig, da ein zuverlässiger Betrieb eine gute Kenntnis der angetriebenen Last erfordert. Besonders durch Reibungseffekte und Schwingungen kann es dazu kommen, dass die Schrittmotoren die gesteuerten Schritte nicht immer ausführen. Deshalb müssen Schrittmotoren grundsätzlich überdimensioniert werden. Trotzdem kann dann eine Positionsregelung erforderlich werden, Gfröer (1988). Dann sind jedoch die Vorteile dieses Motorprinzips nicht mehr überzeugend. Außerdem ist der Wirkungsgrad kleiner. Schrittmotoren sollten stets mit dem maximalen Strom versorgt werden, was bedeutet, dass der Leistungsverbrauch unnötig hoch ist, Höfer (1991). Tabelle 10.12 zeigt einige Eigenschaften von Schrittmotoren, Tabelle 10.13 eine Zusammenfassung der Vor- und Nachteile.

Tabelle 10.10. Übersicht extern kommutierter Synchronmotoren

Art der Spannung		Dreiphasen-Wechselstrom		Einphasen-Wechselstrom		
Motortyp		Permanent-magnetischer Motor	Reluktanzmotor	Permanent-magnetischer Motor	Reluktanzmotor	Hysteresemotor
Anzahl der Phasen im Motor		3	3	2	2	2
Schaltbild						
Drehmoment/ Drehzahl-Kennlinie						
Nenndrehzahl	U/min	< 33000		< 6600		
Nennleistung	W	1 - 1100		0,01 - 1100		
Nennspannung	V	1 - 800		12 - 500		
Wirkungsgrad	η	0,3 - 0,6		< 0,05 - 0,6	< 0,05 - 0,6	< 0,05 - 0,4
Kippmoment/ Nennmoment		mit Käfig < 3 ohne Käfig < 1	< 4	< 1	0,5 - 4	0,2 - 2
max. Drehm./Nenn-Drehm.		< 1,5	< 1,3	< 1,5	< 1,3	< 1,5
Drehzahl-Regelung		Veränderung der Polzahl		Drosselspule		

Legende

■ permanentmagnetischer Stator
◐ permanentmagnetischer Rotor
Ⓜ Käfigrotor oder Kommutator-Windung

○ Reluktanz-Rotor
○ Hysterese-Rrotor
★ Transistor

Tabelle 10.11. Eigenschaften von Synchronmotoren

Vorteile	Nachteile
- kostengünstig	- Anlaufprobleme
- wartungsfrei	- Stillstand bei Überlast
- Drehzahl proportional zur Spannungsfrequenz	- Schwingungsaufbau bei Laständerungen

Anwendungsbereich   - kleine Stellmomente
                        - Standardfälle (z.B. Haushaltantriebe)
                        - präzise Regelung der Drehzahl

Tabelle 10.12. Daten von Schrittmotoren und Linearmotoren

Motortyp		Schrittmotor			Linearmotor / elektrische Zylinder		
Spannungstyp		DC	AC, einphasig	AC, Drei-Phasen	DC	AC, einphasig	AC, Drei-Phasen
Halte-Drehmoment	Nm	0,001–30	0,2–7	0,015–5	—	—	—
Nenn-Drehmoment	Nm	0,003–20	0,2–7	0,23–28	—	—	—
Schritt-winkel	o	0,003–400	0,03–2	0,03–120	—	—	—
Schritt-frequenz	Hz	0–250000	0–250000	0–400000	—	—	—
Versorgungs-spannung	V	1–310	0–310	3–310	12–750		
Nenn-leistung	W	< 500			bis 10000		
maximaler Hub	mm	—	—	—	< 5000	Linearmotor: < 20000 Elektrischer Zylinder < 5000	
maximale Kraft	kN	—	—	—	Linearmotor: < 1000 Elektrischer Zylinder < 600		
Verfahr-Geschwindigkeit	mm/s	—	—	—	Linearmotor: < 20000 Elektrischer Zylinder < 2000		

Tabelle 10.13. Eigenschaften von Schrittmotoren

Vorteile	Nachteile
- direkte digitale Ansteuerung über integrierte Schaltungen	- Lastverhältnisse müssen bekannt sein → Überdimensionierung erforderlich
- wartungsfrei	- relativ kleine Leistungsdichte
- kostengünstiges Antriebskonzept	- im gesteuerten Betrieb Gefahr von Schrittfehlern
- gesteuerter Betrieb ohne Lagesensor bei bekannter Last möglich	- vergleichsweise geringe Stelldynamik

Anwendungsbereich   - kleine Stellmomente/-kräfte
                        - einfache Positionierungaufgaben bei bekannten Lastverhältnissen

d) Anpassungsgetriebe

Elektromotoren erzeugen in der Regel eine rotierende Bewegung, die im Allgemeinen nicht mit der Drehzahl oder dem Drehmoment für das nachfolgende Stellglied übereinstimmt. Deshalb muss in vielen Fällen die Drehbewegung über ein Rotationsgetriebe angepasst werden oder in eine lineare Bewegung umgeformt werden. Verschiedene Getriebebauarten, wie z.B. Stirnrad-Getriebe, schräg verzahnte Getriebe, Planetengetriebe und Harmonic-Drive-Getriebe wurden bereits in Abschnitt 4.6.4 beschrieben. Für die Erzeugung von Linearbewegungen bieten sich z.B. Zahnstangen-Ritzelgetriebe, formschlüssige Riementriebe und Kugelumlauf-Spindeln an. Tabelle 10.14 fasst einige Vor- und Nachteile dieser mechanischen Getriebe zusammen.

Ein Überblick einiger Getriebekennwerte ist in Tabelle 10.15 dargestellt. Es zeigt sich, dass relativ preisgünstige Bauformen wie Schnecken- und Stirnradgetriebe zu deutlichen Verschlechterungen führen. Neue Bauarten, wie z.B. das hochuntersetzende Harmonic-Drive-Getriebe, wirken sich dagegen bei einem gleichzeitig kleinen Bauvolumen kaum negativ aus. Ihr hoher Preis rechtfertigt den Einsatz jedoch nur in bestimmten Anwendungsbereichen, Fichtner (1986), z.B. bei Industrierobotern.

Tabelle 10.14. Eigenschaften mechanischer Anpassungsgetriebe

Vorteile	Nachteile
- Anpassung an Last- und Drehzahlanforderungen - indirekte Erzeugung von Linearbewegungen - selbsthemmende Getriebe reduzieren Leistungsverbrauch im Haltezustand	- Reibung und Getriebelose - erhöhtes Gesamtträgheitsmoment - Leistungsverbrauch im Getriebe erfordert stärkeren Antrieb und senkt Gesamtwirkungsgrad

Tabelle 10.15. Eigenschaften von Anpassungsgetrieben (Rotationsbewegung)

	Stirnradgetriebe	Schnecke	Planetengetriebe	Harmonic-Drive Getriebe
Stufenzahl	$3-8$	1	$1-4$	1
Untersetzung / Stufe	$3-6:1$	$10-80:1$	$3-10:1$	$5-300:1$
Gesamtwirkungsgrad	$25-90\,\%$	$20-60\,\%$	$50-90\,\%$	$85-95\,\%$
Getriebespiel (bezogen auf Motorseite)	$3-8°$	$5-10°$	$0,5-1°$	$0,01-0,05°$

10.3.2 Elektromagnete

Der Elektromagnet stellt für hochdynamische Positionieraufgaben bei niedrigen Gegenkräften zur Zeit das günstigste Antriebskonzept („Kurzhubelement") dar, siehe

Kapitel 5. Der einfache Aufbau ermöglicht dabei in Verbindung mit der elektrischen Hilfsenergie die Realisierung schneller Steuerstrecken (z.B. Einspritzsysteme). Bei kleinen Stellwegen lassen sich mit den sogenannten Betätigungsmagneten hohe Zugspannungen bei einem kompakten Bauvolumen bewerkstelligen. Diese Eigenschaften sind insbesondere bei der Stellung hydraulischer und pneumatischer Fluidströme erforderlich, wo der Magnet im Allgemeinen kontinuierliche Stellbewegungen ausführen soll. Die prinzipbedingte, nichtlineare Magnetkraft-Kennlinie muss dazu linearisiert werden, was üblicherweise durch eine geeignete geometrische Formgebung des Magnetkreises erfolgt. Die Sättigungserscheinungen der Magnetmaterialien begrenzen dabei die elektromagnetische Kraftwirkung und damit den Stellbereich des Aktors auf 10–25 mm. Nachteile ergeben sich aus der mechanischen Führung. Siehe auch Tabelle 10.16. Der Angriff äußerer Kräfte sollte daher nur in Richtung der vorgesehenen Ankerbewegung erfolgen. Ansonsten führen bereits geringe Querkräfte zur verstärkten Reibung bzw. zum Verklemmen, z.B. Kallenbach et al. (1994), Kallenbach et al. (2003), Janocha (2004b). Durch eine angepasste nichtlineare Regelung lassen sich jedoch ein Teil dieser Nachteile kompensieren, Maron (1996), Raab (1993), Isermann und Keller (1993).

Tabelle 10.16. Eigenschaften elektromagnetischer Stellantriebe

Vorteile	Nachteile
- einfacher, kompakter und kostengünstiger Aufbau - direkte Erzeugung von Linearbewegungen - sehr hohe Stelldynamik	- nichtlineares Verhalten - geringe Leistungsdichte - Reibung und magnetische Hysterese - großer Ruhestrom
Anwendungsbereich	- kleine Stellkräfte bei gleichzeitig kleinen Stellbereichen - hohe Dynamik

10.4 Hydraulische Aktoren[1]

Hydraulische und pneumatische Aktoren sind durch einen robusten Aufbau und sehr hohe Leistungsdichten charakterisiert. Gleichzeitig bieten sie die Möglichkeit der direkten und einfachen Erzeugung von Linearbewegungen über Stellzylinder. Ihre relativ hohe Systemdynamik verbunden mit sehr großen Stellkräften übertrifft dabei diejenige vergleichbarer elektrischer Antriebe. Zusätzlich kann man fluidische Aktoren so auslegen, dass sie im Wesentlichen nur im dynamischen Zustand Leistung aufnehmen. Statisch können daher hohe Gegenkräfte mit wenig Leistung gehalten werden.

Die zunehmende Verschmelzung von fluidtechnischen und (mikro)elektronischen Komponenten („Fluidtronik") ermöglicht mittlerweile den Aufbau statisch genauer

---

[1] Ausgearbeitet von Marco Münchhof

und dynamisch schneller Stelleinrichtungen, Anders (1986), Backé (1992), Sawodny (2007).

Daneben weisen fluidtechnische Antriebe auch verschiedene Nachteile auf. Der Wirkungsgrad der Gesamtsysteme liegt unter dem elektrischer Antriebe und die Verfügbarkeit der Hilfsenergie kann eingeschränkt sein, siehe Tabelle 10.17. Außerdem ist die maximale Positioniergenauigkeit prinzipbedingt auf einige 10 μm begrenzt. Tabelle 10.18 gibt eine kurze Übersicht hydraulischer und pneumatischer Aktoren, die im Folgenden behandelt werden.

Tabelle 10.17. Eigenschaften fluidtechnischer Stellantriebe

Vorteile	Nachteile
- große Stellkräfte	- (zusätzliche) Hilfsenergieerzeuger not-
- große Stellbereiche	wendig
- hohe Leistungsdichte	- komplexe Systemstrukturen erfordern
- direkte Erzeugung linearer Bewegungen	anspruchsvollere Automatisierung
- kein Energieumsatz im statischen Betrieb	- zum Teil teure Servokomponenten
- robuster Aufbau	(z.B. Ventile)
	- eingeschränkte Positionsgenauigkeit
	- Geräusch

Tabelle 10.18. Übersicht wichtiger fluidtechnischer Wandler (Normalschrift: Translationsbewegung, Kursiv: *Rotationsbewegung*)

Krafterzeugung	Energiewandler	technische Ausführung
Hydraulik	Überdruckstellantrieb	Stellzylinder
		Hydromotor
Pneumatik	Überdruckstellantrieb	Stellzylinder
		Membranantrieb
		Druckluftmotor
	Unterdruckstellantrieb	Membranantrieb

10.4.1 Hydraulische Stellantriebe

Hydraulische Stelleinrichtungen werden bevorzugt dort eingesetzt, wo hohe Kräfte bzw. Beschleunigungen bei gleichzeitig kleinem Bauraum verlangt sind. Da sie trotz großer Kraftaufbringung nur geringe Eigenmassen bewegen, ist eine dynamisch schnelle Positionierung möglich. Weitere Vorteile gegenüber pneumatischen Systemen sind die hohe Steifigkeit und Stoßfestigkeit, siehe z.B. Bauer (2005), Backé und Klein (2004) und Tabelle 10.19.

Die Komponenten der hydraulisch mechanischen Umformung sind *Stellzylinder* und *Hydromotoren*. Im Gegensatz zur Pneumatik, kommt hier dem Rotationsmotor eine größere Bedeutung zu, da er große Antriebsmomente bei kleinen Abmessungen (Leistungsdichteverhältnis Hydraulik-/Elektromotor ungefähr 10 bis 25) und geringem Massenträgheitsmoment aufweist. Es ergeben sich dadurch sehr kleine Zeitkonstanten und damit eine Möglichkeit der hochdynamischen Drehzahlstellung. Kleine Drehzahlen lassen sich allerdings prinzipbedingt nur mit relativ ungleichförmigen Drehbewegungen realisieren.

Tabelle 10.19. Eigenschaften hydraulischer Stellantriebe

Vorteile	Nachteile
- kleine Abmessungen	- ggf. hohe Systemkosten
- hohe Dynamik und Leistungsdichte	- Zweileitungssystem
- hohe Steifigkeit	- ggf. Ölaufbereitung notwendig
- großes Arbeitsvermögen	- Reibung und komplexe Dynamik erschweren Regelung
Anwendungsbereich	- mittlere bis große Stellkräfte
	- mittlere bis große Stellbereiche
	- begrenzter Bauraum
	- hohe Stelldynamik

Die Erzeugung translatorischer Bewegungen erfolgt in hydraulischen Stellzylindern, die je nach Art der Kolbenlagerung, in Zylinder mit reibungsarmen Berührungsdichtelementen und Zylindern mit hydrostatischer Lagerung unterteilt sind. Ein Großteil der Anwendungen kann durch den Einsatz von Servozylindern mit speziellen Gleitdichtungen erfüllt werden. Voraussetzung dafür sind allerdings sehr hohe Anforderungen an die Oberflächengüte von Zylinderrohr, Kolbenstange und -führung. Unerwünschte Reibungs- oder Stick-Slip Effekte können so zumindest eingeschränkt werden, Backé (1986b).

Das dynamische Verhalten hydraulischer Stellantriebe ist vor allem durch die schwache Dämpfung charakterisiert, die zudem vom Kolbenhub als auch von der Belastung abhängig ist. In Verbindung mit modernen Regelungskonzepten können dennoch servohydraulische Stellantriebe realisiert werden, die hohe Positioniergenauigkeiten bei einem guten dynamischen Verhalten aufweisen, z.B. Saffee (1986), Scheffel (1989), Glotzbach (1996).

Bild 10.10 zeigt ein typisches hydraulisches Stellsystem für lineare Stellbewegung. Die hydraulische Leistungsversorgung besteht aus einem Öltank und einer elektrisch angetriebenen Kolbenpumpe, die auf ein proportionalwirkendes Servoventil wirkt. In Abhängigkeit der Stellung des Servoventils bewegt sich der Zylinderkolben mit bestimmter Richtung und Geschwindigkeit. In der Verbindungsleitung zum Servoventil ist ein Überdruckventil eingebaut, als Schutz gegen zu hohe Drücke. Ein hydraulischer Druckspeicher dämpft die Druckpulsation der oszillierenden Pumpe. Im Folgenden werden mathematische Modelle für das dynamische Verhalten der hydraulischen Komponenten abgeleitet.

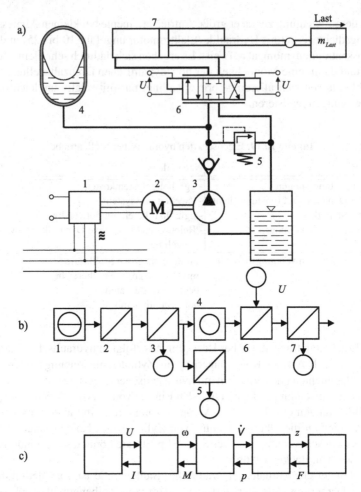

Bild 10.10. Hydraulisches Stellsystem für Linearbewegung mit Leistungsversorgung
a) Schema b) Energieflussschema; c) Vierpol-Darstellung;
1 Leistungselektronik; 2 AC Motor; 3 Kolbenpumpe; 4 Druckspeicher; 5 Überdruckventil; 6
Proportionalwegeventil; 7 Zylinder

10.4.2 Hydraulische Komponenten und ihre Modelle

In diesem Abschnitt wird die Modellbildung hydraulischer Komponenten behandelt.
Trotz der großen Typenvielfalt können einige allgemein gültige physikalische Modelle angegeben werden. Zunächst werden die für die Modellbildung wichtigen fluiddynamischen Grundlagen betrachtet.

a) Einige fluiddynamische Grundlagen

Die Grundgleichungen werden zunächst in ihrer drei-dimensionalen, integralen Form aufgeführt, wie sie z. B. in Spurk (1996) zu finden sind. Für die Anwendung in hydraulischen Systemen reicht meist eine vereinfachte eindimensionale Form aus.

Die *Massenbilanzgleichung* eines abgeschlossenen Volumens kann gemäß (2.3.5) in der Form

$$\frac{\partial}{\partial t} m_S(t) = \frac{\partial}{\partial t} (V_S(t)\,\rho(t)) = \frac{\partial V_S(t)}{\partial t} \rho(t) + \frac{\partial \rho(t)}{\partial t} V_S(t) = \sum_i \rho_i\,\dot V_i(t) \quad (10.4.1)$$

geschrieben werden. Dabei bezeichnet $\dot V_i(t)$ einen über die Systemgrenze in das Volumen hinein fließenden Volumenstrom. Für den Fall einer örtlich konstanten Dichte kann man (10.4.1) umschreiben,

$$\frac{\partial \rho(p,T)}{\partial p(t)}\,\dot p(t)\,V_S(t) + \rho(p,T)\frac{\partial V(t)}{\partial t} = \rho(p,T) \sum_i \dot V_i(t). \quad (10.4.2)$$

Hierbei ist die Druck- und Temperaturabhängigkeit der Dichte $\rho(p,T)$ berücksichtigt. (10.4.2) wird zur Modellbildung z. B. von Zylinderkammern herangezogen. Dabei wird der erste Summand als *Kompressionsfluss* und der zweite Summand als *Verdrängungsfluss* bezeichnet. Auf der rechten Seite steht der Zufluss in die jeweilige Zylinderkammer, bestehend sowohl aus dem vom Ventil geführten Volumenstrom als auch den verschiedenen Leckagen.

Hinzu kommt infolge der Bewegung der *Impulserhaltungssatz*. Für ein Fluidelement der Länge dz, der konstanten Querschnittsfläche A_F, der Dichte $\rho(z,t)$, der Geschwindigkeit w_z und den Reibkräften $F_R(z,t)$ lautet die Impulsbilanz

$$F_1(t) + g\,dm\,\sin\alpha - dF_R - F_2(t) = \frac{d}{dt}\left(A_F\,\rho\,w_z\,dz\right), \quad (10.4.3)$$

siehe Bild 10.11.

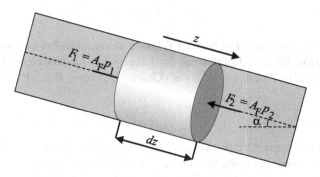

Bild 10.11. Fluid Element in einer geneigten Rohrleitung

Durch Einsetzen des Drucks folgt

$$p_1(t) + g\rho dz \sin\alpha - \frac{1}{A_F} dF_f - \left(p_1(t) + \frac{\partial p}{\partial z} dz\right) = \frac{d}{dt}(\rho v_z dz)$$

$$-\frac{\partial p}{\partial z} + \rho g \sin\alpha - \frac{1}{A_F}\frac{\partial F_f}{\partial z} = v_z\left(\frac{\partial\rho}{\partial t} + v_z\frac{\partial\rho}{\partial z}\right) + \rho\left(\frac{\partial v_z}{\partial t} + v_z\frac{\partial v_z}{\partial z}\right) = \frac{D(\rho v_z)}{Dt}.$$

$$(10.4.4)$$

Für laminare Strömungen ist diese Gleichung auch als *Navier-Stokes'sche Gleichung* bekannt. Sie kann für ein ideales Fluid vereinfacht werden mit ρ =const und $\alpha = 0$

$$\frac{Dw(z,t)}{Dt} = \frac{\partial w}{\partial t} + w\frac{\partial w}{\partial z} = -\frac{1}{\rho}\frac{\partial p}{\partial z}.$$

$$(10.4.5)$$

Dies ist die *Euler'sche Differentialgleichung*.

Nun wird eine Flüssigkeitssäule in einem Rohr der Länge l mit veränderlichem Querschnitt betrachtet und es werden konzentrierte Parameter angenommen, siehe Bild 10.12. Dann vereinfacht sich die Impulsbilanzgleichung (10.4.4) zu

$$\rho l \frac{dw(t)}{dt} = -\Delta p(t) - \Delta p_R(t) = (p_1(t) - p_2(t)) - \Delta p_R(t),$$

$$(10.4.6)$$

wobei Δp_R ein Druckverlust durch Reibung ist. Für stationäre Strömung mit $\frac{\partial w}{\partial t} = 0$ folgt aus (10.4.5)

$$w\frac{\partial w}{\partial z} = -\frac{1}{\rho}\frac{\partial p}{\partial z}$$

$$(10.4.7)$$

und durch Integration über den Weg z die *Bernoulli-Gleichung*

$$\left(p_1 + \frac{\rho}{2}w_1^2\right) - \left(p_2 + \frac{\rho}{2}w_2^2\right) = \Delta p_R.$$

$$(10.4.8)$$

In Bezug auf die Rohrreibung können zwei Strömungsformen unterschieden werden: Laminare und turbulente Strömung. Die *laminare* Strömung ist durch eine geordnete Bewegung in einzelnen Fluidschichten gekennzeichnet. Druckverluste aufgrund laminarer Strömung können durch eine lineare Beziehung der Form

$$\Delta p = \frac{1}{G}\dot{V} = f\,\dot{V}$$

$$(10.4.9)$$

modelliert werden. Hierbei bezeichnet G den *hydraulischen Leitwert* und f einen *Reibungsfaktor*. Für eine Rohrleitung der Länge l mit kreisförmigem Querschnitt (Durchmesser d) ergibt sich G nach dem Gesetz von *Hagen-Poiseuille* zu

$$G = \frac{\pi d^4}{128 v \rho l},$$

$$(10.4.10)$$

wobei v die *kinematische Viskosität* des Fluids bezeichnet. Eine Übersicht über Leitwerte für verschiedene Geometrien findet man z.B. in Merrit (1967).

Im Gegensatz zur laminaren Strömung besteht eine *turbulente* Strömung aus zwei verschiedenen, sich überlagernden Bewegungen. Zu der allgemeinem, eindimensionalen Bewegung entlang der Rohrleitung kommt eine ungeordnete, dreidimensionale hinzu. Da diese zweite Bewegungskomponente stochastischer Natur ist,

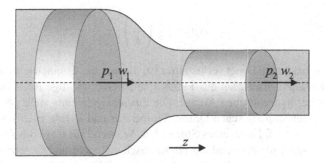

Bild 10.12. Fluidströmung an einer Querschnittsänderung (Einschnürung)

ist der Strömungspfad einzelner Fluidpartikel nicht a priori bekannt. Die zufällige Bewegung einzelner Partikel kann nicht genau mathematisch beschrieben werden, sondern nur durch statistische Kenngrößen wie beispielsweise die mittlere Geschwindigkeit $\bar{w}$. Experimente zeigen, dass der Druckverlust über die Beziehung

$$\Delta p = f\,\frac{l}{D}\,\frac{\rho\bar{w}^2}{2} \tag{10.4.11}$$

von der Reibungszahl f abhängt, die ihrerseits eine Funktion der Oberflächen-Rauhigkeit und der Reynolds Zahl

$$Re = \frac{D\bar{w}}{\nu} \tag{10.4.12}$$

ist. Für hydraulisch glatte Rohre kann für $Re \leq 80.000$ das Gesetz von *Blasius* genutzt werden, um die Reibungszahl zu bestimmen. Auch eine laminare Strömung kann durch (10.4.11) beschrieben werden. Für die Reibungszahl f ergibt sich dann

$$f = \begin{cases} \frac{64}{Re} & \text{für } Re < 1404 \quad\quad\;\, \text{(Poiseuille)} \\ 0.0456 & \text{für } 1404 \leq Re < 2320 \;\text{(Übergang)} \\ \frac{0.3164}{Re^{0.25}} & \text{für } 2320 \leq Re \quad\quad\; \text{(Blasius)} \end{cases} \tag{10.4.13}$$

Dabei ist im Übergangsgebiet ein dritter Abschnitt definiert, um Unstetigkeitsstellen zu vermeiden.

Bei örtlich konzentriert auftretenden Druckverlusten kann man im Allgemeinen von einer turbulenten Strömung ausgehen, da solche örtlich konzentrierten Druckverluste häufig an Blenden, engen Rohrbögen o. ä. auftreten. Bei Strömungen über die Steuerkanten eines Ventils ist der Volumenstrom durch

$$\dot{V} = \alpha_D\,A\,\sqrt{\frac{2}{\rho}}\,\sqrt{|\Delta p|}\,\operatorname{sign}\,(\Delta p) \tag{10.4.14}$$

gegeben. Dabei berücksichtigt der Faktor α_D die Verengung des Strahls beim Durchströmen einer schmalen Öffnung. Der Punkt entlang des Strahls, an dem die Querschnittsfläche ihr Minimum erreicht, nennt man *vena contracta*. Typischerweise werden α_D und A zu einem Wert zusammengefasst, der dann experimentell bestimmt wird. Für Bögen und Hindernisse wird der Druckabfall über

$$\Delta p = \zeta \frac{\rho}{2} \left(\frac{\dot{V}}{A} \right)^2 \tag{10.4.15}$$

bestimmt, wobei ζ eine Druckverlustziffer ist, die von der Geometrie abhängt.

Die *Materialeigenschaften* des Fluids spielen eine wichtige Rolle bei der Modellierung einer hydraulischen Anlage. Die *Zustandsgleichung* stellt per Definition einen Zusammenhang zwischen Druck, Temperatur und Dichte einer festen, flüssigen oder gasförmigen Phase eines Stoffes her. Während für Gase die Zustandsgleichung allein durch die Anwendung physikalischer Regeln und Gesetzmäßigkeiten hergeleitet werden kann, ist dies für Flüssigkeiten nicht möglich. Generell gilt, dass die Dichte mit steigendem Druck oder fallender Temperatur zunimmt. Die Zunahme der Dichte mit steigendem Druck, die sogenannte *Kompressibilität* ist bei Flüssigkeiten rund 100 mal größer als bei Stahl. Die Kompressibilität erreicht damit eine Größenordnung, in der sie nicht mehr vernachlässigt werden kann. Der *Kompressionsmodul E* ist gemäß

$$E = -V \left(\frac{\partial p}{\partial V} \right)_{T=const} \tag{10.4.16}$$

definiert. Der Kompressionsmodul ist dabei nicht nur von der Flüssigkeit abhängig, sondern auch in großem Maße von Lufteinschlüssen, ebenso von den Materialeigenschaften der Rohrleitungen o. ä. Wenn sich das Fluid zum Beispiel in einem dünnwandigen Gefäß befindet, so wird sich das Gefäß bei ansteigendem Druck ausdehnen. Das Fluid kann somit einen größeren Raum einnehmen. Diese Fluid-Gefäß Wechselwirkung verändert ebenfalls den Kompressionsmodul.

b) Hydraulische Stellventile

Hydraulische Stellventile steuern durch Drosselung den Volumenstrom. Gemäß ihrer Aufgabe können Venile in vier Klassen eingeteilt werden: Wegeventile, Druckventile, Sperrventile und Drosselventile. Die Wegeventile werden ferner unterteilt in drosselnde und nichtdrosselnde Ventile. Im Folgenden sollen die Proportionalwegeventile aufgrund ihrer weiten Verbreitung als Stellglied bei hydraulischen Servo-Achsen näher betrachtet werden.

Eine schematische Ansicht eines 4/3-Wege Schieberventils (4 Anschlüsse, 3 Schaltstellungen) ist in Bild 10.13 zu sehen. Der Ventilschieber wird hierbei aus einer Kombination von zwei Elektromagneten angetrieben, wobei jede der beiden Magnetspulen für die Auslenkung des Schiebers in eine Richtung verantwortlich ist. Die Modellbildung von Elektromagneten wurde ausführlich in Abschnitt 5.2 behandelt. Aus diesem Grund sollen hier nur die wichtigsten Gleichungen wiederholt werden. Das Verhalten des Elektromagneten wird durch die Differentialgleichung (5.2.42)

$$U(t) = R\, I(t) + L_d \frac{dI(t)}{dt} + c_Y \frac{dY(t)}{dt} \tag{10.4.17}$$

beschrieben. Die Kraft, die durch den Elektromagnet ausgeübt wird, beträgt im linearen Bereich (5.2.43)

$$F_m(t) = c_Y \, I(t). \tag{10.4.18}$$

Unter dieser Bedingung kann man mit $\dot{Y} \approx 0$ (10.4.17) und (10.4.18) kombinieren zu

$$T_L \, \dot{F}_m(t) + F_m(t) = k_m U(t) \tag{10.4.19}$$

mit $T_L = \frac{L_d}{R}$ und $k_m = \frac{c_Y}{R}$. $U(t)$ ist dabei die Klemmenspannung, T_L und k_m die Zeitkonstante und der Verstärkungsfaktor. Der Magnet übt nun eine Kraft $F_M(t)$ auf den Schieber aus. Aus der Impulsbilanz ergibt sich

$$m_s \, \ddot{y}_V(t) + d_s \, \dot{y}_V(t) + c_s \, y_V(t) = F_m(t) + F_{Ext}(t). \tag{10.4.20}$$

Dabei beschreiben die Koeffizienten m_s, d_s und c_s die Masse, die Dämpfungskonstante und die Federkonstante. $F_{Ext}(t)$ bezeichnet alle externen Kräfte, wie z. B. Strömungskräfte, nichtlineare Reibung, etc. Im Allgemeinen werden diese Kräfte aufgrund ihres geringen Einflusses (bei optimal gestaltetem Ventil) vernachlässigt.

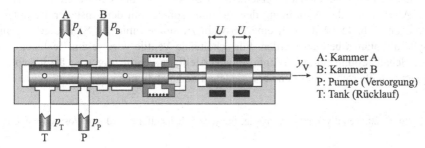

Bild 10.13. Schema eines hydraulischen Stellventils (4/3 Wegeventil) mit elektromagnetischem Stellmotor

Die Strömung an den Steuerkanten wird als turbulente Strömung modelliert, (10.4.14). Der Durchfluss kann dabei je nach Gestaltung des Ventilschiebers linear als auch nichtlinear von der Auslenkung des Ventilschiebers abhängen. Bei einer nichtlinearen Abhängigkeit kommt häufig ein experimentell ermitteltes Modell zum Einsatz. Bei einem linearen Zusammenhang zwischen Auslenkung des Ventilschiebers und freigelegter Öffnungsfläche kann man das Modell

$$A = \begin{cases} A'_V \, (y_V(t) - y_{V0}) & \text{für } y_V(t) \geq y_{V0} \\ 0 & \text{für } y_V(t) < y_{V0} \end{cases} \tag{10.4.21}$$

verwenden. A'_V bezeichnet dabei den Querschnitt der pro Längeneinheit freigelegten Fläche. (10.4.21) hängt von der Geometrie der Steuerkanten ab und variiert mit verschiedenen Anforderungen an das Ventil. Die Konstante y_{V0} wird durch die *Überdeckung* bestimmt. So ist für ein Ventil mit negativer Überdeckung $y_{V0} < 0$ für Nullüberdeckung $y_{V0} = 0$ und für positive Überdeckung $y_{V0} > 0$. Bild 10.14 zeigt die verschiedenen Ventilauslegungen zusammen mit der resultierenden Kennlinie für den Ventildurchfluss. Für das Ventil mit negativer Überdeckung können mehrere Strömungspfade gleichzeitig geöffnet sein. Dies wird dadurch verdeutlicht, dass die Kennlinie zwei nicht ineinander übergehende Äste hat.

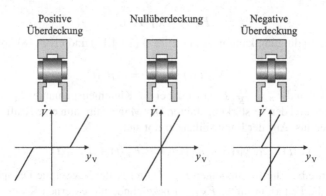

Positive Überdeckung   Nullüberdeckung   Negative Überdeckung

Bild 10.14. Verschiedene Kennlinien bei Stellventilen

Es existiert eine Vielzahl verschiedener Stellventile, die sich durch die Anzahl der Anschlüsse, der Anordnung der Strömungspfade und der Ansteuerung unterscheiden. Tabelle 10.20 zeigt eine Auswahl zusammen mit den Symbolen, die in Hydraulikplänen benutzt werden. Für schaltende Ventile wird je ein Rechteck für jede Schaltstellung genutzt. Proportional verstellbare Ventile tragen zusätzlich einen Querstrich über und unter den verschiedenen Schaltstellungen.

Tabelle 10.20. Ventiltypen und Symbole: Für jede Schaltstellung wird eine Position vorgesehen

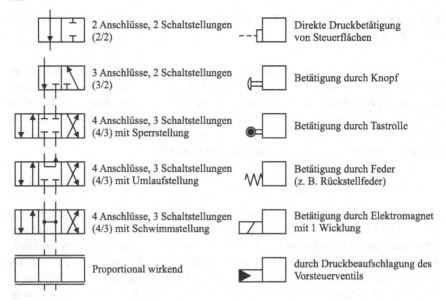

2 Anschlüsse, 2 Schaltstellungen (2/2)	Direkte Druckbetätigung von Steuerflächen
3 Anschlüsse, 2 Schaltstellungen (3/2)	Betätigung durch Knopf
4 Anschlüsse, 3 Schaltstellungen (4/3) mit Sperrstellung	Betätigung durch Tastrolle
4 Anschlüsse, 3 Schaltstellungen (4/3) mit Umlaufstellung	Betätigung durch Feder (z. B. Rückstellfeder)
4 Anschlüsse, 3 Schaltstellungen (4/3) mit Schwimmstellung	Betätigung durch Elektromagnet mit 1 Wicklung
Proportional wirkend	durch Druckbeaufschlagung des Vorsteuerventils

c) Hydraulische Leitungen

Je nach Art und Länge der Verbindungsleitungen muss man unterschiedliche Effekte modellieren. Die Einflüsse kurzer Verbindungsleitungen werden im Allgemeinen nicht berücksichtigt, wenn also der Querschnitt im Vergleich zur Länge relativ groß ist. Bei längeren Leitungen muss die Kompressibilität des in der Leitung eingeschlossenen Fluids berücksichtigt werden. Die Massenträgheit des Fluids muss immer dann in das Modell aufgenommen werden, wenn Schwingungen auftreten oder Abschnitte der Leitung einen besonders kleinen Querschnitt haben. Der Strömungswiderstand spielt ebenfalls bei langen Leitungen oder solchen mit kleinem Querschnitt eine wichtige Rolle. Bei hydraulischen Servo-Achsen versucht man normalerweise, die Leitungen zwischen dem Ventil und dem Zylinder so kurz wie möglich auszuführen, um die Leitungseffekte möglichst klein zu halten.

Ein Fluidelement einer prismatischen Leitung der Länge l und der Querschnittsfläche A hat die Masse

$$m_L = A \, l \, \rho. \tag{10.4.22}$$

Aufgrund der Kompressibilität des Fluids wirkt eine Kraft

$$F_c = c_L \, (z_1 - z_2), \tag{10.4.23}$$

die von der „Ölfedersteifigkeit" c_L und den Auslenkungen z_1 und z_2 der Stirnseiten der Flüssigkeitssäule abhängt (siehe Bild 10.15). Die Reibkraft aufgrund der Bewegung des Fluids ist durch

$$F_R = d_L \, w = d_L \dot{z}_2 \tag{10.4.24}$$

beschrieben. Aus der Impulsbilanz ergibt sich schließlich

$$m_L \ddot{z}_2(t) + d_L \dot{z}_2 + c_L z_2(t) = c_L z_1(t) \tag{10.4.25}$$

oder als Funktion des Volumens $V_2 = A \, z_2$ und des Drucks $p_1 = \frac{F_c}{A}$ ausgedrückt

$$m_L \ddot{V}_2(t) + d_L \dot{V}_2(t) + c_L V_2(t) = A^2 \Delta p_1(t). \tag{10.4.26}$$

Daraus ergeben sich die folgenden Kenngrößen für das PT_2-System, vergleiche (4.5.5)

$$\omega_0 = \sqrt{\frac{c_L}{m_L}} = \frac{1}{l} \sqrt{\frac{E}{\rho}} \tag{10.4.27}$$

$$D = \frac{d_L}{2\sqrt{c_L m_L}} = \frac{d_L}{2 A \sqrt{E \rho}}. \tag{10.4.28}$$

d) Hydraulische Druckspeicher

Die Aufgabe hydraulischer Druckspeicher besteht darin, eine gewisse Menge an Hydraulikfluid aufzunehmen und bei Bedarf in das System zurückzuspeisen. Dies dient

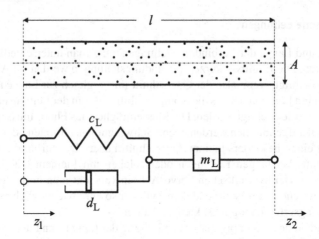

Bild 10.15. Mechanisches Ersatzschaltbild einer hydraulischen Verbindungsleitung

zur Dämpfung von Druckstößen, Spitzenbedarfdeckung und um Energie in Notsituationen bereit zu stellen oder temperaturbedingte Schwankungen auszugleichen.

Man unterscheidet drei Bauweisen von Hydro-Speichern: *Membranspeicher*, *Blasenspeicher* und *Kolbenspeicher*, Bild 10.16. Beim Kolbenspeicher werden zwei Kammern durch einen Kolben getrennt. Eine Kammer ist mit Gas befüllt, typischerweise Stickstoff (N_2). Die andere Kammer ist mit dem hydraulischen Kreis verbunden und folglich mit Öl befüllt. Ein Kolbenspeicher wird hauptsächlich dann eingesetzt, wenn eine hohe Speicherkapazität bei hohen Systemdrücken benötigt wird. Aufgrund der relativ großen beweglichen Masse des Kolbens liegt die Dynamik unter der von Blasen- und Membranspeichern. Diese benutzen Elastomere, um die beiden Kammern voneinander zu trennen. Kolbenspeicher dichten die beiden Kammern nahezu perfekt voneinander ab, wohingegen bei Blasen- und Membranspeichern das Füllgas im Laufe der Zeit durch die Membran diffundiert.

Das dynamische Verhalten von Hydrospeichern wird in erster Linie durch das Verhalten des Füllgases bestimmt. Für überschlägige Berechnungen kann Stickstoff als ideales Gas betrachtet werden, das der Zustandsgleichung eines idealen Gases gehorcht,

$$p\,V = m\,R\,T. \qquad (10.4.29)$$

Diese Gleichung modelliert das Verhalten des Füllgases für Drücke bis ca. 10 bar. Für höhere Drücke müssen experimentell ermittelte Modelle benutzt werden, wie z.B. die Gleichung von Beattie und Bridgman, Korkmaz (1982), siehe Abschnitt 10.5,

$$p = \frac{R\,T\,(1-\epsilon)}{V^2}(V+B) - \frac{A}{V^2}$$

$$\text{mit } A = A_0\left(1 - \frac{\alpha}{V}\right),\ B = B_0\left(1 - \frac{b}{V}\right),\ \epsilon = \frac{C}{V\,T\,s} \qquad (10.4.30)$$

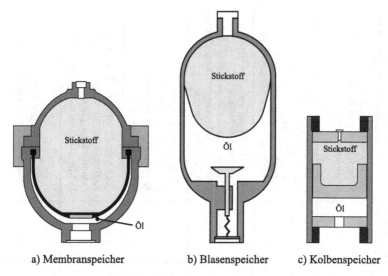

a) Membranspeicher   b) Blasenspeicher   c) Kolbenspeicher

Bild 10.16. Hydraulische Speicher

für Drücke bis 250 bar. Ein weiteres einfaches Modell ergibt sich durch die polytrope Zustandsänderung des Gases

$$p_0 \, V_0^n = p \, V^n \text{ mit } 1 < n < 1.4 \tag{10.4.31}$$

e) Hydraulische Zylinder

Je nach Art der zu erzeugenden Bewegung kann man Energiewandler für rotierende Bewegungen (Hydropumpen, Hydromotoren) und solche für translatorische Bewegungen (Hydrozylinder, Schwenkmotoren) unterscheiden. Hydrozylinder können in *einfachwirkende* und *doppeltwirkende* Zylinder unterschieden werden, siehe Tabelle 10.21. Bei einfachwirkenden Zylindern (z. B. Tauchkolbenzylinder, Teleskopzylinder), die nur einen hydraulischen Anschluss haben, kann die Kolbenstange durch eine hydraulische Kraft ausgefahren werden während der Rückhub durch eine äußere Kraft (z. B. Schwerkraft, Feder, Gegenzylinder) erfolgen muss. Doppeltwirkende Zylinder haben zwei hydraulische Anschlüsse. Ausfahren und Einfahren der Kolbenstange kann durch hydraulische Kräfte bewirkt werden.

Der Differentialzylinder mit einseitiger Kolbenstange ist wohl die am meisten verbreitete Bauform, verfügbar mit verschiedenen Kolbenflächenverhältnissen, verschiedenen Befestigungen und verschieden ausgeführten hydraulischen Anschlüssen. Verglichen mit dem Gleichlaufzylinder mit zweiseitiger Kolbenstange benötigt er weniger Bauraum bei gleichem Hub. Aufgrund der unterschiedlich großen wirksamen Kolbenflächen hat der Differentialzylinder eine richtungsabhängige Maximalkraft und Maximalgeschwindigkeit bei gegebenem Maximaldruck und Maximalvolumenstrom der Druckversorgung.

Tabelle 10.21. Konstruktive Bauarten und Eigenschaften hydraulischer Zylinder

	Typ	Konstruktionsprinzip	Symbol	Maximaler Hub [m]	Maximale Kraft [kN]	Eigenschaften
Einfach- wirkend	Einseitige Kolbenstange (Einfach- wirkender Zylinder)					- Geringeres Gewicht als Plunger - Mehr Reibung als Plunger - Komplizierterer Aufbau
	Plunger oder Tauchkolben- zylinder					- Einfacher Aufbau - Geringe Kosten - Geringe Reibung - Hoher Wirkungsgrad - Gewicht des Plungers begrenzt Hub
	Mehrfach- oder Telesko- pzylinder			8	130	- Großer Hub trotz geringem Bauraum - Komplizierter Aufbau - Ohne geeignete Kompensation sind Kraft und Bewegungsgeschwindigkeit hubabhängige Größen
Doppelt- wirkend	Differential- zylinder (Einseitige Kolbenstange)					- Unterschiedlich große wirksame Kolbenflächen - Kraft und Geschwindigkeit sind richtungsabhängig
	Gleichlauf- zylinder (Doppelseitige Kolbenstange)					- Gleich große wirksame Kolbenflächen - Kraft und Geschwindigkeit sind nicht richtungsabhängig - In Mittelstellung sehr gut linearisierbar
	Mehrfach- oder Teleskop- zylinder			2,5		- Sehr komplizierter Aufbau - Großer Hub bei kleinem Bauraum

Um das Verhalten eines Hydraulikzylinders zu modellieren, wird zunächst das Schema eines Differentialzylinders, Bild 10.17, betrachtet. Die Kolbenposition wird mit y bezeichnet. Die Kammern werden durch ihr Totvolumen bei der Position $y = 0$ (V_{0A} und V_{0B}) sowie die wirksame Kolbenfläche (A_A und A_B) charakterisiert. Das Volumen von Kammer A ergibt sich dann zu

$$V_A(y) = V_{0A} + A_A \, y. \qquad (10.4.32)$$

Der Volumenstrom in die Kammern wird mit $\dot{V}_A$, $\dot{V}_B$ bezeichnet und der Druck innerhalb der Kammern mit p_A, p_B, wobei Druck und Dichte als räumlich konstante Größen angenommen werden. Die Massenbilanzgleichung entsprechend (10.4.1) lautet

$$\frac{\partial \rho(p, T)}{\partial p(t)} \dot{p}(t) \, V(t) + \rho(p, T) \, \dot{V}(t) = \rho(p, T) \sum_i \dot{V}_i(t), \qquad (10.4.33)$$

wobei für die Änderung der Dichte aufgrund einer Druckänderung über den Kompressionsmodul E nach (10.4.16) definiert ist als

$$\frac{\partial \rho(p, T)}{\partial p(t)} = \frac{\rho(p, T)}{E(p, T)}. \qquad (10.4.34)$$

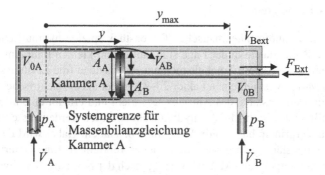

Bild 10.17. Schema eines Hydraulikzylinders

Einsetzen in (10.4.33) ergibt

$$(V_{0A} + A_A \, y(t)) \, \frac{1}{E(p_A, T)} \, \dot{p}_A(t)$$
$$+ A_A \dot{y}(t) = \dot{V}_A(p_A, p_P, T, y_V) - \dot{V}_{AB}(p_A, p_B, T) \qquad (10.4.35)$$

dabei bezeichnet $\dot{V}_A(p_A, p_P, T, y_V)$ den Volumenstrom vom Ventil in Kammer A des Zylinders und $\dot{V}_{AB}(p_A, p_B, T)$ den Leckagestrom zwischen Kammer A und Kammer B. Analog ergibt sich für Kammer B

$$(V_{0B} + A_B(y_{max} - y)) \frac{1}{E(p_B, T)} \dot{p}_B(t) - A_B \dot{y}(t)$$

$$= \dot{V}_B(p_B, p_P, T, y_V) + \dot{V}_{AB}(p_A, p_B, T) - \dot{V}_{Bext}(p_B, T). \tag{10.4.36}$$

Der Volumenstrom vom Ventil in Kammer A respektive B ist in (10.4.14) angegeben. Der Leckagestrom zwischen Kammer A und B wird typischerweise als laminarer Volumenstrom modelliert,

$$\dot{V}_{AB} = G_{AB}(T)(p_A(t) - p_B(t)). \tag{10.4.37}$$

Mit diesen Gleichungen kann nun der Druckaufbau in Kammer A und Kammer B berechnet werden. Ist der Druck in den beiden Kammern bekannt, so kann über die Dynamik-Gleichung des Kolbens, der Kolbenstange und der externen Last die Auslenkung berechnet werden. Aus dem Kräftegleichgewicht für die Kolbenstange ergibt sich

$$m_p \ddot{y}(t) + d_p \dot{y} + c_p y(t) + f_C \, \text{sign} \, (\dot{y}(t)) = p_A(t) A_A - p_B(t) A_B - F_{Ext}(t). \tag{10.4.38}$$

Dabei bezeichnet m_p die Masse vom Kolben, Kolbenstange und angebrachte Last, d_p und c_p Dämpfung und Federsteifigkeit und f_C den Koeffizienten für trockene Reibung. Das Gesamtmodell einer hydraulischen Servo-Achse, bestehend aus Stellventil, Zylinder und externer Last, wird in Abschnitt 10.4.3 gezeigt.

f) Hydraulische Motoren

Im Gegensatz zu ihrem pneumatischen Gegenstück spielen hydraulische Motoren eine größere Rolle, da sie in der Lage sind, auf einem kleinen Bauraum ein großes Drehmoment bei geringem Trägheitsmoment zu erzeugen (die Leistungsdichte hydraulischer Motoren ist um einen Faktor 20–25 größer als die elektrischer Motoren). Daher ist die Zeitkonstante des Antriebs sehr klein und erlaubt eine hoch-dynamische Verstellung der Drehzahl. Als hydraulische Motoren werden ausschließlich auf dem Verdrängerprinzip basierende Maschinen behandelt. Dabei wird das Volumen des Pumpraums ständig vergrößert und wieder verkleinert. Eine Unterteilung der hydraulischen Pumpen (und Motoren) erfolgt nach der Form und der Kinematik des Verdrängerelements, siehe Tabelle 10.22.

Trotz der Vielfalt an unterschiedlichen Bauformen, arbeiten alle Maschinen nach dem gleichen Verdrängerprinzip und lassen sich daher nach den gleichen physikalischen Gesetzen modellieren. Außerdem lassen sich die meisten Pumpen auch als Motoren einsetzen und umgekehrt, daher wird oft der Term „hydraulische Maschine" verwendet. Fast alle Verdrängermaschinen haben eine endliche Anzahl an Verdrängerkörpern. Sie stellen daher nicht einen kontinuierlichen, glatten Fluidstrom zur Verfügung, sondern einen pulsierenden. Dies stellt eines der wichtigsten Probleme beim Entwurf hydraulischer Systeme dar, da diese Druckschwankungen zu Schwingungen in der Anlage und damit zu einer nicht unerheblichen Schallabstrahlung führen können.

Die ideale Pumpe fördert einen Volumenstrom von

Tabelle 10.22. Bauarten und Eigenschaften von hydraulischen Maschinen, nach Bauer (2005), Nordmann und Isermann (1999), Matthies (1995)

Typ	Konstruktions-prinzip	Betriebsdruck [bar]	Drehzahl [U/min]	Verdrängung pro U. [cm³]	Gesamtwir-kungsgrad [-]	Vorteile	Nachteile
Axial-kolben-maschine		100 - 500	5 - 8000	2 - 4000	0,85 - 0,9	- Hoher Betriebsdruck - Hohe Leistungsdichte - Verstellbare Verdrängung - Guter Wirkungsgrad - Niedrige Kosten	- Komplizierte Herstellung - Hoher Anschaffungspreis - u.U. große Einbaulänge
Radial-kolben-maschine		120 - 750	5 - 3000	2 - 35000	0,85 - 0,9	- Hoher Betriebsdruck - Hohe Leistungsdichte - Guter Wirkungsgrad - Hohes Drehmoment und hohe Drehzahlen	- Komplizierte Herstellung - Bauen weniger kompakt als Axialkolbenpumpen
Zahnradma-schine (Kon-zentrischer Verdränger)		80 - 300	200 - 8000	1 - 1000	0,6 - 0,9	- Geringes Bauvolumen - Große Leistungsdichte - Einfacher und robuster Aufbau	- Konstante Verdrängung - Volumenstrom kann nur durch Einsatz einer Drossel reduziert werden, Öl erhitzt - Hohe Betriebskosten
Zahnring-maschine (Exzentrischer Verdränger)		< 260	10 - 2000	10 - 900	0,6 - 0,8	- Geringes Bauvolumen - Hohe Leistungsdichte - Einfacher Aufbau - Großes Drehmoment bei geringen Drehzahlen	- Konstante Verdrängung - Schlechter Wirkungsgrad - Hohe Betriebskosten
Flügel-zellen-maschine		50 - 200	10 - 4000	2 - 2000	0,7 - 0,8	- Geringes Bauvolumen - Leiser Betrieb - Verstellbare Verdrängung - Geringe Druckpul-sationen	- Empfindlich gegenüber Druckpulsationen - Schlechter Wirkungsgrad
Sperrflügel- und Roll-flügel-maschine		< 280	1 - 3000	8 - 1600	0,7 - 0,9	- Geringes Bauvolumen - Leiser Betrieb - Hydraulisch ausge-glichen	- Empfindlich gegenüber Druckpulsationen - Schlechter Wirkungsgrad - Konstante Verdrängung für Rollflügelmaschinen

$$\dot{V}_{vol} = \kappa \, n \, V_0, \qquad (10.4.39)$$

wobei V_0 das pro Umdrehung verdrängte Volumen (Fördervolumen/Schluckvolumen) beschreibt. n bezeichnet die Drehzahl und der Faktor κ berücksichtigt bei Verstell- und Reversiermaschinen den Eingriff in die Förderleistung. Von der idealen Förder- menge $\dot{V}_{vol}$ sind die Verluste $\dot{V}_V$ abzuziehen. Die Verluste lassen sich unterteilen in *volumetrische* und *hydromechanische Verluste*. Volumetrische Verluste werden z. B. durch die Kompressibilität des Fluids hervorgerufen. Während der Komprimierung in der Pumpe nimmt das Volumen des Fluids ab, so dass ein geringeres Volumen aus- gestoßen als angesaugt wird. Diese Verluste werden im Allgemeinen vernachlässigt. Hydromechanische Verluste können hauptsächlich auf Leckagen in der Pumpe zu- rück geführt werden. Anstatt alle Verlustströme der Pumpe einzeln zu modellieren, setzt man das Modell

$$\dot{V}_V = k_{Lam}\Delta p + k_{Turb}\sqrt{\Delta p} \qquad (10.4.40)$$

an, so dass alle laminaren und alle turbulenten Verluste in jeweils einem einzigen Koeffizienten zusammengefasst werden. Um den real von der Pumpe abgegebenen Volumenstrom zu erhalten, müssen alle Verluste (10.4.40) vom idealerweise abgege- benen Volumenstrom (10.4.39) abgezogen werden,

$$\dot{V}(t) = \dot{V}_{vol}(t) - \dot{V}_V(t). \qquad (10.4.41)$$

Eine schematische Ansicht einer Axialkolben-Schwenkscheibenmaschine ist in Bild 10.18 zu sehen. Dieses Bild soll nur das generelle Funktionsprinzip illustrieren. Nor- malerweise wird eine ungerade Anzahl von Kolben verwendet, da dies die Druck- schwankungen in der Hochdruckleitung reduziert. Für die aufgenommene Leistung gilt

$$P_1 = \frac{\omega}{2\pi} V_0 \, \Delta p \frac{1}{\eta}, \qquad (10.4.42)$$

wobei V_0 das pro Umdrehung verdrängte Volumen ist, und für die abgegebene Leis- tung an das Fluid

$$P_2 = \frac{\omega}{2\pi} V_0 \, \Delta p. \qquad (10.4.43)$$

Das zur Förderung aufzubringende Drehmoment ist

$$M = \frac{P_1}{\omega} = \frac{1}{2\pi} V_0 \Delta p \frac{1}{\eta}. \qquad (10.4.44)$$

Die entsprechende Drehmoment-Drehzahl-Kennlinie ist in Bild 10.19 zu sehen. Nä- hert sich der Volumenstrom dem Schluckvolumen, dann nimmt das Drehmoment stark ab.

10.4.3 Modell einer servo-hydraulischen Achse

Als Beispiel für die Modellbildung hydraulischer Systeme soll nun die Servoachse entsprechend Bild 10.10 modelliert werden. Dieses Modell wird z. B. bei Münchhof

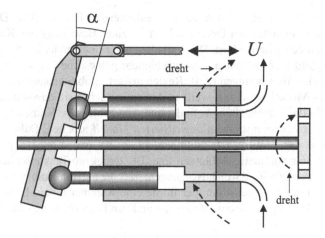

Bild 10.18. Schema einer Axialkolbenmaschine mit Schwenkscheibe

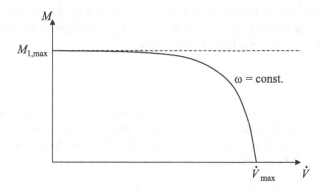

Bild 10.19. Drehzahl/Drehmoment Kennlinie einer hydraulischen Pumpe

(2006b) zur modellgestützten Fehlererkennung genutzt. Es besteht aus einer Axial-kolben-Schwenkscheibenpumpe, einem Proportionalwegeventil und einem Zylinder, der gegen eine Masse m_{Last} arbeitet. Es wird angenommen, dass der Versorgungs-druck $p_P(t)$ konstant ist und die Axialkolbenpumpe immer den von der Achse benö-tigten Volumenstrom zur Verfügung stellen kann. Dann muss die Pumpendynamik nicht modelliert werden. Auch die Verbindungsleitungen werden nicht im mathema-tischen Modell nachgebildet. Es wird angenommen, dass ihr Einfluss auf die Sys-temdynamik gering ist.

Als Eingangssignal dient die Steuerspannung U für das Proportionalwegeventil, Ausgang des Modells ist die Kolben- bzw. Lastposition y, Bild 10.20. Die Dynamik des Ventilschiebers und des unterlagerten Ventilschieber-Lageregelkreises wird als PT$_2$ System modelliert, entsprechend (10.4.20). Dem schließen sich die Modelle der Strömung an den vier Steuerkanten an. Der Druck am Pumpenanschluss P wird auf den konstanten Druck p_P gesetzt, der Druck am Tankanschluss wird im Allgemeinen vernachlässigt, also $p_T = 0$. Jeweils eine Steuerkante bestimmt den Fluidstrom in eine Zylinderkammer und den daraus resultierenden Druckaufbau. Die auf die Kolbenflächen einwirkenden Drücke führen zu einer Bewegung des Kolbens und der externen mechanischen Last. Das Verhalten einer linearen hydraulischen Servo-Achse ist in Bild 10.21 zu sehen, das verschiedene gemessene Größen zeigt.

Für manche Anwendungen (z. B. Reglerentwurf, Stabilitätsnachweis) kann ein vereinfachtes Modell verwendet werden. Außerdem geht man davon aus, dass sich der Kolben in der Mittelstellung befindet und eine beidseitige Kolbenstange hat. In diesem Fall kann man mit einem *linearisierten Modell* arbeiten. Dabei wird angenommen, dass das Ventil exakte Nullüberdeckung hat und somit bei $y_V = 0$ alle vier Steuerkanten komplett geschlossen sind. Der Druck am Tankanschluss wird auf Null gesetzt. Ferner wird davon ausgegangen, dass die aktiven Kolbenflächen gleich groß sind und der Volumenstrom, der in die eine Kammer hinein fließt, genau so groß ist, wie der Volumenstrom, der aus der anderen Kammer heraus fließt, also

$$\dot{V}_{Last} = \dot{V}_A = -\dot{V}_B. \tag{10.4.45}$$

Da der Volumenstrom über die beiden aktiven Steuerkanten gleich ist, ist auch der zugehörige Druckabfall $(p_S - p_A)$ und $(p_B - p_T)$ gleich gross. Der Druckabfall, Bild 10.13, über eine Steuerkante beträgt dann

$$\Delta p = \frac{1}{2} \left(p_S - p_{Last} \right). \tag{10.4.46}$$

wobei $p_{Last} = p_A - p_B$ den Druckunterschied zwischen den beiden Zylinderkammern beschreibt und p_S der (als konstant angenommene) Versorgungsdruck ist.

Der Volumenstrom über die Steuerkanten wird als Taylor-Reihe um den jeweiligen Arbeitspunkt entwickelt,

$$
\begin{aligned}
\dot{V}_{Last}(t) &= \dot{V}_{Last,0} + \left.\frac{\partial \dot{V}_{Last}}{\partial y_V}\right|_{AP} \Delta y_V + \left.\frac{\partial \dot{V}_{Last}}{\partial p_{Last}}\right|_{AP} \Delta p_{Last} + \dots \\
&\approx \dot{V}_{Last,0} + K_{\dot{V}} \Delta y_V + K_C \Delta p_{Last}.
\end{aligned}
\tag{10.4.47}
$$

Der wichtigste Arbeitspunkt ist dabei $\dot{V}_{Last,0} = 0$ und $y = 0$, da alle Arbeitspunkte meist in der Nachbarschaft dieses Nullpunktes liegen.

Eine Linearisierung der Dynamik der Zylinderkammern, (10.4.35) und (10.4.36) ergibt

$$\frac{\partial V_A}{\partial t} + \frac{V_A}{E}\frac{\partial p_A}{\partial t} = \dot{V}_A - G_{AB}\left(p_A - p_B\right) \tag{10.4.48}$$

$$\frac{\partial V_B}{\partial t} + \frac{V_B}{E}\frac{\partial p_B}{\partial t} = \dot{V}_B + G_{AB}\left(p_A - p_B\right). \tag{10.4.49}$$

Für die Volumina der beiden Kammern gilt

$$V_A = V_{0A} + A_A\, y \tag{10.4.50}$$

$$V_B = V_{0B} + A_B(y_{max} - y). \tag{10.4.51}$$

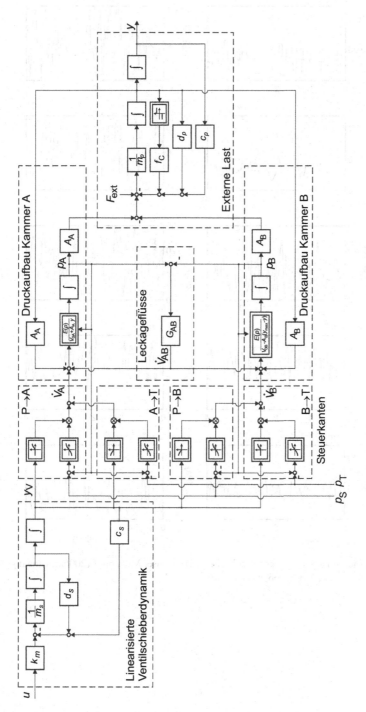

Bild 10.20. Signalflussbild der hydraulischen Servo-Achse

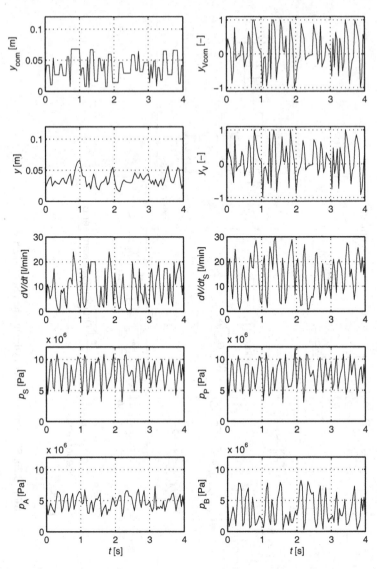

Bild 10.21. Messungen an einer hydraulischen Servoachse, Münchhof (2006a), Eingangsgröße ist der Sollwert der Kolbenposition $y_{com}(t)$

Das Totvolumen der beiden Kammern ist

$$V_{0A} = V_{0B}. \tag{10.4.52}$$

Das Gesamtvolumen V_{ges} beträgt zu jedem Zeitpunkt

$$V_{ges} = V_{0A} + V_{0B} + V_A + V_B. \tag{10.4.53}$$

Dann kann man (10.4.48) und (10.4.49) voneinander subtrahieren und erhält mit (10.4.36)

$$\dot{V}_{Last} - G_{AB} \, p_{Last} = A \, \dot{y} - \frac{V_{ges}}{4\,E} \, \dot{p}_{Last}. \tag{10.4.54}$$

Für die Dynamik des Kolbens gilt bei Einwirken der Druckkräfte und einer externen Kraft F_{Last}

$$A \, p_{Last} - F_{Last} = m_p \ddot{y} + d_p \dot{y} + c_p \, y. \tag{10.4.55}$$

Aus diesen Gleichungen folgt ein lineares Modell einer elektro-hydraulischen Servo-Achse, siehe das Signalflussbild in Bild 10.22.

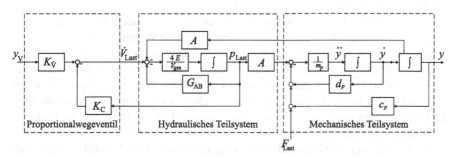

Bild 10.22. Linearisiertes Modell einer elektrohydraulischen Servo-Achse

10.5 Pneumatische Aktoren

10.5.1 Pneumatische Stellsysteme

Pneumatische Stelleinrichtungen nutzen die physikalischen Eigenschaften der Druckluft. Die hohe Kompressibilität und Energiespeicherfähigkeit, als auch die geringe Viskosität dieses Übertragungsmediums ermöglichen den Aufbau leistungsfähiger und dynamisch schneller Stellantriebe. Bei einem einfachen und robusten Aufbau (eine Zuleitung) sind pneumatische Antriebe dazu geeignet, mittlere Stellkräfte von einigen kN aufbringen, wobei gleichzeitig hohe Arbeitsgeschwindigkeiten und große Gesamtwege durchfahren werden können. Neben diesen Eigenschaften zeichnen sie sich durch eine hohe Betriebssicherheit bei extremen Umgebungsbedingungen (Temperatur-, Schmutzbeständigkeit, Überlastungsfestigkeit, Explosionsschutz) aus. Die

Tabelle 10.23. Eigenschaften pneumatischer Stellantriebe

Vorteile	Nachteile
- großes Arbeitsvermögen	- Druckluftaufbereitung notwendig
- großer thermischer Betriebsbereich	- zum Teil große Abmessungen
- günstiges Leistungsgewicht	- Reibung und Kompressibilität erschweren
- hohe Zuverlässigkeit und Betriebs-	Regelung
sicherheit	- beschränkte Positioniergenauigkeit
- gutes Preis/Leistungsverhältnis	
- Eine Zuleitung	

Anwendungsbereich	- mittlere bis große Stellkäfte
	- mittlere bis große Stellbereiche
	- explosionsgeschützte Applikationen
	- hohe Verfahrgeschwindigkeiten
	- keine hohe Positioniergenauigkeit

Störsicherheit gegenüber elektrischen und magnetischen Feldern sowie Strahlungen ist gewährleistet, siehe z.b. Atlas-Copco (1977), Backé (1986a), Schriek und Sonemann (1988), Tabelle 10.23.

Pneumatische Aktoren bestehen im Wesentlichen aus einem Stellventil und einem pneumatischen Stellmotor, der eine pneumatische Stellenergie in mechanische Energie umformt, siehe Bild 10.23, siehe auch Backé und Klein (2004). Das Stellventil ist mit der pneumatischen Druckleitung verbunden, die von einer Luftversorgungseinheit mit einem Luftkompressor und einer Druckregelung gespeist wird. Im Unterschied zu hydraulischen Systemen erfordern pneumatische Systeme nur eine Luftdruckleitung und keinen geschlossenen Kreislauf, da die Luft nach der Expansion in die Umgebung abströmt.

Die Stellventile sind entweder schaltend oder proportional wirkend ausgeführt. Im Fall von Schaltventilen haben sie üblicherweise zwei Positionen für die Bewegung des Stellmotors in beide Richtungen oder drei Positionen für beide Richtungen und eine Haltestellung. Die verwendeten Zeichensymbole für die pneumatischen Stellsysteme sind dieselben wie für hydraulische Systeme, siehe Tabelle 10.20. Die Schaltventile werden meist durch Elektromagnete bewegt.

Proportional wirkende Stellventile erlauben eine kontinuierliche Einstellung des Luftstromes und benötigen einen proportional wirkenden Elektromagnet, der auch mit Positionsregelung ausgeführt sein kann.

Pneumatische Aktoren können hauptsächlich in pneumatische Zylinder oder Membranventile für translatorische Bewegungen und Luftmotoren für rotatorische Bewegungen eingeteilt werden. Bild 10.24 zeigt einige schematische Anordnungen pneumatischer Zylinder. Diese Zylinder bestehen aus einem zylindrischen Rohr, in dem ein Kolben mit einer Kolbenstange sich hin und her bewegen kann. Der Kolben ist mit Dichtungen oder Kolbenringen versehen und trennt die beiden Luftdruckkammern. Einfach wirkende Zylinder werden verwendet, wenn eine einseitige Luftdruckkraft erzeugt werden soll und die externe Gegenkraft oder eine Rückstellfeder vorhanden ist, um die Gegenbewegung zu erzeugen. Im Fall von doppelt wirken-

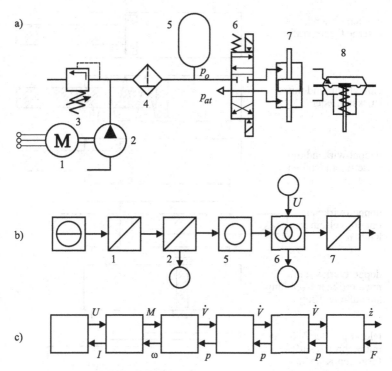

Bild 10.23. Pneumatischer Aktor für Linearbewegung: 1 Drehstrommotor, 2 Luftkompressor, 3 Überdruckventil, 4 Luftfilter und Wasserabscheider, 5 Luftspeicher, 6 4/3 Proportionalventil, 7 Doppelwirkender Zylinder oder 8 Membranventil

den Zylindern wirkt der gesteuerte Luftdruck auf beiden Seiten des Kolbens und die Druckdifferenz erzeugt eine Kraft und Bewegung des Kolbens in beiden Richtungen. Eine magnetische Kupplung zwischen dem Kolben und einem äußeren Ring erlaubt eine Konstruktion ohne Kolbenstange.

Pneumatische Membranantriebe werden hauptsächlich für die Durchflussregelung in industriellen Anlagen verwendet, besonders für explosive Umgebungen oder aber als Stellantrieb für stellbare Abgasturbolader oder in Luftdruckbremsen für Nutzkraftfahrzeuge. Bild 10.25a) zeigt eine schematische Anordnung. Der Stellantrieb besteht aus einer Membrane mit gesteuertem Luftdruck auf der einen Seite und einem anderen Druck auf der Gegenseite, meist atmosphärischer Druck. Die Membrane besteht aus Gummi, die von zwei zentrierten Stahlscheiben umfasst wird, so dass der bewegliche Teil der Membrane eine Bewegung der Ventilstange ermöglicht. Diese Stange wirkt dann entweder auf ein Ventil oder eine Hebelkonstruktion. Häufig arbeitet die Membrane gegen eine Rückstellfeder. Im Fall des Druckverlustes schließt oder öffnet die Gegenfeder, so dass das Stellventil in Abhängigkeit der Druckseite der Membrane in eine fail-safe Stellung geht. Dies wird auch als „Schließventil" oder „Öffnungsventil" bezeichnet.

einfachwirkend;
externe Gegenkraft

einfachwirkend mit
Rückstellfeder

doppeltwirkend mit
einseitigem Kolben

doppeltwirkend
mit doppelseitigem
Kolben

doppeltwirkend mit
magnetischer Kopplung
am äußeren Ring

teleskopischer Zylinder
mit mehreren stufen-
förmigen Kolben.
Externe Gegenkraft

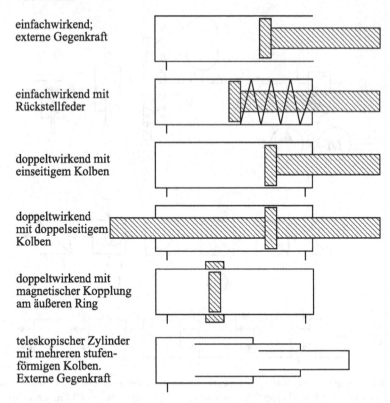

Bild 10.24. Schematische Anordnung von pneumatischen Zylinders

Für beide Anordnungen erzeugt der Kolben oder die Membrane die Kraft auf die Stange und dadurch ihre Stellung. Jedoch haben die relativ großen Reibkräfte des Kolbens oder der Stange einen wesentlichen Einfluss auf die Positioniergenauigkeit. Deshalb wird häufig eine Positionsregelung pneumatisch oder elektrisch ausgeführt, um diese negativen Reibungseffekte zu kompensieren.

Für relativ kleine Kräfte und kleine Stellhübe werden pneumatische Bälge verwendet, Bild 10.25b). Am meisten werden sie jedoch als Drucksensoren eingesetzt, wie z.B. in pneumatischen Reglern. Um eine kontinuierliche rotierende Bewegung zu erzeugen, werden pneumatische Motoren eingesetzt, z.B. als Flügelzellenmotoren oder Kolbenmotoren, siehe Bild 10.26. Sie sind besonders in explosiver Umgebung sehr sicher und robust, haben aber einen niedrigen Wirkungsgrad und sind sehr laut. Pneumatische Rotationsmotoren werden in der Fertigungstechnik z.B. für Schraubwerkzeuge verwendet oder auf Schiffen zum Start von Dieselmotoren, siehe Atlas-Copco (1977).

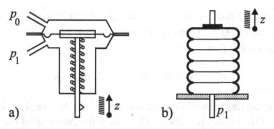

Bild 10.25. a) Pneumatische Diaphragmenaktor, b) Pneumatischer Balgaktor

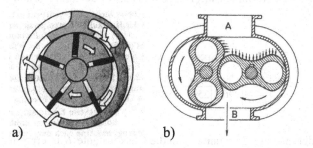

Bild 10.26. Pneumatische Rotationsmotoren: a) Flügelzellenmotoren, b) Kolbenmotor

10.5.2 Pneumatische Komponenten und ihre Modelle

a) Einige gasdynamische Eigenschaften

Pneumatische Systeme verwenden Luft als ein kompressibles Gas, um eine Stellarbeit zu übertragen. Diese Kompressibilität ist im Unterschied zu hydraulischen Systemen für pneumatische Systeme eine dominierende Eigenschaft. Jedoch kann meist die zu beschleunigende Luftmasse vernachlässigt werden.

Die Massenbilanz-Gleichung für eine pneumatische Leitung entspricht der allgemeiner Fluide wie in (10.4.1). Auch die verschiedenen strömungsdynamischen Gleichungen wie z.B. der Bernouilli Gleichungen (10.4.8) – (10.4.16) einschließlich der Widerstandsgesetze in Abhängigkeit der Reynolds-Zahlen gelten für pneumatische Rohrleitungen.

Die physikalischen Zustände der Luft, die aus 79,09% N_2, 20,25% O_2, 0,92% Ar, 0,03% CO_2, 0,002% Ne, 0,0005% He besteht, sind der Druck, das Volumen, die Dichte und Temperatur und folgen aus der konstitutiven *Gasgleichung* für ein ideales Gas

$$pV = nR_mT \qquad (10.5.1)$$

oder

$$pV = mRT \qquad (10.5.2)$$

oder

$$pv = RT \qquad (10.5.3)$$

mit dem spezifischen Volumen $v = 1/\rho$, der absoluten Temperatur T und der Gaskonstante R. Wenn in (10.5.1) die Gasmenge n in mol verwendet wird, dann ist R_m die universelle Gaskonstante

$$R_m = 8{,}314510 \qquad J/\text{mol} \cdot K.$$

Diese gilt für ein ideales Gas. Wenn jedoch mit m die Masse des Gases in (10.5.2) verwendet wird, wird R als spezifische Gaskonstante bezeichnet und abhängig vom Typ des Gases, Tabelle 10.24. Der Zustand des Gases ist dann eindeutig definiert, wenn drei der vier Variablen in (10.5.1) oder zwei der drei Variablen in (10.5.3) gegeben sind.

Tabelle 10.24. Spezifische Gaskonstante R einiger Gase

Gas		N_2	O_2	CO_2	H_2O	CO	H_2	Luft
R	$\frac{J}{kg\,K}$	296,8	259,8	188,9	461,5	296,8	4124,4	286,9

Verwendet man (10.5.3), dann kann die Gaskonstante R interpretiert werden als die erforderliche Energie, um das Volumen $m = 1\,\text{kg}$ Gas bei konstantem Druck p durch Erwärmung um $\Delta T = 1\text{K}$ zu ändern.

Das Gasgesetz gilt für ideale Gase und somit für alle Gase, die weit vom Kondensationspunkt entfernt sind. Dies trifft für alle reale Gase zu, wenn $p \leq 1$ bar. Für einen Druck $p \approx 20$ bar sind die Fehler des Gasgesetzes kleiner als 1%.

Kalorische Zustandsgleichungen beschreiben eine Beziehung zwischen einer kalorischen Zustandsgröße und zwei thermischen Zustandsgrößen. Die spezifische innere Energie eines Gases ist

$$u = c_v T \tag{10.5.4}$$

mit c_v als spezifische Wärmekapazität bei konstantem Volumen. Für die Enthalpie gilt dann

$$h = c_p T, \tag{10.5.5}$$

wobei c_p die spezifische Wärmekapazität für konstanten Druck ist. Ferner gilt

$$R = c_p - c_v. \tag{10.5.6}$$

Der isentropische Exponent (adiabatischer Koeffizient) ist definiert als

$$\kappa = c_p/c_v \tag{10.5.7}$$

und ist für einatomige Gase $\kappa = 1{,}66$, für zweiatomige Gase $\kappa = 1{,}4$ und für dreiatomige Gase $\kappa = 1{,}3$. Einige Eigenschaften für Luft sind in Tabelle 10.25 zusammengestellt.

Zustandsänderungen von Gasen werden üblicherweise im $p - v$-Diagramm oder $T - s$-Diagramm (s: Entropie) dargestellt. Entsprechend dem Gasgesetz hängt der Zustand einer Variablen einer gewissen Gasmasse von zwei anderen Variablen ab,

Tabelle 10.25. Eigenschaften von Luft

Variable	Dichte	spezifisches Volumen	spezifische Wärme $p =$ const.	spezifisches Wärme $v =$ const.	Gas-konstante		Wärme-leitungs-Koeffizient
Symbol	ρ	v	c_p	c_v	R	$\kappa = \frac{c_p}{c_v}$	λ
Dimension	$\frac{\text{kg}}{\text{m}^3}$	$\frac{\text{m}^3}{\text{kg}}$	$\frac{\text{J}}{\text{kg K}}$	$\frac{\text{J}}{\text{kg K}}$	$\frac{\text{J}}{\text{kg K}}$	–	$\frac{\text{W}}{\text{m K}}$
definiert bei	273 K 1,013 bar	273 K 1,013 bar			ideales Gas		293 K 1,013 bar
Wert	1,293	0,773	1005	718	287	1,4	0,026

wie z.B. $p = f(v, T)$. Deshalb resultieren in der Regel dreidimensionale Trajektorien.

Um die grafische Darstellung und die Berechnungen zu vereinfachen, werden spezielle Annahmen gemacht, um zweidimensionale Zustandsgleichungen oder Scharen von Kurven zu erzeugen. Diese werden isobarisch genannt, wenn $p =$ const., isochorisch, wenn $v =$ const., isothermisch, wenn $T =$ const. und isentropisch, wenn $s =$ const. (keine Wärmeverluste). Die wirkliche Zustandsänderung von Gasen ist jedoch polytropisch und wird durch die polytropische Zustandsgleichung zwischen zwei Zuständen beschrieben

$$p_1 v_1^n = p_2 v_2^n \qquad (1 \leq n \leq \kappa). \qquad (10.5.8)$$

Dann folgen besondere Zustandsänderungen mit $n = 0$ für isobarisch, $n = \infty$ für isochorisch, $n = 1$ für isothermisch und $n = \kappa$ für isentropische Zustandsänderungen. Durch Anwendung des spezifischen Gasgesetzes (10.5.3) ergibt sich

$$\frac{v_1}{v_2} = \left(\frac{p_2}{p_1}\right)^{\frac{1}{n}} = \left(\frac{T_2}{T_1}\right)^{\frac{1}{n-1}} \qquad (10.5.9)$$

und die externe Arbeit folgt aus

$$W_{12} = m \int_1^2 p\,dv = m(T_1 - T_2)R/(n-1)$$
$$= m p_1 v_1 \left[1 - (p_2/p_1)^{(n-1)/n}\right]/(n-1) \qquad (10.5.10)$$

und die technische Arbeit

$$W_t = m \int_1^2 v\,dp = n W_{12}. \qquad (10.5.11)$$

Nun wird ein geschlossenes Luftvolumen V betrachtet (wie auf einer Seite eines Zylinders mit Kolben). Wenn der Kompressibiliätsmodul oder Elastizitätsmodul wie für eine hydraulische Flüssigkeit definiert ist, (10.4.19),

$$E_{gas} = -V \left(\frac{\partial p}{\partial V}\right), \qquad (10.5.12)$$

dann folgt aus der polytropen Zustandsgleichung

$$pV^n = K_{pol}$$

$$\frac{\partial p}{\partial V} = -\frac{K_{pol}n}{V^{n+1}} \tag{10.5.13}$$

$$E_{gas} = \frac{K_{pol}n}{V^n} = np.$$

Deshalb hängt der Kompressibilitätsmodul nur vom Druck p und dem polytropischen Exponenten n ab. Die Steifigkeit eines eingeschlossenen Druckvolumens in einem Zylinder mit der Fläche A ist

$$c_{gas} = \frac{dF}{dz} = A\frac{dp}{dz} = A\frac{dp}{dV}\frac{dV}{dz}.$$

Für das Volumen gilt

$$V = V_0 - Az$$

und mit $dV/dz = -A$ ergibt sich

$$c_{gas} = -A^2\frac{dp}{dV}.$$

Führt man (10.5.12) ein, führt dies auf

$$c_{gas} = -A^2\frac{E_{gas}}{V} = A^2\frac{np}{V} = \frac{A}{z}np. \tag{10.5.14}$$

Deshalb ist die Steifigkeit umgekehrt proportional zur Wegänderung z und proportional zum Druck p am Betriebspunkt.

b) Pneumatische Stellventile

Für eine proportionale Verstellung des Luftstromes in pneumatischen Leitungen werden pneumatische Stellventile verwendet. Ihre Bauart ist dieselbe oder zumindest ähnlich wie diejenige hydraulischer Stellventile nach Bild 10.13 bis 10.15 und 10.17. Jedoch ist die Durchflusskennlinie durch das Ventil unterschiedlich wegen der Kompressibilität der Luft und dem Einfluss der Schallgeschwindigkeit.

Es wird nun ein Gasstrom aus einem Behälter mit Druck p_1 und Temperatur T_1 durch eine Düse mit abgerundeter Form in einen Behälter mit Druck p_2 und Temperatur T_2 betrachtet, siehe Bild 10.27. Es wird angenommen, dass die Strömung ohne Reibung erfolgt und ohne Wärmeaustausch mit der Umgebung, also als isentropischer Strom. Dann folgt aus der Energiebilanz

$$h_1 + \frac{w_1^2}{2} = h_2 + \frac{w_2^2}{2}. \tag{10.5.15}$$

Mit der Annahme für die Geschwindigkeiten $w_1 \ll w_2$ ergibt sich

$$\frac{w_2^2}{2} = h_1 - h_2 = c_p(T_1 - T_2).$$

Einführung der Gasgleichung, spezifische Wärmekapazität und isentropische Zustandsgleichung

$$T_1 = \frac{p_1}{R\rho_1}; \qquad \frac{c_p}{R} = \frac{\kappa}{\kappa - 1}; \qquad \left(\frac{T_2}{T_1}\right) = \left(\frac{p_2}{p_1}\right)^{\frac{\kappa-1}{\kappa}}$$

führt zur Ausströmgeschwindigkeit

$$w_2 = \sqrt{2\frac{\kappa}{\kappa - 1}\frac{p_1}{\rho_1}\left[1 - \left(\frac{p_2}{p_1}\right)^{\frac{\kappa-1}{\kappa}}\right]}. \tag{10.5.16}$$

Die Masse folgt mit $\dot{m} = A\rho_2 w_2$ (10.5.9)

$$\dot{m} = A\psi\sqrt{2p_1\rho_1} = A\psi p_1\sqrt{\frac{2}{RT_1}}, \tag{10.5.17}$$

wobei die Ausflussfunktion festgelegt ist als

$$\psi = \sqrt{\frac{\kappa}{\kappa - 1}\left[\left(\frac{p_2}{p_1}\right)^{\frac{2}{\kappa}} - \left(\frac{p_2}{p_1}\right)^{\frac{\kappa+1}{\kappa}}\right]}. \tag{10.5.18}$$

ψ hängt von p_2/p_1 ab und hat ein Maximum bei

$$\psi/d\,(p_2/p_1) = 0.$$

Das Druckverhältnis p_2/p_1 am Maximum der Ausflussfunktion wird als kritisches Druckverhältnis bezeichnet und ist

$$\left(\frac{p_2}{p_1}\right)_{krit} = \left(\frac{2}{\kappa + 1}\right)^{\frac{k}{\kappa-1}} = 0{,}53 \tag{10.5.19}$$

für Luft. Dann wird das Maximum der Ausflussfunktion

$$\psi_{max} = 0{,}484.$$

Bild 10.28 zeigt die Ausflussfunktion $\psi(p_2/p_1)$. Für konstantes p_1 und abnehmendes p_2 nimmt die Ausflussfunktion zu bis ψ_{max} erreicht wird und hält diesen Wert auch für kleineres p_2, weil die Schallgeschwindigkeit

$$w_{2krit} = a = \sqrt{\frac{2\kappa}{\kappa + 1}\frac{p_1}{\rho_1}} = \sqrt{\frac{2\kappa}{\kappa + 1}RT_1} \tag{10.5.20}$$

erreicht wird. Deshalb hängt für überkritisches Druckverhältnis $p_2/p_1 > 0{,}53$ der Massenstrom $\dot{m}$ nur von p_1 und T_1 ab, siehe Backé (1986a).

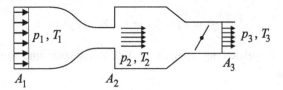

Bild 10.27. Gasstrom durch eine Verengung (Düse)

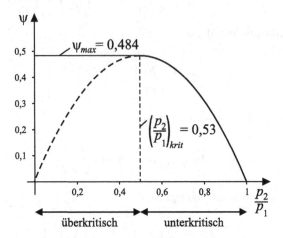

Bild 10.28. Ausflussfunktion für die Luft mit $\kappa = 1{,}4$

Für die praktische Anwendung wird eine Näherung von (10.5.17) verwendet, ISO/DIN 6358 (1982),

$$\dot{m} = \left\{ \begin{array}{ll} Acp_1 & \frac{p_2}{p_1} < b \\[2mm] Acp_1 \sqrt{1 - \left(\frac{p_2/p_1 - b}{1-b} \right)^2} & b \le \frac{p_2}{p_1} \le 1 \end{array} \right\}. \tag{10.5.21}$$

Mit dieser Gleichung können pneumatische Widerstände beschrieben werden, wobei die Parameter c und b experimentell bestimmt werden, Minxue et al. (1986). Bild 10.29 zeigt die sich ergebende Kennlinie für ein pneumatisches Stellventil. Der Strömungsquerschnitt A des Ventils hängt dabei von der Stellgröße U ab.

c) Pneumatische Druckspeicher

Ein Gasspeicher mit Volumen V_S entsprechend Bild 10.30 mit einen Gasmassen-Zustrom $\dot{m}_1(t)$ und einem Gasmassen-Abstrom $\dot{m}_2(t)$ wird nun betrachet. Dabei wird angenommen, dass kein Strömungswiderstand besteht, dass heißt $p_1(t) = p_2(t)$. Die Massenstrombilanz führt dann auf

$$\dot{m}_1(t) - \dot{m}_2(t) = \frac{d}{dt} m_S(t) = \frac{d}{dt} V_S \rho(t) = V_S \frac{d\rho(t)}{dt}. \tag{10.5.22}$$

Für ein polytropisches Gas gilt

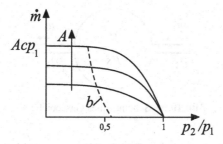

Bild 10.29. Strömungskennlinien eines pneumatischen Ventils

$$pv^n = p\left(\frac{1}{\rho}\right)^n = k_{pol}$$

dann

$$\rho_S = \left(\frac{1}{k_{pol}}p_S\right)^{\frac{1}{n}}$$

und damit

$$\frac{d\rho_S}{dt} = \frac{1}{nk_{pol}^{\frac{1}{n}}}p_S(t)^{\frac{1}{n}-1}\frac{dp_S}{dt}.$$

Dies führt auf

$$\dot{m}_1(t) - \dot{m}_2(t) = \frac{V_S}{nk_{pol}^{\frac{1}{n}}}p_S(t)^{\frac{1}{n}-1}\frac{dp_S}{dt}$$

und mit

$$m_S(t) = V_S\rho_S(t) = V_S\left(\frac{1}{k_{pol}}p_S(t)\right)^{\frac{1}{n}}$$

wird dann

$$\dot{m}_1(t) - \dot{m}_2(t) = \frac{m_S(p)}{n}\frac{1}{p_S(t)}\frac{dp_S(t)}{dt}. \qquad (10.5.23)$$

Das Gasvolumen hat deshalb ein nichtlineares integrales Verhalten mit einer druck-abhängigen Integrierzeit

$$T_I(p_S) = \frac{m_s(p_S)}{np_S} = \frac{V_S}{nk_{pol}^{\frac{1}{n}}}p_S^{\frac{1}{n}-1}. \qquad (10.5.24)$$

Nur für isothermische Zustandsänderungen mit $n = 1$ wird die Massenbilanzglei-chung linear mit $T_I = V_S k_{pol}^{-1}$.

d) Pneumatische Ventil-Speicher-Elemente und Leitungen

Ein Stellventil und ein Speicher werden nun zu einem Ventil-Speicher-Element ver-bunden, wie in Bild 10.31a) gezeigt. Die Querschnittsfläche A des Ventils kann durch

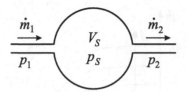

Bild 10.30. Schema eines Gasspeichers

die Stellgröße U verändert werden. Bild 10.31b) zeigt eine Vierpol-Darstellung mit der Annahme, dass das Ventil mit einem Druckbehälter verbunden ist. (Hier werden die Volumenströme $\dot{V} = \dot{m}/\rho$ verwendet, entsprechend der Definition der Leistungsvariablen nach Tabelle 2.3). Unter der Annahme $\dot{m}_2 = \dot{m}_1$ und $p_2 = p_S = p_3$ folgt mit (10.5.17) und (10.5.23)

$$\dot{m}_1 = A(U)\psi\left(\frac{p_3}{p_1}\right) p_1 \sqrt{\frac{2}{RT_1}} \tag{10.5.25}$$

$$\dot{m}_1(t) - \dot{m}_3(t) = \frac{1}{T_I(p_3)} \frac{dp_3(t)}{dt}. \tag{10.5.26}$$

Dies führt auf das Blockschaltbild nach Bild 10.32, das mehrere Nichtlinearitäten durch Multiplikationen und Kennlinienverläufe enthält.

Eine Vereinfachung des nichtlinearen Verhaltens kann für kleine Änderungen um einen Arbeitspunkt erreicht werden. Dies führt auf die Ventilgleichung

$$\begin{aligned} \Delta\dot{m}_1 &= \frac{\partial\dot{m}_1}{\partial p_1}\Delta p_1 + \frac{\partial\dot{m}}{\partial p_2}\Delta p_2 \\ &= A\left[c_1\Delta p_1 + c_2\Delta p_2\right]. \end{aligned} \tag{10.5.27}$$

Eine andere, vereinfachte Betrachtung ergibt sich durch Verwendung der Druckverlustgleichung (10.4.18) für turbulente Strömung durch Blenden im Fall des unterkritischen Druckverhältnisses.

Dann ergibt sich

$$\dot{m}_1 = A\sqrt{\frac{2\rho}{\zeta}}\sqrt{p_1 - p_2}. \tag{10.5.28}$$

Linearisierung dieser Gleichung um einen Arbeitspunkt $(A, p_1, p_2, \dot{m}_1)$ führt auf

$$\Delta\dot{m}_1 = \frac{\partial\dot{m}}{\partial p_1}\Delta p_1 + \frac{\partial\dot{m}_1}{\partial p_2}\Delta p_2 + \frac{\partial\dot{m}_1}{\partial A}\Delta A \tag{10.5.29}$$

mit

$$\frac{\partial\dot{m}_1}{\partial p_1} = -\frac{\partial\dot{m}_2}{\partial p_2} = Ac_3 = A\sqrt{\frac{\rho}{2\zeta}}\,(p_1 - p_2)^{\frac{1}{2}}$$

$$\frac{\partial\dot{m}_1}{\partial A} = c_4 = \sqrt{\frac{2\rho}{\zeta}}\sqrt{p_1 - p_2}.$$

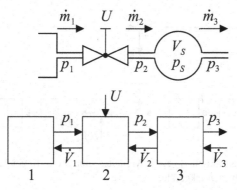

Bild 10.31. Pneumatisches Ventil-Speicher-Element: a) Schema; b) Vierpol-Darstellung. 1: Quelle; 2: Ventil; 3: Speicher

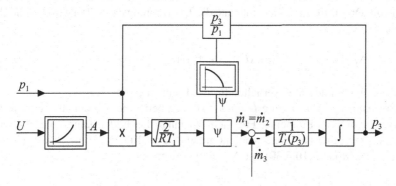

Bild 10.32. Signalflussbild des Ventil-Speicher-Elements nach Bild 10.31

Schließlich erhält man durch Linearisierung der Ventilkennlinie

$$\frac{\partial A}{\partial U} = c_5$$

und $\Delta p_2 = \Delta p_3$ ein linearisiertes Signalflussbild, wie in Bild 10.33. Nach Laplace-Transformation folgt

$$\Delta p_3 = \frac{1}{Ts+1}\left[\frac{c_4 c_5}{Ac_3}\Delta U(s) + \Delta p_1(s) - \frac{1}{Ac_3}\Delta \dot{m}_3(s)\right]. \qquad (10.5.30)$$

Es ergibt sich also ein Verzögerungsglied 1. Ordnung mit der Zeitkonstante

$$T = \frac{1}{Ac_3}T_I = \frac{m_s}{p_3 Ac_3} \qquad (10.5.31)$$

unter der Annahme, dass eine isothermische Zustandsänderung mit $n = 1$ erfolgt. Deshalb kann ein Ventil-Speicher-Element näherungsweise durch ein Verzögerungsglied 1. Ordnung beschrieben werden, wenn nur kleine Änderungen betrachtet werden und ein unterkritisches Druckgefälle über das Ventil herrscht.

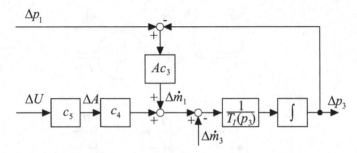

Bild 10.33. Signalflussbild für lineares Verhaltes eines Ventil-Speicher-Element von Bild 10.31 für unterkritisches Druckgefälle

Für ein überkritisches Druckverhältnis hängt der Massenstrom durch das Ventil nicht vom Druck p_3 im Speicher ab und das Übertragungsverhalten wird beschrieben durch

$$\Delta p_3(s) = \frac{1}{T_I s} \left[c_4 c_5 \Delta U(s) + Ac_3 \Delta p_1(s) - \Delta \dot{m}_3(s) \right], \tag{10.5.32}$$

so dass sich ein integrales Verhalten für das Element ergibt.

Pneumatische Verbindungsleitungen können betrachtet werden als verteilte Widerstands-Volumen-Elemente. Für nicht zu lange Leitungen kann eine Näherung durch konzentrierte Parameter vorgenommen wie in Bild 10.32 und es lässt sich das linearisierte Modell (10.5.30) mit $\Delta U = 0$ verwenden.

e) Pneumatische Stellzylinder

Pneumatische Stellzylinder haben dasselbe Konstruktionsprinzip wie in Bild 10.18 für hydraulische Zylinder. Auch dieselben Gleichungen (10.4.35) gelten für die Volumenströme, wenn das Kompressibilitätsmodul E von Öl ersetzt wird durch das Kompressibilitätsmodul für Gase $E_{gas} = np$, (10.5.13)

$$\dot{p}_1(t) \frac{V_{01} + A_1 z(t)}{n p_1(t)} + A_1 \dot{z}(t) = \dot{V}_1(t)$$

$$\dot{p}_2(t) \frac{V_{02} - A_2 z(t)}{n p_1(t)} - A_2 \dot{z}(t) = \dot{V}_2(t). \tag{10.5.33}$$

Wenn der Massenstrom $\dot{m}(t)$ verwendet wird anstatt des Volumenstromes $\dot{V}$, erhält man mit $m = V\rho$ und der Gasgleichung (10.5.2)

$$\dot{p}_1(t) [V_{01} + A_1 z(t)] + n p_1(t) A_1 \dot{z}(t) = n R T_0 \dot{m}_1(t)$$

$$\dot{p}_2(t) [V_{02} - A_2 z(t)] - n p_2(t) A_2 \dot{z}(t) = n R T_0 \dot{m}_2(t), \tag{10.5.34}$$

wobei T_0 eine Bezugstemperatur ist, z.B. die Temperatur der Luftversorgung. Für isothermische Zustandsänderungen $n = 1$ kann angenommen werden, dass das dynamische Verhalten des Druckes in Kammer 1 wird

$$\dot{p}_1(t) + \frac{A_1}{V_{01} + A_1 z(t)} \dot{z}(t) p_1 = \frac{RT_0}{V_{01} + A_1 z(t)} \dot{m}_1(t). \tag{10.5.35}$$

Deshalb sind die Parameter dieser Druckdifferentialgleichung zeitvariant und hängen von der Bewegung des Kolbens ab. Das sich ergebende Signalflussdiagramm für diesen pneumatischen Teil ist in Bild 10.34 dargestellt.

Die Drücke in beiden Zylinderkammern erzeugen die Kraft auf den Kolben. Die Kraftbilanzgleichung auf den Kolben ist dieselbe wie für hydraulische Zylinder und folgt (10.4.48). Schließlich kann ein vollständiges Signalflussdiagramm wie in Bild 10.37 angegeben werden, Keller (1994). Das Servoventil mit Positionsregler kann häufig durch ein Übertragungsglied 1. Ordnung mit der Zeitkonstante T_{valve} angenähert werden.

10.5.3 Modellbasierte Regelung einer pneumatischen Servoachse

Pneumatische Zylinder-Aktoren werden hauptsächlich zum Transport und für Montageaufgaben eingesetzt. Wegen ihres nichtlinearen Verhaltens arbeiten sie häufig mit Grenzwert-Schaltern, Anschlägen oder Bremsen. Das nichtlineare statische und dynamische Verhalten hängt insbesondere von der Kompressibilität der Luft ab, den Reibungsverhältnissen des Kolbens und der Kennlinie des elektromechanischen Proportionalventils. Deshalb ist eine genaue Positions- oder Geschwindigkeitsregelung nur mit größerem Aufwand zu erreichen. Hierzu reichen im Allgemeinen lineare Regler alleine nicht aus, um eine gute Regelgüte zu erzielen. Im Folgenden wird deshalb gezeigt, wie durch eine nichtlineare modellbasierte adaptive Regelung eine genaue Regelung eines pneumatischen Stellzylinders möglich wird, Keller (1994).

Der untersuchte pneumatische Aktor ist ein pneumatischer Standardzylinder, wie in Bild 10.35 gezeigt. Die Bewegungsübertragung wird über einen äußeren Ring mit einer magnetischen Kupplung erzeugt. Der Stellbereich ist 200 mm und der Kolbendurchmesser ist 25 mm, was auf eine Kraft von 213 N bei einem Druck von 6 bar führt.

Die Eingangsgröße für den Zylinder ist eine Spannung U, die die Massenströme $\dot{m}_1$ oder $\dot{m}_2$ in die Zylinderkammern über je ein Stellventil verstellt. Dann ist entweder Kammer 2 oder 1 mit der Atmosphäre verbunden. Die Position z kann durch ein lineares Potentiometer gemessen werden. Gemessen werden ferner die Drücke p_1' und p_2' in den Rohrverbindungen zum Zylinder.

Die theoretische Modellbildung führt auf ein Modell mit mehreren dynamischen Nichtlinearitäten, wie in Bild 10.34 gezeigt. Hier ist jedoch $A_1 = A_2 = A_p$. Eine Korrektur des statischen nichtlinearen Verhaltens reicht nicht aus. Jedoch hat eine unterlagerte Differenzdruckregelung mit einem einfachen PI-Regler es ermöglicht, eine einstellbare Eingangskraft F_p auf den Kolben zu erzeugen. Diese Regelung erfordert dann die Kenntnis des Differenzdruckes $\Delta p = p_1 - p_2$.

Eine weitere bedeutende Nichtlinearität ist die Reibung zwischen dem Kolben und der Zylinderwand. Eine typische Haftreibung ist ungefähr 55 N (21% der Nenn-Stellkraft) und Werte von etwa 30 N wurden als trockene Reibung über Identifikationsverfahren bestimmt. Deshalb ist eine Reibungskompensation erforderlich. Wei-

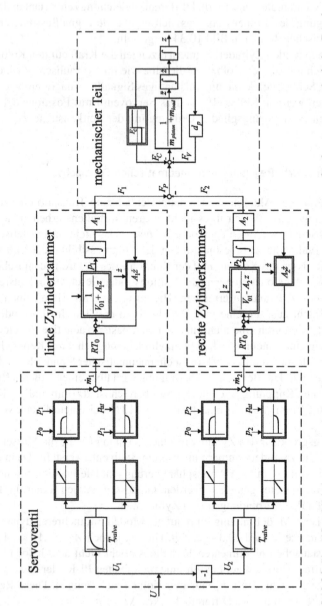

Bild 10.34. Signalflussbild einer pneumatischen Servoachse, Keller (1994). p_0: Versorgungsdruck, p_{at}: atmosphärischer Druck

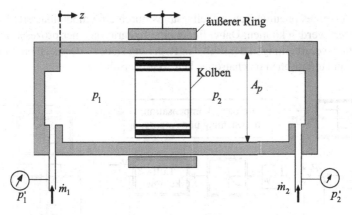

Bild 10.35. Darstellung des untersuchten pneumatischen Zylinders mit magnetischer Kupplung

terhin ändert sich die Reibungskraft in Abhängigkeit der Zeit, so dass die Reibungskompensation adaptiv sein sollte.

Bild 10.36 zeigt die verwendete Gesamtregelung mit einem Zustandsregler, einem unterlagerten Differenzdruckregler und einer adaptiv gesteuerten Reibungskompensation. Die Differenzdruckregelung von $\Delta p = p_1 - p_2$ beruht auf der modellbasierten Rekonstruktion der Kammerdrücke p_1 und p_2 ausgehend von den Messungen p_1' und p_2'. Weiter wird die Position z, die Geschwindigkeit $\dot{z}$ und die Beschleunigung $\ddot{z}$ durch numerische Differentiation bestimmt.

Die gesteuerte Reibungskompensation, wie in Bild 10.9 gezeigt, ergibt Dauerschwingungen mit einer Amplitude von mindestens 0,5 mm. Dies folgt aus den nicht vernachlässigbaren dynamischen Eigenschaften des unterlagerten Differenzdruckreglers. Deshalb wird die Kompensation ausgeschaltet, wenn die Regelgröße z innerhalb des Toleranzbandes ($\pm 0,05$ mm) des Sollwertes w liegt.

Wie mehrere Untersuchungen gezeigt haben, z.B. Rusterholz (1985), Chen und Leufgen (1987), sind die Reibungskräfte von pneumatischen Zylindern stark positionsabhängig und ändern sich sowohl mit dem Druck als auch mit der Zeit und z.B. Stillstandszeiten. Deshalb ist eine Unter- oder Überkompensation der Reibung leicht möglich und eine Überwachung des Gleichgewichtszustandes der Regelung sinnvoll, um die Größen der Reibungskompensation zu adaptieren. Die Amplitude der Reibungskompensation wird reduziert, wenn Schwingungen erkannt werden und vergrößert, wenn die Regelung nicht innerhalb eines Toleranzbandes um den Sollwert liegt, siehe Keller (1994). Bild 10.37 zeigt die Verbesserung durch die Reibungskompensation. Der Zustandsregler mit den Rückführungen (k_1, k_2, k_3) wird durch numerische Optimierung eines quadratischen Gütefunktionals unter Verwendung des nichtlinearen Aktor-Modells entworfen. Ohne Reibungskompensation ergibt sich eine bleibende Regelabweichung von etwa 3 mm. Durch Anwendung der Reibungskompensation konnte die Positioniergenauigkeit wesentlich auf etwa 0,05 mm Abweichung reduziert werden. Zumindest zeigt dieses Beispiel, wie die negativen Eigenschaften eines pneumatischen Stellsystems durch eine modellbasierte Regelung kompensiert werden können. Dabei findet eine Integration einer prozessorientierten Informationsverarbeitung in der digitalen Regelung statt, so dass sich eine Integration dieses pneumatischen mechatronischen Aktors ergibt.

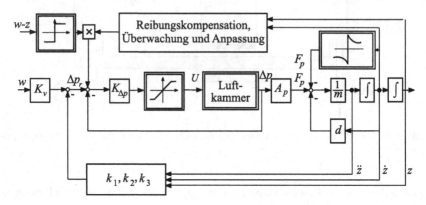

Bild 10.36. Gesamtschema für die adaptive nichtlineare Positionsregelung eines pneumatischen Aktors mit Reibungskompensation

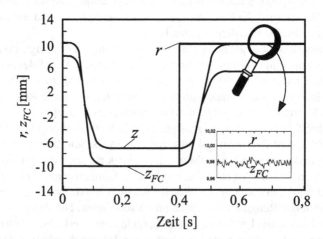

Bild 10.37. Vergleich der Positionsregelungsgüte mit und ohne (index $_FC$) adaptiver Reibungskompensation, $T_0 = 1\,\mathrm{ms}$, $m = 3,5\,\mathrm{kg}$

10.5.4 Modelle eines pneumatischen Stellventils

Fluidströme werden häufig mit pneumatischen Stellventilen geregelt. Diese pneumatischen Stellventile bestehen, wie in Bild 10.38 gezeigt, aus einem pneumatischen

Membranantrieb, der auf eine Ventilstange wirkt und entsprechend der Charakteristik des Ventilkolbens eine Strömungsquerschnittsfläche verändert, die den Fluidstrom beeinflusst. In Abhängigkeit der erforderlichen Genauigkeit und der Art des Fluides können verschiedene Geometrien für einen Ventilkörper verwendet werden. Für eine hoch genaue Einstellung werden üblicherweise nadelförmige Körper verwendet, für normale Anforderungen entweder scheibenförmige oder kugelförmige Ventilkörper oder aber entsprechend der Ventilkennlinie berechnete paraboloid-förmige Körper. Die Ventilstange muss durch eine Dichtung abgedichtet werden. Die Dichtung besteht entweder aus einer Stopfbuchs-Packung (mit großer unveränderlicher Reibung) oder aus einer Wellrohr-Anordnung, die auf der einen Seite an der Ventilstange auf der anderen Seite am Ventilgehäuse befestigt ist. Viele Stellventile enthalten einen Stellungsregler, der direkt an das Stellventil montiert ist und häufig ebenfalls pneumatisch arbeitet.

Zur Modellbildung des Stellventils kann dieselbe Gleichung wie für einen pneumatischen Stellzylinder verwendet werden, wenn A_D die Membranfläche ist, z die Ventilstangenposition und c_s die Federkonstante der Gegenfeder. Bild 10.39 zeigt das resultierende Signalflussbild. Weitere Details, siehe Deibert (1997).

Normalerweise wird der entstehende Hystereseeffekt der Reibung von Stopfbuchs-Packungen kompensiert durch einen Positionsregler. Wenn jedoch keine Positionsregler angewandt werden, ergeben sich häufig Grenzzyklen sowohl in der Stellung des Ventils als auch einer Durchflussregelung. In diesem Fall kann eine adaptive Reibungskompensation, wie im letzten Abschnitt gezeigt, die Regelgüte wesentlich verbessern. Dies wurde z.B. von Schaffnit (2002) für die Positionsregelung eine pneumatischen Aktors eines stellbaren Abgasturboladers eines Dieselmotors gezeigt. Zu beachten ist ferner, dass Veränderungen der an der Ventilstange angreifenden Gegenkraft, z.B. durch Druckänderungen im Fluid oder durch mechanische Effekte, die Stellung der Membrane mit ihrer Gegenfeder verändern bzw. stören, so dass durch diese lastseitigen Änderungen nicht erwünschte Positionsänderungen der Ventilstange erfolgen.

10.6 Unkonventionelle Aktoren

In den letzten Jahren wurden einige neue Konzepte für Aktoren entwickelt, die auf speziellen Werkstoffeigenschaften und Fertigungstechnologien beruhen. Diese werden hier als unkonventionelle Aktoren bezeichnet. Das gemeinsame dieser Aktoren ist, dass sie bestimmte physikalische Effekte nutzen, um Kräfte oder Bewegungen zu erzeugen. Sie sind jedoch nur relativ eingeschränkt einsetzbar. Ferner beschränken die hohen Kosten der Werkstoffe eine breite Anwendbarkeit. Es zeigen jedoch besonders die piezoelektrischen Aktoren oder Wanderwellen-Aktoren (Ultraschall-Aktoren) interessante Anwendungsfelder.

Eine Übersicht dieser unkonventionellen Aktorprinzipien ist in Tabelle 10.26 zusammengefasst. Die erste Gruppe besteht aus sogenannten direkten Energiewandlern, wie z.B. piezoelektrischen, elektroviskosen und magnetostriktiven Aktoren. Sie erzeugen eine Kraft durch Änderungen in der atomaren/molekularen Struktur durch

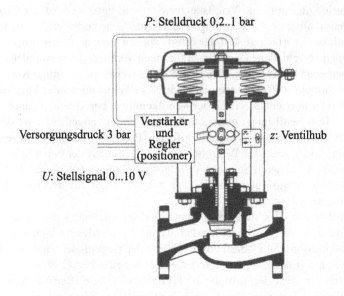

Bild 10.38. Querschnitt eines Stellventils mit Membranantrieb

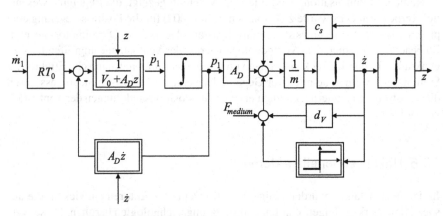

Bild 10.39. Signalflussbild eines pneumatischen Stellventils

Anregung mit einem elektrischen Eingangssignal. Memory-Metalle und thermische Ausdehnungsaktoren nutzen die Energie (Wärme) aus der Umgebung.

Im Folgenden werden einige Konzepte dieser unkonventionellen Aktoren kurz beschrieben. Weiterführende Literatur findet man in Janocha (1992, 2004a), Lenz u.a. (1990), Tautzenberger (1989). Einführungen in sogenannte smart materials werden durch Srinivasan und McFarland (1995) und Culshaw (1996) gegeben.

Tabelle 10.26. Übersicht einiger unkonventioneller Aktorkonzepte (Normalschrift: Translationsbewegung, Kursivschrift: *Rotations-, Drehbewegung*)

Krafterzeugung	Hilfsenergie	Energiewandler	technische Ausführung
Molekularkräfte (direkte Energiewandler)	elektrisch	piezoelektrische Aktoren	Stapelbauweise *Biegeaktor* *Wanderwellenmotor* *Inchwormmotor*
		magnetostriktive Aktoren	Linearaktor *Inchwormmotor*
		elektroviskose Fluide	steuerbare Hydraulik-Dämpfer *Kupplungen*
Memoryeffekt	Umgebung	Memorymetalle	*Biegeelement* *Torsionselement*
Wärmedehnung	Umgebung	Thermobimetall-Elemente	*Biegeaktor*
		Dehnstoff-Elemente	Membranaktor Elastomeraktor
chemische Reaktionskräfte	intern	elektromechanische Aktoren	pyrotechnischer Aktor
		elektrochemische Zelle	Membranaktor

10.6.1 Aktoren mit Umgebungsenergie

Thermo-Bimetall-Elemente ändern ihre Länge durch unterschiedliche Ausdehnungs-Koeffizienten bei Temperaturänderungen. Man unterscheidet dabei Biegeaktoren bei paralleler Anordnung zweier Metallstreifen. Wickelt man solche Thermo-Bimetall-Streifen zu einer runden Form, dann können auch Drehbewegungen erzeugt werden. Die Wärme kann auch durch eine elektrische Heizung erzeugt werden. Thermo-Bimetall-Elemente sind relativ preiswert und haben ein lineares Temperatur-Weg-Verhalten. Sie erzeugen jedoch kleine Stellkräfte und haben eine kleine Energiedichte. Deshalb ist ihre Anwendung z.B. für elektrische Toaster, elektrische Sicherungen und Frostschutz-Klappen bei Klimaanlagen beschränkt.

Memory-Metalle sind spezielle Legierungen, die in Abhängigkeit der Temperatur verschiedene Formen annehmen können. Dieser Memory-Effekt ist eine Folge von Phasenänderungen im Werkstoff, bei dem Atome in der Kristallstruktur zwei Formen annehmen können, wie z.B. die Kristallstrukturen Martensit und Austenit. Martensit ist die Phase bei der niederen Temperatur und zeigt eine etwas verwickelte Struktur. Die austenitische Phase bei höherer Temperatur ist durch eine kubische Struktur gekennzeichnet. Durch diese unterschiedlichen Strukturen können Memory-Metalle beim Erwärmen oder beim Abkühlen verschiedene Formen annehmen und dabei Kräfte oder Wege erzeugen. Die Übergangstemperaturen liegen dabei zwischen $-100°$ C und $+100°$ C bei z.B. Nickel-Titanium oder Kupfer-Zink-Aluminium-Legierungen. Da die Strukturänderung beim Aufwärmen und beim Abkühlen bei verschiedenen Temperaturen erfolgt, sind Memory-Metalle durch eine relativ große Hysterese gekennzeichnet. Die Temperaturänderung kann entweder durch die Umgebung erfolgen oder durch elektrische Heizungen. Weitere Details siehe z.B. Waram (1993).

Thermische Dehnstoff-Elemente beruhen auf der thermischen Expansion eines eingeschlossenen Stoffes mit hohem thermischen Ausdehnungskoeffizienten. Der Ausdehnungsstoff kann dabei fest oder flüssig sein oder z.B. ein Wachs. Mit zunehmender Temperatur nimmt das Volumen zu. Häufige Anordnungen sind ein Zylinder mit einer Membran. Die Bewegung dieser Membran betätigt dann einen Schaft. Ein typischer Anwendungsfall sind Thermostatventile in Hausheizungen oder der Thermostatregler für die Kühlwassertemperatur von Verbrennungsmotoren. Ihre Vorteile sind mechanische Robustheit, geringer Preis bei Großserien-Herstellung und relativ große Wege und Stellkräfte. Jedoch können sie nur zwischen $-20°$ C und $+150°$ C eingesetzt werden, zeigen in der Regel eine größere Hysterese und sind dynamisch relativ langsam.

10.6.2 Aktoren mit elektro-rheologischen und magneto-rheologischen Flüssigkeiten

Fügt man metallische Partikel in viskose Flüssigkeiten wie z.B. Öl, dann lässt sich die Möglichkeit durch Anlegen eines starken elektrischen oder magnetischen Feldes die Viskosität der entstehenden Suspensionen ändern. Die entstehenden elektro-rheologischen Flüssigkeiten können durch eine Gleichspannung oder eine Wechselspannung gesteuert werden. Anwendungsbeispiele sind semiaktive Fahrzeugstoßdämpfer oder Magnetkupplungen. Einige Eigenschaften sind in Tabelle 10.27 zusammengefasst. Weitere Hinweise findet man in Block und Kelly (1988), Duclos et al. (1992), Kpordonsky (1993), Fees (2004), Janocha (2004a), Kugi und Kemmetmüller (2006).

10.6.3 Piezoelektrische Aktoren

Bestimmte Kristalle wie z.B. Quarz zeigen einen physikalischen Zusammenhang zwischen der mechanischen Belastung und der elektrischen Ladung. Wenn die Ionen in Kristallstrukturen durch eine extern aufgebrachte Kraft verschoben werden, erfolgt eine elektrische Polarisierung. Die Polarisierung kann dann durch Elektroden gemessen werden, die an der Kristalloberfläche angebracht sind. Dieser Effekt ist als *direkter piezoelektrischer Effekt* bekannt und wird z.B. für Druck- und Kraftwandler benutzt. Der piezoelektrische Effekt kann auch umgekehrt werden. Durch Anwendung einer elektrischen Spannung auf einen piezoelektrischen Kristall dehnt sich dieser aus. Dies wird als *reziproker piezoelektrischer Effekt* bezeichnet und erlaubt den Aufbau von piezoelektrischen Aktoren. Ein bekanntes Material ist Blei-Zirkon-Titan (PZT). Bei der Herstellung von piezoelektrischen Werkstoffen wird die zunächst regellose Ausrichtung von elektrischen Dipolen dadurch ausgerichtet, dass eine Erwärmung über die Curie-Temperatur ($120°$ C bis $350°$ C) stattfindet. Jenseits dieses Temperaturniveaus ändern die Dipole ihre Orientierung in der festen Phase. Wenn dann ein starkes elektrisches Feld einwirkt, stellen sie sich auf dieses elektrische Feld ein. Wenn dieses Feld beim Abkühlen beibehalten wird, verbleibt die Ausrichtung der Dipole permanent. Deshalb dürfen piezoelektrische Materialien nicht

Tabelle 10.27. Eigenschaften von elektro-rheologischen und magneto-rheologischen Fluiden für Aktoren

Funktionsprinzip	Viskositätsänderungen infolge elektrischem oder magnetischem Feld
Vorteile	Nachteile

- Viskosität leicht zu regeln
- schnelle Reaktionszeit
	- ER Flüssigkeiten reagieren besonders
	  auf Wassereinschluss
	- temperaturabhängige Größen
	- Sedimentbildung kann problematisch werden
	- nicht im hohen Maße vorhanden
	- kann nur Reaktionskräfte verursachen und
	  Stellkräfte bilden → semiaktive Aktoren

Anwendungsgebiete	einstellbarer Stoßdämpfer Kupplung
Physikalische Eigenschaften	elektro-rheologische Flüssigkeiten - Nullfeld-Viskosität $100 \dots 1000$ mPa/s - maximale Fließspannung $2 \dots 5$ kPa - Dichte $1 \dots 2 \cdot 10^3$ kg/m^3 magneto-rheologische Flüssigkeiten - Nullfeld-Viskosität $100 \dots 1000$ mPa/s - maximale Fließspannung $50 \dots 100$ kPa - Dichte $3 \dots 4 \cdot 10^3$ kg/m^3

über die Curie-Temperatur im normalen Einsatz erwärmt werden. Die Einsatztemperatur ist deshalb auf 50–75 % der Curie-Temperatur in Kelvin beschränkt. Es dürfen keine zu großen elektrischen Felder (500 V/mm) aber auch keine zu großen mechanischen Beanspruchungen ($100\dots150$ N/mm^2) aufgebracht werden.

Tabelle 10.28 zeigt einige Bauformen piezoelektrischer Aktoren. Generell können PZT-Aktoren nur relativ kleine Wege erzeugen. Am Bekanntesten ist die Anordnung als Stapelaktor, der aus kleinen keramischen Scheiben (0,3–1 mm dick) besteht. Hierbei handelt es sich um eine Serienschaltung. Die Elektroden sind jedoch in einer Parellelschaltung angeordnet und benötigen eine relativ hohe Spannung. Damit kein Strom fließt, sind die Scheiben von einander isoliert. Um größere Wege zu erzeugen, sind Anordnungen mit Hebel-Wegübersetzungen bekannt. Weitere Anordnungen sind gekennzeichnet durch parallele PZT-Streifen oder Anordnungen als Biegeaktoren.

Ein Linearaktor kann mit drei piezoelektrischen Aktoren aufgebaut werden und wird *Inchworm-Motor* genannt. Durch abwechselndes Beschalten von zwei Klemmaktoren und einem Dehnaktor wird sukzessiv eine Welle durch die Anordnung geschoben, siehe Bild 10.40. Die Bewegung beruht also auf einer reibungsbehafteten Verbindung der Klemmelemente mit der Welle. Deshalb muss die elektrische Ansteuerung üblicherweise in einem geschlossenen Regelkreis erfolgen.

Einige Eigenschaften von piezoelektrischen Aktoren sind in Tabelle 10.29 zusammengestellt, siehe auch Cady (1964), Jaffe et al. (1971), Takuro (1996) und Janocha (2004a).

Tabelle 10.28. Bauformen piezoelektrischer Aktoren, Jendritza (1998)

Bauform	Querverformung		Längsverformung		
	Stapel (stack) (seriell)	Stapel mit Hebel-Weg-Übersetzung	längsförmige Anordnung (parallel)	rohrförmige Anordnung	biegeförmige Anordnung
Weg	20...200 µm	...1000 µm	...50 µm	...50 µm	...1000 µm
Stellkraft	...30000 N	...3500 N	...1000 N	...1000 N	...5 N
Stellspannung	60...200 V 200...500 V 500...1000 V	60...200 V 200...500 V 500...1000 V	60...500 V	120...10000 V	10...400 V

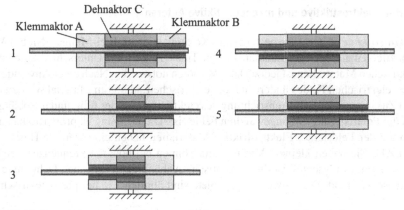

Bild 10.40. Funktionsprinzip des Inchworms-Motors (Bewegung nach rechts).
1: Dehnaktor C aus, Klemmaktor A an, Klemmaktor B aus
2: C an (Kontraktion)
3: B an, A aus
4: C aus (Expansion)
5: A an, B aus (entspricht 1)

Tabelle 10.29. Eigenschaften von piezoelektrischen Aktoren

Funktionsprinzip	Positionsänderung von Ionen in Kristallen infolge elektrischem Feld
Vorteile	Nachteile
- große Stellkräfte bei sehr hoher Stell-dynamik - im statischen Betrieb geringe elektrische Leistungsaufnahme - gute Konfigurierbarkeit der Keramik-materialien - hohe Leistungsdichte - praktisch kein Verschleiß	- nur sehr kleine Stellbereich - starke Erwärmung bei hohen Schalt-frequenzen - temperatur- und alterungsunabhängige Materialeigenschaften - Hochspannungsnetzteil zur Ansteuerung notwendig - Lose und Hysterese
Anwendungsgebiete	Einspritzventil
Physikalische Eigenschaften	maximaler Weg $20 \ldots 1000\,\mu$m statisch große Steifigkeit $75 \ldots 1800$ N μm Eigenfrequenz $3,5 \ldots 60$ kHz maximale Kompressionsspannung $\ldots 800$ N/mm^2 maximale Dehnspannung $\ldots 55$ N/mm^2 Nennspannung $\ldots 1500$ V Kapazität $\ldots 6500$ nF

10.6.4 Elektrostriktive und magnetostriktive Aktoren

Elektrostriktive Materialien bestehen aus Keramik wie z.B. Blei-Mangan-Niob (PMN: PT), Blei-Titan oder Blei-Lanthan-Zirkon-Titan (PLZT). Im Unterschied zu piezo-elektrischen Materialien ist jedoch kein Vorpolen notwendig. Nach einer Anwendung eines elektrischen Feldes ändert sich die elektrische Ladung im Material, was zu einem Zusammenziehen in Achsrichtung des elektrischen Feldes führt und unabhängig von der Polarisierung des angewandten Feldes ist. Die Dehnung ist proportional zum Quadrat der Feldstärke. Elektrostriktive Materialien haben eine kleinere Hysterese als PZTs. Sie haben kleinere Verluste und können bei höheren Frequenzen betrieben werden. Ein Nachteil ist die quadratische Abhängigkeit zwischen Dehnung und elektrischem Feld. Die Anwendungsgebiete sind ähnlich wie bei piezoelektrischen Aktoren.

Magnetostriktive Materialien ziehen sich in einem magnetischen Feld zusammen. Diese Materialien bestehen z.B. aus Legierungen von Eisen, Nickel und Kobalt und sind mit seltenen Erden dotiert. Der relativ komplizierte Herstellungsprozess schränkt jedoch die erreichbaren Größen und Formen ein und führt zu hohen Preisen. Der Hauptvorteil dieser Aktoren ist ihre große Energiedichte, was größere Stellkräfte erlaubt. Es gibt jedoch wenig Anwendungen, die die relativ teuren Materialien rechtfertigen. Eine Übersicht der Eigenschaften elektrostriktiver und magnetostriktiver Aktoren ist in Tabelle 10.30 zusammengefasst. Weitere Literatur siehe Wohlfahrt (1990), Janocha (2004a).

Tabelle 10.30. Eigenschaften elektrostriktiver und magnetostriktiver Aktoren, Raab (1993)

Funktionsprinzip	Längenänderung bestimmter Werkstoffe beim Einwirken eines elektrischen oder magnetischen Feldes
Vorteile	Nachteile
- große Stellkräfte (magnetostriktiv: ≤ 20 kN) - hohe Energiedichte - hohe Stelldynamik (hohe Schaltfrequenz) - hohe Positioniergenauigkeit - Aktor aus einem Werkstoffelement (gut formbar) - praktisch kein Verschleiß - große thermische Einsatzbarkeit	- kleine Stellwege (magnetostriktiv: $50 - 200 \mu$m) - teure Werkstoffe, beschränkt verfügbar - Energieverbrauch bei Haltestellung - temperaturabhängige Eigenschaften - nichtlineare Dehnung-Feld Kennlinien
Anwendungsbereich	- Sonar - militärische Geräte
Physikalische Eigenschaften	*magnetostriktives Material* (TERFENOL-D) - maximale Dehnung: $1200 \cdot 10^{-6}$ m/m - Elastizitätsmodul: $25 \dots 30 \cdot 10^3$ N/mm - spez. el. Widerstand: $0,6 \cdot 10^{-6}$ Ωm - max. Kompressions-Dehnung 700 N/mm^2 - max. Streckdehnung 28 N/mm^2 - Dichte $9,25 \cdot 10^3$ kg/m^3

10.6.5 Mikroaktoren

Unter Mikroaktoren versteht man solche Stellelemente, die durch einen speziellen Herstellungsprozess im Rahmen von Mikrotechnologien wie z.B. durch Ätzen oder Lithographie erzeugt werden. Das Funktionsprinzip kann dabei auf verschiedenen physikalischen Effekten beruhen wie z.B. Elektromagnetismus, thermische Ausdehnung, Piezoelektrizität oder elektrostriktiven oder magnetostriktiven Eigenschaften. Da bei den kleinen Maßen von Mikroaktoren die Distanz zwischen Elektroden in der Größenordnung von Mikrometern ist, sind besonders elektrostatische Kräfte bei Mikroaktoren geeignet. Dann können auch normale transistorverträgliche Spannungen von weniger als 5 V Felder in der Größenordnung von einigen kV/mm erzeugen. Die meisten Mikroaktoren werden auf der Basis von Silizium hergestellt mit Anlehnung an die Herstellverfahren von integrierten Schaltkreisen. Hierbei kann auch eine Integration mit elektrischen Schaltkreisen erfolgen, was zu sogenannten MEMS (mikroelektrisch-mechanische Systeme) führt. Weitere Informationen siehe z.B. Gad-el-Hak (2000), Ehrfeld et al. (2000).

Da Mikroaktoren sich noch stark in einer Entwicklungsphase befinden, sind ihre Anwendungsfelder noch nicht klar umrissen. Einige Eigenschaften dieser Mikroaktoren sind in Tabelle 10.31 zusammengefasst.

Tabelle 10.31. Eigenschaften von Mikroaktoren

Funktionsprinzip	Kleinaktoren mit verschiedenen Prinzipien (hauptsächlich elektrostatisch)
Vorteile	Nachteile
- günstige Produktion mit Hilfe von bekannten Techniken der Hersteller integrierter Schaltungen - Mikroelektronisch-kompatible Spannungsbereiche erlauben Integration von Aktor und Regler auf eine Siliziumscheibe - zuverlässig - preiswert	- größenbedingt nur sehr kleine Wegänderungen und Stellkräfte
Anwendungsgebiete	Experimentier-Status
physikalische Größen	Experimentier-Status

10.7 Vergleich der Anwendungsbereiche

Die bisherige qualitative Beschreibung der charakteristischen Eigenschaften verschiedener Stellantriebe wird im Folgenden um verschiedene graphische Darstellungen erweitert, die eine Gegenüberstellung einiger wichtiger Kenngrößen beinhalten. Die Ausführungen beschränken sich auf

- Elektromotor und Schrittmotor mit Anpassungsgetriebe

- Elektromagnet
- Pneumatische und hydraulische Stellzylinder
- Piezoelektrische Aktoren in Stapelbauweise

Die Angaben sind Firmenprospekten oder Veröffentlichungen entnommen, Raab (1990, 1993). Sie beziehen sich auf Stellantriebe, die vorzugsweise für kleine bis mittlere Stellleistungen ausgelegt sind und translatorische Bewegungen ausführen. In Diagrammen wird zunächst ein Vergleich typischer Stelleigenschaften dargestellt. Gemeinsame Ordinate ist dabei die Stellkraft. Sie ist in Bild 10.41 über der Stellgeschwindigkeit aufgetragen, was eine Bewertung der vom Aktor abgegebenen Stellleistung (Kraft-Geschwindigkeits-Produkt) ermöglicht.

Bild 10.42 zeigt die Stellkraft über dem Stellweg. Die linke Begrenzung kann hier als kleinstmöglicher Stellweg oder Stellgenauigkeit interpretiert werden, die rechte als Stellbereich. Das Produkt aus Kraft und maximalem Stellweg entspricht dem Arbeitsvermögen des Aktors. Es zeigt sich, dass ein sehr breiter Stellbereich von elektromotorischen Antrieben abgedeckt wird. Die größte Positioniergenauigkeit erreichen piezoelektrische Aktoren.

Ergänzend ist in Bild 10.43 die Stellkraft in Abhängigkeit der Stellzeit im geregelten Betrieb zu sehen. Die Betriebsbereiche für kleine Zeiten repräsentieren dabei Positionierbewegungen um wenige Inkremente, die maximale Stellzeit ein Durchlaufen des gesamten Stellbereichs. Besonders kleine Stellzeiten lassen sich mit den elektrischen Antrieben erreichen. Außer den piezoelektrischen Aktoren (und dem hier nicht aufgeführten magnetostriktiven Aktor) ermöglichen dabei Schrittmotoren (gesteuert) und Elektromagnete eine besonders schnelle Positionierung.

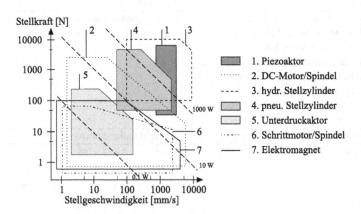

Bild 10.41. Diagramm Stellkraft-Stellgeschwindigkeit wichtiger Aktoren

Die Leistungsgewichte der wichtigsten Aktorprinzipien [Watt/kg] sind in Bild 10.44 aufgetragen. Die überragende Stellung der fluidtechnischen Antriebe, und dabei besonders der hydraulischen Antriebe, ist offensichtlich, wenn man die Erzeugung der Hilfsenergie nicht einschließt.

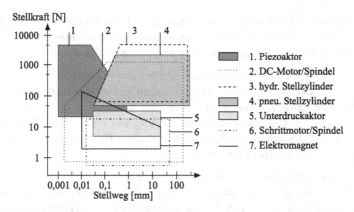

Bild 10.42. Diagramm Stellkraft-Stellbereich für wichtige Aktoren

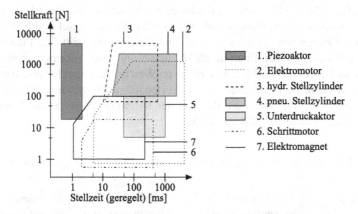

Bild 10.43. Stellkraft-Stellzeit (geregelter Betrieb) für wichtige Aktoren

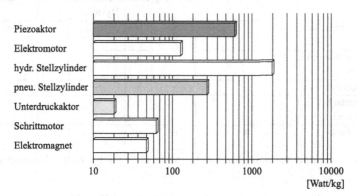

Bild 10.44. Leistungsgewichte verschiedener Aktorkonzepte (ohne Energieerzeuger)

Die allgemeine Forderung an den Aktor, eine hohe Positioniergenauigkeit bei möglichst guter Stelldynamik zu verrichten, impliziert fast immer den Betrieb im Lageregelkreis. In diesem Zusammenhang begrenzen Einflüsse wie

- Reibung und Lose in mechanischen Getrieben und Führungen
- Hystereseeffekte und Sättigungserscheinungen bestimmter Werkstoffe
- Nichtlineare statische Kennlinien
- Veränderung der Regelstreckenparameter aufgrund einer prinzipbedingten Betriebspunktabhängigkeit (intern) oder durch äußere Einflüsse wie Verschleiß, Alterung, Temperatur, Hilfsenergieschwankungen (extern)

die erreichbare Regelgüte, Raab und Isermann (1990).

Eine Bewertung des Ein-/Ausgangsverhalten wichtiger Aktorkonzepte hinsichtlich dieser signifikanten Eigenschaften ist in Tabelle 10.32 aufgeführt. Sie zeigt, dass Elektromotoren prinzipiell gute Regeleigenschaften bieten, die aber durch nachgeschaltete Getriebe- und Verstellmechanismen beeinträchtigt werden. Elektromagnete weisen ausgeprägte Reibungs- und Hystereseeigenschaften auf und besitzen statische Nichtlinearitäten (Magnetkraftkennlinie), siehe Abschnitt 5.2. Piezoaktoren sind bei Stapelaufbau vor allem durch Hysterese und Lose gekennzeichnet. Pneumatische und hydraulische Aktoren werden im Wesentlichen durch eine ausgeprägte Reibung, nichtlineare Kennlinien in den Ansteuerventilen, sowie durch ein Übertragungsverhalten charakterisiert, das von der Richtung, Position und Temperatur abhängt, siehe Abschnitte 10.4 und 10.5.

Tabelle 10.32. Bewertung des Ein-/Ausgangsverhaltens wichtiger Aktoren

Aktortyp	Linearität der Kraft-Momentenerzeugung	besondere Nichtlinearitäten			Veränderung der Streckenparameter	
		Reibung	Lose	Elektrische Hysterese	intern	extern
Elektromotor mit Getriebe	+	o	o			o
Schrittmotor mit Getriebe	o	o	o			o
Elektromagnet	−	−	+	−	o	−
pneumatischer Stellzylinder	−	−			−	o
Piezostrack-Aktoren	o	−	−	−		o

Symbole: + gut, vernachlässigbar; o mittel, vorhanden; − schlecht, deutlich ausgeprägt

Zusammenfassend kann man festhalten, dass alle Stelleinrichtungen durch ähnliche, unerwünschte Einflüsse in ihren Stelleigenschaften eingeschränkt werden. Diese sind insbesondere bei einem einfachen Aktoraufbau deutlich ausgeprägt. Werden dann geeignete *regelungstechnische Konzepte* für deren Erfassung und Kompensation eingesetzt, so können diese universell zur Leistungssteigerung der Aktoren genutzt werden. Das heißt, dass man hier Mechanik und mikroelektronische Regelungen integriert als *„mechatronische Stellsysteme"* entwickeln muss. Ein hohes Verbesserungspotential kann dabei für fluidtechnische und elektromagnetische Aktoren erreicht werden. Dabei kann man außer einer modellgestützten Regelung auch noch eine automatische Überwachung und Fehlererkennung implementieren, Isermann und Raab (1993), Isermann und Keller (1993), Pfeufer (1999).

10.8 Aktoren als Systemkomponenten

Im Hinblick auf den Einsatz von Aktoren in mechatronischen Systemen kommt dem Systemaspekt eine zunehmende Bedeutung zu. Hierunter versteht man Eigenschaften, die die Integration des Aktors im Gesamtsystem ermöglichen. Dies sind z.B.

- Art der Hilfsenergie
- Ein- Ausgangs-Verhalten
- Schnittstellen
- Bauliche Integration mit dem Prozess
- Ausgeführte Funktionen, Grad der Intelligenz
- Maßnahmen zur Erhöhung der Zuverlässigkeit

Die ersten beiden Eigenschaften wurden in den vorhergehenden Abschnitten bereits betrachtet.

10.8.1 Schnittstellen

Im Fall analoger Stellsignale sind die in der Prozessautomatisierung genormten elektrischen Standardsignale $0 \dots 20\,mA$, $4 \dots 20\,mA$, $-10\,V \dots 0 \dots +10\,V$ vorzuziehen. Bei Ankopplung an Bussysteme sind digitale Schnittstellen für serielle oder parallele Übertragung erforderlich, siehe Kapitel 11.

10.8.2 Bauliche Integration mit dem Prozess

Die bauliche Ankopplung des kompletten Aktors an den Prozess gestaltet sich zwangsläufig äußerst vielfältig. Bei kleineren Stückzahlen lohnen sich in der Regel normierte Flansche, Stecksysteme und sonstige Verschraubungen und entsprechend gestufte Baureihen der Aktoren (wie z.B. bei Durchflussventilen). Im Fall großer Stückzahlen werden meistens Sonderkonstruktionen ausgeführt, (wie z.B. bei Einspritzpumpen oder Drosselklappenstellern für Verbrennungsmotoren). Die Stellantriebe werden in der Regel in standardisierten Baureihen hergestellt.

10.8.3 Ausgeführte Funktionen

Führt man die Regelung des Aktors, Bild 10.2, mit den im Aktor integrierten Mikrorechnern aus, dann können modellgestützte, nichtlineare adaptive Regelalgorithmen implementiert werden, die die Stelleigenschaften wesentlich verbessern können.

Dies kann dazu führen, dass man die elektromechanische Konstruktion entfeinert im Sinne einer einfacheren und billigeren Fertigung und die erforderliche Präzision über die integrierte Sensorik und Regelungssoftware erreicht. Da somit Aktoren zunehmend als ein Produkt der Mechatronik erscheinen werden, kann man die im Kapitel 1 angestellten Überlegungen auf Aktoren anwenden. Dann entstehen *„intelligente Aktoren"* (smart actuators) mit folgenden Funktionen:

- Modellgestützte, nichtlineare Regelungen mit adaptivem Verhalten
- Fehlererkennung mit modellgestützten Methoden (Parameterschätzung, Paritätsmethoden, Zustandsbeobachter)
- Fehlerdiagnose mit Angaben über Fehlerart und Wartungshinweise
- Energie- und verschleißoptimale Stellstrategien

Auf die zugehörigen Methoden wird in Isermann und Raab (1993), Isermann und Keller (1993), Pfeufer (1999) eingegangen.

Die *Zuverlässigkeit* kann im Allgemeinen durch zwei Maßnahmen verbessert werden, Perfektion und Toleranz, Lauber und Göhner (1999). Durch *Perfektion* versucht man Fehler und Ausfälle über die konstruktive Gestaltung zu vermeiden. Hierzu dienen alle Wege einer kontinuierlichen technologischen Weiterentwicklung der Aktorkomponenten zur Erreichung großer Standzeiten. Im Betrieb muss man dann versuchen, die Perfektion durch regelmäßige Wartung und Austausch von Verschleißteilen aufrecht zu erhalten. Methoden zur Früherkennung kleiner Fehler können hier zu einer bedarfsabhängigen Wartung anstelle einer betriebszeitabhängigen Wartung führen.

Die *Toleranz* hat zum Ziel, die Auswirkung von Fehlern und Ausfällen auf die Funktion zu verhindern. Hierzu benötigt man eine Redundanz in Form eines Reservesystems. Für Aktoren bieten sich hierbei die statische Redundanz oder dynamische Redundanz mit „cold standby" oder „hot standby" an, siehe Kapitel 12.

10.9 Aufgaben

1) Stellen Sie die verschiedenen Komponenten eines Durchflussventils angetrieben durch einen AC Motor entsprechend Bild 10.2 dar. Beziehen Sie eine Positionsregelung des Ventilschaftes mit ein.

2) In welchen Fällen werden lineare oder nichtlineare Eigenschaften der Durchflussventils ausgewählt?

3) Nennen Sie die Vor- und Nachteile von Elektromotoren, pneumatischen Membranantrieben und hydraulischen Stellzylindern für
   a) Durchflussregelung des Dampfstromes für eine 500 MW Dampfturbine
   b) Positionsregelung für Vorschub-Antriebe einer Werkzeugmaschine
   c) Querruder eines Flugzeuges.

4) Vergleichen Sie die Eigenschaften eines GS Motors mit Bürste und eines bürstenlosen GS-Motors.

5) Welche Stellantriebe und nachfolgende Getriebe brauchen oder brauchen keinen Strom, um die Position unter Last zu halten?

6) Wie kann das nichtlineare Strom-Positions-Verhalten von Elektromagneten für die Positionsregelung des Ankers durch Konstruktionsmaßnahmen oder durch Regelalgorithmen verbessert werden?

7) Welche Aktoren sollten für die folgenden Anforderungen bevorzugt werden:

   a) Weg 1 m und sehr große Geschwindigkeit und Kraft

   b) Weg 10 mm, Kraft 5 N und günstige Massenproduktion

   c) Weg 0,01 mm und Kraft 100 N

   d) Weg 0,1 m, Kraft 1000 N und explosive Umgebung

   e) Weg 0,2 m, Kraft 1000 N und hohes Leistungs-Gewicht-Verhältniss.

8) Wie groß sind ungefähr die kleinsten Zeitkonstanten von pneumatischen, hydraulischen, elektromotorischen, elektromagnetischen und piezoelektrischen Stellantrieben?

9) Bestimmen Sie die Zeitkonstante eines pneumatischen Membranaktors mit dem Durchmesser $D = 0,1\,m$, dem Luftvolumen $V = 1 \cdot 10^{-3}\,m^3$, Zustrom $\dot{V}_{max} = 0,5 l/s$, $p_i = 1\,bar$. Es wird angenommen, dass die Reibung vernachlässigt werden kann.

10) Welche Arten von linearen Reglern kann man für eine genaue und schnelle Positionsregelung eines Elektromagneten, eines Membranaktors und eines hydraulischen Stellzylinders verwenden?

11

Mikrorechner

Die Informationsverarbeitung in mechatronischen Systemen findet im Allgemeinen in einem Mikrorechner oder in einem System von Mikrorechnern statt. Diese Mikrorechner werden dabei zum großen Teil als Prozessrechner betrieben, d.h. sie müssen Echtzeitverarbeitung durchführen und Schnittstellen für Prozesseingangssignale und -ausgangssignale haben. Deshalb werden sie auch als „embedded hardware-software systems" bezeichnet . Im Folgenden wird eine kleine Übersicht zu Mikrorechnern, speziellen Prozessoren, Bussystemen und Architekturen gegeben, die in der Automatisierungstechnik allgemein und auch bei mechatronischen Systemen eingesetzt werden.

Die entscheidenden Schritte zur *Entwicklung der Mikroelektronik* waren die Erfindung des Transistors (1948), die ersten integrierten Silizium-Schaltungen in Bipolartechnik (1959) und in MOS (metal oxide semiconductor)-Technologie (Feldeffekt-Transistoren) (1969). Danach folgten erste UV-Licht löschbare Festwertspeicher (EPROM, 1969) und der erste speicherprogrammierte 4-bit Mikroprozessor Intel 4004 (1971), mit Zentraleinheit (CPU), Festwertspeicher (ROM), und Schreib/Lesespeicher (RAM).

Seit dieser Zeit stellte sich eine Entwicklung ein, die grob durch die Zahl der Bauelemente pro Chip, Bild 11.1, und die Rechenleistung in MIPS (Million instructions per second), Bild 11.2, gekennzeichnet werden kann.

Eine Übersicht der Entwicklungen geben z.B. Gibson (1994), Carter (1995), Patterson (1995), Wieder (1996), Meierau (1996). Hiernach ist von folgenden Tendenzen auszugehen:

- Die Zahl der Bauelemente-Funktionen pro Chip verdoppelt sich auch weiterhin mit jeder IC-Generation, also alle 18 Monate (Mooresches Gesetz). (Die Packungsdichte vervierfacht sich alle drei Jahre).
- Die Investitionen für die Fertigungsanlagen verdoppeln sich mit jeder Generation (Miniaturisierung der Abmessungen, Reinstraumtechnik, größere Waferdurchmesser, mehr Prozessschritte, Automatisierung).
- Trotzdem sind die Kosten elektronischer Geräte etwa konstant geblieben und pro Rechenfunktion wesentlich gesunken.

- Die weitere Entwicklung wird vermutlich geprägt durch eine massive Steigerung der Komponenten pro Chip, CMOS-Technologie, Übergang von Logik, Arithmetik und Speicher auf einem Chip zu ganzen Systemen auf einem Chip mit Parallelisierung in Raum und Zeit, geringerer Leistungsbedarf (portable Geräte), gleichzeitiger Hardware- und Software-Entwurf.

Diese Entwicklungen kommen der Gestaltung mechatronischer Systeme sehr entgegen. Sie bedeuten, dass ohne eine wesentliche Steigerung der Herstellungskosten die Informationsverarbeitung immer umfangreicher, schneller und zuverlässiger werden kann.

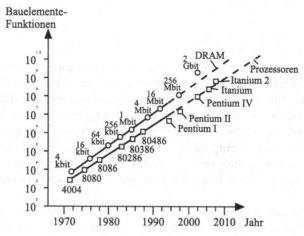

Bild 11.1. Zahl der Bauelemente-Funktionen pro Chip in Abhängigkeit des Markteinführungsjahres für dynamische Speicher (DRAM) und Prozessoren in Silizium-Technologie

11.1 Aufbau eines Mikrorechners

Man unterscheidet zwei Bauarten von Mikrorechnern, *Platinen-Mikrorechner*, die auf Leiterplatten (Steckkarten) aus einzelnen Komponenten aufgebaut werden und *Ein-Chip-Mikrorechner*, die aus einem Mikroelektronik-Chip bestehen.

Bild 11.3 zeigt den prinzipiellen Aufbau eines Platinen-Mikrorechners. Er besteht auf folgenden Bausteinen, die als integrierte Schaltkreise (IC) auf die Platine montiert werden:

- *CPU* (central processor unit): Mikroprozessor (Zentraleinheit) zur logischen / arithmetischen Verarbeitung von Daten (entsprechend Programmierung).
- *Counter/Timer*: Taktgeber.
- *RAM* (random access memory): Speicherbausteine mit Schreib- und Lese-Zugriff.

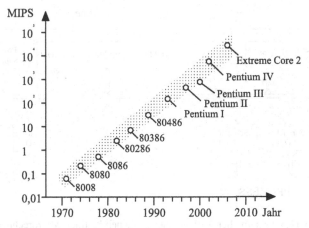

Bild 11.2. Rechenleistung von Mikroprozessoren in MIPS (Million instructions per second) in Abhängigkeit des Markteinführungsjahres (RISC und CISC-Prozessoren)

- *ROM* (read only memory): Festwertspeicher (Nur-Lese-Speicher), bei der Herstellung (masken) programmiert.
- *PROM* (programmable ROM), *OTP* (one time programmable), *EPROM* (erasable PROM), *EEPROM* (electr. erasable PROM), *FLASHROM*: ROM programmierbar durch Anwender, bei EPROM/EEPROM/FLASHROM auch löschbar.
- *MRAM* (magneto-resistive random access memory), *FeRAM* (ferroelectric random access memory): nichtflüchtige wiederbeschreibbare Speicher.
- *Parallele I/O*: Ein- und Ausgabe mit mehreren parallelen Bits.
- *Serielle I/O*: Ein- und Ausgabe mit seriellen Bits, meist für Peripheriegeräte.
- *Bus I/O*: Kommunikation mit externem Bus.

Charakteristisch für die Platinen-Mikrorechner ist, dass sie an den Anwendungsfall angepasst werden können, z.B. durch mehrere RAM, ROM, externe Massenspeicher (Festplattenspeicher) oder Arithmetik-Prozessoren für die schnelle Gleitkomma-Rechnung.

Im Unterschied hierzu sind bei Ein-Chip-Mikrorechnern CPU, RAM, ROM, I/O-Kanäle in einem integrierten Baustein untergebracht. Diese sind im Allgemeinen ohne weitere externe Bausteine funktionsfähig. Einige Begriffe und Einheiten sind in Tabelle 11.1 zusammengefasst.

11.2 Standardprozessoren

Mikroprozessoren sind Zentraleinheiten eines Digitalrechners (CPU) und bestehen aus bis zu mehreren Milliarden Transistoren. Sie sind auf einem Chip, einer einkristallinen Siliziumfläche von wenigen Quadratmillimetern untergebracht. Die Leistungsaufnahme liegt bei 0,5 bis 60 Watt.

In Bild 11.4 sind die vier Hauptkomponenten eines Mikroprozessors zu sehen:

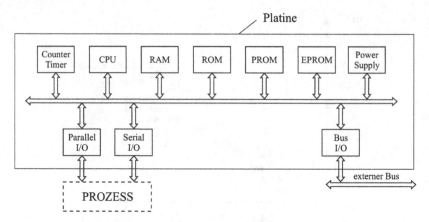

Bild 11.3. Prinzipieller Aufbau eines einfachen Platinen-Mikrorechners

Tabelle 11.1. Einige Begriffe und Einheiten der Digitaltechnik

Informationsgehalt	

Bit (binary digit): Speicherelement eines Registers oder einer Speicherzelle, Binärstelle eines Datenwortes oder einer Adresse. Kann den Wet 0 oder 1 annehmen

1 kbit (Kilobit) $= 2^{10}$ bit $= 1024$ bit

1 Mbit (Megabit) $= 2^{20}$ bit $= 1048576$ bit

1 Gbit (Gigabit) $= 2^{30}$ bit $= 1073741824$ bit

Byte: 8 zusammenhängende Bit

Frequenzen	**Schwingungsdauer**
1 Hz : 1 Schwingung / s	1 s
1 kHz $= 10^3$ Hz	1 ms $= 10^{-3}$ s
1 MHz $= 10^6$ Hz	1 s $= 10^{-6}$ s
1 GHz $= 10^9$ Hz	1 ns $= 10^{-9}$ s
1 THz $= 10^{12}$ Hz	1 ps $= 10^{-12}$ s

Übertragungsraten

1 bit/s $= 1$ bps (baud)

1 kbit/s $= 1$ kbps $= 10^3$ bps

1 Mbit/s $= 1$ Mbps $= 10^6$ bps

1 Gbit/s $= 1$ Gbps $= 10^9$ bps

Rechenleistung

1 MIPS $= 1$ million instructions per second

- *Steuerwerk*: Entschlüsselt die Steuerinformation der Befehle und steuert die Durchführung des Befehls (Ablaufsteuerung).
- *Rechenwerk* (Operationswerk): Führt die logischen und arithmetischen Verknüpfungen der Daten aus.
- *Speicherwerk*: Ermittelt die Speicheradressen für Befehle und Operanden. Dient als schneller Zwischenspeicher bei der Befehlsausführung.
- *Bus-Interface*: Kopplungseinheit zum internen Mikrorechnerbus, der RAM, ROM, I/O versorgt. Dient auch als Zwischenspeicherregister zur Pufferung von Adressen.

Die Signalübertragung besteht im Mikroprozessor aus einem Bussystem (Systembus) mit bis zu drei speziellen Bussen:

- *Datenbus*: Übertragung der Daten (Befehle, Operanden, Ergebnisse) zwischen den Komponenten, bidirektional.
- *Adressbus*: Aktivieren von bestimmten Komponenten durch Adressen, unidirektional.
- *Steuerbus*: Zeitliche Koordination der Signalverläufe, Zuordnung der Daten zu den Adressen, bidirektional.
  (Adress- und Datenbus können auch zusammengefasst sein)

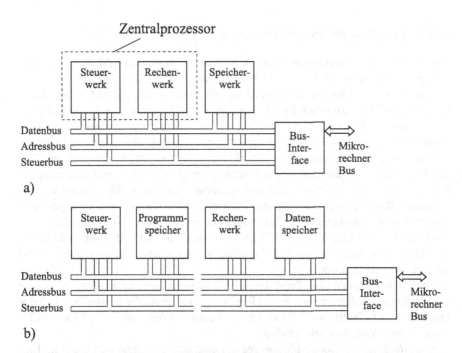

Bild 11.4. Hauptkomponenten eines Mikroprozessors (CPU) nach dem Prinzip eines von Neumann-Rechners: a) Princeton Struktur: Gemeinsamer Speicher für Programm und Daten; b) Harvard-Struktur: Getrennte Speicher für Programm und Daten)

Die im Bild 11.4 gezeigten Anordnung entspricht einem von *Neumann-Rechner*: Ein Zentralprozessor, bestehend aus Steuerwerk und Rechenwerk, Arbeitsspeicher für Programm und Daten, I/O-Prozessor (Bus-Interface) und Rechner-Universalbus. Die Arbeitsweise eines von-Neumann-Rechners ist wie folgt:

- Adresse des Befehls: Steuerwerk ermittelt Befehlsadresse im Arbeitsspeicher über Adressbus.
- Befehl holen: Über den Datenbus wird der Befehl in das Steuerwerk geholt und interpretiert.
- Adresse des Operanden: Steuerwerk ermittelt Operandenadresse im Arbeitsspeicher über Adressbus.
- Operand holen: Über den Datenbus wird der Operand in das Rechenwerk geholt.
- Befehl ausführen: Rechenwerk führt Befehl aus und legt das Ergebnis im Rechenwerkregister ab.
- Adresse des nächsten Befehls: Steuerwerk erhöht den Befehlszähler um Eins.

Eine andere Anordnung bezüglich des Speichers zeigt Bild 11.4b). Hier ist jeweils ein getrennter Speicher für das Programm und die Daten vorgesehen. Dieser Aufbau wird *Harvard-Struktur* genannt. Er ermöglicht das parallele Übertragen von Befehlen und Daten über getrennte Busse. Dies ist Grundlage der digitalen Signalprozessoren (DSP), Abschnitt 11.6.

11.2.1 Architektur von Standardprozessoren

Die wesentlichen Komponenten eines Mikroprozessors sind in Bild 11.5 etwas detaillierter dargestellt, vgl. Bähring (1994), Gilmore (1989), Whitaker (2000).

Das *Steuerwerk* besteht aus Befehlsregister, Befehlscodierer, Mikroprogramm-Steuerung und Steuerregister. Es arbeitet nach einem bestimmten Takt mit Frequenzen zwischen 1 MHz und 1 GHz. Der Takt wird entweder extern in einem besonderen Baustein erzeugt oder aber durch einen internen Rechteckgenerator mit Synchronisierung durch einen externen Quarz. Das Steuerwerk übergibt Steuersignale nach einer durch ein Programm (Folge von Befehlen, im Speicher abgelegt) vorgegebenen Reihenfolge an das Rechenwerk an andere Komponenten des Mikroprozessors und an externe Komponenten. Es wird aber auch von anderen Komponenten angesteuert (Verzweigung, Unterbrechung). Das Programm des Mikroprozessors besteht aus einer Folge von Maschinenbefehlen (Makrobefehle). Von diesen Maschinenbefehlen wird in das *Befehlsregister* der Teil (Operationscode) geladen, der die Operation und die Komponenten enthält.

Das *Steuerregister* beeinflusst die Arbeitsweise (mode) des Prozessors. Hierzu werden besondere Steuerworte in das Register geschrieben, die in Abhängigkeit des Programms, z.B. Interrupts, den user oder system mode oder single step mode, BCD-mode (binary code decimals) festlegen.

Das *Rechenwerk* eines Mikroprozessors enthält die arithmetisch-logische Einheit (ALU: arithmetic and logic unit), Hilfsregister und Statusregister. Am Eingang der ALU befinden sich *Hilfsregister* (latches) bzw. Akkumulatoren, die die zu verknüpfenden Operanden zwischenspeichern, da die ALU nicht speichert, sondern die

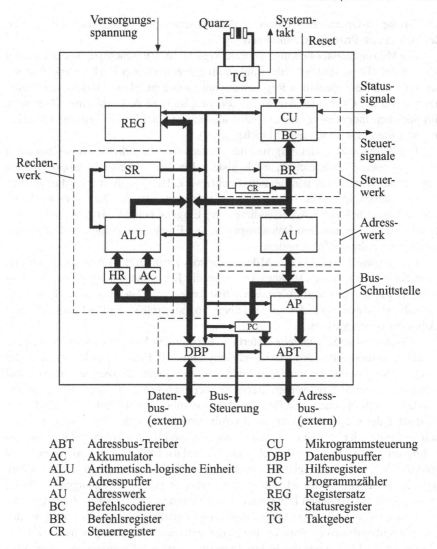

Bild 11.5. Prinzipieller Aufbau eines Mikroprozessors

ABT	Adressbus-Treiber	CU	Mikrogrammsteuerung
AC	Akkumulator	DBP	Datenbuspuffer
ALU	Arithmetisch-logische Einheit	HR	Hilfsregister
AP	Adresspuffer	PC	Programmzähler
AU	Adresswerk	REG	Registersatz
BC	Befehlscodierer	SR	Statusregister
BR	Befehlsregister	TG	Taktgeber
CR	Steuerregister		

logischen und arithmetischen Operationen nur ausführt. Das Ergebnis der Operation wird über den Ausgangsbus in ein Register des Mikroprozessors, an andere Komponenten oder in ein ALU-Hilfsregister übertragen. Dabei wird auch das Statusregister der ALU verändert, das den Zustand des Rechenwerks nach einer Rechenoperation durch einzelne, unabhängige Bits (flags) anzeigt. Die Grundoperationen der ALU bestehen aus den arithmetischen Operationen für ganze Zahlen (z.B. Addieren, Subtrahieren, Multiplizieren, Dividieren, Inkrementieren), logische Verknüpfungen (z.B. UND, ODER, Negation, Antivalenz) Schiebe- und Rotations-Operationen und Transport-Operationen. Höhere mathematische Operationen werden in speziellen Arithmetik-Prozessoren durchgeführt.

Ein Mikroprozessor benötigt mehrere *Register* als Zwischenspeicher mit kleiner Zugriffszeit. Diese sind entweder direkt dem Steuerwerk oder Rechenwerk zugeordnet oder in einem speziellen Registersatz untergebracht. Man unterscheidet Datenregister für die Operanden der ALU, Adressregister zur Auswahl eines Operanden im Speicher, Indexregister für die Adressdistanz zu einer Basisadresse und Spezialregister wie z.B. einem Stack (Stapelspeicher).

Das *Adresswerk* bildet aufgrund des Steuerwerks die Adresse eines Operanden aus den Inhalten von Speichern und Registern. Bei den modernen Mikroprozessoren arbeitet das Adresswerk parallel zum Rechenwerk. Hierzu gehört auch die Nutzung eines virtuellen Speichers (MMU: memory management unit). Das Adresswerk enthält hauptsächlich einen Adressaddierer. Der Eingang kommt z.B. von einem internen Register oder aus dem Datenbuspuffer. Die Ergebnisse werden im Programmzähler oder Adresspuffer abgelegt.

Das *interne Bussystem* des Mikroprozessors ist in Bild 11.5 schematisch eingezeichnet. Der interne Datenbus verbindet die Komponenten Rechenwerk, Steuerwerk, Registersatz und Adresswerk und endet am Datenbuspuffer. Der interne Adressbus wird vom Adresswerk über Programmzähler und Adresspuffer zum Adressbustreiber geführt.

Die *Systembus-Schnittstelle* (Interface) koppelt den Mikroprozessor mit den peripheren Komponenten des Mikrorechnersystems. Hierbei sind Adressen und Daten zwischenzuspeichern und interne und externe Signale elektrisch anzupassen. Zur Verstärkung der Ströme werden hierzu Treiber eingesetzt, um eine größere externe Buslast zu ermöglichen. Die Register der Systembus-Schnittstelle sind der Datenbuspuffer, der Programmzähler und der Adresspuffer. Der *Datenbuspuffer* speichert alle externen oder internen Daten. Er muss also von beiden Seiten gelesen und beschrieben werden können (Bidirektionale Datenbus-Treiber). Der *Programmzähler* gibt die Adresse der Speicherzelle des nächsten Befehles an. Beim normalen Programmablauf wird er um +1 erhöht, bei Sprüngen und Verzweigungen durch das Adresswerk mit der neuen Programmadresse versehen. Der *Adresspuffer* erhält vom Adresswerk die Adresse des Operanden. Programmzähler und Adresspuffer werden alternativ über den Adressbus-Treiber an den externen Adressbus geschaltet. Zur Erweiterung der Funktionen des Mikroprozessors werden *Hilfsprozessoren* eingesetzt. Sie sind Hardware-Erweiterungen und werden über den Systembus angeschlossen. Typische Aufgaben sind die Steuerung von Peripheriegeräten oder die Ausführung der Gleitpunktarithmetik.

Die bisher beschriebenen Standard-Mikroprozessoren sind universell einsetzbare mikroprogrammierte Prozessoren. Sie verfügen über bis zu mehr als 100 Befehlen in unterschiedlichen Formaten und Adressierungsarten. Man bezeichnet sie als CISC-Prozessoren (complex instruction set computer). Sie sind wegen ihrer Vielseitigkeit sehr komplex aufgebaut. Um diese Komplexität zu verringern wurden RISC-Prozessoren (reduced instruction set computer) entwickelt. Dies wird z.B. durch folgende Eigenschaften erzielt: Einfacheres Steuerwerk durch weniger Befehle (30 - 100), weniger Adressierungsarten, Ganzzahlen. Das Steuerwerk ist festverdrahtet, also ohne Mikroprogrammsteuerung um eine kleine Zykluszeit zu erreichen (hohe Taktfrequenz) und alle Datenwege sind mindestens 32 bit breit. Die Verarbeitung der Befehle erfolgt möglichst in einem oder einigen wenigen (bis 3) Taktzyklen. Es werden vorwiegend höhere Sprachen mit Compilern und weniger Assemblersprachen eingesetzt.

Einen Vergleich der Rechenzeiten für einige CISC- und RISC-Mikroprozessoren zeigt, dass manche der RISC-Prozessoren etwas schneller sind, dass aber die neueren CISC-Prozessoren etwa gleiche Rechenzeiten haben, da auch diese Merkmale der RISC-Prozessoren aufweisen, siehe Stiller (1995, 1996).

Der Mikroprozessor-Chip wird in ein Gehäuse aus Kunststoff oder Keramik eingebracht um eine feste mechanische Einbindung zu ermöglichen, Wärme abzuleiten und Anschlüsse anzubringen. Man unterscheidet Gehäuse mit steckbaren Anschlussstiften für Sockel (an zwei Seiten: DIP, dual in line package oder an vier Seiten: quadpack) oder mit direkt lötbaren Anschlussstiften (matrixförmig: PGA, pin grid arrays oder BGA, bell grid arrays) für die Oberflächenmontage (SMD: surface mounted devices). Die Verbindung zwischen dem Chip und den Gehäusekontakten erfolgen durch dünne Golddrähte (bond wires). Dabei sind auch die Erfüllung von klimatischen und mechanischen Beanspruchungen wichtig. Bei Kraftfahrzeugen treten z.B. Temperaturen zwischen $-40°$ und $+90°$ C auf. Die Ausfallraten einzelner integrierter Schaltkreise liegt dabei zwischen etwa 10^{-4} bis 10^{-9} 1/h und sind wesentlich von der Temperatur abhängig, siehe z.B. Schrüfer (1992). Beanspruchung durch Feuchte, Kondensation, Spritzwasser, Öl, Kraftstoffe, Staub sind je nach Art des Einsatzes zu prüfen. Die mechanischen Beanspruchungen durch Beschleunigung (Betrieb, Stoß beim Transport und in der Fertigung) sind ebenfalls zu beachten. Wegen der relativ kleinen Masse und nach dem Vergießen der Bauelemente ist diese in der Regel nicht problematisch, vgl. Conzelmann und Kiencke (1995).

In Tabelle 11.2 sind zum Vergleich einige Kennwerte typischer Mikroprozessoren seit etwa 1970 dargestellt. Man erkennt die großen Zunahmen bei der Taktfrequenz, dem internen Speicherbereich und der Rechenleistung. Der Leitungsverbrauch moderner Mikroprozessoren nimmt mit steigender Taktfrequenz stark zu. Da in integrierten Prozessrechnern (eingebettete Systeme) nur eine begrenzte Verlustleistung in Form von Wärme abgeführt werden kann, wird eine weitere Leistungssteigerung durch Verwendung von Mehrprozessorkernen bei limitierter Taktfrequenz erreicht.

11.2.2 Software für Standardprozessoren

Die Entwicklung der Software-Programme für Mikroprozessoren erfolgt in der Regel über Entwicklungssysteme auf dem Zielrechner oder auf anderen Host-Rechnern. *Entwicklungssysteme* werden verwendet zum Erstellen der Programme, Übersetzen der Quellprogramme in Objektprogramme (Assembler, Compiler), Fehlersuche in Programmen (Debugger), Eingeben der Programme in die PROM oder EPROM oder EPROM-Simulatoren. Die Entwicklungssysteme enthalten eine umfangreiche System-Software und eine geeignete Peripherie. Dabei wird eine Verbindung von Mikroprozessoren zum Entwicklungssystem hergestellt.

Tabelle 11.2. Kennwerte und Eigenschaften einiger Standard-Mikroprozessoren

Typ	Einheit	Intel 8008	Intel 8080	MC 6800	Intel 8086	Z 8001	MC 68000	Intel 80286	Intel 80386	Intel 80486	Intel Pentium I	Intel Pentium II	Intel Pentium III	Intel Athlon	Intel Core 2 Extreme
Erscheinungsjahr		1971	1974	1974	1978	1979	1979	1982	1985	1989	1993	1995	1999	2001	2006
Datenbusbreite	bit	4	8	8	16	16	16	16	32	32	64	64		64	64
Taktfrequenz	MHz	0,75	1	2	10	10	8	25	33	60	60	450	733	2000	2930
Adressierbarer Speicherbereich	byte	640	64 k	64 k	1 M	8 M	16 M	16 M	4 G	4 G	4 G				4 G
Anzahl Transistoren		2300	5000		29 k		68 k	134 k	275 k	1,2 M	3,1 M	7,5 M	9,5 M	22 M	291 M
Register		16 × 4 bit	2	2 × 8 bit 2x16	14	14	16	19	19	31					
Pins		16		40						168 PGA	296 PGA				
Rechenleistung	MIPS	0,06	0,29		0,33		1	1,2	5	20	112	366	1616	2500	57063
Strukturbreite	µm	8		6			4			1	0,28				65 nm
interner Cache-Speicher					-	-	-	-	-	++	+				
interne Gleitpunkt-arithmetik					-	-	-	-	-	-	+	+	+	+	

Die Software-Erstellung mittels *Host-Rechner* erfolgt mit spezieller Cross-Software (Cross-Compiler).

11.3 Speicher

Mikroprozessoren benötigen in der Regel externe Speicher in Form von Arbeitsspeichern. Diese sind heute fast ausschließlich Halbleiterspeicher auf der Grundlage von hochintegrierten Schaltungen aus Transistoren und Kondensatoren. Bild 11.6 zeigt die prinzipielle Anordnung. Ein Speicher besteht aus n Speicherzellen mit m Speicherelementen. Ein Speicherelement wird dabei durch eine Schaltung gebildet, die einen binären Wert, 0 oder 1, aufnehmen und halten kann. Die Speicherzellen bestehen aus $m = 8\,\text{bit}$ (1 Byte), 16 bit (1 Wort) oder 32 bit (1 Doppelwort). Hieraus ergeben sich *Kapazitäten* von z.B.

$$
\begin{aligned}
1\text{k} \times 8\,\text{bit} &\triangleq 2^{10}\,\text{bit} = & 1024 \ \text{Speicherzellen} \\
&\triangleq & 8192 \ \text{Speicherelemente} \\
1\text{M} \times 8\,\text{bit} &\triangleq 2^{20}\,\text{bit} = & 1048576 \ \text{Speicherzellen} \\
&\triangleq & 8388608 \ \text{Speicherelemente} \\
1\text{G} \times 8\,\text{bit} &\triangleq 2^{30}\,\text{bit} = & 1073741824 \ \text{Speicherzellen} \\
&\triangleq & 8589934592 \ \text{Speicherelemente}
\end{aligned}
$$

Ein weiteres Kennzeichen von Speichern ist die *Zykluszeit*, die als Zeitdauer zwischen zwei Speicheradressierungen vergehen muss. Sie setzt sich aus der Zugriffszeit (Adresseingabe-Datenausgabe), einer Einschwingzeit und eventuellen Wartezeiten zusammen.

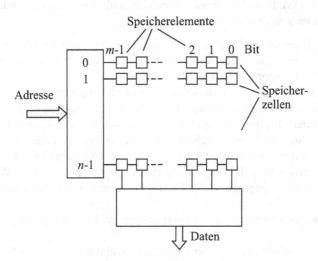

Bild 11.6. Prinzipielle Anordnung eines Arbeitsspeichers der Kapazität $n \times m$ bit

Die Halbleiterspeicher bestehen aus folgenden Bauelementen, Bild 11.7:

- Zunächst wurden als Bauelemente Halbleiter-Dioden und Bipolare-Transistoren eingestzt. Eine *Halbleiter-Diode* lässt einen Strom nur von der Anode zur Kathode durch, wenn die Diodenspannung größer als ein Grenzwert (z.B. 0,5 V) ist. Wirkt als Stromventil.

- Bei einem *Bipolaren Transistor* fließt ein kleiner Basisstrom, wenn die Steuerspannung zwischen Basis und Emitter einen Grenzwert (z.B. 0,5 V) überschreitet. Der Transistor wird dadurch zwischen Kollektor und Emitter leitend, so dass eine äußere Spannung einen Kollektorstrom treibt, mit einem Spannungsabfall an einem äußeren Widerstand. Die Transistorausgangsspannung ist dann Null, anderenfalls gleich der äußeren Spannung. Der Transistor wirkt somit als Schalter im Sinne eines binären Inverters.

- Halbleiterspeicher bestehen zurzeit meist aus *MOS-Transistoren*. Ein MOS-(metal oxide semiconductor)-Transistor entsteht durch Eindiffundieren von Fremdatomen in eine Schicht aus einkristallinem Silizium (sog. *n*- und *p*-Zonen mit Überschuss an negativen und positiven Ladungsträgern). In eine Isolatorschicht aus aufgebrachtem SiO_2 werden dann die Metallanschlüsse für den Drain und Source-Anschluss der *n*-Zonen eingeätzt. Zwischen dem Drain (D) und Source (S) Anschluss wird ein dünner Isolator auf den Halbleiter und darüber eine Gate-Elektrode aus Metall oder polykristallinem Silizium aufgebracht. Bei Anlegen einer Steuerspannung zwischen G und S über einen Grenzwert und Ausbildung eines elektrischen Feldes zwischen G und Siliziumsubstrat (Feldeffekt-Transitor) leitet der Transistor und eine positive äußere Spannung zwischen D und S erzeugt einen Strom. So entsteht ein fast leistungsloser Schalter. Durch Vertauschen der Dotierungen in den Zonen erhält man einen komplementären MOS-Transistor, durch Zusammenschalten beider Transistoren einen Inverter in CMOS (complementory MOS). Dann ist nur noch beim Umschalten ein Strom erforderlich, was zu noch kleinerem Leistungsbedarf führt.

Bei Halbleiterspeichern werden aus diesen Bauelementen Speicherzellen gebildet, die im Schnittpunkt einer Auswahlleitung und einer Datenleitung (Zeile und Spalte einer Matrixanordnung) liegen.

Halbleiterspeicher können zunächst in zwei Hauptgruppen unterteilt werden: Festwertspeicher und Schreib/Lesespeicher. Bei *Festwertspeichern* wird der Speicherinhalt einmal eingebracht und bleibt nach Ausschalten der Stromversorgung erhalten (nicht flüchtige Dauerspeicher). *Schreib/Lesespeicher* dagegen werden erst nach Einschalten geladen (z.B. von externen Massenspeichern) und verlieren ihren Inhalt beim Ausschalten (flüchtige Speicher). Im Folgenden wird auf den Aufbau dieser Speicher kurz eingegangen. In Tabelle 11.3 sind einige Eigenschaften zusammengefasst.

Die wichtigsten Vertreter der Festwertspeicher sind ROM, PROM, EPROM and EEPROM.

ROM (read only memory) sind maskenprogrammierte Nur-Lese-Speicher, die bereits bei der Herstellung programmiert werden. Bei Verwendung von Dioden werden diese in den Kreuzungspunkten der Auswahl- und Datenleitung vorgesehen oder nicht, bei bipolaren Transistoren wird in den Kreuzungspunkten die Auswahlleitung

Tabelle 11.3. Übersicht der wichtigsten Halbleiterspeicher

Klassifikation		Halbleiter Bauelemente	Kapazität	Zugriffszeit	Leistung aktiv	Leistung stand by	Anmerkung
Festwertspeicher	ROM	Diode Bipol. Trans. MOS / CMOS	$\leq$ 16 Mbit	200-350 ns	75-300 mW	2 mW	Maskenprogrammiert bei der Herstellung, große Stückzahl
	PROM	Diode Bipol. Trans.	$\leq$ 1 Mbit	$\geq$ 35 ns	100 mW	5 μW	Programmierung durch Stromimpulse mit Gerät beim Anwender
	EPROM	MOS CMOS	$\leq$ 1 Mbit	150-450 ns	100 mW	5 μW	Programmierung durch Stromimpulse Löschen mit UV-Strahlung
	EEPROM	MOS CMOS	$\leq$ 256 kbit	55-450 ns	300 mW	125 mW	Programmierung und Löschen durch Stromimpulse mit Mikroprozessor
Schreib-Lesespeicher	SRAM	Bipol. Trans. MOS / CMOS	$\leq$ 1 Mbit	15-150 ns	300 mW-1 W	10 μW	flüchtiger Speicher
	DRAM	MOS CMOS	$\leq$ 512 Mbit	100-250 ns	190-350 mW	20-30 mW	flüchtiger Speicher, Speicher Refreshing, kleiner Stromverbrauch
	NVRAM	MOS	16 kbit	150-300 ns		150 mW	Nichtflüchtiger Speicher

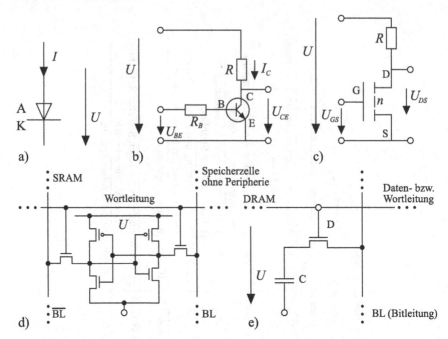

Bild 11.7. Bauelemente von Halbleiterspeichern: a) Diode, A: Anode, K: Kathode; b) Bipolarer Transistor, B: Basis, C: Kollektor, E: Emitter; c) MOS-Transistor, D: Drain (Senke), S: Source (Quelle), G: Gate (Steuerelektrode); d) CMOS-Speicher: statisches RAM (SRAM); e) Dynamisches EIntransistor-RAM (DRAM)

an die Basis geführt oder nicht und bei MOS-Transistoren wird eine unterschiedliche Kanaldotierung eingebracht oder eine Metallisierungsmaske konfiguriert.

PROM (programmable ROM) sind programmierbare Nur-Lese-Speicher, die vom Anwender programmiert werden. Dabei werden durch ein besonderes Programmiergerät bestimmte Bereiche der Speicherelemente dadurch außer Funktion gesetzt, dass durch Stromimpulse z.B. Widerstandsbahnen geschmolzen oder bei Dioden die Ventilwirkung durch Umwandlung in einen Widerstand aufgehoben wird. ROM und PROM sind nach der Programmierung nicht mehr änderbar.

EPROM (erasable and programmable read only memory) sind programmierbare Nur-Lese-Speicher die vom Anwender programmiert und durch ultraviolette Strahlung gelöscht werden können. Sie verwenden MOS-Transistoren, die eine zusätzliche Steuerelektrode in der Isolatorschicht (floating gate) haben (FAMOS). Nach Anlegen einer relativ großen Spannung wird diese Steuerelektrode geladen und verschiebt die Kennlinie des Feldeffekt-Transistors so, dass der Transistor bei normaler Spannung nicht leitet. Eine UV-Strahlung lässt die Ladung der zusätzlichen Steuerelektrode wieder abfließen.

EEPROM (electrically erasable and programmable read only memory) sind programmierbare Nur-Lese-Speicher, die durch den Mikroprozessor verändert werden können. Sie bestehen aus MOS-Speichertransistoren mit einer zusätzlichen Steuerelektrode (ähnlich FAMOS) und Schalttransistoren, so dass die Steuerelektrode auch elektrisch entladen werden kann. Flash-EEPROMS speichern einzelne Bits in einem floating-gate, das durch einen Isolator (Oxid-Schicht) von der Stromzufuhr abgetrennt ist, so dass die gespeicherte Ladung nicht abfließen kann. Das Speichern ist oft byte-weise möglich, das Löschen nur in größeren Einheiten. Die gespeicherten Daten bleiben bei fehlender Versorgungsspannung erhalten.

Schreib/Lesespeicher gehören zur Gruppe der RAM (random access memory). Man unterscheidet SRAM und DRAM.

SRAM (static random access memory) basieren auf Flip-Flop Schaltungen aus zwei rückgekoppelten CMOS-Inverter-Transistoren. Zum Schreiben wird einem der beiden rückgekoppelten Inverter von außen ein neuer Wert aufgeprägt und der jeweils andere Inverter stellt sich dann automatisch auf den invertierten Wert ein.

DRAM (dynamic random access memory) bestehen aus einem MOS-Speichertransistor und einem Kondensator. Zum Schreiben wird eine Spannung an die Steuerelektrode gelegt. Der Transistor wird leitend und der integrierte Kondensator wird geladen. Das Lesen erfolgt nach Anlegen einer Spannung an die Steuerelektrode und Auswertung des Entladestromes durch einen Leseverstärker in der Datenleitung. Es fließt also nur während des Schreibens und Lesens ein Strom und damit ergibt sich ein sehr kleiner Stromverbrauch. Jedoch muss der Speicherinhalt sowohl nach dem Lesen als auch gewissen Zeitabständen wieder eingeschrieben werden, da der Kondensator beim Lesen und durch Verluste entladen wird (refreshing).

NVRAM (non volatile random access memory) sind nichtflüchtige RAM. Sie bestehen aus der Zusammenschaltung einer statischen RAM-Speicherzelle und einer EEPROM-Zelle. In normalem Betrieb arbeitet dieser Speicher als RAM. Bei Bedarf kann der Speicherinhalt in die EEPROM-Zelle übertragen werden (z.B. beim Ausschalten).

Wie aus der Funktionsbeschreibung der Speicherzellen hervorgeht, werden zum Betrieb eines Speichers noch mehrere *Zusatzschaltungen* benötigt. Dies sind z.B. Lese- und Schreibverstärker, Zeilenauswahl- und Spaltenauswahl-Schalter, Datenbus-Schnittstelle und die Steuerlogik des ganzen Speichers; siehe z.B. Bähring (1994).

Zusätzlich zu den Arbeitsspeichern werden in zunehmendem Maße noch *Cache-Speicher* benötigt, die als Pufferspeicher zwischen Mikroprozessor und Arbeitsspeicher eingesetzt werden. Dies ist wie folgt begründet. Für große Arbeitsspeicher werden aus Kostengründen vorwiegend DRAM-Zellen verwendet, die aber eine relativ große Zykluszeit haben. Auf der anderen Seite werden die Taktfrequenzen der Mikroprozessoren größer. Um Wartezeiten der zu langsamen DRAM-Arbeitsspeicher zu vermeiden, werden Cache-Speicher mit schnellen SRAM-Zellen zur Verringerung der Zugriffszeit zwischengeschaltet. In diesem Speicher werden dann die besonders häufig benötigten Daten untergebracht, Bähring (1994), Rembold und Levi (1994).

11.4 Schnittstellen zum Prozess (Prozessperipherie)

Die Kopplung zwischen dem physikalischen Prozess und dem Mikrorechner erfolgt durch besondere Schnittstellen-Komponenten (Interface). Diese bereiten auf der Eingabeseite aus dem Prozess kommende analoge, binäre und digitale Signale auf, speichern sie und geben sie als digitale Signale weiter. Auf der Ausgabeseite erhalten die Schnittstellen-Komponenten die vom Rechner kommenden Signale, speichern sie, formen sie um und geben sie als analoge, digitale oder binäre Signale aus, vgl. Bild 11.8. Die anzuschließenden Eingangskomponenten sind z.B. Sensoren oder Tastaturen, die Ausgangskomponenten Aktoren und Anzeigen (Displays). Damit lassen sich unterscheiden:

- Eingaben,
- Digitale und binäre Eingaben,
- Analoge Ausgaben,
- Digitale und binäre Ausgaben.

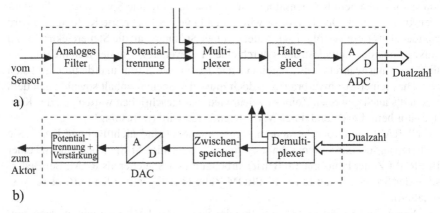

a)

b)

Bild 11.8. Prinzipieller Aufbau von analogen/digitalen Schnittstellen: a) Analoge Eingabe (ADC: analog digital converter); b) Analoge Ausgabe (DAC: digital analog converter)

11.4.1 Analoge Eingaben

Bild 11.8a) zeigt den prinzipiellen Aufbau einer analogen Eingabe. Sie besteht aus folgenden Komponenten:

- *Analoges Filter*: Wegen der nachfolgenden Abtastung mit der Kreisfrequenz $\omega_0 = 2\pi/T_0(T_0$ Abtastzeit) müssen die in dem Signal enthaltenen höherfrequenten Anteile $\omega_s > \omega_0/2 = \pi/T_0$ ausgefiltert werden, um niederfrequente Spiegel-Störfrequenzen zu vermeiden (Anti-Aliasing-Filter).
- *Potentialtrennung*: Da Prozess und Mikrorechner ein unterschiedliches Bezugspotential haben können und um Überlastungen durch falsche Schaltungen zu vermeiden, empfiehlt sich eine galvanische Trennung zwischen Rechner und Peripherie (z.B. durch Optokoppler, Ringkern-Übertrager, Trennverstärker).

- *Multiplexer*: Wenn ein A/D-Umsetzer für mehrere Kanäle verwendet wird, dann müssen die Messsignale der Reihe nach durchgeschaltet werden. Dies wird durch steuerbare elektronische Schalter in Form von z.B. Feldeffekt-Transistoren realisiert.

- *Halteglied*: Das analoge Signal wird nach der Abtastung für die Dauer der Analog-Digital-Umsetzung in einem Halteglied festgehalten. Das Halteglied ist z.B. ein Analogwertspeicher in Form eines schnell aufladbaren Kondensators (Halteglied nullter Ordnung).

- *Analog-Digital-Umsetzer* (ADC: analog digital converter): Das analoge Signal wird in ein digital codiertes Ausgangssignal umgesetzt. Dabei wird das analoge Signal quantisiert, wobei die Quantisierungseinheit Δ durch die Wortlänge $WL = n$ bit (ohne Vorzeichen-Bit) festgelegt wird. Beim Binärcode gilt für den Zahlenbereich

$$\mathrm{ZB} = 2^{WL} - 1. \tag{11.4.1}$$

Damit ist die Quantisierungseinheit (Auflösung)

$$\Delta = \frac{1}{\mathrm{ZB}} = \frac{1}{2^{WL} - 1} \approx \frac{1}{2^{WL}} = \frac{1}{2^n}. \tag{11.4.2}$$

Tabelle 11.4 enthält einige Zahlenangaben.

Tabelle 11.4. Quantisierungseinheit in Abhängigkeit der Wortlänge

Wortlänge n in bit	8	10	12	15
Zahlenbereich ZB	255	1023	4095	32767
Quantisierungseinheit Δ	0,00392	0,00098	0,00024	0,00003
Quantisierungseinheit Δ [%]	0,392	0,098	0,024	0,003

Die Darstellung des digitalen Signals erfolgt als Dualzahl, also als Summe der Potenzen zur Basis 2:

$$Z = a_{n-1} 2^{n-1} + \cdots + a_1 2^1 + a_0 2^0. \tag{11.4.3}$$

Die Koeffizienten a_i sind binäre Variablen mit dem Wert 0 oder 1. Bei der Darstellung werden die Zweierpotenzen weggelassen (wie im Dezimalsytem). Der Dualzahl 10101101 der Länge 8 bit = 1 byte entspricht die Dezimalzahl 173. Die einzelnen Zeichen können nun parallel über mehrere Leitungen oder seriell über eine Leitung übertragen werden.

Die Analog-Digital-Umsetzer werden entsprechend ihrer prinzipiellen Funktion unterteilt werden in:

- *ADC mit Spannungsvergleich*: Bei den *parallelen* ADC wird das Eingangssignal mit $2^n - 1$ Referenzspannungen über dieselbe Anzahl von Komparatoren verglichen. Die Umsetzung erfolgt sehr schnell (< 100 ns), der Schaltungsaufwand ist allerdings hoch (Flash-Converter).

- *Serielle* ADC benötigen nur einen Komparator, sind deshalb aber wesentlich langsamer. Beim *Inkremental-ADC* wird die Vergleichsspannung inkrementweise, treppenförmig erhöht und die Anzahl der Inkremente wird gezählt (ca. 4 ms Wandlungszeit bei 12 bit, 1 MHz). Ein ADC nach dem Prinzip der *sukzessiven Approximation* ermittelt mit jedem Schritt ein Bit der Dualzahl, mit einem analogen Restwert für den nächsten Schritt (ca. 1 bis 10 μs Wandlungszeit bei 8 bis 16 bit).

- *ADC mit Zeit- oder Frequenzzählung*: Die Spannung wird zunächst in ein Zeitintervall oder in eine Frequenz umgeformt und es werden die entstehenden Oszillatorimpulse gezählt. Der *Sägezahn*-ADC arbeitet dabei mit einem Spannungsrampen-Generator und zählt die Impulse bis zum Erreichen der angelegten Spannung (single slope converter). Beim *Spannungs-Frequenz-Umsetzer* wird die Eingangsspannung integriert und die Zeit bis zum Erreichen einer Referenzspannung gezählt. Der *Zweirampen* ADC (dual slope converter) integriert die Eingangsspannung auf und entlädt den Kondensator mit einer konstanten negativen Referenzspannung. Die Entladungszeit wird abgezählt. Ein Vorteil ist hierbei der wegfallende Einfluss veränderlicher Bauelementeparameter.

- *Sigma-Delta-Konverter*: Diese basieren auf dem Prinzip der Überabtastung und bestehen aus einem rückgekoppelten System aus einem Integrator, einem Quantisierer und einem 1-Bit Digital-Analog-Konverter (Sigma-Delta-Modulator). Ein wesentlicher Vorzug dieses Wandlertyps ist ein reduziertes Rauschverhalten im Bereich niedriger Frequenzen.

  Die bisher beschriebenen Bauarten sind *Momentanwert-Umsetzer*. Durch *Mittelwertbildung* über eine bestimmte Zeit können Störsignaleinflüsse gemindert werden. Bei Integration über eine Periode von 20 ms der Netzfrequenz lassen sich 50 Hz-Störsignale vollständig eliminieren, z.B. mit dem integrierten Zweirampen-ADC.

  Der detaillierte Aufbau der verschiedenen ADC ist z.B. in Färber (1994), Lauber und Göhner (1999), Profos und Pfeifer (2002), Christiansen (1996), van den Plassche (1994), Schrüfer (1983) beschrieben.

  Analogeingabe-Einheiten, bestehend aus Multiplexer, Halteglied und ADC sind als Hybrid-Bausteine oder integrierte Schaltungen erhältlich.

11.4.2 Digitale und binäre Eingaben

Die übliche Eingabe einer digitalen Information erfolgt wortweise, d.h. durch einen Eingabebefehl wird eine Gruppe von n Digitaleingängen bei n bit Wortlänge übernommen. Dies kann durch Eingangssignale mit logischem Pegel (z.B. TTL-(transistor-transistor-logic) Pegel: Low-Pegel: 0 - 0,8 V; High-Pegel: 2,0 - 5,5 V) erfolgen oder über eine physikalische Signalanpassung (Widerstands-Netzwerk, Opto-Koppler). Besondere Schaltungen existieren für erhöhte Empfindlichkeit bei Signalwechsel (Flanken). Wenn die Anzahl der Flankenwechsel interessiert (inkrementale, oder frequenzanaloge Sensoren), dann können auch besondere Zählerbausteine vorgeschaltet werden.

11.4.3 Analoge Ausgaben

Zur Steuerung von analogen Komponenten wie z.B. Stellmotoren, Anzeigegeräte, Schreiber oder Regler durch den Mikrorechner muss ein Wert der Länge von z.B. 8 bit oder 16 bit in eine analoge Spannung oder einen analogen Strom umgesetzt werden. Die prinzipielle Anordnung einer analogen Ausgabe ist in Bild 11.8b) angegeben. Man unterscheidet im allgemeinen folgende Komponenten:

- *Demultiplexer*: Die auszugebende Größe kommt als Dualzahl mit der Wortlänge n am Datenbus an und wird vom Adressbus einem der verschiedenen Ausgangskanäle zugeordnet.

- *Zwischenspeicher*: Ein Zwischenspeicher, ein Register, speichert den Wert bis zum Eintreffen eines neuen Wertes.

- *Digital-Analog-Umsetzer* (*DAC: digital analog converter*): Im DAC wird das digitale Wort in einen analogen Wert umgesetzt. Ein DAC kann man als steuerbare Spannungsquelle betrachten. Bei Verwendung eines *Spannung/Strom-Verstärkers* liefert eine konstante Eingangsspannung einen eingeprägten Gleichstrom. Dieser fließt durch entsprechend dem Binärcode des Wertes abgestufte n Widerstände im Verhältnis 1 : 2 (duale Abstufung). Diese Widerstände sind durch parallel liegende Kontakte überbrückt, welche durch ein 1-Signal geöffnet und 0-Signal geschlossen werden (Bipolare Transistoren oder Feldeffekttransistoren). Die an den wirksamen Teilwiderständen abfallende Spannung entspricht dann dem digitalen Wert.

Eine andere Möglichkeit ergibt sich durch einen *Strom/Spannungs-Verstärker*. Eine konstante Eingangsspannung versorgt n parallel liegende dual abgestufte Widerstände. Der resultierende Strom für den Eingang des Verstärkers wird durch die Überbrückung der parallelen Widerstände mittels zweier Kontakte, die wechselseitig öffnen, erreicht. Dadurch addieren sich Teilströme zu einem Gesamtstrom. Die Ausgangsspannung des Verstärkers entspricht dann dem digitalen Wert.

Ein Nachteil dieser DAC ist der große Bereich der Widerstandswerte bei größeren Wortlängen (z.B. 1 : 2^{12} oder 1 : 4096 bei 12 bit). Abhilfe schafft hier ein steuerbares Kettenleiter-Netzwerk als Kombination einer Serien- und Parallelschaltung von Widerständen ($R/2R$-Netzwerk). Allerdings verdoppelt sich dann die Zahl der Widerstände. Diese werden aber nur in den Werten R und $2R$ benötigt und es kommt auf deren Verhältnis an und nicht auf die absoluten Werte. Spannungsausgänge sind meist unipolar (z.B. 0 bis 10 V) oder bipolar (z.B. -5 bis 5 V) ausgelegt, Stromausgänge mit 0 bis 10 mA oder 4 bis 20 mA. Zu beachten ist bei Stromausgang ein maximaler Lastwiderstand, für den der eingeprägte Strom noch gehalten werden kann. Die Umsetzzeiten sind relativ klein, z.B. $1\mu s$. Mit n bit können dann 2^n analoge Spannungen realisiert werden. Bei $n = 8, 12, 16$ bit ergeben sich damit DAC mit Analog-Signal Stufen von 1: 255, 4095, 65535. DAC stehen als hoch integrierte Bausteine zur Verfügung, wobei meist mehrere Analog-Ausgänge in einem Baustein integriert sind und über Adresseingänge angesteuert werden. Demultiplexer, Zwischenspeicher und DAC sind meist in einem hochintegrierten Baustein zusammengefasst.

- *Potentialtrennung und Leistungsverstärkung*: Aus denselben Gründen wie bei den analogen Eingaben muss auch auf der Ausgabeseite eine galvanische Trennung zwischen Rechner und dem analogen Signal erfolgen. Die Entkopplung kann dabei schon auf der digitalen Seite, z.B. mit Optokopplern vor den DAC erfolgen. Der DAC liegt dann auf dem Potential der analogen Seite. Bei einer Entkopplung auf der analogen Seite werden z.B. Chopper-Trennverstärker oder analoge Opto-Koppler eingesetzt. Ein Leistungsverstärker liefert dann die erforderliche Leistung zur analogen Ansteuerung z.B. eines Stellmotors.

11.4.4 Digitale und binäre Ausgaben

Die Ausgabe von digitalen Signalen ist erforderlich, wenn z.B. externe Relais, Anzeigeleuchten (binär) angesteuert, oder digitale Werte an andere digitale Geräte übergeben oder spezielle binäre Impulsfolgen erzeugt werden sollen. Die Ausgabe der n Binärsignale eines Wortes aus dem Datenbus erfolgt wie bei den analogen Ausgaben durch Ansteuern eines Durchschaltelementes durch den Adressbus. Dann liegt es nur in dem Moment vor, in dem am Adressbus die Adresse der Kanäle anliegt. Für manche angeschlossenen Komponenten wie z.B. Relais müssen die Signale in einem Zwischenspeicher in ein Dauersignal bis zur neuen Ansteuerung gehalten werden. Die Signale stehen z.B. als TTL-Pegel zur Verfügung. Es können auch elektronische Kontakte (bipolare Transistoren) oder Opto-Koppler zur Schaltung externer Ströme oder Spannungen nachgeschaltet sein. Zur Potentialtrennung sind besonders Opto-Koppler geeignet.

Über die digitalen Ausgaben werden auch elektronische Anzeigen (Displays) angesteuert. Für die Ziffern 0 bis 9 braucht man mindestens vier binäre Zeichen. Hierzu verwendet man verschiedene Binärcodes, z.B. BCD (binary coded decimals), Aiken-Code, Gray-Code oder fehlererkennende Codes, Schrüfer (1992), Christiansen (1996). Bei den Anzeigen unterscheidet man Strahlsysteme (Elektronenstrahl (CRT), Laserstrahl) oder Flachanzeigen, z.B. Matrixanzeigen oder statische Anzeigen. Matrixanzeigen bestehen z.B. aus 5×7 Elementen, Segment-Anzeigen aus mindestens 7 kombinierbaren Segmenten in Form lichtemittierender Dioden (LED) oder Flüssigkristallzellen (LCD). Zur Ansteuerung der Anzeigen verwendet man integrierte Schaltkreise.

11.5 Mikrocontroller

Mikrocontroller sind hochintegrierte Bausteine, die auf einem Chip Mikroprozessor, Programmspeicher, Datenspeicher, Ein- und Ausgabeschnittstellen und zusätzliche Peripheriefunktionen (z.B. Counter, Bus-Controller etc.) integrieren. Mikrocontroller entstanden, nachdem die Stückzahlen für online Anwendungen, wie z.B. digitale Regelungen und Steuerungen, groß genug waren, um die getrennten Bauteile für die Einplatinenrechner in einem Chip zu integrieren. Durch Höherintegration in den Mikrocontrollern konnten ferner die Anzahl der Bauelemente und die Fehlerquellen reduziert werden.

Neuere Entwicklungen im Bereich mechanisch-elektronischer Systeme zeichnen sich durch eine Zusammenfassung bzw. Vernetzung der bisher dezentral arbeitenden Steuerungs- bzw. Regelungskomponenten aus. Dadurch stehen dem gesamten System bei Echtzeitanwendungen dezentral gewonnene Informationen zur Verfügung (z.B. Raddrehzahlinformationen des Antiblockiersystems im Kraftfahrzeug werden für die Getriebesteuerung verwendet). Die Vernetzung der dezentralen Mikrocontrollerstrukturen erfolgt meist über Datenbussysteme (z.B. CAN-Bus) bzw. durch eine Zusammenfassung mehrerer kleinerer Mikrocontroller in einem zentralen, höherintegrierten Mikrocontroller (Ein-Chip-Lösung).

Die Verbreitung von Mikrocontrollern in modernen Systemen steigt in allen Bereichen der Investitions- und Gebrauchsgüter rasant.

11.5.1 Architektur von Mikrocontrollern

Der Aufbau eines Mikrocontrollers ist durch seine modulare Struktur gekennzeichnet. Dies ermöglicht unter anderem eine schnelle Anpassung eines Standardcontrollers an kundenspezifische Wünsche mit speziell zugeschnittener Konfiguration (z.B. Leistungselektronik für Motorsteuerung, CAN-Bus Schnittstelle, PWM-Generator etc.). Aufbau und Auslegung der einzelnen Baugruppen sind durch die besonderen Echtzeitanforderungen an Mikrocontroller gekennzeichnet. Eine Beschreibung des Aufbaus von Mikrocontrollern soll am Beispiel des 16 bit Standardcontrollers Siemens (Infineon) 80C166 erfolgen, Bild 11.9.

- *CPU*: Die CPU ist das Kernstück der gesamten Datenverarbeitung des Controllers. Wichtige Bestandteile der CPU sind die Ablaufsteuerung mit der Adressverwaltung und dem Befehlsdekoder sowie die ALU. Die Abarbeitung der meisten Befehle erfolgt in einem Zyklus (100 ns bei f_{CPU}=20 MHz) bei ausschließlich internen Speicherzugriffen.
- *ROM*: Im ROM werden alle Informationen (Programme, Daten etc.) abgelegt, die sich im Betrieb des Controllers nicht mehr ändern. Controller mit maskenprogrammierten ROMs sind nur für größere Serien (>1000 Stück) sinnvoll, da die Kosten für die Maskenerstellung hoch sind. EPROMS werden in der Entwicklungsphase bzw. bei kleinen Stückzahlen zur Aufnahme von Programmen und Konstanten eingesetzt. Sie werden bevorzugt dann verwendet, wenn die Stückzahl den Aufwand einer Maske nicht lohnt, das Programm aber ausgereift ist. Ein als EEPROM ausgeführter Festwertspeicher benötigt gegenüber der EPROM-Version erheblich mehr Platz und ist deutlich teurer. EEPROMs werden im Mikrocontrollerbereich durch ihre einfache und partielle Löschbarkeit vor allem bei Anwendungen verwendet, wo Daten im laufenden Betrieb auch bei Ausfall der Versorgungsspannung erhalten werden müssen. Ein Beispiel hierfür ist die Speicherung adaptierter Prozeßparameter bzw. prozeßspezifische Kalibrierungsdaten. Am Markt sind auch Mikrocontroller mit einer Kombination verschiedener Festspeichervarianten erhältlich.
- *RAM*: Das RAM ist bei Mikrocontrollern meist als statischer Speicher ausgeführt. Dieser Speichertyp hat gegenüber dynamischen Speichern den Vorteil, dass

keine zusätzlichen Refreshvorgänge nötig sind. Das interne RAM ist je nach Peripherie als Dual Port RAM ausgelegt, was einen direkten Zugriff der Peripherie auf Daten ermöglicht. Beim 80C166 wird dieser Zugriff durch den Peripheral Event Controller (PEC) gesteuert.

- *Interruptcontroller*: Der Interruptcontroller ermöglicht die interruptgesteuerte Programmabarbeitung durch die Interruptquellen der integrierten Peripherie sowie durch externe Interrupts an den Portpins.

- *EBC*: Der EBC (External Bus Controller) ist zuständig für den Zugriff auf einen eventuellen externen Speicher. Abhängig von der zu adressierenden Speicherzelle aktiviert der EBC vorgewählte Buskonfigurationen und übernimmt die Auswahl der Signale.

- *Serielle I/O-Schnittstellen*: Die meisten Mikrocontroller verfügen über eine oder zwei serielle Schnittstellen, die mit verschiedenen Synchronisationsmodi (asynchron und synchron) zwischen Sender und Empfänger arbeiten. Der asynchrone Übertragungsmodus wird zur Kommunikation mit Standardperipherie (z.B. Drucker, Monitor etc.) eingesetzt, der synchrone Modus dient der Übertragung zu speziellen Peripherieschaltkreisen und zur Kopplung mehrerer Controller. Der 80C166 ist mit zwei identischen synchronen/asynchronen seriellen Schnittstellen (ASC0 und ASC1) ausgestattet (USART: Universel synchrone/asynchrone receiver/transmitter).

- *Timer und Capture-Compare-Einheiten*: Die Timer-Einheiten (GPT1 und GPT2 des 80C166) sind in den meisten Fällen sehr flexibel angelegt. Sie lassen sich parallel sowie seriell verknüpfen und ermöglichen Funktionen wie Impulszählung bzw. Impulsmessung, Zeitmessung und Differenzmessung. Weiterhin bilden sie die Grundlagen für eine zyklische Abarbeitung von Aufgaben. Capture-Compare-Einheiten dienen der Generierung der Digital-Analog-Umsetzung der PWM-Signalgenerierung und der Zeitmessung externer Ereignisse.

- *Analog/Digital-Umsetzer*: ADC finden sich auf den meisten Mikrocontrollern. Sie unterscheiden sich hauptsächlich in der Anzahl der Quantisierungsstufen sowie den Wandlungsmodi (z.B. Einzelkanalwandlung, kontinuierliche Einzelkanalwandlung, Auto Scan Mode etc.). Über Eingänge der CAPCOM-Einheit lässt sich die Wandlung extern triggern. Der 80C166 verfügt über einen 10 Kanal ADC mit 10 bit Quantisierungsbreite.

- *WDT*: Mit dem WDT (Watch Dog Timer) lässt sich die ordnungsgemäße Abarbeitung des Programms in der CPU überwachen. Bei fehlerhafter Abarbeitung wird ein Watchdog-Timer Reset ausgelöst, der die On-Chip-Peripherie zurücksetzt und den Instruction Pointer mit dem Wert Null lädt.

- *Sonstige Module*: Neben den o.g. Grundmodulen, die auf fast allen Mikrocontrollertypen zu finden sind, lassen sich durch das modulare Konzept von Mikrocontrollern leicht kundenspezifische Module integrieren. Dies können z.B. Peripherieeinheiten für den Kfz-Bereich, den Audiobereich, den Telekommunikationsbereich etc. sein.

Tabelle 11.5 zeigt eine Einteilung von Mikrocontroller nach der Datenbusbreite. In der unteren Leistungsklasse haben die hier nicht aufgeführten 4-bit-Control-

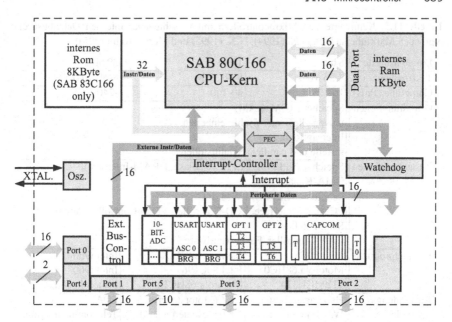

Bild 11.9. Blockschaltbild des Standardcontrollers 80C166, Fleck und Bauer (1989)

ler zwar nach wie vor eine große Bedeutung für den Markt, aufgrund der geringen verfügbaren Rechenleistung finden diese Controller jedoch weniger Anwendung im Bereich mechatronischer Systeme. Der Marktschwerpunkt hat sich mittlerweile hin zu 8-bit-Mikrocontroller verschoben. Die hier zur Verfügung gestellte Rechenleistung ist für viele Steueraufgaben und die Regelung langsamer Prozesse (Beispiel: Heizung) ausreichend. In rechenintensiveren Anwendungsbereichen mit schnellen Prozessen (z.B. KFZ) kommen in der Regel 16-bit-Controller zur Einsatz. Lösungen mit 32-bit-Controllern bleiben aus Kostengründen im Automatisierungsbereich bisher eher die Ausnahme. Es ist jedoch zu erwarten, dass allmählich ein Übergang hin zu 16- und 32-bit-Controllern erfolgt.

Eine weitere Unterteilung der Leistungsmerkmale einzelner Architekturen ist schwierig, da nahezu jeder Hersteller modulare Designtechniken verwendet und somit bei der Gestaltung der Mikrocontroller eine sehr große Flexibilität besteht. Die Varianten gehen bei vielen Herstellern schon in die Hunderte, Hoefling (1994). Dabei weisen die am weitesten verbreiteten 8-bit-Controller die größte Vielfalt an Peripheriefunktionen auf. Beispiele für kundenspezifische Varianten sind die in Sax (1993b) vorgestellte Integration einer Motorvollbrückenschaltung und eines 8-bit-Mikrocontrollers auf einem Chip sowie der VeCon-Chip, der einen C165-Mikrocontrollerkern und Zusatzfunktionen zur feldorientierten Regelung von Drehstromantrieben enthält, Kiel und Schumacher (1994).

Tabelle 11.5. Kennwerte von Mikrocontrollern mit verschiedener internen Datenbusbreite (vgl. auch Marktübersichten N.N. (1994), N.N. (1995) und Morgenroth (1995))

Datenbusbreite	8 bit	16 bit	32 bit
Taktfrequenz	4-33 MHz	8-40 MHz	8-50 MHz
Chipgröße (Pins)	16-128	40-160	-240
Grundfunktionen	Speicher (ROM, RAM) universelle Timer-/Zählereinheiten Interruptlogik serielle und parallele Schnittstellen		
Zusatzfunktionen	Speicher (EPROM, EEPROM, Flash, DRAM-Interface) DMA-Kanäle, RTC Schnittstellen: A/D, PWM, I^2C PCMCIA-Interface, LCD-Controller, Video-Controller, Audio-Schnittstelle CAN-Controller, Fuzzy-Hardware		
Beispielprodukte	Intel 80C51 Motorola 68HC05 TI cMCU370	Siemens 80C16X Intel 80C196 Motorola 68HC16	Intel i960 Intel i960 Motorola 68328
Anwendungs-beispiele	Heizungssteuerung, Waschmaschine KFZ (Ein-/Ausgabe funktionen, Überwa-chungsfunktionen	KFZ (Motorsteuerung, Getriebesteuerung, ABS), Antriebsregelung Feldgeräte	PDA, Telekommunikation, Laserdrucker, Plotter

11.5.2 Software für Mikrocontroller

Für die Softwareentwicklung von Mikrocontrollern stehen verschiedene Entwicklungssysteme zur Verfügung. Die Programmierung erfolgt in vielen Fällen in einer Hochsprache wie C, Pascal oder Forth. Mit Hilfe eines Cross-Compilers, der in der Regel auf einem *Host-Rechner* (z.B. PC) läuft, wird der Programmcode für das Zielsystem in Maschinencode übersetzt und mit einem Monitorprogramm auf den Mikrocontroller heruntergeladen. Die Cross-Compiler sind hierbei oft für ganze Mikrocontrollerfamilien ausgelegt. Mittlerweile existieren auch komfortable graphische Benutzeroberflächen unter DOS oder Windows. Integrierte *Entwicklungssysteme* (IDE integrated development environment) mit einer Kombination aus Editor, Compiler und Debugger sind eine weitere Möglichkeit. Bei großen Stückzahlen, wo die Leistung und die Speichergröße der Mikrocontroller aus Kostengründen gering gehalten werden muss, wird in der Regel in Assembler oder direkt in Maschinencode programmiert. Ein Problem bei der Programmierung von Mikrocontrollern stellt das Debugging dar. Für einfache Anwendungen werden Simulatoren angeboten, die den Mikrocontroller auf dem Entwicklungsrechner abbilden. Professionelle Systeme arbeiten mit so genannten In-Circuit-Emulatoren (ICE), bei denen der Mikrocontroller direkt in der Schaltung durch einen Emulator ersetzt wird. Bei den Emulatoren unterscheidet man noch zwischen echtzeitfähigen und nicht echtzeitfähigen Varianten. Eine weitere Möglichkeit für das Debuggen von Mikrocontrollern bieten auf leistungsfähigeren Mikrocontrollern basierende Bond-Out-Chips, bei denen interne Größen auf Extra-PINs herausgeführt werden können.

11.6 Signalprozessoren

Digitale Signalprozessoren (DSP) sind Mikroprozessoren, die speziell für die digitale Signalverarbeitung entworfen wurden. Obwohl es viele verschiedene DSP-Hersteller gibt, verfügen sie meistens über dieselben Merkmale: spezialisierte, sehr effiziente und schnelle Arithmetik, Schnittstellen zur Datenübertragung nach außen und Speicherarchitektur, die einen mehrfachen und schnellen Zugang erlauben. Deshalb sind die DSP's besonders effizient für die digitale Filterung, Korrelationsfunktionen oder Fourier-Transformationen. Sie beruhen üblicherweise auf einer weiter entwickelten Hardware-Architektur, die getrennte Busse für das Lesen des Programmspeichers, Lesen und Schreiben des Datenspeicher haben und eine parallele Befehls- und Datenübertragung. Die verfügbaren Multiplizierer und Addierer können auch parallel mit einem einzigen Befehlszyklus angesprochen werden. Um die Effizienz der arithmetischen Operationen zu steigern, werden Zwischenwerte in verschiedenen Registern gespeichert, die als Fest- oder Gleit-Darstellungen realisiert sind. Ein anderes Merkmal der DSP's ist die Fähigkeit effizient neue Adressen zum Zugriff auf Programme und Daten zu erzeugen. Durch besondere Adressregister kann eine nächste Adresse erzeugt werden ohne Overhead-Unterstützung. Neben den erwähnten Registern existieren verschiedene andere, spezielle Speicherregister, z.B. Programm-Zwischenspeicher (auf Cache), integrierte Flash-Speicher und Boot-ROM's, meist alle auf einem Chip. DSP's können nicht nur über mehrfache interne Kommunikationskanäle verfügen, sondern auch über verschiedene Wege, um Daten in Echtzeit zu und von der angeschlossenen Hardware zu empfangen und zu senden. Dies schließt einen Satz von ADC's ein, Timers, Hochgeschwindigkeits-synchrone serielle I/O-Schnittstellen, asynchrone serielle Schnittstellen, CAN-Bus-Schnittstellen und leistungsfähige Interrupt-Handling-Systeme, um in kürzester Zeit Interrupts auszulösen. Um einen Datenaustausch mit hoher Geschwindigkeit zu ermöglichen, sind die meisten DSP's ausgerüstet mit DMA-Controllern (Direct-Memory-Access), die simultan die DSP speichern, lesen und schreiben können ohne den DSP zu stoppen. Diese DMA-Kombinationsschnittstellen werden verwendet, um mit einem Host-Prozessor zu kommunizieren, z.B. um neue Software zu laden oder Parameter dem DSP zuzuführen oder ein Multiprozessor-System mit zusätzlicher Rechenleistung zu versorgen.

DSP's werden hauptsächlich in der Telekommunikation angewandt, wie z.B. zur Sprachsynthese, Fehlerkorrekturen, Modulation oder Demodulation. Sie sind auch weit verbreitet auf dem Gebiet der digitalen Regelung. Die TMS320F2X-Familie wurde besonders für digitale Regelungen entworfen. Bild 11.10 zeigt ein Blockschaltbild des 32-bit DSP TMS320F28XX. Die Leistung geht bis zu 400 MIPS. Mit einem Onboard-Flashspeicher und der Tatsache, dass mathematische Programme vollständig in C/C^{++} entwickelt werden können, ist die Entwicklungszeit für DSP-Applikationen bedeutend kleiner geworden. Neben einer Hochleistungs-CPU mit einer erweiterten Harvard-Struktur existieren mehrere Schnittstellen, die für digitale Regelungen erforderlich sind: bis zu 45 periphere Interrupts, 2 Event-Manager mit allgemein einsetzbaren 16-bit Timer, Compare/Capture-PBM-Einheiten und Quadrature-Encoder, drei 32-bit Timer, ein 12-bit ADC mit einer Wandlungszeit (Sample and Hold and Conversion) von 200 ns, welcher bis zu 16 analoge Eingangssignale im Multiplexbetrieb konvertieren kann mit einem erweiterten CAN-Modul, das mit dem CAN-Protokoll 2.0 B arbeitet und Datenraten bis zu 1 Mbps (1 Mbit's) erlaubt.

Seit der Einführung des ersten programmierbaren Signalprozessors i2920 von Intel (1979) hat eine sehr schnelle Entwicklung auf dem Gebiet der integrierten digitalen Prozessoren stattgefunden. Zurzeit existiert eine große Vielfalt von DSP-Chips, die als universelle Signalprozessoren bezeichnet werden können, siehe z.B. Tabelle 11.6. Darunter befinden sich auch spezielle Signalprozessoren für die Fast-Fourier-Transform (FFT), wie z.B. BDSP91V24 von Sharp oder für die Bildverarbeitung (CCD-Processing) mit AD9844A.

Die Progammierung der DSP's wird oft in Assembler oder in C vorgenommen. Ein Beispiel für die Anwendung einer Hochsprache für die Hardware-in-the-Loop Simulation mit DSP's wird in Hanselmann (1996) beschrieben. Viele Anwender-Richtlinien und weitere Beispiele für DSP's können im Internet gefunden werden und in den Homepages der DSP-Hersteller. Für weiter gehende Literatur siehe z.B. Lane und Martinez (2000), Horabauk (1998), Morgan (1996), Grant (1996), El-Sharkawy (1997).

Eine zu DSP parallele Entwicklung waren die Transputer, die 1985 eingeführt wurden. Sie verfügen über eine Risc-ähnliche Prozessorstruktur und sind speziel-le für die Echtzeit- und Parallelverarbeitung entworfen. Die Transputer erlauben ein schnelles Umschalten zwischen mehreren Programmen und Parallelverarbeitung mit mehreren Prozessoren durch vier schnelle, serielle Kommunikationskanäle pro Transputer. Eine Übersicht der Transputertypen ist in Isermann (1999) kurz beschrie-ben. Beispiele sind von Inmos (1989) T225, T400, T425, T805 und ST20450, die letzteren mit Wortbreiten von 32 bit und Taktraten bis zu 50 MHz. Die Herstellung dieser Transputer wurde jedoch um 1999 eingestellt.

11.7 Anwendungsspezifische Prozessoren (ASIC)

Der Entwurf und die Fertigung der mikroelektronischen Schaltungen wird nach den zahlreichen Methoden und Techniken der VLSI-Schaltungen (Very Large Scale Integration) durchgeführt. Dabei kann die Komplexität der hochintegrierten Schaltun-gen nur mit bestimmten Prinzipien beherrscht werden, Rammig (1989), Post (1989), Wunderlich (1991), Bleck et al. (1996). Hierzu zählen die hierarchische Strukturie-rung in überschaubare Teilschaltungen, lokale (gekapselte) Schaltungsmodule, we-nig Standardschaltungen, räumliche Anordnung nach dem Signalfluss mit minima-len Leitungslängen und Testbarkeit, während des Entwurfs und nach der Herstel-lung. Dabei sind wirtschaftliche Kriterien vorrangig, d.h. ein günstiger Kompromiss zwischen kleiner Chipfläche, Entwurfs- und Fertigungskosten, Entwurf- und Ferti-gungszeit in Abhängigkeit der Stückzahlen.

Tabelle 11.6. Kennwerte einiger digitaler Signalprozessoren (DSP)

Typ	Zyklenzeit [ns]	Datenbusbreite [bit]	
		Gleitkomma	Festkomma
Texas Instruments			
TMS320C64X	2,5 - 1,67	–	32/40
TMS320C67X	7 - 6	32/32	–
TMS320VC5502	5	–	32/40
TMS320F2810	6,67	32/64	
Analog Devices			
ADSP-2191M	6,25	–	16/40
ADSP-21161	10	32/40	–
ADSP-TS101S	5,56	32/80	–
ADSP-21532	3,33 - 1,66	–	16/40
NEC			
μPD77018A	16,6	–	16/40
μPD77112	13,3	–	16/40
Motorrola			
DSP5630	10	–	24/56
DSP56824	14,28	–	16/36
DSP56852	8,33	–	16/36

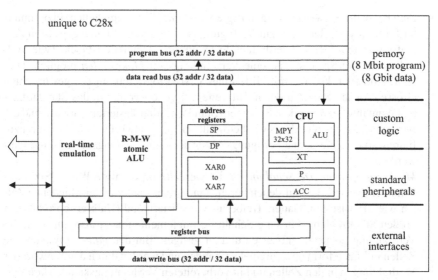

JTAG: IEEE 1149.1, standard test access port   MPY   : multiplier
      and boundary-scan architecture   XT   : multiplicant
ALU : arithmetic logic unit   P   : product register
SP   : stack pointer   ACC   : accumulator
DP   : data-page pointer   R-M-W: read-modify-write
XAR : auxiliary registers

Bild 11.10. Beispiel eines 32-bit digitalen Signalprozessors DSP TMS 320RF28XX

Außer den Standard-VLSI-Schaltungen werden im zunehmendem Umfange auch anwendungsspezifische Schaltungen für kleinere Stückzahlen benötigt. Für diese so genannten ASIC (application specific integrated circuit) werden nun laufend neue Möglichkeiten angeboten. Durch geeignete Entwurfs-Software (z.B. mit der Hardware-Beschreibungssprache VHDL) und vorbereitete Grundschaltungen wird es dem Anwender ermöglicht, individuelle VLSI-Schaltungen zu erhalten, ohne dass eine tiefgehende Kenntnis der Halbleiterfertigungstechnologie erforderlich ist. Siehe z.B. Glesner et al. (1993), Herpel (1995), Bleck et al. (1996).

Zum Entwurf von VLSI-Schaltungen haben sich im Prinzip zwei Möglichkeiten entwickelt: der vollkundenspezifische (full-custom) Entwurf und der halbkundenspezifische (semi-custom) Entwurf. Beim *full-custom Entwurf* wird die VLSI-Schaltung individuell für das Schaltungsproblem bis zur untersten Ebene optimiert, so dass kleinste Chipflächen, höchste Schaltgeschwindigkeiten und geringste Verlustleistungen erreicht werden. Der Entwurf ist jedoch aufwendig und teuer. Deshalb wird dieser Weg in der Regel nur für Standardschaltungen in großen Stückzahlen, wie z.B. Mikroprozessoren, beschritten. Ein *semi-custom-Entwurf* nutzt vorhandene Grundstrukturen von Bauelementen und Schaltungen nach vorgegebenen Bibliotheken. Die Entwurfs- und Fertigungskosten sind deshalb geringer, auf Kosten optimaler Eigenschaften. Dieses Vorgehen eignet sich für ASICs in kleineren und mittleren Stückzahlen. Für diesen semi-custom-Entwurf gibt es folgende Wege:

- *Zellenentwurf.* Es werden vorgefertigte *Standardzellen* (Logikzellen) in optimierter Form in vom Hersteller zur Verfügung gestellt und problemangepasst in Zeilenform angeordnet und verdrahtet. Für komplexere Funktionsblöcke (wie Multiplizierer und Speicher) ist eine Verwendung von *Makrozellen* möglich. Diese Makrozellen können mit Hilfe eines CAD-Programms in der gewünschten Grösse (Anzahl Speicherzellen, Bitbreite, ...) generiert und in das Standardzellenlayout integriert werden. Bei einem Standardzellen-basierten Entwurf sind die Fertigungsschritte allerdings wie beim full-custom-Entwurf vollständig durchzuführen, so dass hier keine Fertigungskosten aber Entwicklungskosten eingespart werden.

- *Maskenprogrammierte Schaltungen.* Es werden vorgefertigte *Wafer* (Sizilium-Scheiben) verwendet, auf denen bereits eine große Zahl von verschiedenen Zellen wie Transistoren, Gatter, Treiber usw. realisiert sind (Halbfertigprodukte in großen Stückzahlen). Für eine Schaltungsimplementation ist also nur noch die Verdrahtungsebene zu entwerfen und zu fertigen. Bei den *gate-arrays* sind die Zellen in Matrixform unverdrahtet vorhanden und werden durch den Entwurf der Verdrahtungen in den Zellen und in vorbereiteten Verdrahtungskanälen konfiguriert. Im Fall von *sea-of-gates*-Topologien sind keine festen Verdrahtungskanäle vorgesehen, sondern es werden wegen der höheren Transistordichte mehrere Metallisierungsebenen benötigt und es können typischerweise nicht alle Transistoren verwendet werden.

- *Rekonfigurierbare Schaltungen.* Hier geht die Vorfertigung noch ein ganzes Stück weiter, denn es wird ein vorgefertiger *Baustein* mit Funktionszellen verwendet. Dieser kann durch den Anwender auf elektrischem Wege mit einem Programmiergerät (entsprechend EEPROMS) oder durch Einspielen eines Bitstroms mit Konfigurationsdaten verdrahtet werden. Hierzu gehören die FPGAs (Field programmable gate arrays). Die Verdrahtung kann bei manchen Bausteintypen sogar nachträglich verändert werden. Wegen der niedrigen festen Kosten und aufgrund der Wiederverwendbarkeit kann dieses Vorgehen auch bei sehr kleinen Stückzahlen eingesetzt werden.

11.8 Feldbussysteme

Busse sind gemeinsame Verbindungen zum Austausch von Informationen zwischen mehreren Teilnehmern. Die Abwicklung der Kommunikation muss deshalb nach bestimmten Übertragungsregeln erfolgen. Besonders bei verschiedenartigen Teilnehmern ist es wichtig, die elektrischen, datentechnischen aber auch mechanischen Anschlussbedingungen genau festzulegen und zu standardisieren.

Man unterscheidet parallele und serielle Busse, je nach dem ob die Bits parallel auf verschiedenen Leitungen oder nacheinander auf einer Leitung übertragen werden. In der Prozessautomaisierung werden parallele Busse für kleine Entfernungen (max. ca. 20 m) und serielle Busse für größere Entfernungen (20 m bis max. 15 km) eingesetzt. Dabei unterscheidet man verschiedene Ebenen. Die unterste prozessnahe Automatisierungsebene wird dabei als „Feld" bezeichnet.

Im Folgenden werden Feldbusse kurz betrachtet, die im Rahmen *lokaler Netze* (LAN: local area network) einzelne Komponenten wie z.B. Mikrorechner, Sensoren, Aktoren, Schalter verbinden, Bild 11.11. Dabei kann man *universelle Feldbusse* unterscheiden die Echtzeitrechner mit dezentralen digitalen Geräten zum Steuern, Regeln und Sensoren und Aktoren mit digitalem Ausgang unterscheiden und spezielle *Aktor-Sensor-Feldbusse* für einfache Anschlüsse von Sensoren und Aktoren (evtl. mit Hilfsenergieversorgung).

Die folgende Darstellung gibt eine knapp gehaltene Übersicht. Ausführliche Beschreibungen von Bussystemen findet man z.B. in Färber (1987, 1994), Bender (1990), Rembold und Levi (1994), Kreisel und Madelung (1995), Reissenweber (2002).

11.8.1 Netztopologien

Die wichtigsten Grundstrukturen lokaler Netze sind im Bild 11.12 dargestellt. Man unterscheidet

- *Sternstruktur*: Die Teilnehmer sind durch eigene Leitungen an die Zentrale angeschlossen. Die Vorteile sind ein schneller Echtzeitbetrieb und eine relativ große Gesamtzuverlässigkeit bei Leitungstörungen. Von Nachteil sind die hohen Kabelkosten und ein Gesamtausfall bei einer Störung der Zentrale.
- *Ringstruktur*: Die Teilnehmer sind seriell über einen Ringbus angeschlossen und übertragen jeweils zum Nachbarn. Die Verkabelungskosten sind geringer, aber Störungen eines Teilnehmers oder des Busses wirken sich auf alle Teilnehmer aus und es ist nur ein relativ langsamer Betrieb möglich.

- *Busstruktur*: Die Teilnehmer sind parallel an einem gemeinsamen Bus angeschlossen. Die Verkabelungskosten sind relativ niedrig, die Übertragungsstruk-
  tur ist einfach und ein mittelschneller Echtzeitbetrieb ist möglich. Jedoch wirken
  sich Störungen des Busses auf alle Teilnehmer aus.

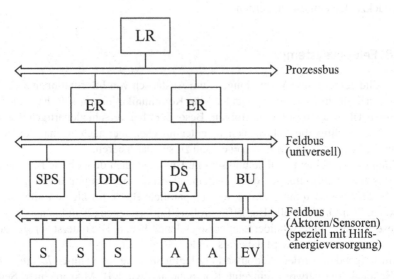

Bild 11.11. Anordnung von Bussen in einem Prozessautomatisierungssystem. LR: Leitrech-
ner, DS/DA: Sensoren und Aktoren mit digitalem Ausgang, ER: Echtzeitrechner (Regelung,
Steuerung in der oberen Ebene), BU: Busumsetzer (Bridge), SPS: Digitale Steuerung, S: Sensoren, DDC: Digitale Regelung (untere Ebene), A: Aktoren, EV: Hilfsenergieversorgung

Für Feldbusse wird hauptsächlich die Busstruktur nach Bild 11.12c) eingesetzt, wobei durch Kopplung über Busumsetzer, Bild 11.11, baumähnliche Strukturen entstehen können. Um den Kabelaufwand klein zu halten und ein noch mit-
telschnelles Echtzeitverhalten zu realisieren, werden Feldbusse in der Regel als serielle Busse ausgelegt. Die Signalübertragung erfolgt mit *elektrischen Bussen* über
Ein-Draht-, verdrillte Zwei-Draht- oder abgeschirmte Koaxial-Leitungen. Zum Teil
wird bei Zwei-Draht-Leitungen auch noch elektrische Hilfsenergie für die Feldge-
räte (Gleichstrom- oder 50 Hz-Wechselstrom) übertragen. Die Busankopplung wird
galvanisch über optisch entkoppelte Bustreiber oder induktiv über Transformatoren
ausgeführt. Eine weitere Möglichkeit besteht in der Nutzung *optischer Busse* in der
Form von Lichtwellenleitern wie Glasfasern oder Kunststoffasern. Sie können elektromagnetisch nicht gestört werden, haben aber bei großen Entfernungen und bei
jedem Teilnehmer eine relativ hohe Dämpfung. Deshalb wird dann eine Ringstruktur, Bild 11.12b), bevorzugt.

Drahtlose Feldbusse sind mit Infrarot- oder Mikrowellen-Übertragung entwickelt worden, Färber (1994).

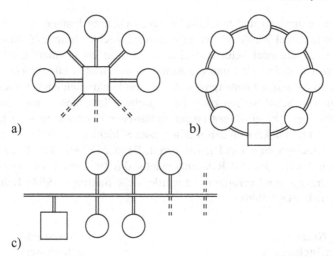

Bild 11.12. Grundstrukturen lokaler Netze: a) Sternstruktur; b) Ringstruktur; c) Busstruktur

11.8.2 Busgrundfunktionen

Die Grundfunktionen, die bei Bussystemen erfüllt sein müssen, sind die Buszuteilung, die Synchronisierung, die Reaktion bei Fehlern und die Alarmmeldung.

Die *Buszuteilung* (Busarbitrierung) erfolgt entweder zentral von einer Zentrale oder dezentral von den Teilnehmern. Bei der zentralen Buszuteilung wird die Busanforderung von einem Teilnehmer an die *zentrale* Zuteilungslogik z.B. durch Statusabfrage (Polling) oder nach einem festen Zeitraster zugeteilt, (TDMA-Verfahren, time division multiple access). Die *dezentrale* Zuteilung verlagert die Entscheidung auf die Teilnehmer. Die Zuteilung erfolgt z.B. zyklisch von Teilnehmer zu Teilnehmer (token-passing), nach der höheren Adresse, oder beim CSMA-Verfahren (carrier sense multiple access) mit der Prüfung ob der Bus gerade frei ist oder nicht.

Die *Synchronisierung* der Busteilnehmer mit Signalübergabe des Senders auf den Bus und Signalübernahme vom Bus durch den Empfänger erfolgt entweder synchron oder asynchron. Beim *synchronen Transfer* werden Datenübergabezeitpunkte nach einem festen Takt einer Zentrale festgelegt. Der *asynchrone Transfer* erreicht die Synchronisierung durch besondere Zeichen entweder ohne oder mit Rückmeldung vom Empfänger.

Eine weitergehende Beschreibung der verschiedenen Busfunktionen wird z.B. in Färber (1987), Färber (1994), Rembold und Levi (1994), Reissenweber (2002) gebracht.

11.8.3 OSI (Open System Interconnection) - Referenzmodell

Die Kommunikation zwischen Netzwerkteilnehmern setzt eine Vielzahl von Funktionen und Vereinbarungen voraus. Um Netzwerke und Übertragungssysteme (z.B.

Bussysteme) einordnen und miteinander vergleichen zu können, wird ihre Funktionalität in maximal 7 aufeinander aufbauende Schichten unterteilt. Aus logischer Sicht existieren auf jeder Schicht zwei Instanzen, die bei je einem der Kommunikationspartner realisiert sind und die Kommunikation über ein *Schichtenprotokoll* abwickeln. In diesem Schichtenprotokoll sind die Funktionen einer Schicht zusammengefasst. Die Schnittstellen zwischen einzelnen Schichten werden durch Standards beschrieben. Die einzelnen Instanzen tauschen Nachrichten unter Benutzung von Diensten und Funktionen darunterliegender Schichten aus und stellen für übergeordnete Schichten ihrerseits Dienste bereit, Bender (1990). Bild 11.13 zeigt den prinzipiellen Aufbau des OSI-Referenzmodells, das 1984 durch ISO (International Standards Organisation) veröffentlicht wurde, siehe Stallings (1994), Bradley et al. (1991), Christiansen (1996).

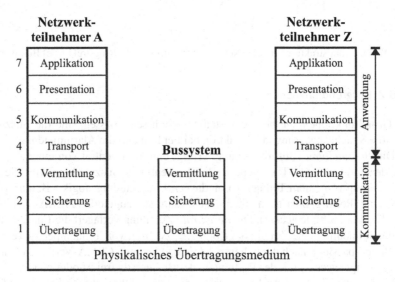

Bild 11.13. Das OSI-Referenzmodell

Im Folgenden werden die Funktionen der einzelnen Schichten von unten nach oben erläutert.

In der *Bitübertragungsschicht* (Schicht 1, Physical-Layer) wird die physikalische Übertragungstechnik sowie die elektrische Darstellung der Bits definiert, z.B. V. 24 oder RS 485. Darüber hinaus erfolgt hier die Überwachung der Übertragungsstrecke.

Die *Sicherungschicht* (Schicht 2, Data-Link-Layer) erfüllt im Wesentlichen zwei Funktionen: Zum einen regelt sie über das Buszugriffsverfahren (z.B. CSMA/CD, Master/Slave, Token-Passing, Polling) die Reihenfolge, in der die Busteilnehmer auf den Bus zugreifen dürfen, zum anderen kontrolliert und quittiert sie gegebenenfalls die korrekte Übertragung einer Nachricht. Darüber hinaus steuert sie die Übertragungsgeschwindigkeit in Abhängigkeit der Kapazität des Übertragungsmediums und des Empfängers.

Die *Vermittlungsschicht* (Schicht 3, Network-Layer) legt die Protokolle zwischen den Teilnehmern einer Kommunikationsverbindung fest. Anhand eindeutiger Netzadressen wird der Weg zwischen den Teilnehmern festgelegt und der Informationsfluss geregelt. Mit der Multiplextechnik werden mehrere Kommunikationsverbindungen in Zwischenverbindungen gebündelt. Außerdem erfolgt in dieser Schicht die Behandlung von Fehlern, die von der Sicherungschicht nicht erkannt wurden.

In der *Transportschicht* (Schicht 4, Transport-Layer) werden je nach den Anforderungen an eine Kommunikationsverbindung (Datendurchsatz, maximale Übertragungsdauer, Restfehlerrate usw.) verschiedene Transportverfahren in den unteren Schichten ausgewählt.

Aufgabe der *Kommunikationsschicht* (Schicht 5, Session-Layer) ist die Verwaltung einer Kommunikationsbeziehung. Mit Hilfe des Kommunikationsprotokolles werden der Auf- und Abbau der Verbindung sowie die Datensynchronisation gesteuert.

Die *Darstellungsschicht* (Schicht 6, Presentation-Layer) bildet unterschiedliche Datenformate auf das netzeinheitliche Format ab und führt gegebenenfalls die Kompression und die Verschlüsselung von Daten durch. In der *Anwendungsschicht* (Schicht 7, Application-Layer) wird dem übergeordneten Anwendungsprozess der Zugriff auf die Funktionen der darunterliegenden Schichten ermöglicht. Dieser Zugriff erfolgt zunehmend über standardisierte Grundfunktionen, aus denen die Anwendungsschicht aus Bausteinen zusammengesetzt wird.

Für Feldbusse sind vor allem die Schichten 1, 2, 3 und 7 wichtig. Die Schichten 4, 5 und 6 werden nicht benutzt.

Feldbussysteme lassen sich grob in *drei Anwendungsklassen* einteilen: Die *Standard-Feldbusse* (z.B. PROFIBUS, FIP, INTERBUS-S) erfüllen die allgemeinen funktionalen und zeitlichen Anforderungen der Kommunikation im Feld. Darüberhinaus wurden *schnelle Bussysteme* entwickelt, die besonderen zeitlichen Anforderungen genügen (z.B. SERCOS, TTP), oder *besonderen Anwendungsbereichen* zugeordnet werden können (z.B. eigensichere Feldbusse für den Ex-Schutz-Bereich oder CAN für den sicherheitskritischen Kraftfahrzeug-Bereich), Tabelle 11.7 gibt eine Übersicht der Kennwerte einiger Feldbussysteme. Als typischer Vertreter werden im folgenden der PROFIBUS (Process Field Bus) und der CAN-Bus (Controller Area Network) näher erläutert.

11.8.4 Profibus

Der PROFIBUS entstand ab 1987 im Rahmen eines vom BMBF geförderten Verbundprojektes „Feldbus". An diesem Projekt waren 15 deutsche Firmen und 5 Forschungsinstitute beteiligt. Die Hauptziele des Projektes waren zum einen die Entwicklung und Verbreitung eines bitseriellen Buskonzeptes für die unteren Schichten von Prozessautomatisierungssystemen, zum anderen die Erstellung einer einheitlichen nationalen Norm für Feldbussysteme, DIN 19245 (1988). Der Profibus bzw. seine Weiterentwicklungen (PROFIBUS-DP, PROFIBUS-PA oder PROFIBUS-FMS) werden heute überwiegend in hochkomplexen, vielschichtigen Prozessautomatisierungssystemen der Verfahrens-, Energie- und Antriebstechnik eingesetzt.

Tabelle 11.7. Kennwerte von Feldbussystemen: RS 485: Symm. 2-Draht.L.; LWL: Lichtwellenleiter; TP: Twisted pair; MS: Master/Slave; T: token-passing; TDMA: time division multiple access; CSMA/CA: carrier sense multiple access with collision avoidance

Bus Bezeichnung	Übertragungs-medium	Min. Leitungszahl	Max. Teilnehmerzahl	Min/Max Bitrate kbit/s	Max. Länge m	Zugriffs-verfahren	Prioritäten	Bemerkungen
Bitbus	RS 485	2	28	62,5-2400	1200	MS	–	Intel (1984)
PDV-BUS	TP, Koax	2	255	-1000	1000	MS/T	2	DIN (1984)
PROFIBUS	RS 485	2	127	93,75-5000	4800	MS/T/P	1	
PROFIBUS-DP	RS 485, LWL	2	32	93,75-1500	9600	MS/T/P	–	
FIP	TP, LWL	5	256	31/1000	2000	MS	2	Unidir. Ring
INTERBUS-S	RS 485, LWL	2	258	300	400	TDMA	–	Antriebstechnik
SERCOS	RS 485, LWL	2	256	2000-4000	250	TDMA	2032	Busstruktur, Kraftfahrzeuge
CAN	RS 485 2-Draht	2	64	10-1000	40-1000	CSMA/CA	–	Aktor-Sensor-Bus inkl. Energieversorgung
ASI	2-Draht	2	31	150	100	MS		

a) Profibus im OSI-Referenzmodell

Im PROFIBUS-Protokoll sind nur die Schichten 1, 2 und 7 des OSI-Referenzmodells ausgefüllt, Bild 11.14. Dabei ist die Schicht 1 in Hardware, die Schicht 2 und die zweigeteilte Schicht 7 in Software realisiert. Die Funktionen der einzelnen Schichten werden von einer parallel angeordneten, strukturierten Managment-Schicht gesteuert.

- *Übertragungsmedium und die physikalische Struktur*: Die Datenübertragung erfolgt im PROFIBUS-Konzept über eine geschirmte, verdrillte Zweidrahtleitung mit Abschlusswiderstand. Topologisch betrachtet bildet diese Leitung eine Linie ohne Abzweig. Die physikalische Schnittstellen entsprechen der Norm RS 485. Über den PROFIBUS können maximal 32 aktive (Master) und 95 passive Teilnehmer (Slaves) miteinander kommunizieren. Dabei variiert die maximale Übertragungsrate von 500 kbit/s, wenn der Bus maximal 800 m lang ist, und 93,75 kbit/s bei der maximal möglichen Buslänge von 4800 m. Zur Signalaufbereitung können bis zu 3 bidirektionale Leitungsverstärker eingesetzt werden.
- *Buszugriffsverfahren*: Der PROFIBUS ist ein Multimaster-Multislave-System. Logisch gesehen sind die aktiven Stationen in einem Ring angeordnet, die passiven Stationen sind sternförmig um einen Master gruppiert, wobei ein Slave auch mehreren Mastern zugeordnet sein kann. Jeweils ein Master besitzt die Sendeberechtigung und darf für eine gewisse Zeit exklusiv senden. Innerhalb dieser Zeitscheibe fragt er die ihm zugeordneten Stationen, Master oder Slaves, ab (Polling, zentral). Danach gibt er die Sendeberechtigung an die nächste aktive Station weiter (Token-Passing, dezentral). Es wird also ein hybrides Buszugriffsverfahren realisiert. Das Protokoll des PROFIBUS ist verbindungsorientiert. Jeder Master hält die Adressen der ihm bekannten Objekte, Master und Slaves, in seinem Objektverzeichnis, das bei der Netzkonfigurierung festgeschrieben wird. Die Adressierung bestimmter Instanzen der Objekte (z.B. ein Messwert mit Datentyp, Wertebereich, Kommentar etc.) erfolgt über Indizes.
- *Datenübertragung*: Der PROFIBUS vefügt über Dienste, mit denen Daten sowohl zyklisch als auch azyklisch übertragen werden können. Dabei können Broad- oder Multicast-Nachrichten übertragen werden oder aber die Sendung der Nachricht erfolgt mit Quittungsantwort oder Daten-Rückantwort. Stehen mehrere Nachrichten gleichzeitig zur Übertragung auf dem Bus an, so werden zuerst hochpriore Nachrichten, dann zyklische und zuletzt niederpriore, azyklische Daten gesendet. Die Synchronisation der Busteilnehmer wird durch das zyklische Senden einer hochprioren Sync-Nachricht erreicht. Zur Übertragung stehen 7 verschiedene Telegrammformate zur Verfügung. Sie unterscheiden sich darin, ob das Format ein Datenfeld besitzt und wie lang dieses Datenfeld ist (maximal 249 Byte). Bei geeigneter Wahl des Telegrammformates ist die geschwindigkeits-optimale Übertragung der Daten gewährleistet.
- *Funktionen der Anwendungsschicht*: Die Schnittstelle zum Anwendungsprozess ist im PROFIBUS-Konzept zweigeteilt. Die übergeordnete Teilschicht (FMS) bildet die Kommunikationsanforderungen (Auf- und Abbau von Verbindungen, Lesen und Schreiben von Daten, Alarmbehandlung) des Anwenderprozesses auf

die Dienste der darunterliegenden Schichten ab. Die unterlagerte Teilschicht (LLI) enthält alle für das PROFIBUS-Protokoll notwendigen Dienste der Schichten 3 bis 6 des OSI-Referenzmodells, die nicht explizit ausgefüllt sind. Sie bildet damit eine von den unteren Schichten unabhängige, bidirektionale Schnittstelle zur überlagerten Teilschicht und den Anwenderdiensten.

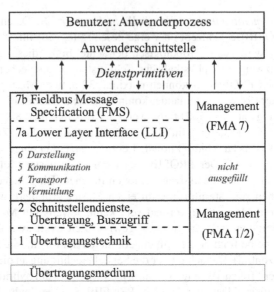

Bild 11.14. PROFIBUS im OSI-Referenzmodell

b) Datensicherheit, Ausfallsicherheit und Fehlerbehandlung

Da die PROFIBUS-Hardware durchweg aus erprobten Standardbausteinen aufgebaut ist und die Schnittstellen der Norm RS 485 entsprechen, ist die physikalische Ausfallsicherheit des Busses standardmäßig hoch. Die Sicherung und die Kontrolle der Datenübertragung erfolgen durch Senden eines Kontroll- und eines Prüfbytes mit jeder Nachricht. Nach zyklischer Blockprüfung der Nachricht (CRC) werden eventuelle Fehler erkannt. Wird ein Fehler während einer Master-Slave-Kommunikation festgestellt, so wird das Senden des fehlerhaften Telegramms bis zu einer definierten maximalen Anzahl von Versuchen wiederholt. Die Informationen aus fehlerhaften Telegrammen werden nicht verwertet. Tritt ein Fehler bei der Weitergabe des Tokens auf, so unternimmt der Master maximal vier Versuche, den Token an den nächsten Master weiterzugeben. Scheitern diese, gibt er den Token an den übernächsten Master weiter. Geht der Token verloren, so wird er von demjenigen Master neu generiert, der die niedrigste Adresse hat. Fällt ein passiver Busteilnehmer aus, so wird die „stumme" Station aus der Teilnehmerliste entfernt. Der Bus läuft unterdessen weiter und die übrigen Slaves werden weiter abgefragt. Eine ausführliche Behandlung des PROFIBUS findet man in Bender (1990), Sax (1993a).

11.8.5 CAN-Bus

Beim CAN-Bus (Controller Area Network) handelt es sich um ein serielles Bus-System, dessen Entwicklung 1983 im Hinblick auf Anwendungen im Kfz-Bereich initiiert wurde, Bosch (1995). Die Notwendigkeit eines solchen Systems ergab sich daraus, dass aufgrund der stark angestiegenen Zahl elektronischer Module – insbesondere in Fahrzeugen der Oberklasse – ein effektiver Datenaustausch der einzelnen Steuergeräte untereinander mit herkömmlichen Verkabelungstechniken kaum noch zu bewältigen war. Neben dieser Reduktion des Kabelbaums kann der CAN-Bus im Fahrzeug auch im Motoren- und Getriebebereich sowie zur Onboard-Diagnose eingesetzt werden.

Auch im Bereich industrieller Applikationen findet das Bussystem CAN zunehmend Anwendung. Ausschlaggebend für diese Tendenz ist, neben der relativen Einfachheit des Bus-Protokolls und der damit zusammenhängenden hohen Störsicherheit, sicherlich auch die Verfügbarkeit von preiswerten CAN-Controllern auf dem Markt.

a) Der CAN-Bus im OSI-Referenzmodell

Ähnlich wie beim PROFIBUS sind auch beim CAN-Bus lediglich die Schichten 1, 2 und 7 des OSI-Referenzmodells ausgeführt. Hierbei sind die Bitübertragungsschicht und die Sicherungsschicht direkt in Hardware realisiert und im Rahmen der ISO standardisiert. In der Anwendungsschicht wird mit Hilfe geeigneter Software eine Anbindung des Bus-Systems an spezielle Applikationen ermöglicht.

- *Übertragungsmedium und die physikalische Struktur*: Der CAN-Bus arbeitet nach dem „Multi-Master"-Prinzip, bei dem mehrere gleichberechtigte Komponenten durch eine lineare Busstruktur miteinander verbunden sind. Diese Struktur hat den Vorteil, dass das Bussystem auch bei Ausfall eines Teilnehmers für alle anderen weiterhin voll verfügbar bleibt.

  Die bei einer bestimmten Datenübertragungsrate maximal mögliche Netzausdehnung ist durch die auf dem Busmedium erforderliche Signallaufzeit begrenzt. Je höher also die Geschwindigkeitsanforderungen an das System sind (z.B. um ein Echtzeitverhalten bei der Kommunikation von Kfz-Steuergeräten garantieren zu können), desto kleiner wird die maximal verfügbare Buslänge. Typisch sind Übertragungsraten von 80 kbit/s bis 1 Mbit/s, was maximale Netzausdehnungen von 1000 m bzw. 40 m ermöglicht.

  Die Anzahl der Teilnehmer pro Netz ist prinzipiell nicht durch das Protokoll begrenzt, sondern abhängig von der Leistungsfähigkeit der eingesetzten Bustreiberbausteine. Repeaterknoten ermöglichen darüber hinaus eine zusätzliche Erweiterung der Anzahl der Netzteilnehmer.

- *Buszugriffsverfahren*: Das CAN-Protokoll basiert auf einem Datenaustausch durch Kennzeichnung einer zu übertragenden Nachricht über eine Nachrichterkennung (Identifier). Alle Netzteilnehmer prüfen anhand einer Kennung, ob die aktuelle Nachricht für sie relevant ist. Dieses Prinzip der sog. Akzeptanzfilterung hat gegenüber dem Prinzip der Stationsadressierung, bei dem eine spezielle Nachricht nur für einen Teilnehmer bestimmt ist, den entscheidenden Vorteil, dass Nachrichten von mehreren Stationen übernommen werden können (Multicasting).

  Der Identifier bestimmt neben dem Inhalt einer Nachricht gleichzeitig auch deren Priorität beim Senden. Dabei besitzen Identifier mit niedriger Binärzahl eine hohe Priorität und umgekehrt. Die Vergabe des Buszugriffsrechts erfolgt beim CAN-Bus nicht über eine ausgezeichnete Station im Netzwerk. Vielmehr kann jeder Teilnehmer mit dem Sender einer Botschaft beginnen, sobald der Bus frei ist. Beginnen mehrere Stationen gleichzeitig mit dem Senden einer Nachricht, wird zur Auflösung der entstehenden Buszugriffskonflikte ein „Wired-And"-Arbitierungsschema verwendet, bei dem sich die Botschaft mit der höchsten Priorität durchsetzt, ohne dass ein Zeit- bzw. Bitverlust eintritt. Sobald ein sendender Teilnehmer die Arbitierung verliert, wird er automatisch zum Empfänger und wiederholt seinen Sendeversuch, nachdem die Botschaft mit der höheren Priorität abgearbeitet wurde.

- *Das Botschaftsformat*: Der Nachrichtentransfer beim CAN-Bus basiert auf vier verschiedenen Botschaftsformaten:
  - *Datenbotschaft* (Data Frame),
  - *Datenanforderungsbotschaft* (Remote Frame),
  - *Fehlerbotschaft* (Error Frame),
  - *Überlastbotschaft* (Overload Frame).

  Eine Datenbotschaft hat eine maximale Länge von 130 bit, aufgeteilt in sieben aufeinanderfolgende Felder, Bild 11.15.

- Die *Botschaftsanfangskennung* (Start-of-Frame) markiert den Beginn einer Botschaft und synchronisiert alle Busstationen. Das darauffolgende *Arbitrierungsfeld* (Arbitration Field) besteht aus dem Identifier der Botschaft und einem zusätzlichen Kontrollbit. Während der Übertragung dieses Feldes prüft der Sender bei jedem Bit, ob er weiterhin sendeberechtigt ist, oder ob eine Station mit höherer Priorität sendet. In der Standard-CAN-Spezifikation umfasst der Identifier 11 bit, was eine Unterscheidung von $2^{11} = 2048$ Nachrichten ermöglicht. Anhand des Kontrollbits wird entschieden, ob es sich um eine Datenbotschaft (Data Frame) oder eine Datenanforderungsbotschaft (Remote Frame) handelt. In den vier niederwertigen Bits des 6-bit *Steuerfeldes* (Control Field) wird die Datenlänge des nachfolgenden *Datenfeldes* (Data Field) angegeben. Das Datenfeld enthält die eigentliche Nutzinformation einer CAN-Botschaft und kann 0 bis 8 Byte erfassen. Zur Erkennung von Übertragungsstörungen enthält das Datensicherungsfeld (CRC (Cyclic redundancy check) Field) eine 15-bit Prüfsequenz.

- Das *Bestätigungsfeld* (Acknowledge Field) enthält ein Bestätigungssignal aller Empfänger, die die Botschaft fehlerfrei empfangen haben.

- Jede Daten- oder Datenanforderungsbotschaft wird durch eine 7-bit *Botschafts-Endkennung*(End-of-Frame) abgeschlossen. Den Zwischenraum zwischen zwei

Botschaften bildet ein mindestens 3 bit langer *Botschaftszwischenraum* (Interf-rame-Space). Über eine Fehlerbotschaft (Error Frame) erfolgt der Abbruch eines gestörten Data- oder Remote Frame durch eine gezielte Codeverletzung. Hier-zu dient eine Sequenz von 6 gleichwertigen Bits, welche im ungestörten Betrieb nicht auftreten kann. Ein Überlasttelegramm (Overload Frame) wird gesendet, falls ein Data- oder Remote Frame durch den Empfangsteil eines Busteilnehmers erst verzögert gelesen werden kann.

- *Die Funktion der OSI-Anwendungsschicht*: Durch die exakte Trennung zwischen den in der Hardware realisierten Schichten 1 und 2 des OSI-Modells und dessen Software-Anwendungsschicht (Schicht 7) wird eine völlige Entkopplung zwi-schen Kommunikations- und Anwendungseigenschaften erreicht. Die Realisie-rung einer über das Netzwerk verteilten Applikation erfolgt durch die von der Anwendungsschicht bereitgestellten sog. *Dienstelemente*. Eine ausführliche Be-schreibung hierzu findet sich bei Etschberger (1994) sowie bei Etschberger und Suters (1993).

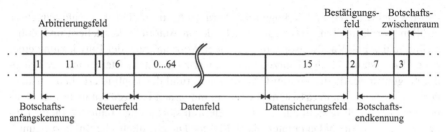

Bild 11.15. Format einer CAN-Datenbotschaft. Feldlänge in bit.

b) Datensicherheit und Fehlerbehandlung

Aufgrund seines ursprünglichen Einsatzes im Kraftfahrzeugbereich werden an das Bussystem CAN besonders hohe Anforderungen in Bezug auf die Sicherheit der Da-tenübertragung gestellt. Aus diesem Grund verfügt das CAN-Protokoll über mehrere Maßnahmen zur Fehlererkennung. Hierzu gehört zum Beispiel die sog. *Bitüberwa-chung* (Bit Monitoring), bei der jeder sendende Busteilnehmer direkt das gesendete und das abgetastete Bit vergleicht. Zusätzlich vergleicht jeder Empfänger im Rah-men einer *zyklischen Blockprüfung* (Cyclic Redundancy Check, CRC) die empfan-gene CRC-Prüfsequenz mit einer intern berechneten. Diese Prüftechnik ergänzt die Erkennung von global wirksamen Fehlern durch das Bit Monitoring um eine Detekti-on von nur lokal im Empfänger auftretenden Fehlern. Erkennt ein Busteilnehmer das Auftreten eines Fehlers, so signalisiert er dieses allen Teilnehmern durch Aufschal-ten eines Fehlerflags, was zum Abbruch der aktuellen Übertragung und zu einem Verwerfen der bereits von anderen Teilnehmern evtl. schon fehlerfrei empfangenen Botschaft führt. Dieser Mechanismus garantiert eine netzweite Konsistenz der Botschaften. Da defekte Stationen die Funktionsfähigkeit des Bussystems stark belasten können, verfügen moderne CAN-Controller über Mechanismen, die gelegentlich auftretende Störungen von Stationsausfällen unterscheiden können. Dies geschieht über eine Auswertung von Fehlersituationen mit statistischen Verfahren.

Um ein Maß für die Datensicherheit anzugeben, wird die sog. Restfehlerwahrscheinlichkeit definiert. Sie gibt an, mit welcher Wahrscheinlichkeit Daten verfälscht werden und diese Verfälschungen unerkannt bleiben. In sicherheitskritschen Bereichen (z.B. im Kraftfahrzeug) sollte die Restfehlerwahrscheinlichkeit so niedrig sein, dass während der gesamten Betriebsdauer des Systems der Erwartungswert für unbekannte Fehler geringer als eins ist. Beim Einsatz von CAN-Systemen im Fahrzeug liegt die Restfehler-Wahrscheinlichkeit in der Größenordnung 10^{-12} 1/h. Der CAN-Bus wird ausführlich beschrieben in Dais und Unruh (1992), Embacher (1995), Etschberger und Suters (1993), Etschberger (1994), ISO-DIS 11989 (1992), Unruh et al. (1990).

11.8.6 FlexRay-Bus

Um die steigenden Anforderungen der Vernetzung in zukünftigen Fahrzeugen zu erfüllen, wurde im Jahr 2000 von verschiedenen Automobilherstellern und Zulieferfirmen das FlexRay Konsortium gegründet. Vorrangig bei der Entwicklung eines neuen Bussystems für den Fahrzeugbereich war zunächst die Steigerung der Datenübertragungsrate, da diese beim CAN-Bus aufgrund des kontinuierlichen Anstiegs der Komfort- und Fahrerassistenzsysteme in modernen Fahrzeugen nicht mehr ausreichend ist. FlexRay stellt ein serielles, deterministisches und fehlertolerantes Bussystem dar und erlaubt Datenraten bis 10 MBit/s. Die physikalische Bitübertragungsschicht (physical layer) ermöglicht die Kommunikation über zwei getrennte Kanäle, die hauptsächlich zur fehlertoleranten (redundanten) Datenübertragung verwendet werden, FlexRay (2007). Im Gegensatz zum ereignisgesteuerten CAN Bus erfolgt die Arbitrierung (Verteilung der Zugriffsrechte auf den Bus) bei FlexRay zeitgesteuert. Aufgrund dieser Arbitrierung, der garantierten Latenzzeit einer Nachricht (zeitlicher Determinismus) und den Fehlertoleranzmechanismen erfüllt FlexRay die Anforderungen aktiver Sicherheitssysteme und ist daher besonders für die sicherheitskritischen *X-by-Wire* Systeme in zukünftigen Fahrzeuggenerationen mit der notwendigen Echtzeitfähigkeit und Ausfallsicherheit geeignet.

Bild 11.16 zeigt den Aufbau eines Busprotokolls. Der Zugriff auf den Bus basiert bei FlexRay auf dem TDMA Prinzip (*Time Division Multiple Access*). Die maximale Länge eines Kommunikationszyklus beträgt 16 ms. Jeder Kommunikationszyklus ist in die Segmente: *statisches Segment, dynamisches Segment, Symbolfenster* und *Leerlauf* (NIT) unterteilt. Im Symbolfenster und im NIT Segment (Network Idle Time) werden keine Daten übertragen. Die Synchronisation der Knoten, die bei zeitgesteuerter Arbitrierung unerlässlich ist, erfolgt im NIT Segment.

Die in einem FlexRay Netzwerk verwendeten Komponenten (so genannte Knoten) bekommen jeweils ein getrenntes und festes Zeitfenster zugeteilt, in dem sie einen exklusiven Zugang nach dem TDMA-Verfahren zum Bus bekommen (Time Division Multiple Access), Reif (2007). Diese Zeitfenster wiederholen sich zyklisch und es ist daher zu jedem Zeitpunkt bekannt, welcher Knoten gerade eine Nachricht sendet. Die feste Zuordnung der einzelnen Knoten zu Zeitfenstern hat jedoch den großen Nachteil, dass die zur Verfügung stehende Bandbreite des Busses nicht voll ausgeschöpft wird. Um dies zu umgehen, wird beim FlexRay Protokoll die Zeit in zwei Intervalle, einen *statischen synchronen Anteil* für die zeitgesteuerten Nachrichten und einen *dynamischen asynchronen Anteil* für ereignisgesteuerte Nachrichten, unterteilt, siehe Bild 11.16. Die jeweiligen Anteile sind nicht fest, sondern können flexibel festgelegt werden. Wichtige und zeitkritische Nachrichten werden in statischen Slots, alle anderen Nachrichten in dynamischen Slots übertragen. Im Gegensatz zum CAN Protokoll erhält jeder Busteilnehmer im statischen Intervall die gleiche Priorität, wodurch zusammen mit dem festen Zeitfenster eine Kollision auf dem Bus vermieden wird. Bei zeitgesteuerten Systemen muss sichergestellt werden, dass die Uhren der Knoten jederzeit synchron laufen. Die Uhrensynchronisation ist daher fehlertolerant ausgelegt und erfolgt durch eine Kombination aus Offset- und Steigungskorrektur durch mehrere Knoten. Bis zu einem Drittel aller Knoten dürfen fehlerhaft sein oder sogar komplett ausfallen, bevor die Synchronisierung fehlschlägt.

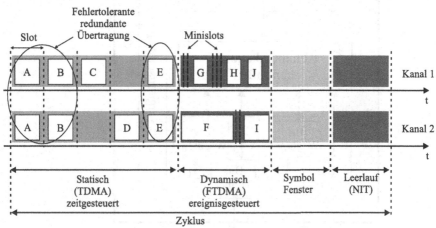

Bild 11.16. FlexRay Kommunikationszyklus, Barney et al. (2006)

Weniger wichtige und zeitunkritische Nachrichten werden bei FlexRay im *dynamischen Teil* übertragen. Der Buszugriff erfolgt in einem dynamischen Slot nach dem FTDMA-Prinzip (*Flexible Time Division Multiple Access*), bei dem die Einzelkanäle auf einen Teilbereich der verfügbaren Bandbreite zugreifen. Ein exklusiver Buszugang ist immer nur für eine kurze Zeit möglich („Minislots"). Falls eine Nachricht in diesem Zyklus gesendet werden soll, wird das Zeitfenster um die für das Senden der

Nachricht benötigte Zeit dynamisch erweitert. Wird keine Nachricht versendet, kann der Bus maximal für die Dauer eines Minislots von einem Knoten blockiert werden.

Bild 11.17 zeigt die Struktur eines FlexRay-Knotens, der mit beiden Kanälen kommunizieren kann. Jeder Knoten besteht aus einem Host-Prozessor, einem Kommunikationscontroller, einem Buswächter und einem Bustreiber. Bei Knoten, die die Nachricht auf beiden Kanälen senden und empfangen (z.B. bei sicherheitskritischen Komponenten), ist der Wächter und der Bustreiber doppelt ausgeführt. Der Buswächter hat die Aufgabe den Buszugang zu überwachen. Die Information über das für den Knoten zugeteilte Zeitfenster erhält der Buswächter vom Host-Prozessor. Der Empfang von Daten ist zu jedem Zeitpunkt möglich, das Senden hingegen wird vom Buswächter durch das Abschalten des Bustreibers ausserhalb des gültigen Zeitfensters verhindert.

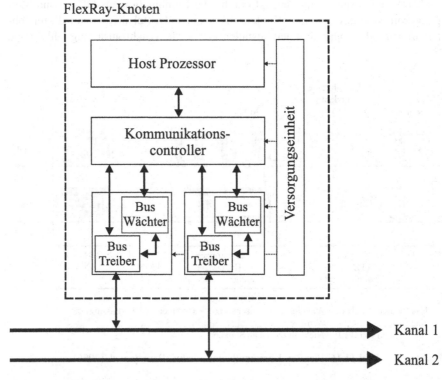

Bild 11.17. FlexRay-Knoten, Zimmermann und Schmidgall (2007)

Durch die redundante Übertragung auf den beiden unabhängigen Kanälen soll verhindert werden, dass die Information bei einem Kanalfehler (Wackelkontakt, Kabelbruch, Kurzschluss, defekter Bustreiber etc.) nicht übermittelt werden kann. Ein Übertragungsfehler kann zwar aufgrund der Mehrfachübertragung toleriert werden, aber anhand Bild 11.17 ist erkennbar, dass der Kommunikationscontroller, der Host

Prozessor und die Versorgungseinheit nicht redundant ausgelegt sind. Der Ausfall einer dieser Komponenten macht die Übertragung über beide Kanäle nicht mehr möglich.

11.9 Aufgaben

1) Worin unterscheiden sich folgende Halbleiterspeicher: ROM, PROM, EPROM, SPRAM, DRAM?
2) Welche Auflösung liefert eine ADC einer Wortlänge von 8, 10, 12 bit für 10 V Spannungsbereich?
3) Vergleichen Sie die Daten eines typischen Mikroprozessors der Telekommunikation mit einem in der Kfz-Motorelektronik?
4) Worin unterscheiden sich Signalprozessoren von allgemein einsetzbaren Mikroprozessoren?
5) Warum lohnt sich wirtschaftlich der Einsatz von ASIC's im Vergleich zu Standard-Mikroprozessoren.
6) Worin besteht der Unterschied von Mikroprozessoren und Mikrocontrollern?
7) Welche Möglichkeiten existieren, um die Anwendungssoftware für Mikroprozessoren zu entwickeln und zu implementieren?
8) Welche Ziele verfolgt das OSI-Schichtenmodell bei Feldbussystemen?
9) Welche Bussysteme sind ereignisgetriggert und welche zeitgetriggert?
10) Stellen Sie aus Herstellerkatalogen spezielle Mikroprozessoren und hochintegrierte Schaltungen zusammen, die für Aufgabenstellungen in mechatronischen Systemen geeignet sind, wie z.B. digitale Filter, FFT, Sensorverarbeitung, Steuerungsprogramme, digitale Regler, Bildverarbeitung, usw.

12

Fehlertolerante mechatronische Systeme

Mechatronische Systeme ersetzen und ergänzen häufig rein mechanische, hydraulische, pneumatische und elektrische Systeme, die für sich alleine ein gutes Ausfallverhalten haben. Durch die Hinzunahme von Sensoren, elektronischer Hardware, Aktoren, Kabelverbindungen und Software entstehen nicht nur mehr Komponenten, sondern auch andere Ausfallverhalten. Während man mechanische Komponenten durch Werkstoffauswahl, Fertigungsverfahren und Überdimensionierung sehr zuverlässig bauen kann, trifft dies für die elektronischen Komponenten nicht unbedingt zu. Diese bestehen aus viel mehr Einzelelementen und können unerwartet plötzlich ausfallen.

Die Folgen eines Versagens der *ausfallgefährdeten Komponenten* mechatronischer Systeme können auf zwei Arten vermieden werden. Bei der *Perfektion* vermeidet man ein Versagen durch Überdimensionierung, sorgfältige Prüfung, etc. Dies ist jedoch nur bis zu einem bestimmten Grad möglich und wirtschaftlich sinnvoll. Die Alternative ist eine geeignete Redundanz, bei der das Versagen einzelner Komponenten von Anfang an berücksichtigt und somit toleriert wird. Beim Prinzip der Redundanz wird durch eine automatische Veränderung der Struktur des Systems im Fehlerfall erreicht, dass die Funktionstüchtigkeit der Gesamtanlage durch den Ausfall einzelner (Teil-)Komponenten nicht oder nur wenig beeinträchtigt wird. Bei sicherheitsrelevanten Systemen wie z.B. Flugzeugen, Eisenbahnen und Kraftfahrzeugen ist bei x-by-wire Technologien eine redundante Struktur unerlässlich. Bei nicht sicherheitsrelevanten Systemen dient die Redundanz z.B. zur Verlängerung der Standzeiten- und Wartungsintervalle und zur Vermeidung von Kosten durch ungeplante Ausfälle.

Im Folgenden wird zunächst auf das Ausfallverhalten mechatronischer Komponenten eingegangen. Dann werden verschiedene Redundanzstrukturen und Degradationsstufen angegeben. Da die Methoden der Fehlererkennung eine wichtige Rolle spielen, werden diese kurz betrachtet. Es folgen verschiedene Beispiele für fehlertolerante Aktoren und Sensoren und ein Ausblick auf drive-by-wire Konzepte.

12.1 Zum Ausfallverhalten der Komponenten

12.1.1 Fehlerarten

Der Entwurf von Systemen mit hoher Ausfallzuverlässigkeit und Ausfallsicherheit hängt stark von den *Arten der Fehler* ab, die jeweils ein charakteristisches Verhalten für die verschiedenen Komponenten aufweisen. Fehler können durch ihre Form, ihr Zeitverhalten und ihre Ausprägung unterschieden werden. Die Form kann entweder systematisch oder zufällig sein. Das Zeitverhalten kann beschrieben werden durch dauernd, transient, zufällig, rauschförmig oder driftförmig. Die Ausprägung von Fehlern ist entweder lokal oder global und schließt die Größe des Fehlers mit ein. Die *elektronische Hardware* zeigt systematische Fehler, wenn sie ihre Ursache in Spezifikations- oder Entwurfsfehlern hat. Im Betrieb zeigen elektronische Hardwarekomponenten meist zufälliges Fehlerverhalten mit allen Arten von zeitlichem Verhalten. *Fehler in der Software* (Bugs) sind normalerweise systematisch, z.B. entstanden durch falsche Spezifikation, Kodierung, Logik, Berechnungen, Zahlenüberläufe, usw. Sie sind in der Regel nicht zufällig wie Fehler der Hardware. *Fehler des mechanischen Systems* können in folgende Fehlermechanismen klassifiziert werden: Überlastung, Ermüdung, Abnutzung (abrasiv, adhesiv, Kavitation) oder Korrosion (galvanisch, chemisch, biologisch), siehe z.B. Reliability toolkit (1995). Sie erscheinen als Drift wie z.B. Änderungen (Abnutzung, Korrosion) oder abrupt (Bruch) zu einem zufälligen Zeitpunkt oder nach einer hohen Beanspruchung. Elektrische Systeme bestehen gewöhnlich aus einer großen Zahl von Komponenten mit unterschiedlichen Fehlereigenschaften, wie z.B. Kurzschlüssen, lose oder gebrochenen Verbindungen, Parameteränderungen, Kontaktproblemen, Verschmutzung, Korrosion, EMV-Probleme usw. Im Allgemeinen sind *elektrische Fehler* mehr zufällig als mechanische Fehler. Sensoren mit elektrischem Ausgang gehören hauptsächlich zur Klasse der elektrischen oder elektro-mechanischen Systeme und Aktoren zu beiden, elektrischen und mechanischen Systemen.

Die Zuverlässigkeit für zufällige Fehler wird meist in Form der Ausfallrate λ $[h^{-1}]$ (Ausfälle / Zeitintervall / Zahl funktionierende Elemente) für den Nutzbetrieb zwischen Einfahr- und Alterungsbetrieb angegeben und eignet sich vor allem für Vergleichsrechnungen. Hieraus ergibt sich die MTTF = $1/\lambda$ [h] (Mean Time To Failure), die eine Zeitdauer angibt, bei der die Elemente noch mit 37 % Wahrscheinlichkeit funktionstüchtig sind, siehe z.B. Schrüfer (1992), Meyna (1994), Birolini (1991), MIL-HDBK-217 (1982), Isermann (2006). Bei Serienschaltung der Elemente ergibt sich mit Annahme statistischer Unabhängigkeit der Fehler die Ausfallrate des Gesamtsystems aus der Summe der Ausfallraten λ_i. Das Element mit der größten Ausfallrate ist dann dominierend. Eine Parallelschaltung von $n = 2$ oder 3 Elementen verkleinert die Ausfallrate etwa um einen Faktor 0,7 oder 0,5 und erhöht damit die MTTF um den Faktor 1,5 oder 1,8. Tabelle 12.1 1 zeigt einige typische Ausfallraten verschiedener Komponenten mechatronischer Systeme, siehe Reliability toolkit (1995), Schrüfer (1992), Meyna (1994), Birolini (1991), MIL-HDBK-217 (1982), IEC 61508 (1997).

Einzelne mechanische Elemente erreichen etwa $\lambda \approx 5 \cdot 10^{-6}$ $[h^{-1}]$, elektromechanische Elemente $\lambda \approx 20 \cdot 10^{-6}$ $[h^{-1}]$ und elektronische Elemente (stationärer

Tabelle 12.1. Typische Ausfallraten für verschiedene Komponenten, Reliability toolkit (1995), MIL-HDBK-217 (1982)

Mechanisch	$\lambda[h^{-1}]$	Elektromechanisch	$\lambda[h^{-1}]$	Elektronisch	$\lambda[h^{-1}]$
Kugellager	$1,6 \cdot 10^{-6}$	Aktor	$26 \cdot 10^{-6}$	Transistor	$1 - 70 \cdot 10^{-6}$
Getriebe	$4,7 \cdot 10^{-6}$	Elektromotor	$9 \cdot 10^{-6}$	Op-Verstärker	$0,5 \cdot 10^{-6}$
Pumpe	$4,4 \cdot 10^{-6}$	Kabel	$1 \cdot 10^{-6}$	analoger Schalter	$20 \cdot 10^{-6}$
Ventil, hydr.	$8,8 \cdot 10^{-6}$	Regler	$13 \cdot 10^{-6}$	CPU / 8bit	$5 \cdot 10^{-6}$

- Multiplikationsfaktor für elektrische Komponenten: $\lambda_{el} = \pi \lambda_i$
  - mobile Anwendungen: $\pi = 4 \ldots 18$
  - steigende Temperatur $40° C \rightarrow 70° C$: $= \pi = 2 \ldots 18$
- Verschaltete Komponenten
  - Serienschaltung $\lambda_{ser} = \sum_{i=1}^{n} \lambda_i$
  - Parallelschaltung $\lambda_{par} = \lambda \frac{1}{\sum_{n}^{i=1} \frac{1}{i}}$ für $\lambda_i = \lambda$

Betrieb) $\lambda \approx 10^{-5} \ldots 10^{-7}$ [h^{-1}]. Jedoch nimmt die Ausfallrate bei den elektronischen Elementen im mobilen Einsatz und durch erhöhte Temperaturen stark zu, etwa um Faktoren 8 bis 200, was zu $\lambda \approx 10^{-3} \ldots 10^{-5}$ [h^{-1}] führt. Mechatronische Systeme bestehen bezüglich des Zuverlässigkeitsnetzes überwiegend aus Serienschaltungen von mechatronischen, elektromechanischen und elektronischen Komponenten. Während man die Ausfallraten der mechanischen Komponenten durch entsprechende Konstruktion und Fertigung klein halten kann, ist dies bei den elektromechanischen und elektronischen Komponenten wegen der größeren Zahl an Elementen und der großen Auswirkung von Umwelteinflüssen (Beschleunigungen, Temperatur, Korrosion, EMV) viel schwieriger. Ausfallraten einzelner Komponenten um 10^{-3} bis 10^{-4} [h^{-1}] können dann dominierend sein, was (rechnerisch) zur Reduktion der MTTF auf 1000 bis 10000 [h] führt.

12.1.2 Zuverlässigkeits- und Sicherheits-Analyse

Besonders bei sicherheitsrelevanten Systemen müssen alle Gesichtspunkte der Zuverlässigkeit, Verfügbarkeit, Wartbarkeit und Sicherheit (RAMS: Reliability, Availability, Maintainability, Safety) berücksichtigt werden, weil sie maßgebend für die Verantwortung des Herstellers und die Akzeptanz des Marktes sind. Um die Sicherheitsanforderungen zu erfüllen, wurden spezielle Vorgehensweisen in verschiedenen technischen Disziplinen entwickelt, wie z.B. dem Eisenbahnwesen, der Luftfahrt, der Raumfahrt, im Bereich des Militärs und der Kernkraftwerke. Diese Vorgehensweisen werden durch den Begriff *Systemintegrität* (System Integrity, System Dependability) beschrieben, IEC 61508 (1997). Die Sicherheit und Zuverlässigkeit wird im Allgemeinen erreicht durch die Kombination von Fehlervermeidung, Fehlerbehebung, Fehlertoleranz, Fehlererkennung und Fehlerdiagnose, automatische Überwachung und automatischen Schutz. Fehlervermeidung und -behebung muss im Wesentlichen während des Entwurfs und der Testphasen behandelt werden. Um die Auswirkung von Fehlern auf die Zuverlässigkeit und Sicherheit während des Entwurfs und auch für die Zertifizierung zu untersuchen, wurde eine Reihe von Analysemethoden entwickelt. Diese sind hauptsächlich:

- Zuverlässigkeitsanalyse mit Zuverlässigkeitskennzahlen
- Ereignisablaufanalyse (ETA: Event-Tree-Analysis) und Fehlerbaumanalyse (FTA: Fault-Tree-Analysis). DIN 25424, 25448
- Fehlermöglichkeits- und Effektanalyse (FMEA: Failure Mode and Effects Analysis)
- Gefährdungsanalyse (HA: Hazard Analysis)
- Risikoklassifikation

Einzelheiten hierzu sind in IEC 61508 (1997), Storey (1996), Reichart (1998) beschrieben. Diese Methoden müssen nun geeignet kombiniert werden. Bild 12.1 gibt hierzu einen Überblick, siehe auch Isermann et al. (2002).

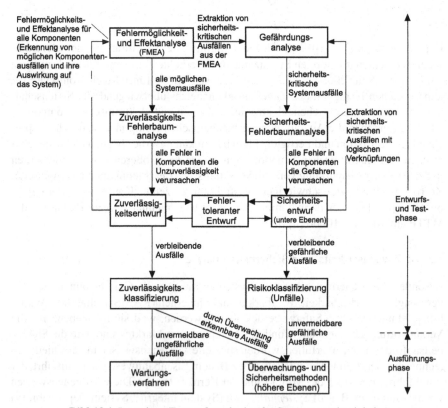

Bild 12.1. Integrierte Entwurfsmethoden für Systemzuverlässigkeit

Die qualitative *Zuverlässigkeitsanalyse* wird meist durch die Methoden ETA, FTA und FMEA und deren Kombinationen durchgeführt, SAE (1967), Verband der Automobilindustrie (VDA) (2003), Onodera (1997).

Bei der *Hazard-Analyse* werden potentielle Gefahren untersucht, die zu Unfällen führen können. Eine Risikoanalyse führt nach Onodera (1997) auf eine Risikozahl

$$R_{OP} = F_H \times F_{OP} \times C,$$

wobei F_H die Hazard-Wahrscheinlichkeit, F_{OP} die Häufigkeit des Betriebszustandes und C die Gefährdungsschwere darstellen. Für die gefährlichen Fehler wurden in Onodera (1997) vier Safety Integrity Levels (SIL) eingeführt, bei denen die Fehlerwahrscheinlichkeit zwischen 10^{-5} und 10^{-9} [h^{-1}] für SIL = 1 und 4 ist. Bei Kraftfahrzeugen z.b. kann mit Bezug auf mechatronische Komponenten besonders F_H beeinflusst werden, d.h. die Erhöhung der Zuverlässigkeit von Komponenten bei denen sicherheitskritische Fehler auftreten können. Tabelle 12.2 gibt hierzu einige geeignete Maßnahmen an. Somit kann die Zuverlässigkeit für mechanische, hydraulische und einige elektrische Komponenten besonders durch Überdimensionierung, Wartung, Schutzmaßnahmen und Reduktion der Abnutzung verbessert werden. Für elektronische Hardware und einige elektrische Komponenten helfen Überdimensionierung, Schutzmaßnahmen und Redundanz, bei Software die Pflege und (diversitäre) Redundanz.

Tabelle 12.2. Verbesserung der Zuverlässigkeit verschiedener Komponenten, vgl. Reichart (1998): ++ sehr großes Potential, + großes Potential, 0 kleines Potential, nicht nutzbar

Verbesserung der Zuverlässigkeit	Komponenten				
	mechanisch	hydraulisch	elektrisch	elektronische Hardware	Software
Überdimensionierung	++	+	+	+	0
Wartung	++	++	+	0	+
Schutzmaßnahmen	++	++	+	++	0
Verschleißreduzierung	++	+	+	0	0
Redundanz	0	+	+	++	+
• statisch	0	+	+	++	0
• dynamisch	0	0	+	++	+
• diversitär	0	0	0	++	++

12.2 Fehlertoleranz-Strukturen

Fehlertoleranzmethoden nutzen im Allgemeinen Redundanz, d.h. dass das betrachtete Modul durch eine oder mehrere Moduln ergänzt wird, gewöhnlich in paralleler Anordnung. Diese redundanten Moduln können entweder identisch oder divers (verschieden) sein, siehe z.B. Storey (1996), Schmidt und Sendler (1980), Echtle (2000), Isermann et al. (2002). Eine jüngste Übersicht fehlertoleranter Systeme in der Automatisierungstechnik wird in H. Kirrmann (2002b), H. Kirrmann (2002a), Dilger und Dieterle (2002), Braband (2002), Auerswald et al. (2002), Pofahl (2002), Litz

(2004) gegeben. H. Kirrmann (2002b) bringt eine generelle Übersicht für fehlertolerante Rechner, verschiedene Entwicklungen und Normen. Methoden der Fehlertoleranz für Steuerungs- und Regelungssysteme werden in H. Kirrmann (2002a) für die Hardware und Software beschrieben, gefolgt von fehlertoleranten Elektronikarchitekturen für Kraftfahrzeuge, Dilger und Dieterle (2002). Weitere Beiträge behandeln die quantitative Sicherheitsanalyse von kommerziellen Übertragungsystemen, z.B. Bussysteme, Braband (2002), fehlertolerante softwareintensive Systeme, Auerswald et al. (2002) und die Prüfung sicherheitsgerichteter elektronischer Steuerungen, Pofahl (2002). In Litz (2004) werden verschiedene Möglichkeiten zur analytischen Behandlung von Sicherheitseigenschaften angegeben.

12.2.1 Grundsätzliche redundante Strukturen

Es existieren hauptsächlich zwei verschiedene Anordnungen für fehlertolerante Systeme, die statische Redundanz und die dynamische Redundanz. Die entsprechenden Anordnungen werden zunächst für elektronische Hardware betrachtet. Bild 12.2a) zeigt ein Schema für *statische Redundanz*. Es nutzt drei oder mehrere parallele Moduln, die dasselbe Eingangssignal haben und alle aktiv sind. Ihre Ausgänge führen zu einem Voter, der diese Signale vergleicht und aufgrund einer Mehrheitsentscheidung festlegt, welches Signal korrekt ist. Bei z.B. 2-aus-3-Systemen wird das Signal von zwei übereinstimmenden Kanälen weitergegeben, und das abweichende Signal wird als fehlerhaft angenommen und ignoriert bzw. maskiert. Deshalb kann ein einziges fehlerhaftes Modul ohne besonderen Aufwand für eine spezielle Fehlererkennung toleriert werden. Somit können n redundante Moduln $(n - 1)/2$ Fehler (n ungerade) tolerieren. Um die Fehlertoleranz zu verbessern, kann der Voter ebenfalls redundant gemacht werden, Onodera (1997). Die Nachteile der statischen Redundanz sind die hohen Kosten, der höhere Energieverbrauch und das höhere Gewicht. Weiterhin spricht sie nicht an, wenn alle Moduln gemeinsame Fehler haben.

Dynamische Redundanz benötigt weniger Moduln auf Kosten erhöhter Informationsverarbeitung. Eine Minimalkonfiguration besteht aus zwei Moduln, Bild 12.2b) und c). Ein Modul ist im Normalzustand in Betrieb, und bei Auftreten eines Fehlers wird auf die Reserveeinheit (standby oder back-up unit) umgeschaltet, siehe auch Arndt et al. (2004). Dies erfordert jedoch eine Fehlererkennung des im Betrieb befindlichen Moduls. Einfache Fehlererkennungsmethoden nutzen nur das Ausgangssignal, z.B. für eine Plausibilitätsüberprüfung, um den Vergleich mit redundanten Moduln durchzuführen. Nach einer Fehlererkennung ist es Aufgabe der *Rekonfiguration* auf das Reservemodul umzuschalten und das fehlerhafte Modul außer Betrieb zu nehmen. In der Anordnung nach Bild 12.2b) ist das Reservemodul kontinuierlich in Betrieb und wird deshalb "hot standby"genannt. Dann ist die Übernahmezeit klein, jedoch geht dies auf Kosten eines lebensverbrauchenden bzw. alternden und verschleißenden Standby-Moduls.

Eine dynamische Redundanz, bei der das Reservesystem nicht in Betrieb ist, und deshalb auch nicht verschleißt, ist in Bild 2c) gezeigt und wird „cold standby" genannt. Diese Anordnung benötigt zwei weitere Schalter am Eingang und im Allgemeinen eine größere Übergangszeit nach einer meist erforderlichen Startzeit.

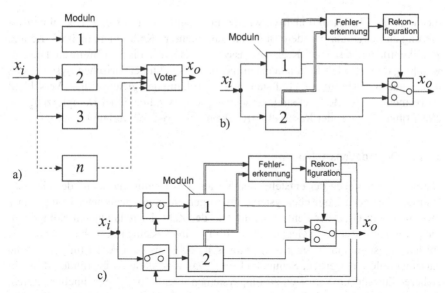

Bild 12.2. Fehlertolerante Strukturen für elektronische Hardware: a) Statische Redundanz: mehrfach redundante Moduln mit Mehrheitsentscheidung und Fehlerausblendung, „m aus n Systeme"(alle Moduln sind aktiv); b) Dynamische Redundanz: standby Modul, welches kontinuierlich aktiv ist, „hot standby"; c) Dynamische Redundanz: standby Modul, welches inaktiv ist, „cold standby"

Für beide Redundanzsysteme ist jedoch die Leistung der Fehlererkennung entscheidend. Ähnliche, redundante Strukturen wie für elektronische Hardware existieren auch für *Softwarefehlertoleranz*, d.h. Toleranz gegen Fehler beim Kodieren, Rechnen usw. Die einfachste Form der statischen Redundanz ist ein wiederholter Lauf ($n \leq 3$) derselben Software und einem Mehrheitsvoter für das Ergebnis. Dies hilft jedoch nur bei manchen transienten Fehlern. Da Softwarefehler in der Regel systematisch und nicht zufällig sind, hilft in der Regel eine Vermehrfachung derselben Software nicht. Deshalb muss eine Softwareredundanz in der Regel eine diversitäre Software einschließen. Dies bedeutet andere Programmierteams, andere Sprachen oder andere Compiler und wird damit sehr aufwändig, schwer dokumentierbar und pflegbar. Eine dynamische Redundanz mit Standby-Software und diversitären Programmen kann mit so genannten Recovering Blocks erreicht werden. Dies bedeutet, dass in Ergänzung zur Hauptsoftware andere diversitäre Softwaremoduln existieren, Storey (1996), Echtle (2000), Leveson (1995), Reichel und Boos (1986), Reichel (1999). Für Digitalrechner (Mikrocomputer) mit einer Anforderung für nur fail-safe Verhalten kann eine Duplexkonfiguration verwendet werden, bei der die Ausgänge beider Mikrorechner über einen Komparator verglichen werden und bei Auftreten eines Fehlers das Ergebnis nicht weitergegeben wird. Dieses Duplexsystem, welches nicht fehlertolerant ist, wird z.B. in ABS-Bremssystemen verwendet.

Fehlertoleranz kann auch für rein mechanische und elektrische Systeme erzeugt werden. Die statische Redundanz wird dabei in vielen Werkstoffen und speziellen mechanischen Konstruktionen verwendet und kann meist auf eine Überdimensionierung zurückgeführt werden. Beispiele sind mehrere Keilriemen, mehrere Ketten, zwei Ventile und das Zwei-Kreis-Bremssystem bei hydraulischen Bremsen. Die Anwendung dynamischer Redundanz bei mechanischen und elektrischen Systemen ist häufig nur in der Form von cold-standby sinnvoll, um den gleichzeitigen Verschleiß zu vermeiden. Ein Beispiel sind Kesselwasser-Speisepumpen bei Dampferzeugern, Notstromaggregate oder Reservekraftwerke im elektrischen Verbundsystem.

12.2.2 Degradationsstufen

Hauptsächlich wegen der entstehenden Kosten, des Raumbedarfs und des Gewichtes muss für mechatronische Systeme im Allgemeinen ein geeigneter Kompromiss zwischen dem Grad der Fehlertoleranz und der Zahl der redundanten Komponenten gefunden werden. Im Gegensatz zu fly-by-wire Systemen muss bei Fahrzeugen (bisher) meist nur ein einziger oder es müssen höchstens zwei Fehler für gefährliche Zustände toleriert werden, Schunck (1999). Das wird dadurch begründet, dass ein sicherer Zustand im Vergleich zu Flugsystemen leichter und viel schneller erreicht werden kann.

Es können folgende Stufen einer *Degradation* (Reduzierung des Aufgabenumfangs) unterschieden werden:

- *Fail-operational (Fehleroperativ)* (FO): Ein Fehler wird toleriert, d.h. die Komponente bleibt betriebsfähig nach einem Fehler. Dies ist erforderlich, wenn kein sicherer Zustand unmittelbar nach dem Ausfall einer Komponente existiert.
- *Fail-safe (Fehlersicher)* (FS): Nach einem (oder mehreren) Fehler(n) besitzt die Komponente direkt einen sicheren Zustand (passives fail-safe, ohne externe Energie) oder wird durch eine besondere Aktion (aktives fail-safe, mit externer Energie) in einen sicheren Zustand gebracht.
- *Fail-silent (Fehlerpassiv)* (FSIL): nach einem (oder mehreren) Fehler(n) verhält sich die Komponente nach außen hin ruhig, d.h. sie bleibt passiv durch Ausschalten und beeinflusst deshalb nicht die anderen Komponenten in einer möglicherweise falschen Art.

Für Fahrzeuge wird vorgeschlagen, FO in „Langzeit" und „Kurzzeit" zu unterteilen, Reichart (1998). Im Allgemeinen wird eine „stufenweise Degradation" (graceful degradation) angestrebt. Hierbei werden weniger kritische Funktionen nach Prioritäten ausgeblendet um die kritischen Funktionen zu erhalten. Tabelle 12.3 zeigt einige Degradationsstufen in den fehleroperativen (FO) Status. Besonders häufig wird das fail-safe Prinzip angewandt, das aber nur die gefährliche Auswirkung eines Fehlers verhindert. Dies wird z.B. durch vorgespannte Federn mit Grenzwertschaltern bei Überdruck-Ventilen oder Überdrehzahlen erreicht, oder durch elektrische fail-safe Schaltungen bei z.B. Spannungsausfall.

Tabelle 12.3. Degradationsverhalten elektronischer Hardware für verschiedene redundante Strukturen. FO: fail-operational, F: fail, FS: fail-safe (nicht betrachtet)

		Statische Redundanz		Dynamische Redundanz		
Struktur	Anzahl der Elemente	Tolerierte Fehler	Fehler-verhalten	Tolerierte Fehler	Fehler-verhalten	Erkennung von Diskrepanz
Duplex	2	0	F	0	F	2 Komparatoren
				1	FO-F	Fehlererkennung
Triplex	3	1	FO-F	2	FO-FO-F	Fehlererkennung
Quadruplex	4	2	FO-F	3	FO-FO-FO-F	Fehlererkennung
Duo-Duplex	4	1	FO-F	–	–	–

12.2.3 Fehlermanagement

Im Rahmen von Automatisierungssystemen kann eine Fehlertoleranz durch redundante Strukturen für mehrere Komponenten vorgesehen und zu einem automatischen Fehlermanagementsystem zusammengeführt werden, Bild 12.3. Dies umfasst

- Fehlertolerante Aktoren
- Fehlertolerante Sensoren
- Fehlertolerante Kommunikation
- Fehlertolerante Mikrorechner (Steuerungen, Regler)
- Fehlererkennungsmodul
- Fehlermanagementmodul

Für einzelne Komponenten ist auch eine lokale Fehlerkompensation (z.B. Störungs-ausregelung) denkbar. Die Komponenten können identisch oder diversitär sein oder Komponenten, die in sich redundant sind. Die Fehlererkennung arbeitet mit mess-baren Signalen, signal- und modellbasiert (meist im geschlossenen Regelkreis) ohne oder mit Testsignalen. Das Fehlermanagement entscheidet aufgrund der Information des Fehlererkennungsmoduls, dem Grad der Fehlerauswirkung und möglichen si-cherheitskritischen Zuständen und leitet eine Rekonfiguration der jeweils redundan-ten Komponenten ein. Man unterscheidet z.B. folgende Rekonfigurations-Strategien:

- harte oder weiche Übernahme/Umschaltung
- Änderung des Betriebszustandes
- Fehlertolerante Regelung

Dabei ist im Fehlerfall der Sensoren oder Aktoren im geschlossenen Regelkreis ei-ne zuverlässige und sehr schnelle Fehlererkennung und Umschaltung erforderlich, um z.B. die Stabilität nicht zu gefährden. Bei manchen Fehlern ist nach der Rekon-figuration auch die Regelung zu rekonfigurieren, z.B. durch andere Regler, Regler-parameter andere (Hilfs-) Stellgrößen und andere (Hilfs-) Sensoren. Dies wird als *fehlertolerante Regelung* bezeichnet, Patton (1997).

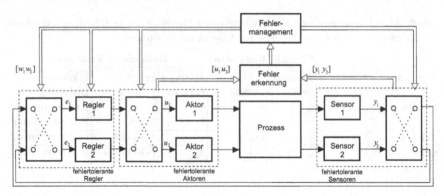

Bild 12.3. Automatisches Fehlermanagementsystem mit rekonfigurierbaren Aktoren, Sensoren und Reglern (gezeigt für jeweils zwei redundante Komponenten)

12.3 Methoden der Fehlererkennung

Fehlererkennungsmethoden basieren auf gemessenen Signalen und können klassifiziert werden in, Bild 12.4,

- *Grenzwertüberwachung* (Toleranzen) und *Plausibilitätsprüfungen* (Bereiche) von einzelnen Signalen
- *Signalmodellbasierte Methoden* für einzelne periodische oder stochastische Signale
- *Prozessmodellbasierte Methoden* für zwei und mehrere zusammenhängende Signale.

Für eine Beschreibung der verschiedenen Methoden wird auf die Literatur hingewiesen, z.B. Control Engineering Practice (1996), Gertler (1998), Chen und Patton (1999), Isermann (2006). Um spezifische Symptome zu erhalten, ist es beim Einsatz von Paritätsgleichungen oder Ausgangsbeobachtern erforderlich, dass mehr als eine Eingangs- und eine Ausgangsgröße messbar sind. Für die Parameterschätzung reicht in der Regel eine Eingangs- und eine Ausgangsgröße. Wegen der verschiedenen Eigenschaften der einzelnen Fehlererkennungsmethoden wird empfohlen, verschiedene Methoden geeignet zu kombinieren, um einen möglichst großen Umfang von Fehlern zu erkennen, Isermann (2006), Pfeufer (1997). Einige Anwendungsfälle von Fehlererkennungs- und Diagnosemethoden sind (1) Online-Testen während der Fertigung (Qualitätskontrolle), (2) Online-Testen während der Wartung, (3) Online-Echtzeitüberwachung während des Betriebes (an Bord). (1) und (2) erfordern im Allgemeinen eine detaillierte Fehlerdiagnose mit Klassifikations- oder Inferenzmethoden und können angewandt werden, wenn der rechnerische Aufwand nicht sehr begrenzt ist. Für (3) ist jedoch eine Fehlererkennungsmöglichkeit im Allgemeinen ausreichend, wenn dies im Zusammenhang mit fehlertoleranten Systemen geschieht. Dann muss eine Fehlerdiagnose nicht unbedingt erfolgen. Die Möglichkeit einer Fehlerdiagnose ist jedoch vorteilhaft für die allgemeine Online-Überwachung. Bei vielen Anwendungen ist die zur Verfügung stehende Rechenleistung jedoch sehr begrenzt, was die Fehlererkennung auf Methoden mit wenig Rechenaufwand auf Mikrorechnern beschränkt. Weiterhin ist es erforderlich, dass Fehlererkennungsmethoden transparent und leicht zu verstehen sind, zuverlässig funktionieren für die unterschiedlichen Betriebsbedingungen, nur wenige Messsignale verwenden und nur einen geringen Aufwand für die Modellbildung erfordern. Auch der Aufwand für die Pflege und eine leichte Übertragung modifizierter Komponenten sind wichtige Eigenschaften. Dies kann jedoch durch eine systematische Entwicklung erreicht werden, Moseler (2001).

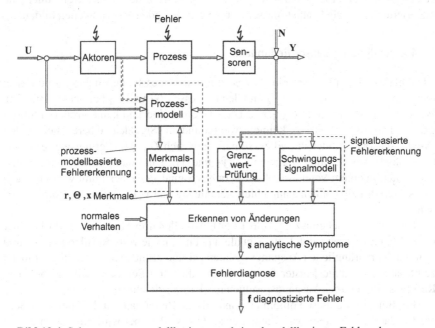

Bild 12.4. Schema prozessmodellbasierter und signalmodellbasierter Fehlererkennung

12.4 Fehlertolerante Sensoren

Ein fehlertolerantes Sensorsystem sollte zumindest fail-operational (FO) für einen Sensorfehler sein. (Bei vielen Produkten reicht die Fehlertoleranz für einen Fehler aus, wie z.B. bei Kraftfahrzeugen Schunck (1999)). Dies kann durch die Anwendung von Hardwareredundanz mit demselben Sensortyp oder durch analytische Redundanz mit verschiedenen Sensoren und Prozessmodellen erreicht werden.

12.4.1 Hardware-Sensor-Redundanz

Sensorsysteme mit statischer Redundanz können z.B. mit einem Triplex System und einem Voter (Vergleicher) aufgebaut werden, wie Bild 12.2a). Eine Anordnung mit dynamischer Redundanz benötigt zumindest zwei Sensoren und eine individuelle Fehlererkennung für jeden Sensor, wie Bild 12.2b). Gewöhnlich wird nur ein hot standby sinnvoll sein. Andere weniger leistungsfähige Möglichkeiten sind Plausibilitätsprüfungen anstelle der Fehlererkennung in Bild 12.2b) für zwei Sensoren, auch durch Anwendung von Signalmodellen (z.B. Varianz), um den plausibelsten der Sensorsignale auszuwählen. Die Fehlererkennung kann durch Selbsttests erreicht werden, z.B. durch Anregung eines bekannten Messwertes an der Sensormessstelle, Mesch (2001). Ein anderer Weg sind selbstvalidierende Sensoren, Henry und Clarke (1993), Clarke (1995), bei denen Sensor, Messumformer und Mikrorechner eine integrierte dezentrale Einheit mit selbstdiagnostizierenden Möglichkeiten bilden.

12.4.2 Analytische-Sensor-Redundanz

Als einfaches Beispiel wird ein Prozess mit einem messbaren Eingang u und zwei messbaren Ausgängen y_1 und y_2 und den Prozessen G_1 und G_2 betrachtet, Bild 5a). Wenn die Prozessmodelle G_{M1} und G_{M2} bekannt sind und keine größeren Störsignale auf u und y einwirken, können zwei redundante Signale und berechnet werden (Modellsensorwert oder virtuelles Signal), falls sich G_{M2} (näherungsweise) invertieren lässt. Aus den drei Signalen y_1, $\hat{y}_1$ und $\hat{y}_{1u}$ kann dann mittels einer 2-aus-3-Auswahl in einem Voter ein fehlertolerantes Signal y_{1FT} bestimmt werden. Nach demselben Prinzip können dann fehlertolerante Signale y_{2FT} und u_{FT} gebildet werden.

Ein ähnliches Schema zeigt Bild 12.5b). Aus allen drei Messwerten werden über Prozessmodelle drei redundante Signale y_1, und und jeweils Residuen r_1, r_2 und r_3 mit den ursprünglichen Ausgangssignalen gebildet. Eine Fehler-Residuen-Tabelle zeigt dann eindeutige Muster für die Fehler aller drei Sensoren, Bild 12.5c). Die Residuen sind hierbei Ausgangsresiduen mit Paritätsgleichungen.

Ein Beispiel für diese kombinierte analytische Redundanz ist der Gierraten-Sensor für das ESP System, van Zanten et al. (1999). Hierbei wird ein vereinfachtes Modell für das Lenkverhalten mit dem Lenkradwinkel als Eingang und dem Gierraten-Sensor als Ausgang verwendet. Aus der Querbeschleunigung und der Differenz der Drehzahlsignale des linken und rechten Rades einer Achse wird dann über Prozessmodelle die Gierrate rekonstruiert und z.B. einem Voter zugeführt.

12.5 Fehlertolerante Aktoren

Aktoren bestehen im Allgemeinen aus folgenden Teilen: Eingangsübertrager, Aktorwandler, Aktorübertrager und einem Stellglied, z.B. eine Kombination von Gleichstromverstärker, Gleichstrommotor, Getriebe und Durchflussstellglied, Bild 12.6. Der Aktorwandler formt eine Energie (z.B. elektrische oder pneumatische Energie) in eine andere Energie (z.B. mechanische oder hydraulische Energie) um. Verfügbare Messungen sind häufig das Eingangssignal U_1, die Stellgröße U_0 und ein Zwischensignal U_3, z.B. die Position des Stellgliedes. Fehlertolerante Aktoren können z.B.

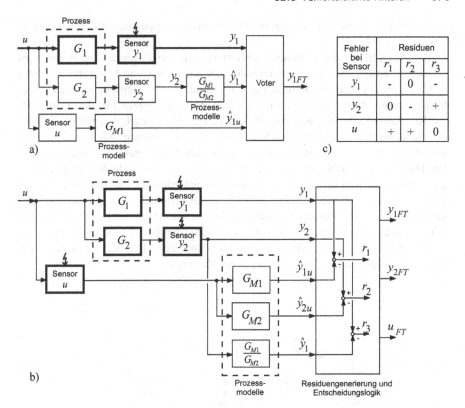

Bild 12.5. Analytische Sensor-Redundanz mittels Prozessmodellen für einen Prozess mit einem gemessenen Eingang u und zwei gemessene Ausgängen y_1 und y_2: a) aus den Messwerten u und y_2 werden zwei redundante Werte $\hat{y}_1$ und $\hat{y}_{1u}$ berechnet; b) aus allen drei Messwerten u, y_1, y_2 werden redundante Werte $\hat{y}_1$, $\hat{y}_{1u}$, $\hat{y}_{2u}$ und Residuen r_1, r_2, r_3 gebildet; c) Fehler-Symptom-Tabelle für b); +, -, 0: positive, negative oder keine Änderung

dadurch erhalten werden, dass Mehrfachaktoren parallel angeordnet werden, entweder mit statischer oder mit dynamischer Redundanz mit cold oder hot standby, Bild 12.2. Ein Beispiel für statische Redundanz sind hydraulische Aktoren für fly-by-wire Flugzeuge, bei denen zwei unabhängige Aktoren pro Ruder mit zwei unabhängigen Hydraulik-Kreisläufen arbeiten. Eine andere Möglichkeit ist, die Redundanz auf Aktorteile zu begrenzen, welche die kleinste Zuverlässigkeit haben. Bild 12.6b) zeigt ein Schema, bei dem der Aktorwandler (Motor) in zwei getrennte parallele Teile aufgeteilt wird, wie z.B. Wicklungspakete mit Kommutatoren bei Gleichstrommotoren, mehreren Wicklungen mit Leistungselektronik bei Drehstrommotoren. Ausgeführte Beispiele für Aktor-Teilredundanz mit statischer Redundanz sind eine Duplex-Steuerschieber-Anordnung für hydraulische Flugzeugaktoren, Oehler et al. (1997), oder die drei Windungen eines 3-Phasen-Drehstromantriebs, die im Fehlerfalle mit zwei Phasen (mit degradierter Leistung) weiterlaufen, Krautstrunk und Mutschler (1999), oder der E-Gas-Steller bei dem nur das Potentiometer doppelt ausgeführt wird, siehe Abschnitt 12.6.1.

Bei Aktoren für die Kabinendruckluftregelung von Passagierflugzeugen wird z.B. ein bürstenloser Gleichstrommotor doppelt angeordnet, von denen aber nur einer in Betrieb ist (dynamische Redundanz, cold standby). Das Getriebe zur Bewegung der Klappe im Rumpf ist jedoch nur einfach, Moseler (2001). Für den Low-cost- und Kraftfahrzeugbereich müssen solche Aktoren erst entwickelt werden. Da Kosten und Gewicht im Allgemeinen höher sind als für Sensoren, werden vermutlich Aktoren mit fail-operational Verhalten und Duplex-Konfiguration vorgezogen werden. Dann kann entweder die statische Redundanz, bei der beide Aktorteile dauern im Eingriff sind, Bild 12.2a) oder eine dynamische Redundanz mit hot standby, nach Bild 12.2b) oder mit cold standby, Bild 12.2c) verwendet werden. Für die dynamische Redundanz sind Fehlererkennungsmethoden des Aktors erforderlich, Moseler (2001), Isermann und Raab (1993). Ein Ziel sollte bei der Entwicklung sein, dass das fehlerhafte Teil des Aktors in einen fail-silent Status fällt, d.h. dass es keinen Einfluss auf die redundanten Teile hat, siehe Abschnitt 12.6.2.

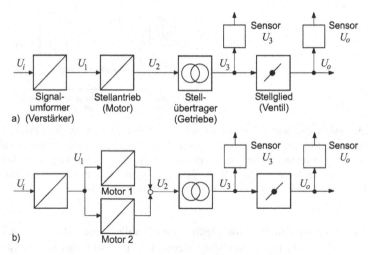

Bild 12.6. a) Herkömmlicher Aktor; b) Aktor mit Duplex-Antrieb und z.B. zwei parallelen Motoren, die auf ein Getriebe wirken, aber nur einer aktiv ist (dynamische Redundanz)

12.6 Beispiele fehlertoleranter Systeme

Im Folgenden werden einige Beispiele für fehlertolerante mechatronische Systeme beschrieben, die im Wesentlichen Ergebnisse von Forschungsprojekten sind.

12.6.1 Elektrischer Drosselklappen-Aktor

Der Luftstrom der meisten europäischen Benzinmotoren wird über eine elektromotorisch betätigte Drosselklappe gestellt. Bild 12.7 zeigt ein Schema. Ein permanent erregter Gleichstrommotor mit Getriebe dreht die Drosselklappe gegen eine Feder. Auf den Motor wirken die amplitudenmodulierte Ankerspannung U_A und der Ankerstrom I_A ein. Die Winkelposition φ_k wird durch zwei redundante Potentiometer φ_{1k} und φ_{2k} im Bereich $0 \ldots 90°$ gemessen. Somit sind im normalen Betrieb immer drei Messgrößen $U_A(t)$, $I_A(t)$ und $\varphi_k(t)$, aktiv. Es wird nun gezeigt, wie eine modellgestützte Fehlerdiagnose durchgeführt wird und wie hieraus eine fehlertolerante Positionssensorik entsteht, Pfeufer (1999).

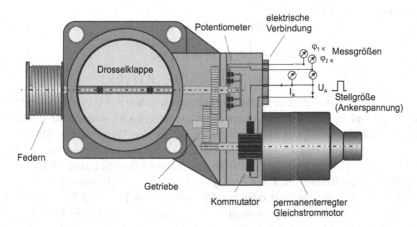

Bild 12.7. Schema einer elektrischen Drosselklappe (E-Gas)

a) Modellgestützte Fehlerdiagnose

Für den Ankerstromkreis gilt

$$U_A(t) = R_A I_A(t) + \Psi \omega_A(t) + c_{oe} \tag{12.6.1}$$

und für den elektromechanischen Teil

$$\nu J \dot{\omega}_k(t) = \Psi I_A(t) - \frac{1}{\nu} \left(c_F \varphi_k(t) + M_{R0} \right) - M_{R1} \omega_A. \tag{12.6.2}$$

Hierbei bedeuten

$\omega_k = \dot{\varphi}_k$ Drosselwinkelgeschwindigkeit
c_F Federkonstante
c_{oe} Konstante zur Modellierung additiver Fehler der Messgrößen

R_A Ankerwiderstand
M_{R0} Trockener Reibungskoeffizient
M_{R1} Viskoser Reibungskoeffizient
Ψ Magnetische Flussverkettung
J Trägheitsmoment des Motors
ν Getriebeübersetzung

Für dieses Gleichungssystem wird nun eine rekursive Parameterschätzung mit Modellen in kontinuierlicher Zeit und Zustandsvariablenfilterung zur Ermittlung der Signalableitungen angewandt, Pfeufer (1997, 1999). Damit erhält man die geschätzten Parameter:

$$\mathbf{p}^T = [R_A, \Psi, c_{oe}, J, c_F, M_{R1}, M_{R0}] \tag{12.6.3}$$

Zusätzlich werden zwei Paritätsgleichungen für die Fehlererkennung der Sensoren φ_{1k} und φ_{2k} verwendet:

$$r_1(t) = \varphi_{1k}(t) - \varphi_{2k}(t), \tag{12.6.4}$$

$$\begin{aligned} r_2(t) &= \Psi\nu\left[\dot{\varphi}_{1k}(t) - \hat{\dot{\varphi}}_{1k}(t)\right] \\ &= \Psi\nu\varphi'_{1k}(t) - U_A(t) + R_A I_A(t). \end{aligned} \tag{12.6.5}$$

Das erste Residuum r_1 gibt direkt Abweichungen zwischen den Potentiometer-Messwerten an und das Residuum r_2 verwendet die analytische Redundanz durch das Ankerstromkreismodell des Gleichstrommotors, um den Wert aus den Messungen $U_A(t)$ und $I_A(t)$ zu rekonstruieren. Tabelle 12.4 zeigt die erhaltenen Parameterabweichungen als Symptome aus der Parameterschätzung des mit einem PRBS-Signal (Pseudo-Rausch-Binär-Signal) als Testsignal angeregten geschlossenen Positionsregelkreises (z.B. vor dem Start oder bei der Endabnahme). Bis auf F11 und F1, F2 entstehen verschiedene Symptommuster. Die Symptommuster für F1 bis F8 zeigen eine bessere Isolierbarkeit als die Sensor-Gleichwertfehler (Offsets). Deshalb werden die Fehler F1 und F8 durch Parameterschätzung und die Sensorfehler F9 bis F14 durch Paritätsgleichungen diagnostiziert. Durch Kombination beider Fehlererkennungsmethoden und Anwendung einer fuzzylogischen Diagnose werden viele Fehler diagnostizierbar, Pfeufer (1997).

b) Fehlertolerante Positionssensoren

Die beiden Paritätsgleichungen werden nun zur Realisierung eines fehlertoleranten Positions-Sensorsystems des Aktors verwendet. Bild 12.8 zeigt das angewandte Schema für die Fehlererkennung und Sensor-Fehlertoleranz, das Bild 12.2b) entspricht. Tabelle 12.5 zeigt, dass Fehler für beide Potentiometer isoliert werden können. Bei einem Fehler des an den Positionsregler angeschlossenen Sensors wird auf den anderen Sensor umgeschaltet, also rekonfiguriert. (Im Unterschied zu Bild 12.2a) werden also nur zwei redundante Sensoren verwendet und ein dritter Messwert wird aus den gemessenen Größen $U_A(t)$ und $I_A(t)$ des Gleichstrommotors berechnet, in dem die analytische Redundanz angewandt wird). Wenn sich nur r_2 ändert, dann kann aufgrund von Tabelle 12.5 auch ein Fehler im Ankerstromkreis erkannt werden.

Tabelle 12.4. Prozessparameteränderungen für verschiedene Aktorfehler. $0 \to$ keine Änderung, $+ \to$ Zunahme, $- \to$ Abnahme

	Fehler	Parameterschätzung						
		Symptom						
		R_A	Ψ	c_{oe}	J	c_F	M_{R1}	M_{R0}
F1	erhöhte Federvorspannung	0	0	0	0	0	0	+
F2	verringerte Federvorspannung	0	0	0	0	0	0	-
F3	Kommutator-Kurzschluss	-	-	0	+	+	+	0
F4	Ankerkreiskurzschluss	0	-	0	+	+	+	0
F5	Ankerkreisunterbrechung	+	-	0	0	+	+	+
F6	Zusätzlicher serieller Widerstand	+	0	0	0	0	0	0
F7	Zusätzlicher paralleler Widerstand	-	-	0	0	+	+	0
F8	erhöhte Reibung am Getriebe	0	0	0	+	+	+	0
F9	Offsetfehler U_A	0	0	+/-	0	0	0	0
F10	Offsetfehler I_A	0	0	+/-	0	0	0	-/+
F11	Offsetfehler φ_K	0	0	0	0	0	0	-/+
F12	Skalierungsfehler U_A	+/-	+/-	+/-	+/-	+/-	+/-	+/-
F13	Skalierungsfehler I_A	-/+	0	0	+/-	+/-	+/-	+/-
F14	Skalierungsfehler φ_K	0	-/+	0	-/+	-/+	-/+	-/+

In Bild 12.9 ist das Regelverhalten des Drosselklappen-Aktors mit geschlossenem Positions-Regelkreis gezeigt für den Fall, dass der Schleifer von φ_{1k} bei $t = 0{,}2\,$s während eines linearen Anstiegs des Positionssollwerts hängen bleibt ($\Delta\varphi_{1k} < 0$). Beide Residuen r_1 und r_2 weichen ab und zeigen somit einen additiven Fehler des Sensors φ_{1k} an.

Nach etwa 100 ms überschreitet das Residuum r_2 den (adaptiven) Schwellwert und auch $r_1 = e$. Der Regler wird auf den Sensor φ_{2k} umgeschaltet und nach weiteren 200 ms erreicht der Drosselklappenwinkel wieder den Sollwert, Pfeufer (1999). Dies bedeutet praktisch, dass eine kurze zusätzliche Zunahme der Fahrzeuggeschwindigkeit (ein Ruck) erfolgt, und eine Warnung an den Fahrer gegeben wird, um z.B. eine Werkstatt aufzusuchen. Diese Drosselklappe hat also ein FO-F Verhalten, da es einen Sensorfehler toleriert. Das Beispiel zeigt, dass es im geschlossenen Regelkreis sehr auf eine schnelle Fehlererkennung und Rekonfiguration (recoverytime) ankommt, um eine Instabilität zu vermeiden.

Tabelle 12.5. Residuen für Paritätsgleichungen des Aktors beim Auftreten von Fehlern bei Bild 12.8

Fehler	Residuen	
	r_1	r_2
Offsetfehler $+\Delta\varphi_{1k}$	+	+
Offsetfehler $+\Delta\varphi_{2k}$	−	0
Fehler im Ankerstromkreis	0	+/−

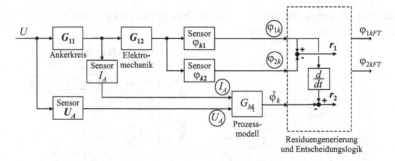

Bild 12.8. Signalflussbild für ein fehlertolerantes Positionssensorsystem mit einem zweifachen Sensor und analytischer Redundanz über die Elektromotorsignale

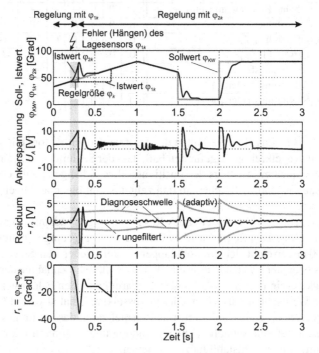

Bild 12.9. Positionsregelung mit hängenbleibendem ersten Sensor 1k und Rekonfiguration mit dem zweiten Sensor φ_{2k}

12.6.2 Redundanter Asynchronmotor-Antrieb

Der Aufbau eines redundanten elektromotorischen Antriebssystems mit zwei Motoren kann in paralleler oder serieller Anordnung erfolgen, Bild 12.10. Für eine Grundlagen-Untersuchung wurden zwei Asynchronmotoren verwendet, die über elektromechanische Kupplungen (im parallelen Aufbau zusätzlich über ein Zahnriemengetriebe) als Last einen Synchronmotor im Generatorbetrieb antreiben, der unterschiedliche Lastkennlinien simulieren kann, Reuß und Isermann (2004).

Für den Fall der parallelen Anordnung zeigt Bild 12.11 die Umschaltung von einem aktiven Motor auf den in cold-standby befindlichen zweiten Motor. Hierzu wird nach dem Erkennen eines Fehlers an der antreibenden Motoreinheit, die zweite Motoreinheit angeschaltet, sowie die eine elektro-mechanische Kupplung über einen Steuerungsalgorithmus geschlossen und die andere geöffnet. Ziel ist dabei eine Rekonfiguration, die eine möglichst kleine Drehzahlstörung der angetriebenen Last zulässt. Deshalb ist den Fehlererkennungs- und Diagnosemethoden ein Fehlermanagementsystem entsprechend Bild 12.3 übergeordnet, das alle detektierten Fehler des gesamten Antriebssystems verarbeitet und in Abhängigkeit der aufgetretenen Fehler und des aktuellen Systemzustandes unterschiedliche Rekonfigurationsstrategien durchführt.

Die Anzahl der möglichen Fehler in den Antriebseinheiten mit den Frequenzumrichtern in Kombination mit den Kupplungs- und Elektronikfehlern, die überwacht werden, ist sehr hoch. Die im Fehlerfall durchzuführende Rekonfigurationsstrategie ist zusätzlich in Abhängigkeit des aktuellen Systemzustandes und der Schwere des aufgetretenen Fehlers zu wählen. Deshalb werden die einzelnen Fehler F_i unter Berücksichtigung der Ergebnisse einer FMEA zu einem gewichteten Fehlermaß

$$F_{ges} = \sum_{i=0}^{n} (g_i F_i); \quad F_i \epsilon [0,1]; \quad g_i \epsilon \{0,1\} \qquad (12.6.6)$$

summiert, so dass die Antriebe bei einem leichten Summenfehlermaß $F_{ges} < 1$ weich und bei einem schweren Fehler $F_{ges} \geq 1$ hart umschalten.

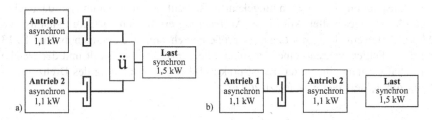

Bild 12.10. Redundanter Asynchronmotoren-Antrieb: a) Parallele Duplex-Anordnung (2 el.-mech. Kupplungen, 1 Getriebe); b) Serielle Duplex-Anordnung (1 el.-mech. Kupplung)

a) weiches Umschalten

Bei kleinem Fehlermaß ist der betroffene Antrieb je nach Fehlertyp noch entsprechend eingeschränkt einsatzfähig. In diesem Fall wird die Umschaltung von dem beschädigten Antrieb auf den redundanten schonend durchgeführt. Dazu wird zunächst der noch ruhende zweite Motor auf die Solldrehzahl des ersten beschleunigt. Wenn diese erreicht ist, wird die offene Kupplung mit der Stellspannung $U_{K-2}(t)$ über eine PWM-Ansteuerung bei t_1 sprungartig bis zu einem leichten Schleifen angesteuert.

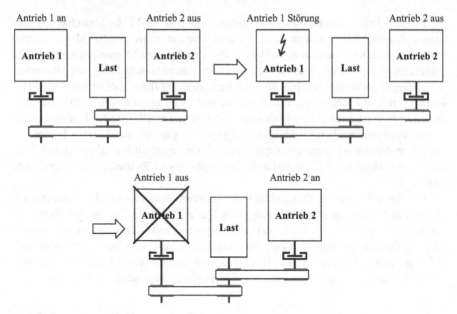

Bild 12.11. Umschaltung nach Fehlererkennung von Antrieb 1 auf Antrieb 2 bei paralleler Duplex-Anordnung

Bis t_2 wird sie dann weiter über $t_2 - t_1 = 0,5$ s kontinuierlich ganz geschlossen (schematisch in Bild 12.12 dargestellt). Die Kupplung des defekten Motors wird bei t_2 mit der Stellspannung $U_{K-1}(t)$ in umgekehrter Reihenfolge geöffnet und der dazugehörige Motor abgeschaltet. Mit dieser Ansteuerung ergibt sich auch im dynamischen Motorbetrieb eine Umschaltung ohne größere Drehzahlabweichungen. In Bild 12.13 wird ein Fehler während eines Hochlaufs bei $t = 0,2$ s festgestellt und der weiche Umschaltvorgang eingeleitet. Es ist praktisch keine Veränderung des Drehzahlverlaufs zum fehlerfreien Fall festzustellen.

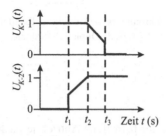

Bild 12.12. Kupplungsumschaltung „weich"

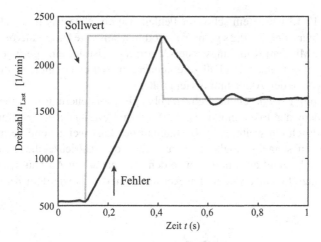

Bild 12.13. Drehzahlverlauf bei weicher Umschaltung mit Fehler bei $t_1 = 0{,}2$ s

b) hartes Umschalten

Ein großes Fehlermaß, das bei einer starken Beeinträchtigung oder einem Totalausfall des gerade antreibenden Motors auftritt, erfordert eine sehr schnelle Rekonfiguration des Antriebssystems. Neben den Antriebsmotoren müssen auch die Kupplungen schnell reagieren können. Dazu werden die Kupplungen über eine spezielle Elektronik in der Ansteuerung übererregt, wodurch sich die Zeit bis zum vollständigen Schließen auf ein Viertel des Kupplungsstandardwertes von $T_{K-norm} = 130$ ms, somit auf $T_K = 32$ ms verkürzen lässt. Würden die Kupplungen sofort schalten, würde der zugeschaltete Antrieb 2 die Lastdrehzahl zunächst weiter reduzieren. Es ist deshalb günstiger den Antrieb 2 ohne Last zu beschleunigen und den Schließvorgang der Kupplung 2 abhängig von Vorhalte-, Last- und Antriebsdrehzahl vor dem Erreichen der Lastdrehzahl einzuleiten.

Nach der Feststellung eines schweren Fehlers zum Zeitpunkt t_1 wird deshalb der ruhende Motor unmittelbar angeschaltet und auf die Solldrehzahl beschleunigt. Abhängig von der bekannten Kupplungseinschaltdauer bei Übererregung T_K, sowie der Asynchronmotor-Anlaufbeschleunigung $\dot{\omega}_2$ wird eine Vorhaltedrehzahldifferenz

$$\Delta\omega_v(t) = T_K \dot{\omega}_2 \tag{12.6.7}$$

gebildet. Zusammen mit der Drehzahl des beschleunigenden zweiten Motors $\omega_2(t)$ und der Lastdrehzahl $\omega_{Last}(t)$ wird die Kupplung mit dem Kupplungssteuer-Algorithmus

$$U_{K-2}(t) = \left\{ \begin{array}{ll} 1 & \omega_2(t) > \omega_{Last}(t) - \Delta\omega_V(t) \\ 0 & \omega_2(t) < \omega_{Last}(t) - \Delta\omega_V(t) \end{array} \right\} \tag{12.6.8}$$

bei t_2 einschaltet, sowie die Kupplung des defekten Motors nach der erfolgten Ankopplung bei t_3 mit $U_{K-1}(t) = 0$ ausgeschaltet, wie in Bild 12.14 schematisch dargestellt ist.

In Bild 12.15 wurde ein schwerer Fehler, wie ein Netzausfall des aktiven Frequenzumrichters, bei $t_1 = 0{,}2$ s gemeldet, wodurch der harte Umschaltvorgang eingeleitet wurde. Mit dem Kupplungssteuer-Algorithmus ist nur eine geringe Drehzahlabweichung zum fehlerfreien Fall zu erkennen, die bei einem gleichzeitigen harten Umschalten ohne den Algorithmus viel größer ist.

Die Kupplung hat durch die drehzahlabhängige Vorsteuerung zum gleichen Zeitpunkt, bei dem der Ersatzmotor die Lastdrehzahl erreicht hat, den vollen Kraftschluss, wodurch ein weiterer Drehzahlabfall der Last weitgehend vermieden und gleichzeitig ein schnellstmögliches Umschalten der Antriebseinheiten ermöglicht wird. Bild 12.16 zeigt ein Photo, sowie den schematischen Aufbau des Prüfstands mit dem Echtzeitrechnersystem, den Antriebseinheiten, sowie dem Kupplungssystem.

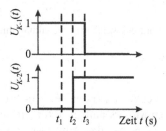

Bild 12.14. Kupplungsumschaltung „hart"

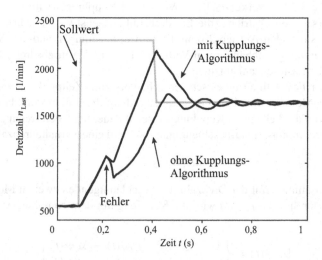

Bild 12.15. Drehzahlverlauf bei harter Umschaltung mit Fehler bei $t_1 = 0{,}2$ s; mit/ohne Kupplungs-Algorithmus

a)

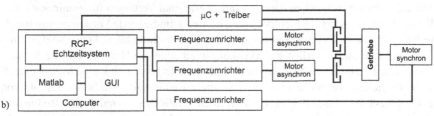

b)

Bild 12.16. a) Foto des redundanten Asynchronmotorantriebs; b) Schema des Prüfstands mit redundanten Asynchronmotoren und Synchronmotor als Last. Rapid Control Prototyping (RCP) DSP-Echtsystem (dSpace), Graphical User Interface (GUI)

12.6.3 Brake-by-wire System

Ein Beispiel für die Notwendigkeit eines fehlertoleranten Gesamtsystems ist ein brake-by-wire System. Ein solches System ohne mechanische Rückfallebene wurde als Prototyp von Continental Teves, Frankfurt vorgestellt, Schwarz et al. (1998), Stölzl et al. (1998). Das brake-by-wire System besteht aus vier elektromechanischen Radbremsmodulen mit lokalen Mikrorechnern, einem elektromechanischen Bremspedalmodul, einem Duplex-Kommunikations-Bussystem und einem zentralen Bremsmanagement-Computer. Die gewählte Struktur ist das Ergebnis einer FMEA- und Hazard-Analyse. Die Fehlertoleranz wird mit Duplexsystemen für die Radbremsregler, die Buskommunikation, den Bremsmanagementrechner und die Spannungsversorgung aufgebaut. Das Bremspedal enthält wegen seiner zentralen Funktion jedoch intern höhere Redundanzmechanismen. Die Einwirkung des Fahrers auf das Pedal wird durch eine geeignete Kombination von Positions- (und Kraft-) Sensoren gemessen. Die gemessenen analogen Signale werden dann Mikrocontrollern zugeführt. Nach entsprechender Signalverarbeitung wird die Bremspedalinformation an das CAN-Bussystem übertragen. Weil das Pedal ein zentrales Teil im Bremssystem ist, muss der Aufbau mit einem hohen Grade an Fehlertoleranz erfolgen. Das Pedalmodul ist fail-operational nach einem Fehler in den Sensoren oder in der Elektronik oder in den Steckverbindungen, Stölzl (2000), Stölzl et al. (1998).

Ein fehlertolerantes Sensorsystem für das querdynamische Verhalten eines Kraftfahrzeuges wird in Börner (2004) beschrieben.

12.7 Schlussbemerkungen

Zuverlässigkeit und Sicherheit sind von wesentlicher Bedeutung für mechatronische Systeme. Falls eine große Sicherheitsintegrität gefordert wird, ist eine Fehlertoleranz für alle elektronischen und elektromechanischen Komponenten, Einheiten und Untersysteme vorzusehen. Dabei spielen Fehler in der elektronischen Hardware, der Software, den elektrischen und teilweise auch mechanischen Teilen eine entscheidende Rolle. Fehlertolerante Eigenschaften können hauptsächlich erreicht werden durch statische oder dynamische Redundanz, die letzteren mit cold oder hot standby. Diese Systeme ermöglichen dann ein fail-operational Verhalten für zumindest einen Fehler. Eine integrierte Fehlererkennung ist eine grundlegende Voraussetzung für alle fehlertoleranten Systeme mit redundanten Mehrfachmodulen. Dabei sind rechnerisch einfache und zuverlässige Erkennungsmethoden mit Hinblick auf die Softwarezuverlässigkeit und Testbarkeit und den Begrenzungen durch kleine Mikrocontroller vorzuziehen. Verglichen mit der statischen Redundanz erlaubt der Einsatz von Fehlererkennungsmethoden für die einzelnen Module bei dynamischer Redundanz mindestens ein Modul einzusparen. Eine große Herausforderung ist die Entwicklung von serientauglichen fehlertoleranten Sensoren, Aktoren, Mikrorechnern und Buskommunikationssystemen mit harten Echtzeitanforderungen für vertretbare niedere Kosten. Dies ist eine Voraussetzung für das weitere Vordringen von elektrisch aktiven Fahrzeugkomponenten und von drive-by-wire Systemen z.B. für Bremsen, Lenkungen und Radaufhängungen. Für die Massenherstellung sind hierbei besonders Komponenten mit eingebauter Redundanz attraktiv. Insgesamt gesehen ergibt sich für die Entwicklung fehlertoleranter Systeme noch erheblicher Forschungs- und Entwicklungsbedarf.

12.8 Aufgaben

1) Es werde angenommen, dass die Fehler eines Aggregates bestehend aus Asynchronmotor, Getriebe, Pumpe und Drosselventil statistisch unabhängig sind. Wie groß ist die Ausfallrate λ_{ges} und die MTTF des Aggregates mit den Ausfallraten nach Tabelle 12.1?

2) Welche typischen Fehler können bei mechanischen Systemen, elektronischer Hardware und bei der Steuerungs-Software auftreten?

3) Worin unterscheiden sich Zuverlässigkeits- und Sicherheitsanalyse?

4) Welche Möglichkeiten bestehen zur Verbesserung der Zuverlässigkeit von mechanischen Systemen, elektronischer Hardware und Steuerungssoftware?

5) Worin besteht der Unterschied zwischen statischer und dynamischer Redundanz?

6) Was ist der Unterschied bei der Degradierung von Funktionen mit „fail-operational-" und „fail-safe-Verhalten"? Geben Sie Beispiele von Realisierungen an.

7) Welche Arten von Fehlererkennungsmethoden kann man bei mechatronischen Systemen (z.B. drehzahlvariabler elektrischer Vorschubantrieb einer Werkzeugmaschine) anwenden?

8) Beschreiben Sie die Möglichkeiten zum Aufbau eines fehlertoleranten Antriebs mit zwei Elektromotoren.

9) Wie kann ein fehlertolerantes Sensorsystem zur Temperaturmessung aufgebaut werden mit a) 2 Sensoren (z.B. Thermoelement und Widerstandsthermometer) b) 3 Sensoren desselben Typs?

10) Welche Teilaufgaben des Fehlermanagements fallen bei einem geschlossenen Regelkreis für den Fall eines Sensorausfalls an, wenn ein Ersatzsensor zur Verfügung steht? In welcher Zeitspanne müssen diese Teilaufgaben etwa ablaufen, wenn der Einschwingvorgang der intakten Regelung auf einen Führungsgrößensprung 1 s dauert?

13

Ausblick

Wie im Vorwort und im Kapitel 1 beschrieben, umfasst das Gebiet der mechatronischen Systeme mehrere Disziplinen der Ingenieurwissenschaften. Deshalb ist es kaum möglich, mechatronische Systeme in nur einem Buch ausführlich darzustellen. Das vorliegende Buch beschränkt sich daher auf einige wichtige Gesichtspunkte zum Aufbau und zur Entwicklung mechatronischer Systeme und auf die Beschreibung der Eigenschaften des statischen und dynamischen Verhaltens von Komponenten. Dies erfolgt im Hinblick auf die Gestaltung (Entwurf, Simulation, experimenteller Test) von integrierten Gesamtsystemen. Dabei wurde sowohl die örtliche Integration durch den prinzipiellen Aufbau als auch die funktionelle Integration durch die Informationsverarbeitung mit Mikrorechnern betrachtet. Außer der Beschreibung des Verhaltens verschiedener mechanischer und elektrischer Prozesse wurden die Prinzipien wichtiger Sensoren und Aktoren dargestellt, um eine Übersicht häufig eingesetzter Bestandteile mechatronischer Systeme zu bekommen. Damit werden im wesentlichen einige Grundlagen behandelt und an diesen Beispielen erläutert.

Eine Beschreibung der resultierenden mechatronischen Gesamtsysteme in Buchform bleibt wegen der großen Vielfalt und des zum Teil sehr spezifischen Prozesswissens besonderen Büchern oder Zeitschriften überlassen. Einige dieser prozessorientierten Bereiche sind zum Beispiel:

- Mechatronische Maschinenelemente (Kupplungen, Dämpfer), automatische Getriebe,
- Magnetlager,
- Mechatronische Hydraulik und Pneumatik („Fluidtronic"),
- Mechatronische Aktorik (Elektromagnete, Piezostacks, elektrorheologische Flüssigkeiten),
- Robotik (Mehrachsenroboter, mobile Roboter, Gehmaschinen),
- Leistungselektronik und elektrische Antriebe,
- Mechatronische Komponenten für Verbrennungsmotoren,
- Mechatronische Strömungsmaschinen (Kreiselpumpen, Verdichter, Gasturbinen),
- Mechatronische Kraftfahrzeugkomponenten (aktive Bremssystems (ABS, ASR, ESP), aktive Fahrwerke, aktive Lenkungen, drive-by-wire),

- Mechatronische Produktionsmaschinen (aktive Werkzeuge, flexible Werkzeug-maschinen, Druckmaschinen, Walzwerke),
- Mechatronische feinwerktechnische Geräte (Magnetplattenspeicher, Kameras, optische Geräte),
- Medizintechnische Geräte (Implantate, künstliches Herz, aktive Shunts, Kompo-nenten von Dialysemaschinen),
- Mikromechatronische Systeme (MEMS, Sensoren, Aktoren, Mikromaschinen).

Aus dieser Aufstellung ist zu erkennen, dass einige Bereiche schon seit einigen Jah-ren mechatronische Ansätze verfolgen, dies aber in ihrer Bezeichnung nicht direkt zum Ausdruck bringen. Eine zunehmende Bedeutung haben bei der Gestaltung me-chatronischer Gesamtsysteme außer der konstruktiven Integration der Hardware die für die Integration durch Software mit der digitalen Online-Informationsverarbei-tung in Echtzeit zusammenhängenden Gebiete, wie *Steuerung*, *Regelung*, *Adaption* und *Optimierung*, *Überwachung*, *Fehlerdiagnose*. Diese Gebiete werden in anderen Büchern beschrieben und sind nicht auf mechatronische Systeme beschränkt.

Eine weitere unterstützende Methodik ist der *Einsatz von speziellen Rechnern* für den Entwurf und die Erprobung mechatronischer Komponenten und Systeme. Hier hat außer dem bekannten rechnergestützten Entwurf (CAD) die Modellbildung des statischen und dynamischen Verhaltens, die Simulation, und das experimentel-le Testen eine zunehmende Bedeutung bekommen. Entsprechende Werkzeuge sind die objektorientierte Modellbildungs-Software, Control-Prototyping-Rechner (CP), und die Hardware-in-the-loop Simulation (HiL), die im Rahmen eines parallelen, simultanen Entwurfs (simultaneous enigineering) in sogenannten V-Modellen sche-matisch zusammengefasst werden (siehe Bild 1.23 und Bild 1.24).

Besonders weit entwickelt sind mechatronische Komponenten für *Kraftfahrzeu-ge* und *Verbrennungsmotoren*.

Bild 13.1 zeigt die Entwicklung der Sensorik und Aktorik für Kraftfahrzeuge und die daraus entstehenden fahrdynamischen Regelungen und Fahrerassistenzsysteme, um sowohl den Fahrkomfort als auch die aktive Sicherheit wesentlich zu verbessern. Die weitere Entwicklung dürfte beispielsweise durch eine Autonomieerhöhung des Fahrens mit Autopiloten für das Bremsen, Beschleunigen und Lenken geprägt sein, bis hin zu Antikollisions-Assistenzsystemen.

In Bild 13.2 sind entsprechende Entwicklungen für die Sensoren und Akto-ren von Verbrennungsmotoren dargestellt. Hier haben mechatronische Komponen-ten ganz entscheidend dazu beigetragen, um das Fahrverhalten (z.B. Drehmoment-Drehzahl-Kennlinien) zu verbessern und den Kraftstoffverbrauch, die Emissionen und das Geräusch zu reduzieren. Die weitere Entwicklung bei Otto- und Dieselmo-toren hängt entscheidend von neuen Brennverfahren (Direkteinspritzung, Schicht-und homogene Verbrennung, HCCI), der zugehörigen Sensorik, Aktorik und Steue-rung ab. Die Entwicklung von Hybrid-Antrieben mit geeigneter Kombinationen von Verbrennungsmotoren und Elektromotoren/Elektrogeneratoren benötigt mechatroni-sche Prinzipien.

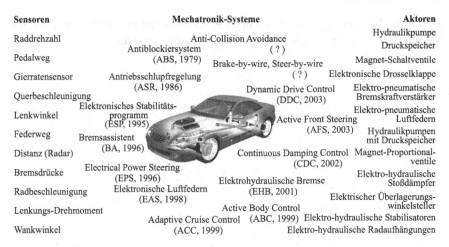

Sensoren	Mechatronik-Systeme	Aktoren

Sensoren

Raddrehzahl

Pedalweg

Gierratensensor

Querbeschleunigung

Lenkwinkel

Federweg

Distanz (Radar)

Bremsdrücke

Radbeschleunigung

Lenkungs-Drehmoment

Wankwinkel

Mechatronik-Systeme

Anti-Collision Avoidance
(?)
Antiblockiersystem
(ABS, 1979)
Brake-by-wire, Steer-by-wire
(?)
Antriebsschlupfregelung
(ASR, 1986)
Dynamic Drive Control
(DDC, 2003)
Elektronisches Stabilitäts-
programm
(ESP, 1995)
Active Front Steering
(AFS, 2003)
Bremsassistent
(BA, 1996)
Continuous Damping Control
(CDC, 2002)
Electrical Power Steering
(EPS, 1996)
Elektrohydraulische Bremse
(EHB, 2001)
Elektronische Luftfedern
(EAS, 1998)
Active Body Control
Adaptive Cruise Control   (ABC, 1999)
(ACC, 1999)

Aktoren

Hydraulikpumpe

Druckspeicher

Magnet-Schaltventile

Elektronische Drosselklappe

Elektro-pneumatische
Bremskraftverstärker

Elektro-pneumatische
Luftfedern

Hydraulikpumpen
mit Druckspeicher

Magnet-Proportional-
ventile

Elektro-hydraulische
Stoßdämpfer

Elektrischer Überlagerungs-
winkelsteller

Elektro-hydraulische Stabilisatoren

Elektro-hydraulische Radaufhängungen

Bild 13.1. Zur Entwicklung der Mechatronik bei Kraftfahrzeugen

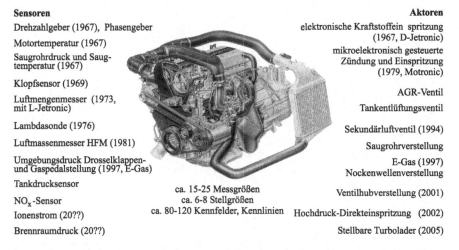

Sensoren

Drehzahlgeber (1967), Phasengeber

Motortemperatur (1967)

Saugrohrdruck und Saug-
temperatur (1967)

Klopfsensor (1969)

Luftmengenmesser (1973,
mit L-Jetronic)

Lambdasonde (1976)

Luftmassenmesser HFM (1981)

Umgebungsdruck Drosselklappen-
und Gaspedalstellung (1997, E-Gas)

Tankdrucksensor

NO_x-Sensor

Ionenstrom (20??)

Brennraumdruck (20??)

ca. 15-25 Messgrößen
ca. 6-8 Stellgrößen
ca. 80-120 Kennfelder, Kennlinien

Aktoren

elektronische Kraftstoffein spritzung
(1967, D-Jetronic)

mikroelektronisch gesteuerte
Zündung und Einspritzung
(1979, Motronic)

AGR-Ventil

Tankentlüftungsventil

Sekundärluftventil (1994)

Saugrohrverstellung

E-Gas (1997)
Nockenwellenverstellung

Ventilhubverstellung (2001)

Hochdruck-Direkteinspritzung (2002)

Stellbare Turbolader (2005)

Bild 13.2. Zur Entwicklung der Mechatronik bei Verbrennungsmotoren (Benzin-Motoren)

Da das Gebiet der mechatronischen Systeme inmitten einer *systematischen Entwicklung* steht, kann man es im Wesentlichen an einzelnen mechanisch-elektronischen Komponenten, Maschinen und Geräten verfolgen, z.B. in einschlägigen Fachzeitschriften, speziellen Büchern und Forschungsberichten oder bei Tagungen und Messen. Hierzu sind z.B. auch die regelmäßigen Mechatronik-Konferenzen von IFAC, AIM (IEEE/ASME), IEE Mechatronics Forum sehr geeignet und die entsprechenden Zeitschriften von IFAC und IEEE, siehe Literaturverzeichnis zu Kapitel 1.

Die Entwicklungen der Integration einer digitalen Informationsverarbeitung in Produkte und ihre Herstellungsprozesse umfasst außer den mechanischen Komponenten auch noch andere technische Bereiche. Deshalb ist eine *geeignete Ausbildung* im Ingenieurstudium und im Handwerk unter Berücksichtigung von bereichsübergreifenden Inhalten, z.B. im Maschinenbau, Elektro- und Informationstechnik. mit interdisziplinärem, methodischem Vorgehen besonders wichtig.

Literaturverzeichnis

Kapitel 1

AIM (1999). *IEEE/ASME Conference on Advanced Intelligent Mechatronics. Atlanta (1999), Como (2001), Kobe (2003), Monterey (2005), Zürich (2007)*. IEEE, Piscataway.

Antsaklis, P. (1994). Defining intelligent control. Report of the task force on intelligent control. *IEEE Control Systems Magazine*, S. 4–5 & 58–66.

Åström, K. (1991). Intelligent control. In *European Control Conference*, Grenoble, France.

Åström, K. und Wittenmark, B. (1995). *Adaptive control*. Addison Wesely, Reading, MA.

Beitz, W. (1989). Entwicklung und Konstruktion. In *Hütte: Grundlagen der Ingenieurwissenschaften*. Springer, Berlin, 29 Aufl.

Beitz, W. und Küttner, K. (1995). *Dubbel Taschenbuch für den Maschinenbau*. Springer, Berlin, 18 Aufl.

Binder, A., Schneider, T., und Redemann, C. (2007). Lagerlose Motoren – eine Zukunftstechnologie? *Bulletin SEV/AES*, 5:9–13.

Bishop, C. (2002). *The mechatronics handbook*. CRC Press, Boca Raton.

Bosch, R., Hrsg. (2003). *Dieselmotor-Management*. Vieweg, Wiesbaden.

Bosch, R. (2004). *Ottomotor-Management*. Vieweg, Wiesbaden.

Bradley, D., Dawson, D., Burd, D., und Loader, A. (1991). *Mechatronics-electronics in products and processes*. Chapman and Hall, London.

Breuer, B. und Bill, K., Hrsg. (2003). *Bremsenhandbuch*. Vieweg, Wiesbaden.

Bröhl, A., Hrsg. (1995). *Das V-Modell - Der Standard für Softwareentwicklung*. Oldenbourg, München, 2 Aufl.

Buß, M. und Hashimoto, H. (1993). *Mechatronics in Japan*. VDI Ber. 1088. VDI Verlag, Düsseldorf.

Bußhardt, J. und Isermann, R. (1993). Parameter adaptive semi-active shock absorbers. In *ECC European Control Conference*, Bd. 4, S. 2254–2259, Groningen, Netherlands.

Bußhardt, J. und Isermann, R. (1996). Selbsteinstellende Radaufhängung. *Automatisierungstechnik – at*, 44(7):351–357.

Buscher, M., Pfeiffer, R., und Schwartz, H. (1993). Radschlupfregelung für Drehstromlokomotiven. *Elektrische Bahnen*, 91(5):3–18.

Causemann, P. (1999). *Kraftfahrzeugstoßdämpfer*. Verlag moderne industrie AG, Landsberg/Lech.

Chang, P. und Lee, S. (2002). A straight-line motion tracking control of hydraulic excavator system. *Mechatronics*, 12:119–138.

Chen, J. und Patton, R. (1999). *Robust model-based fault diagnosis for dynamic systems*. Kluwer, Boston.

Dach, H. und Köpf, P. (1994). *PKW-Automatigetriebe*, Bd. 88 aus *Die Bibliothek der Technik*. Verlag moderne industrie AG, Landsberg/Lech.

Dais, S. (2004). Herausforderungen eines Automobilzulieferers. *Automobiltechnische Zeitschrift – ATZ*, 106(Sonderheft 100 Jahre VDI-FVT):18–20.

Davidson, A., Hrsg. (1970). *Handbook of precision engineering*, Bd. 1 – Fundamentals. Macmillan Press, London.

Desch, S. (2001). Neue dezentrale Umrichter-Konzepte. *Automatisierungstechnische Praxis – atp*, 43(8):16–19.

Dorf, R. und Bishop, R. (2001). *Modern control systems*. Prentice Hall, Englewood Cliffs, 9 Aufl.

Dote, Y. und Kinoshita, S. (1990). *Brushless servomotors. Fundamentals and applications*. Clarenden Press, Oxford.

DUIS (1993). *Mechatronics and Robotics. M. Hiller, B. Fink (eds). 2nd Conference, Duisburg/Moers, Sept 27-29*. IMECH, Moers.

Ehrfeld, W., Ehrfeld, U., und Kieswalter, S. (2000). Progress and profit through microtechnologies. In *MICRO.tec 2000, VDE World Microtechnology Congress*, Bd. 1, S. 9–17, Hannover, Germany. VDE-Verlag, Berlin.

Elmqvist, H. (1993). *Object-oriented modeling and automatic formula manipulation in Dymola*. Scandin. Simul. Society SIMS, Kongsberg.

Feuser, A. (2002). Zukunftstechnologie Mechatronik. *Ölhydraulik und Pneumatik*, 46(9):436.

Fischer, D. (2006). *Fehlererkennung für mechatronische Fahrwerksysteme*. Fortschr.-Ber. VDI Reihe 12, 615. VDI Verlag, Düsseldorf.

Flierl, R., Hofmann, R., Landerl, C., Melcher, T., und Steyer, H. (2001). Der neue BMW Vierzylindermotor mit Valvetronic. *Motortechnische Zeitschrift - MTZ*, 62(6).

Föllinger, O. (1992). *Regelungstechnik*. Hüthig Buch Verlag, Heidelberg, 7 Aufl.

Franklin, G., Powell, J., und Workman, D. (1998). *Digital control of dynamic systems*. Addison-Wesley, Menlo Park, 3 Aufl.

Gad-el-Hak, M., Hrsg. (2000). *MEMS Handbook*. CRC Press, Boca Raton.

Gausemeier, J., Brexel, D., Frank, T., und Humpert, A. (1995). Integrated product development. In *3rd Conference on Mechatronics and Robotics*, Paderborn, Germany. Teubner, Stuttgart.

Gausemeier, J., Grasmann, M., und Kespohl, H. (1999). Verfahren zur Integration von Gestaltungs- und Berechnungssystemen. *VDI-Berichte Nr. 1487*.

Gertler, J. (1998). *Fault detection and diagnosis in engineering systems*. Marcel Dekker, New York.

Göbel, S. (2004). Ein Labcar für alle Fälle. In *Mechatronischer Systementwurf: Methoden – Werkzeuge – Erfahrungen – Anwendungen*, Bd. VDI Bericht 1842, S. 109–117, Darmstadt, Germany. VDI, Düsseldorf.

Goodall, R. und Kortüm, W. (2000). Mechatronics developments for railway vehicles of the future. In *IFAC Conference on Mechatronic Systems*, Darmstadt, Germany. Elsevier, London.

Green, R., Hrsg. (1992). *Machinery´s handbook*. Industrial Press, New York, 24 Aufl.

Gupta, M. und Sinha, N. (1996). *Intelligent control systems*. IEEE Press, New York.

Habedank, W. und Pahl, G. (1996). Schaltkennlinienbeeinflussung bei Reibungskupplungen. *Konstruktion*, 48:87–93.

Hamm, C. und Papiernik, W. (2005). Entwurf und Realisierung von Regelungen und Steuerungen für Werkzeugmaschinen mit paralleler Kinematik. In *Mechatronik 2005 – Innovative Produktentwicklung*, Bd. VDI Bericht 1892, S. 381–399, Wiesloch, Germany. VDI, Düsseldorf.

Harashima, F. und Tomizuka, M. (1996). Mechatronics – "what it is, why and how?". *IEEE/ASME Trans. on Mechatronics*, 1:1–2.

Harris, C., Hrsg. (1994). *Advances in intelligent control*. Taylor and Francis, London.

Heimann, B., Gerth, W., und Popp, K. (2001). *Mechatronik*. Fachbuchverlag Leipzig, Leipzig.

Hiller, M. (1995). Modelling, simulation and control design for large and heavy manipulators. In *International Conference on Recent Advances in Mechatronics*, S. 78–85, Istanbul, Turkey.

Horowitz, R., Yunfeng, L., Oldham, K., und Kon, S. (2004). Dual-stage servo systems and vibration compensation in computer hard disk drives. In *3rd IFAC Symposium on Mechatronic Systems*, S. 247–258, Sydney, Australia.

Hupka, V. (1973). *Theorie der Maschinensysteme*. Springer, Berlin.

IEEE/ASME (1996). *Transactions on Mechatronics*, Bd. 1 (1). IEEE.

IFAC (2000). *IFAC-Symposium on Mechatronic Systems: Darmstadt (2000), Berkeley (2002), Sydney (2004), Heidelberg (2006)*. Elsevier, Oxford.

IFAC-T.C 4.2. (2000). *Technical Committee on Mechatronics Systems. http://rumi.newcastle.edu.au/reza/TCM/*.

IMES (1993). *Integrated Mechanical Electronic Systems Conference (in German) TU Darmstadt, March 2-3*. Fortschr.-Ber. VDI Reihe 12, 179. VDI-Verlag, Düsseldorf.

Ingenbleek, R., Glaser, R., und Mayr, K. (2005). Von der Komponentenentwicklung zur integrierten Funktionsentwicklung am Beispiel der Aktuatroik und Sensorik für Pkw-Automatengetriebe. In *Mechatronik 2005 – Innovative Produktentwicklung*, Bd. VDI Bericht 1892, S. 575–592, Wiesloch, Germany. VDI, Düsseldorf.

Isermann, R. (1993). Towards intelligent control of mechanical processes. *Control Engineering Practice – CEP*, 1(2):233–252.

Isermann, R. (1995). Mechatronische Systeme. *Automatisierungstechnik – at*, 43(12):540–548.

Isermann, R. (1996). Modeling and design methodology of mechatronic systems. *IEEE/ASME Trans. on Mechatronics*, 1:16–28.

Isermann, R. (1997). Supervision, fault-detection and fault-diagnosis methods – an introduction. *Control Engineering Practice – CEP*, 5(5):639–652.

Isermann, R. (2003). *Mechatronic systems – fundamentals*. Springer, London.

Isermann, R. (2005). Mechatronic systems: innovative products with embedded control. survey. In *Proceedings of the 16th IFAC World Congress 2005, Prague, Czech Republic*.

Isermann, R. (2006). *Fault-diagnosis systems – An introduction from fault detection to fault tolerance*. Springer, Heidelberg, Berlin.

Isermann, R., Breuer, B., und Hartnagel, H., Hrsg. (2002). *Mechatronische Systeme für den Maschinenbau. (Ergebnisse SFB 241 IMES)*. Wiley-VCH, Weinheim.

Isermann, R., Lachmann, K.-H., und Matko, D. (1992). *Adaptive control systems*. Prentice Hall International UK, London.

James, J., Cellier, F., Pang, G., Gray, J., und Mattson, S. (1995). The state of computer-aided control system design (CACSD). *IEEE Control Systems Magazine*, 15(2):6–7.

Janocha, H. (2000). Microactuators – principles, applications, trends. In *MICRO.tec 2000, VDE World Microtechnology Congress*, Bd. 1, S. 61–67, Hannover, Germany. VDE-Verlag, Berlin.

Janocha, H., Hrsg. (2004). *Actuators, basics and principles*. Springer, Berlin.

Kallenbach, M. (2005). Ein Beitrag zur Entwicklungsmethodik mikromechatronischer Systeme. In *Mechatronik 2005 – Innovative Produktentwicklung*, Bd. VDI Bericht 1892, S. 109–124, Wiesloch, Germany. VDI, Düsseldorf.

Kallenbach, R., Kunz, D., und Schramm, W., Hrsg. (1988). *Optimierung des Fahrzeugverhaltens mit semiaktiven Fahrwerkregelungen*. VDI-Verlag, Düsseldorf.

Kaynak, O., Özkan, O., Bekiroglu, N., und Tunay, I., Hrsg. (1995). *Recent Advances in Mechatronics. Proceedings of International Conference ICRAM'95*, Istanbul, Turkey.

Kief, H. (2003). *NC/CNC-Handbuch*. Hanser Verlag, München.

Kitaura, K. (1986). *Industrial Mechatronics (in Japanese)*. New East Business Ltd.

Köhn, P., Pauly, A., Fleck, R., Pischinger, M., Richter, T., Schnabel, M., Bartz, R., Wachinger, M., und Schott, S. (2003). Die Aktivlenkung – Das fahrdynamische Lenksystem des neuen 5er. *Sonderausgabe von ATZ und MTZ – Der neue BMW 5er*, S. 96–105.

Koller, R. (1985). *Konstruktionslehre für den Maschinenbau*. Springer, Berlin.

Kreith, F., Hrsg. (1998). *The CRC handbook of mechanical engineering*. CRC Press, Boca Raton.

Kutz, M., Hrsg. (1998). *Mechanical engineers' handbook*. John Wiley, New York, 2 Aufl.

Kyura, N. und Oho, H. (1996). Mechatronics – an industrial perspective. *IEEE/ASME Trans. on Mechatronics*, 1:10–15.

Laier, D. und Markert, R. (1998). Ein Beitrag zu sensorlosen Magnetlagern. *ZAMM*, 78:577–578.

Lückel, J., Hrsg. (1995). *Third Conference on Mechatronics and Robotics. Paderborn, Oct. 4-6*. Teubner, Stuttgart.

Lückel, J. (2001). Die aktive Dämpfung von Vertikalschwingungen bei Kraftfahrzeugen. *Automobiltechnische Zeitschrift – ATZ*, 76(3):160–164.

Lyshevski, S. (2001). *Nano- and micro-electro-mechanical systems*. CRC Press, Boca Raton.

MacConaill, P., Drews, P., und Robrock, K.-H., Hrsg. (1991). *Mechatronics and Robotics I*. ICS Press, Amsterdam.

Madon, M. (2001). *Fundamentals of microfabrication*. CRC Press, Boca Raton.

McConaill, P., Drews, P., und Robrock, K.-H., Hrsg. (1991). *Mechatronics and robotics*. ICS Press, Amsterdam.

Mechatronics (1991). *An International Journal. Aims and Scope*. Pergamon Press, Oxford.

Mehl, V. (2004). Entwicklung mechatronischer Fahrzeugregelsysteme mit kombiniertem Einsatz von Simulation und Fahrversuch. In *Mechatronischer Systementwurf: Methoden – Werkzeuge – Erfahrungen – Anwendungen*, Bd. VDI Bericht 1842, S. 133–148, Darmstadt, Germany. VDI, Düsseldorf.

Metz, D. und Maddock, J. (1986). Optimal ride height and pitch control for championship race cars. *Automatica*, 22(5):509–520.

Mitschke, M. und Wallentowitz, H. (2004). *Dynamik der Kraftfahrzeuge*. Springer, Berlin, 4 Aufl.

Nordmann, R., Aenis, M., Knopf, E., und Straßburger, S. (2000). Active magnetic bearings. In *7th International Conference Vibrations in Rotating Machines (IMechE)*, Nottingham, UK.

Ogata, K., Hrsg. (1997). *Modern control engineering*. Prentice Hall, Upper Saddle River, 3 Aufl.

Oppelt, W. (1953). *Kleines Handbuch technischer Regelvorgänge*. Verlag Chemie, Weinheim.

Otter, M. und Cellier, C. (1996). Software for modeling and simulating control systems. In Levine, W., Hrsg., *The Control Handbook*, S. 415–428. CRC Press, Boca Raton.

Otter, M. und Elmqvist, H. (2000). Modelica - language, libraries, tools. workshop and EU-project. *Simulation News Europe*, 29/30:3–8.

Otter, M. und Schweiger, C. (2004). Modellierung mechatronischer Systeme mit MODELI-CA. In *Mechatronischer Systementwurf: Methoden – Werkzeuge – Erfahrungen – Anwendungen*, Bd. VDI Bericht 1842, S. 39–50, Darmstadt, Germany. VDI, Düsseldorf.

Otterbach, R. (2004). Effiziente Funktions- und Software-Entwicklung für mechatronische Systeme. In *Mechatronischer Systementwurf: Methoden – Werkzeuge – Erfahrungen – Anwendungen*, Bd. VDI Bericht 1842, S. 119–132, Darmstadt, Germany. VDI, Düsseldorf.

Ovaska, S. (1992). Electronics and information technology in high range elevator systems. *Mechatronics*, 2(1):88–99.

Pahl, G., Beitz, W., Feldhusen, J., und Grote, K., Hrsg. (2005). *Konstruktionslehre*. Springer, Berlin, 6 Aufl.

Pahl, G., Beitz, W., und Wallace, K., Hrsg. (1996). *Engineering design*. Springer, London, 2 Aufl.

Pearson, J., Goodall, R., Mei, T., und Himmelstein, G. (2004). Active stability control strategies for high speed bogie. *Control Engineering Practice – CEP*, 12:1381–1391.

Peng, K., Chen, B., Lee, T., und Venkataramanan, V. (2004). Design and implementation of a dual-stage actuated HDD servo system voa composite nonlinear control approach. *Mechatronics*, 14:965–988.

Raab, U. (1993). *Modellgestützte digitale Regelung und Überwachung von Kraftfahrzeugaktoren*. Fortschr.-Ber. VDI Reihe 8, 313. VDI Verlag, Düsseldorf.

Rieth, P., Drumm, S., und Harnischfeger, M. (2001). *Elektronisches Stabilitätsprogramm*. Verlag moderne industrie AG, Landsberg/Lech.

Roth, K. (1982). *Konstruieren mit Konstruktions-Katalogen*. Springer, Berlin.

Ruano, A., Hrsg. (2005). *Intelligent control systems using computational intelligence techniques*. IEEE, Herts.

Runge, W. (2000). Die Mechatronik als Zukunftsdisziplin der Automobilentwicklung. *Automotive Engineering Partners*, 6:70–74.

Saridis, G. (1977). *Self-organizing control of stochastic systems*. Marcel Dekker, New York.

Saridis, G. und Valavanis, K. (1988). Analytical design of intelligent machines. *Automatica*, 23:123.

Schaffnit, J. (2002). *Simulation und Control Prototyping zur Entwicklung von Nutzfahrzeug Motorsteuergerätefunktionen*. Fortschr.-Ber. VDI Reihe 12, 473. VDI Verlag, Düsseldorf.

Schäuffele, J. und Zurawka, T. (2003). *Automotive Software Engeneering*. Vieweg, Stuttgart.

Schramm, W., Landesfeind, K., und Kallenbach, R. (1992). Ein Hochleistungskonzept zur aktiven Fahrwerkregelung mit reduziertem Energiebedarf. *Automobiltechnische Zeitschrift – ATZ*, 94(7/8):392–405.

Schreiber, W., Rudolph, F., Heilenkötter, D., Braun, I., und Becker, V. (2003). Neue Automatikgetriebe – Optimale Fahrleistungen und reduzierter Verbrauch. *Sonderausgabe von ATZ und MTZ – VW Golf V*, S. 66–72.

Schweitzer, G. (1988). Magnetic bearings. In *1st Int. Symp. ETH Zürich*. Springer, Berlin.

Schweitzer, G. (1989). *Mechatronik-Aufgaben und Lösungen*. Fortschr.-Ber. VDI Nr. 787. VDI, Düsseldorf.

Schweitzer, G. (1992). Mechatronics – a concept with examples in active magnetic bearings. *Mechatronics*, 2:65–74.

Slatter, R. und Degen, R. (2004). Mirco actuators for precise positioning applications in vacuum. In *Proc. of the 9th International Conference on New Actuators (Actuator 2004)*, Bremen, Germany.

Smith, H. (1994). *Mechatronic engineer's reference book*. SAE, Warrendale, 12 Aufl.

STARTS Guide (1989). *The STARTS purchases Handbook: software tools for application to large real-time systems.* National Computing Centre Publications, Manchester, 2 Aufl.

STEP (2005). *Standard for the exchange of product model data.* ISO 10303. STEP Tools, Inc., Troy, NY.

Svaricek, F., Kowalczyk, K., Marienfeld, P., und Karkosch, H. (2005). Mechatronische Systeme zur Steigerung des Schwingungskomforts in Kraftfahrzeugen. *Automatisierungstechnische Praxis – atp,* 47(7):47–89.

Tomizuka, M. (2000). Mechatronics: from the 20th to the 21th century. In *1st IFAC Conference on Mechatronic Systems,* S. 1–10, Darmstadt, Germany. Elsevier, Oxford.

Töpfer, H. und Kriesel, W. (1977). *Funktionseinheiten der Automatisierungstechnik.* VEB-Verlag Technik, Berlin.

UK Mechatronics Forum (1990, 1992, 1994, 1996, 1998, 2000, 2002). *Conferences in Cambridge (1990), Dundee (1992), Budapest (1994), Guimaraes (1996), Skovde (1998), Atlanta (2000), Twente (2002).* IEE & ImechE.

van Amerongen, J. (2004). Mechatronic education and research – 15 years of experience. In *3rd IFAC Symposium on Mechatronic Systems,* S. 595–607, Sydney, Australia.

van Basshuysen, R. und Schäfer, F. (2004). *Lexikon Motorentechnik.* Vieweg, Wiesbaden.

van Brussel, H. (2005). Mechatronic, or how to make better machines. In *Mechatronik 2005 – Innovative Produktentwicklung,* Bd. VDI Bericht 1892, S. 85–105, Wiesloch, Germany. VDI, Düsseldorf.

van Zanten, A. T., Erhardt, R., und Pfaff, G. (1994). FDR – Die Fahrdynamik – Regelung von Bosch. *Automobiltechnische Zeitschrift – ATZ,* 96(11):674–689.

VDI 2206 (2004). *Entwicklungsmethodik für mechatronische Systeme.* Beuth Verlag, Berlin.

VDI-Ber. 1842 (2005). *Mechatronik 2005 – Innovative Produktentwicklung. VDI-Tagung, 1-2 June, Wiesloch, Germany.* VDI, Düsseldorf.

VDI-Ber. 1892 (2004). *Mechatronischer Systementwurf: Methoden – Werkzeuge – Erfahrungen – Anwendungen. Tagung des VDI/VDE-GMA Ausschusses 4.15 Mechatronik. Leitung K. Janschek. Darmstadt, Germany.* VDI, Düsseldorf.

VDI-RL 2206 (2003). *Design methodology for mechatronic systems.* Beuth Verlag, Berlin.

VDI-RL 2221 (1993). *Methodik zum Entwickeln und Konstruieren technischer Systeme und Produkte.* Beuth Verlag, Berlin.

VDI-VDE-RL 2422 (1994). *Entwicklungsmethodik für Geräte mit Steuerung durch Mikroelektronik.* Beuth Verlag, Berlin.

VDMA (2002). *Mechatronische Systeme für die Industrie.* VDMA, Frankfurt.

Walsh, R. (1999). *Electromechanical design handbook.* McGraw-Hill, New York, 3 Aufl.

Weißmantel, H. (1992). Mechatronik-Elektromechanik-Feinwerktechnik. In *VDI-Workshop,* Braunschweig, Germany.

Weltin, U. (1993). Aktive Schwingungskompensation bei Verbrennungsmotoren. In *Fachtagung Integrierte mechanisch-elektronische Systeme,* Bd. Fortschr.-Ber. VDI Reihe 12 Nr. 179, S. 168–177, Darmstadt, Germany. VDI, Düsseldorf.

White, D. und Sofge, D., Hrsg. (1992). *Handbook of intelligent control.* van Norstrad, Reinhold, New York.

White, M. (2002). Talk on high density disk drives, IBM, in the General Assembly. In *15th IFAC World Congress,* Barcelona, Spain.

Kapitel 2

Ahrendts, I. (1989). Technische Thermodynamik. In Czichos, H., Hrsg., *Hütte: Grundlagen der Ingenieurwissenschaften*. Springer, Berlin, 14 Aufl.

Borutzki, W. (2000). *Bondgraphen*. ASIM Fortschrittbericht - Frontiers in Simulation -. SCS-Europe, Erlangen und Ghent.

Campbell, D. (1958). *Process dynamics*. John Wiley, New York.

Cellier, F. (1991). *Continuous system modeling*. Springer, New York.

Crandall, S., Karnopp, D., Kurtz, E., und Pridemore-Brown, D. (1968). *Dynamics of mechanical and electromechanical systems*. McGraw-Hill, New York.

Curtain, R. und Zwart, H. (1995). *An introduction to infinite-dimensional linear systems theory*. Springer, New York, 1 Aufl.

Eykhoff, P. (1974). *System identification*. John Wiley, London.

Firestone, F. (1957). The mobility and classical impedance analogies. In *American Institute of Physics Handbook*. McGraw-Hill, New York.

Franke, D. (1987). *Systeme mit örtlich verteilten Parametern: Eine Einführung in die Modellbildung, Analyse und Regelung*. Springer, Berlin.

Gawthrop, P. und Smith, L. (1996). *Metamodelling: bond graphs and dynamic systems*. Prentice Hall, Hemel Hempstead.

Gilles, E. (1973). *Systeme mit verteilten Parametern*. Oldenbourg, München.

Isermann, R. (1971). *Theoretische Analyse der Dynamik industrieller Prozesse*. Hochschulskript Nr. 764/764a. Bibliograph. Inst., Mannheim.

Isermann, R. (1992). *Identifikation dynamischer Systeme*, Bd. 1–2. Springer, Berlin.

Isermann, R., Ernst (Töpfer), S., und Nelles, O. (1997). Identification with dynamic neural networks - architecture, comparisons, applications -. In *Proc. IFAC Symposium on System Identification*, Fukuoka, Japan. Elsevier, London.

Karnopp, D., Margolis, D., und Rosenberg, R. (1990). *System dynamics: a unified approach*. Wiley, New York.

Karnopp, D. und Rosenberg, R. (1975). *System dynamics: a unified approach*. Wiley, New York.

Ljung, L. (1987). *System identification – theory for the user*. Prentice Hall, Englewood Cliffs.

MacFarlane, A., Hrsg. (1964). *Engineering systems analysis*. G.G. Harrop, Cambridge.

MacFarlane, A., Hrsg. (1967). *Analyse technischer Systeme*. Bibl. Institut, Mannheim.

MacFarlane, A., Hrsg. (1970). *Dynamical system models*. G.G. Harrop, London.

Olsen, H., Hrsg. (1958). *Dynamical analogies*. Van Nostrand, Princeton.

Pahl, G., Beitz, W., Feldhusen, J., und Grote, K., Hrsg. (2005). *Konstruktionslehre*. Springer, Berlin, 6 Aufl.

Paynter, H., Hrsg. (1961). *Analysis and design of engineering systems*. Cambridge, MIT Press.

Profos, P. (1962). *Die Regelung von Dampfanlagen*. Springer, Berlin.

Shearer, I., Murphy, A., und Richardson, H. (1967). *Introduction to system dynamics*. Addison-Wesley, Reading.

Takahashi, Y., Rabins, M., und Auslander, D. (1972). *Control and Dynamic Systems*. Addison Wesley, Menlo Park.

Thoma, J. (1990). *Simulation by bond graphs*. Springer, Berlin.

Wellstead, P. (1979). *Introduction to physical system modelling*. Addison-Wesley, Reading, MA.

Kapitel 3

Hagedorn, P. (1990). *Technische Mechanik*, Bd. 1–3. Harri Deutsch, Frankfurt.

Hauger, W., Schnell, W., und Gross, D. (1989). *Technische Mechanik*. Springer, Berlin, 3 Aufl.

Isermann, R. (2005). *Mechatronic systems – fundamentals*. Springer, London.

MacFarlane, A., Hrsg. (1970). *Dynamical system models*. G.G. Harrop, London.

Pfeiffer, F. (1989). *Einführung in die Dynamik*. Teubner Studienbücher Mechanik. Teubner, Stuttgart.

Schiehlen, W. (1986). *Technische Mechanik*. Teubner, Stuttgart.

Wells, D. (1967). *Lagrangian dynamics*. Schaum's outline series. McGraw-Hill, New York.

Kapitel 4

Armstrong-Hélouvry, B. (1991). *Control of machines with friction*. Kluwer, Boston.

Behr (2001). *Motorkühlung. Firmenprospekt*. Behr GmbH u. Co., Stuttgart.

Bolton, V. (1996). *Mechatronics, Electronic Control Systems in Mechanical Engineering*. Addison Wesley Longman Ltd., Harlow.

Bradley, D., Dawson, D., Burd, D., und Loader, A. (1991). *Mechatronics-electronics in products and processes*. Chapman and Hall, London.

Braess, H. und Seiffert, U. (2000). *Vieweg Handbuch der Kraftfahrzeugtechnik*. Vieweg, Braunschweig, Wiesebaden.

Bremer, H. (1988). *Dynamik und Regelung mechanischer Systeme*. Teubner, Stuttgart.

Bremer, H. und Pfeiffer, P. (1993). *Elastische Mehrkörpersysteme*. Teubner, Stuttgart.

Czichos, H. und Hennecke, M. (2004). *Hütte. Das Ingenieurwissen*. Springer, Berlin, 32 Aufl.

Dresig, H. (2001). *Schwingungen mechanischer Antriebssysteme*. Springer, Berlin.

Dresig, H., Holzweißig, F., und Rockhausen, L. (2006). *Maschinendynamik*. Springer, Berlin, 7 Aufl.

Ellis, G. (1993). *Control system design guide*. Academic Press, San Diego, 2 Aufl.

Erxleben, S. (1984). *Untersuchungen zum Betriebsverhalten von Riemengetrieben uner Berücksichtigung des elastischen Materialverhaltens*. Dissertation, RWTH, Aachen.

Eulenbach, D. (2003). Stand und Entwicklungstrends hydropneumatischer Niveauregelsysteme. In *Proc. Tagung, Haus der Technik*, Essen, Germany.

Fecht, N. (2004). *Fahrwerktechnik für Pkw*, Bd. 262 aus *Die Bibliothek der Technik*. Verlag moderne industrie AG, Landsberg/Lech.

Föllinger, O. (1992). *Regelungstechnik*. Hüthig Buch Verlag, Heidelberg, 7 Aufl.

Freyermuth, B. (1990). Modellgestützte Fehlerdiagnose von Industrierobotern mittels Parameterschätzung. *Robotersysteme*, 6:202–210.

FVA, Hrsg. (1992). *Mess- und Prüfverfahren für eine Wirkungsgradbestimmung von stufenlos verstellbaren Umschlingungsgetrieben (CVT)*. H. Fansl. FVA-Report No. 367. FVA, Frankfurt.

Göbel, E. (1969). *Gummifedern*, Bd. 7 aus *Konstruktionsbücher*. Springer, Berlin, 3 Aufl.

Grote, K.-H. und Feldhusen, J. (2004). *Dubbel Taschenbuch für den Maschinenbau*. Springer, Berlin, 21 Aufl.

Hain, K. (1973). *Getriebebeispiel – Atlas*. VDI, Düsseldorf.

He, H. (1993). *Modellgestützte Fehlererkennung mittels Parameterschätzung zur wissensbasierten Fehlerdiagnose an einem Vorschubantrieb.* Fortschr.-Ber. VDI Reihe 8, 354. VDI Verlag, Düsseldorf.

Isermann, R. (1992). *Identifikation dynamischer Systeme*, Bd. 1–2. Springer, Berlin.

Jensen, P. (1991). *Classical and modern mechanisms for engineers and inventors.* Marcel Dekker, New York.

Kessel, S. und Fröhling, D. (1998). *Technische Mechanik: Fachbegriffe im deutschen und englischen Kontext = Technical Mechanics.* Teubner, Stuttgart.

Klingenberg, R. (1978). *Experimentelle und analytische Untersuchungen des dynamischen Verhaltens drehnachgiebiger Kupplungen.* Dissertation, TU, Berlin.

Krämer, E. (1984). *Maschinendynamik.* Springer, Berlin.

Kutz, M., Hrsg. (1998). *Mechanical engineers' handbook.* John Wiley, New York, 2 Aufl.

Meriam, J. und Kraige, L. (1982). *Engineering mechanics*, Bd. 1 Statics, 2. Dynamics. Wiley, New York, 4 Aufl.

Ogata, K., Hrsg. (1997). *Modern control engineering.* Prentice Hall, Upper Saddle River, 3 Aufl.

Palmgren, A., Hrsg. (1964). *Grundlagen der Wälzlagertechnik.* Franckh, Stuttgart.

Paul, P. (1989). *Robot manipulators.* MIT Press, London.

Pfeiffer, F. (1989). *Einführung in die Dynamik.* Teubner Studienbücher Mechanik. Teubner, Stuttgart.

Schulte, H. (2005). Zahnriemen – Entwicklungsmeilensteine und Innovation. *Motortechnische Zeitschrift - MTZ*, 66:960–965.

Smith, H. (1994). *Mechatronic engineer's reference book.* SAE, Warrendale, 12 Aufl.

Sneck, H. (1991). *Machine dynamics of planar machinery.* Prentice Hall, Englewood Ciffs.

Stribeck, R. (1902). Die wesentlichen Eigenschaften der Gleit- und Rollenlager. *Zeitschrift des VDI*, 46(28, 39):1342–1348, 1432–1437.

Tustin, A. (1947). The effects of backlash and of speed-dependen friction on the stability of closed cycle control systems. *IEE Journal*, 94(2A):143–151.

VDI (1978–79). *Handbuch Getriebetechnik*, Bd. 1–2. VDI, Düsseldorf.

Walsh, R. (1999). *Electromechanical design handbook.* McGraw-Hill, New York, 3 Aufl.

Kapitel 5

Acarnley, P. (1985). *Stepping Motors.* Peter Peregrinus, London.

Beitz, W. und Küttner, K. (1995). *Dubbel Taschenbuch für den Maschinenbau.* Springer, Berlin, 18 Aufl.

Binder, A. (1999). *Elektrische Maschinen und Antriebe I. Skript zur Vorlesung.* TU Darmstadt, Darmstadt.

Blaschke, F. (1971). Das Verfahren der Feldorientierung zur Regelung der Asynchronmaschine. *Siemens Forschungs- und Entwicklungsberichte*, 1:184–193.

Bödefeld, T. und Sequenz, H. (1971). *Elektrische Maschinen.* Springer, Wien.

Bose, B., Hrsg. (1997). *Power Electronics and Variable Frequency Drives – Technology and Applications.* IEEE Press, New York.

Clausert, W. und Wiesemann, G. (1986). *Grundgebiete der Elektrontechnik I.* Oldenbourg, München, 2 Aufl.

DIN 42027 (1984). *Stellmotoren, Einteilung und Übersicht.* Beuth Verlag, Berlin.

Erickson, R. (1997). *Fundamentals of Power Electronics.* Chapman & Hall, London.

Fischer, R. (1995). *Elektrische Maschinen.* Hanser Verlag, München, 9 Aufl.

Fraser, C. und Milne, J. (1994). *Electro-mechanical Engineering – an Integrated Approach.* IEEE Press, Piscataway.

Freyermuth, B. (1993). *Wissensbasierte Fehlerdiagnose am Beispiel eines Industrieroboters.* Fortschr.-Ber. VDI Reihe 8, 315. VDI Verlag, Düsseldorf.

Gray, C. (1989). *Electrical Machines and Drive Systems.* Longmans Scientific and Technical, Harlow.

Hendershot, J. und Miller, T. (1994). *Design of Brushless Permanent Magnet Motors.* Magna physics, Clarendon, Oxford.

Herold, G. (1997). *Grundlagen der elektrischen Energieversorgung.* Teubner, Stuttgart.

Höfling, T. (1996). *Methoden zur Fehlererkennung mit Parameterschätzung und Paritätsgleichungen.* Fortschr.-Ber. VDI Reihe 8, 546. VDI Verlag, Düsseldorf.

Holtz, J. (1992). Pulsewidth modulation - a survey. *IEEE Trans. On Industrial Electronics,* 39:410–420.

Huber, L. und Borojevic, D. (1995). Space vector modulated three-phase to three-phase matrix converter with input power factor correction. *IEEE Trans. on Industrial Applications,* 31(6).

Janocha, H., Hrsg. (1992). *Aktoren – Grundlagen und Anwendungen.* Springer, Berlin.

Janocha, H., Hrsg. (2004). *Actuators, basics and principles.* Springer, Berlin.

Jung, R. und Schneider, J. (1984). Elektische Kleinmotoren. Konstruktionskatalog und Marktübersicht. *Feinwerktechnik und Meßtechnik,* 92:153–165.

Kallenbach, E., Eick, R., und Quendt, P., Hrsg. (1994). *Elektromagnete: Grundlagen, Berechnung, Konstruktion, Anwendung.* Teubner, Stuttgart.

Kenjo, T. (1984). *Stepping Motors and their Microprocessor Controls.* Scientific, Oxford.

Kovacs, K. und Racz, I. (1959). *Transiente Vorgänge in Wechselstrommaschinen.* Verlag der Ungarischen Akademie der Wissenschaften, Budapest.

Krein, P. (1998). *Elements of Power Electronics.* Oxford University Press, Oxford.

Kreuth, H., Hrsg. (1985). *Elektrische Schrittmotoren.* Expert-Verlag, Sindelfingen.

Kuo, B., Hrsg. (1974). *Theory and Applications of Step Motors.* West Publishing Co, St. Pauli.

Leonhard, W. (1974). *Regelung in der elektrischen Antriebstechnik.* Teubner, Stuttgart.

Leonhard, W. (1996). *Control of electrical drives.* Springer, Berlin, 2 Aufl.

Leonhard, W. (2000). *Regelung elektrischer Antriebe.* Springer, Berlin, 2 Aufl.

Lindsay, F. und Rashid, M. (1986). *Electromechanics and Electrical Machines.* Prentice Hall, Englewood Cliffs.

Linsmeier, K. und Greis, A. (2000). *Elektromagnetische Aktoren,* Bd. 197 aus *Die Bibliothek der Technik.* Verlag moderne industrie AG, Landsberg/Lech.

Lyshevski, S. (2000). *Electromechanical systems, electric machines, and applied mechatronics.* CRC Press, Boca Raton.

Meyer, M. (1985). *Elektrische Antriebstechnik,* Bd. 1. Springer, Berlin.

Moczala, H., Hrsg. (1993). *Elektrische Kleinstmotoren.* Expert-Verlag, Sindelfingen.

Moseler, O. (2001). *Mikrocontrollerbasierte Fehlererkennung für mechatronische Komponenten am Beispiel eines elektromechanischen Stellantriebs.* Fortschr.-Ber. VDI Reihe 8, 980. VDI Verlag, Düsseldorf.

Moseler, O. und Isermann, R. (2000). Application of model-based fault detection to a brushless DC motor. *IEEE Trans. Ind. Electronics,* 47(5):1015–1020.

Mutschler, P. (2007). *Leistungselektronik I. Skript zur Vorlesung.* TU Darmstadt, Darmstadt.

Novotny, D. und Lipo, T. (1996). *Vector control and dynamics of AC drives.* Clarendon Press, Oxford.

Nürnberg, W. (1976). *Die Asynchronmaschine.* Springer-Verlag, Berlin, 2 Aufl.

Nürnberg, W. und Hanitsch, R. (1987). *Die Prüfung elektrischer Maschinen*. Springer-Verlag, Berlin.

Pfaff, G. (1994). *Regelung elektrischer Antriebe*. Oldenbourg, München, 5 Aufl.

Philippow, E. (1976). *Taschenbuch Elektrotechnik*. Hanser, München.

Philips, Hrsg. (1994). *Power Semiconductor Applications*.

Pillay, P. und Krishnan, R. (1987). Modeling of permanent magnet motor drives. *IEEE Trans. Industrial Electronics*, 35:537–541.

Pressman, A. (1997). *Switching Power Supply Design*. McGraw-Hill, New York, 2 Aufl.

Raab, U. (1993). *Modellgestützte digitale Regelung und Überwachung von Kraftfahrzeugaktoren*. Fortschr.-Ber. VDI Reihe 8, 313. VDI Verlag, Düsseldorf.

Ramminger, P. (1992). *Neue Verfahren zur Prädiktion des Betriebsverhaltens und Fehlererkennung bei Käfigläufermotoren kleiner Leistung*. Fortschr.-Ber. VDI Reihe 21 no. 125. VDI-Verlag, Düsseldorf.

Richter, R. (1949). *Kurzes Lehrbuch der elektrischen Maschinen*. Springer, Berlin.

Sarma, M. (1996). *Electric Machines. Steady-State Theory and Dynamic Performance*. PWS Press, New York.

Scholz, M. (1998). *Echtzeitberechnung des Luftspaltmomentes der Asynchronmaschine im stationären und dynamischen Betrieb mittels parameterunempflindlichem Beobachter*. Dissertation, TU Bergakademie, Freiberg.

Schröder, D. (1995). *Elektrische Antriebe I*. Springer Verlag, Berlin.

Schröder, D. (1998). *Elektrische Antriebe*, Bd. 4: Leistungselektronische Schaltungen. Springer, Berlin.

Schröder, D. (2006). *Elektrische Antriebe*, Bd. 3: Leistungselektronische Bauelemente. Springer, Berlin, 2 Aufl.

Sen, P. (1989). *Principle of Electrical Machines and Power Electronics*. Wiley, Chichester.

Spring, E. (2006). *Elektrische Maschinen. Eine Einführung*. Springer, Berlin.

Stadler, W. (1995). *Analytical Robotics and Mechatronics*. McGraw-Hill, New York.

Stölting, H. (1987). *Stand der Technik und Entwicklungstendenzen konventioneller Antriebe*. VDI-Berichte 1269. VDI-Verlag, Düsseldorf.

Stölting, H. (2004). Electromagnetic actuators. In Janocha, H., Hrsg., *Actuators*. Springer, Berlin.

Stölting, H. und Beisse, A. (1987). *Elektrische Kleinmaschinen*. Teubner, Stuttgart.

Töpfer, H. und Kriesel, W. (1983). *Funktionseinheiten der Automatisierungstechnik*. VEB-Verlag Technik, Berlin.

Trzynadlowski, A. und Legowksi, S. (1998). *Introduction to Modern Power Electronics*. Wiley, New York.

Vas, P., Hrsg. (1990). *Vector control of AC machines*. Clarendon Press, Oxford.

Vogel, J. (1998). *Elektrische Antreibstechnik*. Hüthig-Verlag, Heidelberg.

Vogt, K. (1988). *Elektrische Maschinen - Berechnung rotierender elektrischer Maschinen*. VEB Verlag Technik, Berlin.

Weißmantel, H. (1991). *Elektrische Kleinantriebe. Lecture TH Darmstadt*. Institute of Electromechanical Design, Darmstadt, University of Technology, Germany.

Wiesing, J. (1994). *Betrieb der feldorientiert geregelten Asynchronmaschine im Betrieb oberhalb der Nenndrehzahl*. Dissertation, Universität-Gesamthochschule, Paderborn.

Wildi, T. (1981). *Electrical power technology*. Wiley, New York.

Wolfram, A. (2002). *Komponentenbasierte Fehlerdiagnose industrieller Anlagen am Beispiel frequenzumrichtergespeister Asynchronmaschinen und Kreiselpumpen*. Fortschr.-Ber. VDI Reihe 8, 967. VDI Verlag, Düsseldorf.

Zägelein, W. (1984). *Drehzahlregelung des Asynchronmotors unter Verwendung eines Beobachters mit geringer Parameterempfindlichkeit.* Dissertation, Universität Erlangen-Nürnberg, Erlangen, Nürnberg.

Kapitel 6

Åström, K. und Wittenmark, B. (1997). *Computer-controlled systems – theory and design.* Prentice Hall, Upper Saddle River.

Böhm, J. (1994). *Kraft- und Positionsregelung von Industrierobotern mit Hilfe von Motorsignalen.* Fortschr.-Ber. VDI Reihe 8, 405. VDI Verlag, Düsseldorf.

Bothe, H.-H. (1995). *Fuzzy logic.* Springer, Berlin.

Dixon, S. (1966). *Fluid mechanics, thermodynamic of turbomachinery.* Pergamon Press, Oxford.

Freyermuth, B. (1993). *Wissensbasierte Fehlerdiagnose am Beispiel eines Industrieroboters.* Fortschr.-Ber. VDI Reihe 8, 315. VDI Verlag, Düsseldorf.

Fuchs, A. (1992). *Parameteradaptive Regelung des Außenrund-Einstechschleifens.* Fortschr.-Ber. VDI Reihe 2, 266. VDI Verlag, Düsseldorf.

Germann, S. (1997). *Modellbildung und modellgestützte Regelung der Fahrzeuglängsdynamik.* Fortschr.-Ber. VDI Reihe 12, 309. VDI Verlag, Düsseldorf.

Gillespie, T. (1992). *Fundamentals of Vehicles Dynamics.* SAE, Warrendale.

Gülich, J. (1999). *Kreiselpumpen.* Springer, Berlin.

Halfmann, C. und Holzmann, H. (2003). *Adaptive Modelle für die Kraftfahrzeugdynamik.* VDI-Buch. Springer, Berlin.

Held, V. (1991). *Parameterschätzung und Reglersynthese für Industrieroboter.* Fortschr.-Ber. VDI Reihe 8, 275. VDI Verlag, Düsseldorf.

Isermann, R. (1984). Process fault detection on modeling and estimation methods – a survey. *Automatica,* 20(4):387–404.

Isermann, R. (1989). *Digital control systems.* Springer, Berlin, 2 Aufl.

Isermann, R. (1992). *Identifikation dynamischer Systeme,* Bd. 1–2. Springer, Berlin.

Isermann, R. (1998). On fuzzy logic applications for automatic control – supervision, and fault diagnosis. *IEEE Transactions on System, Men, and Cybernetics - Part A,* 28:221–235.

Isermann, R., Keller, H., und Raab, U. (1995). Intelligent actuators. In Gupta, N. und Sinha, N., Hrsg., *Intelligent Control Systems,* Kap. 21. IEEE-Press-Book, Piscataway.

Isermann, R., Lachmann, K.-H., und Matko, D. (1992). *Adaptive control systems.* Prentice Hall International UK, London.

Isermann, R. und Raab, U. (1993). Intelligent actuators – ways to autonomous actuating systems. *Automatica,* 29(5):1315–1331.

Janik, W. (1992). *Fehlerdiagnose des Außenrund-Einstechschleifens mit Prozeß- und Signalmodellen.* Fortschr.-Ber. VDI Reihe 8, 288. VDI Verlag, Düsseldorf.

Kiencke, U. und Nielsen, L., Hrsg. (2000). *Automotive control systems. For engine, driveline and vehicle.* Springer, Berlin.

Klein, Schanzlin, Becker (KSB) (1995). *Kreiselpumpenlexikon.* KSB, Frankenthal, 3 Aufl.

Konrad, H. (1997). *Modellbasierte Methoden zur sensorarmen Fehlerdiagnose beim Fräsen.* Fortschr.-Ber. VDI Reihe 2, 449. VDI Verlag, Düsseldorf.

Leonhard, W. (1974). *Regelung in der elektrischen Antriebstechnik.* Teubner, Stuttgart.

Mamdani, E. und Assilian, S. (1975). An experiment in linguistic synthesis with a fuzzy logic controller. *Int. Journal of Man-Machine Studies,* 7(1):1–13.

Maron, C. (1996). *Methoden zur Identifikation und Lageregelung mechanischer Prozesse mit Reibung.* Fortschr.-Ber. VDI Reihe 8, 246. VDI Verlag, Düsseldorf.

Meyer, M. (1985). *Elektrische Antriebstechnik,* Bd. 1. Springer, Berlin.

Nolzen, H. (1997). *Parameteradaptive Regelung von Fräsprozessen.* Fortschr.-Ber. VDI Reihe 8, 623. VDI Verlag, Düsseldorf.

Pfeiffer, B.-M. (1995). *Einsatz von Fuzzy-Logik in lernfähigen digitalen Regelsystemen.* Fortschr.-Ber. VDI Reihe 8, 500. VDI Verlag, Düsseldorf.

Pfeiffer, K. (1997). *Fahrsimulation eines Kraftfahrzeuges mit einem dynamischen Motorenprüfstand.* Fortschr.-Ber. VDI Reihe 12, 336. VDI Verlag, Düsseldorf.

Pfeufer, T., Landsiedel, T., und Isermann, R. (1995). Identification and model-based nonlinear control of electro-mechanical actuators with friction. In *IFAC-Workshop Motion Control,* S. 115–122, Munic, Germany.

Pfleiderer, C. und Petermann, H. (2005). *Strömungsmaschinen.* Springer, Berlin, 7th Aufl.

Profos, P. (1982). Untersuchung stabilitätsgefährdeter technischer Prozesse. *VGB-Kraftwerktechnik,* 62:144–150.

Raab, U. (1993). *Modellgestützte digitale Regelung und Überwachung von Kraftfahrzeugaktoren.* Fortschr.-Ber. VDI Reihe 8, 313. VDI Verlag, Düsseldorf.

Reiß, T. (1993). *Fehlerfrüherkennung an Bearbeitungszentren mit den Meßsignalen des Vorschubantriebs.* Fortschr.-Ber. VDI Reihe 2, 286. VDI Verlag, Düsseldorf.

Sailer, U. (1997). *Nutzfahrzeug-Simulation auf Parallelrechnern mit Hardware-in-the-Loop.* Expert Verlag, Renningen-Malmsheim.

Schaffnit, J. (2002). *Simulation und Control Prototyping zur Entwicklung von Nutzfahrzeug Motorsteuergerätefunktionen.* Fortschr.-Ber. VDI Reihe 12, 473. VDI Verlag, Düsseldorf.

Schumann, A. (1994). Rechnergestützte mathematische Modellbildung mittels Computeralgebra. *Automatisierungstechnik – at,* 42(1):23–33.

Schwibinger, P. und Nordmann, R. (1990). Torsional vibrations in turbogenerators due to network disturbances. *Journal of Vibrations and Acoustics, Trans. ASME,* 112:312–320.

Sinsel, S. (1999). *Echtzeitsimulation von Nutzfahrzeug-Dieselmotoren mit Turbolader zur Entwicklung von Motormanagementsystemen.* Dissertation, Institute of Automatic Control, University of Technology, Darmstadt.

Slotine, J. und Weiping, L. (1991). *Applied nonlinear control.* Prentice Hall, Englewood Cliffs.

Specht, R. (1989). *Parameterschätzung und digitale adaptive Regelung eines Industrieroboters.* Dissertation, Institute of Automatic Control, University of Technology, Darmstadt.

Spur, G. und Stöferle, T., Hrsg. (1979). *Handbuch der Fertigungstechnik,* Bd. 3/1 Spanen. Hanser, München.

Stute, G., Hrsg. (1981). *Regelung an Werkzeugmaschinen.* Hanser, München.

Tomizuka, M. (1995). Robust digital motion controller for mechanical systems. In *International Conference on Recent Advances in Mechatronics,* S. 25–29, Istanbul, Turkey.

Utkin, V. (1977). Variable structure systems with sliding mode: a survey. *IEEE Trans. on Automatic Control,* 22:212–222.

Voigt, K. (1991). Regelung und Steuerung eines dynamischen Motorenprüfstandes. In *36. Internationales Wissenschaftliches Kolloquium,* Ilmenau.

Wanke, P. (1993). *Modellgestützte Fehlerfrüherkennung am Hauptantrieb von Bearbeitungszentren.* Fortschr.-Ber. VDI Reihe 2, 291. VDI Verlag, Düsseldorf.

Weck, M. (1982). *Werkzeugmaschinen,* Bd. 3. VDI, Düsseldorf.

Wolfram, A. (2002). *Komponentenbasierte Fehlerdiagnose industrieller Anlagen am Beispiel frequenzumrichtergespeister Asynchronmaschinen und Kreiselpumpen.* Fortschr.-Ber. VDI Reihe 8, 967. VDI Verlag, Düsseldorf.

Wolfram, A., Füssel, D., Brune, T., und Isermann, R. (2001). Component-based multi-model approach for fault detection and diagnosis of a centrifugal pump. In *Proc. American Control Conference (ACC)*, Arlington, VA, USA.

Wolfram, A. und Moseler, O. (2000). Design and application of digital FIR differentiators using modulating functions. In *Proc. 12th IFAC Symposium on System Identification (SY-SID)*, Santa Barbara, CA, USA.

Würtenberger, M. (1997). *Modellgestützte Verfahren zur Überwachung des Fahrzustandes eines Pkw.* Fortschr.-Ber. VDI Reihe 12, 314. VDI Verlag, Düsseldorf.

Zadeh, L. (1972). A rationale for a fuzzy control. *Journal Dynamic Systems, Measurement and Control*, 94, Series G:3–4.

Zimmermann, H.-J. (1991). *Fuzzy set theory – and its applications.* Kluwer, Boston, 2 Aufl.

Kapitel 7

Armstrong-Hélouvry, B. (1991). *Control of machines with friction.* Kluwer, Boston.

Ayoubi, M. (1996). *Nonlinear system identification based on neural networks with locally distributed dynamics and application to technical processes.* Fortschr.-Ber. VDI Reihe 8, 591. VDI Verlag, Düsseldorf.

Bishop, C. (1995). *Neural networks for pattern recognition.* Oxford University Press, Oxford.

Bosch, Hrsg. (1995). *Kraftfahrtechnisches Taschenbuch.* VDI, Düsseldorf.

Bothe, H.-H. (1993). *Fuzzy logic.* Springer, Berlin.

Canudas de Wit, C. (1988). *Adaptive control of partially known system.* Elsevier, Boston.

Eykhoff, P. (1974). *System identification.* John Wiley, London.

Haber, R. und Unbehauen, H. (1990). Structure identification of nonlinear dynamic systems – a survey on input/output approaches. *Automatica*, 26(4):651–677.

Hafner, M., Schüler, M., Nelles, O., und Isermann, R. (2000). Fast neural networks for Diesel engines control design. *Control Engineering Practice – CEP*, 8:1211–1221.

Hafner, S., Geiger, H., und Kreßel, U. (1992). Anwendung künstlicher neuronaler Netze in der Automatisierungstechnik. Teil 1: Eine Einführung. *Automatisierungstechnische Praxis – atp*, 34(10):592–645.

Haykin, S. (1994). *Neural networks.* Macmillan College Publishing Company, Inc., New York.

Hecht-Nielson, R. (1990). *Neurocomputing.* Addison-Wesley, Reading.

Held, V. und Maron, C. (1988). Estimation of friction characteristics, inertial and coupling coefficients in robotic joins based on current and speed measurements. In *Proc. IFAC Symposium on Robot Control*, Karlsruhe, Germany. Pergamon, Oxford.

Holzmann, H., Halfmann, C., und Isermann, R. (1997). Representation of 3-d mappings for automotive control applications using neural networks and fuzzy logic. In *6th IEEE Conference on Control Applications*, Hartford, Connecticut, USA.

Isermann, R. (1992). *Identifikation dynamischer Systeme*, Bd. 1–2. Springer, Berlin.

Isermann, R., Ernst (Töpfer), S., und Nelles, O. (1997). Identification with dynamic neural networks - architecture, comparisons, applications -. In *Proc. IFAC Symposium on System Identification*, Fukuoka, Japan. Elsevier, London.

Isermann, R., Lachmann, K.-H., und Matko, D. (1992). *Adaptive control systems.* Prentice Hall International UK, London.

Jang, J.-S. (1993). ANFIS: adaptive-network-based fuzzy inference system. *IEEE Trans. on Systems, Man and Cybernetics*, 23:665–685.

Kiendl, H. (1996). *Fuzzy Control methodenorientiert*. Oldenbourg, München.

Kleppmann, W. (1998). *Versuchsplanung. Produkte und Prozesse Optimierung*. Hanser Verlag, München.

Kofahl, R. (1988). *Robuste Parameteradaptive Regelungen*. Fachberichte Messen, Steuern, Regeln: 19. Springer, Berlin.

Kosko, B. (1992). *Neural networks and fuzzy systems*. Prentice Hall, London.

Lachmann, K.-H. (1983). *Parameteradaptive Regelalgorithmen für bestimmte Klassen nichtlinearer Prozesse mit eindeutigen Nichtlinearitäten*. Fortschr.-Ber. VDI Reihe 8, 66. VDI Verlag, Düsseldorf.

Leonhard, W. (1973). *Statistische Analyse linearer Regelsysteme*. Teubner, Stuttgart.

Ljung, L. (1999). *System identification – theory for the user*. Prentice Hall, Upper Saddle River, 2 Aufl.

Ljung, L. und Söderström, T. (1985). *Theory and practice of recursive identification*. MIT Press, Cambridge, MA.

Maron, C. (1996). *Methoden zur Identifikation und Lageregelung mechanischer Prozesse mit Reibung*. Fortschr.-Ber. VDI Reihe 8, 246. VDI Verlag, Düsseldorf.

McCulloch, W. und Pitts, W. (1943). A logical calculus of the ideas immanent in nervous activity. *Bull. Math. Biophys.*, 5:115–133.

Müller, N. (2003). *Adaptive Motorregelung beim Ottomotor unter Verwendung von Brennraumdruck-Sensoren*. Fortschr.-Ber. VDI Reihe 12, 545. VDI Verlag, Düsseldorf.

Murray-Smith, R. und Johansen, T. (1997). *Multiple model approaches to modelling and control*. Taylor & Francis, London.

Nelles, O. (1997). LOLIMOT – Lokale, lineare Modelle zur Identifikation nichtlinearer, dynamischer Systeme. *Automatisierungstechnik – at*, 45(4):163–174.

Nelles, O. (2001). *Nonlinear system identification*. Springer, Heidelberg.

Nelles, O., Hecker, O., und Isermann, R. (1997). Automatic model selection in local linear model trees (LOLIMOT) for nonlinear system identification of a transport delay process. In *Proc. 11th IFAC Symposium on System Identification (SYSID)*, Kitakyushu, Fukuoka, Japan.

Peter, K.-H. (1993). *Parameteradaptive Regelalgorithmen auf der Basis zeitkontinuierlicher Prozessmodelle*. Fortschr.-Ber. VDI Reihe 8, 348. VDI Verlag, Düsseldorf.

Pfeiffer, B.-M. (1995). *Einsatz von Fuzzy-Logik in lernfähigen digitalen Regelsystemen*. Fortschr.-Ber. VDI Reihe 8, 500. VDI Verlag, Düsseldorf.

Preuß, H.-P. (1992). Fuzzy-Control - heuristische Regelung mittels unscharfer Logik. *Automatisierungstechnische Praxis - atp*, 34:176–184, 239–246.

Preuß, H.-P. und Tresp, V. (1994). Neuro-Fuzzy. *Automatisierungstechnische Praxis - atp*, 36(5):10–24.

Raab, U. (1993). *Modellgestützte digitale Regelung und Überwachung von Kraftfahrzeugaktoren*. Fortschr.-Ber. VDI Reihe 8, 313. VDI Verlag, Düsseldorf.

Retzlaff, G., Rust, G., und Waibel, J. (1978). *Statistische Versuchsplanung*. Verlag Chemie, Weinheim u.a., 2 Aufl.

Röpke, K. (2005). *DoE-design of experiments – Methoden und Anwendungen in der Motorenentwicklung*. Verlag moderne industrie AG, Landsberg/Lech.

Rosenblatt, F. (1958). The perceptron: a probabilistic model for information storage & organization in the brain. *Psychological Review*, 65:386–408.

Schmitt, M. (1995). *Untersuchungen zur Realisierung mehrdimensionaler lernfähiger Kennfeler in Großserien- Steuergeräten*. Fortschr.-Ber. VDI Reihe 12, 246. VDI Verlag, Düsseldorf.

Strobel, H. (1975). *Experimentelle Systemanalyse*. Akademie Verlag, Berlin.

Töpfer, S. (2002). *Hierarchische neuronale Modelle für die Identifikation nichtlinearer Systeme*. Fortschr.-Ber. VDI Reihe 10, 705. VDI Verlag, Düsseldorf.

Töpfer (Ernst), S. (1998). Hinging hyperplane trees for approximation and identification. In *37th IEEE Conference on Decision and Control*, S. 1266–1271, Tampa, FL, USA.

Widrow, B. und Hoff, M. (1960). Adaptive switching circuits. *IRE WESCON Conv. Rec.*, S. 96–104.

Young, P. (1984). *Recursive estimation and time-series analysis*. Springer, Berlin.

Zadeh, L. (1965). Fuzzy sets. *Information and Control*, 8:338–353.

Zimmerschied, R., Weber, M., und Isermann, R. (2005). Statische und dynamische Motorvermessung zur Auslegung von Steuerkennfeldern - eine kurze Übersicht. *Automatisierungstechnik – at*, 53(2):87–94.

Kapitel 8

Best, R. (2000). Wavelets: Eine praxisorientierte Einführung mit Beispielen. Teile 2 & 8. *Technisches Messen*, 67(4 & 11):182–187, 491–505.

Bogert, B., Healy, M., und Tukey, J. (1968). The quefrency analysis of time series for echoes. In Rosenblatt, M., Hrsg., *Proc. Symp. Time Series Analysis*, S. 209–243. Wiley.

Box, G. und Jenkins, G. (1970). *Time series analysis: forecasting and control*. Holden-Day, San Francisco.

Brigham, E. (1974). *The fast Fourier transform*. Prentice Hall, Englewood Cliffs, 2 Aufl.

Burg, J. (1968). A new analysis technique for time series data. In *NATO Advanced Study Institute on Signal Processing with Emphasis on Underwater Acoustics*.

Cooley, J. und Tukey, J. (1965). An algorithm for the machine calculation of complex fourier series. *Math. of Computation*, 19:297–301.

Edward, J. und Fitelson, M. (1973). Notes on maximum entropy processing. *IEEE Trans. Inform. Theory*, IT-19:232–234.

Ericsson, S., Grip, N., Johannson, E., Persson, L., Sjöberg, R., und Strömberg, J. (2005). Towards automatic detection of local bearing defects in rotating machines. *Mechanical Systems and Signal Processing*, 9:509–535.

Friedmann, A. (2001). An introduction to linear and nonlinear systems and their relation to machinery faults. *www.DLIengineering.com*.

Hänsler, E. (2001). *Statistische Signale – Grundlagen und Anwendungen*. Springer, Berlin, 3 Aufl.

Harris, T. (2001). *Rolling bearing analysis*. J. Wiley & Sons, New York, 4 Aufl.

Hess, W. (1989). *Digitale Filter*. Teubner Studienbücher, Stuttgart.

Hippenstiel, R. (2002). *Detection theory*. CRC Press, Boca Raton.

Ho, D. und Randall, R. (2000). Optimisation of bearing diagnostic techniques using simulated and actual bearing fault signals. *Mechanical Systems and Signal Processing*, 14(5):763–788.

Isermann, R. (1992). *Identifikation dynamischer Systeme*, Bd. 1–2. Springer, Berlin.

Isermann, R. (2005). *Mechatronic systems – fundamentals*. Springer, London.

Isermann, R. (2006). *Fault-diagnosis systems – An introduction from fault detection to fault tolerance*. Springer, Heidelberg, Berlin.

Isermann, R., Lachmann, K.-H., und Matko, D. (1992). *Adaptive control systems*. Prentice Hall International UK, London.

Janik, W. (1992). *Fehlerdiagnose des Außenrund-Einstechschleifens mit Prozeß- und Signalmodellen*. Fortschr.-Ber. VDI Reihe 8, 288. VDI Verlag, Düsseldorf.

Kammeyer, K. und Kroschel, K. (1996). *Digitale Signalverarbeitung: Filterung und Spektralanalyse*. Teubner, Stuttgart, 3 Aufl.

Kay, S. (1987). *Modern spectral estimation - theory and applications*. Prentice Hall, Englewood Cliffs.

Kimmich, F. (2004). *Modellbasierte Fehlererkennung und Diagnose der Einspritzung und Verbrennung von Dieselmotoren*. Fortschr.-Ber. VDI Reihe 12, 549. VDI Verlag, Düsseldorf.

Kolerus, J. (2000). *Zustandsüberwachung von Maschinen*. expert Verlag, Renningen-Malmsheim.

Makhoul, J. (1975). Linear prediction: a tutorial review. *Proc. of IEEE*, 63:561–580.

Marple, S. (1987). *Digital spectral analysis with applications*. Prentice Hall, Englewood Cliffs.

Neumann, D. (1991). Fault diagnosis of machine-tools by estimation of signal spectra. In *Preprints IFAC Symposium on Fault Detection, Supervision and Safety for Technical Processes (SAFEPROCESS)*, Bd. 1, S. 73–78, Baden-Baden, Germany.

Neumann, D. und Janik, W. (1990). Fehlerdiagnose an spanenden Werkzeugmaschinen mit parametrischen Signalmodellen von Spektren. In *VDI-Schwingungstagung*, Mannheim, Germany.

Nussbaumer, H. (1981). *Fast Fourier transform and convolution algorithms*. Springer, Heidelberg.

Oppenheim, A., Schafer, R., und Buck, J. (1999). *Discrete-time signal processing*. Prentice Hall, Englewood Cliffs, 2 Aufl.

Papoulis, A. (1994). *Probability, random variables, and stochastic processes*. McGraw-Hill, New York, 2 Aufl.

Platz, R. (2004). *Untersuchungen zur modellgestützten Diagnose von Unwuchten und Wellenrissen in Rotorsystemen*. Fortschr.-Ber. VDI Reihe 11, 325. VDI Verlag, Düsseldorf.

Platz, R., Markert, R., und Seidler, M. (2000). Validation of online diagnosis of malfunctions in rotor systems. In *Trans. 7th ImechE-Conf. on Vibrations in Rotating Machines*, S. 581–590, University of Nottingham.

Press, W., Flannery, B., Teukolsky, W., und Vetterling, S. (1988). *Numerical recipes in C*. Cambrigde University Press, Cambridge.

Qian, S. und Chen, D. (1996). *Joint time-frequency analysis: methods and applications*. Prentice Hall, Upper Saddle River.

Randall, R. (1987). *Frequency analysis*. Bruel & Kjaer, Naerum, 3 Aufl.

Schüßler, H. (1994). *Digitale Signalverarbeitung 1 – Analyse diskreter Signale und Systeme*. Springer, Berlin, 4 Aufl.

Stearns, S. (1975). *Digital signal analysis*. Hayden Book Company, Rochelle Park.

Stearns, S. und Hush, D. (1990). *Digital signal analysis*. Prentice Hall, Englewood Cliffs.

Ulrych, T. und Bishop, T. (1975). Maximum entropy spectral analysis and autoregressive decomposition. *Reviews of Geophysics and Space Physics*, 13(February):183–200.

Williams, A. und Taylor, F. (1995). *Electronic filter design handbook*. McGraw Hill, 3rd Aufl.

Willimowski, M. (2003). *Verbrennungsdiagnose von Ottomotoren mittels Abgasdruck und Ionenstrom*. Shaker Verlag, Aachen.

Willimowski, M., Füssel, D., und Isermann, R. (1999). Misfire detetion for spark-ignition engines by exhaust gas pressure analysis. *MTZ worldwide*, S. 8–12.

Willimowski, M. und Isermann, R. (2000). A time domain based diagnostic system for misfire detection in spark-ignition engines by exhaust-gas pressure analysis. In *SAE 2000 World Congress*, Bd. SP-1501, S. 33–43, Detroit, MI, USA.

Wirth, R. (1998). Maschinendiagnose an Industriegetrieben – Grundlagen. *Antriebstechnik*, 37(10 & 11):75–80 & 77–81.

Wowk, V. (1991). *Machinery vibrations.* McGraw Hill, New York.

Kapitel 9

Baker, R. (2000). *Flow measurement handbook.* Cambridge University Press, Cambridge.

Bauer, H., Hrsg. (1996). *Automotive handbook.* Bosch & SAE, Stuttgart & Warrendale.

Beckerath, A., Eberlein, A., Julien, H., Kersten, P., und Kreutzer, J. (1995). *Druck- und Temperaturmesstechnik.* WIKA Alexander Wiegand, Klingenberg.

Beckwith, T., Marangoni, R., und Lienhard, J., Hrsg. (1995). *Mechanical mesaurement.* Addison Wesley, Reading.

Christiansen, D. (1996). *Electronics engineers' handbook.* McGraw-Hill, New York, 4 Aufl.

Czichos, H. und Hennecke, M. (2004). *Hütte. Das Ingenieurwissen.* Springer, Berlin, 32 Aufl.

Jones, B. (1977). *Instrumentation, measurement and feedback.* McGraw-Hill, New York.

Juckenack, D. (1990). *Handbuch der Sensortechnik – Messen mechanischer Größen.* Teubner, Stuttgart.

Jurgen, R., Hrsg. (1997). *Sensors and transducers.* SAE, Warrendale.

Jüttemann, H. (1988). *Einführung in das elektrische Messen nichtelektrischer Größen.* VDI Verlag, Düsseldorf.

Kiencke, U. (1992). *Sensorik im Kraftfahrzeug - vom Sensor zum System.* VDI-Berichte 855. VDI, Düsseldorf.

Kleinschmidt, P. (1990). *Intelligente Sensorsysteme.* VDI-Berichte 855. VDI, Düsseldorf.

Lauber, R. und Göhner, P. (1999). *Prozessautomatisierung.* Springer, Berlin, 3 Aufl.

Miller, R. (1996). *Flow measurement engineering handbook.* McGraw Hill, New York, 3 Aufl.

Pahl, G., Hrsg. (1992). *Integrierte Drehmomentmessung: Kolloquium des Sonderforschungsbereiches - Neue integrierte mechanisch-elektronische Systeme für den Maschinenbau.* TH Darmstadt.

Profos, P. und Pfeifer, T. (2002). *Handbuch der industriellen Messtechnik.* Oldenbourg, München, 6 Aufl.

Schaumburg, H. (1992). *Sensoren.* Teubner, Stuttgart.

Schrüfer, E. (2004). *Elektrische Messtechnik.* Hanser Verlag, München, 8 Aufl.

Technische Sensoren (1983). *Forschungsheft 104.* Forschungskuratorium im Maschinenbau, Frankfurt.

Thiel, R. (1990). *Elektrisches Messen nichtelektrischer Grøßen.* Teubner, Stuttgart.

Tränkler, H. (1992). *Taschenbuch der Messtechnik.* Oldenbourg, München.

Tränkler, H. und Böttcher, J. (1992). Information processing in sensing devices and microsystems. In *IFAC Symposium on Intelligent Components.*

Webster, J. (1999). *The measurement, instrumentation and sensors handbook.* CRC Press, Boca Raton.

Whitaker, J. (2000). *Signal measurement, analysis and testing.* CRC Press, Boca Raton.

Kapitel 10

Abel, D. (1990). Stand der elektrischen Servoantriebstechnik. *Antriebstechnik*, 29(4).

Anders, P. (1986). *Auswirkung der Mikroeletronik auf die Regelungskonzepte fluidtechnischer Systeme.* PhD Thesis. Dissertation, RWTH, Aachen.

Atlas-Copco, Hrsg. (1977). *Pneumatik-Kompendium.* VDI Verlag, Düsseldorf.

Backé, W. (1986a). *Grundlage der Pneumatik.* RWTH, Aachen, 7 Aufl.

Backé, W. (1986b). *Servohydraulik.* RWTH, Aachen, 5 Aufl.

Backé, W. (1992). Fluidtechnische Aktoren. In *Aktoren – Grundlagen und Anwendungen.* Springer, Berlin.

Backé, W. und Klein, A. (2004). Fluid power actuators. In *Aktoren – Grundlagen und Anwendungen.* Springer, Berlin.

Bauer, G. (2005). *Ölhydraulik.* Teubner Verlag, Stuttgart, 8 Aufl.

Bechen, P. (1989). Präzise und dynamisch - Konzepte und Wirkprinzipien moderner Positionsantriebe. *Elektronik*, 38(7):64–72.

Block, H. und Kelly, J. (1988). Electro-rheology. *Journal of Physics, D: Applied Physics*, 21:1661.

Cady, W. (1964). *Piezoelectricity.* Dover Publishers Inc., New York.

Chen, M. und Leufgen, M. (1987). Erfassung des Reibverhaltens von Kolbendichtungen und deren Einfluß auf die Positionierung von pneumatischen Systemen. *O + P, Ölhydraulik und Pneumatik*, 31(12).

Culshaw, B. (1996). *Smart structures and materials.* Artech House Publishers, Norwood.

Deibert, R. (1997). *Methoden zur Fehlererkennung an Komponenten im geschlossenen Regelkreis.* Fortschr.-Ber. VDI Reihe 8, 650. VDI Verlag, Düsseldorf.

Duclos, T., Carlson, J., Chrzan, M., und Coulter, J. (1992). Electro-rheological fluids. In Tzou, H. und Anderson, G., Hrsg., *Intelligent Structural Systems*, S. 213–241. Kluwer Academic Publishers, Norwell.

Ehrfeld, W., Ehrfeld, U., und Kieswalter, S. (2000). Progress and profit through microtechnologies. In *MICRO.tec 2000, VDE World Microtechnology Congress*, Bd. 1, S. 9–17, Hannover, Germany. VDE-Verlag, Berlin.

Fees, G. (2004). *Hochdynamischer elektrorheologischer Servoantrieb für hydraulische Anlagen.* Dissertation, RWTH Aachen, Aachen.

Fichtner, K. (1986). Harmonic-Drive-Antriebe. *Feinwerktechnik*, 94(2).

Gad-el-Hak, M., Hrsg. (2000). *MEMS Handbook.* CRC Press, Boca Raton.

Gfröer, R. (1988). Servo-Schrittmotor Systeme. *Antriebstechnik*, 27(8).

Glotzbach, J. (1996). *Adaptive Sekundär-Drehzahlregelung hydraulischer Rotationsantriebe.* Fortschr.-Ber. VDI Reihe 8, 588. VDI Verlag, Düsseldorf.

Henneberger, G. (1989). Elektrische Stell- und Positionsantriebe – Komponenten, Konzepte, Definitionen. Report. Forschungsbericht, RWTH, Aachen.

Höfer, B. (1991). Servo- und Schrittmotor im Vergleich. *Antriebstechnik*, 30(5).

Isermann, R. und Keller, H. (1993). Intelligente Aktoren. *Automatisierungstechnische Praxis – atp*, 35:593–602.

Isermann, R. und Raab, U. (1993). Intelligent actuators – ways to autonomous actuating systems. *Automatica*, 29(5):1315–1331.

ISO/DIN 6358, Hrsg. (1982). *Pneumatic fluid-methods of test.*

Jaffe, B., Cook, W., und Jaffe, H. (1971). *Piezoelectric ceramics.* Academic Press, London.

Janocha, H., Hrsg. (1992). *Aktoren – Grundlagen und Anwendungen.* Springer, Berlin.

Janocha, H., Hrsg. (2004a). *Actuators, basics and principles.* Springer, Berlin.

Janocha, H. (2004b). Unconventional actuators. In Janocha, H., Hrsg., *Actuators, basics and principles*. Springer, Berlin.

Jendritza, D. (1998). *Technischer Einsatz neuer Aktoren : Grundlagen, Werkstoffe, Designregeln und Anwendungsbeispiele*. Expert Verlag, Renningen.

Jung, R. und Schneider, J. (1984). Elektische Kleinmotoren. Konstruktionskatalog und Marktübersicht. *Feinwerktechnik und Meßtechnik*, 92:153–165.

Kallenbach, E., Eick, R., und Quendt, P., Hrsg. (1994). *Elektromagnete: Grundlagen, Berechnung, Konstruktion, Anwendung*. Teubner, Stuttgart.

Kallenbach, E., Eick, R., und Quendt, P., Hrsg. (2003). *Elektromagnete: Grundlagen, Berechnung, Konstruktion, Anwendung*. Teubner, Stuttgart, 2 Aufl.

Kallenbach, M. (2005). Ein Beitrag zur Entwicklungsmethodik mikromechatronischer Systeme. In *Mechatronik 2005 – Innovative Produktentwicklung*, Bd. VDI Bericht 1892, S. 109–124, Wiesloch, Germany. VDI, Düsseldorf.

Keller, H. (1994). *Wissensbasierte Inbetriebnahme und adaptive Regelung eines pneumatischen Linearantriebs*. Fortschr.-Ber. VDI Reihe 8, 412. VDI Verlag, Düsseldorf.

Korkmaz, F. (1982). *Hydrospeicher als Energiespeicher*. Springer-Verlag, Berlin.

Kpordonsky, W. (1993). Elements and devices based on magneto-rheological effect. *Canadian Journal of Chemical Engineering*, 4:65–69.

Kreuth, H., Hrsg. (1988). *Schrittmotoren*. Oldenbourg, München.

Kugi, A. und Kemmetmüller, W. (2006). Regelung adaptronischer Systeme, Teil II: Elektrorheologische Aktoren. *Automatisierungstechnik – at*, 54(7):334–341.

Lauber, R. und Göhner, P. (1999). *Prozessautomatisierung*. Springer, Berlin, 3 Aufl.

Lenz u.a. (1990). Neue Aktoren. *Mikroperipherik*, (6).

Maron, C. (1996). *Methoden zur Identifikation und Lageregelung mechanischer Prozesse mit Reibung*. Fortschr.-Ber. VDI Reihe 8, 246. VDI Verlag, Düsseldorf.

Matthies, H. (1995). *Einführung in die Ölhydraulik*. Teubner, Stuttgart.

Merrit, H. (1967). *Hydraulic Control Systems*. John Wiley & Sons, New York.

Minxue, C., Koluenbach, H., und Ohlischläger, O. (1986). Charakterisierung kompressibel durchströmter Widerstandsnetze. *O + P, Ölhydraulik und Pneumatik*, 30(12).

Münchhof, M. (2006a). *Model-Based Fault Detection for a Hydraulic Servo Axis*. Dissertation, TU Darmstadt, Fachbereich Elektrotechnik und Informationstechnik, Darmstadt.

Münchhof, M. (2006b). Model-based fault management for a hydraulic servo axis. In *Proceedings of the IFK 2006*, Aachen.

Nordmann, R. und Isermann, R. (1999). *Kolloquium Aktoren in Mechatronischen Systemen - 11. März 1999*. VDI Verlag, Düsseldorf.

Oppelt, W. (1980). *Kleines Handbuch technischer Regelvorgänge*. Verlag Chemie, Weinheim.

Oppelt, W. (1986). Der Steller im Regelkreis. *msr*, 29(8).

Pfeufer, T. (1999). *Modellgestützte Fehlererkennung und Diagnose am Beispiel eines Fahrzeugaktors*. Fortschr.-Ber. VDI Reihe 8, 749. VDI Verlag, Düsseldorf.

Quente, J. (1988). Bürstenlose Motoren für Werkzeugmaschinen. *Elektronik*, 37(8).

Raab, U. (1990). *Stell- und Positionierantriebe im Kraftfahrzeug*. FVV-Zwischenberichte, 457. Forschungsvereinigung Verbrennungsmotoren, Frankfurt.

Raab, U. (1993). *Modellgestützte digitale Regelung und Überwachung von Kraftfahrzeugaktoren*. Fortschr.-Ber. VDI Reihe 8, 313. VDI Verlag, Düsseldorf.

Raab, U. und Isermann, R. (1990). Actuator principles with low power. In *VDI/VDE-Tagung ACTUATOR 90*, Bremen.

Rusterholz, R. (1985). Grundlagenbetrachtung zur Auslegung pneumatischer Servoantriebe. *O + P, Ölhydraulik und Pneumatik*, 29(10).

Saffee, P. (1986). *Moderne servohydraulische Antriebe, Robotersysteme 2*. Springer, Berlin.

Sawodny, O. (2007). Editorial Schwerpunktheft „Fluidtechnische Antriebe ". *Automatisierungstechnik – at*, 55(2):47–103.

Schaffnit, J. (2002). *Simulation und Control Prototyping zur Entwicklung von Nutzfahrzeug Motorsteuergerätefunktionen*. Fortschr.-Ber. VDI Reihe 12, 473. VDI Verlag, Düsseldorf.

Scheffel, G. (1989). Antreiben mit geregelten Zylinderantrieben. *O + P, Ölhydraulik und Pneumatik*, 33:197–208.

Schriek, J. und Sonemann, R. (1988). *Elektronische Regelung und Steuerung mit pneumatischen Aktoren*. VDI-Berichte 687. VDI-Verlag, Düsseldorf.

Spurk, J. (1996). *Strömungslehre : Einführung in die Theorie der Strömungen*. Springer, Heidelberg.

Srinivasan, A. und McFarland, D. (1995). *Smart structures: analysis and design*. Cambridge University Press, Cambridge.

Stölting, H. (2004). Electromagnetic actuators. In Janocha, H., Hrsg., *Actuators*. Springer, Berlin.

Stölting, H. und Kallenbach, E. (2002). *Elektrische Kleinantriebe*. Teubner, Stuttgart, 2 Aufl.

Takuro, I. (1996). *Fundamentals of piezoelectricity*. Oxford University Press, Oxford.

Tautzenberger, P. (1989). Thermische stellelemente. *Feinwerk und Meßtechnik*, 97(4).

Traeger, F. (1979). Schrittmotoren für feinwerktechnische Anwendungen. *Feinwerk und Meßtechnik*, 87(4).

Waram, T. (1993). *Actuator design using shape memory alloys*. Mondo-Tronics, San Anselmo, 2 Aufl.

Weck, M. (1989). *Elektrische Stell- und Positionierantriebe - Systemaspekte und Anwendungen bei Werkzeugmaschinen*. ETG.

Weck, M. (1990). *Werkzeugmaschinen*. VDI, Düsseldorf.

Wietschorke, S. und v. Willich, J. (1986). Stellantriebe mit Gleichstrom-Kleinmotoren für die Kfz-Regeltechnik. *Feinwerk und Mechanik*, 94(7).

Wilke, W. (1988). Bürstenlose Gleichstrommotoren. *Feinwerk und Meßtechnik*, 96(4).

Wohlfahrt, E. (1990). *Ferromagnetic materials*, Bd. 1. Norht Holland Publishing Company, Amsterdam.

Kapitel 11

Barney, F., Paliga, K., und Kabbabe, J. (2006). *CAN, MOST & FlexRay*. Forschungsbericht, TU Berlin - Institut für Softwaretechnik und Theoretische Informatik, Berlin.

Bender, K., Hrsg. (1990). *PROFIBUS, Der Feldbus für die Automation*. Hanser, München.

Bähring, H. (1994). *Mikrorrechner-Systeme*. Springer, Berlin, 2 Aufl.

Bleck, A., Goedecke, M., Huss, S., und Waldschmidt, K. (1996). *Praktikum des modernen VLSI-Entwurfs*. Teubner, Stuttgart.

Bosch, Hrsg. (1995). *Kraftfahrtechnisches Taschenbuch*. VDI, Düsseldorf.

Bradley, D., Dawson, D., Burd, D., und Loader, A. (1991). *Mechatronics-electronics in products and processes*. Chapman and Hall, London.

Carter, J. (1995). *Microprocessor architecture and microprogramming*. Prentice Hall, LEnglewood Cliffs.

Christiansen, D. (1996). *Electronics engineers' handbook*. McGraw-Hill, New York, 4 Aufl.

Conzelmann, G. und Kiencke, U. (1995). *Mikroelektronik im Kraftfahrzeug*. Springer, Berlin.

Dais, S. und Unruh, J. (1992). Technisches Konzept des seriellen Bussystems CAN. *Automobiltechnische Zeitschrift – ATZ*, 94:66–77 & 208–215.

DIN 19245 (1988). *Messen, Steuern, Regeln. PROFIBUS.* Beuth Verlag, Berlin.

El-Sharkawy, M. (1997). *Digital signal processing applications with Motorola's DSP56002 Processor.* Prentice Hall, New Jersey.

Embacher, M. (1995). Automobilvernetzung nach Maß. *Elektronik,* 44:64–72.

Etschberger, K. (1994). *CAN Controller-area-network.* Hanser, München.

Etschberger, K. und Suters, T. (1993). Offene Kommunikation auf CAN-Netzwerken. *Elektronik,* 42:60–66.

Färber, G., Hrsg. (1987). *Bussysteme. Parallele und serielle Bussysteme in Theorie und Praxis.* Oldenbourg, München, 2 Aufl.

Färber, G. (1994). Feldbus-Technik heute und morgen. *atp - Automatisierungstechnische Praxis,* 36:16–36.

Fleck, R. und Bauer, P. (1989). *SAB 80C166 - auf Schnelligkeit getrimmt.* Siemens Aktiengesellschaft, Bereich Halbleiter, München.

FlexRay (2007). *www.flexray.com, FlexRay Consortium GbR Spokesperson: Peter Hansson.* Stuttgart.

Gibson, V. (1994). *Microprocessors: fundamental concepts and applications.* Delmar, New York.

Gilmore, C. (1989). *Microprocessor principles and applications.* McGraw-Hill, New York.

Glesner, M., Herpel, H., und Windirsch, P. (1993). Anwendungsspezifische Mikroelektronik für den Einsatz in der Mechatronik. In *Fachtagung Integrierte mechanisch-elektronische Systeme,* Bd. VDI Bericht 12, 179, S. 190–209. VDI, Düsseldorf.

Grant, P. (1996). Signal processing hardware and software. *IEEE Signal Magazine,* 13:86–89.

Hanselmann, H. (1996). Automotive control: from concept to experiment to product. In *IEEE International Symposium on Computer-Aided Control System Design,* Dearborn, Michigan. IEEE.

Herpel, H. (1995). *Rapid Prototyping heterogener Echtzeitsysteme für die Mechatronik.* Dissertation, Universität Darmstadt, Darmstadt.

Hoefling, J. (1994). Mikrocontroller aus dem Baukasten. *Elektronik,* 45:156–160.

Inmos (1989). *The transputer databook.* Inmos Ltd., Almondsbury, Bristol, 2 Aufl.

ISO-DIS 11989, Hrsg. (1992). *Road vehicles - interchange of digital information - CAN for hgh speed communication.* Genf.

Kiel, E. und Schumacher, W. (1994). Der Servocontroller in einem Chip. *Elektronik,* 45:48–60.

Kreisel, R. und Madelung, O., Hrsg. (1995). *ASI - The actuator-sensor-interface automation.* Hanser, München.

Lane, J. und Martinez, E. (2000). *DSP filters.* Electronics cookbook series. Prompt Publications, New York.

Lauber, R. und Göhner, P. (1999). *Prozessautomatisierung.* Springer, Berlin, 3 Aufl.

Meierau, E. (1996). Kostensenkung in der Chip-Fertigung. *Siemens-Zeitschrift, Special Forschung und Entwicklung,* S. 6–10.

Morgan, D. (1996). *Numerical methods for DSP systems in C.* Wiley John and Sons Inc., Indianapolis.

Morgenroth, K. (1995). Formel I - Marktreport: 32-Bit-Mikrocontroller. *ELRAD - Magazin für Elektronik und technische Rechneranwendung,* 20:52–59.

N.N. (1994). Marktübersicht: 1b-Bit-Mikrocontroller. *Markt & Technik - Wochenzeitung für Elektronik,* 53:56–60.

N.N. (1995). Marktübersicht: 8-Bit-Mikrocontroller. *Markt & Technik - Wochenzeitung für Elektronik,* 54:40–47.

Patterson, D. (1995). Mikroprozesse im jahre 2020. In *Spektrum der Wissenschaften. Spezial 4: Schlüsseltechnologie*, Heidelberg.

Post, H. (1989). *Entwurf und Technologie hochintegrierter Schaltungen*. Teubner, Stuttgart.

Profos, P. und Pfeifer, T. (2002). *Handbuch der industriellen Messtechnik*. Oldenbourg, München, 6 Aufl.

Rammig, F. (1989). *Systematischer Entwurf digitaler Systeme*. Teubner, Stuttgart.

Reif, K. (2007). *Automobilelektronik. Eine Einführung für Ingenieure (ATZ-MTZ Fachbuch)*. Vieweg, Wiesbaden.

Reissenweber, B. (2002). *Feldbussysteme zur industriellen Kommunikation*. Oldenbourg, München, 2 Aufl.

Rembold, U. und Levi, P. (1994). *Realzeitsysteme zur Prozeßautomatisierung*. Hanser, München, 2 Aufl.

Sax, H. (1993a). Profibus-DP - der schnelle Bruder. *Elektronik*, 42:50–60.

Sax, H. (1993b). Super-Smartpower. *Elektronik*, 42:79–82.

Schrüfer, E. (1983). *Elektrische Messtechnik*. Hanser Verlag, München.

Schrüfer, E. (1992). *VDI-Lexikon Mess- und Automatisierungstechnik*. VDI Verlag, Düsseldorf.

Stallings, W. (1994). *Data and computer communications*. Macmillan, New York, 4 Aufl.

Stiller, A. (1995). Architektur enthüllt. *c't magazin für computer technik*, S. 230–236.

Stiller, A. (1996). SPECulatius. *c't magazin für computer technik*, S. 60–61.

Unruh, J., Methony, H., und Kaiser, K. (1990). Error detection analysis of automotive communication protocols. no 900699. In *SAE International Congress*, Detroit, Michigan.

van den Plassche, R. (1994). *Integrated analog-to-digital and digital-to-analog converters*. Kluwer Academic Publishers, Boston.

Whitaker, J. (2000). *Microelectronics*. CRC Press, Boca Raton.

Wieder, A. (1996). Mikroelektronik quo vadis? *Siemens-Zeitschrift, Special Forschung und Entwicklung*, S. 2–5.

Wunderlich, H. (1991). *Hochintegrierte Schaltungen: Prüfgerechter Entwurf und Test*. Springer, Berlin.

Zimmermann, W. und Schmidgall, R. (2007). *Bussysteme in der Fahrzeugtechnik*. Vieweg, Wiesbaden.

Kapitel 12

Arndt, M., Ding, E., und Massel, T. (2004). Fehlertolerante Überwachung des Wankratensensors. *Automatisierungstechnische Praxis – atp*, 46(7).

Auerswald, M., Herrmann, M., Kowalweski, S., und Schulte-Coerne, V. (2002). Entwurfsmuster für fehlertolerante softwareintensive Systeme. *at - Automatisierungstechnik*, 50(8):389–398.

Birolini, A. (1991). *Qualität und Zuverlässigkeit technischer Systeme: Theorie, Praxis, Management*. Springer, Berlin, 3 Aufl.

Börner, M. (2004). *Adaptive Querdynamikmodelle für Personenkraftfahrzeuge - Fahrzustandserkennung und Sensorfehlertoleranz*. Fortschr.-Ber. VDI Reihe 12, 563. VDI Verlag, Düsseldorf.

Braband, J. (2002). Using COTS transmission systems in safety-critical applications. *at - Automatisierungstechnik*, 50(8):382–388.

Chen, J. und Patton, R. (1999). *Robust model-based fault diagnosis for dynamic systems*. Kluwer, Boston.

Clarke, D. (1995). Sensor, actuator, and loop validation. *IEE Control Systems*, 15(August):39–45.

Control Engineering Practice (1996). Special section on supervision, fault detection and diagnosis of technical processes (tutorial workshop ifac congress). *Control Engineering Practice*, 5:637–719.

Dilger, E. und Dieterle, W. (2002). Fehlertolerante Elektronikarchitekturen für sicherheitsgerichtete Kraftfahrzeugsysteme. *at - Automatisierungstechnik*, 50(8):375–381.

Echtle, K. (2000). *Fehlertoleranzverfahren*. Springer, Heidelberg.

Gertler, J. (1998). *Fault detection and diagnosis in engineering systems*. Marcel Dekker, New York.

H. Kirrmann, K. G. (2002a). Fehlertolerante Steuerungs- und Regelungssysteme. *at - Automatisierungstechnik*, 50(8):362–374.

H. Kirrmann, K. G. (2002b). Fehlertolerante Systeme in der Automatisierungstechnik. Editorial für das Schwerpunktheft. *at - Automatisierungstechnik*, 50(8):359–361.

Henry, M. und Clarke, D. (1993). The self-validating sensor: rationale, definitions, and examples. *Control Engineering Practice – CEP*, 1(2):585–610.

IEC 61508 (1997). *Functional safety of electrical/electronic/programmable electronic systems*. International Electrotechnical Commission, Switzerland.

Isermann, R. (2006). *Fault-diagnosis systems – An introduction from fault detection to fault tolerance*. Springer, Heidelberg, Berlin.

Isermann, R. und Raab, U. (1993). Intelligent actuators – ways to autonomous actuating systems. *Automatica*, 29(5):1315–1331.

Isermann, R., Schwarz, R., und Stölzl, S. (2002). Fault-tolerant drive-by-wire systems. *IEEE Control Systems Magazine*, 22(October):64–81.

Krautstrunk, A. und Mutschler, P. (1999). Remedial strategy for a permanent magnet synchronous motor drive. In *8th European Conference on Power Electronics and Applications, EPE'99*, Lausanne, Switzerland.

Leveson, N. (1995). *Safeware. System safety and computer*. Wesely Publishing Company, Reading.

Litz, L. (2004). Safety and availability of compontents and systems. *atp international*, (2):54–59.

Mesch, F. (2001). Strukturen zur Selbstüberwachung von Messsystemen. *Automatisierungstechnische Praxis – atp*, 43(8):62–67.

Meyna, A. (1994). *Zuverlässigkeitsbewertung zukunftsorientierter Technologien*. Vieweg, Wiesbaden.

MIL-HDBK-217 (1982). *Design analysis procedure for failure modes, effects and criticality analysis (FMECA)*, Bd. 217-D. National Technical Information Service, Springfield, VA.

Moseler, O. (2001). *Mikrocontrollerbasierte Fehlererkennung für mechatronische Komponenten am Beispiel eines elektromechanischen Stellantriebs*. Fortschr.-Ber. VDI Reihe 8, 980. VDI Verlag, Düsseldorf.

Oehler, R., Schoenhoff, A., und Schreiber, M. (1997). Online model-based fault detection and diagnosis for a smart aircraft actuator. In *Prepr. IFAC Symposium on Fault Detection, Supervision and Safety for Technical Processes (SAFEPROCESS)*, Bd. 2, S. 591–596, Hull, United Kingdom. Pergamon Press.

Onodera, K. (1997). Effective techniques of FMEA at each life-cycle stage. In *1997 Proc. Annual Reliability and Maintainability Symposium*, S. 50–56. IEEE.

Patton, R. (1997). Fault-tolerant control: the 1997 situation. In *Prepr. IFAC Symposium on Fault Detection, Supervision and Safety for Technical Processes (SAFEPROCESS)*, Bd. 2, S. 1033–1055, Hull, United Kingdom. Pergamon Press.

Pfeufer, T. (1997). Application of model-based fault detection and diagnosis to the quality assurance of an automotive actuator. *Control Engineering Practice – CEP*, 5(5):703–708.

Pfeufer, T. (1999). *Modellgestützte Fehlererkennung und Diagnose am Beispiel eines Fahrzeugaktors*. Fortschr.-Ber. VDI Reihe 8, 749. VDI Verlag, Düsseldorf.

Pofahl, E. (2002). TÜV-Prüfung der Sicherheit und Fehlertoleranz elektronischer Steuerungen. *at - Automatisierungstechnik*, 50(8):399–403.

Reichart, G. (1998). Sichere Elektronik im Kraftfahrzeug. *Automatisierungstechnik – at*, 46(2):78–83.

Reichel, R. (1999). Modulares Rechnersystem für das Electronic Flight Control System (EFCS). In *DGLR-Jahrestagung, Deutsche Luft- und Raumfahrtkongress*, Berlin, Germany.

Reichel, R. und Boos, F. (1986). *Redundantes Rechnersystem für Fly-by-wire Steuerungen*. Bodensee-Gerätewerk, Überlingen.

Reliability toolkit (1995). *Reliability toolkit. Commercial Practices Edition. A practical guide for commericial products and military systems under acquisition reform*. Rome Laboratory & RAC, Rome, NY.

Reuß, J. und Isermann, R. (2004). Umschaltstrategien eines redundanten Asynchronmotoren-Antriebssystems. In *SPS/IPC/DRIVES 2004: Elektrische Automatisierung, Systeme und Komponenten: Fachmesse & Kongress*, S. 469–477.

SAE (1967). Design analysis procedure for failure modes, effects and criticality analysis (FMECA). *Aerospace Recommended Practice*, SAE ARP 926.

Schmidt, G. und Sendler, W. (1980). Redundanz-Konzepte in modernen Prozessautomatisierungssystemen. *Regelungstechnische Praxis*, 22:310–313.

Schrüfer, E. (1992). *VDI-Lexikon Mess- und Automatisierungstechnik*. VDI Verlag, Düsseldorf.

Schunck, E. (1999). Das Sicherheitskonzept einer elektrohdyraulischen Bremse. In *Proc. VDA Techn. Kongress*, Frankfurt, Germany.

Schwarz, R., Isermann, R., Böhm, J., Nell, J., und Rieth, R. (1998). Modelling and control of an electro-mechanical disk brake. In *SAE Technical paper Series*, Bd. SP-1339, Warrendale.

Stölzl, S. (2000). *Fehlertolerante Pedaleinheit für ein elektromechanisches Bremssystem (Brake-by-Wire)*. Fortschr.-Ber. VDI Reihe 12, 462. VDI Verlag, Düsseldorf.

Stölzl, S., Schwarz, R., Isermann, R., Böhm, J., Nell, J., und Rieth, P. (1998). Control and supervision of an electromechanical brake system. In *FISITA World Automotive Congress, The Second Century of the Automobile*, Paris, France.

Storey, N. (1996). *Safety-critical computer systems*. Addison Wesely Longman Ltd, Essex.

van Zanten, A., Erhardt, R., Schramm, H., und Pfaff, G. (1999). Die Fahrdynamik-Regelung ESP vom Pkw zum Nkw. In *Proc. 3. Stuttgarter Symposium Kraftfahrwesen und Verbrennungsmotoren*, S. 801–814, Renningen-Malmsheim. Expert-Verlag.

Verband der Automobilindustrie (VDA) (2003). *Sicherung der Qualität vor Serieneinsatz*, Bd. 4. TÜV-Verlag, Köln.

Sachverzeichnis